D. Kh

Martin Meyer

Kommunikationstechnik

Aus dem Programm _____
Informationstechnik

Telekommunikation
von D. Conrads

Signalverarbeitung
von M. Meyer

Grundlagen der Informationstechnik
von M. Meyer

Kommunikationstechnik
von M. Meyer

Informatik für Ingenieure kompakt
herausgegeben von K. Bruns und P. Klimsa

Mobilfunknetze
von M. Duque-Antón

Datenübertragung
von P. Welzel

Information und Codierung
von M. Werner

Nachrichtentechnik
von M. Werner

Von Handy, Glasfaser und Internet
von W. Glaser

vieweg _____

Martin Meyer

Kommunikations-technik

Konzepte der modernen
Nachrichtenübertragung

2., verbesserte Auflage

Mit 303 Abbildungen und 52 Tabellen

Die Deutsche Bibliothek – CIP-Einheitsaufnahme
Ein Titeldatensatz für diese Publikation ist bei
der Deutschen Bibliothek erhältlich.

1. Auflage 1999
2., verbesserte Auflage August 2002

Der Vieweg Verlag ist ein Unternehmen der Fachverlagsgruppe BertelsmannSpringer.
www.vieweg.de

Umschlaggestaltung: Ulrike Weigel, www.CorporateDesignGroup.de
Druck und buchbinderische Verarbeitung: Lengericher Handelsdruckerei, Lengerich
Gedruckt auf säurefreiem und chlorfrei gebleichtem Papier.
Printed in Germany

ISBN 3-528-13865-3

Vorwort zur zweiten Auflage

Kommunikation funktioniert nur dann, wenn beim Empfänger Verständigungsbereitschaft vorhanden ist und wenn Sender und Empfänger miteinander kooperieren. Dies gilt für den Nachrichtenaustausch zwischen Menschen wie für jenen zwischen Maschinen. Kommunikation über räumliche oder zeitliche Distanz erfordert technische Hilfsmittel. Sie sind das Thema dieses Buches.

Die Kommunikationstechnik ist ein faszinierendes und unüberschaubares Gebiet. Die Fortschritte in den einzelnen Teilbereichen erfolgen so rasch, dass auch der Spezialist kaum Schritt halten kann. Ging es früher um Sprachkommunikation mit Hilfe des Telefonnetzes, so steht heute die Datenübertragung im Vordergrund. Telekommunikation, Informatik und Unterhaltungselektronik verschmelzen, der Trend geht unaufhaltsam in Richtung globaler, interaktiver und mobiler Multimediakommunikation. Für den Techniker heisst das: bidirektionale und breitbandige Echtzeit-Datenkommunikation über Weitverkehrsnetze, basierend auf Lichtwellenleiter-, Funk- und Satellitenübertragungen.

Diese Einführung in die Technik der Nachrichtenübertragung umfasst die ganze Breite des Gebietes, wobei die digitalen Konzepte bevorzugt behandelt werden. Streckenweise ist die Darstellung etwas theoretisch, weil die abstrakten Theorien universeller und langlebiger sind als die in der Praxis angewandten Methoden. Aber auch die luftigsten Konzepte müssen im Boden der Realität verankert werden, deshalb sind häufig Zahlenwerte von aktuellen Realisierungen angegeben. Diese Zahlen sind natürlich mit Vorsicht zu geniessen, da sie rasch altern. Trotzdem geben sie einen Einblick in das, was heute machbar ist.

Das Buch wendet sich an Studierende und an Ingenieure aus der Praxis, vorzugsweise aus den Gebieten Elektro- und Informationstechnik. Es dient aber auch Naturwissenschaftlern, die sich für Nachrichtentechnik interessieren. Für das Verständnis des Inhaltes sind mathematische Fähigkeiten nötig, wie sie in jedem natur- oder ingenieurwissenschaftlichen Grundstudium erworben werden, sowie Kenntnisse in Signalverarbeitung. Bücher über Nachrichtentechnik beinhalten darum oft ein Kapitel über Signal- und Systembeschreibungen (Fourier-, Laplace- und z-Transformation, Frequenzgänge, Impulsantworten, Pol-Nullstellen-Schemata usw.). Da genügend Werke über Signalverarbeitung erhältlich sind, erspare ich mir ein solches Kapitel. Wer diesbezüglich Nachholbedarf hat, dem sei z. B. [Mey02] oder [Mey00] empfohlen. Für die Realisierung oder Implementierung der vorgestellten Konzepte sind zusätzlich Kenntnisse in Informatik, Digitaltechnik, Elektronik und Elektrotechnik notwendig.

Die hier behandelten Systeme werden meistens nur auf Stufe Blockschaltbild betrachtet. Dieses zeigt die funktionellen Zusammenhänge und enthält z. B. einen Block, der mit „Bandpassfilter" bezeichnet ist. Wie dieses Filter realisiert wird (aktiv oder passiv, analog oder digital, in reiner Hardware oder mit einem Signalprozessor usw.), interessiert uns nur am Rande. Damit befassen sich Fächer wie Signalverarbeitung, Digitaltechnik und Elektronik.

Zur Sprache kommen alle wichtigen Konzepte, die zur Nachrichtenübertragung benutzt werden. Häufig wird der Sinn eines Konzeptes allerdings nur im Gesamtzusammenhang begreifbar. Es ist darum nicht so wichtig, dass jedes Teilkonzept völlig durchschaut wird. Vielmehr soll das Zusammenspiel der Blöcke und deren Bedeutung im Gesamtsystem beachtet werden. Daher wird der gesamte Stoff in Stufen mit ansteigendem Anspruchsniveau behandelt.

Das erste Kapitel gibt eine Einführung auf der ganzen Breite. Die Kapitel 2, 3 und 4 befassen sich detaillierter mit den Konzepten der digitalen Übertragung, Modulation und Codierung. In Kapitel 5 betrachten wir das Zusammenwirken anhand praxiserprobter Kommunikationssysteme und untersuchen auch die Übertragungsmedien genauer. Zum Schluss liefert das Kapitel 6 eine Einführung in die Technik der Datennetze. Bildlich gesprochen: Das Kapitel 1 behandelt das Fundament eines Gebäudes, die Kapitel 2, 3 und 4 befassen sich mit Einrichtungen wie Heizung, Wasserversorgung usw., Kapitel 5 beschreibt das Gebäude als Ganzes und Kapitel 6 schliesslich die Siedlung.

Da der Akzent auf der Breite und den Querbeziehungen liegt, sind an zahlreichen Stellen Verweise auf andere Abschnitte eingefügt. Damit wird zum Blättern aufgefordert. Zudem empfehle ich, das Buch nicht langsam und sorgfältig durchzuarbeiten, sondern zweimal schnell. So kann man die Querverweise besser nutzen und den Stoff einfacher in den Zusammenhang einbetten.

Nach dem Durcharbeiten dieses Buches hat man einen fundierten und aktuellen Überblick über die Kommunikationstechnik, ist aber mehr Generalist als Spezialist. Später ist eine dauernde Aktualisierung des eigenen Wissens und Könnens notwendig, was ja für alle Gebiete der Technik gilt. Damit aber diese oft autodidaktische Weiterbildung überhaupt möglich ist, muss man über ein bestimmtes Minimum an Grundwissen verfügen. Dies soll mit der Stoffmenge und Stoffauswahl dieses Buches sichergestellt werden. Bewusst wird mit englischsprachigen Fachausdrücken gearbeitet, damit sich die Leserinnen und Leser auch in der angelsächsischen Fachliteratur zurechtfinden.

Die statistische Nachrichtentheorie wird nur rudimentär und lediglich auf intuitiver Basis behandelt. Diese Theorie verhält sich zur klassischen Nachrichtentechnik etwa so wie die Quantenphysik zur klassischen Physik. Ohne solide Grundlagenkenntnisse macht es keinen Sinn, sich mit diesen speziellen Theorien zu befassen. Allerdings ist die statistische Nachrichtentheorie ein sehr lohnenswertes Gebiet für spätere Arbeiten. Einstiegspunkte dafür und auch für weitere Spezialgebiete werden angegeben.

Für die zweite Auflage wurden Schreibfehler korrigiert, ein paar Erläuterungen prägnanter formuliert sowie einige inhaltliche Aktualisierungen vorgenommen.

Bei den Mitarbeiterinnen und Mitarbeitern des Vieweg-Verlages bedanke ich mich für die angenehme Zusammenarbeit.

Dieses Buch entstand aus meiner Lehrtätigkeit an der Fachhochschule Aargau (Schweiz).

Hausen b. Brugg, im Juni 2002   *Martin Meyer*

Inhaltsverzeichnis

1 Grundlagen

1.1 Einführung in die Nachrichtenübertragung

1.1.1 Inhalt und Umfeld der Kommunikationstechnik

Sowohl in der belebten wie auch in der unbelebten Natur stehen die Organismen bzw. die Teilsysteme in einem ständigen Austausch miteinander. Offensichtlich ist der Austausch von Materie und Energie, weniger offensichtlich ist hingegen der Austausch von *Information*. Nach moderner Auffassung sind diese drei Austauschebenen gleichberechtigt nebeneinander.

> *Die Kommunikationstechnik befasst sich mit dem Austausch*
> *von Informationen über weite Distanzen.*
> *Sie bedient sich dazu technischer Systeme.*

Konkret geht es um die Übertragung von:

* Zeichen
* Schrift
* Daten
* Sprache (Voice)
* Musik (Audio)
* Standbildern
* bewegten Bildern (Video)

Beispiele für Informationen sind Reize, Beobachtungen, Meldungen, Befehle usw. Der Austausch und auch die Verarbeitung von Informationen geschieht mit Hilfe von *Signalen*, welche demnach eine physikalische Repräsentation der Information darstellen.

> *Eine Information ist ein Wissensinhalt.*
> *Ein Signal ist eine Wissensdarstellung.*

Eine Nachrichtenübertragung kommt demnach nur dann zustande, wenn sich ein *wahrnehmbarer* Vorgang *merkbar* verändert. Dieser Vorgang ist irgend eine physikalische Grösse (= Signal), der Ausdruck *merkbar* spricht die Empfindlichkeit der Empfangseinrichtung an.

Aufgrund der Kopplung von Information und Signal wurde die eigenständige Bedeutung der Information erst spät entdeckt. Die von C.E. Shannon 1948 begründete Informationstheorie beschäftigt sich mit der Beschreibung und Quantifizierung von Information.

Grundsätzlich ist irgendein physikalisches Signal für die Informationsdarstellung geeignet. Z.B. ist die Körpertemperatur des Menschen ein Signal, sie gibt Auskunft über den Gesundheitszustand der betreffenden Person. Diese Temperatur kann optisch dargestellt werden (Farbpunkte auf dem Thermometer), aber auch mechanisch (Länge einer Quecksilbersäule), akustisch (Höhe oder Lautstärke eines Tones) und natürlich auch elektrisch (Grösse oder Frequenz einer Spannung oder eines Stromes). Die physikalische Gestalt lässt sich ändern, ohne den Informationsgehalt zu verfälschen. Man wird demnach für die Informationsübertragung, -verarbeitung, -speicherung usw. die am geeignetsten erscheinende Signalart wählen. Sehr häufig sind dies elektrische Signale, denn diese

- haben eine hohe Ausbreitungsgeschwindigkeit → Weitdistanzübertragungen
- haben eine hohe Bandbreite → sie können viel Information aufnehmen
- sind nicht unbedingt an Materie gebunden → Funkübertragung
- sind einfach manipulierbar → günstige Stereoanlagen, Telefone, Computer usw.

Weil früher die Informationsübertragung der elektrischen Signalübertragung gleichgesetzt wurde, ist die Nachrichtentechnik eine traditionelle Domäne der Elektroingenieure. Da sich die Informationstheorie zu einer eigenständigen Disziplin entwickelt hat, ist die Nachrichtentechnik mittlerweile auch zu einer beliebten Spielwiese für Mathematiker und Informatiker geworden. Aber auch für die Elektroingenieure hat sich die Nachrichtentechnik zu einer mathematisch orientierten Disziplin gewandelt. Es wird nämlich strikte unterschieden zwischen den Fragen

- welche Algorithmen muss ich auf ein Signal anwenden?
- wie realisiere ich ein System, das diese Algorithmen ausführt?

Dazu ein Beispiel: Signalübertragung kann stattfinden über eine

- örtliche Distanz → Telekommunikation
- zeitliche Distanz → Speicher

In ihrem theoretisch-mathematischen Wesen sind diese beiden Fälle gar nicht so unterschiedlich. Tatsächlich werden für Satellitenkommunikation fast die identischen Codierungen angewendet wie bei der Compact Disc (CD). In der praktischen Realisierung treten aber beträchtliche Unterschiede auf, indem die elektrischen Signale für die Übertragung weit besser geeignet sind als für die Speicherung. Entsprechend ist die Information auf der CD wie auch auf der alten analogen Schallplatte in Form von Oberflächenvertiefungen dargestellt, also mit Hilfe von mechanischen Signalen. Die Energietechnik steht vor genau demselben Dilemma: für die Übertragung der Energie steht ein leistungsfähiges Leitungssystem zur Verfügung, die Speicherung der Energie erfolgt aber mechanisch, z.B. in den Stauseen der Pumpspeicherwerke. Ebenso schafft das Elektromobil mangels geeigneter Speicher den Durchbruch noch nicht.

Den elektrischen Signalen ist durch die optischen Signale eine grosse Konkurrenz erwachsen: die Übertragung von 15'000 Telefongesprächen über eine Distanz von 1 km mit Koaxialkabeln benötigt 600 kg Kupfer, bei Glasfaserübertragung genügen 100 g Glas! Mittlerweile ist die optische Signal*übertragung* eine etablierte Technologie. Umwälzungen auch in der Signal*verarbeitung* durch optische Systeme sind zu erwarten. Licht ist zwar ebenfalls eine elektromagnetische Welle, Optik ist jedoch ein Teilgebiet der Physik. Hier zeigt sich nun der grosse Vorteil der Trennung von *was* und *wie*:

- Die blanke Theorie lässt sich durch neue Technologien nicht so stark aus der Ruhe bringen, sie veraltet also weniger rasch. Für den Theoretiker ist es z.B. egal, ob seine Digitalsignale über Koaxkabel oder über Glasfasern übertragen werden.

- Die Theorie kann der Anwendung voranschreiten und so den Boden für die Technologie vorbereiten. Dies ist z.B. bei der CD so geschehen, indem die theoretischen Aspekte um 1950 bekannt waren, die Geräte aber erst dreissig Jahre später folgten.

- Die Theorie lässt sich aus anderen Gebieten importieren bzw. in diese exportieren. So haben Regelungstechnik und Nachrichtentechnik sehr viele Gemeinsamkeiten, die in einer theoretischen Darstellung viel offensichtlicher werden.

Das breite Gebiet der Nachrichtentechnik ist zu einem Tummelplatz für Spezialisten verschiedenster Fachrichtungen geworden. Der Nachrichteningenieur holt sich bei theoretischen Fragen Unterstützung bei Mathematikern, Informationstheoretikern, Systemtheoretikern usw., bei praktischen Fragen bei Elektronikern, Physikern, Informatikern usw. Dies ist nur dann erfolgreich möglich, wenn der Nachrichteningenieur

- über die Grundzüge der anderen Disziplinen Bescheid weiss und

- über kommunikative Fähigkeiten verfügt.

Gerade beim zweiten Punkt, der die zwischenmenschliche Kommunikation (also u.a. die sprachlichen Fertigkeiten) anspricht, hapert es leider oft.

Bild 1.1 gibt eine Übersicht über die Beziehungen zwischen den verschiedenen Fachgebieten. Die Blöcke mit fetter Umrandung stehen für traditionelle Schulfächer in der Ausbildung der Elektroingenieure. Die dünn umrandeten Blöcke sind aus einem der folgenden Gründe keine etablierten Unterrichtsfächer:

- Verschmelzung von andern Disziplinen (Telemetrie, Telematik)

- Oberbegriff (Übermittlung, Nachrichtentechnik, Informatik). Hier gibt es natürlich durchaus andere Auffassungen. Bild 1.1 soll jedoch nicht Grundlage für Haarspaltereien bilden, sondern die Beziehungen aufzeigen!

- Integration in andere Fächer (Netzwerktheorie, Feldtheorie)

- Spezialistenwissen (Informationstheorie, Vermittlung)

Es sei betont, dass Nachrichtensysteme erst mit dem Zusammenspiel aller Gebiete (inklusive Energietechnik) realisiert werden können, und dass die Nachrichtentechnik wie auch die Regelungstechnik und die Informatik ihrerseits wieder in alle anderen Gebiete ausstrahlen.

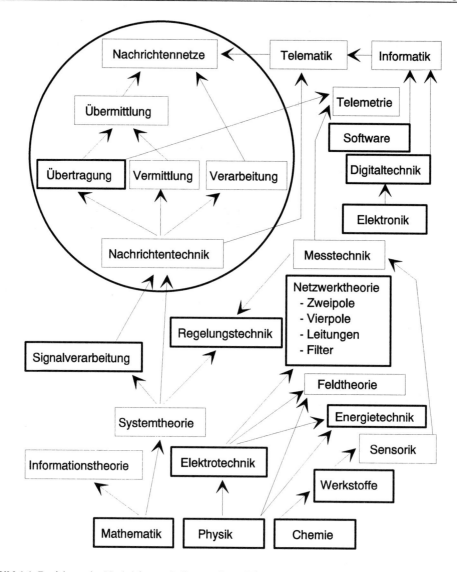

Bild 1.1 Beziehung der Nachrichtentechnik zu anderen Wissensgebieten

Eine spezielle Erwähnung verdient die Verheiratung der Nachrichtentechnik (Tele-kommunikation) und Informatik zur Telematik. Angesichts der grossen Unterschiede zwischen den beiden handelt es sich um eine typische Vernunftsehe [Tra93]:

- der Altersunterschied beträgt etwa 100 Jahre,

- vor der Ehe erlebte die Nachrichtentechnik eine langsame technologische Entwicklung, die Informatik hingegen eine ihrer Jugendlichkeit entsprechende rasante,

- die Nachrichtentechnik wuchs unter staatlichem Monopol auf, die Firmen der Informatik sind privatwirtschaftliche Unternehmen,

- vor der Ehe lebte die Nachrichtentechnik in der analogen Welt, die Informatik kannte diese nicht einmal.

Die Verschmelzung hatte und hat aber ihre guten Gründe:

- heute brauchen beide Bereiche die gleichen vorgelagerten Technologien, nämlich Mikroelektronik und Software

- jeder braucht den anderen für seine eigenen Zwecke: die Informatik vernetzt mit Hilfe der Nachrichtentechnik ihre Computer und die Nachrichtentechnik überwacht und steuert ihre Zentralen und anderen Einrichtungen mit Hilfe der Informatik.

Früher verstand man unter Nachrichtentechnik primär die *Übertragung* von Signalen. Dieser Zweig war im Zeitalter der Elektronenröhre der wichtigste Anwender der elektronischen Schaltungstechnik. Demgegenüber war die *Vermittlung*stechnik eigentlich eher Feinmechanik als Elektrotechnik („Relaismassengräber"). Informations*verarbeitung* war noch kaum möglich. Die grossen Firmen der Nachrichtentechnik hatten entsprechend eine organisatorische Unterteilung in Übertragungstechnik und Vermittlungstechnik.

Mit dem Erscheinen der integrierten Schaltungen wandelte sich die Vermittlungstechnik grundlegend. Heute wird dieselbe Technologie für Übertragung, Vermittlung und Verarbeitung angewandt, nämlich die hochintegrierte Digitaltechnik (Mikroelektronik), kombiniert mit einem grossen (bereits jetzt etwa 50%) und ständigen wachsenden Anteil an Software. Zudem hat sich die Betrachtungsweise geändert: ein Nachrichtennetz besteht nicht mehr aus Zentralen, die mit Übertragungseinrichtungen verbunden werden, sondern wird eher als *verteilte Zentrale* betrachtet. Gemäss diesem Gesichtspunkt haben sich die Telekommunikationsfirmen umorganisiert und vereinen nun Übertragung und Vermittlung in einem gemeinsamen Bereich.

Die Nachrichtentechnik (oder umfassender ausgedrückt die Informationstechnologie) ist zu einer Schlüsseltechnologie geworden. Sehr oft hört man darum den Ausdruck *Informationsgesellschaft*. Folgende Punkte sind deshalb zur Kenntnis zu nehmen, und zwar ungeachtet dessen, ob sie dem Leser passen oder nicht:

- Nachrichtentechnik ist nicht „small and beautiful", sondern eine Grosstechnologie. Entwicklungsvorhaben sind extrem teuer geworden (Grössenordnung einige hundert Mio. Euro sind nicht unüblich). Als Folge davon sind (abgesehen von Nischenfirmen) nur noch internationale Grosskonzerne überlebensfähig. Von grosser und leider oft unterschätzter Bedeutung ist deshalb das Normwesen, und zwar auf technischem wie auf handels- und aussenpolitischem Gebiet.

- Die Nachrichtentechnik hat eine erstrangige wirtschaftliche Bedeutung. Es ist darum gefährlich, nur Anwender und nicht auch Entwickler zu sein.

- Die Nachrichtentechnik zeigt grosse Auswirkungen im Alltag jedes Menschen. Daraus leitet sich eine soziale und eine kulturelle Bedeutung ab. Dazu ein Zitat aus den zehn Grundsätzen des Kommunikationsleitbildes der Schweizerischen PTT von 1980: „Die PTT sind sich bewusst, dass nicht alles, was technisch möglich und wirtschaftlich tragbar ist, auch gesellschaftlich erwünscht ist und beurteilen daher die Entwicklung im Telekommunikationsbereich ganzheitlich."

Die Antwort auf dieses Spannungsfeld kann nicht in einer bewussten Verlangsamung des Entwicklungstempos liegen, nur um eine vermeintliche Selbständigkeit aufrecht zu erhalten. Vielmehr ist ein aktives Mitgestalten notwendig, was aber grosse Anforderung an die Träger dieses Prozesses stellt (Bild 1.1 müsste also erweitert werden um Fachgebiete wie Fremdsprachen, Soziologie, Wirtschaftskunde, Politologie, Betriebswirtschaft, Ethik usw.). Hier wird erst recht ein Kommunikationsproblem offensichtlich, da leider viele Ingenieure sich lieber mit ihrem heissgeliebten Fachgebiet abgeben anstelle sich dem Laien verständlich zu machen. Gefordert sind vielmehr Menschen mit gleichzeitig

- generellen statt speziellen Fähigkeiten,
- kommunikativen Fähigkeiten,
- der Fähigkeit, sich zu exponieren.

Zum Allgemeinwissen: Ende September 1994 hat die Schwedische Telecom umgerechnet knapp 50 Mio. Euro bereitgestellt, damit alle ihre Angestellten (wegen der im europäischen Vergleich frühen Deregulierung waren das nur noch 30'000 Personen) in den Fächern Schwedisch, Englisch, Mathematik und je nach Arbeitsbereich Physik oder Betriebswirtschaft die Maturität erlangen können. Für Vorgesetzte ist die Ausbildung obligatorisch. Zitat des Chefs für die Weiterbildung: „Im Telekommunikationsbereich sind die Zeiten der einfachen Jobs endgültig vorbei!".

1.1.2 Die grundlegenden Methoden der Kommunikationstechnik

In diesem Abschnitt wird der Wald skizziert, bevor in den folgenden Kapiteln die Bäume betrachtet werden. Es werden alle grundlegenden Konzepte vorgestellt. Dabei werden viele Grundlagen als bekannt angenommen oder nur oberflächlich und ungenau eingeführt, die detaillierte Behandlung folgt später. Der Sinn des Abschnittes liegt in einer Orientierungshilfe zur Wahrung des Überblicks.

> *Die Aufgabe eines Übertragungssystems ist die Übertragung von Information von einer Quelle zu einer Senke. Letztere sind durch einen Übertragungskanal oder kurz Kanal verbunden.*

Bild 1.2 zeigt dieses Prinzip. Früher waren Menschen die Quellen und Senken (z.B. bei einer Telefonverbindung), heute sind es oft Maschinen (z.B. beim Datenverkehr bei einer elektronischen Finanz-Transaktion).

Bild 1.2 Einfaches Schema eines Übertragungssystems

Die zwischenmenschliche Kommunikation läuft ebenfalls nach Bild 1.2 ab. Für die zwischen-menschliche wie die technische Kommunikation gilt, dass Sender und Empfänger ein hohes Mass an Kooperation vollbringen müssen. Der grosse Unterschied liegt darin, dass technische Kommunikation (Sender und Empfänger sind Maschinen) der Informationsübertragung dient, während die Kommunikation von Mensch zu Mensch ein höheres Ziel hat, nämlich die gegen-seitige Verständigung. Hier geht es um die technische Kommunikation. Der Nachrichteninge-nieur überträgt also Signale, ohne sich um den Inhalt (die Information) zu kümmern. Genauso überträgt der Postbote Briefe und Pakete, ohne sich um den Inhalt zu kümmern. Mit Nach-richtentechnik wird ein Dienst bereitgestellt, nämlich eine Verbindung. Der Anwender nutzt (falls er bezahlt!) diesen Dienst, nämlich mit Kommunikation.

Die Anwenderkriterien (*Qualitätsmerkmale*) an ein Übertragungssystem sind:

- Originaltreue („Tonqualität")
- Verfügbarkeit, Zuverlässigkeit
- Reichweite
- Geschwindigkeit
- Übertragungskapazität
- Integrität (Geheimhaltung, Abhörschutz)
- Preis

Natürlich ist es unmöglich, gleichzeitig alle Kriterien maximal zu erfüllen. Vielmehr muss der Anwender sagen, welche Qualität (bestimmt durch die aktuelle Situation und subjektive Situa-tionsbeurteilung) er haben möchte. Aufgrund dieser Anforderungen und den jeweiligen Kanal-eigenschaften wird dann das *optimale* Übertragungssystem dimensioniert. Wirtschaftlich ist es natürlich keineswegs sinnvoll, bei jeder Informationsübertragung mit Kanonen auf Spatzen zu schiessen!

Dasselbe gilt ja auch für Kanäle zu anderen Zwecken als dem der Informationsübertragung. Bei der Übertragung von Materie (z.B. Gütertransport, Paketpost) werden ebenfalls verschie-dene Möglichkeiten angeboten, der Anwender wählt die für seine Zwecke optimale Variante aus. Bei der Paketpost beispielsweise können verschiedene Geschwindigkeitsbedürfnisse (Normalpost, Express, Kurier) und/oder verschiedene Sicherheitsbedürfnisse (Normalpost, eingeschriebene Post, Kurier) befriedigt werden. Niemandem würde es einfallen, prinzipiell alles per Kurier zu übertragen!

Was man mit einem Übertragungssystem will, ist die möglichst unverfälschte Übertragung von Information. Was man aber in Tat und Wahrheit macht, ist die Übertragung von Signalen. Es ist nun nicht so, dass diese Signale auf dem Übertragungsweg auf keinen Fall verfälscht wer-den dürfen! Trotz *Signal*verfälschungen kann nämlich die *Information* korrekt übertragen wer-den. Wird eine künstlerische Handschrift ungelenk abgeschrieben, so bleibt die Aussage des Satzes ja trotzdem erhalten. Dieses Beispiel zeigt auch, dass die eigentliche Nutzinformation Definitionssache ist. Es ist ein Unterschied, ob das Aussehen eines beschriebenen Blattes oder die Aussage des Textes zum Empfänger gelangen soll.

Ein Signal stellt Information physikalisch dar in Form einer variablen Spannung, eines Druk-kes, einer Temperatur usw. Mathematisch werden Signale durch Funktionen dargestellt. Mei-stens werden eindimensionale Funktionen verwendet, also Funktionen mit einer einzigen un-abhängigen Variablen. In der Bildverarbeitung werden Funktionen mit zwei unabhängigen

Ortskoordinaten benutzt. Da die physikalische Form für theoretische Betrachtungen bedeutungslos ist, wird ein Signal dimensionslos als s(t) geschrieben. Üblicherweise ist die Zeit die unabhängige Variable. Bei einem bespielten Tonband ist jedoch die Längenkoordinate x die unabhängige Variable. Wird dieses Tonband mit der konstanten Geschwindigkeit v an einem Tonkopf vorbeigezogen, so wird mit t = x/v die längenabhängige Magnetisierung in eine zeitabhängige Spannung umgewandelt.

Informationstragende Signale sind *Zufallssignale*, oder geschwollener ausgedrückt *stochastische Signale*. Dies hat bereits 1927 der Amerikaner Hartley erkannt und darum gefordert, dass sich die Nachrichteningenieure mehr mit Zufallssignalen statt mit Sinussignalen beschäftigen sollen. Ironischerweise wurde genau dieser Hartley berühmt durch seine Erfindung des Hartley-Oszillators, eines Sinus-Generators! Deterministische Signale sind berechenbar und damit in ihrem Verlauf vorhersagbar. Wenn man aber berechnen kann, wie ein Signal zu einem späteren Zeitpunkt aussehen wird, kann man sich dessen Übertragung gleich sparen und ein identisches Signal im Empfänger erzeugen. Aber auch die meistens rauschartigen Störsignale, welche die Feinde des Übertragungstechnikers darstellen, sind Zufallssignale. Das bedeutet, dass die Informationstheorie und die Übertragungstheorie viel zu tun haben mit Wahrscheinlichkeitsrechnung und Statistik. Beiden Disziplinen bringen die in deterministischer Denkweise geschulten Ingenieure nicht gerade viel Sympathie entgegen. Die deterministischen Signale hingegen haben ihre Vorteile in der einfachen Messtechnik und in der einfachen mathematischen Beschreibung und werden deshalb in der Nachrichtentechnik trotzdem häufig gebraucht.

Trägt ein Signal Information, so ändern sich ein oder mehrere Signalparameter (Amplitude, Phase, Frequenz usw.) „im Takt" der Information. Man kann zeigen:

> *Je mehr Information pro Sekunde übertragen wird*
>
> • *desto mehr Bandbreite wird benötigt und*
>
> • *desto schneller ändern sich die Signale.*

Die beiden Aussagen sind äquivalent und ergeben sich aus den Eigenschaften der Fouriertransformation. Die Tabelle 1.1 zeigt deutlich, dass ein Bild mehr als 1000 Worte sagt!

Tabelle 1.1 Typische Bandbreiten für verschiedene Quellen

Signalart	Bandbreite [kHz]	Bemerkungen
Fernschreiber	0.025 ... 0.2	je nach Datenrate
Sprache	2 ... 10	je nach gewünschter Qualität
Musik	20	
Fernsehen	5000	
Hilfssignal	0.005 ... 1000	je nach Art und Aufgabe

Quelle und Senke sind durch eine räumliche oder zeitliche Distanz getrennt, deren Überwindung demnach im Zentrum aller nachrichtentechnischen Bemühungen steht (Bild 1.2). Nicht jedes Signal ist über einen gegebenen Kanal übertragbar, vielmehr müssen Signal und Kanal

„zueinander passen". In einem lärmigen Maschinenraum ist z.B. mündliche Kommunikation schwierig, das Austauschen von Notizzetteln aber einfach. In einem dunklen Zimmer hingegen kann man eine Nachricht nicht lesen, akustische Verständigung ist jedoch problemlos möglich. Neben Signaleigenschaften wie z.B. der Bandbreite muss man darum auch die *Kanaleigenschaften* kennen. Dies sind z.B. Grössen wie:

- Kanaldämpfung. Diese bestimmt die erforderliche Senderausgangsleistung und die maximal ohne Zwischenverstärker (Repeater, Regeneratoren) überbrückbare Distanz.

- Störungen. Auf ihrem Weg von der Quelle zur Senke erfahren die Signale Störungen verschiedenster Art (inklusive beabsichtigte Störungen zur Kommunikationsverhinderung oder Täuschung). Je nach Anwendung muss die Geheimhaltung gewährleistet werden.

- untere und obere Grenzfrequenz. Diese bestimmen die verfügbare Bandbreite und damit die Informationsmenge, die pro Sekunde übertragen werden kann. Tabelle 1.2 zeigt Beispiele.

Tabelle 1.2 Frequenzbereiche verschiedener Übertragungsmedien (Richtwerte)

Medium	Frequenzbereich	Anwendung
Zweidrahtleitung	0 … 100 MHz	Telefon (Teilnehmerbereich), LAN
Koaxialkabel	0 … 1 GHz	TV, Telefon (Vrb. zwischen Zentralen)
Lichtwellenleiter	200 THz … 375 THz	Daten, Telefon (Vrb. zwischen Zentralen)
Funk	10 kHz … 1 THz	Rundfunk, Richtfunk, Satelliten, Radar

C.E. Shannon, der Begründer der Informationstheorie, hat eine Formel für den maximalen Informationsgehalt eines Signales angegeben. Es gilt (eine genauere Betrachtung folgt im Abschnitt 1.1.8):

$$I = B \cdot T \cdot \log_2\left(1 + \frac{P_S}{P_N}\right) = B \cdot T \cdot D \qquad (1.1)$$

Dabei bedeuten: I = Informationsmenge in bit

B = Bandbreite des Kanals in Hz

T = Übertragungszeit in sek

D = Dynamik, ein Mass für die Störanfälligkeit

P_S = Signalleistung

P_N = Störleistung (N = noise)

Gleichung (1.1) beinhaltet folgende wichtige Aussage:

Bandbreite, Übertragungszeit und Störanfälligkeit
können gegeneinander ausgespielt werden.

Beispielsweise kann ein Satz dreimal gesagt werden. Dies dauert zwar länger, gestattet aber, Übertragungsfehler zu korrigieren. Oder: eine Tonband-Musikaufnahme wird mit doppelter Bandgeschwindigkeit übertragen. Die Töne werden dadurch doppelt so hoch (und damit die Bandbreite verdoppelt), die Übertragungszeit hingegen halbiert. Oder: Bei unveränderter Informationsmenge kann mit mehr Bandbreite eine Übertragung störsicher gemacht werden. Dies wird ausgenutzt beim UKW-Rundfunk: dort wird genau aus diesem Grund die Frequenzmodulation (FM) angewandt. Beim Mittelwellen- und Kurzwellenrundfunk wäre dies zwar technisch auch möglich, allerdings ist dort die Bandbreite derart knapp, dass auf den Störschutz verzichtet werden muss und die frequenzökonomischere Amplitudenmodulation (AM) angewendet wird. Oder anders ausgedrückt: würde man beim Mittelwellenrundfunk ebenfalls eine störresistente Modulation anwenden, so hätten nur noch einige wenige Sender Platz. Digitale Signale benötigen eine weit grössere Bandbreite als Analogsignale mit demselben Informationsgehalt. Diesem Nachteil steht aber die im Vergleich zu FM noch grössere Störresistenz gegenüber.

Um gleich mit einem weit verbreiteten Irrtum aufzuräumen der folgende Merksatz:

> *Für eine erfolgreiche Übertragung muss am Empfängereingang nicht die Signalleistung möglichst gross sein, sondern das Verhältnis von Signal- zu Störleistung muss genügend gross sein!*

Dieses Verhältnis (genannt *Signal-Rausch-Abstand*, *Rauschabstand* oder *Störabstand*) ist der Quotient P_S/P_N in Gleichung (1.1).

Unter Störung ist dabei das stets vorhandene Rauschen (Rauschen in Halbleitern und Widerständen, atmosphärisches und kosmisches Rauschen bei Funkübertragung), aber auch künstliche Störungen (man made noise, Interferenzen, böswillige Störungen usw.) zu verstehen.

Schwache Signale kann man verstärken. Sind diese Signale aber zusätzlich noch verrauscht, so wird dieses Rauschen ebenfalls mitverstärkt, der Rauschabstand also mitnichten verbessert. Genau aus diesem Grund sind die elektronischen Verstärker der Satelliten-Empfangsantennen direkt an der Antenne angebracht und nicht etwa in der warmen Stube plaziert.

Im Alltag kann man dieses Konzept des minimal notwendigen Störabstandes in jedem Restaurant erleben: jeder Sprecher passt seine Lautstärke automatisch den Umgebungsgeräuschen an, prinzipielles Anbrüllen bildet eher die Ausnahme.

Schwierige Kommunikationsverhältnisse kann man demnach verbessern, indem man die Senderleistung erhöht oder die Störleistung vermindert. Letzteres geschieht beispielsweise durch Abschirmung, Ausweichen auf einen störungsfreien Kanal (Funk) oder auch mit drehbaren Richtantennen, wobei nicht der Partner ins Maximum sondern der Störer in das meist ausgeprägtere Minimum der Antennencharakteristik gelegt wird. Diese Methode ist auch erfolgreich bei der Elimination von TV-Geisterbildern (dort bildet ein wegen einem Umweg über einen Reflexionspunkt verzögertes Empfangssignal den Störer).

Nun zu einer detaillierteren Betrachtung eines Übertragungssystems:

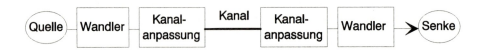

Bild 1.3 Grundstruktur eines jeden Übertragungssystems

Bild 1.3 zeigt die Elemente, die in *jedem* Übertragungssystem zu finden sind:

- Als Beispiele für *Quellen* sind zu nennen: das menschliche Sprachorgan, ein Musikinstrument, ein Signalgenerator, eine Computer-Diskette usw. Es ist zu unterscheiden zwischen kontinuierlichen (analogen) und diskreten (digitalen) Quellen.

- Der *Wandler* wandelt das Quellensignal in eine andere physikalische Form um. Z.B. wandelt das Mikrofon Luftdruckschwankungen in ein elektrisches Signal um. Der Bleistift bringt eine Idee (= Information) in eine optische Form (variable Schwärzung eines Papiers).

- Oft ist das Signal nach dem Wandler nicht zur Übertragung geeignet. Es muss zuerst an den *Kanal angepasst* werden. Beispiele:

  - Sprachsignale belegen den Frequenzbereich von 300 Hz bis 3400 Hz. Diese sind nicht direkt per Funk übertragbar, da Radiowellen nur bei Frequenzen über 10 kHz mit erträglichem (ab 100 kHz mit vernünftigem) Antennenaufwand abgestrahlt werden können. Die Kanalanpassung besteht darin, das Sprachspektrum vor der Übertragung in einen besser geeigneten Frequenzbereich zu transponieren. Dies geschieht in einem *Modulator*.

  - Sind Computersignale (digitale Quelle) über das Telefonnetz (analoger Kanal) zu übertragen, so müssen die Signale ebenfalls angepasst werden. Insbesondere ist der Gleichstromanteil im Quellensignal zu entfernen. Auch dies wird mit einem Modulator bewerkstelligt (dieser befindet sich im Modem). Die Leitungen des Telefonsystems sind zwar durchaus in der Lage, Gleichströme zu übertragen. Zur Potenzialtrennung (Verhinderung von Ausgleichströmen) werden aber Übertrager eingesetzt und die Verstärker werden AC-gekoppelt (einfachere Arbeitspunkteinstellung). Somit kann der Kanal keine DC-Anteile mehr übertragen, was für den ursprünglichen Zweck der Sprachübertragung keine Einschränkung bedeutet. Das Sprachsignal hat nämlich keine Komponenten unter 100 Hz.

  - Um die Information gegen Störungen zu schützen, wird diese „immunisiert". Man bezahlt dafür mit Bandbreite und/oder Übertragungszeit. Wiederum kann ein Modulator diese Aufgabe wahrnehmen, das Beispiel vom FM-Rundfunk wurde bereits erwähnt. Bei digitalen Signalen (z.B. bei der CD) wird zum Zweck des Störschutzes ein *Kanalcoder* eingesetzt.

  - Oft hat ein Kanal eine so grosse Übertragungskapazität, dass er mit dem Informationsstrom aus einer einzigen Quelle nicht ausgelastet wird (vgl. Tabellen 1.1 und 1.2 sowie Bild 1.4). In solchen Fällen ist es sehr wirtschaftlich, die Informationsströme von verschiedenen Quellen zusammenzufassen und gleichzeitig über einen gemeinsamen Kanal zu übertragen. Man nennt dies *Mehrfachausnutzung* oder *Multiplex-Übertragung*. Dies wird beim Telefonnetz ausgenutzt, indem die verschiedenen Sprachsignale mit Modulatoren in unterschiedliche Frequenzbereiche transponiert werden. Man spricht deshalb vom Frequenz-Multiplex-Verfahren (FDM, frequency division multiplex), Bild 1.5. Gleichartig funktioniert auch die Briefpost: Briefe mit ähnlichem Reiseweg werden gemeinsam mit demselben Fahrzeug transportiert. Zur Unterscheidung dient natürlich nicht die Frequenz, sondern die Adressangaben auf dem Umschlag. Aber auch die Rundfunksender wenden dieses Prinzip an: sie benutzen gleichzeitig den (nicht existierenden) Äther als gemeinsamen Übertragungskanal. Im Empfänger wird aus dem Programmgemisch die gewünschte Station herausgefiltert.

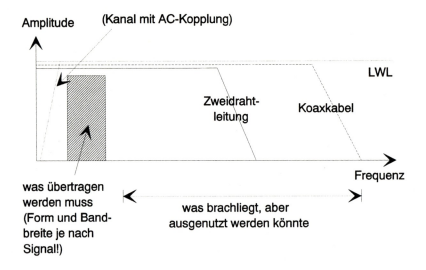

Bild 1.4 Kanalbandbreite und Signalbandbreite

Dank der Multiplexierung benötigt man im Telefonnetz viel weniger Leitungen und Kabel (Erdarbeiten). Mit Hilfe von Elektronik (Modulatoren) spart man demnach nicht nur Kupfer sondern auch viel viel Geld! Allen Multiplexsystemen ist gemeinsam, dass *Übertragungshierarchien* bestehen, ähnlich wie im Strassennetz: Quartierstrasse - Nebenstrasse - Hauptstrasse - Autobahn.

Auf der Empfangsseite müssen die Signalveränderungen zur Kanalanpassung wieder rückgängig gemacht werden. Ein Sprachsignal wird in die ursprüngliche Frequenzlage von 300 Hz bis 3400 Hz zurücktransponiert, einem Computersignal wird wieder ein Gleichstromanteil zugeführt usw. Dies geschieht im *Demodulator* oder *Decoder*. Bei Zweiwegverbindungen sind meistens *Mo*dulator und *Dem*odulator in einem einzigen Gerät, dem *Modem*, vereinigt.

Die Senke in Bild 1.3 erwartet häufig kein elektrisches Signal, sondern zum Beispiel wohlklingende Musik. Der Wandler am Ausgang des Übertragungssystems übernimmt die Umwandlung in die gewünschte physikalische Form. Lautsprecher, Digitalanzeigen, Monitore und Drucker sind Beispiele für solche Wandler.

Die Informationstheorie zeigt die physikalischen Grenzen eines Übertragungssystems. Diese werden heutzutage schon fast erreicht. Etwas salopp kann man sagen, dass eine Informationsübertragung über beliebige Distanz und mit beliebiger Sicherheit technisch realisiert werden kann, falls man den Aufwand nicht scheut.

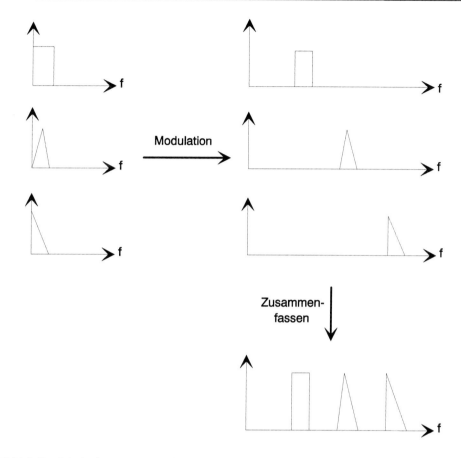

Bild 1.5 Das Prinzip des Frequenzmultiplex-Verfahrens

Grundsätzlich gilt, dass der Kanal optimal auszunützen ist. Dazu darf ruhig etwas Aufwand in die Kanalanpassung gesteckt werden, da Elektronik-Schaltungen günstiger sind als schlecht ausgenutzte Kanäle. Die optimale Kanalanpassung verlangt aber genaue Kenntnisse der Kanalcharakteristik. Die Abschnitte 1.1.7, 5.5 und 5.6 befassen sich genauer mit den Übertragungskanälen.

Wegen der teuren Übertragungskanäle ist man bestrebt, nur das wirklich Notwendige zu übertragen. Eine Extremform ist der knappe Telegrammstil. Das Stichwort heisst *Quellencodierung* und umschreibt eine Technik mit künftig grosser wirtschaftlicher Bedeutung. Quellencodierung bedeutet Redundanzreduktion und Irrelevanzreduktion. *Irrelevanz* ist Information, die der Empfänger nicht verwerten kann und darum gar nicht will. Zum Beispiel ist es sinnlos, bei der Audio-Übertragung Töne über 20 kHz zu übertragen, man stört damit höchstens die Fledermäuse! Beim Telefonsystem wird sogar die Sprache bewusst auf einen Frequenzbereich von 300 Hz bis 3400 Hz eingeschränkt und somit das Sprachsignal etwas in der Klangfarbe verfälscht. Man hat nämlich in langen Versuchsreihen herausgefunden, dass trotz dieser Beschränkung die Verständlichkeit kaum leidet und auch noch eine Sprechererkennung möglich ist.

Redundanz bedeutet Überfluss. Gemeint ist damit, dass ein und dieselbe Information mehrfach vorhanden ist. Zum Beispiel ist die Aussage „Donnerstag, 2. April 1998" redundant. Die Aussage „2. April 1998" ist genügend, denn in jedem Kalender lässt sich nachschlagen, dass es sich um einen Donnerstag handelt. Wichtig ist die Quellencodierung vor allem bei der Bildübertragung: die 5 MHz Bandbreite beim TV-Signal müssen nämlich reserviert werden, um den Maximalbedarf zu decken. Während der meisten Zeit ist das Bild aber redundant. Wenn z.B. die Tagesschausprecherin einen Text spricht, so bleibt der grösste Teil des Bildes unverändert. Es würde demnach genügen, nur den Bildausschnitt um die Mundpartie zu übertragen und den Rest des Bildes im Empfänger zu rekonstruieren. Angewandt wird auch die folgende Methode: statt jedesmal die vollständige Information eines Bildes zu übertragen wird nur ein erstes Bild komplett übertragen und danach lediglich noch die Differenz zwischen zwei Bildern. Dabei sind Massnahmen gegen die Fehlerfortpflanzung zu treffen. Es ist klar, dass vor allem bei der digitalen Übertragung Quellencodierung angewandt wird. Ein interessantes Problem dabei ist der Synchronismus zwischen Bild und Sprache: die Quellencodierung verlangt nämlich Rechenarbeit und braucht darum Zeit. Das Sprachsignal weist eine andere Charakteristik als das Bildsignal auf, deshalb werden diese Signale mit unterschiedlichen Methoden komprimiert. Trotzdem müssen die beiden Signale synchron dem Zuschauer angeliefert werden. Beim analogen Fernsehsystem wird erst rudimentär bei der Farbübertragung eine Quellencodierung angewandt. Mit Quellencodierung werden also Übertragungskosten (Übertragungszeit und/oder Bandbreite) eingespart. Aber auch Speicherplatz lässt sich damit ökonomischer ausnutzen.

Ein weiteres wichtiges Konzept ist das der *Kanalcodierung*. Dies bedeutet Störschutz durch gezieltes Zufügen von Redundanz. Natürlich handelt es sich nicht um die bei der Quellencodierung eliminierte Redundanz. Vielmehr wird die Doppelinformation so eingefügt, dass der Empfänger Fehler erkennen und zum Teil sogar korrigieren kann. Die zusätzliche Redundanz benötigt aber eine höhere Übertragungskapazität, die Übertragung dauert also länger oder braucht eine grössere Bandbreite.

Ist z.B. in einem Text ein Duckfehler vorhanden, so versteht der Leser im Allgemeinen ohne weiteres den Sinn, kann den Fehler also korrigieren. Dies deshalb, weil die Sprache redundant ist. Die Liste der Lottozahlen ist hingegen nicht redundant, Fehler können höchstens entdeckt (wenn zweimal dieselbe Zahl oder eine zu hohe Zahl auftaucht) aber keinesfalls korrigiert werden. Eine simple Methode der Kanalcodierung besteht darin, alles mehrmals zu wiederholen und im Empfänger einen Mehrheitsentscheid zu fällen. Die Technik der Kanalcodierung ist aber zu weit raffinierteren Methoden fortgeschritten.

Bereits im Gespräch von Angesicht zu Angesicht beträgt die Silbenverständlichkeit meist nur 80%. Bei 70% Silbenverständlichkeit ist dank der Redundanz in der gesprochenen Sprache noch eine einwandfreie, bei 50% noch eine erträgliche Konversation möglich. Wird die Verständlichkeit schlechter, so werden Rückfragen notwendig. Dieses „Wie bitte?" kann auch in technischen Systemen implementiert werden: der Kanalcoder fügt nicht Redundanz bis zur fast totalen Sicherheit bei, sondern viel weniger (z.B. ein Parity-Bit). Falls ein Fehler nur erkannt aber nicht korrigiert werden kann, so wird der entsprechende Teil der Übertragung noch einmal angefordert. Dies funktioniert natürlich nur, wenn die Kommunikation nach einem festgelegten Schema, *Protokoll* genannt, abläuft und zudem ein Rückkanal (der allerdings nur eine kleine Kapazität bereitstellen muss) zur Verfügung steht. Das Verfahren heisst ARQ (automatic repeat request).

Schliesslich ist noch die *Chiffrierung* zu erwähnen. Dies ist ebenfalls eine Codierung, deren Ziel ist aber die Geheimhaltung. Die Informationsmenge wird weder vergrössert noch verkleinert, sondern nur in eine für den Nichteingeweihten unverständliche Form gebracht.

Zusammenfassung: Zwischen dem Wandler und dem Kanal durchläuft das Nachrichtensignal folgende Stufen:

- Quellencodierung: Datenmenge verkleinern durch Irrelevanz- und Redundanzreduktion
- Chiffrierung: Codierung zum Zweck der Geheimhaltung (Verschlüsselung)
- Kanalcodierung: Redundanzerhöhung zum Zweck der Fehlererkennung und Korrektur
- Modulation: physikalische Kanalanpassung (z.B. Frequenzbereich), Störschutz und
                        Mehrfachausnutzung

Im Empfänger werden in umgekehrter Reihenfolge alle Vorgänge rückgängig gemacht.

In einem realisierten Übertragungssystem müssen natürlich nicht unbedingt alle Stufen vorkommen. Bild 1.6 zeigt das vollständige Blockschema. Häufig wird dem Modulator wegen der Kanaldämpfung noch ein Leistungsverstärker nachgeschaltet. Dieser ist aber vom theoretischen Standpunkt her betrachtet nicht so interessant.

Quellencodierung, Kanalcodierung und Chiffrierung sind Verfahren, die man vor allem bei der digitalen Signalübertragung anwendet. Zum Teil ist die angewandte Theorie noch jung, mit der klassischen Analogtechnik wäre sie aber ohnehin nicht umsetzbar gewesen.

Es muss betont werden, dass zahlreiche „veraltete" Systeme noch längere Zeit genutzt werden. Kenntnisse über die klassischen Verfahren gehören darum ebenfalls zur Grundausbildung. Grundlegend neue Konzepte haben stets mit dem wirtschaftlichen Hindernis der Inkompatibilität zu kämpfen.

Verschiedentlich wurde darauf hingewiesen, dass die einzelnen in der Nachrichtentechnik angewandten Verfahren bereits einen hohen Entwicklungsstand erreicht haben. Man muss sich deshalb fragen, was die Zukunft noch bringen kann. Forschungsarbeit wird v.a. noch auf folgenden Gebieten verrichtet:

- Die Blöcke *Kanalcodierung* und *Modulator* haben zum Teil dieselbe Aufgabe, nämlich Störschutz. Es ist darum sinnvoll, ein Gesamtoptimum anstelle von zwei Teiloptimas zu suchen. Einige Verfahren sind schon bekannt (codierte Modulation, Trellis-Codierung). Es geht aber nur noch um eine marginale Systemverbesserung, da das informationstheoretische Optimum fast erreicht ist.
- Übertragungssysteme sind nur für bestimmte Kanaleigenschaften optimal. Mit adaptiven (selbstanpassenden) Verfahren können universellere Systeme realisiert werden. Ein interessantes Teilproblem dabei ist die Kanalidentifikation (Messung der Kanaleigenschaften).
- Die Forschung bewegt sich weg von der fast ausgereizten Punkt-Punkt-Übertragung zu den Nachrichten*netzen*. Stichworte sind Netzorganisation (Überwachung, Steuerung, Recovery nach einem Zusammenbruch usw.) und Vielfachzugriff.

Die Theorie wendet sich zusehends ab vom Deterministischen zum Stochastischen. Der in der Forschung tätige Nachrichteningenieur wandelt sich vom Elektroingenieur zum Statistiker und Informatiker. Schon heute ist es einfacher, einem Mathematiker die notwendigen Kenntnisse der Nachrichtentechnik beizubringen als einem Elektroingenieur die notwendigen mathematischen Kenntnisse zu vermitteln.

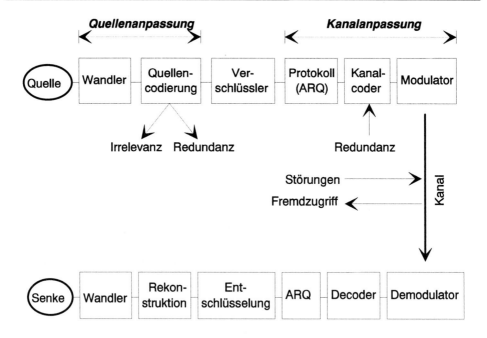

Bild 1.6 Vollständiges Blockschema eines modernen Übertragungssystems

Zusammenfassung: Die Nachrichtentechnik befasst sich mit zwei Grundaufgaben:

- Signalaufbereitung vor und nach der Übertragung (Codierung und Modulation)
- Steuerung der Übertragung selber (Netzorganisation)

1.1.3 Die Vorzüge der digitalen Informationsübertragung

„Do it digitally!". Dieses Rezept durchdringt die gesamte Informationstechnologie und hat gute Gründe, die nachstehend erläutert werden.

Auf der analogen Schallplatte ist die Information in der Form der Rillen gespeichert. Eine Beschädigung der Plattenoberfläche führt zu einer anderen Rillenform. Es ist nun für den Plattenspieler unmöglich zu entscheiden, ob eine bestimmte Rillenform tatsächlich so gewollt war oder das Resultat einer Störung (hier: Staub, Kratzer, Erschütterung) ist.

> *Bei der analogen Signalübertragung führt jede Signalverfälschung*
> *zwangsläufig zu einer Informationsverfälschung.*

Eine *graduelle* Abhilfe ist möglich durch Modulation (Bandbreitenvergrösserung, z.B. mit Frequenzmodulation). Eine *prinzipielle* Abhilfe ist jedoch möglich durch Digitaltechnik! Bei der CD ist die Information ebenfalls in Vertiefungen der Plattenoberfläche gespeichert. Der

Empfänger (CD-Player) detektiert aber nur, ob ein Loch vorhanden ist oder nicht. Die Form des Loches ist dabei (in Grenzen) egal. Wenn also durch unsorgfältige Handhabung die CD verkratzt wird und die Löcher „ausfransen", so kann deren Existenz nach wie vor sicher detektiert werden. Analoge Signale müssen aber zuerst digitalisiert werden, ehe sie in einem digitalen System verarbeitbar sind. Dies geschieht im AD-Wandler, der drei Schritte ausführt:

- Abtasten

- Quantisieren

- Codieren

Bild 1.7 zeigt ein analoges Signal. Abtasten bedeutet, dass von diesem Signal in bestimmten, normalerweise konstanten Zeitabständen Proben (*Abtastwerte*, engl. *samples*) entnommen werden. Bei der Abtastung werden die *exakten* Signalwerte übernommen. Nach der Abtastung hat man ein zeitdiskretes, aber wertkontinuierliches Signal. Dies ist noch *kein* digitales Signal! Anschliessend werden nur noch die Samples weiterverarbeitet.

Man könnte nun meinen, dass durch die Abtastung Information verloren gegangen ist. Wiederum war es Shannon, der herausgefunden hat, das dem nicht unbedingt so ist. Seine berühmte Formel lautet:

$$\boxed{\frac{1}{T} = f_A > 2 \cdot B}$$ (1.2)

> *Die Abtastfrequenz muss grösser sein als die*
> *doppelte Bandbreite des analogen Signales!*

Wenn diese Bedingung, das *Abtasttheorem*, eingehalten wird, so enthalten die Abtastwerte *exakt* die gleiche Information wie das ursprüngliche analoge Signal.

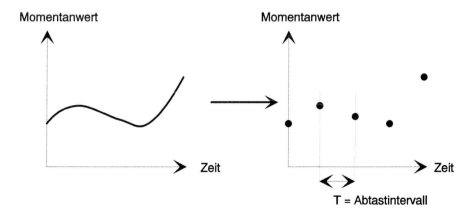

Bild 1.7 Abtastung eines analogen Signales

Die Shannon-Formel verknüpft die Abtastfrequenz mit der Bandbreite. Die Bandbreite ist aber ein Mass für den Informationsgehalt. Steckt in einem Analogsignal viel Information, so braucht es auch entsprechend viele Abtastwerte, also eine hohe Abtastfrequenz. Hat ein Signal wenig Informationsgehalt, so ist die Bandbreite klein, so ändert sich das Signal nur langsam und das Abtastintervall kann gross gemacht werden.

Das Analogsignal sei z.B. eine elektrisch gemessene Zimmertemperatur. Abtasten bedeutet, dass z.B. alle 10 Sekunden ein Signalwert übernommen wird. Wegen der thermischen Trägheit wird die Zimmertemperatur aber sicher nicht innert einer Millisekunde um 20 Grad ändern. Gefühlsmässig ist ein Abtastintervall von 10 Sekunden völlig ausreichend.

Betrachtet man Bild 1.7 rechts, so kann man ohne weiteres den ursprünglichen analogen Signalverlauf mit einem Bleistift rekonstruieren oder interpolieren. Die einzige Voraussetzung ist, dass das Analogsignal zwischen zwei Abtastwerten keine Kapriolen ausführt. Solch schnelle Signaländerungen sind aber wegen der Bandbegrenzung gar nicht möglich.

Musiksignale haben eine Bandbreite von 20 kHz (vielleicht auch mehr, das menschliche Ohr hört dies aber nicht mehr). Bei der CD arbeitet man mit einer Abtastfrequenz von 44.1 kHz.

Nach der Abtastung folgt die Quantisierung, Bild 1.8. Dies ist ein Runden auf bestimmte diskrete Werte. Danach ist das Signal sowohl zeit- als auch wertdiskret und somit digital. Ein digitales Signal hat also z.B. 10 mögliche Momentanwerte, oder 17, oder nur 2. Beim letzten Fall spricht man von *binären* Digitalsignalen, welche technisch sehr wichtig sind. In der Übertragungstechnik werden aber auch ternäre (dreiwertige) quaternäre (vierwertige) usw. Signale eingesetzt. Zwei mögliche Signalwerte sind das Minimum: hätte man nur noch einen einzigen Wert, so wäre das Signal konstant, also deterministisch und somit ohne Informationsgehalt.

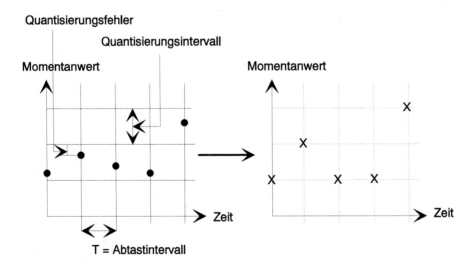

Bild 1.8 Amplitudenquantisierung des zeitdiskreten Signals aus Bild 1.7

Durch das Runden ergibt sich eine Signalverfälschung (*Quantisierungsfehler*) und somit ein *Informationsverlust*. Der Quantisierungsfehler hat höchstens das halbe Quantisierungsintervall als Amplitude und äussert sich als ein dem ursprünglichen Signal überlagertes Rauschen, dem *Quantisierungsrauschen*. Dieser Informationsverlust ist unwiderruflich und der Preis, für den man sich die Vorteile der Digitaltechnik erkauft. In Abbildung 1.8 rechts liegt nun endlich ein digitales Signal vor. Dieses kann dargestellt werden als Zahlenreihe (Sequenz), in unserem Falle also [1, 2, 1, 1, 3]. Damit ist das Signal in einer Form, in der es von einem Computer verarbeitet werden kann.

Etwas schmerzlich ist das Quantisierungsrauschen natürlich schon. Man kann die Schmerzen aber lindern, indem man das Quantisierungintervall verkleinert. Unterteilt man mit einer zehnfach feineren Auflösung, so ergäbe sich als Sequenz [1.2, 1.8, 1.3, , 1.2, 2.7]. Bei einer nochmals zehnfach besseren Auflösung ergäbe sich [1.24, 1.83, 1.34, 1.24, 2.68]. Das Prinzip ist offensichtlich: je weniger Information durch die Quantisierung verloren geht, desto mehr Information ist im digitalen Signal vorhanden, desto mehr Ziffern werden gebraucht für die Darstellung des letzteren und desto mehr Aufwand liegt in der Signalverarbeitung und -übertragung.

> *Ein digitales Signal hat ein diskretes Argument und einen diskreten Wertebereich. In einem endlichen Ausschnitt des Definitionsbereiches trägt das digitale Signal nur endlich viel Information.*

Diese Definition ist bewusst allgemein gehalten, dafür leider nicht so prägnant. Zwei Beispiele von ternären (drei mögliche Werte) Digitalsignalen sollen dies verdeutlichen:

- Ein zeit- und wertdiskretes Spannungssignal lässt sich darstellen durch eine Sequenz (Zahlenreihe) oder graphisch nach Bild 1.9 oben. Vom Informationsgehalt her äquivalent ist die Darstellung nach Bild 1.9 mitte, da diese beiden Bilder durch eine feste Vorschrift ineinander überführbar sind.

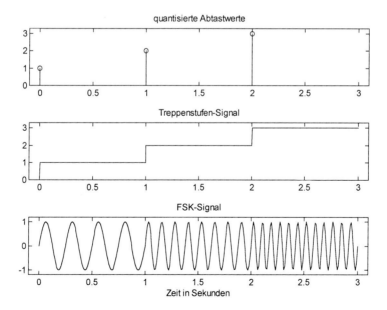

Bild 1.9 Drei punkto Informationsgehalt äquivalente ternäre Digitalsignale

- Ein digitales, frequenzmoduliertes Signal heisst FSK-Signal (frequency shift keying). Es hat einen kontinuierlichen Verlauf bei konstanter Amplitude. Der interessante Aspekt dieses Signales ist jedoch seine Frequenz, und diese ändert nur zu bestimmten Zeitpunkten und kann nur bestimmte Werte annehmen. Trotz des kontinuierlichen *Spannungs*verlaufes ist das Signal digital, denn sein interessanter Wert (die Information) liegt nicht in der Spannung sondern in der Frequenz, Bild 1.9 unten. Trägt man den Verlauf der Frequenz in Funktion der Zeit auf, so ergibt sich ein Treppenstufen-Signal wie in Bild 1.9 Mitte.

Jede Nachricht ist diskret! Diese Aussage begründet sich letzlich in der endlichen Begriffswelt. Man kann auch sagen: Bei genügend feiner Quantisierung (und entsprechendem Aufwand) lässt sich jedes Analogsignal genügend genau darstellen, der Quantisierungsfehler also vernachlässigen. Ein Audiosignal muss z.B. nicht so fein abgebildet werden, dass das thermische Rauschen der Luftmoleküle, das unter der Hörschwelle des Ohres liegt, noch korrekt abgebildet wird. Das ursprüngliche Analogsignal hat in der Praxis ja auch bereits Rauschanteile überlagert, auch diese müssen nicht digitalisiert werden, da sie keine Nutzinformation darstellen. Der Informationsverlust bei der Quantisierung kann in diesem Fall als Irrelevanzreduktion, d.h. als durchaus erwünschte Datenkompression aufgefasst werden. Etwas salopp kann man deshalb sagen:

> *Theoretisch lässt sich jedes Analogsignal*
> *genügend genau digitalisieren.*

Leider aber eben nur theoretisch! Das Problem liegt weniger in der Quantisierung als im Abtasttheorem. In der Praxis sind genügend schnelle AD-Wandler und genügend schnelle Rechner noch nicht vorhanden, um z.B. Radarsignale zu digitalisieren. Abtastfrequenzen von einigen hundert MHz sind aber realisierbar, d.h. die Bildverarbeitung erfolgt bereits digital.

Digitalbausteine verarbeiten meistens Binärsignale. Die Spannungssignale sind 0 V bzw. 5 V. Tritt nun wegen eines Übertragungsfehlers (z.B. Dämpfung) eine Spannung von 4 V auf, so wird diese gleich behandelt wie wenn sie 5 V betragen würde. Man kann sie sogar einfach wieder auf 5 V regenerieren. Problematisch wird die Sache erst, wenn die Amplitude 2.5 V beträgt, dies ist deshalb in einem verbotenen Bereich. Regeneriert man Digitalsignale genügend früh, so kann dies *vollständig* geschehen. Bei Analogsignalen ist dies nicht möglich, denn jede Signalverarbeitung fügt dem Signal ein Rauschen bei, das fortan wie Nutzinformation behandelt wird. Mit einem kleinen Experiment ist dies überprüfbar: Ein Musikstück wird auf eine Musikkassette aufgenommen. Von dieser Aufnahme wird eine Kopie auf eine weitere Kassette angelegt. Von der Kopie wird wieder eine Kopie hergestellt usw. Schliesslich hört man nur noch Rauschen, die gesamte Information ist verschwunden. Macht man dasselbe mit einer Computer-Diskette, so wird die Qualität keineswegs verschlechtert, obwohl dasselbe physikalische Speicherungsprinzip angewendet wird. Die Information ist immun, weil regenierbar, Bild 1.10. Diese Regenierbarkeit ist eine Folge der Quantisierung.

> *Digitale Signale können ohne Verfälschung der Information*
> *über unendlich weite Distanzen übertragen werden.*

Die Regeneratoren müssen nur nahe genug beieinander sein. Umsonst ist dies natürlich nicht.

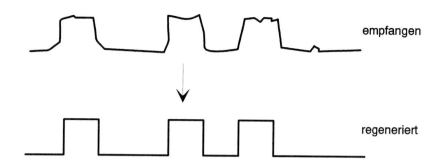

Bild 1.10 Regeneration eines angeknabberten Digitalsignals

Wenn der Quantisierungsfehler nicht zu gross sein soll, muss fein quantisiert werden. Das bedeutet, dass z.B. 1000 verschiedene Werte im Digitalsignal vorkommen. Wenn man diese verteilt auf einen Bereich von 10 V, so liegen die erlaubten Werte nur 10 mV auseinander. Eine Störamplitude von 5 mV kann damit die Information bereits verfälschen. Beim oben erwähnten binären Digitalsignal braucht es schon über 2 V Störamplitude.

Derselbe Sachverhalt kann noch anders interpretiert werden: Der Sender schickt ein Symbol (z.B. einen Spannungswert) auf die Reise zum Empfänger. Dieser muss feststellen (bzw. schätzen oder erraten), welches Symbol vom Sender geschickt wurde. Ein Analogsignal hat nun unendlich viele mögliche Symbole (z.B. Spannungswerte), die korrekte Auswahl wird darum fast unmöglich. Ein fein quantisiertes Signal hat noch viele Möglichkeiten, die Auswahl ist schwierig. Ein grob quantisiertes Signal hat nur wenig Möglichkeiten (im Extremfall 2), die Auswahl wird einfach und darum sicher. Man stelle sich z.B. die 10 Ziffern als mögliche Symbole vor (feine Quantisierung). Bei Übertragungsfehlern (unschön geschrieben, Papier zerknittert und durchnässt) ist eine 1 von einer 7 oder eine 3 von einer 9 nur schwer zu unterscheiden. Benutzt man den Binärcode, also nur die Symbole 0 und 1 (grobe Quantisierung), so wird die Unterscheidung wieder einfach.

Man befindet sich also in einem Dilemma: einerseits soll die Quantisierung möglichst fein sein, d.h. viele Quantisierungsniveaus, damit der Quantisierungsfehler möglichst gering wird. Andererseits soll die Quantisierung möglichst grob sein, also nur wenige Quantisierungsniveaus, damit die Übertragungssicherheit gross wird. Die Lösung aus dem Dilemma wird ermöglicht durch *Codierung.* Die Quantisierungsniveaus werden numeriert, man erhält eine Sequenz von Zahlen. Im Beispiel zu Bild 1.8 wurde dazu der Dezimalcode benutzt. Damit hat man nur noch 10 verschiedene Symbole, die der Empfänger unterscheiden können muss. Verwendet man anstelle des Dezimalcodes den Dualcode (Binärcode), so arbeitet man nur noch mit zwei verschiedenen Werten, erlangt somit die maximale Übertragungssicherheit. Bei feiner Quantisierung ergeben sich aber viele Stellen, auch dies wurde im Beispiel zu Bild 1.8 bereits offensichtlich. Tabelle 1.3 vergleicht den Dezimalcode mit dem Binärcode.

Dasselbe Problem zwischen Symbolvielfalt und Übertragungssicherheit hat man auch bei der Schrift: die lateinische Schrift ist viel sicherer als die japanische Schrift mit ihren tausenden von Symbolen. Genau aus diesem Grund wurde der Fax in Japan und nicht in Europa entwickelt: während man hier mit dem Telex-System sich glücklich fühlte, war ein ähnliches System für die japanische Schrift nicht machbar. Beim Fax wird das Blatt unterteilt in viele Punkte, von denen jeweils der Wert „schwarz" oder „weiss" ermittelt wird. Dies ist ein Binärcode, der sicher übertragbar ist. Allerdings sind natürlich viele solche schwarz-weiss-Entscheide zu übertragen, man benötigt darum eine gewisse Verarbeitungsgeschwindigkeit. Für eine Maschine ist es jedoch ein Leichtes, einen einfachen Vorgang rasch und oft zu erledigen. Bei Menschen ist es genau umgekehrt.

Tabelle 1.3 Vergleich Dezimalcode - Binärcode

Dezimalcode	Binärcode
0	0
1	1
2	10
3	11
4	100
...	...
...	...
100	1100100
viele Symbole wenig Stellen	wenig Symbole viele Stellen

> *Digitale Übertragung ist der Austausch von endlich vielen*
> *Symbolen pro Sekunde, wobei die Symbole nur endlich viele*
> *Werte annehmen können. Die pro Sekunde übertragene*
> *Informationsmenge ist dadurch ebenfalls endlich.*

> *Der Binärcode ist geeignet für störsichere Übertragung*
> *und für maschinelle Verarbeitung.*

Zusammenfassung:

Die Digitalisierung von Analogsignalen (AD-Wandlung) besteht aus drei Schritten:

- *Abtastung:*   Die Abtastfrequenz wird durch die Bandbreite des Analogsignales bestimmt.
- *Quantisierung:* Die Auflösung wird durch die Anwendung (Genauigkeitsanforderung) bestimmt.
- *Codierung:*   Das digitale Wort wird häufig im Binärcode dargestellt.

Bei Sprachsignalen verfährt man genauso wie eben beschrieben. Das Verfahren heisst Puls-Code-Modulation (PCM) und erfreut sich breiter Anwendung. Das neue digitale Telefonnetz verwendet ebenfalls PCM. Dabei wird eine Abtastfrequenz von 8 kHz (bei einer Sprachband-breite von 3.4 kHz) und eine Auflösung von 8 Bit (dies ergibt $2^8 = 256$ Quantisierungsstufen) verwendet. Somit resultiert eine Datenrate von 64 kBit/s pro Sprachkanal.

Die binäre Digitaltechnik hat den grossen Vorteil der robusten Signale, da nur zwei Signal-werte (Symbole) zu unterscheiden sind. Folgerungen:

- Angeknabberte Signale können vollständig *regeneriert* werden.

- Die Information im digitalen Signal hat eine *Immunität*. Bei der analogen Schallplatte ist die Musik in der Auslenkung der Rille versteckt. Leise Musik bewirkt eine kleine Auslen-kung, laute Musik eine grosse Auslenkung. Wird die Rille deformiert (z.B. durch Staubpar-tikel), so wirkt sich dies bei leisen Passagen viel stärker aus als bei lauten. Bei der CD hin-gegen ist die Musik in Vertiefungen (Löchern) entsprechend einem Bitmuster versteckt. Leise Stellen haben eine andere Verteilung der Löcher zur Folge. Die Löcher selber haben aber stets dieselbe Form, egal ob sie für eine leise oder laute Passage stehen. Aus diesem Grund überleben auch die leisen Passagen die Übertragung unbeschadet. Technisch-nüchtern heisst dies *hoher Dynamikbereich*.

- Es sind *komplexe und vielstufige Verarbeitungsschritte* auf Digitalsignale anwendbar, ohne dass die Fehler wie bei der Analogtechnik zu gross werden. Von der Theorie wären durch-aus auch analoge Signale komplexen Algorithmen zugänglich, in der Praxis scheitern aber solche Vorhaben (es sei an das Beispiel von der Audio-Kassette und der Computer-Diskette erinnert).

- Die Bausteine zur Signalverarbeitung dürfen ungenau sein, z.B. darf die Stromverstärkung der Transistoren zwischen 100 und 500 schwanken. Mit ungenauen Komponenten können genaue Systeme gebaut werden.

- Damit wird eine *hohe Integrationsdichte* technisch möglich.

- Alle Arten von Informationen werden *einheitlich dargestellt*, nämlich als Bitfolge, egal ob es sich um Musik, Sprache, Bilder, Text, Steuerbefehle, Kontoauszüge usw. handelt. Erst darum ist *ISDN* möglich geworden. (*Integrated Services Digital Network* = dienstintegrier-tes digitales Netz, d.h. alle Arten von Informationen werden über dasselbe Übertragungs-netz geschickt).

- Die Digitaltechnik ist eine einheitliche, universell einsetzbare Technologie. Die Kompo-nenten können in Gross-Serien hergestellt und so die enormen Entwicklungskosten der Hochintegration verteilt werden. Damit wird die Mikroelektronik wirtschaftlich möglich.

- Digitalsignale sind computertauglich. Die Verarbeitung kann deshalb mit *software*-gesteuerten Maschinen erfolgen. Die Modifikation eines Gerätes bedeutet darum lediglich eine Veränderung der Software. Zudem ist eine realistische *Simulation* möglich.

- Lichtwellenleiter (Glasfasern) sind bestens für die Übertragung von Digitalsignalen geeig-net. Es werden damit Kanalkapazitäten von mehreren GBit/s realisiert. Für Digitalsignale existieren demnach sehr leistungsfähige Systeme zur Übertragung, Vermittlung und Verar-beitung, also für alle Aufgaben der Nachrichtentechnik.

> *Die Digitaltechnik bietet eine hohe Funktionalität bei grosser*
> *Flexibilität und grosser Betriebssicherheit, und dies in hohen*
> *Stückzahlen und bei kleinem Preis.*

Es ist also keineswegs erstaunlich, dass die Digitaltechnik die moderne Nachrichtentechnik beherrscht. Neuentwicklungen in Analogtechnik werden nur noch dort durchgeführt, wo wegen des Abtasttheorems eine Digitalisierung unmöglich ist (hohe Frequenzen) oder wo hohe Leistungen umgesetzt werden (Senderendstufen).

Im Abschnitt 1.1.2 wurde gezeigt, dass die Mehrfachausnutzung eines Kanals mit dem Frequenzmultiplexverfahren eine wirtschaftliche Übertragungsart ist. Das Prinzip öffentliches Verkehrsmittel ist auch bei digitalen Signalen anwendbar:

Wenn ein Signal z.B. mit 1 kHz abgetastet und mit 4 Bit codiert wird, so dürfen die Pulse höchstens 0.25 ms breit seit. Sie dürfen aber auch kürzer sein, z.B. 0.025 ms. Mehrere solche Datenströme mit verkürzten Pulsen können verschachtelt und gemeinsam übertragen werden. Eine Synchronisation ermöglicht das korrekte Aussortieren der Bit im Empfänger, Bild 1.11. Das Verfahren heisst Zeitmultiplex (TDM, time division multiplex). Es findet u.a. auch im Fernsprechnetz Anwendung, wobei mit einer Datenrate von 2.5 GBit/s etwa 30'000 Sprachkanäle gemeinsam über einen einzigen Lichtwellenleiter übertragen werden.

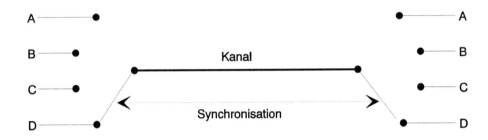

Bild 1.11 Das Prinzip des Zeitmultiplex-Verfahrens

1.1.4 Grundlagen der Informationstheorie

Für das Verständnis der Nachrichtentechnik braucht man einige Grundlagen der Informationstheorie. Mit dieser Einführung soll ein Gefühl für das Wesen der Information entwickelt werden. Auf Mathematik wird vorläufig verzichtet, da die quantitativen Aspekte noch nicht benötigt werden. Im Abschnitt 4.1.1 folgt eine exakte Darstellung.

Bei der Definition der Information stösst man auf die Schwierigkeit, dass die umgangssprachliche Bedeutung des Ausdrucks *Information* für die Nachrichtentechnik völlig unbrauchbar ist. Benötigt wird nämlich eine *wertfreie* Definition, eine Quantifizierung (= Mengenbeschreibung, nicht zu verwechseln mit Quantisierung!) der Information an sich. Die Inhaltsschwere, die Aktualität und auch der Wert einer Information ist hingegen eine subjektive Wertung und hat in der technischen, rein quantitativen Definition nichts zu suchen. Die Meldung der Lottozahlen z.B. ist nur für Mitspieler wichtig. Bei der Abbildung eines Gegenstandes kann je nach Betrachter die Form oder die Farbe wichtig sein. Für das Übertragungssystem spielt die Wertung des Empfängers jedoch keine Rolle. (Für den Quellencodierer hingegen schon: bei bekannter Wertung kann nämlich eine Datenkompression durch Irrelevanzreduktion durchgeführt werden!). Geeignete Umschreibungen der Information sind etwa:

> *Information ist Beseitigung von Unsicherheit.*
> *Information hat für den Empfänger einen Neuigkeitswert.*
> *Information hat ein Überraschungsmoment.*

Damit ist nichts darüber ausgesagt, ob der Empfänger die Information überhaupt erhalten will und verwerten kann. Aus dieser Umschreibung ist ersichtlich, dass ein konstantes Signal keine Information tragen kann. Ebenso hat ein periodisches Signal nach Ablauf einer Periode keinen Neuigkeitswert mehr. Man könnte nämlich nach dem Eintreffen der ersten Periode den Kanal blockieren und im Ausgangswandler (Bild 1.3) das empfangene Signal wiederholen, die Senke würde keinen Unterschied feststellen. Dasselbe ist möglich mit jedem deterministischen Signal.

> *Nur zufällige Signale tragen Information!*

Das informationslose konstante Signal kann streng genommen gar nicht übertragen werden. Es existiert nämlich von t = -∞ … +∞. Das Übertragungssystem muss aber zuerst einmal gebaut und eingeschaltet werden. Dieselbe Überlegung gilt auch für die periodischen Signale. Die Theorie wird aber wesentlich einfacher und kompakter, wenn man zur mathematischen Beschreibung auch diese „ewigen" Signale zulässt. Ebenso werden auch Signale mit unendlich grossen Werten in der mathematischen Darstellung verwendet (z.B. der Diracstoss), obwohl kein technisches System mit diesen Signalen umgehen kann.

Bei jeder Kommunikation werden *Symbole* ausgetauscht, die eine bestimmte, *vorher vereinbarte Bedeutung* tragen. Symbole sind z.B. Buchstaben (optische Signale) oder Laute bzw. Phoneme (akustische Signale). Oft hat erst eine ganze Gruppe von Symbolen eine Bedeutung, man nennt diese Gruppe *Wort*. Die geschriebene Buchstabenkombination „Haus" und die gesprochene Lautkombination „Haus" lösen im Empfänger dieselbe Assoziation aus. Eine fremdsprachige Person kann damit hingegen überhaupt nichts anfangen, da keine *Kommunikationsvereinbarung* vorhanden ist. Das gesprochene deutsche Wort „Igel" beispielsweise assoziiert einem Amerikaner einen Raubvogel und kein Stachelschwein. Auch Maschinen als Informationsquellen und -senken benötigen eine Kommunikationsvereinbarung: Die Steuerung einer Lichtsignalanlage beispielsweise schickt ein Bitmuster zu einer Ampel. Bedeutet jetzt „1" Licht an oder Licht aus? Beides ist möglich, oft ist beides gleich sinnvoll (bei der Lichtsignalanlage übrigens gerade nicht: bricht die Kommunikation zwischen Steuerung und Ampel ab, so erhält letztere dasselbe Symbol wie für die logische „0". In diesem Fall sollte nicht einfach die grüne Lampe eingeschaltet werden!).

Da die Kommunikationsvereinbarung lediglich die *stets endliche Begriffswelt* von Informationsquelle und -senke (Mensch oder Maschine) abdecken muss, folgt:

> *Informationsübertragung ist ein Austausch von Symbolen.*
> *Diese stammen aus einem endlichen Symbolvorrat (= Alphabet)*
> *und haben eine vorher vereinbarte Bedeutung.*

Die Begriffswelt einer Informationssenke ist darum endlich, weil sie nicht grösser sein kann als das Auflösungsvermögen (Unterscheidungsvermögen) ihrer Sensoren zur Aussenwelt. Beispiel: Die Farbe eines optischen Signales wird durch die Frequenz des Lichtes bestimmt. Diese Frequenz kann unendlich fein variieren. Fragt man sich jedoch, wieviele Arten von Rot man unterscheiden kann, so wird die Anzahl kleiner. Das Frequenzauflösungsvermögen des Auges ist nämlich beschränkt. Zählt man noch die verschiedenen Ausdrücke, die zur Charakterisierung von Rot in Gebrauch sind, so wird die Anzahl der Rottöne nochmals eingeschränkt. Offensichtlich ist die subjektive Bedeutung der roten Farbtöne noch geringer als die Unterscheidungsfähigkeit des Sensors.

Der Mensch spielt eine Sonderrolle, indem er „in seinem Inneren" Information erzeugen kann (z.B. Ideen), ohne dazu von Sensoren zur Aussenwelt abhängig zu sein. Der Mensch arbeitet darum auch mit abstrakten Begriffen. Eine wichtige Aufgabe hat in dieser Hinsicht die Sprache zu erfüllen, muss sie doch auch als Träger dieser abstrakten Begriffe taugen. An der Endlichkeit der Begriffswelt ändert diese Sonderrolle jedoch nichts.

Die Symbole werden mit Hilfe von Signalen in irgend einer physikalischen Form übertragen. Die Kommunikation ist dann fehlerfrei, wenn dem empfangenen Signal das korrekte Symbol zugeordnet wird. Damit sind wir wieder beim bereits behandelten Dilemma zwischen Symbolvielfalt und Übertragungssicherheit, dessen Lösung die Codierung war: die endlich vielen Symbole werden numeriert, zweckmässigerweise im Binärcode. Diese Codierung ist nichts anderes als ein Alphabetwechsel, indem z.B. ein Code mit Wortlänge 1 und Alphabetmächtigkeit 32 in einen anderen Code mit der Wortlänge 5 und der Alphabetmächtigkeit 2 abgebildet wird. Letzteres ist der Binärcode oder Dualcode.

Die zur Übertragung verwendeten physikalischen Signale sind genau betrachtet stets analoge Signale, könnten also unendlich viele Symbole darstellen. Da davon nur eine endliche Teilmenge wirklich benutzt wird, kann eine gewisse Störresistenz erzielt werden. Für die theoretisch-mathematische Beschreibung ist es hingegen oft zweckmässiger, von digitalen Signalen zu sprechen. Damit wird nämlich der Aufwand zur Signalbeschreibung gleich gross wie die im Signal enthaltene effektive Informationsmenge.

> *Ein digitales Signal ist lediglich ein analoges Signal,*
> *das digital interpretiert wird.*

> *Jede Information ist letztlich digital.*
> *Jedes physikalische Signal ist letztlich analog.*

Da nun die Information abzählbar und im Binärcode darstellbar ist, wird als Einheit für die Informationsmenge *bit* verwendet (vom englischen *binary digit*).

Anmerkung zur Schreibweise: Das klein geschriebene *bit* ist die Einheit der Informationsmenge. Das gross geschriebene *Bit* hingegen bedeutet ein Symbol im Binärcode. Ein Bit kann höchstens 1 bit an Informationsmenge darstellen. Oft ist es aber weniger.

Pro Begriff muss ein Symbol oder ein Wort (= Symbolkombination) vorhanden sein. Um die Unterscheidbarkeit (Störsicherheit) der Symbole zu verbessern, ist deren Anzahl zu minimieren, im Idealfall auf zwei Symbole. Man nimmt deshalb eine Abbildung vor, nämlich die bereits erwähnte Codierung. Dadurch entstehen *Datenworte*, deren Bedeutung erst aufgrund der Kommunikationsvereinbarung erkennbar ist. In der geschriebenen Sprache werden Buchstaben als Symbole verwendet und diese Buchstaben zu Worten kombiniert. Erst letztere bezeichnen einen Begriff. Die gesprochene Sprache kombiniert Laute (Phoneme) zu Worten.

Da nun eine *Kombination von Symbolen* für *einen einzigen Begriff* steht, sind nicht mehr alle Symbole voneinander unabhängig. Z.B. folgt in der deutschen Schriftsprache oft auf ein „c" ein „h". Der Überraschungswert des „h" ist darum kleiner als derjenige des „c". Nach obiger Definition der Informationsmenge enthält also ein „h" weniger Information als ein „c". Dies gilt aber nur für die deutsche Sprache, also für eine spezielle Art der Codierung! Werden statt Buchstaben Binärzeichen (Bit) verwendet, so haben auch diese eine gegenseitige Abhängigkeit (Redundanz). Darum trägt 1 Bit nicht unbedingt 1 bit Information, sondern meistens weniger!

Wären alle Buchstaben in der deutschen Sprache gleich wahrscheinlich, so ergäbe sich ein Informationsgehalt von $\log_2(26) = 4.7$ bit pro Buchstabe. Wegen den gegenseitigen Abhängigkeiten sinkt dieser Wert aber auf 1.6 bit pro Buchstabe. Es wurde nicht zwischen Gross- und Kleinbuchstaben unterschieden, was darum korrekt ist, weil die Gross- und Kleinschreibung festen Regeln unterworfen ist und deswegen kein Überraschungsmoment und somit auch keine Information enthält.

> *Je wahrscheinlicher das Auftreten eines Symbols ist,*
> *desto weniger Information trägt dieses Symbol.*

Das Ziel der *Quellencodierung* ist es, durch eine Umcodierung möglichst nahe den Grenzwert 1 Bit = 1 bit zu erreichen. Der mittlere Informationsgehalt eines Bit heisst *Entropie*. In der Thermodynamik bezeichnet dieser Ausdruck die statistische Unordnung. Thermodynamik und Informationstheorie beschäftigen sich beide mit statistischen Phänomenen, darum haben diese Theorien auch grosse Ähnlichkeiten. Quellencodierung als Irrelevanzreduktion ist auch Entropiereduktion.

Die Abhängigkeit in der Sprache geht aber weiter als nur über Buchstabengruppen. Auch die Worte haben eine Abhängigkeit. In der Sprache werden darum gefahrlos ähnliche lautende Worte für unterschiedliche Begriffe verwendet, z.B. „Nacht", „Macht", „Yacht", „wacht", „lacht", „sacht". Übertragungsfehler können aufgrund des Kontextes korrigiert werden, dies braucht aber einen anspruchsvollen Entscheidungsprozess im Empfänger. Simplere Methoden bringen es nicht fertig, „Macht" als Übertragungsfehler zu erkennen und zu „Nacht" zu korrigieren. Einfacher ist es hingegen beim Wort „Kacht", da dieses in der deutschen Sprache nicht vorkommt (oder wenigstens dem Autor nicht bekannt ist, was die grosse Bedeutung der Kommunikationsvereinbarung zeigt!). Bei „Kacht" wird sofort auf einen Übertragungsfehler geschlossen, der intelligente Mensch korrigiert aus dem Kontext, die dumme Maschine begnügt sich mit einer Fehlermeldung. Der Mensch ist sogar in der Lage, gleiche Worte für unterschiedliche Begriffe zu verwenden, z.B. Zug. Die Bedeutung dieser Worte (Luftzug, Eisenbahnzug, Zugkraft, Stadt in der Schweiz) wird natürlich erst im Kontext klar.

Nun wird ersichtlich, an welcher Stelle die *Kanalcodierung* ansetzt: der Empfänger unterscheidet die Symbole umso besser, je kleiner die Auswahl und je verschiedener die Symbole sind. Deshalb werden digitale Signale (nur z.B. zwei Symbole) übertragen. Treten dabei trotzdem Fehler auf, so ist die dumme Maschine darauf angewiesen, dass die *Worte* (Bitkombinationen) möglichst unähnlich sind. Der Kanalcoder stellt dies sicher, indem er ähnliche Worte so verlängert, dass die neuen Worte sich nicht mehr gleichen. Z.B. erzeugt er aus „Macht" „ABCMacht" und aus „Nacht" „XYZNacht". Die Vertauschung von M und N ist somit ohne Kontext zu andern Worten entdeckbar und sogar korrigierbar. Es existieren anspruchsvolle mathematische Methoden, um die geeignetste Verlängerung zu finden. Diese zusätzlichen Buchstaben oder Bit tragen natürlich keine neue Information, da sie untrennbar mit dem Rest des nun längeren Wortes verbunden sind. Vielmehr wiederholen sie die bereits vorhandene Information, sie sind also redundant. Trotzdem müssen sie übertragen werden, kosten also Zeit und/oder

Bandbreite (Gleichung 1.1). Der Gewinn liegt in der kleineren Störanfälligkeit der *Information*, trotz Störung des Signals und damit Verwechslung von Symbolen. Der Decoder im Empfänger (Bild 1.6) korrigiert nötigenfalls das empfangene Wort, entfernt die Redundanz („ABC" bzw. „XYZ") und gibt die Information weiter. Auch die Buchstabieralphabete („Anna", „Berta", „Carlo" usw.) sind Kanalcodierungen.

Bisher war nur von der Informations*menge* die Rede, nun ist auch noch der *Inhalt* zu betrachten. Ein sehr zweckmässiges Modell unterteilt den Informationsinhalt in vier Gruppen, Bild 1.12. Einzig der schraffierte interessante Teil muss wirklich übertragen werden. Die Aufgabe des Quellencodierers ist es, die anderen Anteile zu entfernen.

Die Unterscheidung Relevanz - Irrelevanz ist anwendungsbezogen und darum subjektiv. Niemand liest eine Zeitung vollständig, vielmehr extrahiert jeder Leser die für ihn relevanten Teile. Dabei können zwei Personen eine genau komplementäre Auswahl treffen. Es ist darum logisch, dass sowohl Relevanz als auch Irrelevanz ihrerseits genau gleich unterteilt werden, nämlich in redundante und nicht redundante Anteile.

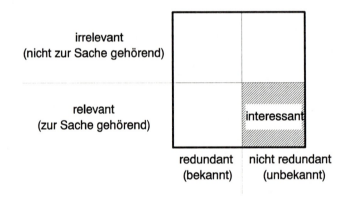

Bild 1.12 Klassierung der Information

Der ideale Quellencodierer eliminiert die gesamte Irrelevanz (z.B. bei einer Radioreportage ein Umgebungsgeräusch). Dies ist ein *irreversibler Informationsverlust* (Entropiereduktion), allerdings kein schmerzlicher, denn sonst wäre die Information ja relevant gewesen. Die Quantisierung bei der AD-Wandlung kann als Irrelevanzreduktion aufgefasst werden: ist das Quantisierungsintervall kleiner als das Auflösungsvermögen der Informationssenke, so ist das Quantisierungsrauschen gar nicht feststellbar. Demnach sind nur irrelevante Informationsteile eliminiert worden.

Der Quellencodierer eliminiert aber auch die Redundanz. Dies ist jedoch ein *reversibler* Prozess.

Bei der menschlichen Sprache wird die Grenze zwischen Relevanz und Irrelevanz ganz unterschiedlich gezogen: geht es alleine um den Inhalt, so genügt ein Frequenzbereich von 700 bis 2000 Hz. Ist zusätzlich eine Unterscheidung in Sprecherinnen oder Sprecher gewünscht, so wird ein Bereich von 300 bis 2000 Hz erforderlich. Für eine Sprechererkennung muss der Bereich von 300 bis 3400 Hz übertragen werden, dies entspricht darum der Normbandbreite für

Telefonkanäle. Soll aber ein Gesang naturgetreu wiedergeben werden, so sind Frequenzen bis über 5 kHz dazu notwendig. Aus Gleichung 1.1 ist ersichtlich, dass eine höhere Bandbreite auch eine grössere Informationsmenge bedeutet.

Die benötigte Bandbreite für Sprachübertragung wurde in langen Versuchsreihen anhand der Silbenverständlichkeit ermittelt. Dabei wurden Testpersonen sinnlose Silben (sog. Logatome) vorgesprochen und die Erkennungsquote ermittelt. Auf diese Art wurde eine unbewusste Rekonstruktion aufgrund der Beziehungen zwischen den Lauten der gesprochenen Sprache verhindert. Unter schlechten Empfangsverhältnissen ist es nämlich viel schwieriger, einen Text in einer Fremdsprache zu verstehen als in der Muttersprache, dies lässt sich beim Anhören von Popsongs einfach verifizieren. Eine Silbenverständlichkeit (anhand der Logatome) von 80% ergibt eine Satzverständlichkeit (bei sinnvollem Klartext) von 96%. Dieser Unterschied ergibt sich aufgrund der Redundanz im Klartext. Diese Silbenverständlichkeit von 80% wird mit einem Kanal von 300 bis 2100 Hz erreicht. Überträgt man hingegen den Frequenzbereich 300 bis 3400 Hz (wie beim Telefon), so steigt die Silbenverständlichkeit auf 90%.

Die Unterscheidung zwischen Relevanz und Irrelevanz ist oft die Frage nach der geforderten Übertragungsqualität. Diese Frage darf demnach nicht einfach mit „möglichst gut" beantwortet werden!

Eine andere Unterteilung der Information erfolgt nach *syntaktischen, semantischen* bzw. *pragmatischen* Aspekten. Die Syntax beschreibt den Aufbau der Nachricht (bei der Sprache z.B. die grammatikalischen und orthographischen Regeln), die Semantik bezeichnet die Bedeutung und der pragmatische Aspekt den Wert der Nachricht für den Empfänger. Die Informationstheorie befasst sich lediglich mit dem syntaktischen Aspekt.

Nun wieder zurück zur Information*smenge*! Einige Zahlenbeispiele sollen ein Gefühl für die Grössenordnungen geben.

- *Sprache:* Sprache in Telefonqualität ergibt pro Sekunde 64'000 Bit Datenmenge, entsprechend einem Daten*strom* oder *Bitrate* von 64 kBit/s. Dies wurde bereits an früherer Stelle erwähnt. Dabei wird keine effektive Quellencodierung angewandt. Der tatsächliche Informationsgehalt der Sprache (ohne Klangfärbung, entsprechend einer optimalen Quellencodierung eines Textes) beträgt nämlich je nach Sprechtempo lediglich 5 bis 25 bit/s.

- *Musik:* Bei der CD wird eine sehr realistische Tonqualität erreicht. Dazu wird eine Abtastfrequenz von 44.1 kHz für eine maximale Tonfrequenz von 20 kHz benutzt. Der ganze Wertebereich wird in $2^{16} = 65'536$ Intervalle unterteilt, die im Binärcode mit einer Wortbreite von 16 Bit dargestellt werden. Insgesamt ergibt sich ein Datenstrom von $44'100 \cdot 16 \approx 700$ kBit/s. Auf der CD sind zwei Tonkanäle (Stereo) gespeichert, die maximale Spieldauer beträgt 75 Minuten. Das ergibt eine Informationsmenge von etwa 6 GBit. Zusätzlich kommt noch die Kanalcodierung hinzu sowie Aufwand für die Synchronisation, Musikstücknummern, Zeitangaben usw.

- *Standbild:* Als Masstab dient die Leistungsfähigkeit des Auges. Das Bild wird unterteilt in Punkte. Das Auge hat einen Sichtwinkel von etwa 100° und eine Winkelauflösung von ungefähr 0.1°. In einer Dimension können daher etwa 1000 Punkte unterschieden werden. Das zweidimensionale Bild enthält also $N = 10^6$ Bildpunkte.

  Das Auge kann verschiedene Helligkeitswerte (Graustufen) unterscheiden. Mit 256 Stufen erhält man einen sehr realistischen Helligkeitseindruck. Für die Darstellung dieser Stufen sind 8 Bit notwendig. Weiter unterscheidet das Auge verschiedene Farben. Das sichtbare Licht belegt im Spektrum eine Breite von etwa 2500 Angström. Nimmt man eine Frequenzauflösung des Auges von 10 Angström an, so lassen sich 250 Farben unterscheiden. Dazu sind nochmals 8 Bit notwendig.

Jeder der 10^6 Punkte eines Bildes braucht also 16 Bit zu seiner Darstellung. Dies ergibt eine Datenmenge von 16 MBit pro Bild.

- *Bewegtbild (Video):* Pro Sekunde sind 30 Bildübertragungen notwendig, damit das Auge kein Flimmern feststellt. Dies ergibt eine Datenrate von grob 500 MBit/s.

Eine für unser Auge perfekte Videoübertragung benötigt also eine Informationsrate von 500 Mbit/s. Die Auswertung dieses Videos erfolgt im menschlichen Hirn. Dort befinden sich ca. 10^{12} Neuronen (Speicherplätze). Rein rechnerisch ist das Hirn also nach 2000 Sekunden, d.h. nach nur einer halben Stunde, komplett mit Information gefüllt!

Dieses Beispiel zeigt, dass unsere Sensoren und unser Gehirn eine unwahrscheinliche Datenreduktion durchführen (neben einer geschickten Speicherorganisation sowie einer Kunst des Vergessens!). Die bewusste Informationsaufnahme des Menschen beträgt nämlich nur etwa 20 bit/s und entspricht damit sinnvollerweise gerade dem oben erwähnten maximalen Informationsgehalt der Sprache. Es sollte also im Prinzip möglich sein, alle Informationsbedürfnisse des Menschen mit Kupferdrähten zu stillen. Trotzdem werden nun für diesen Zweck Lichtwellenleiter mit ihrer millionenfach grösseren Kapazität eingesetzt!

Offensichtlich ist der Mensch in der Lage, einen relevanten Gesamteindruck aus dem Informationsangebot herauszudestillieren, ohne sich von Details ablenken zu lassen. Allerdings geschieht diese Auswahl nach subjektiven Kriterien. Das ist genau eines der grossen Probleme der *Virtual Reality*: wie sind die relevanten Daten auszuwählen, sodass der Mensch im Cyberspace sich wie in einer realen Welt fühlt, der Rechenaufwand für die Informationsverarbeitung aber noch in machbaren Grenzen bleibt? Das andere Problem sind übrigens die Aktoren, also die Signalwandler: wer fühlt sich schon wohl unter einem schweren Datenhelm?

Digitalisiert man ein normales TV-Bild, so sind dazu 140 MBit/s (schwarz/weiss) bzw. 216 MBit/s (farbig) nötig. Im Vergleich zu den oben erwähnten 500 MBit/s wird also eine gewisse Qualitätseinbusse in Kauf genommen, z.B. werden nur 25 Bilder pro Sekunde und weniger Punkte pro Bild übertragen. Es handelt sich dabei um eine Irrelevanzreduktion. Mit geschickter Redundanzreduktion lässt sich die Datenrate für die Übertragung weiter auf 34 MBit/s reduzieren, ohne dass der Betrachter einen Unterschied feststellt. Bei kaum merkbaren Qualitätseinbussen ist sogar eine Datenrate von 5 … 10 MBit/s möglich. Tabelle 1.4 zeigt eine Zusammenfassung der Datenraten.

Tabelle 1.4 Datenraten bei verschiedenen Quellensignalen (Richtwerte)

Signalinhalt	Datenrate ohne Kompression	Datenrate mit Kompression
Sprache (Mono)	64 kBit/s	2.4 … 32 kBit/s
Stereo-Musik, CD-Qualität	1.4 MBit/s	128 kBit/s
Video (schwarz/weiss)	140 MBit/s	2 … 5 MBit/s
Video (farbig)	216 MBit/s	5 … 10 MBit/s

1.1.5 Systems Engineering in der Nachrichtentechnik

Das Ganze ist mehr als die Summe seiner Einzelteile! Ein System kann Eigenschaften aufweisen, die aus einer blossen Betrachtung der Einzelteile nicht ableitbar wären (Beispiel: Lego-Baukasten). Ein System ist ein Wirkungsgefüge mit einer *inneren Organisation* und bestimmten *von aussen sichtbaren Eigenschaften*.

Das systemtheoretische Vorgehen (*systems engineering*) ist eine in den Ingenieurdisziplinen weit verbreitete Arbeitsmethode. Man versteht darunter eine *synthetische* Denkweise (das System wird definiert aufgrund seiner Rolle innerhalb der Umgebung), im Gegensatz zur *analytischen* Beschreibung (Systemdefinition aufgrund seiner Bausteine). Zwei Folgerungen können daraus abgeleitet werden:

- Bei einem System interessiert primär seine Funktion (Wirkung, Abbildung der Eingangsgrössen auf die Ausgangsgrössen) und nicht sein innerer Aufbau. Eine Darstellung als *Black Box* ist darum zweckmässig, Bild 1.13.

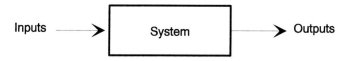

Bild 1.13 System als Black Box mit (mehreren) Ein- und Ausgängen

- Ein komplexes System kann aufgeteilt werden in Untersysteme. Diese können ihrerseits unterteilt werden in Untersysteme. Es werden also *Hierarchien* gebildet, wobei auf *jeder Hierarchiestufe dieselbe Arbeitsmethode* angewandt wird. Subsysteme erscheinen wiederum als Black Box, ihre Zusammenschaltung zeigt die funktionelle Verknüpfung der Subsysteme zum System, Bild 1.14.

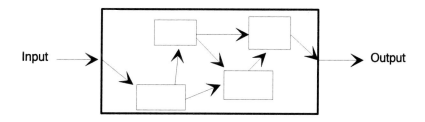

Bild 1.14 System mit Subsystemen

Die Strukturierung in Subsysteme bzw. Bildung von Hierarchien hat das Ziel, die Komplexität schrittweise abzubauen. Der Abstraktionsgrad vermindert sich von oben nach unten, dafür steigt der Detaillierungsgrad. Die oberste Stufe beschreibt das System anwendungsbezogen, die unterste hingegen realisierungsbezogen.

Die Eigenschaften des Gesamtsystems ergeben sich aus dem *Zusammenspiel* der Teilsysteme. Es hat also keinen Sinn, mit grossem Aufwand jedes Teilsystem zu verbessern und zu hoffen, dass sich damit automatisch auch das Gesamtsystem verbessert.

Ein Systemdesign erfolgt nach der Top-Down-Methode, ausgehend von den *Anwender*kriterien. Diese werden übersetzt in technische Daten, wobei letztere nicht unnötig eng sein sollen. Danach wird unterteilt und für jedes Subsystem genau gleich verfahren. Diese Arbeit ist viel anspruchsvoller, als in dieser kurzen Beschreibung zum Ausdruck kommt. Ein unzweckmässiges Systemdesign wird oft erst spät entdeckt (manchmal auch gar nicht) und äussert sich häufig so, dass für die letzten Prozentlein bis zur Erfüllung des Pflichtenheftes ein unverhältnismässig grosser und teurer Aufwand betrieben werden muss.

Wie genau ein System unterteilt werden soll, ist eine Ermessenssache (also auch eine Erfahrungssache). Eine zweckmässige Unterteilung ermöglicht ein getrenntes Entwickeln und Testen der Subsysteme. Folgende Regeln mögen helfen:

- Als Ein- und Ausgangsgrössen sollen nur diejenigen Signale erscheinen, die bei der momentanen Fragestellung interessieren.

- Eingangsgrössen sollen so gewählt werden, dass keine Rückwirkung auf das Herkunftssystem auftritt.

- Schwierige Aufgaben sollen in einem Subsystem vollständig enthalten oder vollständig ausgeschlossen werden. Erst auf tiefer Hierarchiestufe soll eine heikle Aufgabe auf zwei Subsysteme verteilt werden. Dadurch werden nicht teure Teiloptimas gesucht.

- Ein Subsystem soll geographisch kompakt lokalisierbar sein.

Der Gewinn des systemtheoretischen Ansatzes liegt in zwei Bereichen:

- Komplexe Systeme sind so darstellbar, dass nur die für die momentane Fragestellung relevanten Aspekte sichtbar sind. Man betrachtet den Wald, nicht die Bäume!

- Die Betrachtung der Wirkungen ist losgelöst von deren Realisierung. Man kann darum dieselbe Methode anwenden auf technische, ökologische, soziologische usw. Systeme.

Nach dieser allgemeinen Betrachtung soll nun das Konzept auf Systeme zur Nachrichtenübertragung angewandt werden. Bild 1.15 zeigt die einfachste Darstellung aus der Warte des Anwenders.

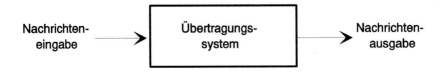

Bild 1.15 Übertragungssystem aus der Sicht des Anwenders

Aus der Sicht des Technikers müssen zusätzliche Eingänge berücksichtigt werden. Bild 1.16 zeigt dies am Beispiel einer Kurzwellen-Sprechfunkübertragung.

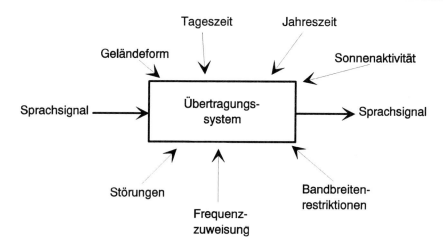

Bild 1.16 Verfeinerung von Bild 1.15 für eine Sprechfunkübertragung über Kurzwelle

Als nächster Schritt wird Bild 1.16 unterteilt in Subsysteme, dies führt zu Bild 1.17. Zweckmä-ssig ist es, wenn die zahlreichen Eingangspfeile einzelnen Subsystemen zugewiesen werden können. In einem weiteren Schritt können Sender und Empfänger feiner unterteilt werden gemäss Bild 1.6.

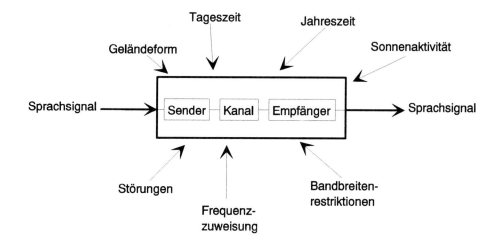

Bild 1.17 Verfeinerung von Bild 1.16

Die weitere Unterteilung ist nicht mehr so naheliegend und ist darum Ermessenssache. Bei-spiel: gehören Sende- und Empfangsantenne zum Sender bzw. Empfänger oder zum Kanal? Sinnvoll sind zwei Möglichkeiten: entweder gehören beide oder keine Antennen zum Kanal. Welcher Variante der Vorzug gegeben wird, hängt von der Problemstellung ab. Häufig werden die Antennen inklusive deren Zuleitung zum Kanal gerechnet, da dann elektrische Spannungen und Ströme die Systemgrenzen durchdringen und nicht elektromagnetische Wellen.

Die Definition des Kanals ist also Ermessenssache, dies wird im Abschnitt 1.1.7 nochmals erläutert.

Systems Engineering ist die Suche nach dem Überblick. Dieser ist heute sehr wichtig (Generalisten sind gefragt!), da häufig komplexe Systeme wie z.B. ein Datennetz nicht auf Anhieb funktionieren, obwohl alle Geräte fehlerfrei sind. In solchen Fällen verlangt die Fehlersuche ein hohes Mass an Systemkenntnis, methodischem Vorgehen und Beharrlichkeit. Gerätekenntnisse sind demgegenüber weniger bedeutend, aber natürlich durchaus nicht hinderlich.

1.1.6 Pegel und Dämpfungen

Informationsübertragung heisst gleichzeitig auch Energieübertragung. Dies geht bereits aus Gleichung (1.1) hervor, da dort die Signalleistung und die Übertragungszeit vorkommen. Die Dämpfung des Signals durch das Übertragungsmedium muss deshalb genau betrachtet werden.

Der Übertragungskanal wird nun als Zweitor aufgefasst, das durch eine Kaskade von linearen Vierpolen wie Leitungsstücke, Verstärker usw. realisiert wird, Bild 1.18.

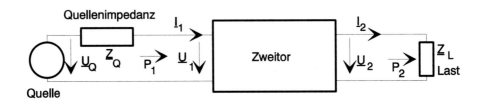

Bild 1.18 Zweitor als Kanal zwischen Generator und Last

Bei linearen Zweitoren benutzt man zweckmässigerweise die komplexe Schreibweise. Die Verstärkung ist definiert als Quotient zwischen der komplex geschriebenen harmonischen Ausgangsgrösse und der komplex geschriebenen harmonischen Eingangsgrösse und entspricht somit genau dem Frequenzgang $\underline{H}(j\omega)$ des Vierpols. Als Formelzeichen werden neben H auch noch G (Gain) und V (Verstärkung) verwendet. Aus Bequemlichkeit werden diese Zeichen oft nicht unterstrichen, obwohl sie komplexwertig sind. Die Dämpfung A (Attenuation) ist der Kehrwert von H und damit ebenfalls komplexwertig.

$$\text{Spannungsverstärkung:} \qquad \underline{V}_u = \frac{\underline{U}_2}{\underline{U}_1} \qquad\qquad (1.3)$$

$$\text{Spannungsdämpfung:} \qquad \underline{A}_u = \frac{1}{\underline{V}_u} \qquad\qquad (1.4)$$

$$\text{Stromverstärkung und -dämpfung:} \qquad \underline{V}_i = \frac{\underline{I}_2}{\underline{I}_1} \quad ; \quad \underline{A}_i = \frac{\underline{I}_1}{\underline{I}_2} \qquad\qquad (1.5)$$

Die Leistungsverstärkung und die Leistungsdämpfung berechnen sich als Quotient von *Wirk*leistungen, sind also reell.

Leistungsverstärkung und -dämpfung: $V_p = \dfrac{P_2}{P_1}$; $A_p = \dfrac{P_1}{P_2}$ (1.6)

Alle Signale werden auf dem Übertragungsweg durch Absorption gedämpft. Dabei wird ein Teil der in den Kanal eingespeisten Leistung in Wärme umgewandelt. Man kann darum den Verlust nicht absolut in Watt angeben, sondern muss ihn relativ (z.B. mit einem Prozentsatz) quantifizieren. Alle Absorptionsvorgänge werden deshalb durch Exponentialfunktionen beschrieben, die Signalamplitude nimmt nichtlinear mit der Ausbreitungsdistanz ab, Bild 1.19.

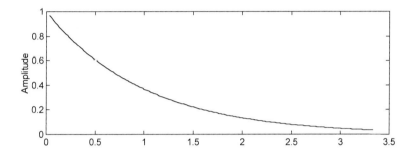

Bild 1.19 Signalamplitude in Funktion der Weglänge in einem verlustbehafteten Kanal

Angenehmer in der Handhabung wäre aber ein linearer Abfall mit der Übertragungsdistanz. Dies kann erreicht werden, indem die Amplitudenachse mit der Umkehrfunktion der e-Funktion, also dem Logarithmus, vorverzerrt wird. Dies führt auf die Einheit *Neper*.

Logarithmische Skalen werden auch dann gerne verwendet, wenn eine Amplitude mit ihrem Wertebereich mehrere Dekaden überstreicht. Durch die Logarithmierung wird der Wertebereich gestaucht und die relative Genauigkeit wird im ganzen Bereich konstant. Meistens wird die Einheit Dezibel angewandt, die auf dem dekadischen Logarithmus basiert. Die ursprüngliche Definition geht von der Leistung aus:

$$V_p[\text{B}] = \log \frac{P_2}{P_1}$$

Dieses *Bel* wird nie verwendet, sondern der zehnte Teil davon, das *Dezibel*:

Leistungsverhältnis: $\boxed{V_p[\text{dB}] = 10 \cdot \log \dfrac{P_2}{P_1}}$ (1.7)

Im Gegensatz dazu wird für Neper der *natürliche* Logarithmus von *Spannungs*verhältnissen verwendet:

$$V_u[\text{Np}] = \ln \frac{U_2}{U_1}$$ (1.8)

Da die Logarithmen verschiedener Basen durch einen konstanten Faktor ineinander umrechenbar sind, besteht zwischen Dezibel und Neper ein einfacher Zusammenhang:

$$\boxed{\begin{array}{l} 1\ \mathrm{Np}\ =\ 8.686\ \mathrm{dB} \\ 1\ \mathrm{dB}\ =\ 0.115\ \mathrm{Np} \end{array}} \tag{1.9}$$

Werden die Signalamplituden in Dezibel oder Neper angegeben, so nimmt die Kurve in Bild 1.19 einen linearen Verlauf an. Bild 1.20 zeigt ein Beispiel für ein solches *Pegeldiagramm* (Voraussetzung für dieses Verfahren ist eine *reflexionsfreie* Zusammenschaltung).

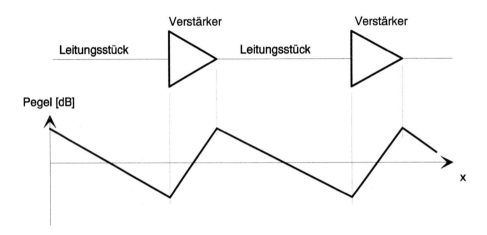

Bild 1.20   oben: Leitungsverbindung mit drei Abschnitten und zwei Verstärkern
                unten: zugehöriges Pegeldiagramm

Zu beachten ist:

- dB ist ein *dimensionsloses* Verhältnis von reellen Grössen. Gemäss Norm werden die Beträge verrechnet.

- dB ist ursprünglich für *Leistungs*verhältnisse definiert. Häufig wird es aber auch für Strom- oder Spannungsverhältnisse verwendet. Dabei gilt der folgende Zusammenhang:

$$\frac{P_2}{P_1} = \frac{U_2{}^2 / R_2}{U_1{}^2 / R_1} = \left(\frac{U_2}{U_1}\right)^2 \cdot \frac{R_1}{R_2}$$

$$V_p\,[\mathrm{dB}] = 20 \cdot \log \frac{U_2}{U_1} + 10 \cdot \log \frac{R_1}{R_2}$$

Gilt $R_1 = R_2$, so verschwindet der zweite Summand. *Nur in diesem Fall sind die in dB ausgedrückten Leistungs- und Spannungsverhältnisse identisch.*

Spannungsverhältnis: $\boxed{V_u[\mathrm{dB}] = 20 \cdot \log \dfrac{U_2}{U_1}} \tag{1.10}$

Stromverhältnis: $\boxed{V_i[\mathrm{dB}] = 20 \cdot \log \dfrac{I_2}{I_1}} \tag{1.11}$

Wenn die Widerstände nicht gleich gross sind (Transformatoren im Übertragungsweg) muss man stets angeben, ob es sich um Spannungs- oder Leistungsverhältnisse handelt.

Für die praktische Anwendung sind die Dezibels sehr hilfreich, obschon man sich an deren Gebrauch etwas gewöhnen muss. Tabelle 1.5 zeigt einige dB-Zahlen. Weitere Werte erhält man durch eine einfache Kopfrechnung.

Tabelle 1.5 Merkwerte für den Umgang mit Dezibel

	Leistungsverhältnis	Spannungsverhältnis Stromverhältnis
20 dB	100	10
10 dB	10	$\sqrt{10} = 3.16$
6 dB	4	2
3 dB	2	$\sqrt{2} = 1.41$
0 dB	1	1
–3 dB	0.5 = 1/2	0.707
–6 dB	0.25 = 1/4	0.5
–10 dB	0.1 = 1/10	0.316
–20 dB	0.01 = 1/100	0.1

Mit dem dimensionslosen dB kann man z.B. einen ebenfalls dimensionslosen Verstärkungs-faktor angeben. Interessieren aber die tatsächlichen Leistungs-, Spannungs- oder Stromwerte (absolute Grössen), so muss der Bezugswert (Grösse im Nenner von (1.7), (1.10) bzw. (1.11)) vereinbart sein. Man spricht dann von *Pegeln* (Level L):

Spannungspegel:
$$L_u = 20 \cdot \log \frac{U}{U_0} \quad [\text{dB}] \qquad (1.12)$$

Strompegel:
$$L_i = 20 \cdot \log \frac{I}{I_0} \quad [\text{dB}] \qquad (1.13)$$

Leistungspegel:
$$L_p = 10 \cdot \log \frac{P}{P_0} \quad [\text{dB}] \qquad (1.14)$$

Als *absolute Pegel* bezeichnet man Pegel, die sich auf einen international definierten Bezugs-wert beziehen. Tabelle 1.6 zeigt die gebräuchlichen Bezugswerte. Häufig verwendet man statt dem Formelzeichen L einfach auch die Symbole U oder I bzw. P. U = –60 dBV bedeutet somit 1 mV, P = 13 dBm bedeutet 20 mW. Verstärkungen und Dämpfungen hingegen sind dimensi-onslose Quotienten und haben stets die Einheit dB und nicht etwa dBm usw.

Tabelle 1.6 Bezugswerte für absolute Pegel

Bezeichnung	Bezugswert	Normpegel
dBm	$P_0 = 1$ mW	0 dBm entsprechen 1 mW
dBW	$P_0 = 1$ W	0 dBW entsprechen 1 W
dBV	$U_0 = 1$ V	0 dBV entsprechen 1 V
dBμV	$U_0 = 1$ μV	0 dBμV entsprechen 1 μV

Oft haben Voltmeter eine logarithmische in dBm oder dBV geeichte Skala. dBV bezeichnet eindeutig eine Spannung, dBm hingegen eine Leistung, welche an einem äusseren Widerstand die gemessene Spannung erzeugt. Deshalb muss im zweiten Fall stets der Bezugswiderstand angegeben werden. Häufig beträgt dieser 600 Ω (Telefonie) oder 50 Ω (HF-Technik).

Beispiele: • Skala: dBm (600 Ω): 0 dBm entsprechen 1 mW Leistung und einer Spannung von 775 mV an 600 Ω.

• Skala: dBm (50 Ω): 0 dBm entsprechen 1 mW Leistung und einer Spannung von 224 mV an 50 Ω.

1.1.7 Der Übertragungskanal

Der Übertragungskanal ist das Bindeglied zwischen Sender und Empfänger, Bild 1.2. Sender und Empfänger können beide unterteilt werden in Subsysteme, vgl. Bilder 1.3 und 1.6. Der Sender hat die Aufgabe, das Signal dem Kanal anzupassen. Für eine Funkübertragung z.B. wird mit einem Modulator die Frequenzlage des Signales verschoben. Der Sender hat zudem mit einem Verstärker genügend Leistung bereitzustellen, um die Dämpfung auf der Übertragungsstrecke zu kompensieren. Der Empfänger demoduliert, d.h. er transponiert das Signal in die ursprüngliche Frequenzlage zurück.

Man kann diese Signalumformung aber auch als Kanalumformung auffassen. Bild 1.21 zeigt das Blockschema für das obige Beispiel einer Sprechfunkverbindung. Die Sprachsignale sind *Basisbandsignale*, d.h. sie enthalten tiefe Frequenzen bis zu einer bestimmten Grenze. Die Funkstrecke hingegen lässt nur Frequenzen ab 100 kHz durch. Man kann in Bild 1.21 darum drei verschiedene Kanäle unterscheiden, und jedes Teilsystem des Senders nimmt eine Kanalanpassung an den nachfolgenden Kanal vor:

• Kanal 1: Bandpasskanal mit grosser Dämpfung

• Kanal 2: Bandpasskanal mit kleiner Dämpfung

• Kanal 3: Basisbandkanal mit kleiner Dämpfung

Typischerweise sind diese Kanäle verschachtelt, innere Kanäle sind jeweils *vollständig* in den äusseren Kanälen enthalten.

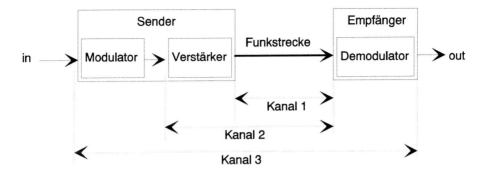

Bild 1.21 Transformation des Kanals

Es ist zu unterscheiden zwischen
Übertragungskanal und Übertragungsmedium!

Übertragungs*medien* (manchmal auch *physikalische Kanäle* genannt) sind:

- verdrillte Kupferleitungen (twisted pair)
- Koaxialkabel
- Lichtwellenleiter (LWL)
- Funkstrecken
- Infrarot- und Laserstrahlen

Diese Medien werden im Kapitel 5 genauer betrachtet. Ein Übertragungsmedium ist stets auch ein Kanal (normalerweise natürlich der Innerste), die Umkehrung gilt jedoch nicht! *Kanal* ist demnach ein Oberbegriff. Ein Übertragungsmedium transportiert physikalische (also letztlich analoge) Signale. Es gibt demnach keine digitalen Medien, hingegen gibt es digitale Kanäle. (Dies könnte einmal ändern: im atomaren Bereich muss die Quantenphysik berücksichtigt werden. Erschliesst die technische Anwendung einmal auch diese Bereiche, so können sich auch digitale Medien ergeben!). Für den Rest dieses Abschnittes werden nicht Medien, sondern Kanäle betrachtet.

Ein *analoger* Übertragungskanal wird durch folgende Angaben charakterisiert:

- Frequenzlage: Durchlassbereich (untere und obere Grenzfrequenz)
- Dämpfung innerhalb des Durchlassbereiches. Bei linearen Kanälen wird diese meist in Form der komplexwertigen frequenzabhängigen Übertragungsfunktion bzw. des Frequenzganges dargestellt, häufig in Form eines Bode-Diagrammes.
- Signalverfälschung durch additive und multiplikative Effekte:
  - Eigenrauschen wie Widerstandsrauschen und Halbleiterrauschen (additiv, nicht deterministisch)
  - Aufnahme von Störsignalen (additiv, nicht deterministisch)

- kosmisches und atmosphärisches Rauschen, Quantisierungsrauschen, Übersprechen, Netzeinstreuungen (50 Hz - Brumm), Einstreuungen durch Schaltvorgänge (Hochspannungsanlagen)

- lineare Verzerrungen (multiplikativ, deterministisch, korrigierbar)

- nichtlineare Verzerrungen (multiplikativ, deterministisch, korrigierbar)

Ein *digitaler* Übertragungskanal wird charakterisiert durch:

- Übertragungsrate in Bit/s

- Bitfehlerquote (BER, bit error ratio)

- Art der Fehler (gleichmässig verteilt oder zeitlich gehäuft usw.)

Nun soll die Frequenzlage von Kanälen genauer beleuchtet werden. Das Nachrichtensignal (z.B. Musik, Daten) ist dasjenige Signal, das man eigentlich übertragen möchte. Die Bandbreite dieses Signals hängt ab von der Informationsmenge, vgl. Tabelle 1.1. Die untere Grenzfrequenz ist entweder 0 Hz (Daten) oder einige Hz (Audiosignale). Wesentlich ist, dass die untere Grenzfrequenz bei den meisten Nachrichtensignalen fix ist, d.h. unabhängig vom Informationsgehalt. Man nennt solche Nachrichtensignale darum oft auch Tiefpass-Signale (TP-Signale) oder allgemeiner *Basisband-Signale* (BB-Signale). Der letzte Ausdruck ist vorzuziehen, da Audiosignale streng genommen keine TP-Signale sind, da die Frequenz 0 Hz nicht vorkommt. Häufig werden die beiden Ausdrücke unsorgfältig verwendet. Aus dem Zusammenhang ist aber stets klar, was wirklich gemeint ist.

Signale ohne DC-Anteil führen zu drei grossen Vereinfachungen bei der praktischen Realisierung der Übertragungssysteme, im analogen Telefonnetz wird dies ausgenutzt:

- Auf dem Übertragungsweg können Transformatoren (Übertrager) zur Potenzialtrennung eingefügt werden. Dadurch lassen sich Störungen durch Ausgleichströme (unterschiedliche Erdpotenziale) vermeiden.

- In den Verstärkern sind Signal- und Arbeitspunktspannungen einfacher separierbar.

- Die Speisung der (eingegrabenen) Zwischenverstärker kann über dasselbe Aderpaar erfolgen, das auch das Nachrichtensignal überträgt.

Für die Übertragung ist es nun wesentlich, dass der Frequenzbereich des Nachrichtensignals (Spektrum) und der Frequenzgang des Kanals („Durchlassfenster") zueinander passen. Falls dem nicht so ist (z.B. Bandpass-Kanal zur Übertragung eines TP-Signals) wird mit Modulatoren bzw. Demodulatoren eine Kanalanpassung erreicht.

Man unterscheidet also zwischen

- BB-Kanälen (Basisband)

    - DC-gekoppelt (Tiefpässe)

    - AC-gekoppelt

- BP-Kanälen (Bandpässe)

Die identische Unterscheidung erfolgt zwischen TP-, BB- und BP-Signalen. Kanäle mit Hochpass- (HP) oder Bandsperrcharakteristik (BS) kommen aus physikalischen Gründen nicht vor. Deren Durchlassbandbreite wäre nämlich unendlich gross.

Die Bandbreite (Durchlassbereich) ist bei allen Kanälen variabel und hängt mit der Kanalkapazität (bei Signalen mit dem Informationsgehalt) zusammen.

Bei BB-Kanälen bzw. -Signalen variiert nur die obere Grenzfrequenz in Abhängigkeit von der Bandbreite. Bei BP-Kanälen und BP-Signalen sind die obere *und* die untere Grenzfrequenz variabel, Bild 1.22.

Der einfachste Fall ist somit die Übertragung eines TP-Signales über einen TP-Kanal, Bild 1.23. Dieser Fall wird behandelt im Abschnitt 1.2 für analoge Nachrichtensignale und im Kapitel 2 für digitale Nachrichtensignale. TP-Kanäle sind z.B. Kabel und Leitungen. Sind Überträger zur Potenzialtrennung eingefügt, so handelt es sich um AC-gekoppelte Basisbandkanäle.

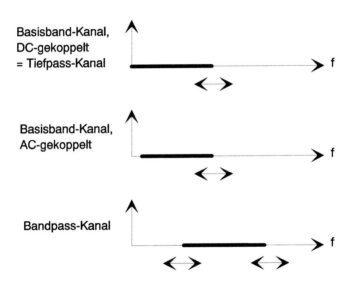

Bild 1.22 Gegenüberstellung der Durchlassbereiche von TP-, BB- und BP-Kanälen bzw. -Signalen

Bild 1.23 Übertragung eines Tiefpass-Signales über einen Tiefpass-Kanal

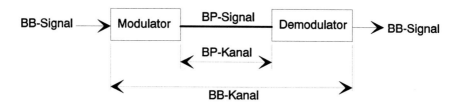

Bild 1.24 Bandpass-Übertragung eines BB-Signals

Bei drahtloser Übertragung handelt es sich stets um BP-Kanäle. Dies deshalb, weil elektromagnetische Wellen erst ab Frequenzen von 100 kHz mit vernünftigem Aufwand (Antennengrösse) abgestrahlt werden können. Vor der Übertragung wird mit einem Modulator die Frequenzlage des Nachrichtensignals in den Frequenzbereich des Kanals transponiert und dies nach der Übertragung im Empfänger mit dem Demodulator wieder rückgängig gemacht, Bild 1.24. Die Bandpassübertragung wird im Kapitel 3 behandelt.

Bild 1.24 zeigt, dass ein BP-Kanal mit Modulator und Demodulator auch als BB-Kanal aufgefasst werden kann. Diese Anschauung ist sehr hilfreich, da z.B. bei der Datenübertragung über Funk (BP-Übertragung, Kapitel 3) alle Verfahren aus der BB-Übertragung (Kapitel 2) auch angewandt werden müssen. Man erspart sich somit Doppelspurigkeiten. Bild 1.24 kann man auch als Verfeinerung von Bild 1.23 auffassen, und letzteres hat dieselbe Struktur wie das anwenderbezogene Bild 1.15. Man kann somit das eigentliche Übertragungsmedium „verstekken", da es ja dem Anwender letztlich egal ist, ob seine Nachrichten über ein Koaxialkabel (TP-Kanal), einen Mikrowellenlink (BP-Kanal) oder digital über einen Lichtwellenleiter übertragen werden.

Genauso kann ein digitaler Kanal, der mit ADC bzw. DAC abgeschlossen wird, als analoger Kanal aufgefasst werden, Bild 1.25. Auch die Mischung der letzten beiden Bilder ist möglich. Es handelt sich dann z.B. um die Übertragung eines digitalisierten Analogsignales (z.B. PCM) über einen Funkkanal (z.B. mit FSK-Modulation), Bild 1.26.

Die Abgrenzung des Kanals sowie die Trennlinien zur Quelle und Senke können sehr freizügig gewählt werden. Alles was in Bild 1.26 *vor* einem beliebigen Block des Senders liegt, gehört zur Quelle. Alles was *nach* dem entsprechenden Block des Empfängers liegt, gehört zur Senke. Alles dazwischenliegende bildet den Kanal. Der innerste Kanal ist das eigentliche Übertragungsmedium. Diese Freiheit der Wahl (sie entspricht der Freiheit der Subsystemabgrenzung im Abschnittes 1.5) beinhaltet gleichzeitig den Zwang zur klaren Definition der gewählten Trennlinie.

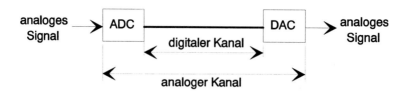

Bild 1.25 Übertragung eines analogen Signals über einen digitalen Kanal

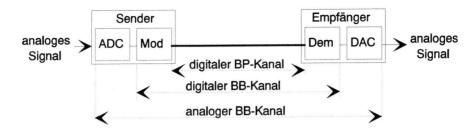

Bild 1.26 Übertragung eines analogen BB-Signals über einen digitalen BP-Kanal

Nun soll ein ganz anderer und praktischer Aspekt des Übertragungskanals betrachtet werden: die *Richtungstrennung*. Zuerst ist aber eine kleine Abschweifung notwendig, wofür das Beispiel des Telefonnetzes herangezogen wird.

Die zahlreichen Telefonbenutzer wollen *temporär* mit einem frei *wählbaren* Partner kommunizieren können. Diese Aufgabe wird gelöst mit einem *Netz*, das zahlreiche Kanäle enthält und diese bei Bedarf zwei Abonnenten zuweist. Man spricht von *Vermittlung*, durchgeführt von *Zentralen*. Zwischen zwei grossen Städten würden zahlreiche solche Kanäle parallel laufen, die dank Multiplexierung auf einem einzigen Medium (z.B. Lichtwellenleiter, Koaxialkabel, Richtfunk) gleichzeitig und viel kostengünstiger übertragen werden können.

Im Teilnehmerbereich (das ist der Bereich vom einzelnen Telefonapparat bis zur ersten Zentrale) ist eine Multiplexierung nicht möglich, da die Verbindungen nicht parallel laufen. Pro Telefonapparat führt demnach ein individuelles Kabel zur nächsten Zentrale.

Die meisten Verbindungen sind sog. *Duplex-Verbindungen*, d.h. es wird gleichzeitig in jeder Richtung übertragen. Dies ist z.B. der Fall bei Telefonverbindungen, wo man dem Partner direkt ins Wort fallen kann. Aber auch Datenverbindungen sind meistens duplex, z.B. um die Daten zu quittieren (ARQ-System) oder für einen elektronischen Dialog während einer Datenbankabfrage.

Wegen der feinen Verästelung der Millionen von Telefonanschlüssen wird im Teilnehmerbereich eine Unmenge von Kupfer benötigt. Bei einer konventionellen Duplexverbindung wären pro Teilnehmer vier Kupferadern notwendig (*Vierdrahtbetrieb*), dank Richtungstrennung mit Gabeln lässt sich der Aufwand halbieren (*Zweidrahtbetrieb*). Die Richtungstrennung ist also in erster Linie ein Mittel zur Kostenreduktion.

Zur Richtungstrennung werden folgende Verfahren angewendet:

- Gleichlageverfahren (mit Gabelschaltung, nur bei Drahtverbindungen möglich)
- Getrenntlageverfahren (Frequenzduplex, FDD = frequency division duplexing)
- Ping-Pong-Verfahren (Zeitduplex, TDD = time division duplexing)

Das Gleichlageverfahren:

Bild 1.27 zeigt links eine Telefonverbindung im Vierdrahtbetrieb, rechts eine Verbindung im Zweidrahtbetrieb. Der Übergang zwischen den beiden Betriebsarten wird mit einer Gabelschaltung oder kurz *Gabel* (engl. hybrid) bewerkstelligt.

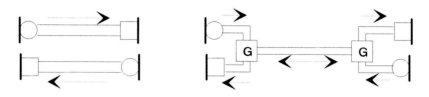

Bild 1.27 Vierdraht (links) und Zweidrahtbetrieb (rechts). G = Gabel

Die Gabeln können aktiv oder passiv realisiert werden, bei letzteren ist eine Dämpfung von
3 dB in Kauf zu nehmen. Bild 1.28 zeigt das Prinzip der Gabelschaltung. Es handelt sich um
eine Brückenschaltung, die aus Mikrophon, Hörer, Zweidrahtleitung und einer Leitungsnachbildung (eine der Zweidrahtleitung äquivalente Impedanz, die von aussen nicht zugänglich ist)
besteht. Wenn alle vier Impedanzen gleich gross sind, so ist die Brücke abgeglichen und die
Diagonalen sind entkoppelt.

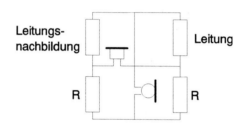

Bild 1.28 Prinzipieller Aufbau der Gabelschaltung

Die Eingangsimpedanz der Leitung variiert etwas, die Leitungsnachbildung wird deshalb auf
einen Kompromisswert eingestellt. Dies führt zu Asymmetrien und damit zu Reflexionen.

Zwischen Teilnehmer und Ortszentrale wird aus Kostengründen Zweidrahtbetrieb benutzt. Für
weitere Distanzen (zwischen verschiedenen Zentralen) wird Vierdrahtbetrieb verwendet, Bild
1.29. Dies deshalb, weil die notwendigen Verstärker und Multiplexeinrichtungen nur eine
Betriebsrichtung haben (nichtreziproke Zweitore). Würde nun vor und nach jedem Verstärker
wie in Bild 1.30 eine Gabel in den Verbindungspfad eingeschlauft, so ergäben sich grosse
Probleme durch Rückkopplungen aufgrund der Reflexionen der Gabeln. Die daraus folgenden
Einschränkungen bezüglich Verstärkungsfaktoren erhöhen die Anzahl der Verstärker und verschlechtern damit den Signal-Rauschabstand.

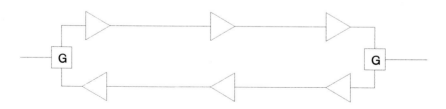

Bild 1.29 Vierdraht-Fernverbindung mit Zwischenverstärkern

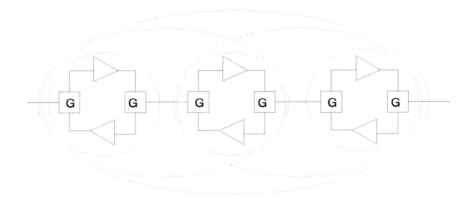

Bild 1.30 Ungeschickte Zweidraht-Fernverbindung. Die Kreise und Ellipsen zeigen die möglichen Rückkopplungsschlaufen.

Auch bei Vierdrahtverbindungen ergeben sich Rückkopplungspfade, nämlich aufgrund der Gabeln bei den beiden Endstellen. Bei Datenübertragungen führt dies zu störenden Echos, welche mit speziellen Schaltungen unterdrückt werden müssen (*Echokompensation*). Dabei ist noch zu unterscheiden zwischen dem *near end echo* (von der eigenen Gabel) und dem *far end echo* (von der Gabel des Partners).

Das Getrenntlageverfahren:

Die Richtungen werden aufgrund verschiedener Frequenzbereiche unterschieden und mit Filterschaltungen separiert. Bei Audioübertragung ist dazu für mindestens eine Richtung eine Modulation / Demodulation notwendig. Das Übertragungsnetz hat damit ganz unterschiedliche Signale zu verarbeiten, weshalb das Verfahren nicht für die Sprachübertragung im Telefonnetz benutzt wird.

Modems zur Datenübertragung über das Telefonnetz wenden die Methode jedoch ausgiebig an. Die Daten werden vom Computer angeliefert in Form von zwei Spannungspegeln für „0" und „1". Dieses Signal enthält tiefe Frequenzen und passt darum nicht in den für Sprachübertragung optimierten Frequenzbereich von 300 ... 3400 Hz des Telefonsystems. Das Modem benutzt darum zwei unterschiedliche Frequenzen, um „0" und „1" darzustellen. Eine Richtungstrennung kann nun einfach erfolgen, indem zwei verschiedene Frequenzpaare verwendet werden, wobei alle vier Frequenzen im Bereich 300 ... 3400 Hz liegen müssen, damit die Zentralen nicht merken, dass sie überlistet werden. Die Modemnorm V.21 (für 300 Baud) z.B. schreibt die Frequenzpaare 980 Hz / 1180 Hz und 1650 Hz / 1850 Hz vor.

Da die Richtungen aufgrund der Frequenzlage unterschieden werden, heisst das Verfahren *frequency division duplexing* (FDD). Es wird auch bei Lichtwellenleitern benutzt, indem mit unterschiedlichen Lichtwellenlängen gearbeitet wird. Sehr stark verbreitet ist FDD in der drahtlosen Kommunikation (insbesondere der Satellitentechnik).

Das Ping-Pong-Verfahren:

Hier geschieht die Unterscheidung nicht im Frequenzbereich, sondern im Zeitbereich und heisst darum auch *time division duplexing* (TDD). Die beiden Stationen wechseln sich gegenseitig ab mit Senden und Empfangen. Mit einem Datenpuffer kann gegenüber der Aussenwelt ein kontinuierlicher Datenfluss vorgespiegelt werden.

Anwendung findet TDD bei modernen Sprechfunkgeräten, aber auch bei optischen Übertragungen, wobei über semipermeable Spiegel Laserdioden (Sender) und Photodioden (Empfänger) an die Faser angekoppelt werden. Sehr vorteilhaft ist TDD ist bei asymmetrisch belasteten Duplex-Kanälen, d.h. wenn die beiden Richtungen unterschiedliche Datenraten aufweisen.

Heikel ist bei TDD lediglich die Verbindungsaufnahme, da zuerst die Synchronisation hergestellt werden muss. Dies geschieht beispielsweise dadurch, dass die Sender von einem Zufallstimer gesteuert ihre Tätigkeit aufnehmen. So lässt sich sicher vermeiden, dass stets beide Stationen senden und niemand hört.

Das Gleichlageverfahren mit Gabel braucht von den drei Verfahren am wenigsten Bandbreite, weshalb es auch am häufigsten angewandt wird.

Bei der Vierdrahtverbindung nach Bild 1.29 ist der Verstärkerabstand durch die Kabeldämpfung und wegen deren Frequenzgang (erhöhte Dämpfung bei hohen Frequenzen aufgrund des Skineffektes) durch die Bandbreite des Nachrichtensignales bestimmt. Beispiel: bei Frequenzmultiplexübertragung (FDM) von 2700 Sprachkanälen beträgt der Verstärkerabstand 4.65 km. Bei 10800 Kanälen schrumpft der Abstand auf 1.55 km. Bei einer Fernübertragung liegen somit schnell hunderte von Verstärkern im Übertragungspfad. Da FDM bei analoger Übertragung benutzt wird, erkennt man die vielstufige Signalverarbeitung an einem hörbaren Rauschen. Demgegenüber besteht bei digitaler Übertragung mit dem Zeitmultiplexverfahren (TDM) kein Qualitätsunterschied zwischen einer Verbindung zu einem anderen Kontinent oder zum Nachbardorf.

Parallel geführte Drähte weisen eine gegenseitige induktive und kapazitive Kopplung auf. Dies führt zu einem *Nebensprechen* oder *Übersprechen*. Man unterscheidet

- verständliches Übersprechen (bei analoger BB-Übertragung)
- unverständliches Übersprechen (bei Multiplex-Übertragung, äussert sich als Geräusch)
- Nahübersprechen (NEXT = near end crosstalk)
- Fernübersprechen (FEXT = far end crosstalk).

In Bild 1.31 sind die Übersprechpfade von der oberen auf die untere Leitung eingezeichnet, wobei beide Leitungen im Duplexbetrieb arbeiten. Natürlich spricht die untere Leitung auch auf die obere über. Bei gleichen Pegeln auf den Leitungen ist die Beeinflussung in beiden Richtungen etwa gleich stark. Bei unterschiedlichen Pegeln findet fast ausschliesslich eine Beeinflussung vom hohen Pegel auf den tiefen Pegel statt. Koaxialkabel haben bei höheren Frequenzen aufgrund des Skin-Effektes kein Übersprechen, ebenso haben Lichtwellenleiter (LWL) keine gegenseitige Kopplung.

Erwähnenswert ist noch die *Phantomverbindung*, welche ebenfalls eine Mehrfachausnutzung darstellt, Bild 1.32.

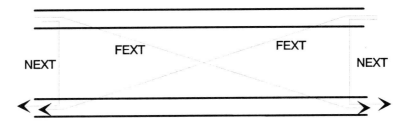

Bild 1.31 Nah- und Fernnebensprechen

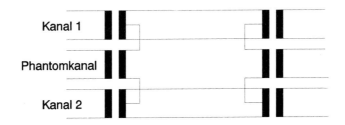

Bild 1.32 Phantomkanal auf einer Vierdrahtleitung

In der Übertragungstechnik unterscheidet man verschiedene *Betriebsarten*, wobei bei Draht- und Funkverbindungen etwas unterschiedliche Definitionen in Gebrauch sind. Dies deshalb, weil Funkgeräte nicht gleichzeitig auf derselben Frequenz senden und empfangen können.

Betriebsarten bei Drahtverbindungen:

- *Simplex-Betrieb:* Einwegübertragung (Blindverkehr, ohne Quittierung)
- *Semiduplex-Betrieb* (Halbduplex): Der Kanal wird abwechslungsweise in der einen oder der anderen Richtung betrieben (Wechselverkehr).
- *Duplex-Betrieb* (Vollduplex): Übertragung gleichzeitig in beiden Richtungen.

Betriebsarten bei Funkverbindungen:

- *Blindverkehr:* Nur eine Übertragungsrichtung. Beispiel: Rundfunk.
- *Simplex-Betrieb*: Es wird abwechslungsweise auf demselben Kanal übertragen.
- *Semiduplex-Betrieb*: Für jede Richtung besteht ein separater Kanal. Diese beiden Kanäle sind abwechslungsweise in Betrieb. Beispiel: Funkverbindung über Relais.
- *Duplex-Betrieb* (Vollduplex): Zwei Kanäle werden gleichzeitig benutzt. Beispiel: Richtfunk.

Zum Schluss dieses Abschnittes wird noch ein mathematisches Modell des Übertragungskanals aufgestellt. Dieses dient dazu, den Einfluss des Kanals auf das Nutzsignal quantitativ abzuschätzen und so verschiedene Modulationsverfahren miteinander zu vergleichen.

Die meisten Kanäle sind linear oder können wenigstens mit genügend guter Näherung als linear betrachtet werden. Kanäle werden darum als LTI-Systeme (linear time invariant) dargestellt, Bild 1.33. Im Falle von digitalen Kanälen spricht man von LTD-Systemen (linear timeinvariant discrete). In der Signalverarbeitung (siehe z.B. [Mey00] oder [Mey02]) werden diese Systeme ausführlich behandelt.

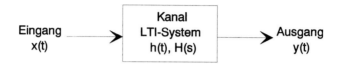

Bild 1.33 Kanal als LTI-System

Ein LTI-System wird vollständig charakterisiert durch seine Impulsantwort h(t) oder seine Übertragungsfunktion H(s). Dieses Modell beschreibt die lineare Verformung des übertragenen Signales (vgl. Abschnitt 1.2). Im einfachsten Extremfall degeneriert die Übertragungsfunktion zu einer einzigen konstanten Zahl, welche die in diesem Falle frequenzunabhängige Dämpfung des Kanals beschreibt.

Im Kanal wird das Signal mit Störungen verseucht. In den meisten Fällen wird ein Störsignal addiert. Obwohl der physikalische Angriffspunkt dieser Störung nicht stets lokalisierbar ist (oft geschieht die Verseuchung verteilt auf der gesamten Übertragungsstrecke), kann wegen der Linearität im Modell ein konzentrierter Angriffspunkt angenommen werden. Dieser ist normalerweise *nach* dem Kanal in Bild 1.33, da dort die Summe der Störungen auch einfach gemessen werden kann. Bild 1.34 zeigt das erweiterte Modell.

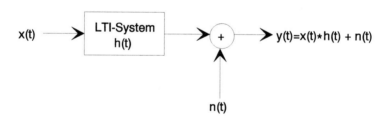

Bild 1.34 Additiv gestörter LTI-Kanal

Das Störsignal n(t) in Bild 1.34 wird häufig als Gauss'scher Rauschprozess beschrieben und hat seine Ursache im Rauschen von Widerständen, Verstärkern, atmosphärischem und galaktischem Rauschen usw. Diese Annahme ist darum sinnvoll, weil nach dem Grenzwertsatz der Statistik die Summe von vielen Zufallsprozessen einen Gauss-Prozess ergibt.

Akustische Unterwasserkanäle sowie Kurzwellenkanäle zeigen ein stark zeitvariables Verhalten. Dies muss in obigem Modell speziell berücksichtigt werden, indem die Stossantwort h(t) zeitvariant wird, während kurzen Zeitabschnitten jedoch konstant bleibt.

Mehrwegkanäle (Mobilfunk, Kurzwellenfunk, Fernsehen) liefern zeitverzögerte und abgeschwächte Repetitionen des Originals an den Empfangsort (→ Geisterbilder). In diesen Fällen hat die Impulsantwort die Form:

$$h(t) = \sum_{k=1}^{L} a_k \cdot \delta(t - \tau_k) \tag{1.15}$$

Diese Gleichung beschreibt L Ausbreitungspfade mit der Dämpfung a_k und der Laufzeit τ_k. Die einzelnen Signale werden aber sonst nicht verzerrt. In diesem Fall wird das Ausgangssignal in Bild 1.34:

$$y(t) = \sum_{k=1}^{L} a_k \cdot x(t - \tau_k) + n(t) \tag{1.16}$$

Mit diesen Modellen können die meisten Praxisfälle abgedeckt werden. Eine gute Vertiefung bietet [Gen98].

1.1.8 Die Kanalkapazität und der Nachrichtenquader

Der Informationsgehalt eines ungestörten, bandbegrenzten, analogen Signals mit endlicher Amplitude ist *unendlich* gross. Dieses Signal kann nämlich als ein unendlich fein quantisiertes Signal aufgefasst werden.

Technische Signale haben wegen der begrenzten Aussteuerbarkeit stets eine endliche Amplitude. Zudem sind diese Signale stets verseucht mit einem mehr oder weniger grossen Rauschanteil. Beträgt die maximale Amplitude z.B. 10 V und die Amplitude des Rauschanteils z.B. 1 V, so sind höchstens 10 Quantisierungsniveaus unterscheidbar. Ist die Rauschamplitude kleiner oder die maximale Amplitude grösser, so sind entsprechend zahlreichere Quantisierungsniveaus und damit auch eine grössere Informationsmenge darstellbar. Für den Informationsgehalt eines Signals ist demzufolge der Signal-Rausch-*Abstand* oder kurz *Rauschabstand* oder *Störabstand* eine massgebende Grösse. Dieser Störabstand ist das *Verhältnis* zwischen Signal- und Stör- bzw. Rauschleistung und wird meistens in dB angegeben. Die englische Bezeichnung lautet Signal to Noise Ratio, S/N.

Eng mit dem Rauschabstand verknüpft ist die *Dynamik*. Darunter versteht man das Verhältnis von maximalem Signalpegel (nach oben begrenzt z.B. durch die Aussteuerungsgrenze eines Verstärkers) zum minimal erkennbaren Signalpegel (nach unten begrenzt z.B. durch das Eigenrauschen eines Verstärkers). Auch die Dynamik wird normalerweise in Dezibel angegeben und bezeichnet den „prozentualen" Rauschanteil.

Jede Information ist quantisiert, kann also mit einem digitalen (zeit- und amplitudendiskreten) Signal dargestellt werden. Bei einem analogen Signal kann man sich den Abstand der Quantisierungsniveaus als durch die Rauschamplitude gegeben vorstellen. Die Zeit, die ein Signal braucht, um das Quantisierungsniveau zu ändern, hängt ab von der maximalen Änderungsgeschwindigkeit und damit von der Bandbreite. Der letzte Zusammenhang ist gegeben durch eine Eigenschaft der Fouriertransformation, nämlich dem Zeit-Bandbreite-Produkt.

Der Informationsgehalt eines Signals ist somit abhängig von der

- Anzahl unterscheidbarer Quantisierungsniveaus und somit vom Signal-Rausch-Abstand bzw. der Signaldynamik

- maximalen Änderungsgeschwindigkeit des Signals und somit von dessen Bandbreite B.

Physikalische Signale haben stets eine endliche Bandbreite und eine endliche Amplitude sowie einen gewissen Rauschanteil. Damit ist der Signal-Rauschabstand nie verschwindend klein und somit der Informationsgehalt stets endlich, denn jede Information ist letztlich digital. Wird durch den Kanal die Bandbreite weiter eingegrenzt und dem Signal noch ein zusätzliches Rauschen beigefügt, so wird der Informationsgehalt reduziert.

Shannon hat 1949 eine Formel für die Kanalkapazität angegeben. Dabei ging er von der Annahme aus, dass ein Gauss'sches Rauschen dem Empfangssignal überlagert ist. Die Kanalkapazität C ist die maximale Informationsrate in bit/s, die ein Kanal übertragen kann. Aus Gleichung (1.1) erhält man durch Division durch T:

$$C = B \cdot \log_2\left(\frac{P_S + P_N}{P_N}\right) = B \cdot \log_2\left(1 + \frac{P_S}{P_N}\right) \qquad\qquad (1.17)$$

Dabei bedeuten: C   Kanalkapazität in bit/s P_S Signalleistung

                  B   Kanalbandbreite in Hz P_N Störleistung

Erwartungsgemäss kommen in (1.17) als Variablen die Bandbreite und der *Quotient* von Signal- und Rauschleistung (also der Störabstand) vor. Unter *Kanaldynamik* versteht man den Ausdruck $\log_2\left(1 + \dfrac{P_S}{P_N}\right)$.

Die Umrechnung auf den dekadischen Logarithmus ergibt:

$$\log_2(x) = \frac{\log_{10}(x)}{\log_{10}(2)} \approx \frac{\log_{10}(x)}{0.3} = \frac{\log_{10}(x)}{3} \cdot 10$$

Mit log(x) wird fortan der *dekadische* Logarithmus bezeichnet. Aus (1.17) wird damit:

$$C \approx \frac{B}{3} \cdot 10 \log\left(1 + \frac{P_S}{P_N}\right)$$

Oft ist $P_S \gg P_N$, damit kann man vereinfacht schreiben:

$$C \approx \underbrace{\frac{B}{3} \cdot 10 \log\left(\frac{P_S}{P_N}\right)}_{\text{Signal-Rausch-Abstand in dB}} = \frac{B}{3} \cdot SR \qquad\qquad \begin{array}{l} \text{C in bit / s} \\[4pt] \text{B in Hz} \\[4pt] \text{SR in dB} \end{array} \qquad (1.18)$$

SR bezeichnet dabei den Signal-Rausch-Abstand in dB. Tabelle 1.7 gibt eine Übersicht über verschiedene Kanalkapazitäten. Die dabei zugrunde gelegten Störabstände entsprechen einem für die jeweilige Anwendung angepassten Wert (nominale Werte):

Tabelle 1.7 Beispiele für Kapazitäten analoger Kanäle (nominale Signal-Rausch-Abstände)

Dienst	B [kHz]	P_S/P_N [dB]	C [kbit/sek]
Fernschreiber (Telex)	0.025	15	0.13
Telefon	3.1	40	41
UKW-Rundfunk	15	60	300
CD (Analog-Ausgang)	20	96	640
Fernsehen	5000	45	75'000

Bei der CD bestimmt das Quantisierungsrauschen den Signal-Rausch-Abstand. Ein zusätzliches Bit in der Wortbreite des AD-Wandlers halbiert die Quantisierungsspannung, viertelt die Quantisierungsrauschleistung, ändert aber die Signalleistung praktisch nicht. Der Quantisierungsrauschabstand nimmt darum um 6 dB pro Bit zu. 16 Bit ergeben demnach etwa 96 dB Rauschabstand. Früher wurde ein Datenstrom R von 16·44'100 (Abtastfrequenz) ≈ 700 kBit/s berechnet. Der Unterschied zu den in der Tabelle erwähnten 640'000 bit/s ergibt sich lediglich deshalb, weil gemäss Abtasttheorem mit 22 kHz Bandbreite statt mit nur 20 kHz gerechnet werden dürfte.

Aus Tabelle 1.7 und obiger Überlegung lässt sich die PCM-Wortbreite für verschiedene Signale ableiten:

- Sprache (Voice):   8 Bit

- Video: 8 ... 10 Bit

- Musik (Audio):   14 ... 16 Bit

Es wurde bereits festgestellt, dass für eine erfolgreiche Informationsübertragung der Signal-Rausch-Abstand genügend gross sein muss und nicht etwa die Signalleistung. Auch Gleichung (1.17) widerspiegelt diese Tatsache. Tabelle 1.8 gibt ein Gefühl für die bei Sprachübertragung tolerierbaren minimalen Rauschabstände (d.h. die Nachrichtensenke in Bild 1.2 ist ein menschliches Ohr).

Tabelle 1.8 Minimale Rauschabstände bei Sprachübertragung

Anwendung	Minimaler Rauschabstand
Telefon	33 dB
MW-Rundfunk	33 dB
Funk-Einspeisung ins Telefon-Netz	15 dB
geübter Funker, Muttersprache	6 dB

Eine Sprechfunkverbindung (z.B. zu einem Hochseeschiff) wird also nur ab einem Rauschabstand von 15 dB ins Telefonnetz vermittelt, andernfalls wäre die Verständlichkeit zu schlecht. Der geübte Funker schafft aber die Verbindung unter noch schlechteren Bedingungen, v.a.

wenn er die Muttersprache benutzen kann. In diesem Fall kann die Redundanz der Sprache am besten ausgenutzt werden. Für die Ermittlung der Verständlichkeit ist dies unerwünscht, weshalb man dazu die früher erwähnten Logatome verwendet.

Diesen Effekt kann man auch im Alltag beobachten. Wer leidlich Englisch spricht, versteht einen Nachrichtensprecher, nicht aber einen Popsänger, da das Sprachsignal des letzteren wegen der Begleitmusik einen kleineren „Stör"-abstand hat. Der Text eines deutschsprachigen Popmusikstückes wird hingegen viel besser verstanden.

Multipliziert man (1.17) mit der Übertragungszeit T, so erhält man die in dieser Zeit T über den Kanal mit der Kapazität C übertragenen Informationsmenge I:

$$I = C \cdot T = B \cdot \log_2\left(1 + \frac{P_S}{P_N}\right) \cdot T = B \cdot D \cdot T \tag{1.19}$$

D bedeutet dabei die oben eingeführte Kanaldynamik, welche ein Mass für die Störanfälligkeit darstellt. (1.19) ist dasselbe wie (1.1), ausser dass mit D hier die Kanaldynamik, dort jedoch die Signaldynamik gemeint ist. Auf diesen feinen Unterschied wird noch eingegangen.

Die übertragene Informationsmenge I bzw. das diese Information repräsentierende Signal kann man nach (1.19) auffassen als Volumen eines Quaders mit den Seitenlängen B, D (*Signal*dynamik) und T. Man nennt dies den *Informationsquader*, *Nachrichtenquader* oder *Shannon-Quader*. Der Kanal selber wird nach (1.17) mit dem *Kanalfenster* charakterisiert, einem Rechteck mit den Seitenlängen B und D (*Kanal*dynamik). Die Aufgabe der Signalanpassung (Modulation, Kanalcodierung) ist nun die, den Nachrichtenquader durch Variation von B, D und T so umzuformen, dass der Inhalt des Quaders unverändert bleibt, der neue Quader aber durch das Kanalfenster passt, Bild 1.35.

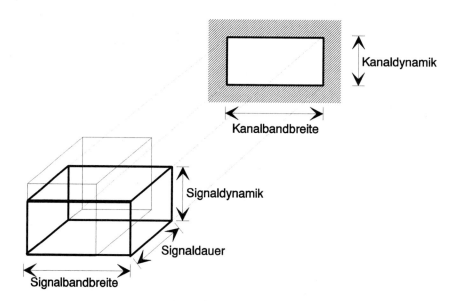

Bild 1.35 Nachrichtenquader (vorne, feiner Rand), angepasster Quader (vorne, dicker Rand) und Kanalfenster (hinten, dicker Rand).

Ist die Signalbandbreite grösser als die Kanalbandbreite, so geht Information verloren. Dasselbe geschieht, wenn die Signaldynamik grösser ist als die Kanaldynamik. In den umgekehrten Fällen wird hingegen der Kanal nicht voll ausgenutzt. Wenn wie im Falle des Bildes 1.35 die Signaldynamik weniger komprimiert werden muss als die Bandbreite vergrössert werden kann, so lässt sich entsprechend die Übertragungszeit verkleinern.

Sollen mehrere unabhängige Informationen (Nachrichtensignale) gleichzeitig über denselben Kanal übertragen werden (*Multiplex-* oder Bündelübertragung), so kann man diese Informationen in einem gemeinsamen Informationsquader so zusammenfassen, dass der Gesamtquader zum Kanalfenster passt. Je nach Art der Bündelung spricht man von Zeitmultiplex, Frequenzmultiplex, Amplitudenmultiplex (selten verwendet) oder Funktionen- bzw. Codemultiplex, Bild 1.36. Das letzte Verfahren ist sehr modern und wird bei der Spread-Spectrum-Übertragung (Bandspreiztechnik, vgl. Abschnitt 5.3) angewandt.

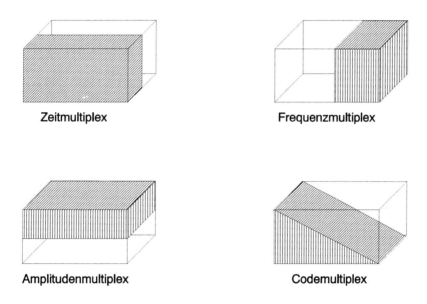

Zeitmultiplex   **Frequenzmultiplex**

Amplitudenmultiplex   **Codemultiplex**

Bild 1.36 Zusammenfassung von zwei (nicht notwendigerweise gleich grossen) Informationsmengen

Infolge Kanalstörungen gehen bei der Übertragung Informationsanteile verloren (*Äquivokation*) und es wird neue Information vorgetäuscht (Irrelevanz, *Streuentropie*). Was von der ursprünglich gewünschten Information tatsächlich bis zum Empfänger gelangt, wird *Transinformation* genannt, Bild 1.37. Die in (1.17) angegebene Kanalkapazität bezieht sich auf diese Transinformation.

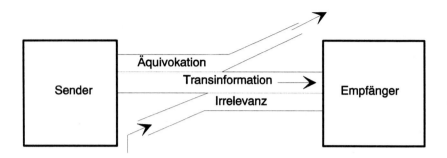

Bild 1.37   Änderung des Informationsflusses infolge Störungen im Kanal

Multiplexieren heisst Zusammenfassen von mehreren kleinen Informationsströmen zu einem grossen Informationsstrom. Der umgekehrte Vorgang, nämlich das Aufteilen eines grossen Informationsstromes in mehrere kleine Informationsströme, heisst Down-Multiplexing. Der Zweck ist die parallele Übertragung über mehrere Kanäle kleiner Kapazität, Bild 1.38.

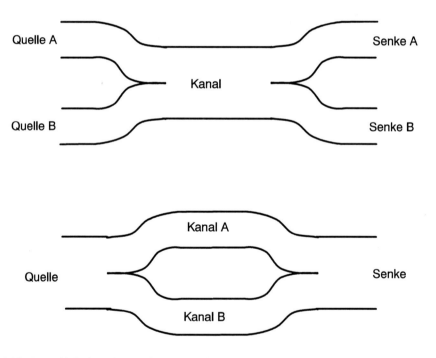

Bild 1.38 Up-Multiplexing (oben) und Down-Multiplexing (unten)

Die Ausdrücke Signal- und Kanaldynamik brauchen eine eingehendere Erläuterung. Dazu beginnen wir mit der einfacher zu verstehenden Kanaldynamik.

Eine Operationsverstärker-Schaltung hat z.B. einen Aussteuerbereich von ±10 V. Wird diese Amplitude überschritten, so entstehen wegen der Sättigung nichtlineare Signalverzerrungen. Der Verstärker hat zusätzlich ein Eigenrauschen, das Momentanwerte im Bereich ±1 mV haben soll. Der Signal-Rauschabstand am Verstärkerausgang hängt ab vom Verhältnis der *Wirkleistungen* von Nutz- und Rausch-Signal, d.h. vom Verhältnis der *Effektivwerte* der Spannungen. Wenn der Maximalbetrag des Nutzsignals 10 V beträgt, so kann erst mit Kenntnis der Signalform die Wirkleistung bestimmt werden.

Soll das Nutzsignal Information tragen, so darf es nicht deterministisch sein. Wir nehmen einmal an, dass sowohl Nutz- wie Rauschsignal gleichverteilte Zufallssignale im Bereich ±A seien, mit A_S = 10V bzw. A_N = 1 mV. Für diesen Fall beträgt die Leistung $A^2/3$ (die Berechnung folgt im Abschnitt 3.3.1.2). Der Signal-Rauschabstand für die beschriebene Verstärkerschaltung beträgt somit:

$$\frac{P_S}{P_N} = \frac{\left(10\,V\right)^2 / 3}{\left(1\,mV\right)^2 / 3} = \frac{10^2}{10^{-6}} = 10^8 \quad \hat{=} \quad 80 \text{ dB}$$

Jeder technische Kanal hat einen bestimmtem Aussteuerbereich und damit eine Beschränkung von P_S. Ebenso hat jeder technische Kanal ein Eigenrauschen, zu dem auch allfällige Fremdstörungen gezählt werden. Somit ist der Signal-Rauschabstand am Kanalausgang zwangsläufig beschränkt. Von diesem Signal-Rauschabstand gelangt man nach Gleichung (1.19) über eine monotone Abbildung zur Kanaldynamik. Für *qualitative* Überlegungen ist es darum egal, ob man mit der Kanaldynamik oder dem Signal-Rauschabstand am Kanalausgang arbeitet. Oft wird der in dB ausgedrückte Signal-Rauschabstand als Dynamik bezeichnet. Qualitativ bedeuten Dynamik und Kanaldynamik also dasselbe, quantitativ hingegen nicht.

Nun zur Signaldynamik! Über dieselbe monotone Abbildung ist diese mit dem Rauschabstand verknüpft. Das Problem liegt darin, dass man beim *Nutz*signal alleine nicht zwischen Signal und Rauschen unterscheiden kann.

Wie bereits erklärt, ist jede Information letztlich digital, also abzählbar. Dagegen ist jedes physikalische Signal letztlich analog, also nicht abzählbar. Dem Signal wird Information aufgeprägt, indem einer *endlichen* Teilmenge der unendlich vielen möglichen Amplitudenwerte eine Bedeutung beigemessen wird. Der Umfang dieser Teilmenge bestimmt die Signaldynamik. Ist die Teilmenge gross, so hat eine Signaländerung von z.B. 1 mV bereits eine Bedeutung. Ist die Teilmenge klein, so ist dieses Millivolt bedeutungslos.

Die Signaldynamik ist also im Gegensatz zur Kanaldynamik eine subjektive Grösse. Bei einem Sprachsignal z.B. beeinträchtigen leise Hintergrundgeräusche die Verständlichkeit wenig, deshalb sagt man, das Sprachsignal benötige einen Rauschabstand von 40 dB (Tabelle1.7). Bei hochwertiger Musik interessiert man sich aber auch für Feinheiten und fordert darum eine grössere Dynamik von 60 bis über 90 dB.

Bei 100 dB Rauschabstand und 1 V Signalamplitude beträgt die Rauschamplitude 10 µV. Wird dieses Signal mit einem idealen, d.h. rauschfreien Verstärker um den Faktor 10 verstärkt, so beträgt die Signalamplitude 10 V, die Rauschamplitude 100 µV und der Rauschabstand immer noch 100 dB. Wird jedoch der oben beschriebene Operationsverstärker verwendet, so beträgt die Signalamplitude 10 V, die Rauschamplitude wegen dem Eigenrauschen des Verstärkers 1 mV und der Rauschabstand nur noch 80 dB.

Hat das Signal nur 40 dB Rauschabstand (1 V Signalamplitude, 10 mV Rauschamplitude), so hat nach dem Verstärker das Signal 10 V Amplitude, das verstärkte Rauschen 100 mV und das Eigenrauschen des Verstärkers 1 mV. Der Rauschabstand beträgt immer noch etwa 40 dB.

Jedes Quellensignal ist „rein", d.h. unverrauscht. Aber bereits das Mikrofon fügt einem Audio-signal ein wenig Rauschen zu. Jeder weitere Verarbeitungsschritt (Speicherung, Übertragung usw.) verschlechtert den Signal-Rauschabstand. Am Ende des Kanals ist die Signaldynamik *höchstens* gleich der Kanaldynamik. Deshalb muss die Signaldynamik zur Kanaldynamik passen und gegebenenfalls mit Kanalcodierung oder Modulation angepasst werden, Bild 1.35.

Die Signaldynamik ist wie erwähnt subjektiv, d.h. sie wird *anwendungsbezogen festgelegt*. Die Tabellen 1.7 und 1.8 geben Anhaltspunkte für die Normal- bzw. Minimalanforderung.

Die Signaldynamik ist eine subjektive Grösse und beschreibt den interessierenden Detailreichtum eines in der Amplitude beschränkten Signales.

Die Kanaldynamik ist eine objektive Grösse und beschreibt die Fähigkeit des Kanals, einen bestimmten Detailreichtum bis zum Kanalausgang zu erhalten.

Ein Signal mit grosser Signaldynamik verlangt einen Kanal mit grosser Kanaldynamik, also einen grossen Signal-Rausch-Abstand. Das Signal ist somit störanfälliger.

Die Gleichung (1.17) kann in eine interessante Beziehung zu den Signalklassen gesetzt werden. Man unterscheidet mit den Kriterien kontinuierlich bzw. diskret bezüglich Zeit- und Werteachse vier Signalklassen, Bild 1.39.

Die Signale b) und d) in Bild 1.39 werden häufig nicht wie gezeigt als Pulsmuster, sondern als Folge von Abtastwerten (gewichtete Diracstösse) dargestellt. Der Informationsgehalt ist jedoch genau derselbe, vgl. Bild 1.9.

Interpretiert man nun die vier Signalklassen hinsichtlich ihres Informationsgehaltes anhand Gleichung (1.17), so ergeben sich folgende Aussagen:

- Abgetastete Signale müssen bandbegrenzt sein, d.h. $B < \infty$.

- Bei amplitudenkontinuierlichen Signalen können sich Werte wie π oder e einstellen, d.h. irrationale Zahlen. Diese können im Dezimalcode wie auch im Binärcode nur mit unendlich vielen Stellen korrekt dargestellt werden. Bei quantisierten Signalen genügen aber bereits endlich viele Stellen.

Theoretisch enthalten demnach die Signale a) und b) in Bild 1.39 unendlich viel Information, da für die Darstellung ihrer Momentanwerte unendlich viele Stellen notwendig sind. Ein nach (1.2) korrekt abgetastetes Signal hat eine beschränkte Bandbreite und kann mit einer *endlichen* Zahl von Abtastwerten korrekt dargestellt werden. Die Signale a) und c) (zeitkontinuierlich) können also theoretisch eine unendliche Bandbreite aufweisen.

Somit lassen sich einzig die digitalen Signale korrekt beschreiben mit einer *endlichen* Anzahl von Abtastwerten mit *endlich* vielen Stellen. Digitale Signale können also gar nicht unendlich viel Information tragen und sind darum massgeschneidert für die Übertragung von Information (die ja letztlich auch abzählbar ist) durch technische Systeme (die nur endlich viel Information fehlerfrei transferieren können). Deshalb sind nur digitale Signale fehlerfrei regenerierbar und darum sind sie technisch so wichtig.

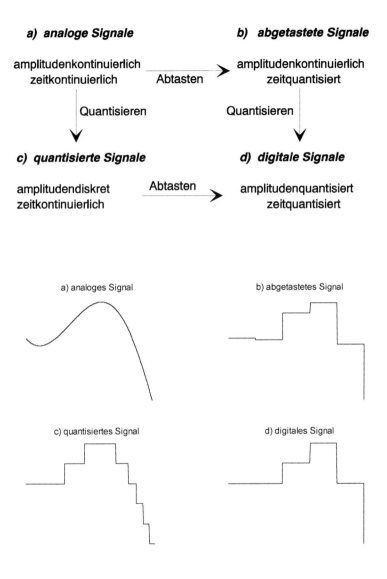

Bild 1.39 Unterteilung der Signale in vier Klassen

Mit etwas Informationstheorie kann man nun die theoretische Grenze der Kommunikation herleiten. Nach (1.17) kann die Kanalkapazität auf zwei Arten vergrössert werden:

- durch Vergrössern des Rauschabstandes → C wächst beliebig
- durch Vergrössern der Bandbreite → C strebt gegen einen endlichen Grenzwert

Die Vergrösserung von B lässt nämlich auch P_N ansteigen, deshalb ist C beschränkt. Das thermische Rauschen hat seine Ursache in der Unregelmässigkeit der Elektronenbewegung in einem Leiter oder Halbleiter. Es wächst mit der Temperatur und hat, da zahlreiche Elektronen daran beteiligt sind, eine Gauss-Verteilung. Das Leistungsdichtespektrum ist bis 10^{12} Hz (d.h. im gesamten technisch interessierenden Bereich) *unabhängig* von der Frequenz ($\rightarrow$ weisses Rauschen) und beträgt N_0. Solcherart gestörte Kanäle heissen Gauss-Kanäle oder AWGN-Kanäle (additive white Gaussian noise).

Thermische Rauschleistung: $\boxed{P_N = k \cdot T \cdot B = N_0 \cdot B}$ (1.20)

$k = 1.38 \cdot 10^{-23}$ J/K = Boltzmann-Konstante
T = absolute Temperatur [Kelvin]
B = Bandbreite [Hz]
$N_0 = kT = P_N/B$: spektrale thermische Rauschleistungsdichte [W/Hz] = [Ws]

Setzt man (1.20) in (1.17) ein, so ergibt sich:

$$C = B \cdot \log_2\left(1 + \frac{P_S}{kTB}\right) = B \cdot \log_2\left(1 + \frac{P_S}{N_0 B}\right)$$ (1.21)

Vergrössert man B, so verkleinert sich der Wert des Bruches in der Klammer. Der Grenzwert ist bestimmbar mit einer Reihenentwicklung des natürlichen Logarithmus:

$$\ln(1 + x) = x - \frac{x^2}{2} + \frac{x^3}{3} - \ldots \approx x \qquad \text{(für kleine x)}$$

Für den Zweierlogarithmus ergibt sich somit:

$$\log_2(1 + x) = \frac{\ln(1 + x)}{\ln(2)} \approx \frac{x}{\ln(2)}$$ (1.22)

Damit ergibt sich für die maximale Kanalkapazität bei B $\rightarrow \infty$:

$$C_{max} = \frac{B}{\ln(2)} \cdot \frac{P_S}{kTB} \qquad \boxed{C_{max} = \frac{P_S}{k \cdot T \cdot \ln(2)} = \frac{P_S}{N_0 \cdot \ln(2)}}$$ (1.23)

Der Quotient P_S/C steht für die Leistung pro bit/s. Das ist dasselbe wie Leistung mal Sekunde pro bit, also die Energie pro bit, E_{bit}. Berechnet man aus (1.23) den Ausdruck P_S/C_{max}, so erhält man die minimale am Empfängereingang benötigte Energie, um 1 bit über einen unendlich breiten Kanal zu übertragen. Bei Zimmertemperatur (T = 293 K) beträgt diese:

$$E_{bit_{min}} = k \cdot T \cdot \ln(2) = 2.8 \cdot 10^{-21} \; Ws$$ (1.24)

Damit sind Information und Energie miteinander verknüpft. Die spezielle Relativitätstheorie verknüpft genauso Masse und Energie, diese drei Grössen hängen somit alle zusammen, was schon im ersten Abschnitt dieses Buches festgestellt wurde. Ein anderer Berechnungsweg für (1.23) führt über die Quantenphysik und gelangt zum gleichen Resultat. Dass überhaupt Energie zur Informationsübertragung notwendig ist, ersieht man schon aus (1.17). Wird nämlich dort $P_S = 0$ gesetzt, so verschwindet der Bruch in der Klammer. Der Logarithmus von 1 beträgt unabhängig von der Basis Null, somit wird auch C = 0.

Die Übertragung einer Informationsmenge I erfordert nach (1.19) den Einsatz von Bandbreite, Leistung, Zeit und Geld. Der letzte Punkt geht in die informationstheoretische Betrachtung überhaupt nicht ein. Ebensowenig ist eine unter Umständen grosse Verzögerungszeit berücksichtigt, wie sie durch den Einsatz einer Quellen- und Kanalcodierung auftreten kann.

Der Anwender interessiert sich normalerweise weniger für die durch ein Nachrichtensystem übertragbare Information*menge* I in bit, sondern für die pro Sekunde übertragbare Informationsmenge, das ist die Information*rate* J in bit/s. J ist also ein gängiges Mass für die *Effektivität* einer Verbindung und kann höchstens gleich der Kanalkapazität C werden. Wichtig ist aber auch die *Effizienz*, d.h. die Effektivität pro Aufwand. Man setzt also J in Bezug

* zur investierten Leistung → Energie pro bit
* zur investierten Bandbreite → spektrale Informationsrate
* zum investierten Geld (Systemkosten, Rechenleistung, Speicherbedarf)

Normalerweise betrachtet man nicht J/P_s, sondern den Kehrwert P_s/J, also die Leistung pro bit/s. Dies ist gerade die oben eingeführte Energie pro bit:

$$E_{bit} = \frac{P_S}{J} \geq \frac{P_S}{C} \quad \left[\frac{\text{Ws}}{\text{bit}}\right]$$ (1.25)

Häufig normiert man zusätzlich noch E_{bit} auf die thermische Rauschleistungsdichte N_0. Dieser Quotient ist temperaturunabhängig und dimensionslos ([bit] ist eine dimensionslose Anzahl) und kann darum bequem auch in dB angegeben werden. Für den Grenzwert C gilt:

$$\frac{E_{bit}}{N_0} = \frac{P_S}{C \cdot N_0} = \frac{P_S}{C \cdot k \cdot T} \quad \left[\frac{\text{Ws}}{\text{bit} \cdot \text{Ws}}\right] = [1]$$ (1.26)

Damit kann man Gleichung (1.17) umformen:

$$C = B \cdot \log_2\left(1 + \frac{P_S}{P_N}\right) = B \cdot \log_2\left(1 + \frac{E_{bit} \cdot C}{P_N}\right) = B \cdot \log_2\left(1 + \frac{E_{bit} \cdot C}{N_0 \cdot B}\right)$$

Nun wird auch noch auf die Bandbreite normiert:

$$\boxed{\frac{J}{B} \leq \frac{C}{B} = \log_2\left(1 + \frac{C}{B} \cdot \frac{E_{bit}}{N_0}\right)}$$ (1.27)

Der Quotient J/B heisst *spektrale Informationsrate* in bit/s pro Hz. In (1.27) kommt gerade die normierte Energie pro bit aus (1.26) vor.

Bild 1.40 zeigt die Auswertung von (1.27) in logarithmischer Darstellung. Unter der Linie (Ungleichheitszeichen) ist eine fehlerfreie Kommunikation möglich, darüber ist keine zuverlässige Kommunikation möglich. Systeme auf der Linie (Gleichheitszeichen) erreichen die theoretisch mögliche Kanalkapazität und sind informationstheoretisch optimal, technisch aber zu aufwändig. Einzig Raumsonden zur Weltraumerforschung arbeiten in der Nähe dieser Grenze.

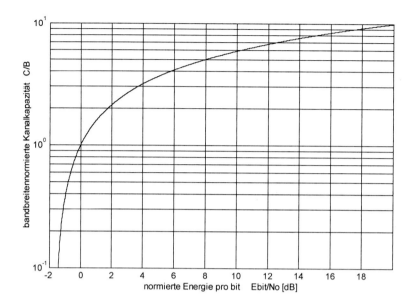

Bild 1.40   Maximale spektrale Informationsrate (= auf die Bandbreite normierte Kanalkapazität)
in Funktion der auf N_0 normierten Energie pro bit

Die eingesetzte Energie pro bit bzw. die Signalleistung wächst in Bild 1.40 nach rechts. Zur
Kompensation muss deshalb die Bandbreite fallen. Links unten wird demnach bei unendlicher
Bandbreite und möglichst kleiner Leistung übertragen. Der Grenzwert kann aus (1.27) berechnet werden, indem für $B \rightarrow \infty$ das Argument der log-Funktion klein wird und die Vereinfachung (1.22) benutzt wird. Es ergibt sich:

$$\frac{C}{B} \leq \frac{C}{B} \cdot \frac{E_{bit}}{N_0} \cdot \frac{1}{\ln(2)} \qquad \boxed{\frac{E_{bit}}{N_0} \geq \ln(2) = 0.693 \,\hat{=}\, -1.6 \text{ dB}} \qquad (1.28)$$

Dies ist die absolute Untergrenze des Rauschabstandes für eine fehlerfreie Übertragung durch
einen Gauss-Kanal und wird *Shannon-Grenze* genannt. Für grössere Verhältnisse E_{bit}/N_0 *kann*
die Übertragung fehlerfrei erfolgen. Allerdings ist dazu eine optimale (u.U. unendlich aufwändige) Kanalcodierung erforderlich.

Die Energie, die für die Übertragung von 1 bit bei Raumtemperatur mindestens aufgewendet
werden muss, ergibt sich aus (1.28) und in Übereinstimmung mit (1.24) zu:

$$E_{bit \, min} \geq N_0 \cdot \ln(2) = kT \cdot \ln(2) = 2.8 \cdot 10^{-21} \text{ Ws}$$

Mit der Vergrösserung der Bandbreite kann C bis zu einem bestimmten Grenzwert anwachsen.
Mit der Vergrösserung der Signalleistung lässt sich C hingegen beliebig steigern. Interessant ist
darum auch die Betrachtung der auf die Leistung normierten Kanalkapazität anstelle der auf

die Bandbreite normierten Kanalkapazität. Zusätzlich normiert man P_S auf N_0, wodurch man wiederum eine dimensionslose Grösse erhält:

$$C\,[\text{bit}\,/\,\text{s}] \rightarrow \frac{C}{P_S\,/\,N_0} = \frac{C \cdot N_0}{P_S} \quad \left[\frac{\text{bit}\,/\,\text{s}\,\cdot\,\text{Ws}}{\text{W}}\right] = [1]$$

Aus (1.21) wird dadurch:

$$\frac{C}{P_S\,/\,N_0} = \frac{B}{P_S\,/\,N_0} \cdot \log_2\left(1 + \frac{1}{\dfrac{B}{P_s\,/\,N_0}}\right) \tag{1.29}$$

Bild 1.41 zeigt die Auswertung dieser Gleichung.

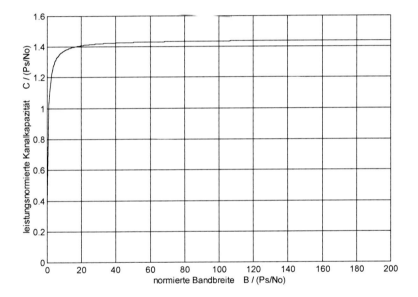

Bild 1.41 Kanalkapazität in Funktion der Bandbreite (leistungsnormiert)

Man erkennt in Bild 1.41 den Grenzwert 1.44, der sich auch aus (1.23) berechnen lässt:

$$\frac{C}{P_S\,/\,N_0} \leq \frac{1}{\ln(2)} = 1.44 \tag{1.30}$$

Links unten in Bild 1.40 gilt (1.28): $\quad \dfrac{E_{bit}}{N_0} \geq \ln(2)$

Setzt man (1.25) ein und löst nach $C/(P_S/N_0)$ auf, so ergibt sich wieder (1.30):

$$\frac{E_{bit}}{N_0} = \frac{\dfrac{P_S}{C}}{N_0} = \frac{P_S\,/\,N_0}{C} \geq \ln(2) \quad \rightarrow \quad \frac{C}{P_S\,/\,N_0} \leq \frac{1}{\ln(2)} = 1.44$$

1 bit ist nicht gleich 1 Bit. Auch hier muss man darum exakt unterscheiden zwischen:

J = Informationsrate in bit/s
C = Kanalkapazität in bit/s
R = Datenrate in Bit/s

Shannon hat gezeigt, dass stets gelten muss: $J \leq C$

Da 1 Bit höchstens 1 bit darstellen kann gilt zudem: $R \geq J$

$R = J$ bedeutet, dass der Datenstrom redundanzfrei ist.
$R > J$ wird erreicht durch eine Kanalcodierung, also die Zufügung von Redundanz.
$R > C$ ist demnach möglich, für hochgezüchtete Übertragungssysteme sogar sinnvoll.
$R < C$ bedeutet zugleich $J < C$, der Kanal wird also nicht vollständig ausgenutzt.

$R = C = J$ ist rechnerisch möglich, physikalisch jedoch nicht. Shannon hat die Kanalkapazität C für den Gausskanal berechnet. Die rauschförmige Störung kann also hohe Momentanwerte aufweisen und wird sicher (u.U. nur sehr selten) Bitfehler verursachen. Erst durch den Einsatz der Kanalcodierung kann man den schädlichen Einfluss der unvermeidlichen Bitfehler verhindern.

> *Übertragungssysteme ohne Kanalcodierung arbeiten*
> *weit unterhalb der theoretisch möglichen Grenze.*

Nun muss unbedingt der Ausdruck *Bandbreite* genauer betrachtet werden. Gleichungen wie z.B. (1.18) erwecken den Eindruck, dass Nachrichtensignale eine klar definierte Bandbreite aufweisen. Dem ist aber nicht so, denn die Fouriertransformation lehrt, dass ein zeitlich begrenztes Signal ein unendlich breites Spektrum aufweist und umgekehrt. Technisch erzeugte Signale sind stets zeitlich beschränkt, aber glücklicherweise klingt das Spektrum oft rasch ab. Das theoretisch unendlich breite Spektrum kann praktisch als begrenzt angenommen werden, jedoch lässt sich die Grenze auf verschiedene Arten ziehen.

Bild 1.42 zeigt das Leistungsdichtespektrum eines Bandpass-Signales, wie es in der Datenübertragung häufig vorkommt. Das Spektrum belegt einen symmetrischen Bereich um eine Mittenfrequenz f_{Tr} (Tr = Träger, Carrier). Die Enveloppe des *Amplituden*dichtespektrums gehorcht einem sin(x)/x - Verlauf. Das in Bild 1.42 gezeigte *Leistungs*dichtespektrum hat demnach eine Enveloppe, die mit $(\sin(x)/x)^2$ abfällt. Es lassen sich nun mehrere Bandbreiten definieren, die in Bild 1.42 eingetragen sind:

a) *3 dB-Bandbreite*: Die Leistungsdichte p(f) ist gegenüber dem Maximalwert $p(f_{Tr})$ auf die Hälfte abgesunken.

b) *Äquivalente Rauschbandbreite* oder *äquivalente Rechteckbandbreite*: Das untersuchte Signal hat eine grosse Bandbreite, aber eine endliche totale Leistung P. Diese Leistung wird nun in ein rechteckförmiges Spektrum gezwängt (in Bild 1.42 dünn eingezeichnet), das die Höhe $p(f_{Tr})$ hat. Die Breite dieses Rechtecks ist die äquivalente Rauschbandbreite.

c) *Hauptkeule*: Breite zwischen den innersten Nullstellen der Enveloppe des Spektrums.

d) *99%-Bandbreite*: 99% der Signalleistung liegt in diesem Bereich.

e) *Begrenzte spektrale Leistungsdichte*: Ausserhalb der Grenzen ist die Leistungsdichte gegenüber dem Maximalwert $p(f_{Tr})$ mindestens um einen definierten Faktor abgeschwächt. Häufig werden die -23 dB-Grenze, die -35 dB-Grenze und die -50 dB-Grenze benutzt.

Geht es um eine Abschätzung der maximal tolerierbaren Bandbreitenbegrenzung im Kanal, sodass die empfangenen Daten noch decodierbar sind, so ist z.B. die Bandbreitendefinition c) angebracht. Betrachtet man hingegen Nachbarkanalstörungen, so arbeitet man eher mit d) oder e). Auf jeden Fall muss die gewählte Definition der Bandbreite klar bekannt sein.

Die Bandbreite wird stets im einseitigen Spektrum definiert und in Hz angegeben (Frequenz f und nicht Kreisfrequenz ω).

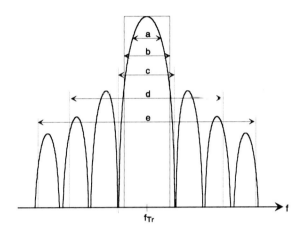

Bild 1.42   Verschiedene Bandbreitendefinitionen am Beispiel des Spektrums (in dB!) eines Datensignales (Erklärung im Text)

Zusammenfassung: Die Ziele des Designs eines Kommunikationssystems sind:

• Informationsrate maximieren

• Bitfehlerquote minimieren

• Sendeleistung minimieren

• Bandbreite minimieren

• Systemkomplexität (Rechenleistung, Kosten) minimieren

• Verfügbarkeit, Zuverlässigkeit maximieren

Es ist klar, dass sich die einzelnen Ziele zum Teil widersprechen. Es geht also um die Suche nach dem optimalen Kompromiss. Als Randbedingungen gelten:

• Theoretisch-physikalische Grenzen (z.B. Nyquistbandbreite (Abschnitt 2.5), Shannon-Grenze)

• Technologische Grenzen (Rechenleistung, Speicherbedarf, Kosten)

• Vorschriften und Regulationen (z.B. über die Ausnutzung des Spektrums)

• Normen

• weitere Randbedingungen (z.B. Satelliten-Umlaufbahnen)

1.1.9 Einführung in die Technik der Modulation

Unter *Modulation* versteht man das Verändern eines oder mehrerer Parameter eines *Trägersignals* in Abhängigkeit eines informationstragenden Signales (Nachrichtensignales). Dadurch wird dem Trägersignal die Information aufgeprägt, wobei dieser Vorgang möglichst ohne Verfälschung dieser Information ablaufen soll. Die *Demodulation* macht am Empfangsort den Modulationsvorgang rückgängig, d.h. aus dem empfangenen Signal wird das ursprüngliche Nachrichtensignal wieder rekonstruiert. Bild 1.43 zeigt ein einfaches Blockschema.

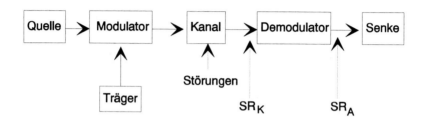

Bild 1.43 Einfaches Blockschema für einen Modulations- und Demodulationsvorgang

Nach der Modulation erscheint die Information in einer anderen Form, z.B. in einem anderen (meistens höheren) Frequenzbereich.

Ändert der modulierte Parameter zeit- und wertdiskret, so handelt es sich um eine digitale Modulation, andernfalls um eine analoge Modulation.

Der Zweck der Modulation kann mehrfach sein (vgl. auch Abschnitt 1.1.2):

- Kanalanpassung (= physikalischer Beweggrund), unterteilbar in

  - Frequenzbereich anpassen

  - Störschutz erhöhen

- Multiplex-Übertragung (Kanalkapazität ausnutzen) (= ökonomischer Beweggrund)

Als Trägersignal kann im Prinzip jede Signalart (inklusive Rauschen) verwendet werden. Technisch durchgesetzt haben sich aber lediglich zwei Signalformen:

- harmonischer Träger, benutzt für Bandpassübertragungen und Frequenz-Multiplex

- pulsförmiger Träger, benutzt für Basisband-Übertragungen und Zeit-Multiplex

Das Nachrichtensignal kann analog oder digital sein. Insgesamt lassen sich die Modulationsarten darum in vier Gruppen klassieren, die in diesem Buch in den Abschnitten 3.1 bis 3.4 besprochen werden. Tabelle 1.9 zeigt diese Gruppierung.

Kennzeichnend für Modulationsvorgänge ist die Tatsache, dass das modulierte Signal neue Frequenzen enthält. Modulation und Demodulation sind deshalb *nichtlineare* Vorgänge. Der Zusammenhang zwischen dem modulierenden Signal und dem beeinflussten Parameter des Trägersignales kann aber trotzdem linear sein.

Tabelle 1.9 Übersicht über die Modulationsarten

		pulsförmiger Träger $\to$ BB-Kanal		harmonischer Träger $\to$ BP-Kanal
analoges Nachrichten- signal		Abschnitt 3.2:		Abschnitt 3.1:
	PAM	Puls-Amplit.-Modulation	AM	Amplitudenmodulation
	PFM	Puls-Frequenz-Modulation	WM	Winkelmodulation
	PPM	Puls-Phasen-Modulation	SSB	Einseitenbandmodul.
	PWM	Pulse Width Modulation	QAM	Quadrature-AM (analog)
digitales Nachrichten- signal		Abschnitt 3.3:		Abschnitt 3.4:
	PCM	Puls Code Modulation	ASK	Amplitude Shift Keying
	DPCM	differentielle PCM	FSK	Frequency Shift Keying
	DM	Deltamodulation	PSK	Phase Shift Keying
	ADM	adaptive DM	QAM	Quadrature-AM (digital)

auf der Zeitachse relativ scharf begrenzt $\to$ Zeitmultiplex	auf der Frequenzachse relativ scharf begrenzt $\to$ Frequenzmultiplex

Bild 1.44 zeigt einige Beispiele für analoge und digitale Modulationsverfahren. Vergleicht man die analoge Frequenzmodulation (Bild 1.44 unten links) mit der digitalen Frequenzmodulation (FSK, Bild 1.9 unten), so gelangt man zu einer wichtigen Erkenntnis: Die analogen Modulationsverfahren unterscheiden sich von den digitalen nicht durch ihr Wesen, sondern nur durch die Form des Nachrichtensignales. Die Theorie der digitalen Modulationsverfahren wächst also als Spezialfall aus der Theorie der analogen Modulationsverfahren heraus. Die eigentliche Decodierung, d.h. die Zuordnung des empfangenen Signals zum nächstgelegenen Symbol (digitale Signale sind lediglich digital interpretierte analoge Signale!) erfolgt in einer separaten Stufe, vgl. Bild 1.24.

In Bild 1.43 sind die Signal-Rausch-Abstände SR_K und SR_A eingetragen. SR_K ist der Rauschabstand in dB am *Eingang* des Demodulators, bei idealen Empfängervorstufen ist dies gleich dem Rauschabstand am *Ende des Kanals*. SR_A ist der Rauschabstand in dB am *Ausgang* des Demodulators, bei idealen weiteren Stufen des Empfängers (z.B. Verstärker) ist dies gleich dem Rauschabstand am Ausgang des gesamten Empfängers (z.B. am Lautsprecher).

Der Rauschabstand am Ausgang des Modulators (nicht eingezeichnet in Bild 1.43) ist bei idealen weiteren Stufen (z.B. Leistungsverstärker) gleich dem Rauschabstand am Ausgang des Senders bzw. am Eingang des Kanals. Dieser Rauschabstand ist sehr gross. Auf dem Übertragungsweg wird das Signal gedämpft und mit Störungen verseucht, am Ende des Kanals ist der Rauschabstand wegen der beschränkten Kanaldynamik (vgl. Abschnitt 1.1.8) darum reduziert auf den Wert SR_K.

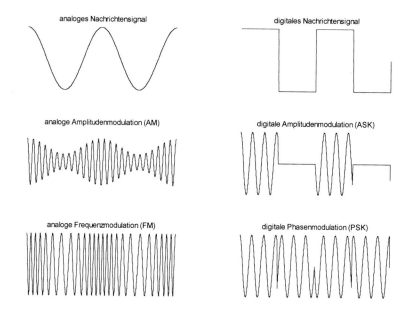

Bild 1.44 Beispiele für analoge und digitale Modulationsarten

Mit Modulation *kann* eine Störunterdrückung erzielt werden, d.h. SR_A *kann grösser* sein als SR_K. Dies ist möglich, indem durch die Modulation der Informationsquader so umgeformt wird, dass Bandbreite gegen Rauschabstand ausgetauscht wird, vgl. Bild 1.35. Die Verbesserung des Rauschabstandes durch die Demodulation heisst *Modulationsgewinn* G_M und wird in dB angegeben.

$$\boxed{G_M = SR_A - SR_K \quad [\mathrm{dB}]}$$

(1.31)

Dieser Mechanismus soll nachstehend genauer betrachtet werden. Dazu werden die Signale am Demodulatoreingang und am Demodulatorausgang miteinander verglichen. Jedes dieser Signale hat eine bestimmte Zeitdauer, Bandbreite und Dynamik. Nach Gleichung (1.19) beträgt der Informationsgehalt des Signals am Demodulatoreingang:

$$I_K = C_K \cdot T_K = B_K \cdot \log_2\left(1 + \frac{P_{S_K}}{P_{N_K}}\right) \cdot T_K$$

Der ideale Demodulator entfernt dem Signal keine Information und fügt auch keine hinzu. Der Demodulator formt lediglich den Quader um. Es gilt also $I_K = I_A$. Wir beschränken uns auf Modulationsarten, die die Zeitachse nicht verändern (dies ist der häufigste Fall), es gilt also auch $T_K = T_A$. Daraus ergibt sich:

$$B_K \cdot \log_2\left(1 + \frac{P_{S_K}}{P_{N_K}}\right) = B_A \cdot \log_2\left(1 + \frac{P_{S_A}}{P_{N_A}}\right)$$

$$\frac{B_K}{B_A} \cdot \log_2\left(1 + \frac{P_{S_K}}{P_{N_K}}\right) = \log_2\left(1 + \frac{P_{S_A}}{P_{N_A}}\right)$$

Nun wird mit $\beta = \dfrac{B_K}{B_A}$ die Bandbreitenvergrösserung bezeichnet:

$$\beta \cdot \log_2\left(1 + \frac{P_{S_K}}{P_{N_K}}\right) = \log_2\left(1 + \frac{P_{S_A}}{P_{N_A}}\right)$$

$$\log_2\left(\left(1 + \frac{P_{S_K}}{P_{N_K}}\right)^{\beta}\right) - \log_2\left(1 + \frac{P_{S_A}}{P_{N_A}}\right)$$

$$\left(1 + \frac{P_{S_K}}{P_{N_K}}\right)^{\beta} = 1 + \frac{P_{S_A}}{P_{N_A}}$$

$$\frac{P_{S_A}}{P_{N_A}} = \left(1 + \frac{P_{S_K}}{P_{N_K}}\right)^{\beta} - 1 \tag{1.32}$$

Fairerweise muss man die Modulationsverfahren bei gleicher Sendeleistung P_S vergleichen. Die Rauschleistung P_N steigt nach Gleichung (1.20) proportional mit der Bandbreite an. Bei doppelter Bandbreite und gleicher Sendeleistung halbiert sich somit der Signal-Rausch-Abstand. Bei β-facher Bandbreite gilt demnach:

$$\frac{P_{S_A}}{P_{N_A}} = \left(1 + \frac{1}{\beta} \cdot \frac{P_{S_K}}{P_{N_K}}\right)^{\beta} - 1$$

Jetzt rechnen wir um in Leistungs-dB und setzen SR_K in dB ein:

$$10 \cdot \log_{10}\left(\frac{P_{S_A}}{P_{N_A}}\right) = 10 \cdot \log_{10}\left(\left(1 + \frac{1}{\beta} \cdot \frac{P_{S_K}}{P_{N_K}}\right)^{\beta} - 1\right)$$

$$\boxed{SR_A = 10 \cdot \log_{10}\left(\left(1 + \frac{1}{\beta} \cdot 10^{0.1 \cdot SR_k}\right)^{\beta} - 1\right)} \tag{1.33}$$

Diese Gleichung beschreibt den Modulationsgewinn des idealen Modulationsverfahrens mit der Bandbreitenvergrösserung um den Faktor β. In Bild 1.45 sind die Kurven für $\beta = 1$, $\beta = 2$ und $\beta = 10$ eingetragen.

Für grosse SR_K kann man (1.33) vereinfachen:

$$SR_A \approx 10 \cdot \log_{10} \left(\frac{1}{\beta} \cdot 10^{0.1 \cdot SR_k} \right)^{\beta} = \beta \cdot 10 \cdot \log_{10} \left(\frac{1}{\beta} \right) + \beta \cdot SR_K \qquad (1.34)$$

Diese Gleichungen stellen den *bestmöglichen* Fall dar: Wird der Bandbreitendehnfaktor β *linear* vergrössert, so verbessert sich der Rauschabstand nach dem Demodulator *exponentiell*. Die meisten Modulationsverfahren sind bei weitem nicht so gut. Einzig PCM hat diesen exponentiellen Anstieg von SR_A vorzuweisen.

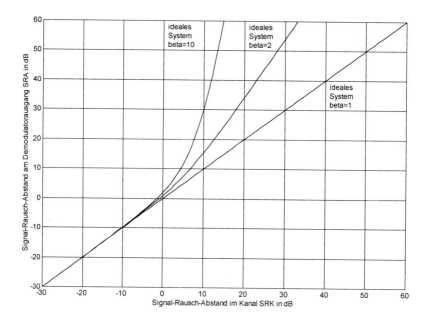

Bild 1.45   Modulationsgewinn (SR_A in Funktion von SR_K) von informationstheoretisch idealen Modulationsverfahren bei verschiedenen Bandbreitendehnfaktoren β

An Bild 1.45 werden im Kapitel 3 die realen Modulationsverfahren gemessen. β =1 bedeutet keine Änderung der Bandbreite durch die Modulation. Der Informationsquader wird somit nicht umgeformt sondern lediglich auf der Frequenzachse verschoben. Dies ist genau der Fall der Einseitenbandmodulation (SSB = Single Sideband), einem Spezialfall der Amplitudenmodulation (AM). SSB erzielt natürlich keinen Modulationsgewinn (d.h. SR_A = SR_K) und dient darum als Referenz-Verfahren. Alle Modulationen mit einer Kurve über derjenigen von SSB weisen einen Gewinn auf, Frequenzmodulation und die bereits besprochene PCM gehören dazu. Die beim Lang-, Mittel- und Kurzwellenrundfunk benutzte gewöhnliche AM hat sogar einen Verlust, ihre Kurve liegt unter derjenigen von SSB. Der Modulationsgewinn G_M ist als Differenz zur Gerade mit β = 1 in Bild 1.45 ablesbar.

Ein Modulationsgewinn von z.B. 10 dB bedeutet, dass die Sendeleistung gegenüber einem SSB-Sender um diese 10 dB reduziert werden darf, an den jeweiligen Demodulatorausgängen haben beide Signale aber dieselbe Qualität, d.h. denselben Rauschabstand.

Bei digitaler Übertragung ist nicht der Rauschabstand sondern die Bitfehlerquote (BER = *bit error ratio*) das entscheidende Kriterium. Die BER ihrerseits steigt mit fallendem Rauschabstand. Bei PCM ist das entscheidende Kriterium das Rauschen nach dem DA-Wandler. Dieses setzt sich aus zwei Anteilen zusammen: dem stets vorhandenen Quantisierungsrauschen und einem Rauschen, das durch die Bitfehler verursacht wird. Nur letzteres hängt von SR_K ab. Bild 1.46 stellt die Qualität in Funktion von SR_K bei analogen und digitalen Übertragungen einander gegenüber.

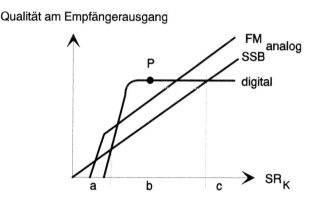

Bild 1.46 Qualität des Empfängerausgangssignales in Abhängigkeit vom Rauschabstand am Empfängereingang (stilisierte Darstellung)

Bild 1.46 zeigt drei Bereiche:

a) Bei sehr traurigen Empfangsverhältnissen versagen die digitalen Verfahren.

b) Hier ist die digitale Übertragung der analogen überlegen.

c) Die analoge Methode steigert die Qualität beliebig und übertrifft die digitale Variante. Bei allen digitalen Verfahren ergibt sich nämlich eine obere Qualitätsgrenze, gegeben durch das unvermeidliche Quantisierungsrauschen.

Charakteristisch für alle bandbreitenvergrössernden Modulationsverfahren (also auch für Frequenzmodulation und PCM) ist der mehr oder weniger ausgeprägte Knick, wie er auch in Bild 1.46 zu sehen ist. Bei grossem SR_K ergibt sich somit ein Modulationsgewinn, bei kleinem SR_K, d.h. bei schlechten Empfangsverhältnissen, hingegen ein Modulationsverlust. Oder anders ausgedrückt: Die Qualität weist einen Schwelleneffekt auf, eine bestimmte Minimalqualität des empfangenen Signales muss vorhanden sein.

Im UKW-Gebiet arbeiten die Rundfunksender mit der bandbreitenfressenden Frequenzmodulation (FM) im Gebiet b und erzielen so dank dem Modulationsgewinn eine Qualitätsverbesserung. Funkamateure hingegen wollen oft weit entfernte und darum hauchdünne Signale empfangen, bewegen sich also im Bereich a. Richtigerweise arbeiten sie dort mit SSB und nicht mit FM.

Der optimale Betriebspunkt bei einer digitalen Übertragung ist demnach der Punkt P: die Qualität des Ausgangssignales hängt nicht mehr von SR_K ab. Eine weitere Erhöhung der Sendeleistung ist nutzlos, da die übertragenen Symbole ohnehin schon korrekt erkannt und regeneriert werden.

Der Punkt P wird eingestellt durch die Sendeleistung, ein Empfangsverstärker verbessert ja den Rauschabstand nicht. Der Sender muss also wissen, wie laut er beim Empfänger ankommt. Da meistens die Verbindungen bidirektional sind, kann der Empfänger dies dem Sender mitteilen. Bei den ARQ-Systemen (dem automatisierten „Wie bitte?") kann mit der Quittung auch die gewünschte Sendeleistung dem Sender mitgeteilt werden. Z.B. variiert jedes Funktelefon (Handy) nach dem GSM-Standard seine Sendeleistung ferngesteuert im Bereich 20 mW bis 2 W. Dies verlängert die Batterieladezyklen, vermindert die Beeinträchtigung benachbarter Funkgespräche (Frequenzökonomie) und reduziert den Elektrosmog.

Der Übergangspunkt zwischen den Bereichen b und c in Bild 1.46 lässt sich mit dem System-design verschieben. In der Praxis lassen sich digitale Systeme ohne Schwierigkeiten so gut herstellen, dass der Bereich c irrelevant wird. Die CD zum Beispiel erreicht ohne grossen Aufwand 96 dB Rauschabstand. Mit analogen Verfahren wären auch 120 dB erreichbar, nur kommt dies teuer zu stehen und wird von niemandem benötigt. Bild 1.47 vergleicht analoge und digitale Verfahren punkto Qualität und Aufwand. Die digitalen Verfahren haben einen grösseren Initialaufwand, dank der Regenerierbarkeit der Symbole lassen sich aber auch kom-plexe Systeme mit vernünftigen Aufwand realisieren. Demgegenüber steigt der Aufwand bei analogen Systemen rasch prohibitiv an.

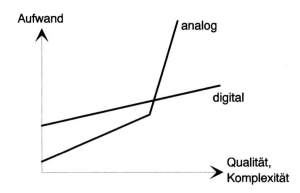

Bild 1.47   Aufwand in Funktion der geforderten Qualität oder Komplexität bei analogen und digitalen Verfahren (stilisierte Darstellung)

Kombiniert man die Aussagen der Bilder 1.46 und 1.47, so kommt man zu folgendem Schluss:

- Bei den technisch üblichen Empfangssignalen sind die digitalen Methoden besser als die analogen (Bereich b in Bild 1.46).

- Analoge Verfahren haben ihre Berechtigung nur noch in drei Fällen:

  - Die Kompatibilität zu älteren Systemen muss gewährleistet sein (z.B. Rundfunk). Heute wechselt man trotz des Aufwandes auf digitale Rundfunksysteme: DRM (Mittel- und Kurzwelle), DAB (Ersatz für UKW-FM-Rundfunk) und DVB (digitales Fernsehen) ste-hen kurz vor der Einführung. Genaueres dazu folgt im Abschnitt 5.1.

– Eine Bandbreitenrestriktion verbietet den Einsatz digitaler Methoden und verhindert damit auch einen Modulationsgewinn.

Dieser Fall tritt auf bei der Fernseh-Übertragung. Nach Tabelle 1.1 hat ein TV-Signal 5 MHz Bandbreite. Mit PCM würde diese etwa um den Faktor 14 anwachsen, es hätten somit nur noch wenige Sender Platz. Durch die Hintertür führt man trotzdem digitale Verfahren ein. Die Bandbreite hängt ja auch ab von der Informationsmenge. Nach Tabelle 1.4 lässt sich die Informationsmenge des Bildsignales mit Datenkompression (Quellencodierung) um den Faktor 20 bis 40 reduzieren. Danach darf man getrost PCM anwenden, da unter dem Strich die Bandbreite immer noch kleiner ist als beim analogen Verfahren. Natürlich wächst die Systemkomplexität stark an, was nach Bild 1.47 bei den digitalen Verfahren nicht stark ins Gewicht fällt.

– Die Empfangssignale sind sehr schwach, jedoch darf der Empfängeraufwand nicht zu gross sein.

Dieser Punkt spricht das Gebiet a aus Bild 1.46 an. Das obenstehende Beispiel der Funkamateure bezieht sich auch auf diesen Fall. Im professionellen Bereich hingegen, z.B. bei Verbindungen zu weit entfernten Weltraumsonden, arbeitet man trotz der Aussage von Bild 1.46 digital. Das Bild zeigt nämlich nur den Modulationsgewinn. Es gibt aber noch eine andere Methode, nämlich die Kanalcodierung. Entsprechend nennt man diesen Qualitätszuwachs Codierungsgewinn. Auch bei dieser Methode steigt die Systemkomplexität an, was nach Bild 1.47 digital günstiger ist als analog.

Die Übertragung wie auch die Verarbeitung von digitalen Signalen ist technisch und wirtschaftlich ausserordentlich wichtig und soll deshalb genauer betrachtet werden.

Digitale Signale sind zeit- *und* wertdiskret. Für die Verarbeitung werden meistens binäre (zweiwertige) Digitalsignale benutzt, dasselbe gilt für die optische Übertragung. Bei der Übertragung über Leitungen (Telefon-Modem) oder Funk werden hingegen oft mehrwertige Digitalsignale eingesetzt.

Binäre Digitalsignale werden physikalisch oft repräsentiert durch Pulsfolgen, wobei die Breite (Dauer) der Pulse konstant ist und die Amplitude nur zwei verschiedene Werte annimmt. Für theoretische Betrachtungen (z.B. für Untersuchung von Algorithmen in der Signalverarbeitung) wird hingegen das digitale Signal als Sequenz, d.h. als Zahlenfolge (z.B. ...0101101...) dargestellt.

Analoge Signale können wie in 1.1.3 beschrieben durch Abtastung, Quantisierung und Codierung in digitale Signale umgewandelt werden. In der Übertragungstheorie spricht man auch von PCM-Signalen (Puls-Code-Modulation, vgl. Abschnitt 3.3), was aber nichts anderes ist als die andauernde Analog-Digital-Wandlung eines Signals.

Viele Informationen sind von Hause aus digital, z.B. alle Textdokumente, Steuerungsbefehle usw. Diese Informationen werden ebenfalls als Pulsfolgen dargestellt, Text z.B. im ASCII-Code (American Standard Code for Information Interchange). Es ist ja gerade ein grosser Vorteil der Digitaltechnik, dass alle Informationen in einer einheitlichen Art dargestellt und darum auch mit derselben Technologie verarbeitet werden können, Bild 1.48.

Bild 1.48 zeigt, dass es um die Umwandlung von Quellensymbolen in Übertragungssymbole geht (dies heisst auch *mapping*), wobei als Zwischenprodukt stets die binäre digitale Signaldarstellung auftritt. Mit dieser geschieht die Verarbeitung, z.B. die Quellencodierung (Quellenanpassung), die Chiffrierung und die Kanalcodierung (Kanalanpassung).

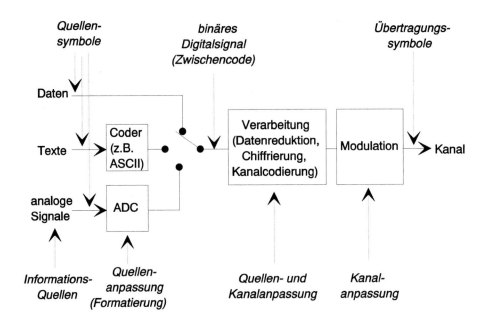

Bild 1.48 Übersicht über die digitale Übertragung (Sendeteil, vgl. Bild 1.6)

Quellensymbole sind z.B.

- Null-Eins-Folgen (Daten aus einer binären Quelle, z.B. Diskette). Diese Symbole können direkt übernommen werden.

- Buchstaben, Ziffern und Sonderzeichen (Text, digitale Quelle). Diese Symbole müssen zuerst binär codiert werden, z.B. mit dem ASCII-Code.

- Beliebige Spannungswerte (analoge Quelle, z.B. Mikrophon). Diese Symbole müssen zuerst einmal separiert werden (Abtastung), auf eine endliche Anzahl begrenzt werden (Quantisierung) und in den Binärcode umgeformt werden (Codierung). Dies ist genau die im Abschnitt 1.1.3 besprochene AD-Wandlung.

Die Übertragungssymbole sind bei digitaler Übertragung in ihrer Anzahl begrenzt. In Frage kommen mehrere Varianten, für Basisbandverfahren (Genaueres im Kapitel 2) z.B.

- binäre Übertragung
  - Rechteck-Puls 5V / Rechteck-Puls 0V (gleichbedeutend mit Puls / kein Puls)
  - abgerundeter Puls / kein Puls (die Abrundung dient der Bandbreiteneinsparung)
  - Puls +5V / Puls –5V
  - Strom 20 mA / kein Strom
- mehrwertige Übertragung
  - Puls +5V / kein Puls / Puls –5V (ternär)
  - Puls 1V / Puls 2V / Puls 3V / Puls 4V (quaternär)

In das Schema von Bild 1.48 passen aber auch die Bandpass-Übertragungen von digitalen Signalen (Genaueres im Abschnitt 3.4), z.B.:

- Sinusschwingung mit Amplitude A / keine Schwingung (binäre Amplitudenumtastung, vgl. Bild 1.44 Mitte rechts)

- Sinusschwingung der Frequenz 1 / Sinusschwingung der Frequenz 2 (binäre Frequenz-Umtastung)

- Sinus mit der Frequenz 1 / Frequenz 2 / Frequenz 3 (ternäre Frequenzumtastung, vgl. Bild 1.9 unten)

- Sinus mit Phase gegenüber Referenz 0° / 90° / 180° / 270° (quaternäre Phasenumtastung)

Der prinzipielle Unterschied zwischen Basisbandübertragung und Bandpassübertragung digitaler Signale ergibt sich also lediglich aus den spektralen Eigenschaften der verwendeten Übertragungssymbole.

Die binären Signale sind die sichersten, sie brauchen dafür aber am meisten Bandbreite (Störanfälligkeit und Bandbreite lassen sich gegeneinander ausspielen!). Also benutzt man die binären Signale dort, wo die Bandbreite kein Thema ist, nämlich geräteintern, bei optischer Übertragung usw. Bei Bandbreitenrestriktionen hingegen benutzt man oft mehrwertige Signale, z.B. bei der drahtlosen Übertragung, beim Telefonmodem usw.

> *Bei digitaler Übertragung werden pro Sekunde endlich viele Symbole*
> *aus einem endlichen Alphabet übertragen. Diese Symbole müssen*
> *mit ihren physikalischen Eigenschaften (Amplitude, Frequenzbereich)*
> *zum Kanal passen und sollen sich voneinander möglichst stark*
> *unterscheiden. Die Bedeutung der Symbole wird vorgängig*
> *mit dem Empfänger abgesprochen.*

Ein Beispiel soll das Konzept der mehrwertigen Übertragung verdeutlichen: Der Text „Test" soll übertragen werden. Dazu wird er codiert im 7-Bit-ASCII-Format:

Symbol des Quellencodes T e s t

Symbole des Zwischencodes 0010101 1010011 1100111 0010111

Im Falle einer binären Übertragung müssen lediglich für die Symbole 0 und 1 zwei andere Symbole eingesetzt werden (Puls / kein Puls oder Frequenz 1 / Frequenz 2 usw.).

Im Falle einer quaternären Übertragung sind 4 Übertragungssymbole 0, 1, 2, 3 vorzusehen, also vier Pulsamplituden oder 4 Frequenzen usw.:

Symbole des Zwischencodes 00 10 10 11 01 00 11 11 00 11 10 01 01 11

Symbole des Uebertragungscodes 0 2 2 3 1 0 3 3 0 3 2 1 1 3

Zu beachten ist, dass ein Übertragungssymbol mehrere (hier 2) Bit des Zwischencodes umfasst und dass diese Bit aus zwei Quellensymbolen (Buchstaben) stammen können. Der Empfänger kennt den Aufbau des übertragenen Signales und kann die Rückwandlung vornehmen.

Im Falle einer 16-wertigen Übertragung sind 16 verschiedene Übertragungssymbole 0,1,...,15 vorzusehen, die aus der Zusammenfassung von 4 Bit des binären Zwischencodes entstehen:

$$\underbrace{\text{Symbole des Zwischencodes}}_{\text{Symbole des Uebertragungscodes}} \quad \underbrace{0010}_{2} \underbrace{1011}_{11} \underbrace{0100}_{4} \underbrace{1111}_{15} \underbrace{0011}_{3} \underbrace{1001}_{9} \underbrace{0111}_{7}$$

Diese Codeumwandlung ist also lediglich ein Alphabetwechsel, vgl. Tabelle 1.3.

Zwischen der Übertragung von analogen Signalen und digitalen Signalen besteht ein wesentlicher Unterschied:

> *Bei analoger Übertragung steckt die Information in der Form der Signale. Das Ziel ist deshalb, die Signale möglichst verzerrungsfrei dem Empfänger anzuliefern.*

> *Bei digitaler Übertragung ist die Form der Symbole unabhängig von der Information. Es geht demnach nur darum, dass der Empfänger die Existenz der Symbole erkennt. Verzerrungsfreiheit ist damit eine zu restriktive (d.h. zu teure) Anforderung an die Übertragung.*

> *Digitalisieren = Trennen von Form und Inhalt!*

Auch punkto Anwenderkriterien gibt es Unterschiede:

> *Bei der analogen Übertragung sind die Anwenderkriterien:*
> - *Bandbreite am Empfängerausgang*
> - *Signal-Rauschabstand am Empfängerausgang (Dynamik)*
> - *lineare und nichtlineare Verzerrungen am Empfängerausgang*
> - *Kosten*

> *Bei der digitalen Übertragung sind die Anwenderkriterien:*
> - *Bitrate am Empfängerausgang*
> - *Bitfehlerquote am Empfängerausgang*
> - *Kosten*

Mit Kanalcodierung kann die Bitfehlerquote verkleinert werden (Abschnitt 4.3). Dazu ist es vorteilhaft, die Art der Bitfehler zu kennen (z.B. Aussagen darüber, ob die Fehler verteilt oder gehäuft auftreten). Überträgt man z.B. 1000 Bit und treten dabei drei Fehler auf, so ist es ein Unterschied, ob die Bit 200, 500 und 700 oder die Bit 499, 500 und 501 gestört sind. Die Bitfehlerquote ist zwar in beiden Fällen identisch, jedoch muss man die Kanalcodierung anders dimensionieren.

Ein einfaches System zur Fehlererkennung ist z.B. das bereits erwähnte Parity-Bit: Eine Gruppe von z.B. 7 Bit wird um ein Bit verlängert. Dieses achte Bit wählt man so, dass die Anzahl der „1" eine gerade Zahl ergibt (even parity). Wird nun ein Bit verfälscht, d.h. invertiert, so stimmt im Empfänger die Parity-Regel nicht mehr, er entdeckt den Fehler und verlangt mit ARQ eine Repetition des Datenwortes. Sind in einem Datenwort jedoch zwei Bit verfälscht, so schöpft der Empfänger fälschlicherweise keinen Verdacht.

Die Fehlerart ist aber ein Kriterium für den Techniker, nicht für den Anwender. Bei geschickt dimensionierten ARQ-Systemen treten praktisch keine Bitfehler mehr auf. Bei schlechten Verbindungsverhältnissen kann aber der Empfänger nur selten die Daten richtig erkennen, d.h. die Datenrate am Empfängerausgang sinkt.

> *Bei ARQ-Systemen sind die Anwenderkriterien:*
>
> * *Bitrate am Empfängerausgang*
> * *Kosten*

1.1.10 Einführung in die Technik der Nachrichtennetze

Bis jetzt wurde stets die Punkt-Punkt-Übertragung im Simplex- oder Duplex-Betrieb von A nach B betrachtet. In Wirklichkeit besteht aber nicht nur der Bedarf für *eine* solche Verbindung, sondern für Abertausende von Punkt-Punkt-Verbindungen, die zeitgleich stattfinden, inhaltlich aber nichts miteinander zu tun haben. Es wäre nun viel zu teuer und darum falsch, zahlreiche separate Punkt-Punkt-Verbindungen zu installieren und so jeden mit jedem zu verbinden. Vielmehr soll mit einem *Netz* annähernd dieselbe Kundendienstleistung zu einem viel geringeren Preis bereitgestellt werden. Dabei wird ausgenutzt, dass nicht stets alle Leute gleichzeitig kommunizieren wollen. In Silvesternächten stimmt diese Voraussetzung nicht, das Netz wird dann überlastet und kann nicht alle Verbindungswünsche befriedigen.

Das Beispiel des Telefonnetzes zeigt schon viele Aspekte auf. Das Vorhandensein eines Telefonapparates bedeutet noch nicht, dass eine Verbindung besteht. Letztere muss zuerst durch Eingeben der Rufnummer des Partners bestellt werden. Damit wird ein Weg durch das Netz reserviert und das Gespräch kann stattfinden. Dem kleinen Nachteil der Verbindungsaufnahme steht der grosse Vorteil gegenüber, dass der Partner wählbar ist und dass man stets dasselbe Endgerät (Telefonapparat, Fax usw.) benutzen kann. Das Netz braucht jedoch *Knoten*, die eine *Vermittlungsfunktion* ausführen, d.h. *temporär einem Benutzer eine gewisse Transportkapazität zuweisen*. Eine logische Verbindung von A nach B wird also aufgeteilt in eine *Kette von Punkt-Punkt-Verbindungen* zwischen Knoten, wobei diese Kette bei jeder Verbindungsaufnahme neu konfiguriert wird, Bild 1.49. Ist keine Transportkapazität mehr frei, so muss eine Verbindung abgewiesen werden (Besetztzeichen), deshalb kann ein Netz nur annähernd denselben Service bieten wie eine eigenständige Verbindung von A nach B. Kann man diesen Nachteil nicht in

Kauf nehmen, so muss man sich ein rotes Telefon (d.h. eine sog. Standleitung) einrichten und dafür tief in die Tasche greifen.

In der Telefonie werden die Teilnehmer üblicherweise als A- und B-Teilnehmer bezeichnet. A baut die Verbindung auf und bezahlt sie, B nimmt den Anruf entgegen. Während der Verbindung sind A und B jedoch gleichberechtigt.

Jedes Telefon (allgemeiner: Endgerät) ist über eine individuelle Leitung mit dem Netz verbunden. Diese Leitung (und nicht das Endgerät!) trägt die Rufnummer des Abonnenten und heisst *local loop*, *subscriber loop* oder amerikanisch-anschaulich *the last mile*. Die Gesamtheit dieser Anschlussleitungen machen zwei Drittel der Investitionskosten des Telefonnetzes aus. Dies darum, weil der subscriber loop sehr viel Aufwand für das Verlegen erfordert. Der local loop endet netzseitig in der Anschlusszentrale (AZ), hier wird in den meisten Fällen das Signal digitalisiert mit 64 kBit/s. Die Ausgänge der AZ in Richtung Netz sind stets multiplexiert, um Kosten zu sparen. Die Knoten in Bild 1.49 üben wie die AZ eine Vermittlungsfunktion aus, sie sind jedoch nur mit andern Knoten verbunden.

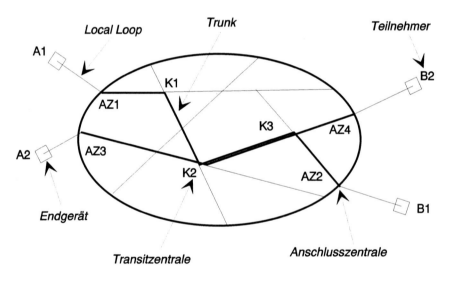

Bild 1.49   Telefonnetz mit Teilnehmern, local loop, Anschlusszentralen, Knoten (Transitzentralen) und Übertragungsstrecken (trunks)

Die Übertragungsstrecken (trunks) innerhalb des Netzes sind leistungsfähige Punkt-Punkt-Verbindungen, die mit Lichtwellenleitern (LWL), Richtfunkstrecken, Satellitenlinks und Koaxialkabeln realisiert werden. Heute tragen die LWL die Hauptlast der Übertragung. Die Vermittler (switch, Zentralen, Knoten) ordnen jedem Benutzer temporär einen Teil der Transportkapazität des Netzes zu. Die Multiplexer dienen der Kostensenkung, da das Teure an einer Verbindung nicht die Elektronik oder das Kabelmaterial, sondern die Verlegungsarbeiten sind.

Das Telefonnetz besteht demnach aus

- den Endgeräten
- dem Local Loop
- Zentralen zur Vermittlung
- leistungsfähigen Multiplex-Übertragungen
- Steuerung
- Verwaltung

Im Netz steht eine grosse Transportkapazität zur Verfügung, von der jeder Benutzer nur einen kleinen Teil beansprucht. Intelligente Netze sind in der Lage, bei Ausfall eines trunks die Kette von A nach B über eine Alternativroute neu zu konfigurieren. Ein Netz bietet somit die Möglichkeit für sog. Raumdiversity, vgl. Abschnitt 4.3.6.

In der Übertragungstechnik geht es um den Transport von Information. Schon ganz zu Beginn des Abschnittes 1.1.1 wurde festgestellt, dass Information, Energie und Materie gleichberechtigte Grundgrössen sind. Tatsächlich stellen sich im Hinblick auf den kostengünstigen Transport bei jeder dieser Grössen ähnliche Probleme, entsprechend sind auch die Lösungen ähnlich. Es ist darum sehr anschaulich, mit Analogien zu arbeiten:

- Beim Transport von Information werden z.B. Lichtwellenleiter oder Richtfunkstrecken als Übertragungseinrichtung benutzt. Beim Transport von Materie benutzt man die Eisenbahn oder das Automobil, beim Transport von elektrischer Energie die Stromleitungen.

- Zahlreiche Autos benutzen dasselbe Strassennetz, wobei die einzelnen Fahrzeuge multiplexiert werden. Auch werden Übertragungshierarchien gebildet: Grundstückzufahrt - Nebenstrasse - Hauptstrasse - Autobahn. Dieselbe Multiplexhierarchie besteht auch bei der Energieübertragung: Nieder-, Mittel- und Hochspannungsnetz.

- Bei Flaschenhälsen (Stau) oder Ausfällen von Teilen des Netzes (z.B. Baustelle) kann das Ziel über eine Umwegroute erreicht werden. Bei der Informationsübertragung sind riesige Umwege machbar, was dem Netzbetreiber eine grosse Dimensionierungsfreiheit gibt. Beim Transport von Energie oder Materie sind dagegen aus ökologischen, zeitlichen und finanziellen Gründen vergleichsweise enge Grenzen gesetzt.

- Das Netz wird am besten ausgenutzt, wenn der Netzzustand überall bekannt ist. Das Nachrichtennetz überträgt darum auch Informationen für den eigenen Bedarf. Analog werden beim Strassenverkehrsnetz Staumeldungen über Radio verbreitet.

- In heiklen Situationen ist es wichtig, einen Totalzusammenbruch zu verhindern und rasch den Normalbetrieb wiederherzustellen (*disaster recovery*). Trotz Flaschenhälsen müssen darum die Servicefunktionen ausführbar sein. Analogie beim Strassennetz: Bei einem Stau sollten die Autofahrer eine Gasse für Polizei- und Rettungsfahrzeuge bilden.

Das eben beschriebene Telefonnetz entstand vor hundert Jahren, wurde ständig ausgebaut und zuletzt digitalisiert. Am prinzipiellen Aufbau änderte sich dabei aber nichts. Das Telefonnetz dient der weltweiten Sprachkommunikation von Mensch zu Mensch, seit den 60er Jahren via Modems auch der Datenkommunikation.

In neuerer Zeit tauchte eine ganz andere Art von Netzen auf, ausgelöst durch den zunehmenden Bedarf an Datenverbindungen, d.h. für Verbindungen von Maschine zu Maschine (Rechner). Diese Netze sind lokal begrenzt (LAN, *local area network*) und benutzen eine ganz andere

Technologie als das Telefonnetz, ausgerichtet auf ihre speziellen Bedürfnisse (z.B. Client-Server-Anwendungen).

Verschiedene voneinander entfernte LANs werden über ein Weitdistanznetz miteinander verbunden. Aus Kostengründen versuchte man natürlich, sich dafür auf das bereits bestehende Telefonnetz abzustützen. Schön wäre es natürlich, wenn man Verbindungen für unterschiedliche Zwecke, Datenraten, Sicherheitsbedürfnisse, Distanzen usw. über ein technologisch einheitliches Netz abwickeln könnte. Anstrengungen mit diesem Ziel sind vorhanden, doch wird man wohl noch lange mit einem Technologie-Salat leben müssen.

Das oben beschriebene Telefonnetz ist ein *vermitteltes Netz*, während die LANs *Broadcastnetze* darstellen. Letztere bestehen aus einem einzigen Übertragungskanal (eine Art Bus), an dem alle Teilnehmer (Rechner, Hosts) angeschlossen sind. Eine Nachricht wird dabei unterteilt in *Pakete*, die einzeln übertragen werden. Der Empfänger setzt die Pakete wieder zur Nachricht zusammen. Jeder Empfänger hört dauernd den Kanal ab und kopiert die ihn betreffenden Pakete aus dem Kanal, alle andern ignoriert er. Die Pakete verfügen deshalb nebst den Nutzdaten über einen Header, der die Adressen von Absender und Empfänger enthält. Da nur ein einziger Kanal besteht, können Kollisionen auftreten und einzelne Pakete zerstört werden. Mit speziellen Techniken müssen diese Fälle erkannt und korrigiert werden. Auch bei Broadcastnetzen hat ein Teilnehmer das Gefühl, er sei alleiniger Benutzer des Übertragungsmediums.

Aufgrund der geographischen Ausdehnung unterscheidet man

- LAN (local area network), Ausdehnung 1 km … 2 km (Gebäude, Areal)
- MAN (metropolitan area network), Ausdehnung bis 10 km … 50 km, Stadtgebiet
- WAN (wide area network), Ausdehnung weltweit

Jede dieser Netzklassen hat ihre eigenen Probleme und darum auch ihre eigenen Lösungen. LANs sind z.B. meistens Broadcastnetze, während WANs als vermittelte Netze ausgeführt sind.

Diese kurze Beschreibung der Netze zeigt bereits deutlich auf, dass zahlreiche Detailprobleme gelöst werden müssen. Die Technik der Netze hat sich deshalb zu einer eigenständigen Disziplin innerhalb der Nachrichtentechnik entwickelt. Tatsächlich gibt es (stark übertrieben gesprochen) zwei Sorten von Nachrichtentechnikern:

- Übertragungstechniker, die alle Tricks der Punkt-Punkt-Übertragung kennen und für die Netze Gegenstand der Allgemeinbildung sind, die mit gesundem Menschenverstand alleine begreifbar sind.
- Netztechniker, für welche die Punkt-Punkt-Übertragung eine funktionierende Technik darstellt, für die sie sich nur aus Gründen der Allgemeinbildung zu interessieren brauchen. Im Alltag senden sie einfach Bits ab bzw. nehmen Bits entgegen, sie interessieren sich aber nur für die Abläufe im Netz, d.h. für die sog. Protokolle.

Das Universalgenie, dass beide Bereiche beherrscht, ist kaum anzutreffen. Dies liegt vielleicht daran, dass die Denk- und Arbeitsmethoden völlig unterschiedlich sind:

- Der Übertragungstechniker befasst sich mit den physikalischen Aspekten der Kommunikation, er braucht dazu mathematische Konzepte wie die Fouriertransformation, um die unterschiedlichen Signalformen zu beschreiben.

- Der Netztechniker arbeitet mit gesund aussehenden, schönen Rechteckpulsen. Er befasst sich mit nur statistisch fassbaren Konzepten wie Netzauslastung, Wartezeiten usw. Häufig wird dieser Bereich nicht von Elektroingenieuren, sondern von Informatikern behandelt.

Nicht wegdiskutierbar ist aber die Tatsache, dass beide Bereiche wichtig sind, dass sogar beide gegenseitig voneinander abhängen. Ebenfalls Tatsache ist, dass die Punkt-Punkt-Übertragung theoretisch schon weitgehend ausgeleuchtet ist, während bei den Netzen immer wieder neue und revolutionäre Ideen auftauchen. Die enorme wirtschaftliche Bedeutung der Nachrichtentechnik basiert klar auf den Netzen. Nur mit ausgefeilter Übertragungstechnik alleine wäre ein Internet mit all seinen Auswirkungen nie realisierbar gewesen.

Früher arbeiteten die mechanischen Zentralen (Relais) mit einer völlig anderen Technologie als die elektronisch realisierte Übertragung (Frequenzmultiplex). Ab 1970 wurde die Übertragung digitalisiert, ebenso die Steuerung der Zentralen. Erst ab 1985 wurden die Kanäle digital durchgeschaltet. Heute ist die Übertragung und die Vermittlung durchwegs digital realisiert, der local loop trägt jedoch meistens noch analoge Signale. Die AD-Wandler sitzen also noch meistens in der Anschlusszentrale. Mit der Einführung des ISDN wird der AD-Wandler in das Endgerät verschoben, nun ist die gesamte Informationsübertragung digital realisiert.

Es wurde bereits festgestellt, dass alle Arten von Informationen digital auf gleiche Art darstellbar sind. Dies führt zum Universalnetz für Sprache, Musik, Videos, Daten usw. ISDN ist der erste Verteter davon, allerdings noch zu schwach, um z.B. Multimedia-Anwendungen zu bedienen. Leistungsfähigere Netze sind aber bereits erhältlich, jedoch noch nicht stark verbreitet (z.B. ATM, Abschnitt 6.3.5.2).

Obwohl die Information nun stets gleichartig dargestellt wird, nämlich als Bitfolge, ist ein wirklich dienstintegriertes und leistungsfähiges Universalnetz nicht so einfach zu realisieren. Die verschiedenen Dienste stellen nämlich ganz unterschiedliche Anforderungen an das Netz:

- Sprache: konstante und kleine Datenrate. Wichtig ist ein kontinuierlicher Datenfluss, gelegentliche Bitfehler sind überhaupt nicht schlimm.

- Video: variable und grosse Datenrate, einzelne Bitfehler sind tolerierbar, Stockungen jedoch nicht.

- Daten: die Datenrate kann in weiten Grenzen ändern, Bitfehler dürfen nicht auftreten, dafür sind gelegentliche Pausen zu verkraften.

Mit ausgefeilten Techniken versucht man, alle diese Wünsche unter einen Hut zu bringen und dabei die Kosten im Griff zu behalten. Zudem werden sog. Mehrwertdienste realisiert (added value), z.B. Anrufbeantworter im Netz, Anrufumleitung usw.

Generell lässt sich feststellen, dass sich das Bild der Telekommunikation in den Köpfen der Ingenieure gewandelt hat. Während früher noch strikt zwischen Übertragung, Vermittlung und Verarbeitung unterschieden wurde, werden heute die Grenzen aufgeweicht. Das Netz besteht nicht mehr aus Knoten, die über trunks verbunden sind. Das Netz ist jetzt ein verteilter Knoten. Es ist kein wesentlicher Unterschied mehr, ob eine Datenverarbeitung auf einem Grossrechner erfolgt oder auf vielen gekoppelten kleinen Rechnern. Technologien wie ATM, die eigentlich für Weitdistanzübertragungen gedacht waren (traditionellerweise vermittelte Netze), halten jetzt auch Einzug in den local area networks (traditionellerweise Broadcastnetze).

1.1.11 Das elektromagnetische Spektrum

Tabelle 1.10 Das elektromagnetische Spektrum

Wellenlänge	Frequenz	englische Bezeichnung deutsche Bezeichnung		Anwendung
bis 1000 km	bis 0.3 kHz	ELF	Extremely Low Freq.	Telegraf Fernschreiber
1000 ... 100 km	0.3 ... 3 kHz	VF	Voice Frequencies	Telefon
100 ... 10 km	3 ... 30 kHz	VLF	Very Low Freq. Längstwellen	Musik
10 ... 1 km	30 ... 300 kHz	LF LW	Low Frequencies Langwellen	Rundfunk, Zeit- sender, Navigation
1000 ... 100 m	0.3 ... 3 MHz	MF MW	Medium Freq. Mittelwellen	Rundfunk, Seefunk
100 ... 10 m	3 ... 30 MHz	HF KW	High Frequencies Kurzwellen	Rund-, See-, Flug-, Amateurfunk
10 ... 1 m	30 ... 300 MHz	VHF UKW	Very High Freq. Ultrakurzwellen	TV, Rund-, Flug- Amateurfunk
1000 ... 100 mm	0.3 ... 3 GHz	UHF	Ultra High Freq. Dezimeterwellen	TV, Mobilfunk, Satelliten, Radar
100 ... 10 mm	3 ... 30 GHz	SHF	Super High Freq. Zentimeterwellen	Satelliten, Ortung, Navigation, Radar
10 ... 1 mm	30 ... 300 GHz	EHF	Extremely High Freq Millimeterwellen	Hohlleiter, Radar, Radioastronomie
10 ... 1 µm	30 ... 300 THz			Glasfaserübertrag. (Infrarot)
1000 ... 100 nm	300 ...3000 THz			sichtbares Licht

Hinweis zur Bezeichnung: HF (Hochfrequenz) und NF (Niederfrequenz) sind im Deutschen Sammelbegriffe für Frequenzen über dem Hörbereich bzw. im Hörbereich. Im Englischen werden dazu die Abkürzungen RF (radio frequencies) bzw. AF (audio frequencies) verwendet. Das englische HF bezeichnet lediglich den Kurzwellenbereich.

Im Mikrowellenbereich (Frequenzen über 1 GHz) sind die Bandbreiten so gross, dass die Bänder weiter unterteilt und mit Buchstaben bezeichnet werden. Leider erfolgt dies nicht einheitlich. Tabelle 1.11 gibt eine Übersicht über die Bezeichnungen. Man tut vermutlich gut daran, keine Logik in dieser Namensgebung zu suchen.

Tabelle 1.11 Bezeichnung der Mikrowellenbänder (Frequenzen in GHz)

L	S	C	X	Ku	K	Ka	E	W
1...2	2...4	4...8	8...12	12...18	18...27	27...40	60...90	80...110

Die Frequenzen sind heutzutage sehr knapp geworden. Mit bandbreiteneffizienten Übertragungsverfahren (dies sind natürlich wiederum digitale Methoden) versucht man, die Situation zu entschärfen. Dies reicht jedoch nicht, weshalb alle zwei Jahre unter der Schirmherrschaft der ITU (International Telecommunication Union, die älteste UNO-Unterorganisation mit Sitz in Genf) eine Wellenkonferenz stattfindet (WRC, World Radio Conference).

Über 300 GHz bestehen noch keine formellen Frequenzzuteilungen.

Um die spezifischen regionalen Bedürfnisse befriedigen zu können, wurde die Welt in drei Regionen eingeteilt:

- Region 1: Europa, Russland, Afrika

- Region 2: Nord- und Südamerika

- Region 3: Südasien, Japan, Australien

Ein heikles und momentan heiss diskutiertes Thema ist die gesundheitliche Beeinträchtigung durch elektromagnetische Strahlung. Hier soll und kann dieses Thema nicht breit und abschliessend abgehandelt werden, es soll aber auch nicht ignoriert werden.

Die Beeinflussung durch den sog. Elektrosmog ist Teil des Preises, den wir für den Einsatz der Technik bezahlen müssen, hier konkret durch Energie- und Kommunikationsversorgung. Leider möchte jederman die Vorteile nutzen, ohne die Nachteile ertragen zu müssen.

In nach Frequenz aufsteigender Reihenfolge sind als Verursacher zu nennen: elektrische Bahnen, Energieversorgung, Haushalt- und Bürogeräte (inklusive Computer, Monitore und Fernsehgeräte), Funkgeräte (inklusive Mobiltelefone), Sendeanlagen, Mikrowellengeräte, Radaranlagen, Röntgenapparate.

Bei den Quellen erfolgt eine Emission elektromagnetischer Strahlung, am Einwirkungsort eine Immission.

Es ist fast unmöglich, dieses Thema zu versachlichen, obwohl die Publikationen darüber mittlerweile Regale füllen. Die Wirkung hängt nämlich von verschiedenen Faktoren ab:

- Frequenz

  - tiefe Frequenzen (bis einige 100 Hz): physiologische Wirkung (Beeinflussung des Ionenaustausches in den Zellen)

  - mittlere Frequenzen: thermische Wirkung (Gewebeerwärmung)

  - sehr hohe Frequenzen (Röntgenstrahlung): ionisierende Wirkung, gefährlich für das Erbgut

- Leistung. In einigen Experimenten hatte die Leistung einen Fenstereffekt, d.h. sie durfte weder zu gross noch zu klein sein, um Wirkung zu zeigen. In andern Experimenten hatte eine kleine aber variierende Leistung einen grösseren Einfluss als eine grosse konstante Leistung.

- Expositionsdauer

- individuelle Empfindlichkeit (2 % der Bevölkerung gelten als elektrosensibel)

- Kombination mit anderen Umwelteinflüssen und Stressfaktoren

Bei permanenter Exposition und hohen Leistungsdichten (z.B. in unmittelbarer Nachbarschaft von Sendern) klagen die Menschen über Kopfschmerzen, Schlafstörungen, Störungen des Immunsystems usw.

Da die Effekte meistens nur schwach sind, ist die Situation sehr schwierig durchschaubar und nicht gut labormässig erforschbar, d.h. der Einfluss einzelner Parameter kann nicht isoliert untersucht werden. Zudem verfügt man noch über wenig Erfahrungswerte aus epidemiologischen Untersuchungen, z.B. punkto Krebsrisiko. Man kann nicht einmal nachvollziehbar von der Wirkung auf die Gefährdung schliessen. Auf der andern Seite wird das Problem in Zukunft sicher nicht kleiner werden, es lohnt sich darum durchaus, die Sachlage zu untersuchen.

Grenzwerte für die Immission sind von den Behörden festgelegt worden. Diese sind allerdings für den Menschen im Alltag messtechnisch schwierig zu überprüfen. Da niemand konkrete Verhaltensregeln geben kann, ist eine gewisse Hysterie verständlich. Das Rezept kann ja nicht sein, nicht mehr zu arbeiten und auch zuhause keine elektrische Energie zu nutzen. Messungen der Belastung durch Niederfrequenzfelder haben ergeben, dass in der Freizeit die Belastung geringer ist als während der Arbeitszeit. Dort ist eine Büroumgebung erwartungsgemäss weniger belastend als eine Produktionshalle. Überraschenderweise wurde zuhause während der Nacht die grösste Immission gemessen, verursacht durch die Radiowecker in der Nähe der Kopfkissen.

In unmittelbarer Nähe von starken Sendern ist Vorsicht geboten. Das Betriebspersonal von solchen Anlagen muss zu seinem Schutz geschult werden. Blickt man z.B. in einen Hohlleiter einer Antennenzuführung, so kann sich das Eiweiss des Auges trüben. Für den überwiegenden Teil der Bevölkerung gibt es aber keinen Grund, in Panik auszubrechen. Es gibt aber Grund genug, das Thema nicht einfach unter den Tisch zu wischen, vielmehr soll die notwendige Grundlagenforschung erbracht werden. Was unbedingt vermieden werden muss, ist eine mit Ängsten spielende Diskussion.

1.1.12 Normen und Normungsgremien

Normen sind von grosser technischer Bedeutung, um Systeme verschiedener Hersteller miteinander verbinden zu können. Normen sind aber auch von grosser wirtschaftlicher Bedeutung, um dank einer gewissen Einheitlichkeit Gross-Serien produzieren zu können, was sich positiv auf die Kosten auswirkt (VLSI-Bausteine!).

Da die Telekommunikation ein weltweites Geschäft ist, müssen auch die Normen internationale Gültigkeit haben. Spezielle Gremien beschäftigen sich mit der Erstellung der Normen.

Normen sind rechtlich verbindliche Standards. Daneben gibt es noch Empfehlungen und De Facto-Standards. Bei letzteren handelt es sich oft um firmeneigene, unverbindliche Standards, die aber dermassen verbreitet sind, dass sich andere Hersteller freiwillig daran halten. Prominentestes Beispiel dafür dürfte der IBM-PC mit seinen Kompatiblen sein.

Die Normungsgremien (zuständig für die De Jure-Standards) lassen sich unterteilen in Gremien, die ihre Authorisierung aufgrund von internationalen Staatsverträgen geniessen und freiwillige Organisationen auf der anderen Seite. Prominenteste Beispiele für Vertreter der beiden Gruppen:

- ITU (International Telecommunication Union), eine UNO-Unterorganisation, mit Sitz in Genf (was dieser Stadt die vierjährliche Telecom-Ausstellung beschert). Die ITU ist ihrerseits unterteilt in

  - ITU-T (früher CCITT, Comité Consultatif International de Télégraphique et Téléphonique), zuständig für den Telefon- und Datenverkehr (früher: Telex). Von diesem Gremium stammen z.B. die V.24 - (= RS232) und X.25 - Standards (Tabelle 1.12).

  - ITU-R (früher CCIR, Comité Consultatif International de Radiocommunications), zuständig für den drahtlosen Nachrichtenaustausch

- CEPT (Conférence Européen des Administrations des Postes et des Télécommunications) ist als Zusammenschluss der europäischen Fernmeldeverwaltungen eine Untergruppe der ITU-T.

- ISO (International Standards Organization), 1946 auf freiwilliger Basis gegründet. Mitglieder sind die nationalen Normungsinstitute wie z.B. ANSI (American National Standards Institute, eine *private* Organisation).

- IEEE (Institute of Electrical and Electronic Engineers) ist der weltweit grösste Fachverband und hat bedeutsame LAN-Standards (local area network) erarbeitet und bietet daneben hervorragende Dienstleistungen für seine Mitglieder.

- IEC (International Electrical Commission), hat u.a. den IEC-Bus für Messgeräte standardisiert.

- ETSI (European Telecommunication Standards Institute)

Die ITU-Empfehlungen sind in Serien aufgeteilt, die mit einem Grossbuchstaben gekennzeichnet sind, Tabelle 1.12. Bis 1988 wurden alle vier Jahre Buchreihen mit neuen bzw. angepassten Empfehlungen veröffentlicht. Die Reihen wurden farblich unterschieden (1980: gelb, 1984: rot, 1988: blau). Nun werden wegen dem mittlerweile zu grossen Umfang die Normen und Empfehlungen einzeln veröffentlicht.

Tabelle 1.12 Kennzeichnung einiger ITU-T-Normen

Kennz.	Zweck
G	Fernsprechübertragung
I	ISDN
L	Korrosionschutz
P	Übertragungsqualität
Q	Signalisierung und Vermittlung
T	Telematik
V	Datenübertragung über das Telefonnetz
X	Datenübertragung über öffentliche Datennetze
Z	Programmsprachen für Vermittlungen

Der Zeitpunkt der Entstehung einer Norm ist von grosser Bedeutung für ihren Erfolg. Solange ein Konzept in den *Forschungs*labors auf seine Anwendung hin untersucht und verfeinert wird, wirken Normen lediglich hinderlich. Nach der Forschungsphase entsteht häufig eine Atempause, bis sich die *Entwicklungs*labors mit der technischen Ausreifung der Konzepte befassen. Genau in den Zeitraum dieser Atempause muss die Phase der Normung fallen. Kommt sie zu spät, so sind bereits viele Gelder in divergierende Entwicklungen gesteckt worden, was regelmässig erbitterte Kämpfe um die Durchsetzung der eigenen Version nach sich zieht. Kommt die Norm hingegen zu früh, so verhindert sie die technisch am weitesten ausgereifte Lösung.

Der letzte Fall trat beispielsweise ein beim Mobiltelefonsystem. Als europäisches Gemeinschaftswerk wurde der GSM-Standard (Global System for Mobile Communication, ursprünglich: Groupe Spéciale Mobile) entwickelt. Dieser brachte gegenüber den früheren analogen Systemen beachtliche Vorteile. Als Konkurrenz, zeitlich aber nachhinkend, wurde in den USA und Japan ein anderer Standard entwickelt, der punkto Bandbreiteneffizienz dem GSM-Standard überlegen ist. Der Benutzer merkt davon jedoch nichts. Dank dem zeitlichen Vorsprung schaffte der GSM-Standard eine so grosse Verbreitung, dass er mittlerweile etabliert und nicht mehr zu verdrängen ist.

1.1.13 Meilensteine der elektrischen Nachrichtentechnik

1747 Übertragung von Elektrizität über einen 3 km langen Draht (W. Watson)

1800 Erfindung der Batterie (Volta)

1835 Erfindung des Morseapparates (Samuel F. B. Morse)

1844 öffentlicher Telegraphendienst zwischen Washington D.C. und Baltimore

1858 erstes Transatlantik-Tiefseekabel für Telegraphie (4 Wochen Betriebsdauer)

1865 Maxwell'sche Gleichungen

1866 erstes funktionsfähiges Transatlantik-Tiefseekabel für Telegraphie

1876 Erfindung des Telephons (Alexander Graham Bell bzw. Johann Philipp Reis)

1878 erste Vermittlungsanlage in New Haven CT

1887 150'000 Telefon-Abonnenten in den USA, 97'000 in Europa

1888 Hertz weist die von Maxwell vorausgesagten elektromagnetischen Wellen nach

1897 drahtlose Verbindung über 20 km (Guglielmo Marconi)

1899 drahtlose Verbindung über den Ärmelkanal (Marconi)

1901 drahtlose Transatlantikverbindung (Marconi)

1907 Erfindung der Elektronenröhre (Lee de Forest)

1920 J.R. Carson untersucht die Signalabtastung (unveröffentlicht)

1920 Experimente zur Bildübertragung bei den Bell-Laboratorien

1933 erste HiFi-Übertragung (15 kHz / 80 dB) in Washington D.C. (Fletcher, Wente u.a.)

1939 Erfindung der Puls-Code-Modulation (A.H. Reeves)

1947 Erfindung des Transistors (John Bardeen, William Shockley, Walter Brattain)

1948 Begründung der Informationstheorie (C.E. Shannon)

1948 regelmässige TV-Sendungen (in der Schweiz ab 1953)

1958 erstes Tiefseekabel für Telephonie (TAT-1)

1960 Erfindung des Lasers (Theodore H. Maiman)

1960 erster Nachrichtensatellit (Echo I)

1961 erste kommerzielle PCM-Strecke mit Zeitmultiplex (24 Kanäle / 1.5 MBit/s)

1963 erster geostationärer Satellit (Syncom)

1965 kommerzielle Satellitennutzung

1977 erstes Zellular-Mobilfunksystem (Probesystem in Chicago)

1982 Einführung der Compact Disc (CD)

1988 AT&T schreibt alle Frequenzmultiplexsysteme ab

1991 Start des GSM-Standards (digitales Mobiltelefonsystem)

Während die Entwicklung des Telefonnetzes bis etwa 1950 nur langsam verlief, hat sie sich seither stets beschleunigt. Heute ist kaum mehr vorstellbar, wie die Welt der Telekommunikation vor nur vier Jahrzehnten ausgesehen hat. Auch die Kundenwünsche haben sich völlig geändert von Telegraphie- und Telefonverbindungen über Radio, Fernsehen, Farbfernsehen, Datenübertragung bis hin zur mobilen, globalen und interaktiven Multimedia-Kommunikation. Nachstehend sollen einige Beispiele aus der Weitdistanzübertragung die Entwicklung illustrieren.

Transatlantikkabel:

1866 wurde das erste Transatlantikkabel von Europa nach USA verlegt, es war aber nur für Telegraphie benutzbar. Die Sprechverbindungen wurden bis 1958 über Kurzwellenfunk abgewickelt, allerdings mit bescheidener Qualität und umständlichem Verbindungsaufbau. 1958 bot das Seekabelpaar TAT-1 erstmals Sprachkanäle, jedoch nur 36 Stück. Der Abstand der etwa 500 röhrenbestückten und ferngespeisten Zwischenverstärker betrug 70 km. Das letzte transantlantische Koaxialkabel war TAT-7, das 4200 Sprachkanäle bei einem Verstärkerabstand von 10 km bot. Heutige Transatlantikkabel bestehen aus Lichtwellenleitern und übertragen zehntausende von Gesprächen bei einem Verstärkerabstand von 100 km. Erst seit 1992 ist es auch möglich, TV-Signale über Glasfasern von Kontinent zu Kontinent zu übertragen. Vor den Glasfasern war aber die Satellitentechnik schon bereit und gestattete weltweite Fernseh-Direktübertragungen.

Satelliten:

Am 4. Oktober 1957 wurde der erste Satellit, der russische Sputnik, in eine Erdumlaufbahn gebracht. 1962 zogen die Amerikaner nach, 1963 sogar mit einem geostationären Satelliten (Syncom II). 1965 wurde mit dem Early Bird (Intelsat I, 240 Sprachkanäle) die kommerzielle Weltraumtechnik eingeläutet. Die Lebensdauer der ersten Satelliten betrug 3 Jahre, 80% der Kosten mussten für die Trägerrakete aufgewendet werden. 1968 wurde über dem Pazifik Intelsat III mit 1200 Sprachkanälen und 4 TV-Kanälen plaziert, 1975 folgte dann Intelsat IV mit 3780 Sprachkanälen und 2 TV-Kanälen.

1964 standen für die Übertragung der olympischen Sommerspiele aus Tokyo noch keine Satelliten zur Verfügung. Direktsendungen waren damit unmöglich. Man behalf sich mit täglichen Flügen, die Filmrollen mit den Aufzeichnungen brachten. Nur gerade 5 Jahre später wurde einer erstaunten Menschheit die TV-Direktübertragung der ersten Mondlandung geboten!

Lichtwellenleiter:

1970 wurde die erste Glasfaser hergestellt. Das Potenzial dieser Technologie (Dämpfungsarmut, Breitbandigkeit, Unempfindlichkeit gegenüber elektrischen und magnetischen Störfeldern sowie Übersprechfreiheit) wurde sehr rasch erkannt, was 15 Jahre später die Blütezeit der Koaxialkabel beendete.

1986 übertrug man 7680 Telefongespräche mit 565 MBit/s über eine einzige Glasfaser. Die Verstärkerabstände betrugen 30 km, die Spleissabstände 2 km. 1992 waren Glasfaserkabel 15 mal preisgünstiger als Koaxialkabel gleicher Übertragungsleistung 1982.

Die Forschung befasst sich u.a. mit der *kohärenten optischen Übertragung*, die eine Vervielfachung der Datenrate gegenüber den heutigen 10 Gbit/s ermöglichen wird und der *Optronik*, welche Funktionen, die heute noch von elektronischen Schaltungen erbracht werden, ebenfalls rein optisch realisiert.

1.1.14 Die wirtschaftliche und soziale Bedeutung der Telekommunikation

Die Informationstechnologie hat seit 1960 den Alltag beinahe aller Menschen in den industrialisierten Ländern stark verändert. Dabei erfolgten diese Änderungen zusehends rascher, und ein Ende dieser Entwicklung ist nicht abzusehen. Die Telekommunikation und die Informatik sind zu Schlüsseltechnologien geworden.

Neben der wirtschaftlichen Bedeutung sind auch die gesellschaftlichen Aspekte zu beachten. Jeder Ingenieur muss über Nebenwirkungen seiner Arbeit sowie die Argumente aller Betroffenen (auch der Technologiegegner!) Bescheid wissen. Nachstehend wird diese Thematik in bescheidenem Umfang und persönlich gefärbt angesprochen, natürlich kann dies hier nicht mit dem Instrumentarium und der Intensität der Philosophen und Soziologen geschehen. Dies in der Hoffnung, dass sich die Leser zu einem vertieften Studium anregen lassen.

Häufig spricht man im Zusammenhang mit der Informationstechnologie oder Telematik von der *dritten industriellen Revolution*. Zuerst soll dieser Begriff in einen geschichtlichen Zusammenhang gebracht werden (Tabelle 1.13) und dann die Auswirkungen dieser Revolutionen ohne Anspruch auf Vollständigkeit betrachtet werden (Tabelle 1.14). Schliesslich zeigt Tabelle 1.15, wann welche Technologie neu resp. aktuell war.

Allen drei industriellen Revolutionen gemeinsam ist die Tatsache, dass jedesmal

- die Produktivität stark gesteigert wurde

- unterging, wer nicht mitmachte.

Tabelle 1.13 Die drei industriellen Revolutionen

Nr.	Wann	Wer	Was	Wesentliche Neuerung
1	1764	James Watt	Dampfmaschine → Industrie	Die Muskelkraft von Mensch und Tier wird abgelöst durch eine künstlich erzeugte physikalische Kraft.
2	1905	Henry Ford	Fliessband → Gross-Serien	Das Produktionsverfahren wird wichtiger als das Produkt.
3	1947	John Bardeen William Shockley Walter Brattain	Transistor → Telematik	Informationsverarbeitung wird wichtiger als Rohstoffverarbeitung.

Für die zeitliche Abgrenzung der drei industriellen Revolutionen findet man in der Literatur Varianten. Als Beginn der dritten Revolution z.B. findet man manchmal den „Zeugungsakt" (Transistor, 1947), daneben aber auch die „Geburtsstunde" (Mikroelektronik, 1975).

Tabelle 1.14 Die Auswirkungen der drei industriellen Revolutionen

Nr.	Technische Neuerung und Auswirkung	Soziale Auswirkung
1	Mechanisierung. Die Produktion wird unabhängig von Natureinflüssen (Wetter) und Geographie (Wasserläufe).	Aus Bauern und Handwerkern (Heimarbeitern) werden Fabrikarbeiter, die Arbeitsplätze werden zentralisiert. Lange Arbeitszeiten und schlechte Entlöhnung (wegen Überangebot an Arbeitskräften, grossem Investitionsbedarf und Konkurrenzdruck) erzeugen soziale Not und Unruhen.
2	Industrialisierung. Die Produkte werden für alle erschwinglich. Umwälzungen v.a. im sekundären Sektor (Industrie).	Der Arbeiter fertigt nur noch Teile und sieht das Ganze nicht mehr. Die daraus entstehende Entfremdung kann vorerst mit höherem Verdienst aufgefangen werden.
3	Automatisierung. Das Produkt wandelt sich zur Dienstleistung. Umwälzungen v.a. im tertiären Bereich (Dienstleistungen).	Die materiellen Grundbedürfnisse können abgedeckt werden. Die gegenseitigen Abhängigkeiten wachsen stark, die Umgebung wird zunehmend unübersichtlich. Es entsteht die Freizeitgesellschaft, die sich die Frage nach dem Lebenssinn stellt.

Tabelle 1.15 Wann waren welche Ressourcen und Technologien dominant?

1800	1850	1900	1950	2000
Dampfmaschine	Eisenbahn	Chemie	Kunststoffe	Mikroelektronik
Webstuhl	Telegraphie	Stahl	Fernsehen	Glasfaser
Kohle und Eisen	Photographie	Aluminium	Raumfahrt	Laser
	Zement	Elektrizität	Elektronik	Software
		Verbrennungsmotor	Kernkraft	Biotechnologie
		Feinmechanik		
Industriezeitalter			Informationszeitalter	

Früher, als die Möglichkeit zum Materialtransport ein entscheidender Wettbewerbsfaktor war, bemühten sich die Staaten sehr stark um den Ausbau ihrer Schienen- und Strassennetze. Heute ist die Möglichkeit zum Informationstransport ein entscheidender Wettbewerbsfaktor, aber leider sahen die Regierungen lange Zeit vergleichsweise wenig Handlungsbedarf für den Ausbau der Telekommunikationsnetze. Die Initiativen und die meisten Investitionen für Neuerungen kamen aus der Industrie.

Langsam beginnt sich die Situation zu ändern. Die USA bauen seit Anfang 1993 als Staatsaufgabe und mit Milliarden Dollars einen *Information Highway*. An diesem leistungsfähigen Datennetz für die Übertragung von Sprache, Text, Daten, Bilder, Video usw. (Multimedianetz) sollen u.a. alle Schulen, Bibliotheken, Krankenhäuser usw. angeschlossen werden. Seit 1994 investiert auch die EU in milliardenschwere Aktionspläne.

Wie gross die wirtschaftliche Bedeutung der Informationstechnologie ist, soll das folgende Potpourri von Zahlen zeigen. Quelle für die Angaben waren v.a. Zeitungsartikel.

- Eine Umfrage unter Managern bezüglich ihrer Zufriedenheit mit den Telekommunikationsmitteln ergab 1995 das folgende Bild:

	Europa	USA
sehr zufrieden	7%	37%
nicht zufrieden	43%	5%

- In Europa glauben 33% der Manager daran, dass die EDV-Heimarbeit in Zukunft stark zunehmen wird, in den USA sind 62% dieser Auffassung.

- 1989 bestanden 111 Telefonkanäle zwischen der BRD und der DDR. Zwei Jahre nach dem Mauerfall waren es 50'000 (realisiert v.a. mit Richtfunk).

- 1992 betrug der weltweite Umsatz des Telecommarktes umgerechnet 500 Mia. Euro. 22% davon entfielen auf Ausrüstungen (Investitionen), 78% auf den Betrieb (Gebühren). Das Wachstum beträgt 5 - 10%. Der Markt teilt sich wie folgt auf (1997): USA 35%, Europa 29%, Japan 15%, restliche Welt 21%.

- Die Informationstechnologie gehört weltweit zu den grössten Industriezweigen, vergleichbar mit der Grösse der Automobilbranche.

- Etwa 50% der Berufstätigen nutzen in irgend einer Art die Informationstechnik.

- Das internationale Telefonnetz ist die grösste Maschine der Welt, sein Wiederbeschaffungswert beträgt 1'500 Mia. Euro, ca. 65% davon betreffen den Teilnehmerbereich (local loop). Es sind (1998) etwa 880 Mio. Telefonapparate in Betrieb (USA 25%, Westeuropa 31%, Japan 10%, Rest der Welt 34%), darunter fallen auch 135 Mio. Mobiltelefone (1992: 11.2 Mio. Mobiltelefone). Die Stadt Tokyo alleine verfügt über mehr Telefonanschlüsse als der gesamte afrikanische Kontinent!

- Punkto Telefondichte ist Europa führend (1996). Auf 100 Einwohner hat Schweden als Spitzenreiter 68 Anschlüsse, gefolgt von der Schweiz mit 64. Deutschland: 56, Portugal: 38. Einzig die USA und Japan können als aussereuropäische Länder mithalten.

- Von 1975 bis 1995 hat sich der Umfang der Auslandsgespräche versechsfacht.

- 15% der Weltbevölkerung besitzen 70% der Telekommunikation. China mit seinem weltweit grössten Wachstum im Kommunikationsbereich wird dies aber ändern. Die Hälfte der neuen Leitungen werden nämlich in Asien verlegt, davon ein Drittel allein in China.

- Die Kabelfernsehnetze wurden ausgebaut auf 60 Kanäle. Zusätzlich sind 150 TV-Satellitenkanäle für Mitteleuropa installiert. Allein 1993 wurden 123 neue Satelliten in eine Umlaufbahn geschossen, 50 davon durch GUS-Staaten.

Angesichts dieser Zahlen ist es nicht verwunderlich, dass

- Neuerungsschübe technisch nur ermöglicht, aber letztlich wirtschaftlich bestimmt werden (Übergang von der technologiegetriebenen zur marktgetriebenen Entwicklung)
- Neuerungen ausserordentlich kapitalintensiv sind.

Die Telekommunikationsindustrie gliedert sich in drei Bereiche:

- *Hersteller:* Firmen wie Siemens, Alcatel, Ascom usw. bewegen sich in dieser Gruppe.
- *Netzbetreiber* (Carrier): diese ursprünglich staatliche Domäne erfährt momentan den grössten Umschwung. Neben den traditionellen PTT, die nun privatisiert und in Post- und Telecom-Bereich aufgespalten sind, beackern auch Private und ausländische Gesellschaften diesen Bereich. Bild 1.50 zeigt die Grössenordnungen. Wegen dem riesigen Investitionsbedarf besteht der Trend zu Grossfirmen, es findet darum eine Konzentrationsbewegung statt. Die 10 grössten Firmen beherrschen 70% des Marktes. Eigentlich mutet es seltsam an: die staatlichen Fernmeldemonopole wurden mit dem Argument aufgelöst, dass eine Anbietervielfalt letztlich dem Endkunden zu preisgünstigerer Telekommunikation verhilft. Jetzt werden Fusionen und Joint Ventures geschlossen mit dem Argument, dass die Grösse letztlich dem Endkunden zu preisgünstigerer Telekommunikation verhilft.
- *Medien* als Lieferanten des Inhalts.

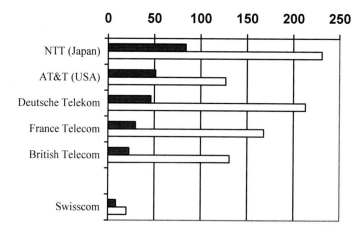

Bild 1.50 Umsätze 1995 in Mia. $ (schwarze Balken) und Mitarbeiterzahlen in Tausend (weisse Balken). Oben sind die 5 weltweit umsatzstärksten Telekom-Gesellschaften eingetragen.

Breitbandige, multimediataugliche Netze sind mit der ATM-Technologie machbar und wurden auch schon demonstriert. Es fehlt jedoch noch an Inhalten und an Kunden. Natürlich generieren mehr Kunden mehr Angebote, umgekehrt „bekehrt" ein grösseres Angebot mehr Kunden, es ist eine Art Huhn-Ei-Situation. Die Netzbetreiber, die möglichst viele Daten transportieren wollen, schliessen sich darum mit den Medien zusammen, um das Inhaltsangebot zu erweitern. Ein aufsehenerregendes Beispiel war die Fusion von Walt Disney mit einem grossen amerikanischen Carrier im Sommer 1995. Nur wenn ein Carrier sich z.B. Filmrechte sichert, kann er auch video on demand anbieten. Darum interessiert sich Microsoft plötzlich auch für Archive, um deren Inhalt später auf Datennetzen anbieten zu können. Die vielbeschworene (und verdammte) totale Auswirkung auf unseren Alltag wird von den Inhalten, also den Medien ausgehen.

Natürlich ergeben sich auch soziale Auswirkungen. Dazu ein Zitat aus einer Zeitschrift, worin geklagt wird über die „Hast des heutigen Lebens, über das zu rasche Tempo, welches das Leben infolge der Mobilität und der Telekommunikation angenommen hat! Man hat das Gefühl, man lebe heute mit doppelter Geschwindigkeit. Der Kampf ums Dasein wird immer härter." Ein anderes Zitat:„Wir sind schneller, hastiger und nervöser geworden. Wir rechnen heutzutage nicht mehr mit Gefühlen, sondern mit Gründen und Ziffern."

Solche Voten sind häufig zu hören. Erstaunlich ist aber, dass das erste Zitat aus dem Schweizer Jahrbuch des Jahrgangs 1906 stammt (zur Tarnung wurden die Ausdrücke „Mobilität" und „Telekommunikation" statt „Eisenbahn" und „Telegraph und Telephon" verwendet), während das zweite Zitat aus dem Bürklikalender 1905 stammt. Wenn seit 90 Jahren über dasselbe geklagt wird, was haben dann 90 Jahre Fortschritt effektiv gebracht?

Der Fortschritt zielt in Richtung totaler Informationsversorgung in Wort und Bild. Was der Mensch aber eigentlich möchte ist nicht Information, sondern Verständnis. Letzteres wird mit Verarbeitung von Information erreicht. Eine Überflutung mit Information, v.a. wenn diese noch auf Stichworte reduziert wird, kann sich aber kontraproduktiv auswirken, indem das Heraussuchen der wirklich relevanten Information zur unlösbaren Aufgabe wird. Informationsversorgung wird dann nur noch Informationsberieselung zum Zwecke der Zerstreuung und Unterhaltung. Der Zürcher Theologe und Sozialethiker Prof. Hans Ruh nennt dies treffend „Sauglattismus". Neben der Unterscheidung der Information in relevant und unwichtig ist aber auch die Einordnung in wahr oder falsch schwieriger geworden.

Ohne Fernseher lässt es sich leben. Falls man aber ein TV-Gerät besitzt, so ist eine Wahl aus mehreren Programmen sicher wünschenswert. Die oben erwähnten 60 Kanäle des Kabelnetzes schiessen aber wahrscheinlich über das Ziel hinaus, v.a. wenn man bedenkt, wie die teuren Programme finanziert werden und wie sich diese Finanzierung auf den Inhalt auswirkt.

Die Technik hat manchmal die Tendenz, die Dienerrolle mit der Herrscherrolle zu vertauschen. So hat z.B. früher das Automobil die Dezentralisierung ermöglicht, jetzt aber verlangt die Dezentralisierung eine Mobilität. Genauso hat früher die Telekommunikation ein höheres Tempo ermöglicht. Neuerdings verlangt aber das erhöhte Tempo nach mehr Telekommunikation. Auch hier ist nicht mehr so klar, was eigentlich Ursache und was Wirkung war und ist. Aus der ursprünglichen Freiheit oder Möglichkeit ist ein Zwang geworden. Der Zwang beispielsweise, stets und überall erreichbar zu sein. Es ist aber zu bezweifeln, ob all die Mobiltelefone einem echten Bedarf entsprechen oder doch eher nur einem Bedürfnis.

Dank der Telekommunikation wird die Welt zum Dorf, dem *global village*, so die Worte des Kanadiers Mac Luhan. Im Gegensatz zum Stadtleben hat man in einem Dorf mehr Kontakt, aber auch weniger Privatsphäre. Dies ist dasselbe, nur mit einer anderen Färbung oder Gewichtung der Vor- und Nachteile. Das global village verkleinert die Privatsphäre der Völker, was zu einer Nivellierung der Kulturen führt: man hört weltweit dieselbe Musik, sieht dieselben TV-Serien und damit dieselbe Werbung, trägt deswegen überall Jeans und trinkt Coca Cola.

Die Telekommunikation ermöglicht mehr Kontakt. Der Blick in andere Kulturen beeinflusst die Bedürfnisse der Menschen, aber auch ihre Migrationsbereitschaft. Was immer gemacht wird, wird beobachtet und ruft Gegenreaktionen hervor. Die Menschen sind nicht einfach nur besser informiert, sondern plötzlich auch mitverantwortlich. Wir erfahren aber auch, was es alles zu tun gäbe und erleben schmerzlich den grossen Kontrast zu dem, was wir tatsächlich als

Einzelpersonen tun können. Diese komplexe Welt ist für viele zu undurchschaubar geworden, vgl. Tabelle 1.14, Zeile 3.

Zum Stichwort Kontakt: Der Mensch hält über fünf Sinne den Kontakt mit der Aussenwelt: Gesichts-, Gehör-, Tast-, Geruch- und Geschmackssinn. Die Telekommunikation befriedigt (vorerst?) nur die ersten beiden davon. Dies sind aber auch die mit Abstand wichtigsten für die Informationsaufnahme (hätten Hunde die Telekommunikation entwickelt, so könnten sie sicher Gerüche übertragen!). Für ein umfassendes Lebensgefühl genügen zwei Sinne jedoch nicht, da wir die Welt nicht nur rational erfahren, sondern auch sinnlich erleben wollen. Die Telekommunikation verfügt darum auch über ein Isolationspotenzial, das man berücksichtigen muss. Heimarbeitsplätze mit Computer und Modem können verlockend und gefährlich sein, je nach dem, wie oft man wöchentlich die Arbeitskollegen persönlich trifft. Ebenso haben sich Videokonferenzen als nützlich erwiesen für regelmässige Konferenzen unter gegenseitig bestens bekannten Personen. Für eine erste Kontaktaufnahme sind sie jedoch völlig ungeeignet.

Zum Stichwort Isolationspotenzial: Telekommunikation verbindet nicht nur, Telekommunikation trennt auch. Sie trennt z.B. Alt und Jung, indem erstere mit dem raschen Entwicklungstempo zu grosse Mühe haben. Sie trennt Gebildete und Ungebildete, indem letztere keine Chance mehr haben, die Welt um sich herum zu begreifen. Sie trennt aber auch Arm und Reich, da die modernen Technologien sehr kostspielig sind. Auch dazu ein Beispiel: im Oktober 1995 fand in Genf die Telecom-Ausstellung statt. Diese weltweit mit Abstand grösste Messe der Branche findet alle vier Jahre statt. Schwerpunkte 1995 waren ATM (eine Breitbandübertragungstechnik für den Information-Highway), Multimedia und drahtlose Kommunikation (Satelliten- und Mobiltelefone). Jeder soll jederzeit überall erreichbar sein. Ebenfalls 1995 hatten aber zwei Drittel der Erdbevölkerung noch nie einen Telefonapparat benutzt!

Das eben skizzierte Bild einer gar nicht zukünftigen, sondern bereits existenten Welt ist bewusst übersteigert. Aber eben nur übersteigert, nicht grundsätzlich falsch. Natürlich geht diese Entwicklung nicht alleine auf das Konto der Informationstechnologie, sondern ist z.B. auch die Folge der besseren Verkehrsmöglichkeiten, dem Fortschritt anderer Wissenszweige usw., kurz der Entwicklung der Zivilisation.

Die Entwicklung der Zivilisation ist natürlich nichts Negatives, sondern etwas Natürliches. Sie lässt sich nicht stoppen, aber hoffentlich klug lenken. Neu sind jedoch das Tempo der Entwicklung und die vielen gegenseitigen Abhängigkeiten. Es braucht darum vor allem Generalisten und nicht Spezialisten, womit einmal mehr in diese Kerbe gehauen wäre.

Es besteht der Verdacht, dass zur Lenkung der Entwicklung der Zivilisation als einziges Rezept „mehr Zivilisation" bekannt ist. Dabei sollte ein (zu definierendes!) Optimum an zivilisatorischer Entwicklung und damit auch Erleichterung des Alltags angestrebt werden, und nicht etwa ein technologisches Maximum. Zweifellos kann und wird aber die Informationstechnologie einen wichtigen Beitrag zu dieser Entwicklung bieten. Zu nennen wäre (nach Hans Ruh):

- dezentrale Wirtschaftsorganisation mit Teilzeitstellen und Arbeitszeitverkürzung
- Entwicklung neuartiger und zuverlässiger Sicherheitssysteme
- Beschränkung des Personen- und Gütertransportes dank mehr Informationstransport
- neuartige Bildungssysteme
- Erhöhung der menschlichen Handlungsfähigkeit (Forschung, Medizin, usw.).

Es darf davon ausgegangen werden, dass in jedem Fall auch vom Menschen selbst eine Entwicklung verlangt ist. Dazu ist es sicher lohnenswert, sich auch bei den Ethikern zu orientieren. Einen für Ingenieure guten Einstieg dafür bietet z.B. [Stä98].

1.2 Verzerrungen bei der Signalübertragung

1.2.1 Definition der verzerrungsfreien Übertragung

Der Kanal wird nun elektrisch als Zweitor wie in Bild 1.18 und systemtheoretisch als LTI-System wie in Bild 1.33 betrachtet. Dabei untersuchen wir die Übertragung des Signals x(t) nach y(t). Dieses Zweitor wird realisiert durch Verstärker, Filter, Leitungen usw. Es kann aber durchaus auch ein Tonbandgerät (Speicher) dazu eingesetzt werden. Die Übertragung heisst *verzerrungsfrei* oder *formgetreu*, wenn gilt:

$$\boxed{y(t) = K \cdot x(t - \tau)} \qquad K, \tau = \text{const.} \; ; \quad \tau \geq 0 \qquad\qquad (1.35)$$

Der Faktor K steht für eine konstante Verstärkung (bei einer Stereoanlage ist K mit dem Lautstärkerregler einstellbar, dieses System ist darum zeitvariant!), τ steht für eine Zeitverschiebung (bei einem Speicher wird τ u.U. sehr gross). Da τ positiv sein muss, handelt es sich um eine *Verzögerung*, nämlich die Signallaufzeit. Eine Vorverschiebung wäre ohnehin nur durch (technisch nicht realisierbare) akausale Systeme zu bewerkstelligen. Die Definition (1.35) entspricht der intuitiven Vorstellung von Verzerrungsfreiheit.

Bei Einweg-Übertragungen (z.B. Rundfunk) ist die Laufzeit ohne Belang (abgesehen von Zeitzeichenübertragungen). Bei Zweiweg-Sprachverbindungen (Telefon) stört eine Laufzeit ab ca. 100 ms den Dialog. Als Grenze für das Telefonsystem wurden deshalb 150 ms festgelegt. Für Satellitenübertragungen sind sogar 450 ms zulässig, was eine Qualitätseinbusse bedeutet. Die Distanz über einen geostationären Satelliten beträgt mehr als 70'000 km, was für den Hin- und Rückweg bereits über 230 ms benötigt. Interkontinentalgespräche führt man deshalb heute lieber über Lichtwellenleiter auf dem Meeresgrund.

Gleichung (1.35) lässt sich mit der Fouriertransformation (FT) in den Bildbereich transformieren. Dabei bilden x(t) und X(jω) bzw. y(t) und Y(jω) je eine Korrespondenz. Zudem wird die Linearitätseigenschaft sowie der Verschiebungssatz aus der Theorie der FT benutzt.

$$x(t) \quad \circ\!\!-\!\!\circ \quad X(j\omega)$$
$$K \cdot x(t) \quad \circ\!\!-\!\!\circ \quad K \cdot X(j\omega)$$
$$y(t) = K \cdot x(t - \tau) \quad \circ\!\!-\!\!\circ \quad Y(j\omega) = K \cdot X(j\omega) \cdot e^{-j\omega\tau}$$

Aus der letzten Gleichung bildet man den Quotienten Y(jω) / X(jω), woraus sich die Übertragungsfunktion bzw. der *Frequenzgang des verzerrungsfreien Systems* ergibt:

$$\boxed{H(j\omega) = K \cdot e^{-j\omega\tau}} \qquad\qquad (1.36)$$

H(jω) ist komplexwertig, der Bequemlichkeit halber wird auf das Unterstreichen verzichtet. Die Umformung in Amplituden- und Phasengang ergibt:

$$\begin{aligned} &\text{Amplitudenbedingung}: &|H(j\omega)| = K = const.\\ &\text{Phasenbedingung}: &\arg(H(j\omega)) = -\omega \cdot \tau \end{aligned}$$

(1.37)

Ein kausales, verzerrungsfreies System hat einen konstanten
Amplitudengang und einen linear abfallenden Phasengang.

Grenzfall ist ein reines Widerstandsnetzwerk (z.B. ein Spannungsteiler): der Phasengang ist konstant Null. Bild 1.51 zeigt den allgemeinen Fall.

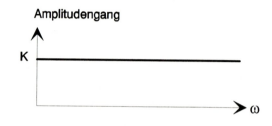

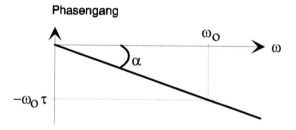

Bild 1.51 Amplituden- und Phasengang eines verzerrungsfreien System

Für den Winkel α in Bild 1.51 gilt:
$$\tan(\alpha) = \frac{-\omega_0 \cdot \tau}{\omega_0} = -\tau$$

(1.38)

Die Steigung des Phasenganges entspricht der negativen Laufzeit durch das Systems.

Intuitiv kann man sich mit der Amplitudenbedingung für verzerrungsfreie Systeme problemlos anfreunden. Schwieriger ist es mit der Phasenbedingung. Ein Zahlenbeispiel mag helfen: Ein Sinussignal von 1 kHz hat eine Periodendauer von 1 ms, ein Sinussignal von 2 kHz hat eine Periodendauer von 0.5 ms. Wird eine „komplizierte" Schwingung, bestehend aus der Summe der beiden Sinussignale gebildet (Fourierreihe), und dieses Signal um 0.5 ms verzögert, so bedeutet dies für die 1 kHz-Schwingung eine halbe Periodendauer, also eine Phasendrehung um π. Für die 2 kHz-Schwingung bedeutet dies eine Verzögerung um eine ganze Periode, also eine Phasendrehung um 2π. Dies ist gerade der doppelte Wert gegenüber der 1 kHz-Schwingung, ebenso hat auch die Frequenz den doppelten Wert. Bild 1.52 zeigt die Verhältnisse graphisch für zwei Schwingungen mit dem Frequenzverhältnis 1:3. Bei den unteren Teilbildern wurde jede Schwingung um $\pi/2$ geschoben, für eine verzerrungsfreie Verzögerung hätte die höherfrequente Schwingung aber um $3\cdot\pi/2$ geschoben werden müssen.

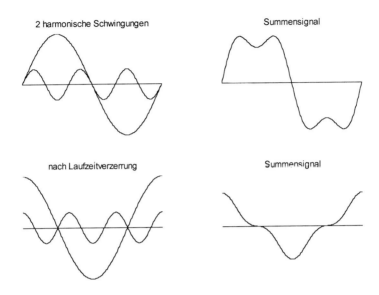

Bild 1.52 Verzerrung durch Verletzung der Phasenbedingung

Bemerkung: Ein verzerrungsfreies System hat einen linearen Phasengang. Ein nichtlinearer Phasengang bewirkt eine Signalverformung, trotzdem ist das System selber linear. Bei einem nichtlinearen System kann man ohnehin gar keinen Frequenzgang und somit auch keinen Phasengang definieren.

Für schmalbandige Signale kann man eine Vereinfachung vornehmen:

> *Die Bedingung (1.37) braucht nur für jenen Teil des Frequenzganges erfüllt zu sein, in dem das zu übertragende Signal Frequenzkomponenten aufweist.*

Eine Stereoanlage z.B. ermöglicht unterhalb 20 Hz keineswegs eine verzerrungsfreie Übertragung, dies spielt für die Anwendung aber auch gar keine Rolle.

An dieser Stelle müssen zwei Begriffe aus der Schwingungs- und Wellenlehre der Physik rekapituliert werden:

Phasenlaufzeit: $\tau_{Ph}(\omega) = -\dfrac{\varphi(\omega)}{\omega}$ (1.39)

Gruppenlaufzeit: $\tau_{Gr}(\omega) = -\dfrac{d\varphi(\omega)}{d\omega}$ (1.40)

In (1.39) und (1.40) ist die Phase $\varphi(\omega)$ in rad und nicht etwa in Grad einzusetzen!

Die Phasenlaufzeit hat keine physikalische Bedeutung, die daraus abgeleitete Phasengeschwindigkeit kann sogar die Lichtgeschwindigkeit übersteigen. Einzig bei rein sinusförmiger Systemanregung ist die Phasenlaufzeit exakt angebbar und entspricht gerade der Signallaufzeit, vgl. Bild 1.51 und Gleichung (1.38).

Sind mehrere Frequenzen in einem Signal enthalten (bei interessanten Signalen ist dies der Fall: monofrequente Signale sind rein harmonische Signale, also periodisch und darum ohne Informationsgehalt), so ist die Gruppenlaufzeit eine bessere Systemcharakterisierung. Aus (1.40) und (1.37) folgt:

> *Ein kausales, verzerrungsfreies System hat im interessierenden Frequenzbereich einen konstanten Amplitudengang und eine konstante Gruppenlaufzeit.*

Eine konstante (d.h. frequenzunabhängige) Gruppenlaufzeit ist gleichbedeutend mit einer dispersionsfreien Übertragung.

Das Konzept der Gruppenlaufzeit kann nur auf schmalbandige Signale (sog. Wellengruppen) sinnvoll angewandt werden. Die Gruppenlaufzeit gibt die Laufzeit des Energieschwerpunktes dieser Wellengruppe an.

Es gibt Zweitore, die in einem begrenzten Frequenzbereich eine negative Gruppenlaufzeit aufweisen. Dies bedeutet aber nicht, dass diese Zweitore akausal sind, sondern lediglich, dass das Maximum der Enveloppe am Ausgang früher erscheint, als es am Eingang auftritt.

Man darf die Gruppenlaufzeit nicht generell physikalisch als Laufzeit interpretieren. Bei breitbandigen Signalen und bei Systemen mit frequenzabhängigem Amplitudengang führt dies zu unsinnigen Ergebnissen. Besser ist es, die Gruppenlaufzeit lediglich als Mass für die Phasenverzerrungen zu interpretieren.

1.2.2 Lineare Verzerrungen

1.2.2.1 Definition

> *Ein System verursacht lineare Verzerrungen, wenn innerhalb der Übertragungsbandbreite die Amplitudenbedingung oder die Phasenbedingung oder beide verletzt werden.*

Je nach Art der Verzerrung spricht man von

- *Dämpfungsverzerrung* (verletzte Amplitudenbedingung)
- *Laufzeitverzerrung* (verletzte Phasenbedingung)

Bei kausalen und minimalphasigen Systemen (diese haben keine Nullstellen in der rechten s-Halbebene bzw. ausserhalb des z-Einheitskreises) ist der Amplitudengang mit dem Phasengang über die Hilbert-Transformation verknüpft. Dämpfungsverzerrungen haben darum meistens auch eine Laufzeitverzerrung zur Folge. Ein nicht minimalphasiges System ist der *Allpass*: dieses System beeinflusst nur den Phasengang, nicht aber den Amplitudengang.

Lineare Verzerrungen werden durch lineare Systeme verursacht.

Kennzeichnend für lineare Verzerrungen ist die Tatsache, dass im Ausgangssignal nur Frequenzen vorkommen können, die bereits im Eingangssignal vorhanden waren. Diese Komponenten erfahren durch das System eine Verstärkung, Abschwächung, Auslöschung und/oder eine Phasendrehung.

Eine kurze Vorschau: Nichtlineare Verzerrungen werden durch nichtlineare Systeme verursacht. Dabei entstehen im Ausgangssignal *neue* Frequenzen.

Lineare Verzerrungen treten in Leitungen und Kabeln auf, aber auch als Folge von Filtern und Verstärkern. Auch Reflexionen und Mehrwegempfang (Multipath) bewirken lineare Verzerrungen. Jeder Klangregler einer Stereoanlage bewirkt ebenfalls lineare Verzerrungen. Es ist keineswegs so, dass eine Signalübertragung unbedingt verzerrungsfrei erfolgen muss. Das Beispiel mit dem Klangregler zeigt, dass Verzerrungen nicht stets unerwünscht sind. Vielmehr bestimmt die Nachrichtensenke (d.h. die Anwendung), ob Verzerrungen tolerierbar sind oder nicht. Tabelle 1.16 zeigt die Empfindlichkeit der menschlichen Sinnesorgane gegenüber den verschiedenen Verzerrungsarten.

Tabelle 1.16 Empfindlichkeit der menschlichen Sinnesorgane bezüglich Verzerrungen

Sinnesorgan	lineare Verzerrungen		nichtlineare Verzerrungen
	Dämpfungs-verzerrungen	Laufzeit-verzerrungen	
Ohr	empfindlich	unempfindlich	sehr empfindlich
Auge	empfindlich	sehr empfindlich	unempfindlich

Die Unempfindlichkeit des Ohres gegenüber Laufzeitverzerrungen bezieht sich natürlich nicht auf den extremen Fall, bei dem verschiedene Komponenten eines Signales zu völlig unterschiedlichen Zeiten das Ohr erreichen. Gruppenlaufzeitunterschiede von bis zu 20 ms im Bereich 300 … 800 Hz beeinflussen die Sprachverständlichkeit überhaupt nicht. Bei Differenzen von 100 ms sinkt die Silbenverständlichkeit von 80% auf 60%. Bei Musiksignalen ist der Phasengang wichtiger als bei Sprachsignalen.

Diese Unempfindlichkeit des Ohres gegenüber nichtlinearen Phasengängen nutzt man in der Fernsprechtechnik aus, indem nur der Amplitudengang, nicht aber der Phasengang eines Telefonie-Kanales spezifiert wird, Bild 1.53. Die Bildübertragung sowie auch die Datenübertragung stellen hingegen grosse Anforderungen an den Phasengang des Übertragungssystems, dies zeigt auch Bild 1.52. In diesen Fällen müssen darum oft *Entzerrer* eingesetzt werden, Abschnitt 1.2.2.3.

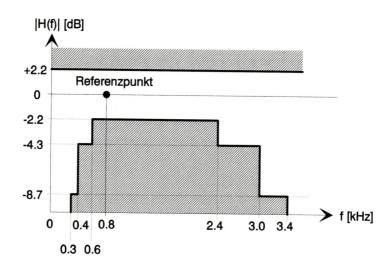

Bild 1.53 Standard-Fernsprechkanal nach ITU-T: Der Amplitudengang muss zwischen den schraffierten Bereichen verlaufen, die Referenzfrequenz beträgt 800 Hz.

1.2.2.2 Messung mit dem Nyquistverfahren

Ein lineares System wird durch den Frequenzgang (Amplitudengang und Phasengang) oder die Impulsantwort vollständig bestimmt. Der Zusammenhang ist durch die Fouriertransformation gegeben. Zur Messung dieser Funktionen gibt es mehrere Verfahren:

- Messen von h(t) mit Pulsreihen, mit Fouriertransformation erhält man daraus H(jω)
- Messen von H(jω) mit einem Durchlaufanalysator, Bild 1.54
- Messen von H(jω) mit Rauschanregung (Korrelationsanalyse)
- Nyquistverfahren (Streckenmessung statt Schleifenmessung)

Bild 1.54 zeigt die Prinzipschaltung für die Frequenzgangmessung. Die entsprechenden Geräte heissen *Durchlaufanalysatoren*, da das sinusförmige Anregungssignal den ganzen interessierenden Frequenzbereich in kleinen Schritten überstreicht. Die Auswertung erfolgt häufig mit orthogonalen Korrelatoren.

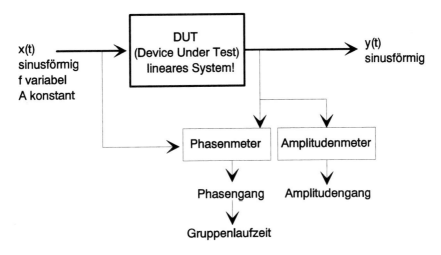

Bild 1.54 Schleifenmessung des Frequenzganges eines linearen Systems (DUT)

Bild 1.54 ist insofern vereinfacht, als die Amplitudenmessung sich nur auf das Ausgangssignal bezieht. Die Amplitude des Eingangssignals muss darum konstant und bekannt sein. Aufwändigere Geräte messen auch die Amplitude des Eingangssignales und bilden den Quotienten. Die Phasenmessung wird meistens auf eine Zeitmessung (Differenz zwischen den Nulldurchgängen der beiden Signale) zurückgeführt. Es handelt sich um eine sog. *Schleifenmessung*, da sowohl Ein- als auch Ausgangssignal erfasst werden müssen. Dies erfordert einen zweiten Kanal zur Übertragung des Eingangssignales. Dieser Nachteil fällt bei Anwendungen in der Nachrichtentechnik ins Gewicht, da x(t) und y(t) oft sehr weit voneinander entfernt auftreten.

Bei tieffrequenten Kanälen kann die Phasenmessung z.B. mit Hilfe des GPS (Global Positioning System, ein satellitengestütztes Navigationssystem, das auch eine weltweit einheitliche Zeit mit einer Genauigkeit von 100 ns zur Verfügung stellt) geschehen. Bei der Messung von Speichern (z.B. Tonbandgerät) versagt aber auch diese Methode. Abhilfe schafft das *modifizierte Verfahren von Nyquist* mit einer sog. *Streckenmessung*. Dabei werden nur die Signale am Kanalausgang erfasst und die Zeitsynchronisation wird über den zu messenden Kanal mitgeliefert. Dabei wird die Gruppenlaufzeit relativ zu einer Referenzfrequenz bestimmt. Es interessiert ja nicht die Verzögerung, sondern die Laufzeitverzerrung, also die Änderung der Verzögerung. Auch die Verstärkung wird nicht absolut, sondern relativ zur Referenzfrequenz gemessen.

Die Gruppenlaufzeit entsteht nach (1.40) durch eine Differentiation. Diese lässt sich annähern durch einen Differenzenquotienten:

$$\frac{d\varphi(\omega)}{d\omega} \approx \frac{\Delta\varphi(\omega)}{\Delta\omega} = \frac{\varphi(\omega + \Delta\omega) - \varphi(\omega)}{\Delta\omega}$$

Dies wird aber nur dann genau, wenn die Frequenzdifferenz $\Delta\omega$ klein ist und der Phasengang in diesem Bereich linear angenähert werden darf.

Mit einem geschickten Anregungssignal können solche nahe beieinander liegende Frequenzen erzeugt werden. Nach einem Vorschlag von Nyquist wird dazu das Sinussignal in Bild 1.54 in der Amplitude moduliert, d.h. multipliziert mit einem zweiten Sinussignal, dem ein DC-Offset überlagert ist:

$$x(t) = \cos(\omega_M t) \cdot [1 + m \cdot \cos(\omega_S t)] = \cos(\omega_M t) + m \cdot \cos(\omega_M t) \cdot \cos(\omega_S t)$$

$$= \cos(\omega_M t) + \frac{m}{2} \cdot \cos[(\omega_M + \omega_S)t] + \frac{m}{2} \cdot \cos[(\omega_M - \omega_S)t]$$

ω_M ist die Messfrequenz und überstreicht den interessierenden Frequenzbereich, z.B. 300 ... 3400 Hz. ω_S heisst *Spaltfrequenz* und ist konstant und klein, z.B. 40 Hz. m heisst Modulationsgrad und bewegt sich im Bereich 0 ... 1. Die Amplituden wurden zu 1 angenommen, da hier v.a. die frequenzmässige Zusammensetzung von x(t) interessiert. Aus obiger Berechnung ist ersichtlich, dass insgesamt 3 Frequenzen entstehen, die wegen der kleinen Spaltfrequenz nahe beieinander liegen, Bild 1.55.

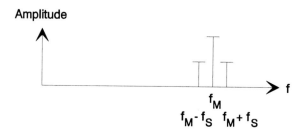

Bild 1.55 Spektrum für das Anregungssignal x(t) beim Nyquistverfahren

Alle drei Frequenzen erfahren wegen der engen Nachbarschaft dieselbe Dämpfung und eine lineare Phasenverschiebung, d.h. die Phasendifferenz zwischen der tieffrequenten und der mittleren Schwingung ist gleich gross wie die Phasendifferenz zwischen der mittleren und der hochfrequenten Schwingung. Im Zeitbereich hat das Signal aus Bild 1.55 eine sinusförmig variierende Enveloppe, Bild 1.56 oben. Durch die lineare Phasendrehung der Schwingungen in Bild 1.55 wird die Enveloppe des Zeitsignales ebenfalls geschoben, Bild 1.56 unten.

Beim *modifizierten Verfahren von Nyquist* wird die Messfrequenz f_M periodisch umgeschaltet auf eine Referenzfrequenz f_R. Die Änderung der Gruppenlaufzeit, also die gesuchte Laufzeitverzerrung, ergibt sich aus dem Phasen*sprung* der Enveloppe beim Umschalten von der Referenz- auf die Messfrequenz, Bild 1.57. Aus den Amplituden im Bereich der Referenz- und der Messfrequenz können auch noch die Dämpfungsverzerrungen bestimmt werden. Ein grosser Vorteil dieser Messmethode ist die Tatsache, dass alle Grössen alleine aus dem Empfangssignal abgeleitet werden (Streckenmessung), das Verfahren ist darum auch für die Messung der linearen Verzerrungen von Aufzeichnungsgeräten geeignet. Messgeräte, die nach dem modifizierten Nyquistverfahren arbeiten, werden von der Industrie angeboten.

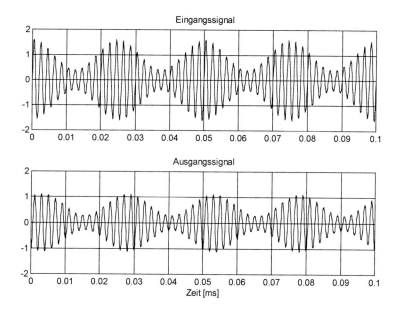

Bild 1.56 Eingangssignal (oben) und Ausgangssignal (unten) beim Nyquistverfahren

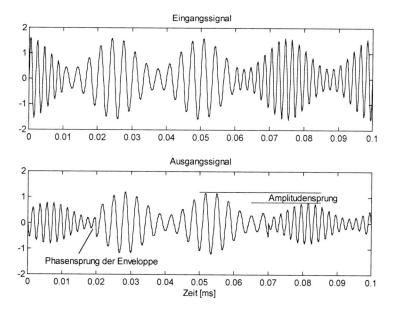

Bild 1.57 Ein- und Ausgangssignal beim modifizierten Nyquistverfahren

1.2.2.3 Gegenmassnahme: Lineare Entzerrung und Echokompensation

Ein linearer Kanal verursacht lineare Verzerrungen, die mit einem linearen Kompensations-
netzwerk rückgängig gemacht werden können. Im Prinzip hat dieser Entzerrer einen gegenüber
dem Kanal reziproken Frequenzgang und wird einfach dem Kanal nachgeschaltet. Kanal plus
Entzerrer zusammen können als neuen, nun verzerrungsfreien Kanal aufgefasst werden, obwohl der Entzerrer natürlich Bestandteil des Empfängers ist, Bild 1.58.

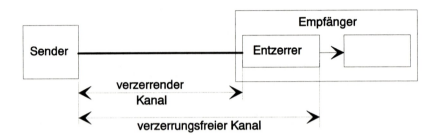

Bild 1.58 Übertragungssystem mit Entzerrer

Der Kanal wird als LTI-System mit dem Frequenzgang $H_K(j\omega)$ oder der Übertragungsfunktion
$H_K(s)$ beschrieben. Der Entzerrer hat eine dazu reziproke Übertragungsfunktion:

$$H_E(s) = \frac{1}{H_K(s)}$$

Die Übertragungsfunktion der Kaskade wird somit 1 und eine verzerrungsfreie Übertragung ist
sichergestellt. Allerdings ist diese Methode etwas zu plump: Eine Sendeleistung von z.B. 1 kW
muss nicht durch den Entzerrer wieder auf 1 kW regeneriert werden, es geht nämlich um eine
Entzerrung und nicht um eine Entdämpfung. Der Entzerrer selber darf darum noch eine frequenzunabhängige Abschwächung und eine ebenfalls frequenzunabhängige Verzögerung aufweisen. Somit gilt:

$$H_E(s) = \frac{K}{H_K(s)} \cdot e^{-s\tau} \qquad\qquad H_E(z) = \frac{K}{H_K(z)} \cdot z^{-\frac{\tau}{T}} \qquad\qquad (1.41)$$

Links ist der analoge, rechts der digitale Entzerrer charakterisiert. τ ist die Verzögerungszeit, T
das Abtastintervall des Entzerrers, wobei τ ein ganzzahliges Vielfaches von T sein muss.

Schwierigkeiten treten allerdings in zweierlei Hinsicht auf:

* Aus Polen des Kanals werden Nullstellen des Entzerrers und umgekehrt. Hat der Kanal
  Nullstellen in der rechten s-Halbebene bzw. ausserhalb des z-Einheitskreises, so führt dies
  zu Entzerrer-Polen in der rechten s-Halbebene bzw. ausserhalb des z-Einheitskreises und
  somit zu instabilen Entzerrern. Passive Kanäle sind jedoch meistens *Minimalphasensyste-*
  me, haben also keine Nullstellen in der rechten Halbebene. Zudem genügt oft auch eine nur
  teilweise Entzerrung. Hat der Kanal aber mehr Pole als Nullstellen, so wird der Entzerrer
  instabil bzw. akausal. Bei einem FIR-Filter als Entzerrer können aber als Gegenmassnahme
  beliebig viele zusätzliche Pole bei z = 0 hinzugefügt werden.

- Der Frequenzgang des Kanals ist nicht stets bekannt. Unter Umständen muss man vor der eigentlichen Nachrichtenübertragung den Kanalfrequenzgang mit einer Trainingssequenz ausmessen und den Entzerrer richtig einstellen. Manchmal ändern sich die Kanaleigenschaften sogar während einer Verbindung (z.B. bei einer Übertragung über Kurzwellen), der Entzerrer muss somit dauernd nachgestellt werden (→ adaptive Entzerrer).

Die Entzerrung ist nicht bei allen Nachrichtenübertragungen notwendig, Tabelle 1.16. Insbesondere die Daten- und Bildübertragungen brauchen jedoch eine Entzerrung.

Ein linearer Entzerrer unterdrückt auch Echos (das sind ebenfalls lineare Verzerrungen), die z.B. durch Mehrwegempfang (Funk) oder Gabelasymmetrien (Telephonie, vgl. Bild 1.28) entstehen können.

Der Entzerrer wird realisiert mit passiven Schaltungen (z.B. überbrückten T-Gliedern) oder mit aktiven Systemen. Einige Schaltungen beeinflussen gleichzeitig den Amplituden- und den Phasengang, während die Allpässe nur auf die Phase wirken. Somit kann in einem zweistufigen Verfahren der Entzerrer häufig einfacher dimensioniert werden. Nachstehend soll die Dimensionierung eines digitalen Entzerrers skizziert werden. Dabei werden allerdings tiefere Kenntnisse der Signalverarbeitung vorausgesetzt [Mey02].

Bild 1.59 zeigt das Blockschema, worin beispielhafte Impulsantworten der Blöcke ebenfalls eingetragen sind.

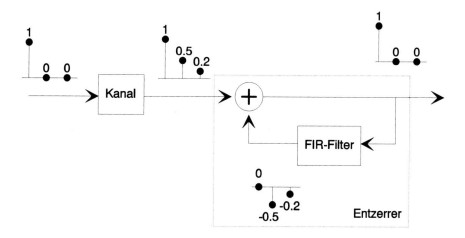

Bild 1.59 Digitaler Entzerrer

Lautet die Kanalimpulsantwort wie in Bild 1.59 z.B. $h_K[n] = [1\ 0.5\ 0.2\ ...]$, so wird durch das FIR-Filter die Sequenz $[0\ -0.5\ -0.2\ ...]$ dazu addiert. Die Summe ergibt die ideale verzerrungsfreie Stossantwort $[1\ 0\ 0\ ...]$. Diese Summe gelangt als Eingangssequenz auf das FIR-Filter, dessen Stossantwort ist darum gerade der gesuchte Summand. Aus den Abtastwerten der Stossantwort erhält man unmittelbar die Koeffizienten b_i des FIR-Filters, Gleichung (1.42). Bild 1.60 zeigt die Stuktur des FIR-Filters mit der Ordnung N.

$$b_0 = 0 \qquad b_i = -\frac{h_K[i]}{h_K[0]}; \quad i = 1 \ldots N \tag{1.42}$$

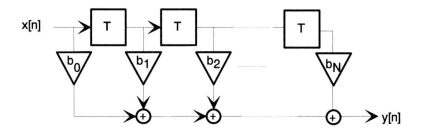

Bild 1.60 Struktur des FIR-Filters (Transversalfilter)

Die Übertragungsfunktion des FIR-Filters nach Bild 1.60 lautet:

$$H_{FIR}(z) = \sum_{i=0}^{N} b_i \cdot z^{-i} = \frac{\sum\limits_{i=0}^{N} b_i \cdot z^{N-i}}{z^N}$$

Die Gegenkopplungsschaltung (der eingerahmte Entzerrer in Bild 1.59) hat demnach ausserhalb des Ursprunges der z-Ebene nur Pole. Diese Schaltung kann auch in einer rein rekursiven Struktur realisiert werden und hat die Übertragungsfunktion:

$$H_{E_{rek}}(z) = \frac{1}{1 - \sum\limits_{i=0}^{N} b_i \cdot z^{-i}} \tag{1.43}$$

Dabei werden die b_i wiederum aus (1.42) übernommen. Als dritte Variante bietet sich eine rein nichtrekursive Struktur nach Bild 1.60 an. Jetzt entstehen die Koeffizienten allerdings durch Abtasten der Impulsantwort des Systems aus (1.43). Dies funktioniert natürlich nur, wenn die Kanalimpulsantwort abklingt. Bild (1.61) zeigt die drei Entzerrerstrukturen. Die Bilder 1.62 und 1.63 zeigen die Signale aus Bild 1.61.

Aus Bild 1.63 unten rechts ist an der zu kurzen Impulsantwort des transversalen Entzerrers zu erkennen, dass seine Ordnung zu klein gewählt wurde. Erhöht man diese, so werden auch der Amplituden- und Phasengang aus Bild 1.62 unten so gut wie beim rekursiven Entzerrer.

Das PN-Schema in Bild 1.63 unten links zeigt die für FIR-Filter typischen mehrfachen Pole im Ursprung. Einzig die Nullstellen sind schiebbar. Pole des Kanals werden durch Nullstellen des Entzerrers kompensiert, Nullstellen des Kanals hingegen durch einen Kranz von Nullstellen des Entzerrers, wobei dieser Kranz an den Stellen der Kanal-Nullstellen Lücken aufweist.

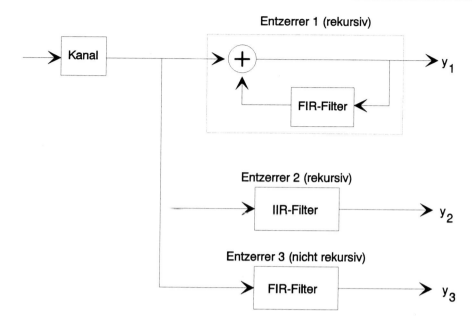

Bild 1.61 Drei verschiedene Entzerrerstrukturen. Die beiden rekursiven Entzerrer gehen durch
blosse Umrechnung auseinander hervor und sind darum identisch.

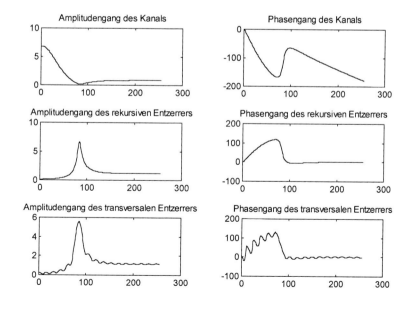

Bild 1.62 Amplituden- und Phasengänge des Kanals und der Entzerrer aus Bild 1.61

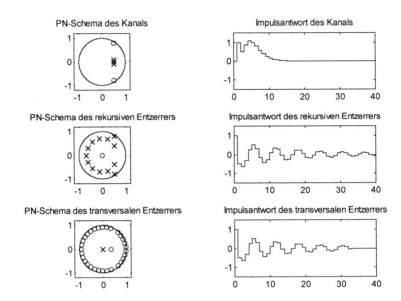

Bild 1.63 PN-Schemata und Impulsantworten des Kanals und der Entzerrer aus Bild 1.61

Der rekursive Entzerrer entstand aus dem gegengekoppelten FIR-Filter, hat demnach nur frei wählbare Pole und unverrückbare mehrfache Nullstellen im Ursprung, Bild 1.63 mitte links. Entsprechend kompensiert er Kanal-Nullstellen mit Polen und Kanalpole mit einem Kranz von Polen, der Lücken an den Stellen der Kanal-Pole aufweist.

Beim transversalen Entzerrer nach Bild 1.60 liegt die Dimensionierungsfreiheit lediglich in der Ordnungszahl und der Wahl der reellen Gewichtungsfaktoren b_i. Ein adaptiver Entzerrer stellt diese Faktoren selbständig ein. Vorteilhaft ist hierbei, dass ein FIR-Filter nie instabil werden kann. Allerdings muss ein Algorithmus zur Koeffizienteneinstellung nicht unbedingt konvergieren.

Transversalfilter lassen sich auch im Hochfrequenzbereich realisieren. Die Verzögerungsglieder werden dann passiv durch Leitungsstücke oder Netzwerke realisiert.

Die obige Herleitung der Entzerrer ging von bekannter Impulsantwort oder bekanntem Frequenzgang des Kanals aus. In der Praxis gewinnt man diese Information durch Messung, z.B. bei der Installation oder der Verbindungsaufnahme. Wenn diese Messung verrauscht ist, so muss man den Frequenzgang schätzen, was Kenntnisse der statistischen Nachrichtentheorie erfordert (Estimation und Identifikation).

1.2.3 Nichtlineare Verzerrungen

1.2.3.1 Definition

> *Nichtlineare Verzerrungen entstehen in nichtlinearen Systemen.*
> *Es entstehen neue, im Eingangssignal noch nicht enthaltene Frequenzen.*

In praktischen Realisierungen von linearen Systemen treten unerwünscht ebenfalls nichtlineare Verzerrungen auf, z.B. durch Übersteuerung von Verstärkern, Sättigung von Eisenkernen und Ferriten usw.

Die mathematische Beschreibung von nichtlinearen Systemen ist ziemlich mühsam, da das Superpositionsgesetz nicht gilt. Konzepte wie Frequenzgang usw. können darum nicht angewandt werden. Vielmehr muss man die Systemreaktion im Zeitbereich durch numerische Berechnung ermitteln, was mit Unterstützung durch Software-Pakete geschieht.

Bei nichtlinearen Systemen kann man nicht vom speziellen Eingangssignal (Diracstoss) auf den allgemeinen Fall schliessen. Vielmehr muss man jeden Fall separat betrachten. Folgerung:

> *Messungen an nichtlinearen Systemen sind ohne genau festgelegte*
> *Messbedingungen weder nachvollziehbar noch aussagekräftig!*

Wir betrachten als Beispiel eine quadratische Kennlinie (z.B. eines Feldeffekttransistors):

Systemkennlinie: $\quad y(t) = a \cdot x(t) + b \cdot x^2(t)$ $\hspace{2cm}$ (1.44)

Koeffizienten: $\quad a, b = \text{const.}$

Bemerkungen:

- Die nichtlineare Systemkennlinie wird als Potenzreihe dargestellt. Dieses Verfahren hat sich in der Praxis bewährt. Für Spezialfälle werden auch andere Ansätze gemacht.

- Es wird mit dimensionslosen Signalen gerechnet. Im Falle einer nichtlinearen Admittanz würden folgende Dimensionen auftreten: $[y] = A$, $[x] = V$, $[a] = A/V$, $[b] = A/V^2$.

Das System wird nun mit einer harmonischen Schwingung angeregt: $\quad x(t) = \hat{X} \cdot \cos\omega t$
Als Reaktion ergibt sich:

$$y(t) = a \cdot x(t) + b \cdot x^2(t) = a\hat{X}\cos\omega t + \left[b\hat{X}^2\cos^2\omega t\right]$$

$$= a\hat{X}\cos\omega t + \left[\frac{1}{2}b\hat{X}^2 + \frac{1}{2}b\hat{X}^2\cos2\omega t\right] = \frac{1}{2}b\hat{X}^2 + a\hat{X}\cos\omega t + \frac{1}{2}b\hat{X}^2\cos2\omega t$$

(1.45)

Am Schluss steht gerade die Fourierreihe des Ausgangssignales, obschon der Ausdruck durch rein goniometrische Umformung gewonnen wurde. Die neuen Frequenzen (DC und 2ω) sind direkt ersichtlich. Das Ausgangssignal ist demnach periodisch, es hat dieselbe Periode wie das Eingangssignal. Bei stabilen Systemen ist diese Beobachtung stets zu machen. Die Signalformen am Ein- und Ausgang unterscheiden sich jedoch beträchtlich.

Die allgemeine Struktur des Resultats kann man mit folgendem Merksatz beschreiben:

> *Regt man ein nichtlineares System mit einer einzigen harmonischen Schwingung der Frequenz ω (Periode $T = 2\pi/\omega$) an, so entsteht ein periodisches Ausgangssignal mit der Periode $T = 2\pi/\omega$ oder einem Teiler davon und den Frequenzen 0, ω, 2ω, ... , $N \cdot \omega$, wobei N der Grad der Nichtlinearität ist.*

Die höchste vorkommende Frequenz ergibt sich aus dem Satz von Moivre bzw. aus der Beziehung:

$$\left(e^{j\omega t}\right)^N = e^{N \cdot j\omega t}$$

Daraus ist die Nützlichkeit der Potenzreihendarstellung direkt ersichtlich. Das Entstehen dieser sogenannten *Oberschwingungen* kann auch bewusst ausgenutzt werden:

- Frequenzvervielfachung (Mikrowellentechnik)
- Systemidentifikation (Bestimmen der Ordnung eines realen Systems zur Modellbildung)

Nach Tabelle 1.16 ist das menschliche Ohr sehr empfindlich auf nichtlineare Verzerrungen. Welches Mass an nichtlinearen Verzerrungen zulässig ist, bestimmt die Anwendung. Bei der Sprachübertragung sind erhebliche nichtlineare Verzerrungen zulässig, ohne dass die Silbenverständlichkeit merklich abnimmt. Bei Musikübertragungen hingegen wirken schon leichte nichtlineare Verzerrungen störend.

Alle Messmethoden für die nichtlinearen Verzerrungen beruhen auf der Bestimmung der Amplituden der durch die Nichtlinearität erzeugten neuen Frequenzen. Oft ist es aber unnötig, dazu das Signalspektrum zu ermitteln. Je nach Anwendungsfall werden einfachere (und günstigere) Methoden benutzt. Drei davon sollen nachstehend vorgestellt werden:

- Klirrfaktormessung: geeignet für breitbandige Basisbandsysteme (v.a. Audiosysteme)
- Zweitonverfahren: geeignet für schmalbandige TP- oder BP-Systeme
- Rauschklirrmessung: geeignet für breitbandige BP-Systeme

1.2.3.2 Klirrfaktormessung (Eintonmessung)

Der Klirrfaktor k ist eine *summarische* Angabe über die Stärke der aufgrund der Nichtlinearität entstandenen Oberschwingungen und damit ein Mass für diese Nichtlinearität. Der Klirrfaktor ist definiert als:

$$k = \frac{\text{Effektivwert des Ausgangssignals ab der 2. Harmonischen}}{\text{Effektivwert des Ausgangssignals ab der 1. Harmonischen}}$$

bei rein sinusförmiger Systemanregung!   Die Klirrfaktormessung heisst darum auch

Eintonmessung.

Bemerkungen:

- Die Grundschwingung eines periodischen Signals ist die 1. Harmonische, die 1. Oberschwingung ist die 2. Harmonische usw.

- Korrekterweise soll man von Oberschwingungen und nicht von Oberwellen sprechen. Schwingungen sind zeitabhängige Funktion, Wellen sind zeit- *und* ortsabhängige Funktionen. Letztere berücksichtigen demnach Ausbreitungseffekte, die erst bei hohen Frequenzen ins Gewicht fallen.

- Die Definition des Klirrfaktors bezieht sich einzig auf das Ausgangssignal. Damit bleibt eine eventuelle Verstärkung des Systems ohne Auswirkung auf die Grösse des Klirrfaktors.

- Im Nenner steht nicht „Effektivwert des Gesamtsignals", eine eventuelle DC-Komponente ist darum ohne Belang.

- Der Klirrfaktor ist optimiert auf Anwendungen in der Audio-Technik (dort kommen keine DC-Komponenten vor!).

- Bezugswert ist der Effektivwert des Gesamtsignals (ohne DC) und nicht etwa die Grundschwingung alleine. Erstere Methode ist messtechnisch einfacher zu realisieren.

- Der Klirrfaktor wird in dB oder % angegeben. $k<1$ % (-40 dB) erfüllt die HiFi-Norm.

- Da das Superpositionsgesetz nicht gilt, muss man die Messbedingungen (Anregungsfrequenz und Aussteuerung) genau spezifizieren. Bei Audio-Anwendungen ist eine Anregungsfrequenz von 1 kHz bei nominaler Ausgangsleistung üblich. Als Anregungssignal wird eine extrem reine Sinusschwingung benötigt.

- Da bei sinusförmiger Anregung nur ganzzahlige Vielfache der Eingangsfrequenz entstehen können, ist der Klirrfaktor nur für breitbandige Basisbandsysteme aussagekräftig. Zudem muss die Anregungsfrequenz tief sein. Andernfalls fallen zuwenig Oberschwingungen in den Durchlassbereich und das Resultat wird verschönert. Ein Telefonie-Kanal (Bandbreite 3.1 kHz) kann nicht sinnvoll mit einer Anregung von 1 kHz ausgemessen werden, Stereoanlagen (Bandbreite 20 kHz) jedoch schon.

Wegen der Orthogonalität der trigonometrischen Funktionen berechnet sich die Signalleistung durch die Summe der Leistung der einzelnen Frequenzkomponenten (Theorem von Parseval). Für den Klirrfaktor k kann man demnach schreiben (U_n ist der Effektivwert der n. Harmonischen, wegen dem Bruch kann man aber auch lauter Spitzenwerte nehmen):

$$k = \frac{\sqrt{U_2^2 + U_3^2 + U_4^2 + ...}}{\sqrt{U_1^2 + U_2^2 + U_3^2 + U_4^2 + ...}} = \frac{\sqrt{U_{eff_{AC}}^2 - U_1^2}}{U_{eff_{AC}}} \qquad (1.46)$$

Die Phasen der einzelnen Harmonischen sind also ohne Belang für die Grösse des Klirrfaktors! Bild 1.64 zeigt das Prinzipschema der Klirrfaktormessung. Die entsprechenden Geräte heissen *Klirrfaktormessbrücken* und enthalten auch den Generator für die reine Sinusschwingung.

Sinus-
generator
Prüfling
Hochpass
AC-Kopplung
Effektivwert-
Voltmeter
Effektivwert-
Voltmeter
Zähler
von (1.46)
Nenner

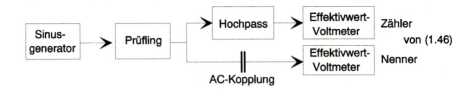

Bild 1.64 Prinzip der Klirrfaktormessung

1.2.3.3 Intermodulationsmessung (Zweitonmessung)

Die Intermodulationsmessung eignet sich für schmalbandige BB- und BP-Kanäle. Das Anregungssignal besteht aus zwei harmonischen Schwingungen:

$$x(t) = K_1 \cdot \cos\omega_1 t + K_2 \cdot \cos\omega_2 t \quad \text{mit } \omega_1 < \omega_2 \text{ und } K_1/K_2 = 4 \tag{1.47}$$

Die Kennlinie des Systems wird wie in (1.44) durch eine Potenzreihe dargestellt. Für das Ausgangssignal y(t) gilt (N ist der Grad der Nichtlinearität des Systems):

$$y(t) = a_0 + a_1 \cdot x(t) + a_2 \cdot x(t)^2 + a_3 \cdot x(t)^3 + \ldots a_N \cdot x(t)^N \tag{1.48}$$

Wird für x(t) das Zweitonsignal aus (1.47) eingesetzt und goniometrisch umgeformt, so ergibt sich das Ausgangssignal als *Linearkombination* der beiden Eingangsfrequenzen sowie deren Oberschwingungen, d.h. es entstehen Schwingungen bei den Frequenzen

$$f = \left|\pm i \cdot f_1 \pm j \cdot f_2\right| \quad ; \quad i,j = 0,\ 1,\ 2,\ \ldots \quad ; \quad i + j \le N \tag{1.49}$$

Man nennt diesen Effekt *Intermodulation* und die entstehenden Frequenzkomponenten *Intermodulationsprodukte* oder *Mischprodukte.* Die entstehenden Frequenzen können in der sog. Frequenzpyramide dargestellt werden, Bild 1.65.

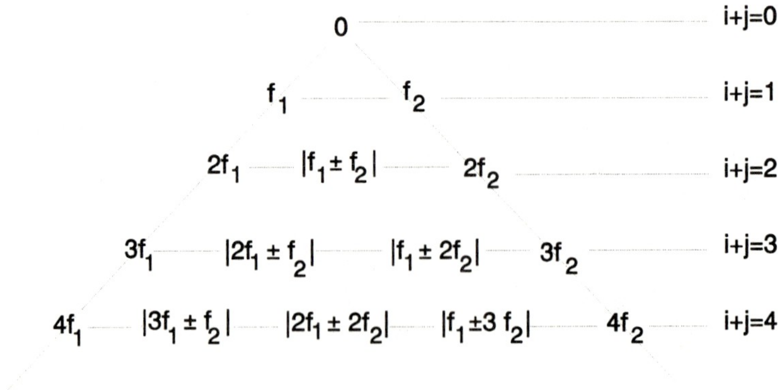

0
i+j=0
f1
f2
i+j=1
2f1
|f1 ± f2|
2f2
i+j=2
3f1
|2f1 ± f2|
|f1 ± 2f2|
3f2
i+j=3
4f1
|3f1 ± f2|
|2f1 ± 2f2|
|f1 ±3 f2|
4f2
i+j=4

Bild 1.65 Frequenzpyramide zur Veranschaulichung der Intermodulationsprodukte

Aussagekräftig sind v.a. die Intermodulationsprodukte 3. Ordnung (d.h. $|i|+|j| = 3$), also die Frequenzen $2f_1-f_2$ und $2f_2-f_1$, und zwar aus folgenden Gründen:

- Die nichtlinearen Systemkennlinien sind häufig punktsymmetrisch (Gegentaktschaltungen!), d.h. die geradzahligen Koeffizienten in (1.48) sind klein und entsprechend auch die Intermodulationsprodukte gerader Ordnung.

- Mit wachsender Ordnungszahl nehmen die Amplituden ab.

- Die dominanten neuen Frequenzen sind demnach ungeradzahliger und kleiner Ordnung, d.h. 3. Ordnung. Diese Komponenten fallen darüberhinaus in den Durchlassbereich und können somit nicht weggefiltert werden. Beispiel: Der Durchlassbereich reiche von 100 ... 110 kHz. Mit $f_1 = 104$ kHz, $f_2 = 106$ kHz wird $2f_1-f_2 = 102$ kHz.

Intermodulation ist übrigens ein Hauptproblem beim Bau von Kurzwellenempfängern: Häufig tritt nämlich die Situation auf, dass ein schwaches Signal in wenig Frequenzabstand von extrem starken Sendern (z.B. Rundfunk) aufgenommen werden soll. Das schwache Signal wäre an sich noch genügend stark, um vom Empfänger detektiert zu werden, es wird aber durch noch stärkere Intermodulationsprodukte 3. Ordnung von zwei benachbarten Rundfunkstationen überdeckt. Diese Intermodulation entsteht im Empfänger durch Übersteuerung der aktiven Stufen (Eingangsverstärker und Mischer). Die Abhilfe ist einfach und auf den ersten Blick paradox: mit einem passiven (und darum linearen!) Abschwächer dämpft man alle Signale um z.B. 20 dB. Die Intermodulationsprodukte 3. Ordnung werden durch um sogar 60 dB geschwächt und überdecken danach das gewünschte schwache Empfangssignal nicht mehr.

1.2.3.4 Rauschklirrmessung ("Vieltonmessung")

Dieses Verfahren eignet sich für breitbandige BB-, TP- und BP-Kanäle. Angewandt wird es aber praktisch nur für BP-Kanäle, da für BB- und TP-Kanäle die Klirrfaktormessung einfacher und billiger ist. Breitbandige BP-Kanäle treten z.B. bei Frequenzmultiplex-Systemen auf. Sind diese Kanäle z.B. wegen der eingeschlauften Verstärker etwas nichtlinear, so entstehen neue Frequenzen, welche im gleichen Bereich liegen und somit andere Kanäle des Multiplexbündels mit einem unverständlichen Übersprechen stören.

Bild 1.66 zeigt das Prinzipschema der Rauschklirrmessung. Als Anregung des Prüflings dient ein breitbandiges Rauschsignal (dieses hat die ähnlichen Charakteristiken wie z.B. 500 multiplexierte Sprachsignale), aus dem mit Bandsperrfiltern im interessierenden Frequenzbereich einige Lücken herausgeschnitten werden. Im nichtlinearen System entstehen nun aufgrund von Intermodulation "unendlich" viele neue Frequenzen, einige davon fallen in die Lücken. Am Systemausgang werden mit Bandpässen nur die ehemaligen Lücken herausgefiltert und die darin enthaltene Rauschleistung gemessen. Je kleiner diese Leistung ist, desto linearer ist der Prüfling. Wenn vorher vom Ein- und Zweitonverfahren die Rede war, so handelt es sich bei der Rauschklirrmessung demnach sozusagen um ein "Vieltonverfahren".

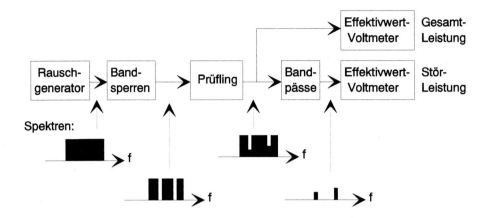

Bild 1.66 Das Prinzip der Rauschklirrmessung

1.2.3.5 Gegenmassnahme: Nichtlineare Entzerrung

Die Entzerrung eines nichtlinearen Systems erfolgt mit einem ebenfalls nichtlinearen Entzerrer, der die Umkehrfunktion des Verzerrers ausführt. Dies funktioniert nur dann, wenn die Abbildung des Verzerrers eine eineindeutige, d.h. umkehrbare Funktion darstellt. Ein Komparator z.B. kann nicht entzerrt werden. Führt das verzerrende System hingegen z.B. eine logarithmische Abbildung durch, so kann man diese mit einer Exponentialfunktion kompensieren. Genau dieses Verfahren werden wir im Abschnitt 1.3.2.1 wieder antreffen.

1.3 Verbesserung des Störabstandes

Gleichung (1.17) lehrt, dass für eine erfolgreiche Informationsübertragung neben der Bandbreite der Signal-Rauschabstand bzw. die Dynamik massgebend ist. Mit speziellen Methoden versucht man deshalb, den Rauschabstand zu erhöhen.

1.3.1 Lineare Methoden

1.3.1.1 Filterung

Der Rauschabstand ist das Verhältnis von Nutzsignalleistung zu Störsignalleistung. Dieser Quotient kann vergrössert werden durch

- Erhöhen der Nutzsignalleistung (Sendeleistung erhöhen, Antennen mit Richtwirkung benutzen, usw.)
- Verkleinern der Störleistung (Störquelle abschirmen)

Die Filterung verfolgt die zweite Methode. Häufig ist nämlich die Bandbreite der eingestreuten Störsignale grösser als die Bandbreite des interessierenden Nachrichtensignals. Durch lineare Filterung am Empfängereingang kann die Rauschleistung ohne Beeinflussung des Nutzsignals verkleinert und somit der Signal-Rausch-Abstand verbessert werden, Bild 1.67. Praktisch jeder Empfänger weist an seinem Eingang ein solches Filter auf.

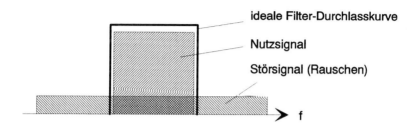

Bild 1.67 Spektren von Nutz- und Störsignal

Hat das Störspektrum der Breite B_N einen konstanten Verlauf, so wird durch die Filterung der Störabstand um den Faktor B_N / B_S verbessert (B_S = Bandbreite des Nutzsignals).

1.3.1.2 Preemphase

Die Methode „Sendeleistung erhöhen" ist nicht immer praktikabel, z.B. wegen Speisungsproblemen. Eine Methode, um wenigstens den subjektiven (menschlichen) Eindruck des Störabstandes zu verbessern, ist die *Preemphase*. In Bild 1.67 haben Signal- und Störspektrum einen konstanten Verlauf. Dies muss nicht stets so sein, z.B. könnte die Störleistung gegen höhere Frequenzen hin ansteigen, Bild 1.68. Mit einer linearen Formung des Nutzsignals können deren höheren Frequenzanteile auf Kosten der tieferen Anteile betont werden, sodass der Störabstand bei unveränderter Sendeleistung frequenzunabhängig wird. Im Empfänger wird durch eine *Deemphase* diese Verformung rückgängig gemacht. Objektiv (d.h. durch Messgeräte ermittelt) wird der Störabstand durch diese Massnahme jedoch nicht verbessert.

Der Fall ungleicher spektraler Verteilung der Störleistung tritt z.B. auf bei Übertragungsverfahren, die auf der Frequenzmodulation beruhen, also auch beim UKW-Rundfunk. Dort wird die Preemphase natürlich benutzt.

Eine ungleiche spektrale Verteilung der Signalleistung ergibt sich bei der Übertragung von Breitbandsignalen mit Koaxialkabeln (Frequenzmultiplexsysteme für Telefonie und Kabelfernsehen). Der Grund dafür liegt im Skin-Effekt (Stromverdrängung an den Leiterrand), der den Widerstand eines Kabels mit steigender Frequenz anwachsen lässt.

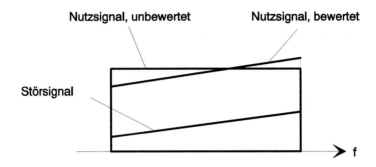

Bild 1.68 Störabstandsverbesserung durch Preemphase

1.3.1.3 Kompensation

Schliesslich kann auch durch *Kompensation* der Störabstand verbessert werden. Voraussetzung dazu ist, dass das Störsignal extrahiert werden kann. Entweder ist es bekannt und kann einzeln erzeugt werden (z.B. Netzbrumm, Interferenztöne) oder es kann separat gemessen werden. Das Störsignal wird nun vom Summensignal subtrahiert und es bleibt im Idealfall das Nutzsignal alleine. Häufig werden für die Kompensation Korrelationsverfahren angewandt, d.h. Methoden der statistischen Signalanalyse. Ein prominentes Beispiel stammt aus der pränatalen Diagnostik: die Herztöne des ungeborenen Kindes sind schwierig zu kontrollieren, da sie durch den Herzschlag der Mutter z.T. überdeckt werden. Mit einem zweiten Mikrofon werden nun die Herztöne der Mutter alleine gemessen und dieses Signal so verstärkt und verzögert, dass nach der Differenzbildung die Herztöne des Kindes alleine ertönen.

Bei der Datenübertragung benutzt man die Kompensationsmethode zur Elimination von Echos, die bei Duplexübertragungen (Bild 1.29) durch Gabeln versursacht werden können. Bild 2.20 zeigt den Einsatz eines solchen *echo-cancellers*.

1.3.2 Nichtlineare Methoden: Silben- und Momentanwertkompander

Momentanwertkompander

Ein Rauschsignal als Störer hat schon bei kurzer Mittelungzeit eine relativ konstante Leistung. Ein Sprachsignal hingegen hat Zeitabschnitte mit grossen und kleinen Amplituden. Während letzteren ist der Signal-Rauschabstand schlechter. Abhilfe kann man schaffen durch Verstärker mit einer nichtlinearen (meist logarithmischen) Kennlinie im Sender. Im Empfänger wird entsprechend mit einem exponentiellen Verstärker (*Expander*) die Kompression wieder rückgängig gemacht.

Dieser Momentanwertkompander bewirkt nichtlineare Verzerrungen, die Übertragungsbandbreite steigt darum deutlich an. Damit der Expander das ursprüngliche Signal fehlerfrei wiederherstellen kann, dürfen auf der Übertragung keine zusätzlichen Verzerrungen (insbesondere Laufzeitverzerrungen) auftreten.

Breite Anwendung findet der Momentanwertkompander bei der Digitalisierung von Sprachsignalen im Telefonnetz, vgl. Abschnitt 3.3.1.3. Dadurch lässt sich der Quantisierungsrauschabstand merklich verbessern.

Der Momentanwertkompander ist ein Spezialfall eines allgemeinen Prinzips, welches auch bei der hochfrequenten Übertragung angewandt wird, nämlich in der Spread-Spectrum-Technik, vgl. Abschnitt 5.3.

Silbenkompander

Nachteilig beim Momentanwertkompander ist der Bandbreitenzuwachs. Besser in dieser Hinsicht ist der Silbenkompander. Man regelt dabei im Sender einen Verstärkungsfaktor so, dass die Schwankungen der *Hüllkurve* des Ausgangssignals verkleinert werden. Leise Passagen werden dadurch angehoben, man nennt dieses Verfahren darum auch *Dynamikkompression*. Die Expansion im Empfänger ist nur dann korrekt möglich, wenn eine Information über den momentanen Verstärkungsfaktor mit übertragen wird. Dies kann z.B. mit einem Pilotton erfolgen, der ausserhalb des interessierenden Frequenzbereiches liegt. Bei Sprachübertragung (z.B. über Kurzwelle) wird im Empfänger oft auf die Expansion verzichtet, die Verständlichkeit leidet darunter keineswegs. Früher hatten die Tonbandgeräte mit Dynamikproblemen zu kämpfen, deshalb benutzte man auch dort den Silbenkompander (ALC, Automatic Level Control). Bei Musikaufnahmen stellt der Dynamikverlust jedoch einen Qualitätsverlust dar.

Silbenkompander sind genau betrachtet keine nichtlinearen Systeme, sondern lineare zeitvariante Systeme. Da die Verstärkung sich jedoch nur langsam ändert, wird die Übertragungsbandbreite praktisch nicht vergrössert, das Verfahren kann also bei einem Übertragungssystem problemlos auch noch nachträglich eingebaut werden.

Mathematisch gelten folgende Formulierungen für den Kompander (x = Kompandereingangssignal, y = Kompanderausgangssignal):

Lineares System: $\qquad\qquad\qquad\qquad\qquad\qquad y(t) = K \cdot x(t)$

Zeitvariantes System (Silbenkompander): $\qquad\quad y(t) = k(t) \cdot x(t)$

Nichtlineares System (Momentanwertkompander): $\quad y(t) = k\big(x(t)\big) \cdot x(t)$

Die Spektren der Ausgangssignale ergeben sich durch Faltung der Spektren obiger Faktoren. Das lineare System vergrössert somit die Bandbreite nicht, das zeitvariante nur wenig (k(t) ändert sich langsam, ist also schmalbandig), das nichtlineare System hingegen vergrössert die Bandbreite massiv.

2 Digitale Übertragung im Basisband

2.1 Einführung

Im Kapitel 1 haben wir gesehen, dass jede Information digital darstellbar ist, z.B. als Folge von Pulsen, vgl. Bild 1.48. Das Thema dieses Kapitels 2 ist die (Weitdistanz-) Übertragung solcher digitaler Pulsfolgen über Basisbandkanäle, Bild 1.22.

Die Herkunft (direkt ab einer Quelle, von einem Quellencoder oder von einem Multiplexer) und der Inhalt (Musik, Daten usw.) des Pulsstromes bleiben unbeachtet. Es geht hier lediglich darum, mit möglichst kleinem Aufwand möglichst viele Pulse möglichst sicher zu übertragen. Dementsprechend ist es an dieser Stelle auch egal, ob Quellen- und Kanalcoder, Chiffrierer und Multiplexer zum Einsatz gelangen oder nicht. Es wird also nicht unterschieden zwischen wichtigen und unwichtigen bzw. redundanten und nicht redundanten Symbolen.

Ein kleiner Vorgriff: Im Zusammenhang mit Nachrichtennetzen wurden die verschiedenen Aktivitäten bei der Informationsübertragung im sog. OSI-Modell gegliedert. Dieses Modell wird im Abschnitt 6.1 erklärt. Wer möchte, kann gleich jetzt einen Abstecher dorthin vornehmen. Dieses Kapitel 2 bewegt sich in der Schicht 1 des OSI-Modells.

Nicht betrachtet wird hier die Übertragung von amplitudendiskreten aber *zeitkontinuierlichen* (also analogen!) Pulsfolgen, wie sie bei PWM, PFM usw. auftreten (vgl. Abschnitt 3.2). Für die Weitdistanz-Übertragung haben diese Signale nämlich nur in Spezialfällen Bedeutung. Genaueres findet sich in [Mäu91] und v.a. in [Höl86]. Ebenfalls nicht explizit die Rede ist von zeitdiskreten aber *amplitudenkontinuierlichen* (also auch analogen!) Pulsfolgen, wie sie bei PAM auftreten (vgl. Abschnitt 3.2). Allerdings ist ein beträchtlicher Teil der nachfolgenden Theorie auch auf diese PAM-Signale anwendbar.

Unser Sender schickt also eine Pulsfolge ab, wie sie z.B. in Bild 1.10 unten abgebildet ist. Der Empfänger erhält ein Signal nach Bild 1.10 oben, das er regenerieren und an die Senke weiterleiten soll. Diese Regeneration geschieht dadurch, dass der Empfänger in der Mitte jedes Pulses sein Eingangssignal abtastet und entscheidet, ob ein Puls da war oder nicht. Der Empfänger muss demnach die Taktfrequenz und die Taktphase kennen, damit er zum richtigen Zeitpunkt abtastet, d.h. der Empfänger muss über eine *Synchronisation* verfügen. Man unterscheidet:

- Bitsynchronisation: wo ist die Mitte eines Pulses?
- Wortsynchronisation: wo beginnt ein Datenwort, d.h. wo ist das MSB?
- Rahmensynchronisation: Wo beginnt das erste Datenwort? Dies ist wichtig bei Datennetzen, die eine längere Botschaft in Pakete unterteilen und diese Pakete einzeln übertragen (→ Paketvermittlung). Andere Netze transferieren einen kontinuierlichen Datenstrom, der aus mehreren Kanälen bestehen kann, die mit einem Zeitmultiplexer zusammengefügt wurden. In diesem Fall müssen im Empfänger die Kanäle korrekt erkannt werden.

Naheliegenderweise könnte man diese Synchronisation mit zusätzlichen Verbindungen bewerkstelligen. Die Bitsynchronisation kann man sich sogar sparen, wenn man die *parallele Übertragung* anwendet: Datenworte von 8 Bit benötigen dazu 10 Leitungen, nämlich eine für jedes Bit, eine für die Wortsynchronisation und einen gemeinsamen Rückleiter (Referenz- oder

Massepotenzial). Es ist klar, dass diese Methode sehr kupferfressend ist, sie wird deshalb nur für kurze Distanzen angewandt, z.B. bei der Verbindung von einem Computer zu einem Drukker (Parallelschnittstelle).

Für längere Übertragungsstrecken wird stets die *serielle Übertragung* angewandt, indem alle Pulse nacheinander über denselben Kanal geschickt werden. Ebenso erspart man sich einen separaten Synchronisationskanal. Der Empfänger muss allein aus dem Datenstrom die Bit- und Wort-Synchronisation ableiten können. Dieses Problem wird auf zwei prinzipiell verschiedene Arten gelöst: *asynchrone* oder *synchrone Übertragung* (→ Abschnitt 2.2). Tabelle 2.1 zeigt den aufgrund der Beziehungen *weit* ↔ *seriell* und *schnell* ↔ *synchron* interessanten Bereich.

Tabelle 2.1 Klassierung der Datenübertragungsverfahren

Datenübertragung:	asynchron	synchron
parallel	langsame Übertragung kurze Distanzen	schnelle Übertragung kurze Distanzen
seriell	langsame Übertragung weite Distanzen	schnelle Übertragung weite Distanzen

Das Spektrum einer Pulsfolge hat einen sin(x)/x-Verlauf, die Breite der Hauptkeule hängt ab von der Pulsdauer. Theoretisch ist die benötigte Bandbreite unendlich gross, praktisch wird sie durch den Kanal aber stets begrenzt. Diese Bandbegrenzung beeinflusst das übertragene Signal, weshalb u.U. die Pulse im Empfänger nicht mehr korrekt detektierbar sind. Da nur die Existenz der Pulse, aber nicht die Pulsform für die Information relevant ist, werden die Pulse vor der Übertragung so geformt, dass sie weniger Bandbreite benötigen und trotzdem durch die Bandbegrenzung des Kanals nicht zu stark verfälscht werden (→ Abschnitte 2.5 und 2.6).

Je mehr Information pro Zeiteinheit übertragen werden muss, desto kürzer ist die Pulsdauer und desto grösser die Datenrate R. Je kürzer aber die Pulse, desto mehr Bandbreite benötigen sie. Dies führt wieder zur mittlerweile altbekannten Tatsache, dass eine hohe Datenrate einen breitbandigen Kanal erfordert. Die untere Grenzfrequenz ist jedoch unabhängig von der Datenrate 0 Hz (Tiefpass-Signal). Häufig haben aber die Übertragungskanäle wegen Verstärkern und Potenzialtrennern keine DC-Kopplung (AC-gekoppelte Basisband-Kanäle, vgl. Bild 1.22). Das Problem wird umgangen mit einer *Leitungscodierung* (→ Abschnitt 2.4). Die Leitungscodierung hat zudem die Aufgabe, auch bei langen Null-Folgen oder langen Eins-Folgen die *Taktregeneration* im Empfänger zu ermöglichen, sodass die Bitsynchronisation gewährleistet ist.

Die Einflüsse des Kanals (Verzerrungen, Echos) können ein Signal bis zur Unkenntlichkeit verfälschen. Die Entzerrung und Echokompensation versucht, dies zu verhindern (→ Abschnitte 2.6 und 2.7).

Störungen im Kanal verändern die Pulsform, gelegentlich detektiert der Empfänger falsch. Kanalrauschen äussert sich bei digitalen Signalen darum nicht in einer Verschlechterung des Rauschabstandes, sondern in einer Erhöhung der Bitfehlerquote (BER, bit error ratio). Mit Wahrscheinlichkeitsrechnung und Statistik kann man berechnen, wie häufig solche Bitfehler auftreten (→ Abschnitt 2.8).

An dieser Stelle soll nochmals an Bild 1.24 erinnert werden: Viele Erkenntnisse aus diesem Kapitel 2 über *Basisband*übertragung von digitalen Signalen gelten auch für den Abschnitt 3.4, wo die *Bandpass*übertragung von digitalen Signalen behandelt wird.

2.2 Asynchrone und synchrone Übertragung

Der Empfänger muss die Pulse in der Mitte abtasten. Für die Pulsfrequenz können zwar Nominalwerte vereinbart werden, in der Praxis lassen sich aber unabhängige Oszillatoren nicht so genau bauen, dass nach längerer Zeit nicht doch ein Puls unter den Tisch fällt (*Bitslip*). Die Situation ist vergleichbar mit zwei ineinander verzahnten Zahnrädern, die beide von je einem unabhängigen Motor angetrieben werden: nach kurzer Zeit haben die Zahnräder Karies!

Bei der *asynchronen Übertragung* wird das Problem so gelöst, dass der Taktgenerator des Empfängers zwar unabhängig auf einer vereinbarten Taktfrequenz schwingt, aber nach jedem Datenwort neu synchronisiert wird, indem die Taktphase korrigiert wird. Dazu wird der Datenstrom unterteilt in Gruppen von mehreren Bit, meistens gerade der Wortlänge entsprechend (z.B. 5 Bit beim im Fernschreibsystem angewandten Baudot-Code oder 8 Bit beim ASCII-Code mit Parity). Jede Gruppe wird eingerahmt mit einem *Startbit* und einem *Stopbit*. Diese beiden *Rahmenbit* haben unterschiedliche physikalische Zustände, die Länge des Stopbits ist beliebig, minimal jedoch gleich der 1.5-fachen Bit-Dauer, Bild 2.1.

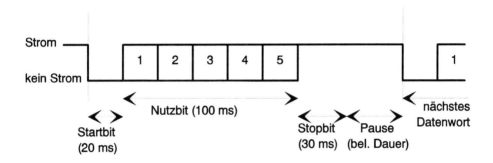

Bild 2.1 Asynchrone Datenübertragung (Telexübertragung mit 50 Baud und Current-Loop)

Die *logischen* Zustände aller Bit inkl. Rahmen sind 0 oder 1. Die *physikalischen* Zustände sind z.B. 0 Volt und 5 Volt (TTL-Kanal) oder -12 Volt und +12 Volt (V24-Schnittstelle bzw. RS-232-Schnittstelle) oder 0 mA und 20 mA (Current Loop). Im Abschnitt 3.4 (Bandpass-Übertragung von Digitalsignalen) wird die asynchrone Übertragung auch angewandt: beim FSK-Verfahren (frequency shift keying, Frequenzumtastung) entsprechen die zwei Zustände zwei verschiedenen Frequenzen.

Der Empfänger kennt die Taktrate (im Bild 2.1 ist ein Puls 20 ms breit, die Taktfrequenz beträgt 50 Hz) und die Wortbreite (im Beispiel 5 Bit). Während eines beliebig langen Stopbits sucht der Empfänger nach der (im Bild 2.1 fallenden) Flanke des Startbits. Sobald diese detektiert wird, wird 10 ms später der Puls abgetastet (Mitte des Startbits). Nach 20 ms wird wiederum abgetastet (1. Bit) und dieser Vorgang noch weitere vier Mal wiederholt. Danach wird zur Kontrolle der Synchronisation noch das Stopbit abgetastet. Damit die Mitte des Startbits möglichst genau gefunden wird, wird mit einer hohen (z.B. der zehnfachen) Abtastfrequenz die Flanke des Startbits gesucht und danach die Abtastfrequenz auf den korrekten Wert heruntergeteilt, Bild 2.2. Falls der Taktoszillator im Empfänger von seinem Nominalwert etwas abweicht, so wandert der Abtastzeitpunkt gegen den Rand der einzelnen Pulse, je näher man zum Stopbit kommt. Bei den üblichen Wortlängen ergeben sich jedoch überhaupt keine Probleme.

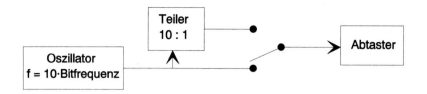

Bild 2.2   Synchronisation bei asynchroner Übertragung. Während dem Datenwort ist der Schalter
in der oberen Stellung. Während dem Stopbit und der Pause ist der Schalter in der
unteren Stellung.

Wenn der Synchronismus einmal gefunden ist, so ist das weitere Prozedere im Empfänger
offensichtlich. Heikler ist die Situation nach einem Unterbruch, wenn das Startbit im laufenden
Pulsstrom erkannt werden muss. Man behandelt das erste Bit mit dem Zustand des Startbits
(kein Strom in unserem Beispiel) als Startbit und tastet das Wort wie oben beschrieben ab. Am
Ende kontrolliert man den Zustand des vermuteten Stopbits. Hat man irrtümlicherweise ein
Datenbit als Startbit erwischt, so kann das Stopbit den falschen Zustand aufweisen und man
beginnt wieder von vorne. Andernfalls plädiert man auf „Synchronismus gefunden" und fällt je
nach Nutzdaten beim nächsten vermuteten Stopbit auf die Nase. Irgendwann wird man aber ein
richtiges Startbit erwischen, in seltenen Fällen kann das aber eine Weile dauern. Schreibt man
aber für das Stopbit eine Minimallänge von 1.5 Taktintervallen vor, so findet man den Synchronismus auch bei ungünstiger Nutzdatenfolge rasch und sicher.

Der Sender erhält von der Quelle die Daten meistens in paralleler Form. Er braucht deshalb ein
Schieberegister zur Parallel-Seriell-Wandlung, einen Taktgenerator und eine Steuerlogik. Der
Empfänger benötigt dieselben Bausteine. Solche Transceiverschaltungen kann man unter dem
Namen UART (universal asynchronous receiver transmitter) in IC-Form günstig kaufen.

Der Vorteil der asynchronen Übertragung liegt in der einfachen Synchronisation und der einfachen Unterscheidung zwischen den Zuständen „0", „1" und „kein Betrieb" (deshalb ist das
Startbit stromlos!). Zudem ist das Verfahren massgeschneidert auf die ebenfalls asynchrone
Dateneingabe durch den Menschen. Aus diesen Gründen wurde die asynchrone Übertragung
jahrzehntelang im Fernschreibverkehr benutzt. Allerdings wurde ein physikalisch vom Telefonnetz komplett getrenntes und DC-gekoppeltes Netz benötigt. Heute ersetzen FAX und Modems die Fernschreiber.

Der Nachteil der asynchronen Übertragung liegt im schlechten Datendurchsatz: im Beispiel des
Fernschreibsystems werden pro 5 Nutzbit 2.5 Rahmenbit benötigt. Letztere müssen aber ebenfalls übertragen werden, der Datendurchsatz beträgt in diesem Beispiel darum höchstens 66 %
der Kanalkapazität. Bei einer Wortbreite von 8 Bit werden die Verhältnisse nicht umwerfend
besser. Asynchrone Übertragung ist darum die einfache Methode für kleine Datenraten!

Die *synchrone Übertragung* hingegen wird bei *schnellen* Übertragungen benutzt. Dabei wird
der Takt aus dem empfangenen Datensignal regeneriert. Dieser Taktregenerator ist einer der
aufwändigeren Blöcke des Empfängers und wird meistens als PLL (phase locked loop, ein
Phasenregelkreis) realisiert, Bild 2.3.

Der Phasendetektor in Bild 2.3 liefert ein Signal, wenn die Phasen des Eingangssignals und des
VCO-Signals nicht übereinstimmen. Mit diesem Signal wird der VCO nachgeregelt. Im eingerasteten Zustand hat das VCO-Signal eine konstante Phasenbeziehung zum Eingangssignal,
demnach haben diese beiden Signale auch dieselbe Frequenz.

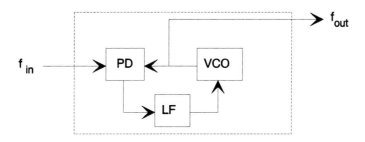

Bild 2.3   Blockschema eines PLL (phase locked loop)
              PD = Phasendetektor, LF = Loopfilter (Tiefpass), VCO = Voltage Controlled Oscillator

Dank der Leitungscodierung (Abschnitt 2.4) ist im Empfangssignal Taktinformation enthalten, z.B. in Form einer mehr oder weniger starken diskreten Spektrallinie auf der Bitfrequenz. Der PLL rastet auf diese Spektrallinie ein. Dazu wird seine Regeldynamik mit einem schmalbandigen Loopfilter bewusst eingeschränkt. Das Ausgangssignal des VCO hat damit einen gewissen „Schwungradeffekt", bei kurzen Störungen bleibt die Taktregeneration erhalten.

Das Ausgangssignal weist wie bei jedem Regler eine gewisse Regelabweichung auf, hier also eine variable Phasenverschiebung. Dieser sog. *Jitter* führt zu einer Unsicherheit des Abtastzeitpunktes. Die maximale Schwankung des Abtastzeitpunktes heisst *Jitteramplitude*, die Schnelligkeit der Schwankung heisst *Jitterfrequenz*.

Bei der asynchronen Übertragung werden die Bitsynchronisation und die Wortsynchronisation mit einem Schlag erledigt. Bei der oben beschriebenen synchronen Übertragung mit einem PLL als Taktregenerator ist erst die Bitsynchronisation gewährleistet.

Die Wortsynchronisation geschieht mit einem *Synchronisationswort* oder *Rahmenwort*. Dies ist ein Datenwort mit einem vorher vereinbarten Bitmuster, z.B. 00110011. Der Aufbau des folgenden Rahmens muss dem Empfänger natürlich bekannt sein, z.B. könnten 511 Datenworte mit je 8 Bit dem Rahmenwort folgen. Zur Synchronisation sucht der Empfänger das Rahmenwort und zählt danach die 511x8 Bit ab. Danach kontrolliert er das erwartete Rahmenwort.

Nach einem kurzzeitigen Verbindungsunterbruch sucht der Empfänger das Rahmenwort. Dasselbe Bitmuster könnte aber auch im Nutzdatenstrom vorkommen, der Empfänger würde dieses irrtümlicherweise als Rahmenwort interpretieren. Nach einer Rahmendauer bemerkt der Empfänger den Irrtum, ausser wenn genau dann nochmals dasselbe Bitmuster in den Nutzdaten auftritt. Solange nicht in den Nutzdaten das Bitmuster des Rahmenwortes periodisch auftritt, gelingt die Synchronisation früher oder später.

Auf Nummer sicher geht die Methode des *Stopfens* (Bitstuffing). Dabei wird verhindert, dass das Bitmuster des Rahmenwortes in den Nutzdaten auftritt. Als Rahmenwort wird z.B. 01111110 gewählt. Nun werden die Nutzdaten modifiziert, indem nach 5 aufeinanderfolgenden Einsen prinzipiell eine Null eingefügt wird. Findet der Empfänger nach 5 Einsen eine Null, so entfernt er diese. Treten hingegen 6 Einsen in Folge auf, so kann es sich nur um die Rahmensynchronisation handeln.

Die asynchrone Übertragung benötigt 2.5 Rahmenbit pro Datenwort. Die synchrone Übertragung hingegen benötigt ein Synchronisationswort pro Rahmen, der hunderte von Datenworten umfassen kann. Aus diesem Grund ist die synchrone Übertragung viel effizienter und die Methode der Wahl für schnelle Datenübertragungen.

2.3 Zweiwertige (binäre) und mehrwertige Übertragung

Digitale Signale werden vorwiegend in einem binären Format dargestellt, weshalb die beiden Ausdrücke leider oft gleichbedeutend benutzt werden. Digital heisst aber nur zeit- (argument-) und wertdiskret. Die Anzahl der Zustände (z.B. Amplituden) ist also endlich und abzählbar, z.B. 2 (→ binär) oder 3 (→ ternär) oder 4 (→ quaternär) usw.

Für die Verarbeitung wird praktisch ausschliesslich mit binären Signalen gearbeitet (Zwischencode in Bild 1.48), für die Übertragung werden aber häufig mehrwertige Signale eingesetzt. Bei einem vierwertigen Signal bestimmen jeweils zwei Bit des binären Signales einen einzigen Zustand des quaternären Signales. Die Zustands*änderungen* des quaternären Signales treten demnach nur noch halb so häufig auf wie die Zustands*änderungen* des binären Signales. Der Informationsgehalt ist derselbe, aber die Taktrate und damit auch die Bandbreite werden halbiert. Dies ist genau der Sinn der Übung: mit mehrwertigen Signalen wird Übertragungsbandbreite gegen Störresistenz ausgetauscht.

Nach (1.17) wird beim Übergang von zweiwertiger zu vierwertiger Übertragung bei gleicher Zeitdauer die Bandbreite halbiert und somit die Signaldynamik verdoppelt. Dies verlangt einen Kanal mit ebenfalls doppelter Kanaldynamik, also einen grösseren Signal-Rausch-Abstand im Kanal.

Für die Bandbreite ist die Puls*breite* und nicht die Puls*höhe* massgebend. Für die Störanfälligkeit ist hingegen der Unterschied zwischen zwei möglichen Pulshöhen relevant. Dieser Unterschied sinkt mit grösserer Auswahl und begrenzt die Anwendung dieses Konzepts. Eine Erhöhung der Sendeleistung zur Vergrösserung der Amplitudenunterschiede stösst nämlich bald an technische Grenzen. Auf jeden Fall steigt die Komplexität der Geräte an, deshalb arbeitet man bei Basisbandübertragungen meistens mit binären oder *pseudoternären* Signalen (diese weisen *drei physikalische* Zustände, aber nur *zwei logische* Zustände auf und werden im folgenden Abschnitt genauer betrachtet).

Bei der BP-Übertragung über störarme Kanäle (z.B. digitaler Richtfunk im Mikrowellenbereich oder Hochgeschwindigkeitsmodems für Telefonkanäle) wird die mehrwertige Übertragung aus Effizienzgründen breit angewandt. Wegen Bild 1.24 wird die mehrwertige Übertragung schon hier eingeführt.

Die mehrwertige Übertragung hat auch Vorteile bei spektral ungleichmässig verteilter Störung (nichtweissem Rauschen). Statt mit einem binären Signal ein breites Spektrum zu belegen, plaziert man besser ein schmalbandiges, mehrwertiges Signal gleichen Informationsgehaltes in einen Frequenzbereich mit wenig Störungen. Unter dem Strich ergeben sich so weniger Bitfehler. Dies folgt aus Gl. (1.17) mit frequenzabhängigen statt konstanten Funktionen für P_S und P_N.

Die Anzahl der Symbole eines Codes heisst Wertigkeit M. Die Datenrate oder Bitrate R eines digitalen Signales wird in Bit/s angegeben. Die *Schrittgeschwindigkeit* S, das ist die Anzahl Zustandsänderungen pro Sekunde eines Signals, wird hingegen in *baud* angegeben. Bei binären Signalen (und nur bei diesen!) ist 1 baud = 1 Bit/s und M = 2. Bei quaternärer Übertragung (M = 4) gilt 1 baud = 2 Bit/s, bei einem achtwertigen Code ist 1 baud = 3 Bit/s usw. S heisst auch *Baudrate* oder *Symbolrate* und wird oft fälschlicherweise mit der Bitrate R gleichgesetzt. Mit der Wertigkeit M eines Übertragungscodes gilt:

$$\boxed{R = S \cdot \log_2(M)}$$

(2.1)

2.4 Leitungscodierung

Die zu übertragende Pulsfolge wird bei synchroner Übertragung oft mit einer Leitungscodierung umcodiert, um zwei Ziele zu erreichen:

- Das Signal verfügt nach der Leitungscodierung über genügend Synchronisationsinformation für den Taktgenerator des Empfängers.

- Das Signal enthält keinen DC-Anteil mehr.

  Dies ist bei Übertragungen über Koaxialkabel oft gefordert, weil häufig im Übertragungspfad Transformatoren als Potenzialtrenner eingefügt sind. Zudem werden bei längeren Übertragungsstrecken *Regenerativverstärker* bzw. *Repeater* eingefügt, Bild 1.20. Ist das Nachrichtensignal DC-frei, so können über dasselbe Koaxialkabel diese Verstärker mit Gleichstrom ferngespeist werden. Dies ist wirtschaftlich von Bedeutung (Erdarbeiten!), da die Verstärker je nach Bitrate zwischen 1.5 km und 10 km voneinander entfernt sind. Auch bei der Speicherung digitaler Daten auf magnetischen Medien muss man den DC-Anteil entfernen.

  Manchmal entfernt man mit einer Leitungscodierung die tiefen Frequenzanteile des Nachrichtensignals auch dann, wenn der Kanal DC-gekoppelt ist. Der Grund liegt darin, dass die Entzerrung bei sehr tiefen Frequenzen schwierig ist.

Bild 2.4 zeigt einige gebräuchliche Leitungscodes, die nachstehend besprochen werden. Mit + und − werden die Vor- und Nachteile aufgelistet. Nicht alle der gezeigten Codes haben eine technische Bedeutung, einige sind nur aus didaktischen Gründen aufgeführt.

- *unipolarer NRZ-Code (non return to zero)*
  - + einfachster Code
  - + wenig Bandbreite
  - − DC-Anteil ist vorhanden
  - − keine Taktregeneration möglich bei langen 0- oder 1-Folgen

  Dieser Code ist demnach ungeeignet für eine synchrone serielle Übertragungen, er wird aber geräteintern verwendet.

- *bipolarer NRZ-Code*

  Gegenüber dem unipolaren NRZ-Code ist dies lediglich der etwas hilflose Versuch, den DC-Anteil zu eliminieren. Dies gelingt nur unter der beileibe nicht stets erfüllten Voraussetzung, dass die „1" ebenso häufig auftritt wie die „0".

- *unipolarer RZ-Code (return to zero)*
  - + Taktregeneration eher möglich (ausser bei langen 0-Folgen)
  - − grosse Bandbreite, da die Pulse bei gleicher Datenrate nur noch halb so breit sind
  - − DC-Anteil ist vorhanden

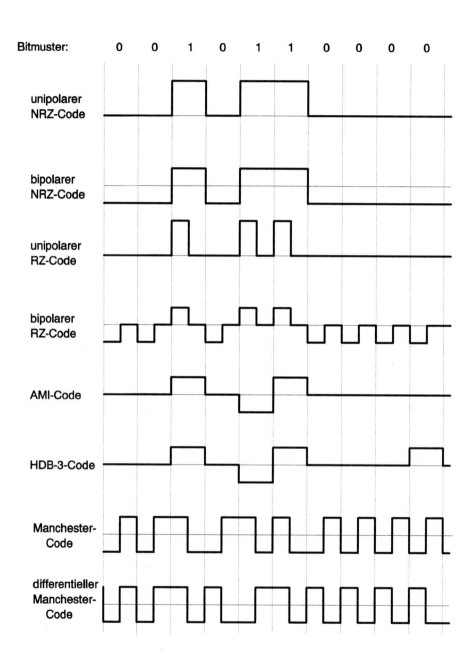

Bild 2.4 Verschiedene Leitungscodes (Erklärungen im Text)

- *bipolarer RZ-Code*

  + Die Taktregeneration ist stets möglich

  − hohe Bandbreite

  − es treten 3 physikalische Signalzustände auf, was die Geräte verteuert. Logisch hat dieser Code aber nur 2 Zustände, er ist demnach *pseudoternär*.

  − Der DC-Anteil wird nur dann eliminiert, wenn die 0 und 1 gleichverteilt sind.

- *AMI-Code (alternate mark inversion)*

  Für die logische „1" stehen die zwei physikalische Zustände „+" und „−" zur Verfügung. Die beiden Zustände entstehen aus einer physikalischen Inversion auseinander (z.B. +5 V und −5 V) und werden alternierend benutzt. Für die logische „0" existiert nur 1 Zustand (physikalisch 0), es handelt sich darum ebenfalls um einen *pseudoternären Code*.

  + kleine Bandbreite

  + kein DC-Anteil

  − keine Taktregeneration möglich bei langen 0-Folgen

  − drei physikalische Zustände (→ aufwändigere Geräte)

- *HDB-3-Code (high density bipolar of order 3)*

  Dieser Code entsteht aus dem AMI-Code und behebt die fehlende Taktregeneration bei langen Nullfolgen. Falls im AMI-Code 4 Nullen hintereinander auftreten, werden diese ersetzt durch eine der Kombinationen 000V oder A00V. V und A stehen beide für ein 1-Bit, das im AMI-Code in Plus- oder Minuspolarität dargestellt werden kann. V bedeutet nun eine Verletzung der AMI-Regel, das heisst das V-Bit hat dieselbe Polarität wie das zuletzt übertragene 1-Bit. Durch diese Verletzung kann die Folge 0000 von der Folge 0001 unterschieden werden. Eine Folge von tausend Nullen im AMI-Code würde dadurch ersetzt durch die Folge 000V000V000V000V usw. Die V-Bit verletzen die AMI-Regel, haben also alle dieselbe Polarität. Dadurch entsteht aber ein unerwünschter DC-Anteil. Aus diesem Grund stehen für die Folge 0000 zwei Möglichkeiten zur Auswahl. Die Auswahl zwischen 000V und A00V geschieht nun so, dass die V-Bit die Polarität alternieren, zwischen zwei V-Bit muss darum stets eine ungerade Anzahl von A-Bit liegen, wobei diese A-Bit aus der Gruppe A00V oder aus dem AMI-Datenstrom stammen können. Auf diese Art entsteht nie ein DC-Anteil. Der HDB-3-Code ersetzt also die Sequenz 0000 aus einem AMI-Datenstrom durch 4 verschiedene Pulskombinationen gemäss Tabelle 2.2.

Tabelle 2.2 Codemodifikation beim HDB-3-Code

		Polarität des letzten ±-Symbols:	
		+	−
Polarität der	+	−00−	000−
letzten Codeverletzung	−	000+	+00+

Im HDB-3-Code liegen höchstens 3 Nullen hintereinander, daher auch der Name. Es sind aber auch HDB-6-Code und weitere im Gebrauch. Im HDB-3-Coder entsteht eine Verzögerung um höchstens 4 Bit, was aber bei hohen Datenraten keine Rolle spielt.

- *Manchester-Code*

  Ein Puls ist halb so lange wie die Bitdauer. Eine 1 besteht aus einem Übergang von + nach – in der Bitmitte. Eine 0 besteht aus einem Übergang von – nach + in der Bitmitte.

  + Taktregeneration stets möglich

  + DC-Anteil eliminiert

  – hohe Bandbreite

- *differentieller Manchester-Code*

  Eine 0 hat einen Signalübergang am Bitanfang, eine 1 hat keinen Signalübergang am Bitanfang. Die Richtung des Überganges ist egal. Wird zur Übertragung eine verdrillte Zweidrahtleitung benutzt, so kann diese beliebig gepolt werden, der Empfänger decodiert stets richtig. Ansonsten ergeben sich dieselben Vor- und Nachteile wie beim normalen Manchester-Code.

- *weitere Codes*

  Es gibt noch weitere Codes, die aber hier nicht besprochen werden. Wenigstens sollen einige Namen erwähnt sein:

  – 4B/3T-Code (4 binäre Symbole werden auf 3 (echt!) ternäre Symbole abgebildet)

  – CMI-Code (coded mark inversion)

  – Conditioned Diphase-Code

  – Partial Response-Code

Aus Bild 2.4 erscheinen nur wenige Codes vernünftig:

- Der unipolare NRZ-Code für die geräteinterne Signaldarstellung, meistens in paralleler Form mit separater Synchronisation.

- Der HDB-3-Code für Weitdistanzübertragungen über Koaxialkabel. Hier ist die kleine Bandbreite das ausschlaggebende Argument. Der HDB-3-Code ist von der ITU-T als Normcode für PCM-Übertragungen auf den Hierarchien 2 MBit/s, 8 MBit/s und 34 MBit/s festgelegt worden.

- Die Manchester-Codes für serielle Übertragung über kürzere Distanzen. Dieser Fall tritt z.B. auf bei den LAN (local area network). Dort arbeitet man aus Kostengründen ungerne mit pseudoternären Codes. Die Bandbreite eines Kupferkabels sinkt mit dessen Länge, bei LAN-Anwendungen ist darum der Bandbreitenbedarf des Manchester-Codes nicht ausschlaggebend. Gerne benutzt man preisgünstige verdrillte Kupferadern statt Koaxialkabel und setzt darum den differentiellen Manchester-Code ein.

Bild 2.5 zeigt die Betragsspektren von verschiedenen Codes bei gleicher Datenrate R.

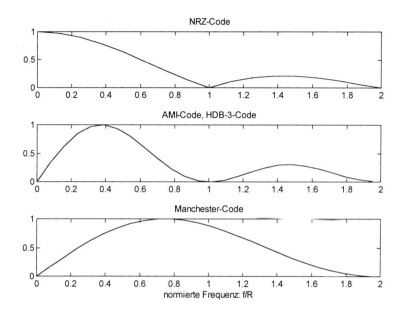

Bild 2.5 Betragsspektren verschiedener Codes, aufgetragen über der normierten Frequenzachse

Die oben erklärten Leitungscodes entfernen zwar den DC-Anteil, tiefe Frequenzen treten im übertragenen Signal jedoch nach wie vor auf. Aus diesem Grund ist ein HDB-3-Code ungeeignet für die Datenübertragung über Telefonkanäle mit seinem Durchlassbereich von 300 Hz bis 3400 Hz. Dort eliminiert man die tiefen Frequenzen inklusive dem DC-Anteil mit einem Modulator. Dieses Beispiel lässt sich verallgemeinern, wobei die Bilder 1.22, 1.23 und 1.24 hilfreich sind:

- Bei einer Übertragung über einen AC-gekoppelten BB-Kanal hat die Leitungscodierung den Zweck, die Taktinformation bereitzustellen und den DC-Anteil zu eliminieren. Kanalbeispiel: Koaxialkabel mit transformatorischer Ein- und Auskopplung.

- Bei einer Übertragung über einen TP-Kanal (= DC-gekoppelter BB-Kanal) hat die Leitungscodierung nur den Zweck, die Taktinformation bereitzustellen. Kanalbeispiel: Kupferkabel mit galvanischer Ein- und Auskopplung.

- Bei einer Übertragung über einen BP-Kanal hat die Leitungscodierung nur den Zweck, die Taktinformation bereitzustellen. Der DC-Anteil wird vom nachfolgenden Modulator ohnehin eliminiert. Kanalbeispiel: Funkübertragung, optische Übertragung. Bei letzterer übernimmt die Leuchtdiode bzw. die Laserdiode im Sender die Funktion des Modulators.

Für die beiden letzten Fälle, wo die Leitungscodierung lediglich die Taktinformation bereitstellen muss, gibt es eine elegantere Methode als pseudoternäre Codes oder Codes mit doppelter Bandbreite: den Einsatz eines *Scramblers*. Das sind Coder, welche die Bit „verwürfeln". Dasselbe Prinzip wird auch in der Chiffrierung (der Codierung zum Zweck der Geheimhaltung) ausgenutzt. Das resultierende Signal hat zufällige Eigenschaften, die Synchronisation erschwerende lange Null- oder Einsfolgen kommen darin nicht mehr vor.

Bild 2.6 zeigt den Aufbau eines Scramblers und eines Descramblers. Im Sender werden die Daten in ein Schieberegister eingelesen. Dieses Schieberegister ist rückgekoppelt und enthält logische EXOR-Verknüpfungen. Der Zweck der Schaltung ist es, lange Null- und Eins-Folgen zu unterbrechen. Im Empfänger ist ein fast identisches Schieberegister als Descrambler installiert. Der wesentliche Unterschied liegt darin, dass der Descrambler nicht rückgekoppelt ist, was das Schieberegister verlässt gelangt nicht wieder in das Schieberegister hinein. Damit hat der Descrambler ein endliches Gedächtnis. Ein Bitfehler, der am ehesten im Kanal auftritt, hat somit nur eine endlich lange Auswirkung auf den Datenstrom am Ausgang des Descramblers. Der Descrambler ist *selbstsynchronisierend*. Die Funktionsweise dieses Scramblers überprüft der Leser am besten selber mit einer kleinen Computersimulation.

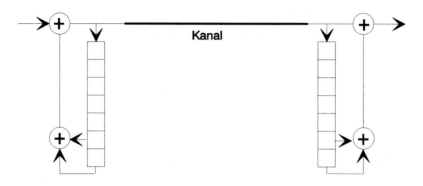

Bild 2.6 Schaltung eines Scramblers (links) und eines Descramblers (rechts) (ITU V.27 / V.29)

Anstelle eines HDB-3-Codes könnte somit auch die Kombination eines Scramblers (Taktinformation bereitstellen) und eines AMI-Coders (DC-Anteil entfernen) eingesetzt werden. Bild 2.7 zeigt einige praktische Varianten der Leitungscodierung.

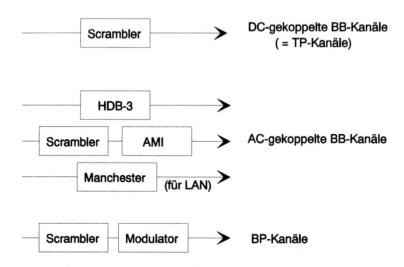

Bild 2.7 Praktische Varianten der Leitungscodierung

2.5 Die Übertragungsbandbreite

Ein digitales, binäres Signal oder eine binäre Zahlenfolge (Sequenz) werden als Pulsfolge physikalisch dargestellt. Der Einfachheit halber zeichnet man Rechteckpulse. Da die Information
aber nur in der Existenz und nicht in der Form der Pulse liegen, dürfen die Pulse bei der Übertragung verformt werden, ohne dass dabei die Information verfälscht wird.

Rechteckförmige Pulse haben ein zwar abklingendes, aber dennoch unendlich breites sin(x)/x-
Spektrum, vgl. Bild 2.5 oben. Kabel und auch Verstärker haben aber ein Tiefpass-Verhalten,
die Kanten der Pulse werden darum bei der Übertragung abgerundet. Trotzdem kann in den
Abtastzeitpunkten der ursprüngliche binäre Funktionswert sicher erkannt werden. Es muss
deshalb möglich sein, die im pulsförmigen Signal enthaltene endliche Informationsmenge über
einen Kanal endlicher Bandbreite zu übertragen.

Die folgenden Überlegungen gelten auch für PAM-Signale. Das sind Folgen von Pulsen beliebiger Höhe. Digitale Signale werden einfach als quantisierte (z.B. binäre) PAM aufgefasst. Die
Pulshöhe hat auf den Bandbreitenbedarf nämlich keinen Einfluss.

Die Frage nach der minimal notwendigen Bandbreite lässt sich mit dem Abtasttheorem von
Shannon beantworten, Gleichung (1.2): Wird ein analoges Signal ohne Informationsverlust
abgetastet, so muss die Abtastfrequenz grösser sein als die doppelte Bandbreite: $f_A > 2 \cdot B$. Wird
die Ungleichung sehr gut erfüllt (also zu schnell abgetastet), so sind die Abtastwerte redundant,
enthalten also keine neue Information.

Werden umgekehrt unabhängige Zahlen im Abstand $T = 1/f_A$ vorgegeben, so können diese
durch ein analoges Signal mit der Bandbreite $f_A/2$ repräsentiert werden. Die Zeit T entspricht
gerade der Schrittdauer eines digitalen Signals und der Bitdauer bei einem binären Signal. Die
minimale Bandbreite zur Übertragung von *binären* Signalen beträgt demnach:

$$B_ü \geq \frac{1}{2T_{Bit}} = \frac{R}{2} \tag{2.2}$$

In einem vierwertigen Code werden 2 Bit in ein einziges quaternäres Symbol versteckt. Bei
gleicher Informationsrate wird die Baudrate gegenüber der Bitrate halbiert. Es gilt allgemein
die sog. *Küpfmüller-Nyquist-Beziehung* bzw. die *Nyquistbandbreite*:

minimale Übertragungsbandbreite: $\boxed{B_N = \frac{S}{2} = \frac{\text{Baudrate}}{2}}$ $\tag{2.3}$

2.6 Inter-Symbol-Interference (ISI) und Pulsformung

Während bei perfekter analoger Übertragung eine Verzerrungsfreiheit gefordert wird (Abschnitt 1.2.1), genügt es für eine fehlerfreie digitale Übertragung, wenn im Abtastzeitpunkt die Signalzustände eindeutig erkennbar sind. Die Übertragung von Rechteckpulsen lohnt sich daher nicht, da diese ein viel zu breites Spektrum belegen und durch die unvermeidliche Tiefpassfilterung durch Kabel und Verstärker ohnehin verformt werden. Man verformt (filtert) die Pulse deshalb schon vor ihrer Abreise im Sender, dieser Vorgang heisst *Pulsformung*.

Allerdings gerät man in einen Konflikt mit der Unschärferelation zwischen Frequenz- und Zeitauflösung eines Signals. Dieser Konflikt beruht auf einer Eigenschaft der Fouriertransformation, nämlich dem Zeit-Bandbreite-Produkt. Ist ein Signal auf der Zeitachse scharf lokalisiert, so ist es gleichzeitig auf der Frequenzachse unendlich ausgedehnt. Als Extrembeispiel dient der Diracstoss mit seinem konstanten Spektrum. Ist auf der anderen Seite ein Signal auf der Frequenzachse scharf lokalisiert, so ist es im Zeitbereich unendlich ausgedehnt. Beispiel: alle harmonischen Schwingungen (inklusive DC).

Ein Rechteckpuls ist im Zeitbereich ebenfalls scharf lokalisiert und hat entsprechend ein unendlich breites Spektrum. Wird dieser Puls nun tiefpassgefiltert, also im Frequenzbereich schmaler gemacht, so muss er sich im Zeitbereich verbreitern. Das hat aber zur Folge, dass benachbarte Pulse ineinanderfliessen. Dieser Effekt heisst *Impulsübersprechen (inter symbol interference, ISI)* und wird dann problematisch, wenn ein „0"-Puls zwischen zwei „1"-Pulsen nicht mehr erkennbar ist.

Gemäss (2.3) muss aber trotzdem eine Übertragung mit beschränkter Bandbreite möglich sein. Wir betrachten den Extremfall, indem wir als Signal nicht die Pulsfolge nach Bild 1.9 mitte, sondern nach Bild 1.9 oben benutzen. Diese beiden Signale haben ja denselben Informationsgehalt. Wir schicken also eine Folge von Diracstössen unterschiedlicher Gewichte und dem Abstand T auf den Kanal.

Als Kanal betrachten wir ebenfalls einen Spezialfall, nämlich ein ideales Tiefpassfilter mit der Grenzfrequenz nach (2.3): $f_{\ddot{u}} = 1/2T$. Am Ausgang des Kanals erscheint eine Überlagerung von Impulsantworten, die um T gegeneinander verschoben sind, Bild 2.8.

Die Impulsantwort des idealen Tiefpassfilters ist eine sin(x)/x-Funktion. Diese hat Nullstellen im Abstand T. In Bild 2.8 Mitte fliessen die einzelnen Impulsantworten ineinander, ausser an den Stellen $t/T = 1, 2, 3, 4$. An diesen Stellen haben nämlich alle Impulsantworten einen Nulldurchgang, ausser eine einzige. Zu diesen speziellen Zeitpunkten leistet also nur eine einzige Impulsantwort einen Beitrag zum Summensignal, das in Bild 2.8 unten abgebildet ist. Aus diesem letzten Bild sind die Gewichte der Diracstösse aus dem obersten Bild fehlerfrei herauslesbar. An allen andern Zeitpunkten tritt hingegen ISI auf. Diese Überlegungen beruhen auf zwei Spezialfällen, nun müssen wir auf den allgemeinen Fall schliessen:

- In der Praxis benutzt man nicht eine Folge von gewichteten Diracstössen im Abstand T, sondern Pulse unterschiedlicher Höhe und der Breite T. Im Spektrum führt dies zu einer zusätzlichen Gewichtung mit einer sin(x)/x-Funktion. Dieser Vorgang ist jedoch deterministisch und somit kompensierbar.

- Der ideale Tiefpass ist nicht realisierbar, da er eine akausale Impulsantwort hat.

Die Frage ist nun, ob mit einer sanften Bandbegrenzung, die ja ebenso ein Impulsübersprechen verursacht, ebenfalls eine fehlerfreie Übertragung möglich ist. Bedingung dazu ist, dass die Impulsantwort des realen Tiefpassfilters ebenfalls äquidistante Nullstellen im Abstand T aufweist. Nyquist hat diese Frage untersucht und beantwortet mit der sogenannten 1. Nyquistbedingung:

> *1. Nyquistbedingung:*
>
> *Die Pulse müssen gefiltert werden mit einem Tiefpass mit*
> *punktsymmetrischer Flanke, der sog. Nyquistflanke. Der*
> *Symmetriepunkt liegt bei der Nyquistfrequenz.*

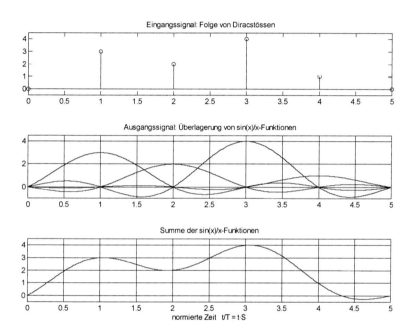

Bild 2.8 Reaktion des idealen Tiefpasses auf eine Folge von Diracstössen

Bild 2.9 zeigt den Frequenzgang und die Impulsantwort eines möglichen Filters im Vergleich zum idealen Tiefpassfilter. Die Nullstellen der Impulsantworten sind an denselben Stellen. Die Ausläufer fallen jedoch viel schneller ab, dafür ist die Bandbreite des Nyquistfilters etwas grösser als diejenige des idealen Tiefpasses.

Häufig wird zur Pulsformung ein *Raised-Cosine-Filter* genannter Tiefpass benutzt. Die Flanke seines Amplitudenganges hat einen der Funktion $\cos^2(x) = 0.5 \cdot \{1+\cos(2x)\}$ gehorchenden Verlauf. Seine praktische Realisierung erfolgt oft digital, nämlich mit einem Interpolator und anschliessendem Transversalfilter, gefolgt von einer DA-Wandlung.

Der Übergangsbereich des Nyquistfilters in Bild 2.9 reicht von $f_u = B_N - \Delta f$ bis $f_o = B_N + \Delta f$. Man definiert den sogenannten

$$\text{Roll-Off-Faktor:} \quad r = \frac{f_o - f_u}{f_o + f_u} = \frac{\Delta f}{B_N} \tag{2.4}$$

r ist ein Mass für die Steilheit der Nyquistflanke und bewegt sich im Bereich 0 (idealer Tiefpass) bis 1 (die Flanke beginnt schon bei $f_u = 0$). Häufig wird r = 0.5 gesetzt.

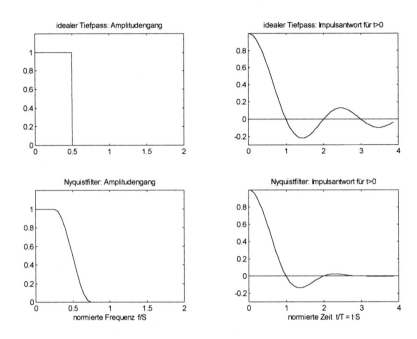

Bild 2.9 Nyquistfilterung: Vergleich der Amplitudengänge und Impulsantworten

Die bei der Übertragung belegte Bandbreite steigt wegen der sanfteren Filterflanke vom Minimum B_N (Nyquistbandbreite) nach (2.3) auf die neue

Übertragungsbandbreite bei Pulsformung: $\boxed{B_{\ddot{u}} = B_N(1+r)}$ (2.5)

Ohne Pulsformung wäre die durch das Signal belegte Bandbreite sehr gross, da die Rechteckpulse ein nur langsam abklingendes sin(x)/x-Spektrum aufweisen. Die Pulsformung hat also den Zweck der Bandbreitenreduktion gegenüber der Übertragung von steilen Rechteckpulsen und wird sowohl bei der Basisbandübertragung wie auch bei der Bandpassübertragung (Abschnitt 3.4) angewandt.

Geräteintern steht eine grosse Bandbreite zur Verfügung, da die Verbindungsleitungen nur kurz sind. Dort arbeitet man darum mit ungefilterten Pulsen.

Falls das Pulsformfilter der 1. Nyquistbedingung genügt, tritt an den Abtastzeitpunkten kein ISI auf. Dieses Pulsformfilter ist nicht etwa im Sender konzentriert, sondern wird durch die gesamte Strecke zwischen Leitungscoder im Sender und Abtaster im Empfänger bestimmt, Bild 2.10. Die Pulsformung erfolgt demnach in Stufen:

- Sendefilter: Dieses hat primär die Aufgabe, die Bandbreite zu beschränken. Bei BP-Übertragungen erfolgt danach ein Modulator, damit können auch FDM-Systeme (Frequenzmultiplex) realisiert werden. Dort ist man sehr interessiert an frequenzökonomischen Übertragungen.

- Kanal: Der Kanal formt wohl oder übel das Spektrum des übertragenen Signales. Manchmal ist der Kanalfrequenzgang bekannt (z.B. Mietleitung), manchmal unbekannt aber wenigstens konstant während der Verbindung (Wahlleitung), manchmal variabel während der Verbindung (Funkübertragung). Der Kanal erzeugt auch Echos, z.B. an Gabelschaltungen (Bild 1.29) oder durch Mehrwegempfang (Funk).

- Empfangsfilter: Hier geschieht die Nachbarkanaltrennung (FDM-Systeme) und die Elimination des out-of-band-noise, Bild 1.67.

- Entzerrer: Dieser letzte Block der Filterkaskade hat die Aufgabe, die Nyquistflanke zu vervollständigen. Entzerrer und Empfangsfilter können in einem Block gemeinsam realisiert werden.

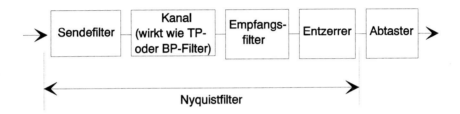

Bild 2.10 Die Nyquistfilterung wird auf mehrere Komponenten verteilt

Für den Entzerrer gilt im Prinzip das bereits im Abschnitt 1.2.2.3 Gesagte. Der Unterschied liegt darin, dass jetzt der Entzerrer nicht den Kanalfrequenzgang kompensieren muss, sondern er muss die 1. Nyquistbedingung erfüllen, d.h. der Entzerrer muss das Impulsübersprechen unter eine tolerierbare Limite reduzieren. Auch hier werden gerne (v.a. bei schnellen Datenübertragungen adaptive) Transversalfilter eingesetzt.

Bild 2.8 zeigt, dass an den Abtastzeitpunkten der ursprünglich gesendete Amplitudenwert absolut korrekt messbar ist. In der Praxis sind die Verhältnisse natürlich nicht so ideal:

- dem Empfangssignal ist ein Rauschen überlagert
- die Nyquistfilterung ist nicht ganz korrekt
- der Taktregenerator ist mit einem Jitter behaftet.

Bei einer digitalen Übertragung sind die Amplitudenwerte jedoch diskret, ein gewisses Mass an Rauschen, ISI und Jitter ist darum problemlos tolerierbar.

Je mehr Übertragungsbandbreite im Verhältnis zur Baudrate investiert wird, desto mehr Jitter ist tolerierbar und desto ungenauer kann das 1. Nyquistkriterium eingehalten werden.

Bitfehler können im Empfänger auf zwei Arten entstehen: der Rauschabstand ist zu schlecht oder das Impulsübersprechen ist zu gross. Bemerkenswert ist aber der Unterschied zwischen diesen beiden Bitfehlerarten:

> *Bei Rauschstörung sind die Bitfehler unabhängig vom Nachrichtensignal*
> *und können durch Erhöhen der Sendeleistung verkleinert werden.*
>
> *Bei ISI sind die Bitfehler abhängig vom Nachrichtensignal und lassen*
> *sich durch Erhöhen der Sendeleistung nicht verkleinern.*

Mit (2.1), (2.3) und (2.5) kann man nun eine praxistaugliche Formel für den Zusammenhang zwischen Bandbreite und Datenrate angeben:

Datenrate bei Basisbandübertragung:
$$R = \log_2(M) \cdot \frac{2 \cdot B_{ü}}{1+r} \qquad (2.6)$$

Dabei bedeuten: R Datenrate in Bit/s
  $B_{ü}$ Übertragungsbandbreite in Hz
  r roll-off-Faktor des Nyquistfilters (Bereich 0 … 1, Praxiswert: 0.5)
  M Wertigkeit des Signales

Die *maximal mögliche Baudrate* einer Übertragung hängt nur von der verfügbaren Bandbreite ab. Dies gilt für alle Kanäle, also auch für rauschfreie Übertragungen. Die Wertigkeit könnte dabei aber beliebig gross gewählt werden und die Datenrate R würde dadurch ebenfalls beliebig gross. Bei verrauschten Kanälen und *redundanzfreien* Bit (d.h. keine Kanalcodierung) gilt

R (Datenrate) = J (Informationsrate) ≤ C (Kanalkapazität)

Bei gegebenem Rauschabstand eines Kanals lässt sich damit die *maximal mögliche Wertigkeit* der Signale berechnen.

Nach (1.17) und (2.6) verlangt eine Nachrichtenübertragung mit grosser Datenrate R auch eine grosse Bandbreite. Deshalb werden die Ausdrücke „schnelle Datenübertragung" und „breitbandige Datenübertragung" oft gleichgesetzt. „Schnell" meint dabei die Datenrate und nicht etwa die Ausbreitungsgeschwindigkeit. Letztere ist bei Funkübertragungen gleich der Lichtgeschwindigkeit, bei Übertragungen über Leitungen etwa 2/3 der Lichtgeschwindigkeit. Dazu kommt eine oft stark ins Gewicht fallende Verzögerung in den Knoten eines Nachrichtennetzes (Bild 1.49).

Berechnungsbeispiel: Es steht ein Kanal von 48 kHz zur Verfügung und das Nyquistfilter soll einen Roll-off-Faktor von 0.5 haben. Der Rauschabstand im Kanal beträgt 40 dB.

Zuerst wird mit (2.1) und (2.6) die Baudrate S berechnet:

$$S = \frac{R}{\log_2(M)} \leq \frac{2 \cdot B_{ü}}{1+r} = 64 \text{ kbaud}$$

Nun wird mit (1.17) oder (1.18) die Obergrenze von R bestimmt:

$$R \leq \frac{B_{ü}}{3} \cdot SR_K = \frac{48000}{3} \cdot 40 = 640 \text{ kBit / s}$$

Nun wird mit (2.1) der Maximalwert von M berechnet:

$$\log_2(M) \leq \frac{R}{S} = 10 \quad \Rightarrow \quad M \leq 1024$$

Mit M = 1024 wäre der Kanal vollständig ausgereizt. Viel sicherer wäre es, M = 2 zu setzen und nur eine Datenrate von 64 kBit/s zu benutzen. Die Möglichkeit einer Kanalcodierung blieb noch unberücksichtigt.

2.7 Sender, Empfänger und Repeater

Nun können wir die bisher beschriebenen Konzepte im Verbund betrachten, Bild 2.11. Mit Ausnahme des Abtasters sind bereits alle Blöcke besprochen worden.

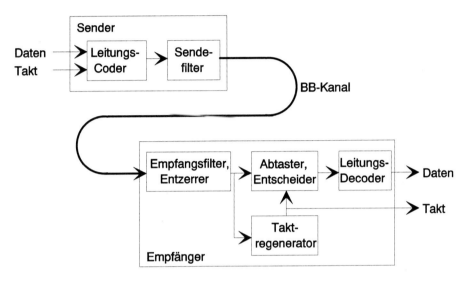

Bild 2.11 Blockschema eines Systems zur Datenübertragung im Basisband

Digitale Übertragung ist der Austausch von Symbolen aus einem endlichen Alphabet. Dieser Merksatz wurde schon im Abschnitt 1.1.3 festgehalten. Im Empfänger braucht es deshalb einen Entscheider, der das am wahrscheinlichsten gesendete Symbol eruiert.

Bei der digitalen Basisbandübertragung wählt man als Symbole Pulse mit unterschiedlichen, aber diskreten Höhen. Der Entscheider ist demnach ein Abtaster. Dieser misst zu den vom Taktregenerator bestimmten Zeitpunkten das entzerrte Empfangssignal und ordnet den kontinuierlichen physikalischen Signalwerten diskrete logische Werte zu. Im Fall eines ternären oder pseudoternären Leitungscodes hat der Abtaster sich also für eine aus drei Möglichkeiten zu entscheiden. Am einfachsten ist der Fall der bipolaren Binärübertragung: der Abtaster besteht aus einem simplen Komparator, der feststellt, ob das Signal positiv oder negativ ist.

Bei gleicher maximaler Amplitude des Empfangssignales erfolgt die Entscheidung umso treffsicherer, je weniger Signalzustände zur Auswahl stehen, Bild 2.12. Die Binärübertragung ist also störresistenter als eine quaternäre Übertragung, letztere hat aber bei gleicher Bitrate nur die halbe Baudrate und belegt darum auch nur die halbe Bandbreite.

Der Abtaster besteht bei Binärübertragungen aus einem einzigen Komparator. Bei quaternärer Übertragung sind drei Komparatoren sowie eine Auswertelogik notwendig. Jeder dieser Komparatoren braucht einen eigenen Referenzpegel. Wegen der Leitungsdämpfung müssen diese Pegel aus dem Empfangssignal abgeleitet werden, z.B. mit einem Spitzenwertdetektor und Spannungsteiler. Als Variante bleiben die Referenzpegel fix, dafür wird mit dem Ausgangssignal des Peak-Detektors ein Vorverstärker geregelt.

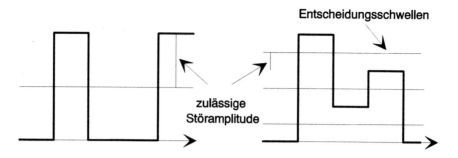

Bild 2.12   Entscheidungsschwellen und zulässige Störamplituden bei unipolarer binärer (links)
und unipolarer quaternärer (rechts) Übertragung.

Speziell einfach wird die Abtastung bei der bipolaren Binärübertragung: die Entscheidungsschwelle beträgt stets 0 V, unabhängig von der Signalamplitude und damit auch unabhängig
von der Dämpfung im Kanal. Nach dem Komparator muss mit dem regenerierten Takt synchronisiert werden, Bild 2.13 zeigt ein Prinzipschema mit einem D-Flip-Flop. Dieses stellt den
eigentlichen Abtaster dar.

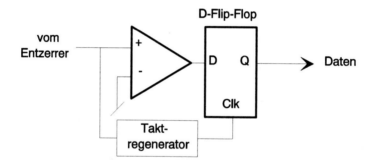

Bild 2.13 Abtastung mit Komparator, Bitsynchronisation mit D-Flip-Flop

Zunehmend häufiger findet man anstelle von mehreren Komparatoren einen einzigen AD-
Wandler, Bild 2.14. Ein 8-Bit-ADC als Beispiel liefert 256 mögliche Ausgangswerte. Das
Problem der korrekten Komparator-Referenzen wird damit verlagert auf das Problem der Zuordnung von Ausgangszahlen*bereichen* des ADC zu entsprechenden logischen Zuständen. Mit
etwas Software kombiniert kann der ADC auch noch die Funktionen des Peak-Detektors übernehmen und so die Wahl dieser Zuordnung unterstützen. Der ADC wird mit dem regenerierten
Takt getriggert und wirkt gleichzeitig als Komparatorkette und Abtaster.

Der Komparator in Bild 2.13 entscheidet knallhart, aber wegen des Rauschens vielleicht doch
falsch zwischen den möglichen Signalzuständen (*hard decision*). Ein ADC als Entscheider
bietet hier eine Verbesserungsmöglichkeit. Bei binärer Übertragung z.B. müssen bei hard decision die 256 Ausgangszahlen eines 8-Bit-ADC in zwei Bereiche unterteilt werden. Beim Prinzip der *soft decision* werden direkt die Abtastwerte (reelle anstelle logischer Werte) an den
Decoder weitergegeben. Die eigentliche Entscheidung wird also vertagt. Die Fehlerkorrektur
einer Kanalcodierung kann dadurch effizienter arbeiten, vgl. Abschnitt 4.3. Eine Variante be-

steht darin, nach dem AD-Wandler drei statt nur zwei Bereiche zu unterscheiden, nämlich „1", „0" und „unsicher", wodurch man einzelne Bit als verdächtig markieren kann.

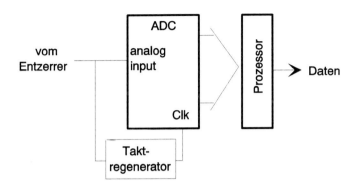

Bild 2.14 Abtastung und Bitsynchronisation mit einem Analog-Digital-Konverter

Ob der Entscheider eine einfache oder eine schwierige Aufgabe hat, hängt von mehreren Faktoren ab: Übertragungsbandbreite, Roll-Off-Faktor der Filter, Entzerrung, Jitter, überlagerte Störungen, Nichtidealitäten der Geräte usw. Massgebend für eine fehlerfreie Regenerierung des Digitalsignals sind das Aussehen des Empfangssignal am Eingang des Entscheiders sowie die Lage der Abtastzeitpunkte. Eine sehr anschauliche Darstellung dieser Verhältnisse liefert das *Augendiagramm* (*eye pattern*). Dies ist nichts anderes als ein Oszillogramm des Signales am Eingang des Entscheiders, wobei das Oszilloskop getriggert wird mit dem im Empfänger regenerierten Bittakt. Das Datensignal soll dabei eine möglichst zufällige Bitverteilung aufweisen. Bei jitterfreier Taktregeneration liegen dann auf dem Oszillogramm alle Signalwechsel übereinander. Bild 2.15 zeigt oben ein Beispiel für eine ternäre Übertragung.

Falls das Empfangssignal durch Rauschen gestört wird, wird die vertikale Augenöffnung kleiner, Bild 2.15 Mitte. Ein Jitter aufgrund nichtidealer Taktregeneration verschiebt im Augendiagramm die zeitliche (horizontale) Lage der Signalwechsel. Die horizontale Augenöffnung wird dadurch kleiner. Die Pulsform selber hat ebenfalls einen Einfluss auf die Breite des Auges. Das *2. Nyquistkriterium* besagt, dass bei einem Roll-off-Faktor r = 1 die horizontale Augenöffnung maximal wird [Mil97].

Je schmaler das Auge ist, desto genauer müssen die Abtastzeitpunkte eingehalten werden, desto schlechter ist also die Jitterverträglichkeit.

Man erkennt sofort, dass eine fehlerfreie Entscheidung umso einfacher ist, je grösser die Augenöffnung ist. Die vertikale Augenöffnung wird reduziert durch:

- ISI: der Entzerrer arbeitet nicht ideal, das 1. Nyquistkriterium wird verletzt.

- Rauschen: dem Empfangssignal sind Störungen überlagert.

Die horizontale Augenöffnung wird reduziert durch:

- Pulsformung: das 2. Nyquistkriterium wird verletzt

- Jitter: der Taktregenerator arbeitet nicht ideal

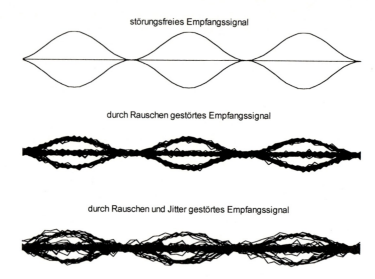

störungsfreies Empfangssignal

durch Rauschen gestörtes Empfangssignal

durch Rauschen und Jitter gestörtes Empfangssignal

Bild 2.15   Verschiedene Augendiagramme eines AMI-Signales. Bei allen Teilbildern wurden
80 Zufallssignale übereinander gezeichnet.

Der Abtaster nutzt nicht alle Möglichkeiten aus, die das Empfangssignal bietet. Bild 2.16 zeigt
oben ein ungestörtes NRZ-Signal ohne Pulsformung. Dieses Signal wird zu den Zeitpunkten 1,
2, 3, 4 und 5 abgetastet. In der Mitte ist dasselbe Signal, jedoch stark verrauscht dargestellt.
Nun wird der Abtaster bei $t = 3$ eine Fehlentscheidung treffen. Wir wissen aber, dass bei digitaler Übertragung nur endliche viele Symbolformen vorkommen. Wir kennen sogar alle diese
Formen, die Information steckt ja lediglich darin, welches der Symbole eintrifft. Beim Bild
2.16 Mitte erwarten wir einen positiven Puls oder einen negativen Puls. Mit dieser Erwartung
können wir aus dem Zeitintervall 2.5 … 3.5 den richtigen Entscheid treffen. Die Unzulänglich-
keit des Abtasters liegt darin, dass das Empfangssignal nur zu den Abtastzeitpunkten ausgewertet wird, nicht aber davor und danach. Somit verpufft bereits investierte Sendeenergie unbenutzt beim Empfänger.

Eine Verbesserungsmöglichkeit besteht darin, jeden Puls dreimal oder fünfmal abzutasten und
einen Mehrheitsentscheid zu fällen. Damit mitteln sich die Störungen aus und kurzzeitige aber
starke Störspitzen in der Pulsmitte können verkraftet werden. Der Entscheid fällt dabei nicht in
der Pulsmitte sondern erst an dessen Ende.

Man könnte noch weiter gehen und den Puls unendlich oft abtasten und die Abtastwerte summieren. Diese Funktion wird durch einen Reset-Integrator realisiert, der jeweils am Pulsanfang
auf Null gesetzt wird und dessen Ausgangswert am Puls*ende* durch einen Abtaster abgefragt
wird. Bild 2.16 unten zeigt das Ausgangssignal dieses Integrators. Zu den Zeitpunkten 1.5, 2.5,
3.5, 4.5 und 5.5 lässt sich der korrekte Wert des Datensignals problemlos eruieren.

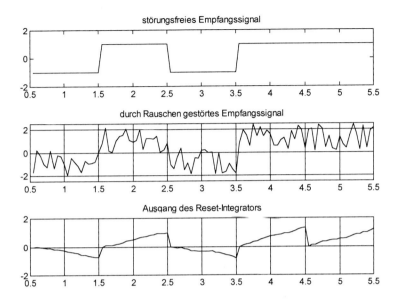

Bild 2.16 Symboldetektion durch einen Reset-Integrator

Natürlich setzt in der Praxis die Augenbreite der Anwendung des Integrators eine Grenze, die Methode muss darum verfeinert werden.

Der oben beschriebene Reset-Integrator ist ein Vertreter eines übergeordneten Prinzips, nämlich des *Korrelationsempfängers*. Bei diesem Konzept geht es darum, stark verrauschte Signale besser zu interpretieren als der Abtaster. Die Herleitung des Korrelationsempfängers verlangt natürlich vertiefte Kenntnisse der statistischen Signalbeschreibung und ist z.B. in [Mil97], [Kam92] oder [Mey02] zu finden. Hier soll das Prinzip lediglich heuristisch hergeleitet werden.

Bei der digitalen Übertragung geht es für den Empfänger lediglich darum, zu erraten, welches aus einer Gruppe von vorher mit dem Sender vereinbarten Symbole gesendet wurde. Der Korrelator nutzt die a priori Kenntnis der möglichen Symbolformen aus. Im Gegensatz zum Abtaster untersucht er die Symbole während ihrer ganzen Dauer und nicht nur in deren Mitte.

Shannon hat gezeigt, dass zur Informationsübertragung Energie notwendig ist, Gleichung (1.24). Die Energie eines Symbols wird bestimmt durch die Integration des Signalquadrats:

$$E_{Symbol} = \int_{0}^{T} s^2(t)\, dt \tag{2.7}$$

Das Quadrat in (2.7) wird nun ersetzt durch das Produkt aus dem empfangenen Signal mal dem erwarteten Signal:

$$E = \int_{0}^{T} s_{empf}(t) \cdot s_{erw}(t)\, dt \tag{2.8}$$

Diese Integration wird ausgeführt durch ein Filter. Allgemein berechnet sich bei diesen das Ausgangssignal y(t) durch Faltung des Eingangssignals x(t) mit der Stossantwort h(t):

$$y(t) = x(t) * h(t) = \int\limits_{-\infty}^{\infty} x(\tau) \cdot h(t - \tau)\, d\tau \tag{2.9}$$

Vergleicht man (2.9) mit (2.8), so erkennt man die Dimensionierung von h(t): h(t-τ) ist die gespiegelte Stossantwort und diese sollte dem erwarteten Puls entsprechen. Da die Stossantwort dem Signal angepasst wird, spricht man vom *matched filter*. Es heisst auch *optimales Suchfilter* oder *Korrelationsfilter*.

Bei der digitalen Übertragung haben die Symbole eine endliche Dauer, also wird ein Filter mit endlicher Stossantwort benötigt. Das sind die FIR-Filter oder Transversalfilter (Bild 1.60), wobei die Koeffizienten b_i bis auf einen konstanten Faktor gerade den Abtastwerten der gewünschten Stossantwort entsprechen [Mey02].

Ein Korrelationsempfänger braucht nun soviele Korrelatoren wie mögliche Symbolformen. Bild 2.17 zeigt den Korrelationsempfänger für binäre Signale.

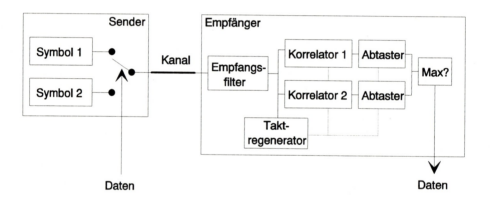

Bild 2.17 Korrelationsempfänger für binäre Signale

Die Symbole im Sender von Bild 2.17 entsprechen den Übertragungssymbolen aus Bild 1.48. Bild 2.17 gilt nicht nur für die digitale Basisbandübertragung, sondern auch für die digitale BP-Übertragung.

Im Abschnitt 1.1.9 wurde festgehalten, dass die Übertragungssymbole punkto Amplitude und Spektrum dem Kanal angepasst sein müssen und sich zudem möglichst stark voneinander unterscheiden sollen. Der letzte Punkt kann jetzt genauer formuliert werden: die Ausgänge der Korrelatoren in Bild 2.17 müssen sich möglichst stark unterscheiden, d.h. die verschiedenen Symbolformen müssen untereinander *unkorreliert* bzw. *orthogonal* sein. Zwei Signale $s_1(t)$ und $s_2(t)$ sind dann orthogonal, wenn (2.10) gilt:

$$\int\limits_{t_1}^{t_2} s_1(t) \cdot s_2(t)\, dt = 0 \tag{2.10}$$

Repeater:

Repeater werden zwischen Sender und Empfänger eingesetzt, um die Verbindungsdistanz zu erhöhen. Sie regenerieren das Digitalsignal komplett und schicken es aufgefrischt auf die nächste Etappe.

Der Repeater besteht somit aus einem Empfänger gemäss Bild 2.11 unten, gefolgt von einem Sender gemäss Bild 2.11 oben. Der Decoder des Empfängers und der Leitungscoder des Senders erfüllen jedoch inverse Aufgaben, beim Repeater können darum beide weggelassen werden. Das Blockschaltbild des Repeaters besteht also aus dem Empfänger aus Bild 2.11 unten, wobei anstelle des Decoders ein Sendefilter und ein Verstärker eingesetzt werden, Bild 2.18.

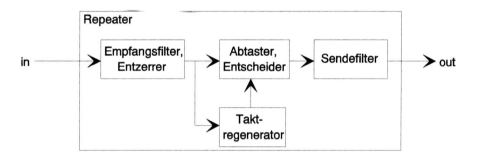

Bild 2.18 Blockschaltbild eines Repeaters (Regenerators)

Lange Verbindungsstrecken unterteilt man in Etappen, die man mit Repeatern aneinanderfügt, Bild 2.19.

Bild 2.19 Weitdistanzverbindung mit Repeatern (TX = Sender, RX = Empfänger, Rptr = Repeater)

Selbstverständlich sind auch Duplexverbindungen möglich, der apparative Aufwand verdoppelt sich natürlich. Häufig haben dann Hin- und Rückrichtung ihren eigenen Takt.

Problematisch kann der Jitter werden, der sich von Regenerator zu Regenerator vergrössern kann. Mit speziellen Schaltungen (träge PLL) wird der Jitter nötigenfalls reduziert.

Die Stärke der digitalen Übertragung liegt in der Immunität der Information, also in einer gewissen Unverletzlichkeit des Nachrichteninhaltes. Falls das Eingangssignal eines Repeaters noch nicht zu schlecht ist, kann es zu 100% regeneriert, also von Störungen und Verzerrungen befreit werden. Digitale Signale lassen sich darum über beliebig weite Distanzen übertragen. Dies im Gegensatz zu analogen Signalen, die zwar auch regeneriert werden können, allerdings unter zunehmender Verschlechterung des Signal-Rauschabstandes. Dank der abschnittsweisen Regeneration gilt:

> *Bei digitaler Übertragung addieren sich nur die Bitfehler,*
> *nicht aber die Störgeräusche!*

Ein einmal eingeschleuster Bitfehler wird natürlich im nächsten Repeater wieder regeneriert, bleibt also erhalten. Dies lässt sich durch eine Kanalcodierung verhindern, die entweder die gesamte Strecke zusammen oder jede Etappe einzeln schützt. Der Preis für die zweite Variante liegt in komplizierteren und somit teureren Repeatern sowie wegen der Verarbeitungszeit in einer grösseren Verzögerungszeit. Die Datenrate hingegen wird gegenüber einer End-zu-End-Kanalcodierung *nicht* erhöht. In der Sprache des OSI-Modells (Abschnitt 6.1) bewegt sich ein Repeater ohne Kanalcodierung in der Schicht 1, während ein Repeater mit Kanalcodierung die Schichten 1 und 2 umfasst (man spricht dann von einer *Bridge*, vgl. Abschnitt 6.1).

Eine lange Verbindungsstrecke (Bilder 1.29 und 2.19) wird aus wirtschaftlichen Gründen meistens als Zeitmultiplex-Strecke (TDM) ausgeführt. Da nicht alle Teildatenströme eines Multiplex-Bündels dieselbe Strecke zurücklegen müssen, werden unterwegs diverse Knoten (Multiplexer und Zentralen) eingefügt. Man gelangt so zu einem vermittelten Datennetz nach Bild 1.49. Die Rangierfunktion der Knoten gehört zur Schicht 3 des OSI-Modells. Für einen Teildatenstrom wirken die eingeschlauften Multiplexer wie Repeater.

Beim Ausfall eines Teilstückes einer TDM-Übertragung (das ist ein einziger physikalischer Kanal) sind zahlreiche *logische Verbindungen* betroffen. Im Multiplexsignal wird darum häufig ein Kanal für den Verbindungs*betreiber* und nicht für einen Verbindungs*benützer* reserviert (*EOW = engineering order wire = Dienstkanal*). Insbesondere bei Duplexübertragung ergibt sich damit die Möglichkeit, beim Ausfall der Strecke mit fernkommandierten *Schlaufungen* die Fehlerstelle einzugrenzen. Repeater werden auch mit einer Selbstüberwachung ausgestattet, im Fehlerfalle wird meistens ein *Ersatztakt* (im Repeater selber erzeugt) weitergeleitet. Dieser wird mindestens für den Dienstkanal gebraucht. Anstelle der verlorengegangenen Daten wird nach der Fehlerstelle ein AIS-Signal weitergeleitet (*alarm indication signal*). Dieses hat einfach ein zuvor verabredetes Bitmuster.

Moderne Sender und Empfänger arbeiten rein digital. Am Empfängereingang liegt dann ein *schnell* getakteter ADC (etwa zehn- bis zwanzigfache Baudrate, im Gegensatz zum ADC in Bild 2.14, der mit der Baudrate getaktet ist), danach folgt ein DSP (digitaler Signalprozessor). Dieser erledigt per Software alle Aufgaben wie Empfangsfilterung, Entzerrung, Taktregeneration, Entscheidung für die logischen Zustände und Codewandlung. Am Schluss wird die Taktrate reduziert auf die Bitrate.

Bei Duplexübertragungen über Zweidrahtkanäle sind die Eigenechos ein Problem. Diese haben ihre Ursache in Gabelasymmetrien (Bild 1.29) und Stoss-Stellen in den Kabeln (Leitungsinhomogenitäten aufgrund von Defekten, schlechten Steckverbindungen usw.). Das Empfangssignal besteht somit aus einem Gemisch des Signals der Gegenstelle und dem eigenen Echo. Mit einem *echo canceller* werden diese Echos bekämpft, es handelt sich dabei wiederum um adaptive FIR-Filter. Diese nutzen aus, dass sie die Form des Echos schon kennen, Bild 2.20. Es handelt sich dabei um eine Verbesserung des Störabstandes nach der Kompensationsmethode, Abschnitt 1.3.1.3.

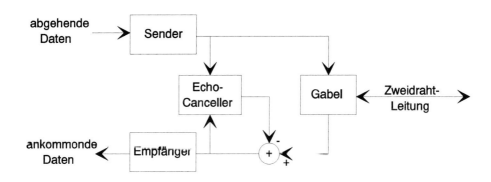

Bild 2.20 Basisband-Transceiver (Sende-Empfänger) mit Echo-Unterdrückung

Bei einer Datenübertragung kommunizieren zwei Maschinen zusammen. Man spricht von *data terminal equipment* (*DTE*), also dem Endgerät wie z.B. einem Computer usw. und dem *data communication equipment* (*DCE*), also dem Übertragungsgerät wie z.B. Codec (Coder/Decoder) und Modem (Modulator/Demodulator). Bild 2.21 zeigt die Reihenfolge der Geräte bei einer Übertragung von A nach B. Zwischen DTE und DCE erfolgt die Übertragung parallel oder seriell (kleine Distanz), zwischen den DCE findet stets eine serielle Übertragung statt.

Bei Duplex-Übertragungen kann wie bereits erwähnt durch Schlaufung das eigene Signal wieder empfangen und durch beidseitige Schlaufung ein Fehler eingegrenzt werden. In der ITU-T -Empfehlung V.54 sind vier solche Schlaufen definiert. Die Schlaufen für Teilnehmer A sind in Bild 2.21 ebenfalls eingetragen.

Bild 2.21 Testschlaufen für Teilnehmer A nach ITU-T - Empfehlung V.54

Moderne Geräte überwachen sich im Betrieb selber (BITE = *built in test equipment*) und lösen im Fehlerfall eine Schlaufung und Alarmierung aus.

2.8 Der Einfluss von Störungen: Bitfehler

Wird ein *rauschfreies* Signal empfangen und nur so entzerrt, dass das Augendiagramm gerade minimal geöffnet ist, so wird stets der richtige Zustand detektiert und es treten somit keine Bitfehler auf.

Jedem Empfangssignal ist aber in der Praxis ein Rauschen überlagert. In diesem Fall können auch bei optimaler Entzerrung, d.h. maximaler Augenöffnung, Fehlentscheidungen auftreten. Es ist sehr wünschenswert, die resultierende Bitfehlerquote (BER = *bit error ratio*) zu berechnen, um Grundlagen zur Verfügung zu haben für

- den Vergleich verschiedener Übertragungsarten,

- die Auswahl und Dimensionierung einer allfälligen Kanalcodierung zur Elimination dieser Fehler.

Die Bitfehlerquote ist definiert als der Quotient

$$BER = \frac{\text{Anzahl falsch detektierter Bit}}{\text{Anzahl gesamthaft übertragener Bit}} \tag{2.11}$$

Wird die Anzahl der übertragenen Bit erhöht, so konvergiert die einfach zu messende BER zu einem Endwert, der Bitfehlerwahrscheinlichkeit p_{Fehler}. Bei genügender Anzahl Bit wird einfach BER = p_{Fehler} gesetzt.

Die Bitfehler treten aufgrund der Störungen auf. Diese haben einen zufälligen Charakter, für die Berechnung der BER wird darum Wahrscheinlichkeitsrechnung benötigt. Nachstehend soll der Berechnungsvorgang skizziert werden am Beispiel einer bipolaren NRZ-Übertragung. Die Schwierigkeit liegt darin, dass einige Annahmen über den Charakter der Störungen getroffen werden müssen. Dabei soll die Störung so charakterisiert werden, dass die Resultate auf die Wirklichkeit anwendbar sind und anderseits die Berechnung nicht zu kompliziert wird. Meistens wird als guter Kompromiss ein weisses Rauschen als Störsignal gewählt. Unterschiede zwischen der berechneten BER und der einfach messbaren BER treten auf aufgrund:

- zuwenig exakter Modelle der Störung

- Nichtidealitäten der benutzten Geräte

Die Wahrscheinlichkeitsdichte des weissen Rauschens wird mit der Gauss'schen Normalverteilung modelliert:

$$p(u_R) = \frac{1}{\sqrt{2\pi} \cdot U_R} \cdot e^{-\frac{1}{2}\left(\frac{u_R}{U_R}\right)^2} \tag{2.12}$$

U_R bezeichnet den Effektivwert des Rauschens, u_R dessen Momentanwert und $p(u_R)$ die Wahrscheinlichkeit für das Auftreten des Momentanwertes u_R.

Das *ungestörte* bipolare NRZ-Signal hat zwei mögliche Spannungswerte am Empfangsort, nämlich $u_1(t) = +U_E$ und $u_0(t) = -U_E$ (für logisch 1 bzw. 0). Diese Werte bezeichnen die Sollwerte und gelten im Abtastzeitpunkt und somit auch dann, wenn eine Pulsformung angewandt wurde. Diesem Signal wird ein weisses Rauschen überlagert, dadurch ergeben sich die Momentanwerte für das *gestörte* Empfangssignal im Abtastzeitpunkt:

$$u_1(t) = +U_E + u_R(t)$$
$$u_0(t) = -U_E + u_R(t)$$

$$(2.13)$$

Die Wahrscheinlichkeitsverteilung für $u_1(t)$ kann aufgrund (2.12) angegeben werden, da U_E keinerlei Streuung aufweist (ungestörtes Signal). Das verrauschte Signal $u_1(t)$ hat darum dieselbe Streuung wie das Rauschsignal $u_R(t) = u_1(t) - U_E$, aber einen anderen Mittelwert, nämlich U_E statt 0. Dasselbe gilt sinngemäss für $u_0(t)$. In Formeln:

$$p(u_1) = \frac{1}{\sqrt{2\pi} \cdot U_R} \cdot e^{-\frac{1}{2}\left(\frac{u_1 - U_E}{U_R}\right)^2} \qquad\qquad p(u_0) = \frac{1}{\sqrt{2\pi} \cdot U_R} \cdot e^{-\frac{1}{2}\left(\frac{u_0 + U_E}{U_R}\right)^2} \qquad (2.14)$$

Bild 2.22 zeigt den Verlauf dieser beiden Funktionen.

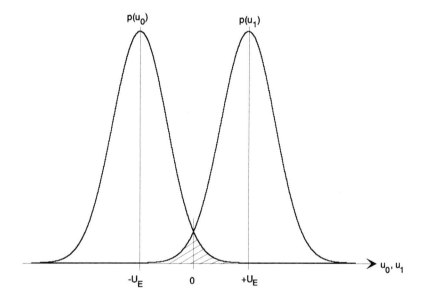

Bild 2.22 Wahrscheinlichkeitsdichte eines durch weisses Rauschen gestörten bipolaren NRZ-Signals

In der Statistik schreibt man σ (*Standardabweichung*, σ^2 ist die *Varianz* oder *Streuung*) statt U_R (Effektivwert des Rauschens). Damit wird ein zeitlicher Mittelwert (der Effektivwert) mit einer statistischen Kenngrösse (der Standardabweichung) verknüpft. Die Leistung (Quadrat des Effektivwertes) eines *DC-freien* Signals (oder die Leistung aller AC-Komponenten eines Signals) ist somit gleich der Varianz dieses Signales.

In Bild 2.22 liegt die Entscheidungsschwelle in der Mitte zwischen den beiden Sollspannungen, bei einem bipolaren Signal demnach bei 0 Volt. Der Entscheider ist also ein Komparator, der das Vorzeichen der Empfangsspannung feststellt. Gefährlich ist der in Bild 2.22 schraffierte Bereich: dort kann der Komparator Fehlentscheidungen treffen.

Die Wahrscheinlichkeitsdichte des Gauss'schen Rauschens ist symmetrisch zum Mittelwert. Aus (2.12) kann man die Wahrscheinlichkeit berechnen, dass der Betrag von u_R kleiner als U_E ist:

$$p(|u_R| \leq U_E) = \int_{-U_E}^{+U_E} p(u_R)\, du_R = 2 \cdot \int_0^{+U_E} p(u_R)\, du_R \tag{2.15}$$

Grössere Momentanwerte sind gefährlich für eine korrekte Detektion und haben die Wahrscheinlichkeit:

$$p(|u_R| > U_E) = 1 - 2 \cdot \int_0^{+U_E} p(u_R)\, du_R \tag{2.16}$$

Fehlentscheidungen ergeben sich dann, wenn bei einem 1-Bit (Sollspannung $+U_E$) ein betragsmässig grosser negativer Momentanwert der Rauschspannung u_R auftritt, oder wenn bei einem 0-Bit (Sollspannung $-U_E$) ein betragsmässig grosser positiver Momentanwert der Rauschspannung u_R auftritt. Eine Fehlentscheidung tritt demnach mit der *halben* Wahrscheinlichkeit gegenüber (2.16) auf. Setzt man (2.12) ein, so ergibt sich:

$$p_{Fehler} = 0.5 - \frac{1}{\sqrt{2\pi} \cdot U_R} \cdot \int_0^{U_E} e^{-\frac{1}{2}\left(\frac{u_R}{U_R}\right)^2}\, du_R \tag{2.17}$$

Diese Gleichung ist nicht analytisch lösbar. Sie lässt sich aber umformen auf das *Gauss'sche Fehlerintegral* (*error function*) erf(x):

$$erf(x) = \frac{2}{\sqrt{\pi}} \cdot \int_0^x e^{-z^2}\, dz \tag{2.18}$$

Dieses Fehlerintegral ist natürlich auch nicht elementar darstellbar, jedoch kann man es einfach numerisch berechnen. Setzt man $x = U_E$ und führt man die Variablensubstitution

$$z = \frac{u_R}{\sqrt{2} \cdot U_R} \tag{2.19}$$

aus, so ergibt sich aus (2.18):

$$erf\left(\frac{U_E}{\sqrt{2} \cdot U_R}\right) = \frac{2}{\sqrt{\pi}} \cdot \int_0^{U_E} e^{-\left(\frac{u_R}{\sqrt{2} \cdot U_R}\right)^2}\, d\left(\frac{1}{\sqrt{2} \cdot U_R} \cdot u_R\right)$$

$$= \frac{2}{\sqrt{2\pi} \cdot U_R} \cdot \int_0^{U_E} e^{-\frac{1}{2}\left(\frac{u_R}{U_R}\right)^2}\, du_R \tag{2.20}$$

Setzt man dies in (2.17) ein, so lässt sich endlich die Wahrscheinlichkeit eines Bitfehlers angeben:

$$p_{Fehler} = 0.5 - 0.5 \cdot erf\left(\frac{U_E}{\sqrt{2} \cdot U_R}\right) = 0.5 \cdot erfc\left(\frac{U_E}{\sqrt{2} \cdot U_R}\right)$$

$$= 0.5 - \frac{1}{\sqrt{2\pi} \cdot U_R} \cdot \int_0^{U_E} e^{-\frac{1}{2}\left(\frac{u_R}{U_R}\right)^2} du_R \tag{2.21}$$

erfc ist die komplementäre Fehlerfunktion. Gleichung (2.21) verknüpft die Bitfehlerwahrscheinlichkeit mit dem *Effektivwert* des störenden Rauschens. Dieser Effektivwert kann messtechnisch bestimmt werden.

Ohne Pulsformung ist das Nutzsignal ein Rechtecksignal mit den Werten $+U_E$ und $-U_E$, sein Effektivwert ist damit auch U_E. Der Effektivwert des Störsignales beträgt U_R, der Ausdruck U_E/U_R in obigen Gleichungen bezeichnet somit gerade die Wurzel aus dem Signal-Rausch-Abstand (*nicht* in dB!).

$$p_{Fehler} = 0.5 \cdot erfc\left(\sqrt{\frac{P_S}{2P_N}}\right) \tag{2.22}$$

Möchte man den Rauschabstand in dB angeben, so muss man den Quotienten U_E/U_R in (2.21) ersetzen durch:

$$\frac{U_E}{U_R} = 10^{\frac{\left.\frac{S}{N}\right|_{dB}}{20}} = 10^{0.05 \cdot SR_K} \tag{2.23}$$

SR_K bezeichnet den bereits im Abschnitt 1.1.9 eingeführten Signal-Rausch-Abstand im Kanal in dB. Damit ergibt sich aus (2.22):

$$\boxed{p_{Fehler} = 0.5 \cdot erfc\left(\frac{1}{\sqrt{2}} \cdot 10^{0.05 \cdot SR_K}\right)} \tag{2.24}$$

Bild 2.23 zeigt die numerische Auswertung der Gleichung (2.24).

Dieselbe Berechnung könnte durchgeführt werden mit einer zuerst variablen Entscheidungsschwelle anstelle des Mittelwertes zwischen den Sollspannungen $+U_E$ und $-U_E$. Danach liesse sich die optimale Höhe der Schwelle berechnen. Führt man dies aus unter den Annahmen

- dass die Rauschamplitude unabhängig ist vom Mittelwert des Rauschens (d.h. die Charakterisik der Rauschstörung ist unabhängig davon, ob eine 1 oder eine 0 gesendet wurde),

- die Anzahl der 1-Bit gleich ist wie die Anzahl der 0-Bit und

- dass der Schaden bei einer Fehldetektion unabhängig davon ist, ob es sich um ein 1-Bit oder ein 0-Bit handelt,

so ergibt sich als optimale Schwellenhöhe gerade der Mittelwert der beiden Sollspannungen. Dies gilt auch für unipolare und mehrwertige Signale und entspricht auch der intuitiven Wahl der Entscheidungsschwellen. Der letzte Punkt obiger drei Voraussetzungen wird von der Anwendung bestimmt. Bei einer Lichtsignalanlage beispielsweise ist es nicht egal, ob eine Ampel fälschlicherweise auf grün oder rot schaltet.

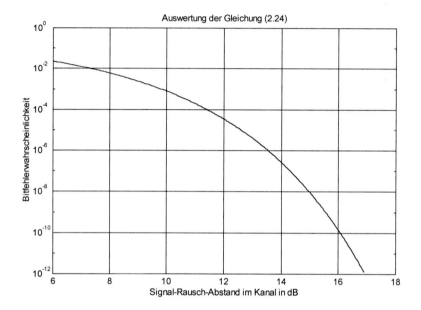

Bild 2.23   Zusammenhang zwischen dem Signal-Rauschabstand im Kanal (gemessen vor dem Abtaster) und der Bitfehlerwahrscheinlichkeit bei einem binären NRZ-Signal ohne Pulsformung. Die Kurve zeigt den theoretisch möglichen Grenzwert.

Bei einem Kanalrauschabstand von z.B. 14 dB ergibt sich nach Bild 2.23 eine Bitfehlerquote von unter 10^{-6}, d.h. auf 1 Million übertragene Bit wird im Mittel ein einziges falsch detektiert. Eine Kanalcodierung wird mit dieser Fehlerquote mühelos fertig. Vergleicht man diese 14 dB Kanalrauschabstand mit den Zahlen aus den Tabellen 1.7 und 1.8, so wird die Störresistenz der digitalen Übertragung gegenüber der analogen Variante deutlich sichtbar. Ein PCM-Sprachsignal mit einer BER von 10^{-4} ist nämlich noch problemlos verständlich.

Bild 2.23 zeigt, dass eine relativ kleine Vergrösserung des Rauschabstandes die Bitfehlerwahrscheinlichkeit bereits massiv verkleinert. Ein Kanal-Rauschabstand von nur 11.4 dB ergibt eine BER von 10^{-4}, ein SR_K von 13.6 dB ergibt eine BER von 10^{-6}. Der Unterschied zwischen diesen Zahlenpaaren kommt durch eine Verbesserung des Rauschabstandes um 2.2 dB zustande. Dies wird erreicht mit einer Erhöhung der Sendeleistung um lediglich den Faktor 1.7, wodurch die BER um den Faktor 100 verbessert wird! In der Praxis kann ein zusätzliches dB Rauschabstand absolut entscheidend sein für eine Verbindung. Diese Tatsache ist nichts anderes als der bereits in Bild 1.46 gezeigt Schwelleneffekt der digitalen Übertragung.

Eine fanatische Erhöhung der Sendeleistung verkleinert die Bitfehlerquote weiter, bringt sie aber nie auf Null. Wesentlich intelligenter ist es, stattdessen eine Kanalcodierung einzusetzen. Letztere kann je nach Dimensionierung mit einer BER von 10^{-6} durchaus leben und praktisch alle Fehler korrigieren. Noch intelligenter ist es, wenn man die Sendeleistung so einstellt, dass die BER unter eine vereinbarte Grenze fällt. Auch dies wurde im Zusammenhang mit Bild 1.46 schon besprochen.

Die maximal zulässige Störspannung beträgt U_E bei bipolarer binärer Übertragung und $U_E/2$ bei unipolarer binärer Übertragung, Bild 2.12 links. Beide Verfahren haben dieselbe Datenrate R bei gleicher Bandbreite, sie unterscheiden sich aber durch die Leistung: bei der unipolaren Variante wird während den 0-Bit keine Leistung investiert. Möchte man dieselbe BER, so benötigt man eine doppelte Empfangsspannung und somit eine vierfache *maximale* Sendeleistung, was einem Unterschied von 6 dB entspricht. Berücksichtigt man aber die Sendepausen bei der unipolaren Übertragung, so ergibt sich ein Unterschied in der *mittleren* Sendeleistung von nur 3 dB. Man muss demnach genau aufpassen, wie man verschiedene Übertragungsverfahren vergleicht. Leider bestehen hier in der Literatur ganz unterschiedliche Auffassungen.

Bei quaternärer Übertragung sinkt die zulässige Störspannung weiter, dies kann man wiederum mit Sendeleistung kompensieren. Auch hier ergibt sich leicht ein unfairer Vergleich: bei gleicher Bandbreite überträgt die quaternäre Methode die doppelte Datenrate.

Ein fairer Vergleich wird erreicht mit der schon im Abschnitt 1.1.8 benutzten Methode: als Bezugswert dient nicht P_S/P_N bei beliebiger Datenrate R, sondern E_{bit}/N_0 bei identischer Datenrate. Hier betrachten wir Daten ohne Redundanz durch Kanalcodierung, wir setzen darum R = J (Informationsrate) und Bit = bit.

Zuerst wird P_S/P_N ersetzt unter Verwendung von (1.20):

$$\frac{P_S}{P_N} = \frac{P_S}{k \cdot T \cdot B} = \frac{P_S}{N_0 \cdot B} \tag{2.25}$$

Nun wird nach (1.25) $P_S = E_{Bit} \cdot R$ gesetzt:

$$\boxed{\frac{P_S}{P_N} = \frac{E_{Bit} \cdot R}{N_0 \cdot B}} \tag{2.26}$$

Schliesslich wird noch mit (2.3) die Bandbreite berücksichtigt. Bei binärer Übertragung ist S = R:

$$\frac{P_S}{P_N} = \frac{E_{Bit} \cdot R}{N_0 \cdot S/2} = \frac{E_{Bit} \cdot R}{N_0 \cdot R/2} = 2 \cdot \frac{E_{Bit}}{N_0} \tag{2.27}$$

Zwischen den Achsenskalierungen P_S/P_N bzw. E_{Bit}/N_0 tritt ein Faktor 2 auf, in logarithmischer Darstellung ergibt dies einen Unterschied von 3 dB.

Bild 2.24 zeigt das Resultat, nämlich die Bitfehlerwahrscheinlichkeit in Funktion der normierten Energie pro Bit. Durch die Normierung ist die Kurve b) für die bipolare Übertragung gegenüber Bild 2.23 um 3 dB nach links verschoben. Die x-Achse wurde so gewählt, dass am linken Rand gerade die Shannongrenze von -1.6 dB liegt (Gleichung (1.28)). Weiter ist mit Kurve c) der Vergleich mit der unipolaren Übertragung möglich.

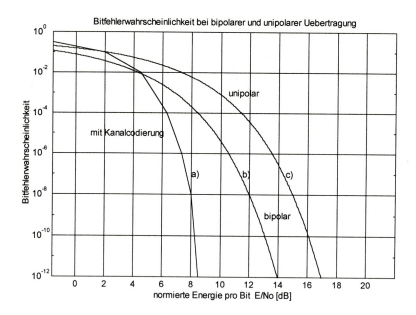

Bild 2.24 Bitfehlerquote in Funktion von SR_K, normiert auf die mittlere Leistung und die Nyquist-Bandbreite, wie z.B. in [Skl88]. Vorsicht: je nach Literaturstelle wird anders normiert, was eine horizontale Verschiebung der Kurven bewirkt.

Man erkennt aus Bild 2.24, dass die technisch eingesetzten Verfahren weit von der theoretischen Grenze entfernt liegen.

Die Kurve der bipolaren Übertragung in Bild 2.24 kann man unterbieten, indem man die Übertragungsbandbreite erhöht, ohne mehr Information zu übertragen. Die Bandbreite wird erhöht, indem die Bit kürzer werden, es können also in derselben Zeit mehr Bit übertragen werden. Das bedeutet, dass die Bandbreite erhöht wird durch Übertragung von redundanten Bit, d.h. 1 Bit wird kleiner als 1 bit. Dies ist nichts anderes als *Kanalcodierung*. Was mit heute gängiger Kanalcodierung erreichbar ist, ist ebenfalls (grob) in Bild 2.24 eingetragen (Kurve a).

Die Kurven b und c in Bild 2.24 stehen für Übertragungsverfahren unterschiedlicher Leistung, aber gleicher Bandbreite. Die Kurven a und b hingegen stehen für Verfahren gleicher Leistung, aber unterschiedlicher Bandbreite. In dieser normierten Darstellung können diese Verfahren fair verglichen werden.

Alle Kurven konvergieren bei schlechten Empfangsverhältnissen (linker Bildrand) gegen eine BER von 0.5. An diesem Punkt sind die decodierten Bit rein zufällig und unabhängig von dem, was der Sender abgeschickt hat. Da dieser aber gemäss Berechnungsvoraussetzung im Mittel gleich viele Nullen wie Einsen schickt, ergeben sich Zufallstreffer. Darum wird die BER nur 0.5 und nicht etwa 1.

Eine BER von 1 ist übrigens eine absolut sichere Übertragung, da alle Bit ja garantiert invertiert sind. Eine BER von 0.5 bedeutet, dass der Empfänger statt den Kanal abzuhören genausogut würfeln könnte.

Setzt man einen Korrelationsempfänger (Bild 2.16) ein anstelle des Abtasters, so verschieben sich die Kurven nach links, die BER wird bei gleichem Rauschabstand kleiner. Wie bereits erwähnt, kann dieser Unterschied entscheidend sein.

Diese ausführlichen Berechnungen zu den Bitfehlern und ihren Auswirkungen gelten nur für NRZ-Signale und gauss'sche Rauschstörungen. Der Sinn der Ausführungen liegt in zwei Punkten: Erstens können die Resultate qualitativ durchaus auf andere Fälle übertragen werden und vermitteln ein Gefühl für die Grössenordnungen. Zweitens sollte demonstriert werden, dass eine Berechnung zwar schwierig, aber immerhin möglich ist.

Zum Schluss zeigt Bild 2.25 das Prinzip der BER-Messung. Als Datenquelle dient ein digitaler Zufallsgenerator (PRBN = pseudo random binary noise), realisiert durch ein rückgekoppeltes Schieberegister. Am Empfangsort steht ein zweiter PRBN-Generator, der auf den ersten synchronisiert wird.

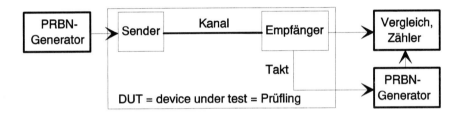

Bild 2.25 Das Prinzip der BER-Messung

Die Bitfehlerquote wird durch das Messgerät nur dann korrekt bestimmt, wenn die Messdauer genügend gross ist. Wenn man bei einer Datenrate von 64 kBit/s (ISDN-Kanal) und einer BER von 10^{-7} z.B. 10^4 Fehler abwartet, so muss man dazu 10^{11} Bit übertragen. Damit beträgt die Messdauer 18 Tage!

Unerwähnt blieben in diesem Kapitel die Partial-Response-Systeme. Diese brauchen lediglich die Nyquistbandbreite als Übertragungsbandbreite, nehmen dafür aber ein Impulsübersprechen in Kauf, was aus einem binären Signal ein pseudoternäres Signal entstehen lässt. Dieses ISI ist aber kontrolliert, d.h. berechenbar und kompensierbar. Die BER steigt gegenüber den ISI-freien Systemen leicht an. Für das Studium dieser Technik sei auf die Spezialliteratur verwiesen, z.B. [Kam92], [Mil97] und [Pro94].

Ebenso bietet die Technik des Korrelationsempfängers (matched filter) ein lohnendes Gebiet für eine vertiefte Behandlung.

3 Modulation

Die Einführung zu diesem Kapitel wurde bereits mit dem Abschnitt 1.1.9 vorweggenommen.

3.1 Analoge Modulation eines harmonischen Trägers

3.1.1 Einführung

Bild 3.1 zeigt das Blockschaltbild der Übertragungsstrecke. Sender und Empfänger sind insofern vereinfacht, dass keine Vorbehandlung des Quellensignals erfolgt. Ebenso fehlt ein Leistungsverstärker am Senderausgang. Dieser hat die Aufgabe, die Kanaldämpfung zu kompensieren, er ist aber systemtheoretisch uninteressant. Falls der Empfänger zur Demodulation ein
phasenrichtig rekonstruiertes Trägersignal benutzt, spricht man von *kohärenter* Demodulation,
andernfalls von *inkohärenter* Demodulation.

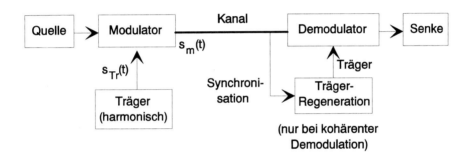

Bild 3.1 Übertragungsstrecke mit Modulator und Demodulator

In diesem Abschnitt 3.1 werden harmonische Schwingungen als Träger betrachtet:

$$s_{Tr}(t) = \hat{s}_{Tr} \cdot \cos(\psi(t)) = \hat{s}_{Tr} \cdot \cos(\omega_{Tr} \cdot t + \varphi_{Tr}) \tag{3.1}$$

Sowohl die Amplitude als auch der Nullphasenwinkel können moduliert werden. Zu beachten
ist, dass die Trägerfrequenz *nicht* modulierbar ist, auch wenn der Begriff Frequenzmodulation
dies vorgaukelt. Das modulierte Signal hat also die Form:

$$s_m(t) = a(t) \cdot \cos(\omega_{Tr} \cdot t + \varphi_{Tr}(t)) \tag{3.2}$$

Die zeitabhängige Amplitude a(t) wird auch *Hüllkurve* oder *Enveloppe* genannt. Die Ableitung
des Argumentes ψ(t) in (3.1) heisst *Momentanfrequenz*. Diese enthält einen konstanten (nicht
modulierbaren) Anteil, nämlich die Trägerfrequenz. Die Frequenzmodulation sollte darum
korrekterweise Momentanfrequenzmodulation heissen.

$$\frac{d\psi(t)}{dt} = \omega_{Tr} + \frac{d\varphi_{Tr}(t)}{dt} \tag{3.3}$$

Je nachdem, welche Parameter durch das Nachrichtensignal $s_{Na}(t)$ beeinflusst werden, unterscheidet man folgende Verfahren:

- Nur die Amplitude wird beeinflusst: → reine Amplitudenmodulation

  - AM mit unterdrücktem Träger (= Mischung): $a(t) = k \cdot s_{Na}(t)$

  - gewöhnliche Amplitudenmodulation (AM): $a(t) = k_1 + k_2 \cdot s_{Na}(t)$

- Amplitude und Nullphasenwinkel werden gleichzeitig beeinflusst

  - Einseitenbandmodulation (SSB, single sideband)

  - Restseitenbandmodulation (VSB, vestigial sideband)

- Nur der Nullphasenwinkel wird beeinflusst: → reine Winkelmodulation

  - Frequenzmodulation (FM): $\dfrac{d\psi(t)}{dt} = \omega_{Tr} + k \cdot s_{Na}(t)$

  - Phasenmodulation (PM): $\psi(t) = \omega_{Tr} \cdot t + k \cdot s_{Na}(t)$

Bild 1.44 links zeigt die Signalverläufe von AM und FM.

3.1.2 Die Mischung (double sideband suppressed carrier, DSSC)

Die Mischung ist eine der Möglichkeiten der Frequenzumsetzung einer Sinusschwingung oder eines komplizierteren Nachrichtensignals. Man unterscheidet bei der Frequenzumsetzung die Verfahren:

- Frequenzteilung (heute v.a. mit PLL realisiert, vgl. Abschnitt 5.4)
- Frequenzvervielfachung (Anwendung v.a. in der Mikrowellentechnik)
- Frequenzmischung

Frequenzteilung und -Vervielfachung erzeugen eine Ausgangsfrequenz von einem ganzzahligen Bruchteil bzw. Vielfachen der Eingangsfrequenz. Dabei wird auch die Bandbreite des Signals entsprechend geändert. Diese Methoden werden darum meistens nur auf Sinusschwingungen angewandt und bilden somit Bestandteile eines Oszillators.

Die Frequenzmischung hingegen ist eine Umsetzung (Transponierung) auf ein beliebiges Frequenzband. Die Mischung kann als spezielle Art der Amplitudenmodulation aufgefasst werden und wird auch *lineare Modulation* genannt. Konkret (und später behandelt) entspricht die Mischung der Zweiseitenband-AM mit unterdrücktem Träger (DSSC, *double sideband suppressed carrier*). Die Mischung wird beschrieben durch die Gleichung (3.2), wobei nur a(t) durch das Nachrichtensignal beeinflusst wird.

$$\text{Mischung:} \quad s_{DSSC}(t) = \underbrace{k \cdot s_{Na}(t)}_{a(t)} \cdot \cos(\omega_{Tr} \cdot t + \varphi_{Tr}) \tag{3.4}$$

Die Mischung entspricht demnach einer Produktbildung, Bild 3.2.

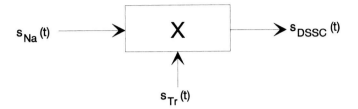

Bild 3.2 Mischung ist eine reine Produktbildung

Zuerst berechnen wir dies für den einfachen Fall von zwei harmonischen Signalen:

$$s_{Na}(t) = A_1 \cdot \cos(\omega_1 t + \varphi_1)$$
$$s_{Tr}(t) = A_2 \cdot \cos(\omega_2 t + \varphi_2)$$
$$s_{DSSC}(t) = A_1 A_2 \cdot \cos(\omega_1 t + \varphi_1) \cdot \cos(\omega_2 t + \varphi_2)$$
$$s_{DSSC}(t) = \frac{A_1 A_2}{2} \cdot \left[\cos\big((\omega_1 + \omega_2)t + \varphi_1 + \varphi_2\big) + \cos\big((\omega_1 - \omega_2)t + \varphi_1 - \varphi_2\big) \right] \qquad (3.5)$$

> *Bei der Mischung entstehen Summen- und Differenzfrequenzen,*
> *die Mischung ist nicht eindeutig.*

Für die neuen Frequenzen nach der Mischung gilt.

$$f_{neu} = |f_1 \pm f_2| \qquad\qquad\qquad (3.6)$$

Bild 3.3 zeigt ein Beispiel.

Bild 3.3 Mischung von zwei harmonischen Signalen (einseitige Betragsspektren)

Häufig wird für s_{Na} ein Frequenzgemisch statt nur einer harmonischen Schwingung wie oben eingesetzt. Wegen des Distributivgesetzes der Multiplikation kann dieses Nachrichtensignal aufgeteilt werden in seine harmonischen Komponenenten (Fourier-Analyse), danach können diese Komponenten einzeln gemischt werden.

Eleganter lässt sich die Mischung mit der Fouriertransformation beschreiben. Dazu wird die harmonische Trägerschwingung nach Euler umgeformt:

$$s_{Tr}(t) = \hat{s}_{Tr} \cdot \cos(\omega_{Tr}t + \varphi_{Tr}) = \frac{\hat{s}_{Tr}}{2} \cdot e^{j\varphi_{Tr}} \cdot e^{j\omega_{Tr}t} + \frac{\hat{s}_{Tr}}{2} \cdot e^{-j\varphi_{Tr}} \cdot e^{-j\omega_{Tr}t}$$

$s_{Na}(t)$ wird demnach mit zwei Exponentialfunktionen multipliziert. Im Frequenzbereich bedeutet dies eine Faltung mit zwei Diracstössen bei den Kreisfrequenzen $\pm\omega_{Tr}$. Diese Faltung bedeutet eine Frequenzverschiebung, Bild 3.4.

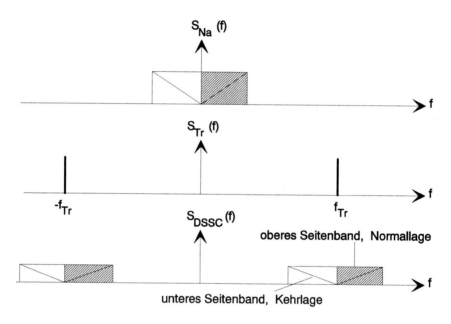

Bild 3.4   Mischung eines Basisband-Nachrichtensignales mit einem hochfrequenten
Sinus-Träger (zweiseitige Betragsspektren)

Die Zweideutigkeit der Mischung äussert sich in der Entstehung von zwei Seitenbändern. Das untere Seitenband ist in der sog. Kehrlage, weil die ursprünglich tieferen Frequenzen des Nachrichtensignals im modulierten Signal höher liegen.

Die Seitenbänder heissen abgekürzt:

USB, LSB = unteres Seitenband, lower sideband
OSB, USB = oberes Seitenband, upper sideband

Das Mischprodukt belegt die doppelte Bandbreite des ursprünglichen Nachrichtensignals. Jedes der beiden Seitenbänder enthält aber die *vollständige* Information des Nachrichtensignales.

Bei der Mischung entstehen neue Frequenzen, es handelt sich also um einen nichtlinearen Vorgang. Die *Beträge* der einzelnen Spektralkomponenten werden jedoch linear abgebildet, woraus sich der Name lineare Modulation erklärt.

Bei der technischen Realisierung der Mischung unterscheidet man zwei Gruppen, nämlich die multiplikative und die additive Mischung.

3.1.2.1 Multiplikative Mischung

Gemäss Gleichung (3.4) müssen Nachricht und Träger multipliziert werden. Dies kann geschehen mit

- Multiplikatoren (z.B. mit steuerbaren Verstärkern)
- MOSFET-Tetroden (Dual Gate MOSFET)
- Operationsverstärker (Kaskade aus Logarithmierung-Addition-Exponentialfunktion)
- Schaltern

In der Praxis wird wo immer möglich die letzte Variante angewandt. Die entsprechenden Bausteine heissen Gegentaktmodulator, Gegentaktmischer, Ringmischer oder Balance-Modulator. Bild 3.5 zeigt das Prinzipschema des Ringmischers. Die Trägerschwingung ist bipolar rechteckförmig und von so grosser Amplitude, dass die Dioden voll durchschalten oder ganz sperren. Die Dioden können also als Schalter aufgefasst werden. Ist s_{Tr} positiv, so leiten die Dioden a und c, andernfalls leiten die Dioden b und d. Dieses Umschalten erfolgt sehr schnell, da dank den Mittelanzapfungen der Transformatoren stets in beiden Richtungen ein Spulenstrom fliesst. Im Kern ergibt sich somit keine Magnetisierung, der Ringmischer ist darum sehr gut HF-tauglich und ist als integrierte Schaltung erhältlich (mit externen Spulen natürlich). Die Spulen werden benötigt, damit die HF-Spannung nicht kurzgeschlossen wird. Bild 3.6 zeigt die Zeitverläufe des modulierten Signals.

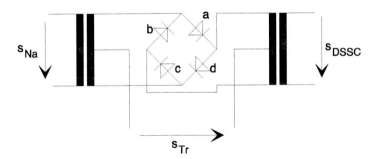

Bild 3.5 Ringmischer

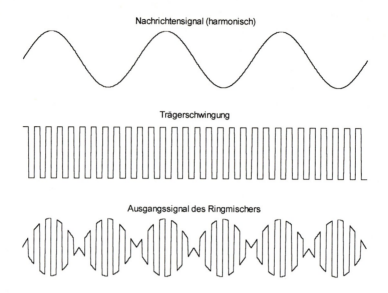

Nachrichtensignal (harmonisch)

Trägerschwingung

Ausgangssignal des Ringmischers

Bild 3.6 Zeitverläufe der Signale aus Bild 3.5

Das Nachrichtensignal s_{Na} wird mit der Trägerfrequenz umgepolt, das Ausgangssignal des Ringmischers ist also entweder $s_{Na}(t)$ oder $-s_{Na}(t)$. Mathematisch entspricht dies einer Multiplikation mit einer bipolaren Rechteckspannung der Amplitude 1, diese Schaltfunktion heisse $s_R(t)$ und kann in eine Fourierreihe zerlegt werden:

$$s_R(t) = \frac{4}{\pi}\left[\sin(\omega_{Tr}t) + \frac{1}{3}\sin(3\omega_{Tr}t) + \frac{1}{5}\sin(5\omega_{Tr}t) + \dots\right] \tag{3.7}$$

Für das Ausgangssignal gilt:

$$s_{DSSC}(t) = s_{Na}(t) \cdot s_R(t)$$

$$= s_{Na}(t) \cdot \frac{4}{\pi}\left[\sin(\omega_{Tr}t) + \frac{1}{3}\sin(3\omega_{Tr}t) + \frac{1}{5}\sin(5\omega_{Tr}t) + \dots\right] \tag{3.8}$$

Wegen dem Distributivgesetz kann die Mischung wie in Bild 3.4 mit jedem Summanden in (3.8) einzeln ausgeführt werden. Es entsteht also das erwünschte Mischprodukt um die Trägerfrequenz plus eine Menge von Abbildern davon bei den ungeradzahligen Vielfachen der Trägerfrequenz. Der konstante Faktor $4/\pi$ stört nicht, da er keine Information enthält. Normalerweise interessiert lediglich das Mischprodukt bei der Trägerfrequenz, alle andern Anteile müssen weggefiltert werden. Dies ist jedoch kein Problem, da die einzelnen Mischprodukte weit auseinanderliegen. Bild 3.7 zeigt die Spektren.

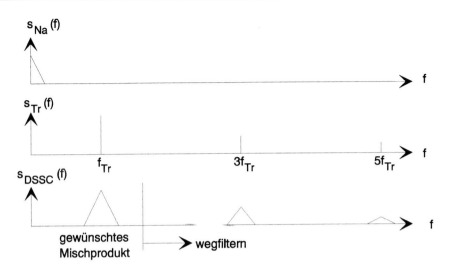

Bild 3.7 Spektren der Signale aus Bild 3.5

3.1.2.2 Additive Mischung

Bei der Mischung entstehen neue Frequenzen, es handelt sich um einen nichtlinearen Vorgang. Dies kann erreicht werden durch eine nichtlineare Operation wie die Multiplikation oder durch eine lineare Operation wie die Addition in einem *nichtlinearen* System. Die zweite Methode wird additive Mischung genannt.

Das nichtlineare System hat eine nichtlineare (gekrümmte oder geknickte) Kennlinie $y(t) = f(x(t))$. Diese wird wie im Abschnitt 1.2.3.1 durch eine Potenzreihe beschrieben:

$$y(t) = a_0 + a_1 x(t) + a_2 x^2(t) + a_3 x^3(t) + \dots$$

Nun wird das System angeregt mit der Summe von zwei Signalen:

$$x(t) = x_1(t) + x_2(t)$$

Das quadratische Glied der Systemkennlinie erzeugt daraus:

$$y_2(t) = a_2 \big(x_1(t) + x_2(t)\big)^2 = a_2 \Big(x_1^2(t) + x_2^2(t) + 2x_1(t)x_2(t)\Big)$$

Der letzte Term entspricht wieder einer Multiplikation, wobei wiederum die Summen- und Differenzfrequenzen entstehen. Grundlage ist natürlich die in Bild 1.65 gezeigte Frequenzpyramide.

Bei der additiven Mischung wird normalerweise das quadratische Glied ausgenutzt. In der Praxis wird die Nichtlinearität von Dioden oder Transistoren ausgenutzt, wobei die FET der quadratischen Kennlinie am nächsten kommen.

3.1.2.3 Demodulation

Bild 3.4 zeigt den Modulationsvorgang im zweiseitigen Spektrum. Eine naheliegende Idee ist, auch die Demodulation im Empfänger mit einer Mischung auszuführen. Die Mischfrequenz soll dabei gleich der Trägerfrequenz sein. Wiederum entstehen Summen- und Differenzfrequenzen, wobei letztere im Basisband liegt und die gewünschte Nachricht darstellt, während erstere auf der doppelten Trägerfrequenz liegt und weggefiltert wird. Wir betrachten dies mathematisch:

Nachrichtensignal im Sender: $s_{Na}(t)$

Trägersignal im Sender: $s_{Tr}(t) = \hat{s}_{Tr} \cdot \cos(\omega_{Tr}t + \varphi_{Tr})$

Moduliertes Signal am Senderausgang und am Empfängereingang:

$$s_{DSSC}(t) = s_{Na}(t) \cdot s_{Tr}(t) = s_{Na}(t) \cdot \hat{s}_{Tr} \cdot \cos(\omega_{Tr}t + \varphi_{Tr}) \tag{3.9}$$

Der zweite Mischvorgang läuft im Empfänger ab, also getrennt vom Modulator. Die für den Demodulatormischer benötigte harmonische Schwingung wird mit einem Oszillator im Empfänger erzeugt und heisst s_{TrE}. Technisch ist es einfach, eine exakte Frequenz zu erzeugen, deshalb setzen wir $\omega_{TrE} = \omega_{Tr}$:

$$s_{TrE}(t) = \hat{s}_{TrE} \cdot \cos(\omega_{TrE}t + \varphi_{TrE}) = \hat{s}_{TrE} \cdot \cos(\omega_{Tr}t + \varphi_{TrE})$$

Nach dem Mischer im Demodulator ergibt sich:

$$\begin{aligned}
s_{DSSC}(t) \cdot s_{TrE}(t) &= s_{Na}(t) \cdot \hat{s}_{Tr} \cdot \cos(\omega_{Tr}t + \varphi_{Tr}) \cdot \hat{s}_{TrE} \cdot \cos(\omega_{Tr}t + \varphi_{TrE}) \\
&= s_{Na}(t) \cdot \frac{1}{2} \cdot \hat{s}_{Tr} \cdot \hat{s}_{TrE} \cdot \left[\cos(2\omega_{Tr}t + \varphi_{Tr} + \varphi_{TrE}) + \cos(\varphi_{Tr} - \varphi_{TrE})\right] \\
&= \underbrace{s_{Na}(t) \cdot \frac{1}{2} \cdot \hat{s}_{Tr} \cdot \hat{s}_{TrE} \cdot \cos(\varphi_{Tr} - \varphi_{TrE})}_{\text{erwünschte Nachricht}} \\
&\quad + \underbrace{s_{Na}(t) \cdot \frac{1}{2} \cdot \hat{s}_{Tr} \cdot \hat{s}_{TrE} \cdot \cos(2\omega_{Tr}t + \varphi_{Tr} + \varphi_{TrE})}_{\text{unerwünschte Mischprodukte}}
\end{aligned}$$

Die unerwünschten Mischprodukte werden weggefiltert und es erscheint das demodulierte Signal:

$$\begin{aligned}
s_{Dem} &= s_{Na}(t) \cdot \frac{1}{2} \cdot \hat{s}_{Tr} \cdot \hat{s}_{TrE} \cdot \cos(\varphi_{Tr} - \varphi_{TrE}) \\
&= s_{Na}(t) \cdot K \cdot \cos(\varphi_{Tr} - \varphi_{TrE})
\end{aligned} \tag{3.10}$$

Die Konstante stört überhaupt nicht, aber der Cosinus macht Bauchweh. Falls der Oszillator im Demodulator gegenüber demjenigen des Modulators zufällig um 90° versetzt schwingt, ist nach dem Demodulator schlicht nichts zu hören. Der Oszillator im Demodulator muss demnach auf die Trägerschwingung synchronisiert werden, in Bild 3.1 ist dies angedeutet. Eine oft benutzte Methode dazu ist die Quadrierung des DSSC-Signals nach (3.9):

$$\left(s_{DSSC}(t)\right)^2 = \left(s_{Na}(t) \cdot \hat{s}_{Tr} \cdot \cos(\omega_{Tr}t + \varphi_{Tr})\right)^2$$
$$= \frac{1}{2} \cdot \left(s_{Na}(t) \cdot \hat{s}_{Tr}\right)^2 \cdot \left(1 + \cos(2\omega_{Tr}t + 2\varphi_{Tr})\right)$$

(3.11)

Das Nachrichtensignal beeinflusst nur die Amplitude von s_{DSSC}, nicht aber dessen Frequenz und Phase. Demnach ist auf der doppelten Trägerfrequenz die doppelte Phase mit einem Bandpass extrahierbar. Mit einem Frequenzteiler, z.B. einem PLL oder einem Flip-Flop, lässt sich der gesuchte Referenzträger herstellen. Bild 3.8 zeigt das Blockschema des Demodulators. Die Quadrierung als Multiplikation mit sich selber kann ebenfalls durch einen Mischer realisiert werden.

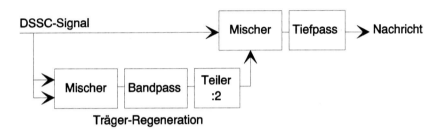

Bild 3.8 Blockschema des DSSC-Demodulators

Alle Herleitungen wurden mit dem reinen Multiplikator als Mischer durchgeführt. Dieser reine Multiplikator kann jedoch ohne weiteres durch die Kombination Ringmischer + Bandpassfilter realisiert werden.

Die Mischung bzw. DSSC erfreut sich grosser Anwendungsgebiete:

• Frequenzumsetzung

• Datenübertragung in Form der PSK (phase shift keying)

3.1.3 Amplitudenmodulation (AM)

3.1.3.1 Gewöhnliche AM

Das Trägersignal ist wiederum harmonisch:

$$s_{Tr}(t) = \hat{s}_{Tr} \cdot \cos(\omega_{Tr}t + \varphi_{Tr})$$

(3.12)

Nun wird die Amplitude mit dem Nachrichtensignal beeinflusst:

$$\hat{s}_{Tr} \to \hat{s}_{Tr}(t) = \hat{s}_{Tr} + s_{Na}(t) \tag{3.13}$$

Der konstante Term $\hat{s}_{Tr}$ in (3.13) ist der grosse Unterschied zur Mischung. Die Amplitude (Enveloppe) des modulierten Signales $s_{AM}(t)$ variiert also um einen Mittelwert.

Bei harmonischem Nachrichtensignal $s_{Na}(t) = \hat{s}_{Na} \cdot \cos(\omega_{Na}t + \varphi_{Na})$

und dem *Modulationsgrad m* $m = \dfrac{\hat{s}_{Na}}{\hat{s}_{Tr}}$ (3.14)

ergibt sich unter der Vereinfachung $\varphi_{Tr} = \varphi_{Na} = 0$

(diese Phasenwinkel sind für die Berechnung des *Betrags*spektrums irrelevant):

$$s_{AM}(t) = \underbrace{\left[\hat{s}_{Tr} + s_{Na}(t)\right]}_{\hat{s}_{Tr}(t)} \cdot \cos\!\big(\omega_{Tr}(t)\big)$$

$$= \hat{s}_{Tr}\big(1 + m \cdot \cos(\omega_{Na}t)\big) \cdot \cos\!\big(\omega_{Tr}(t)\big)$$

$$= \hat{s}_{Tr}\left(\cos(\omega_{Tr}t) + \frac{m}{2} \cdot \cos\!\big((\omega_{Tr} + \omega_{Na})t\big) + \frac{m}{2} \cdot \cos\!\big((\omega_{Tr} - \omega_{Na})t\big)\right)$$

Die mittlere der obigen Gleichungen zeigt, dass die AM als Mischung aufgefasst werden kann, wobei aber zuerst zum Nachrichtensignal eine Konstante addiert wird. Diese Konstante mit der Frequenz Null erscheint nach der Mischung auf der Summen- und Differenzfrequenz zum Träger. Diese beiden Anteile liegen natürlich beide auf der Trägerfrequenz. Entsprechend erscheint in der dritten Gleichung nicht nur die obere und untere Seitenlinie wie bei der Mischung, sondern auch noch eine Komponente bei der Trägerfrequenz ω_{Tr}. Da sich diese Komponente aus zwei Anteilen zusammensetzt, tritt nicht ein Faktor 1/2 wie bei den Seitenlinien auf.

Falls das Nachrichtensignal ein Frequenzgemisch darstellt, so erscheinen nach der AM-Modulation neben dem Träger zwei Seitenbänder anstelle der Seitenlinien. Bild 3.9 zeigt die Spektren, wie sie bei der AM auftreten, vgl. mit Bild 3.4.

Für die Bandbreite gilt demnach: $\boxed{B_{AM} = 2 \cdot B_{Na}}$ (3.15)

Im Gegensatz zur Mischung erscheint der Träger auch im modulierten Signal. Dies erweist sich besonders nützlich bei der Demodulation, falls der Träger im Vergleich zu den Seitenbändern genügend stark ist. Aus diesem Grund bewegt sich der Modulationsgrad m in der Praxis zwischen 0 und 1, d.h. $\hat{s}_{Tr} \geq \hat{s}_{Na}$.

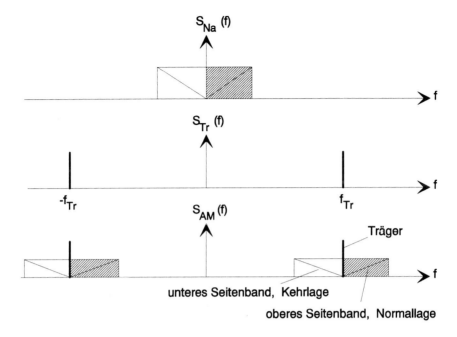

Bild 3.9 Spektren bei der AM

Bild 3.10 zeigt AM-Signale bei verschiedenen Modulationsgraden m mit einer Trägerfrequenz von 50 kHz. Die Modulationsfrequenz beträgt 2 kHz und die Trägeramplitude 1 V.

Mit m = 0 ergibt sich eine normale harmonische Schwingung ohne Modulation. Die Trägeramplitude 1 V ist schön ersichtlich. Bei m = 0.5 schwankt die Amplitude um 0.5 V zwischen 0.5 V und 1.5 V. Die Amplitudenschwankung beträgt stets:

$$\Delta \hat{s}_{AM} = \pm m \cdot \hat{s}_{Tr}$$

Die Enveloppe bewegt sich damit im Bereich:

$$\hat{s}_{AM} = \hat{s}_{Tr} - m \cdot \hat{s}_{Tr} \quad \dots \quad \hat{s}_{Tr} + m \cdot \hat{s}_{Tr}$$

Bei m = 1 schwankt die Amplitude um 1 Volt zwischen 0 V und 2 V. Dies ist der praktische Grenzfall, wo die Enveloppe gerade die 0 V - Linie berührt.

Wird m weiter erhöht auf 1.5, so steigt die Schwankung der Enveloppe weiter an. Da die Schwankung die Ruhelage übersteigt, überkreuzen sich die Enveloppen. Dies ist *Übermodulation* und muss in der Praxis vermieden werden.

Lässt man m weiter ansteigen, so steigt die Amplitude und somit die Signalleistung unbeschränkt an. Bei fixer Signalleistung muss deshalb die Trägeramplitude bei steigendem m sinken. Für m → ∞ muss die Trägeramplitude gegen Null streben. Im Bild 3.9 erscheint der Träger im Spektrum des modulierten Signales darum nicht mehr, sondern nur noch die beiden Seitenbänder. AM mit m → ∞ entspricht demnach genau der Mischung. Zu beachten ist der Unterschied zum Fall m = 1: bei m = 1 berühren sich die Enveloppen, bei der Mischung überkreuzen sie sich.

Das letzte Teilbild zeigt jenen Ausschnitt des zweitletzten Teilbildes, bei dem die Enveloppen die Nullinie kreuzen. Deutlich ist eine Phasenänderung bei t = 0.125 ms zu sehen.

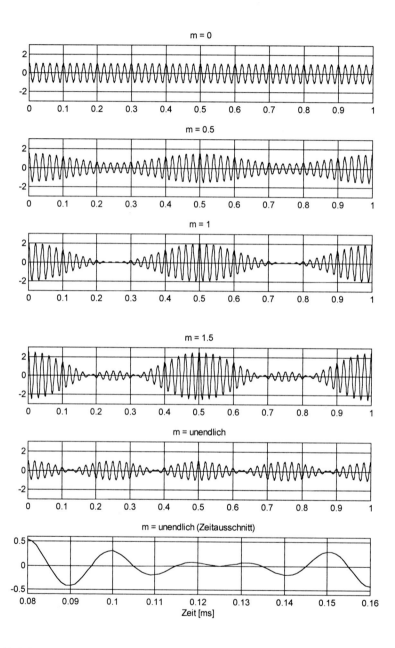

Bild 3.10 Zeitverlauf des AM-Signales bei verschiedenen Modulationsgraden m

Die AM lässt sich anschaulich im Zeigerdiagramm darstellen. Dabei betrachten wir wiederum ein harmonisches Nachrichtensignal. Das AM-Signal setzt sich demnach aus drei Zeigern zusammen:

- Trägerschwingung: Länge: $\hat{s}_{Tr}$ Drehgeschwindigkeit: ω_{Tr}

- obere Seitenlinie: $\dfrac{m}{2} \cdot \hat{s}_{Tr}$ $\omega_{Tr} + \omega_{Na}$

- untere Seitenlinie: $\dfrac{m}{2} \cdot \hat{s}_{Tr}$ $\omega_{Tr} - \omega_{Na}$

Da sich die Zeiger mit verschiedenen Geschwindigkeiten drehen, ist das Ergebnis nicht sinusförmig. Die Projektion der Zeigersumme auf die reelle Achse ergibt den Momentanwert von $s_{AM}(t)$. Die Länge des Summenzeigers entspricht der momentanen Grösse der Enveloppe. Da bei AM primär die Enveloppe interessiert, lässt man oft gedanklich das Koordinatensystem mit $-\omega_{Tr}$ rotieren, worauf der Trägerzeiger stehen bleibt und sich die Zeiger für die Seitenlinien mit $+\omega_{Na}$ bzw. $-\omega_{Na}$ gegeneinander bewegen. Zeichnet man mehrere solche zeitversetzten Zeigerdiagramme nebeneinander, so lässt sich die Enveloppe des AM-Signales konstruieren, Bild 3.11.

Die Achse des Trägerzeigers ist stets Symmetrieachse für die beiden Zeiger der Seitenlinien. Die Summe aller drei Zeiger liegt deshalb stets auf der Verlängerung des Trägerzeigers, d.h. die Phasenwinkel von s_{Tr} und s_{AM} sind identisch, wenigstens solange m < 1 ist.

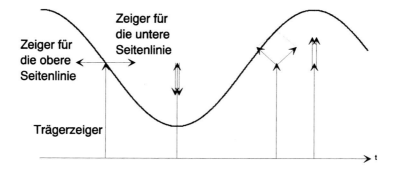

Bild 3.11 Konstruktion der Enveloppe des AM-Signales (dick ausgezogen) als Summe von drei Zeigern

Der minimale Wert der Enveloppe ergibt sich dann, wenn die Zeiger der Seitenlinien genau gegenphasig zum Trägerzeiger sind. Bei m = 1 ist die Summe = 0, bei Übermodulation (m > 1) wird die Summe sogar negativ und die Enveloppen überkreuzen sich, Bild 3.10. Stets liegt die Summe aber auf der Verlängerung des Trägerzeigers. Folgerung:

> *Gewöhnliche AM mit m ≤ 1 ist eine reine Amplitudenmodulation.*

> *Gewöhnliche AM mit m > 1 (inkl. Mischung mit m → ∞) ist eine Kombination aus kontinuierlicher AM und binärer Phasenmodulation (Sprünge um 180°).*

Die Erzeugung der AM geschieht z.B. mit einer Mischung, wobei zuerst dem Nachrichtensignal eine DC-Komponente überlagert wird. Aus dieser entsteht dann der Träger. Dieses AM-Signal wird danach linear verstärkt auf die gewünschte Ausgangsleistung.

Rundfunksender mit einigen hundert Kilowatt Leistung optimieren auf einen guten Wirkungsgrad und benutzen darum andere, sehr ausgeklügelte Modulationsverfahren. Näheres dazu ist z.B. aus [Mei92] zu erfahren.

Die Demodulation der AM kann auf verschiedene Arten erfolgen:

- kohärent (Synchrondemodulation): Produktdemodulator (Mischer)
- inkohärent:
    - Einweggleichrichter
    - Zweiweggleichrichter
    - Spitzenwertgleichrichter

Das aufwändigste, dafür aber beste Verfahren ist der *Produktdemodulator* (auch Synchrondemodulator genannt). Das ist genau die Methode, die schon beim DSSC-Demodulator in Bild 3.8 beschrieben wurde. Etwas modifiziert kann dieselbe Rechnung ausgeführt werden, es ergibt sich anstelle (3.10):

$$
\begin{aligned}
s_{Dem} &= \left[s_{Na}(t) + \hat{s}_{Tr} \right] \cdot \frac{1}{2} \cdot \hat{s}_{TrE} \cdot \cos(\varphi_{Tr} - \varphi_{TrE}) \\
&= s_{Na}(t) \cdot K_1 \cdot \cos(\varphi_{Tr} - \varphi_{TrE}) + K_2 \cdot \cos(\varphi_{Tr} - \varphi_{TrE})
\end{aligned}
\tag{3.16}
$$

Es braucht also wiederum die Trägersynchronisation. Zusätzlich entsteht ein DC-Anteil, gebildet durch den zweiten Summanden in (3.16). Die Hauptanwendung von AM ist die Übertragung von Audiosignalen: Rundfunk auf Lang-, Mittel- und Kurzwelle, Sprechfunk für die Luftfahrt im VHF-Bereich. Bei diesen Anwendungen enthält das Nachrichtensignal keinen DC-Anteil. Am Ausgang des Demodulator-Mischers wird darum der Tiefpass aus Bild 3.8 ersetzt durch einen Bandpass, Bild 3.12.

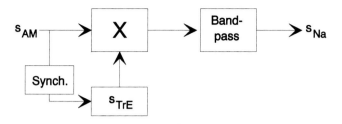

Bild 3.12 Produktdemodulator für AM

Bei der Sprach- und Musikübertragung besteht das Nachrichtensignal aus einem Frequenzgemisch von 300 Hz bis einigen kHz, im AM-Signal entsteht darum links und rechts vom Träger eine kleine Lücke, welche die Trägerregeneration mit einem schmalbandigen Bandpassfilter erlaubt.

Eine inkohärente Demodulation von AM kann erfolgen durch Einweg- oder Zweiweggleichrichtung mit anschliessender Bandpassfilterung. Bild 3.13 zeigt zuoberst den Zeitverlauf des AM-Signales, danach das Signal nach einer Einweggleichrichtung und nach einer Zweiweggleichrichtung. Man erkennt stets die Nachricht in der Form der Hüllkurve. Mit einem Tiefpass wird der Rippel entfernt, mit einem Hochpass der DC-Anteil eliminiert.

Die Gleichrichtung kann als Multiplikation (Mischung) mit einer Schaltfunktion aufgefasst werden. Bei der Einweggleichrichtung ist die Schaltfunktion eine unipolare Rechteckschwingung mit den Werten 0 und +1, bei der Zweiweggleichrichtung ist es eine bipolare Rechteckschwingung mit den Werten +1 und −1. In Bild 3.13 ist diese Schaltfunktion zuunterst eingetragen. Diese Schaltfunktion ergibt sich bei der Gleichrichtung automatisch, solange m < 1 ist. Deswegen zählt die Gleichrichtung zu den inkohärenten Demodulationsarten. Im Gegensatz dazu wird beim Produktdemodulator (kohärente Demodulation) die Schaltfunktion aus dem mitgelieferten Träger abgeleitet und kann darum die Phasensprünge bei m > 1 (Übermodulation) nachvollziehen.

Der Fall der Zweiweggleichrichtung soll noch mathematisch betrachtet werden. Das AM-Signal lautet:

$$s_{AM}(t) = \left[\hat{s}_{Tr} + s_{Na}(t)\right] \cdot \cos(\omega_{Tr}t)$$

Dabei wurde die Trägerphase vernachlässigt, sie spielt für das Resultat nämlich keine Rolle. Die Zweiweggleichrichtung entspricht einer Betragsbildung:

$$\left|s_{AM}(t)\right| = \underbrace{\left[\hat{s}_{Tr} + s_{Na}(t)\right]}_{> \, 0, \text{ falls } m < 1} \cdot \left|\cos(\omega_{Tr}t)\right|$$

Die eckige Klammer ist bei m < 1 stets positiv. Der Betrag des Cosinus kann in eine Fourierreihe zerlegt werden:

$$\left|s_{AM}(t)\right| = \left[\hat{s}_{Tr} + s_{Na}(t)\right] \cdot \frac{2}{\pi} \cdot \left(1 + \frac{2}{3}\cos(2\omega_{Tr}t) - \frac{2}{15}\cos(4\omega_{Tr}t) + ...\right)$$

Mit einem Bandpass werden alle Frequenzen über der Bandbreite des Nachrichtensignals unterdrückt sowie die DC-Komponente entfernt. Übrig bleibt:

$$s_{\text{Demod}}(t) = \frac{2}{\pi} \cdot s_{Na}(t)$$

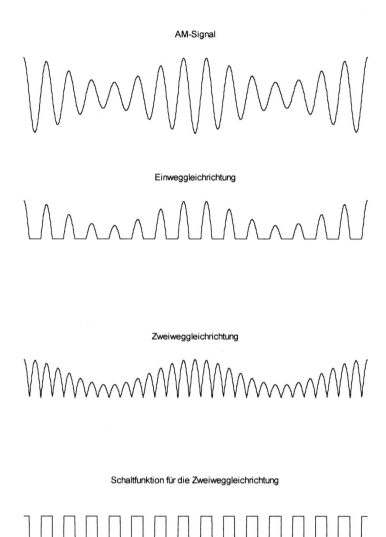

AM-Signal

Einweggleichrichtung

Zweiweggleichrichtung

Schaltfunktion für die Zweiweggleichrichtung

Bild 3.13 inkohärente Demodulation eines AM-Signales durch Gleichrichtung

Als letzter AM-Demodulator soll noch der vermutlich am meisten benutzte Hüllkurvendemodulator besprochen werden. Es handelt sich um einen Spitzenwertgleichrichter, Bild 3.14.

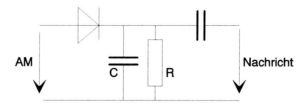

Bild 3.14 Hüllkurvendemodulator (Enveloppendetektor)

Die AM-Spannung wird mit der Diode gleichgerichtet. Der Kondensator C lädt sich dabei auf den Spitzenwert des AM-Signales auf, danach sperrt die Diode und C entlädt sich über R. Sobald die AM-Spannung einen grösseren Wert hat als die Spannung über C, öffnet die Diode wieder. Die Entladezeitkonstante, also das Produkt τ = RC, muss sorgfältig gewählt werden. Ist diese Zeitkonstante zu klein, so ergibt sich ein grosser Rippel im Ausgangssignal (Bild 3.15 oben), ist die Zeitkonstante zu gross, so löst sich die Kondensatorspannung von der Hüllkurve ab (Bild 3.15 unten). Die Spannung über C wird über einen weiteren Kondensator ausgekoppelt, um den DC-Anteil zu entfernen.

Für die Dimensionierung der Zeitkonstanten gilt:

$$\tau \approx \frac{\sqrt{1 - m^2}}{2\pi \cdot m \cdot f_{Na_{\max}}} \tag{3.17}$$

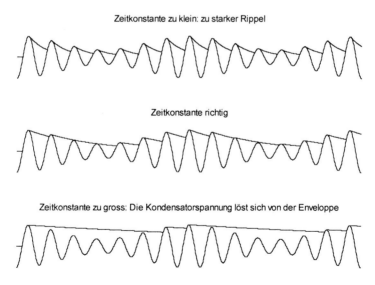

Bild 3.15 Auswirkung der Zeitkonstanten beim Hüllkurvendetektor. In der Praxis ist das Verhältnis Trägerfrequenz zu Nachrichtenfrequenz viel grösser als hier gezeigt.

Auch der Hüllkurvendemodulator ist ein inkohärenter Demodulator. Der Modulationsgrad m muss darum kleiner als 1 sein. Die Vorteile dieses Demodulators sind seine Einfachheit und seine relativ grosse Ausgangsspannung. Es ist damit sogar möglich, rein passive Radioempfänger zu bauen, vgl. Abschnitt 5.2.

Später werden wir einen weiteren Demodulator kennenlernen, der auf der Hilbert-Transformation beruht und sich sehr gut für die Implementierung auf einem digitalen Signalprozessor (DSP) eignet.

In der Anfangszeit der Radiotechnik war der einfache Empfänger mit dem Hüllkurvendemodulator das entscheidende Argument für die Einführung der gewöhnlichen AM. Informationstheoretisch betrachtet ist die AM nämlich eine sehr ungeschickte Modulationsart, da sie einerseits zuviel Bandbreite benötigt und anderseits viel Energie in den Träger investiert. Dieser Träger trägt aber entgegen seinem Namen keine Information. Er ist lediglich dazu da, die Demodulation zu vereinfachen.

Zu Beginn der Radiotechnik war es jedoch wichtig, die vielen Empfänger möglichst einfach und billig zu bauen. Demgegenüber war der Aufwand für die wenigen Sender ein weniger relevantes Kriterium. Heute, wo aktive Schaltungen sehr preisgünstig sind und die Komplexität des Empfängers sich nicht mehr stark auf den Endpreis auswirkt, sollte man besser nicht mehr mit der AM arbeiten. Aus Kompatibilitätsgründen scheiterte bis anhin jedoch ein Wechsel.

Gemäss (3.15) braucht die AM die doppelte Bandbreite des Nachrichtensignals. Nach (1.1) hat die AM demnach eine gewisse Fähigkeit zur Störunterdrückung. Diese Aussage muss etwas präzisiert werden. Wenn es um Störunterdrückung geht, dann ist die FM der AM überlegen, braucht aber noch mehr Bandbreite. Im VHF- und UHF-Bereich, wo wegen der kleinen Reichweite die Frequenzen mehrfach genutzt werden können, ist darum die FM im Gebrauch und nicht AM (z.B. UKW-Rundfunk, Handfunksprechgeräte usw.). Für Rundfunk im Lang-, Mittel- und Kurzwellenbereich kann die FM wegen der grossen Bandbreite nicht benutzt werden.

Gleichung (1.1) bzw. (1.19) wurde hergeleitet für rauschförmige Störsignale. Gerade diese sind aber von Lang- bis Kurzwellen *nicht* die Bedrohung. Vielmehr sind es wegen der chronischen Überbelegung dieser Bänder schmalbandige, menschgemachte Signale (Selektivstörer). Die vielen Sender stören sich gegenseitig, und dies keineswegs mit einer Rauschcharakteristik.

Die Störunterdrückung bei der AM kann man sich so vorstellen, dass im theoretischen Fall der Rauschstörung das obere und das untere Seitenband unterschiedlich beeinflusst werden, ihre Mittelung aber meistens dem ursprünglichen Nachrichtensignal näher kommt. Im praktischen Fall des schmalbandigen Störers wird jedoch meistens ein Seitenband viel massiver gestört als das andere. Die Auswertung beider Seitenbänder ist somit immer noch schlechter als das schwächer gestörte Seitenband alleine.

Unter dem Strich bleibt die Aussage, dass die AM früher wegen der einfachen Empfänger seine Berechtigung hatte. Heute ist einzig die Kompatibilität noch ein Argument für die AM. Dies gilt für den Rundfunk im Lang-, Mittel- und Kurzwellenbereich, aber auch der VHF-Flugfunk wird immer noch in AM abgewickelt.

3.1.3.2 Zweiseitenband-AM mit vermindertem Träger

Soeben wurde einer der Nachteile der AM erwähnt: der Träger benötigt viel Leistung, trägt aber keine Information. AM hat darum eine schlechte Modulationseffizienz, das ist das Verhältnis der informationstragenden Leistung zur Gesamtleistung. Die Idee ist nun naheliegend, den Träger einfach wegzulassen. Dies führt zur Zweiseitenband-AM mit *unterdrücktem* Träger, was dasselbe ist wie gewöhnliche AM mit m → ∞ und DSSC. Der besseren Leistungsbilanz steht der kompliziertere Empfänger gegenüber. Die Trägerrückgewinnung mit Quadrierung wurde bereits im Abschnitt 3.1.2.3 besprochen.

Als Kompromiss kann Zweiseitenband-AM mit *vermindertem* Träger (z.B. 10%) angesehen werden. Das ist dasselbe wie die gewöhnliche AM mit Übermodulation. Die Modulation erfolgt z.B. mit einem leicht asymmetrischen Ringmischer, was den Trägerzusatz bewirkt. Im Empfänger kann der Träger mit einem Filter aus dem Empfangssignal extrahiert werden, muss noch aufbereitet werden (z.B. in einem PLL) und kann dann einen Produktdemodulator ansteuern. Nichtkohärente Demodulation fällt natürlich ausser Betracht.

3.1.3.3 Einseitenbandmodulation (SSB)

DSSC verbessert zwar die Modulationseffizienz, eliminiert also einen Nachteil der AM. Der andere Nachteil, nämlich die unnütz grosse Bandbreite, wird mit der Einseitenbandmodulation (single sideband, SSB bzw. single sideband suppressed carrier, SSSC) angegangen. Die Idee ist naheliegend: die beiden Seitenbänder der AM enthalten dieselbe Information, sind also redundant. Es würde genügen, nur ein einziges Seitenband zu übertragen. Man unterscheidet:

*   USB, OSB   upper sideband, oberes Seitenband
*   LSB, USB   lower sideband, unteres Seitenband

Eine beliebte Variante der Modulation ist die *Filtermethode*, Bild 3.16. Dabei wird mit einem Ringmischer ein DSSC-Signal erzeugt und daraus das gewünschte Seitenband ausgefiltert. Dieses Filter muss hohen Anforderungen genügen, weshalb es zweckmässigerweise auf einer festen Zwischenfrequenz betrieben wird. Mit einem zweiten Mischer wird das SSB-Signal auf die effektive Übertragungsfrequenz transponiert. Das Filter nach dem zweiten Mischer ist einfach, weil die Seitenbänder weit voneinander – nämlich um die doppelte Zwischenfrequenz – separiert sind. Am Schluss wird das SSB-Signal noch linear verstärkt und dann abgestrahlt. Die Auswahl des Seitenbandes erfolgt durch Umschalten des ersten Filters oder durch Umschalten der Frequenz des ersten Oszillators.

Früher bereitete das SSB-Filter Mühe und war entsprechend teuer. Es wurde darum nach Varianten für SSB-Modulatoren gesucht und mit der *Phasenmethode* auch gefunden. Es handelt sich um eine reine Kompensationsmethode, Bild 3.17.

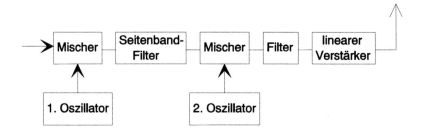

Bild 3.16 SSB-Sender nach der Filtermethode

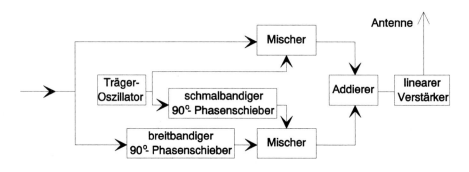

Bild 3.17 SSB-Sender nach der Phasenmethode

Vertauscht man die Ausgänge eines der beiden Phasenschieber, so kann man zwischen dem oberen und dem unteren Seitenband umschalten. Das Problem der Phasenmethode lag im NF-Phasenschieber, da dieser relativ breitbandig (über den ganzen Sprachfrequenzbereich) die Phase um genau 90° drehen muss, ansonsten geht die Seitenbandunterdrückung verloren. Als Variante wurde das sog. Pilottonverfahren entwickelt, das sich nur im NF-Teil von der Phasenmethode unterscheidet. Es benutzt nur noch schmalbandige Phasenschieber, benötigt aber zusätzlich noch zwei Mischer und zwei Tiefpässe, ist also ziemlich aufwändig.

Die Phasenmethode und das Pilottonverfahren wurden kaum angewandt, denn beide beruhen auf der Kompensationsmethode. Mit analoger Schaltungstechnik sind solche Konzepte wegen den Driften (Temperatur, Alterung usw.) nur sehr schwierig zu realisieren. Mit Digitaltechnik – und deswegen wurde der Exkurs in die Mottenkiste auch unternommen – sieht die Sache ganz anders aus. Da lohnt es sich durchaus, alte Konzepte zu entstauben. Digital kann man auch viel besser einen breitbandigen 90°-Phasenschieber bauen. Dies erfolgt mit Allpässen oder mit einem Hilbert-Transformator, realisiert in Form eines Transversalfilters. Dieser Hilbert-Transformator wird im Abschnitt 5.2.2.2 genauer betrachtet. Bild 3.18 zeigt die digitale Phasenmethode.

Der umrandete Teil in Bild 3.18 ist der eigentliche Modulator. Dieser arbeitet wie bei Bild 3.16 auf einer fixen und tiefen Zwischenfrequenz. Danach erfolgt die Umsetzung auf die eigentliche Sendefrequenz. Die beiden Mischer im Oszillator erhalten zwei um 90° versetzte harmonische Schwingungen, also eine Sinus- und eine Cosinus-Schwingung. Diese sind digital sehr einfach und mit perfekter Phasenbeziehung erzeugbar. Der gesamte Modulator lässt sich mit Software in einem DSP erzeugen.

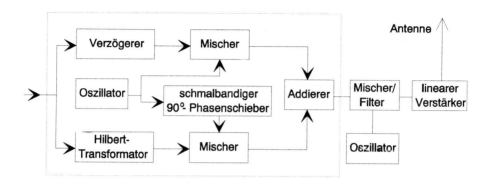

Bild 3.18 SSB-Sender mit Hilbert-Transformator

Die Demodulation erfolgt mit einem Produktmischer, Bild 3.19. Der Unterschied zu Bild 3.12 liegt nur in der fehlenden Synchronisation des Trägeroszillators. Dies ist bei SSB gar nicht möglich, stattdessen wird einfach mit dem sog. beat frequency oscillator (BFO) ein harmonisches Signal auf der Trägerfrequenz erzeugt und damit der Ringmischer angesteuert. Die fehlende Phasensynchronisation führt zu Laufzeitverzerrungen, was aber nach Tabelle 1.16 bei Audiosignalen nicht schlimm ist. Eine Datenübertragung hingegen ist so nicht möglich, vgl. Bild 1.52. Bei Musikübertragungen muss aber wenigstens die Frequenz des BFO sehr genau stimmen. Musik hat ja eine harmonische Zusammensetzung, in einem Klang kommen z.B. die Frequenzen 500 Hz, 1000 Hz und 1500 Hz vor. Ist der BFO nur um 10 Hz verstimmt, so erscheinen am Demodulatorausgang die Frequenzen 510 Hz, 1010 Hz und 1510 Hz. Das sind keine ganzzahligen Vielfachen der Grundfrequenz mehr und es tönt völlig inakzeptabel. Ein Sprachsignal hingegen hat Rauschcharakteristik, es kann also gar keine harmonische Ordnung zerstört werden. Die Pitchfrequenz (die scheinbare Tonhöhe) wird allerdings verändert, was aber der Verständlichkeit keinen Abbruch tut, jedoch nach „Schlumpf-Sound" tönt. Tabelle 3.1 fasst die Synchronisationsanforderungen zusammen.

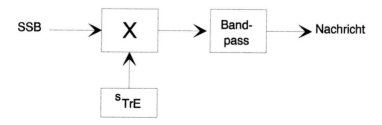

Bild 3.19 Produktmischer als SSB-Demodulator

Tabelle 3.1 Anforderung an die Trägersynchronisation für verschiedener Signale

	Sprache	Musik	Bilder	Daten
Frequenzsynchronisation	nein	ja	ja	ja
Phasensynchronisation	nein	nein	ja	ja

Der vierte Fall – nämlich Phasensynchronisation ohne Frequenzsynchronisation – ist gar nicht möglich.

Ein USB-Sender transponiert lediglich das Spektrum des Nachrichtensignales nach oben. Der LSB-Sender macht dasselbe, führt aber zusätzlich noch eine Inversion in die Kehrlage durch. Damit kann ein SSB-Sender für weit kompliziertere Modulationsverfahren – wie sie z.B. in der Datenübertragung benutzt werden – angewandt werden. Dabei wird das komplizierte Signal vorzugsweise digital mit einem DSP auf einer tiefen (begrenzt duch die Rechengeschwindigkeit des DSP) Zwischenfrequenz realisiert und danach mit einem USB-Sender auf die effektive Übertragungsfrequenz transponiert. Die Bilder 3.16 und 3.18 zeigen diese Methode bereits.

Das Zeigerdiagramm der SSB entsteht aus Bild 3.11, indem der Trägerzeiger und ein Seitenbandzeiger eliminiert werden. Der übrig gebliebene Zeiger kann gegenüber dem Trägerzeiger irgend eine Richtung einnehmen.

> *SSB ist eine Kombination aus kontinuierlicher AM*
> *und kontinuierlicher Phasenmodulation.*

Nur schon darum kommt ein Enveloppendetektor zur Demodulation nicht in Frage. Zur Erinnerung: DSSC ist eine Kombination aus kontinuierlicher AM und *binärer* PM.

Mit einem SSB-Demodulator können auch ganz normale AM-Signale demoduliert werden. Dies nutzen moderne Weltempfänger mit ihrem Produktdemodulator aus. Wie bereits erwähnt, wird der AM-Rundfunk im Kurzwellenbereich v.a. durch Selektivstörer beeinträchtigt, d.h. ein Seitenband ist oft viel massiver gestört als das andere. Eine Verbesserung gegenüber dem AM-Demodulator bringt das ECSS-Konzept (extracted carrier selectable sideband): vor dem Produktdemodulator lässt sich mit einem schaltbaren Filter *wahlweise* das obere bzw. untere Seitenband des AM-Signales extrahieren (Umwandlung AM → SSB), danach wird in das Basisband gemischt. Parallel dazu wird der Trägeroszillator im Empfänger auf den AM-Träger synchronisiert, man kann darum auch problemlos Musik hören. Die Synchronisationsschaltung wirkt wie eine automatische Frequenz-Feineinstellung.

Die Vorteile von SSB sind also zweifach:

- Bandbreiteneinsparung
- Leistungseinsparung

Die Anwendung von SSB ist darum mannigfaltig:

• Sprechfunk im Kurzwellenbereich, häufig kombiniert mit einer Dynamikkompression (Silbenkompander), wie in 1.3.2.2 beschrieben

• Frequenztransponierung nach digitaler Modulation (Datenübertragung)

• Trägerfrequenz-Multiplex (FDM) bei der Telefonübertragung

Was ist nun besser, USB oder LSB? Die Antwort ist einfach: beide Methoden sind gleichwertig. Im kommerziellen Bereich hat sich USB eingebürgert. Die Funkamateure hingegen arbeiten bei Frequenzen unter 10 MHz mit LSB, darüber mit USB. Dies hat historische Gründe: vor zwanzig Jahren erlaubte diese Konvention einen etwas einfacheren Gerätebau.

Bei UHF Verbindungen über Satelliten lohnt sich eine genauere Betrachtung: An Bord des Satelliten ist ein Transponder, d.h. ein Empfänger mit z.B. 500 kHz Bandbreite, ein Mischer, sowie ein Sender. Der Satellit strahlt also alle Signale in seinem Hörbereich auf einem anderen Frequenzband verstärkt zurück. Tieffliegende Satelliten haben eine grosse Relativgeschwindigkeit zur Erde, der Dopplereffekt macht sich deshalb deutlich bemerkbar. Aus diesem Grund wird nach dem Satellitenmischer das Signal in der Kehrlage weiterverwendet. Wird der Satellit also mit einem USB-Signal angestrahlt, so erhält man ein LSB-Signal zurück. Dadurch kompensieren sich die Dopplereffekte des Uplinks und des Downlinks weitgehend.

3.1.3.4 Restseitenbandmodulation (VSB)

Falls das Nachrichtensignal tiefe Frequenzen bis 0 Hz enthält, so kann SSB nicht realisiert werden. Das Seitenbandfilter müsste sehr steil sein und hätte damit auch grosse Laufzeitverzerrungen zur Folge. Aber auch der reale Hilbert-Transformator macht bei diesen tiefen Frequenzen Schwierigkeiten. Man behilft sich in diesen Fällen mit Restseitenbandmodulation (*vestigial sideband*, VSB). Dabei wird einfach ein Teil des unerwünschten Seitenbandes mitübertragen, Bild 3.20 links. Die Modulation erfolgt demnach mit der Filtermethode. Je nach Trägerstärke ergibt sich VSB mit vollem, vermindertem oder unterdrücktem Träger.

Im Empfänger wird ein normaler SSB-Demodulator verwendet. Dieser faltet das erwünschte Seitenband mit dem unerwünschten Restseitenband zusammen. Damit dabei keine Fehler entstehen, muss vor dem Demodulator das VSB-Signal gefiltert werden mit einem Filter mit einer sog. *Nyquistflanke*, Bild 3.20 rechts. Diese Nyquistflanke bezeichnet eine punktsymmetrische (nicht notwendigerweise lineare) Filterflanke. Da die beiden Seitenbänder ursprünglich symmetrisch waren, ergänzen sich die weggeschnittenen Teile des erwünschten Seitenbandes genau mit den noch durchgelassenen Teilen des unerwünschten Seitenbandes.

Irgendwo vor dem Demodulator muss das Nyquistfilter eingefügt werden. Diese Filterung kann ganz im Empfänger (schlecht, weil keine Übertragungsbandbreite eingespart wird) oder ganz im Sender (schlecht, weil die gedämpften Teile des Restseitenbandes prozentual stärker gestört werden) oder verteilt mit zwei Filtern im Sender und Empfänger vorgenommen werden. In der Praxis wird die dritte Methode angewandt, wobei das Sendefilter steil (und aufwändig) und das Empfangsfilter flach (und billig) ist.

Die prominenteste Anwendung von VSB geschieht bei der TV-Bild-Übertragung (Helligkeitssignal). Aber auch Datenübertragungen sind mit VSB möglich.

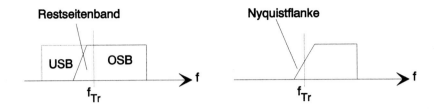

Bild 3.20 VSB-Modulation: Filterung im Sender (links) und im Empfänger (rechts)

3.1.3.5 Independent Sideband (ISB)

Bei der ISB-Modulation werden die beiden Seitenbänder eines AM-Signales mit unterschiedlichen Informationen belegt. Realisiert wird dies durch Addition eines USB- und eines LSB-Signales. Bei Bedarf kann man dazwischen noch den Träger plazieren.

3.1.3.6 Quadratur-AM

Für die Demodulation eines AM-Signales mit dem Produktdemodulator gilt Gleichung (3.10). Wenn also der im Demodulator-Mischer verwendete Oszillator gegenüber demjenigen des Modulators um 90° versetzt schwingt, so verschwindet das Basisbandsignal. Dies macht eine Synchronisation auf den Träger notwendig. Bei der Quadratur-AM macht man aus dieser Not eine Tugend, indem zwei gewöhnliche AM-Signale oder zwei DSSC-Signale mit gleicher Trägerfrequenz aber orthogonalen Trägern ineinander verschachtelt werden, Bild 3.21. Im Empfänger werden zwei Produkt-Demodulatoren eingesetzt, deren Träger wiederum orthogonal und auf die Senderträger synchronisiert sind.

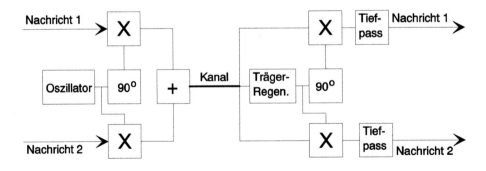

Bild 3.21 Quadratur-AM: Modulator (links) und Demodulator (rechts)

Auch die QAM wird in der Fernsehtechnik angewandt, nämlich zur Übertragung der beiden Farbdifferenzsignale, vgl. Abschnitt 5.1.2.2. Eine weitere wichtige Anwendung ergibt sich bei der digitalen Bandpass-Übertragung.

SSB, ISB und QAM sind bezüglich der Bandbreitenausnutzung und der Modulationseffizienz (Leistungsbilanz) einander ebenbürtig.

3.1.4 Winkelmodulation (FM und PM)

Die grundlegenden Arbeiten zur Winkelmodulation (WM) stammen von H. Armstrong aus dem Jahre 1936. Winkelmodulation ist ein Oberbegriff für

- Frequenzmodulation (FM)

- Phasenmodulation (PM)

FM und PM sind stark verwandt und werden darum gemeinsam beschrieben.

3.1.4.1 Grosshub-Winkelmodulation

Nach Gleichung (3.2) lautet das WM-Signal:

$$s_{WM}(t) = \hat{s}_{Tr} \cdot \cos(\Psi(t)) = \hat{s}_{Tr} \cdot \cos(\omega_{Tr}t + \varphi(t)) \tag{3.18}$$

Die Amplitude bleibt konstant, nur das Argument $\Psi(t)$ wird moduliert, Bild 3.22. Die Trägerfrequenz ω_{Tr} ist *kein* Modulationsparameter, da sie über die Fouriertransformation mit t verknüpft und darum keine frei wählbare Funktion ist.

Das Argument der Cosinus-Funktion in (3.18) hat die Dimension rad. Die Ableitung des Argumentes hat demnach die Dimension rad/s, also dieselbe Dimension wie die Kreisfrequenz. Diese Ableitung heisst darum *Momentan(kreis)frequenz*. Der Unterschied zwischen PM und FM ergibt sich nach der Art, wie die Trägerphase beeinflusst wird:

$$\Psi(t) = \omega_{Tr} \cdot t + \varphi(t) = \omega_{Tr} \cdot t + \underbrace{K_{PM} \cdot s_{Na}(t)}_{\text{Dimension: Winkel}} \quad \Rightarrow \quad PM$$

$$\underbrace{\frac{d\Psi(t)}{dt}}_{\substack{\text{Momentan-}\\\text{kreisfrequenz}}} = \omega_{Tr} + \frac{d\varphi(t)}{dt} = \omega_{Tr} + \underbrace{K_{FM} \cdot s_{Na}(t)}_{\text{Dimension: Frequenz}} \quad \Rightarrow \quad FM$$

$$\tag{3.19}$$

Die FM müsste also eigentlich Momentanfrequenzmodulation heissen. Bild 3.23 zeigt den Unterschied zwischen PM und FM.

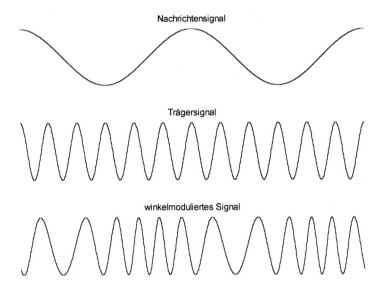

Bild 3.22 verschiedene Signale bei der Winkelmodulation

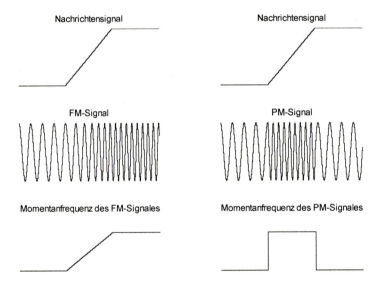

Bild 3.23 Zum Unterschied zwischen FM und PM

Als Nachrichtensignal betrachten wir nun wieder ein harmonisches Signal:

$$s_{Na}(t) = \hat{s}_{Na} \cdot \cos(\omega_{Na} t + \varphi_{Na})$$

Damit ergibt sich für das Argument des PM-Signals:

$$
\begin{aligned}
\Psi_{PM}(t) &= \omega_{Tr} \cdot t + K_{PM} \cdot \hat{s}_{Na} \cdot \cos(\omega_{Na} t + \varphi_{Na}) \\
&= \omega_{Tr} \cdot t + \underbrace{\Delta\varphi_{Tr}}_{\text{Phasenhub}} \cdot \cos(\omega_{Na} t + \varphi_{Na})
\end{aligned}
\tag{3.20}
$$

Und für die Ableitung des Arguments des FM-Signals:

$$
\begin{aligned}
\frac{d\Psi_{FM}(t)}{dt} &= \omega_{Tr} + K_{FM} \cdot \hat{s}_{Na} \cdot \cos(\omega_{Na} t + \varphi_{Na}) \\
&= \omega_{Tr} + \underbrace{\Delta\omega_{Tr}}_{\text{Frequenzhub}} \cdot \cos(\omega_{Na} t + \varphi_{Na})
\end{aligned}
\tag{3.21}
$$

Und für das Argument des FM-Signals:

$$
\begin{aligned}
\Psi_{FM}(t) &= \int \big(\omega_{Tr} + \Delta\omega_{Tr} \cdot \cos(\omega_{Na} t + \varphi_{Na})\big)\, dt \\
&= \omega_{Tr} \cdot t + \frac{\Delta\omega_{Tr}}{\omega_{Na}} \cdot \sin(\omega_{Na} t + \varphi_{Na}) + \underbrace{\varphi_{Tr}}_{\substack{\text{Integrations-}\\\text{Konstante}}} \\
&= \omega_{Tr} \cdot t + \underbrace{\mu}_{\substack{\text{Modulations-}\\\text{index}}} \cdot \sin(\omega_{Na} t + \varphi_{Na}) + \underbrace{\varphi_{Tr}}_{\substack{\text{Integrations-}\\\text{Konstante}}}
\end{aligned}
\tag{3.22}
$$

Und für die Zeitverläufe der modulierten Signale:

$$s_{PM}(t) = \hat{s}_{Tr} \cdot \cos\big(\omega_{Tr} \cdot t + \Delta\varphi_{Tr} \cdot \cos(\omega_{Na} t + \varphi_{Na})\big) \tag{3.23}$$

$$s_{FM}(t) = \hat{s}_{Tr} \cdot \cos\big(\omega_{Tr} \cdot t + \varphi_{Tr} + \mu \cdot \sin(\omega_{Na} t + \varphi_{Na})\big) \tag{3.24}$$

Folgerung: Ist das Nachrichtensignal harmonisch, so sind FM und PM nicht zu unterscheiden!

PM wird zu FM, wenn das (beliebige!) Nachrichtensignal vor der Modulation integriert wird, Bild 3.24. Umgekehrt wird FM zu PM, wenn das Nachrichtensignal zuerst differenziert wird, Bild 3.25.

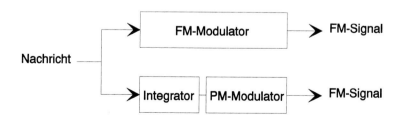

Bild 3.24 FM-Modulation durch Integration und PM-Modulation

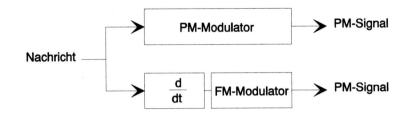

Bild 3.25 PM-Modulation durch Differentiation und FM-Modulation

Das Zeigerdiagramm der WM zeigt Bild 3.26, das Koordinatensystem rotiert wieder mit $-\omega_{Tr}$. Die Länge des Zeigers ist konstant und die Ruhelage des Zeigers hängt ab von φ_{Tr}. Das Zeigerdiagramm lässt sich anschaulich als Scheibenwischer beschreiben. Je nach Auslenkung des Zeigers spricht man von Grosshub-WM oder Kleinhub-WM.

Bild 3.26 Zeigerdiagramm der Grosshub-WM (links) und der Kleinhub-WM (rechts)

Das Spektrum eines WM-Signales ist nicht elementar berechenbar. Nachstehend wird das FM-Spektrum berechnet für den Fall eines cosinus-förmigen Nachrichtensignales. Allerdings gilt das Superpositionsgesetz nicht, die Resultate können darum nicht einfach verallgemeinert werden. Trotzdem lassen sich aber Aussagen machen über die notwendige Bandbreite eines Übertragungskanales.

Das FM-Signal ist bekannt aus Gl. (3.24):

$$s_{FM}(t) = \hat{s}_{Tr} \cdot \cos\left(\omega_{Tr} \cdot t + \varphi_{Tr} + \mu \cdot \sin\left(\omega_{Na} t + \varphi_{Na}\right)\right)$$

Die Nullphasenwinkel φ_{Tr} und φ_{Na} hängen ab von der Wahl des Zeitnullpunktes, beeinflussen das Amplitudenspektrum also nicht und werden darum gleich Null gesetzt:

$$s_{FM}(t) = \hat{s}_{Tr} \cdot \cos\left(\omega_{Tr} \cdot t + \mu \cdot \sin\left(\omega_{Na} t\right)\right)$$

Das FM-Signal kann in eine Reihe von Besselfunktionen (auch Zylinderfunktionen genannt) entwickelt werden. Es gilt nämlich allgemein:

$$\cos\left(a + x \cdot \sin(b)\right) = \sum_{n=-\infty}^{\infty} J_n(x) \cdot \cos\left(a + nb\right)$$

Die $J_n(x)$ bezeichnen die Besselfunktionen 1. Art n. Ordnung, ausgewertet an der Stelle x. Diese Besselfunktionen sind tabelliert, Bild 3.28 zeigt die Funktionswerte graphisch. Eingesetzt in das FM-Signal ergibt sich:

$$s_{FM}(t) = \hat{s}_{Tr} \cdot \sum_{n=-\infty}^{\infty} J_n(\mu) \cdot \cos\left(\omega_{Tr}t + n\omega_{Na}t\right)$$

Diese Reihe kann nun gliedweise fouriertransformiert werden, die $J_n(x)$ sind lediglich konstante Koeffizienten. Es wird die Korrespondenz

$$\cos(\omega_0 t) \quad \circ\!\!-\!\!\circ \quad \pi\left[\delta(\omega - \omega_0) + \delta(\omega + \omega_0)\right]$$

benutzt, worauf sich die folgende Spektralfunktion ergibt:

$$S_{FM}(\omega) = \hat{s}_{Tr} \cdot \sum_{n=-\infty}^{\infty} J_n(\mu) \cdot \pi\left[\delta(\omega - \omega_{Tr} - n \cdot \omega_{Na}) + \delta(\omega + \omega_{Tr} + n \cdot \omega_{Na})\right] \qquad (3.25)$$

> *Das FM-Spektrum ist theoretisch unendlich breit.*
>
> *Bei harmonischem Nachrichtensignal ergibt sich ein*
> *Linienspektrum, das symmetrisch zur Trägerfrequenz liegt.*
> *Der Linienabstand beträgt dabei ω_{Na}.*

Bild 3.27 zeigt ein Beispiel eines solchen Spektrums.

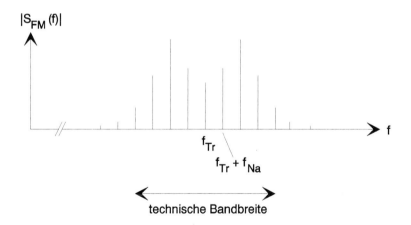

Bild 3.27 Betragsspektrum eines FM-Signales bei harmonischem Nachrichtensignal, $\mu = 3$

Die Beträge der einzelnen Linien können mit den Besselfunktionen bestimmt werden. Bild 3.28 zeigt diese Funktionen für positive n. Die Werte für negative n können einfach daraus abgeleitet werden mit der Beziehung:

$$J_{-n}(\mu) = (-1)^n \cdot J_n(\mu)$$

D.h. $J_{-1}(\mu) = -J_1(\mu)$, $J_{-2}(\mu) = J_2(\mu)$ usw. Aus Bild 3.28 liest man die Spektralwerte auf der dem gewählten Modulationsindex entsprechenden vertikalen Linie ab.

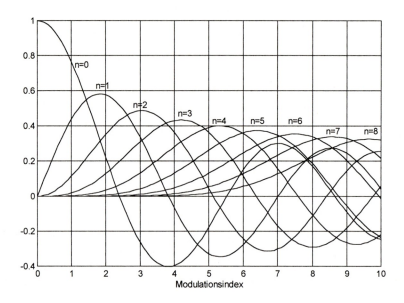

Bild 3.28 Besselfunktionen 1. Art, Ordnungen 0 bis 8

Die Besselfunktionen höherer Ordnung erwachen erst später als diejenigen tiefer Ordnung. Konkreter: Bei $\mu = 2$ ist $J_4(2)$ noch im Tiefschlaf und kann vernachlässigt werden. Ebenso kann bei $\mu = 6$ das Glied $J_8(6)$ vernachlässigt werden. Allgemein gilt, dass in der Reihensumme (3.25) nur die Glieder bis $n = \mu+1$ berücksichtigt werden müssen. Die praktische Bandbreite der FM ist darum beschränkt. Mit Gleichung (3.22) kann der Modulationsindex anders dargestellt werden, womit sich zwei Schreibweisen für die FM-Bandbreite ergeben:

Übertragungsbandbreite bei FM:
$$B_{FM} = 2 \cdot (\mu + 1) \cdot B_{Na} = 2 \cdot (\Delta f_{Tr} + B_{Na})$$
(3.26)

Diese Bandbreite wird auch *Carson-Bandbreite* genannt. Die FM-Bandbreite wird demnach bestimmt durch:

- die *Grösse* der Momentanfrequenzänderung (das ist der Frequenzhub). Diese hängt ihrerseits ab von der *Amplitude* des Nachrichtensignales.

- die *Schnelligkeit* der Momentanfrequenzänderung. Diese hängt ihrerseits ab von der *Frequenz* des Nachrichtensignales.

Beim UKW-Rundfunk beträgt die maximale Modulationsfrequenz 15 kHz und der maximale Frequenzhub 75 kHz. Die technische Bandbreite des modulierten Signales beträgt demnach 180 kHz. Das Beschneiden des Spektrums durch Vernachlässigung der Terme höherer Ordnung in (3.25) bewirkt nichtlineare Verzerrungen. Bei grösseren Linearitätsanforderungen an das FM-System müsste die Bandbreite gegenüber (3.26) erhöht werden. Mit (3.26) bleibt der Klirrfaktor unter 1 %.

Innerhalb der Übertragungsbandbreite nehmen die einzelnen Spektrallinien wegen der Oszillation der Besselfunktionen ganz unterschiedliche Werte an. Die Länge der Linien hängt ab vom Modulationsindex, also von der Amplitude und der Frequenz des Nachrichtensignals. Die Trägerlinie kann auch ganz verschwinden, z.B. bei $\mu \approx 2.4, 5.5, 8.7$.

Mit wachsendem Modulationsindex μ steigt auch die Übertragungsbandbreite. Damit lässt sich ein Modulationsgewinn erzielen, also die Störresistenz erhöhen. Die Bandbreitenvergrösserung β beträgt:

$$\beta_{FM} = \frac{B_{FM}}{B_{Na}} = 2 \cdot (\mu + 1) = 2 \cdot \left(\frac{\Delta f_{Tr}}{f_{Na}} + 1 \right) \tag{3.27}$$

Das bedeutet, dass bei tiefen Frequenzen der Nachricht die Bandbreitenvergrösserung stärker ist als bei hohen Frequenzen. Bei tiefen Modulationsfrequenzen ist deshalb der Störschutz besser als bei hohen Frequenzen. Betrachtet man das demodulierte Signal im Empfänger, so ist die Leistung des Störsignals ungleich verteilt. Höhere Frequenzen sind stärker verrauscht. Dies entspricht genau der Situation in Bild 1.68, die Abhilfe ist auch wie dort beschrieben: im Sender werden die hohen Töne vor der Modulation verstärkt und damit der Hub vergrössert (*Preemphase*) und im Empfänger nach der Demodulation wieder abgeschwächt (*Deemphase*). Die Preemphase erfolgt durch eine Differenzierung. Allerdings hat es keinen Sinn, die Frequenzen über dem interessierenden Frequenzbereich (beim UKW-Rundfunk 15 kHz) zu verstärken. Es wird deshalb die Schaltung nach Bild 3.29 benutzt. Den Aufwärtsknick im Amplitudengang plaziert man bei 3.18 kHz (US-Norm: 2.2 kHz), entsprechend einer Zeitkonstanten $R_1 C = 50 \ \mu s$ (75 μs in den USA). Die Deemphase erfolgt mit einem Tiefpass 1. Ordnung.

Die Preemphase bewirkt, dass die hohen Töne mit PM übertragen werden, die tiefen Töne dagegen mit FM, ein Blick auf Bild 3.25 unten zeigt dies. Dank der Preemphase wird der Modulationsindex μ praktisch konstant, d.h. unabhängig von der Modulationsfrequenz.

Die Bandbreite bei PM kann analog berechnet werden, denn bei harmonischer Modulation (und für diesen Fall wurde das FM-Spektrum berechnet) sind ja PM und FM nicht zu unterscheiden. Nach (3.20) und (3.22) ist lediglich μ durch φ_{Tr} zu ersetzen:

Übertragungsbandbreite bei PM:
$$B_{PM} = 2 \cdot (\Delta \varphi_{Tr} + 1) \cdot B_{Na} \tag{3.28}$$

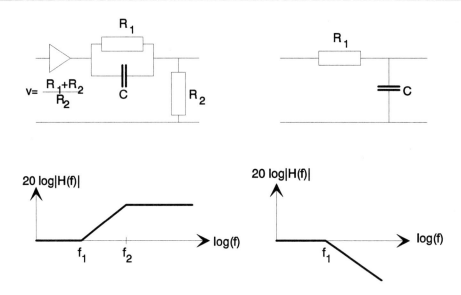

Bild 3.29 Schaltung und Bodediagramm der FM-Preemphase (links) und -Deemphase (rechts)

In der Bandbreite liegt der wesentliche Unterschied zwischen PM und FM:

$$B_{FM} = 2 \cdot (\mu + 1) \cdot B_{Na} = 2 \cdot \left(\Delta f_{Tr} + B_{Na} \right) = 2 \cdot \left(K_{FM} \cdot \hat{s}_{Na} + B_{Na} \right)$$

$$B_{PM} = 2 \cdot (\Delta \varphi_{Tr} + 1) \cdot B_{Na} = 2 \cdot (K_{PM} \cdot \hat{s}_{Na} + 1) \cdot B_{Na}$$

Wählt man zur Erzielung eines Modulationsgewinnes den Frequenz- bzw. Phasenhub deutlich grösser als die Bandbreite der Nachricht, so ergibt sich daraus:

$$B_{FM} \approx 2 \cdot K_{FM} \cdot \hat{s}_{Na} \qquad\qquad B_{PM} \approx 2 \cdot K_{PM} \cdot \hat{s}_{Na} \cdot B_{Na}$$

Bei FM wird die Bandbreite des modulierten Signales annähernd unabhängig von der Bandbreite des modulierenden Signales. Im Gegensatz dazu muss bei PM die Amplitude *und* die Frequenz des Nachrichtensignales praktisch konstant sein, damit B_{PM} nicht stark variiert. Bei Audio- und Bildsignalen ist diese Voraussetzung normalerweise nicht gegeben. Dies ist der Grund, weshalb im UKW-Rundfunk FM und nicht PM benutzt wird, die reservierte Kanalbreite wird damit besser ausgenutzt.

Die Leistung eines WM-Signales ist im Gegensatz zur AM unabhängig vom Nachrichtensignal und beträgt:

$$P_{WM} = \frac{\hat{s}_{Tr}{}^2}{2} \tag{3.29}$$

Wird die Übertragungsbandbreite beschnitten nach (3.26) bzw. (3.28), so liegen in diesem Bereich immer noch 99% des Wertes von (3.29).

FM und PM sind beide gut brauchbar zur Kanalanpassung, denn beide

- gestatten die Frequenzumsetzung in einen beliebigen Bereich,
- ermöglichen Frequenzmultiplex und
- tauschen Bandbreite und Störanfälligkeit aus (formen den Informationsquader um).

Als Vorteile der FM gegenüber der AM sind zu erwähnen:

- gute Energieausnutzung im Sender (kein informationsloser aber leistungsfressender Träger)
- Störunterdrückung wählbar durch Einstellung des Hubes
- Immunität gegenüber nichtlinearen Kanälen, da die Information in den Nulldurchgängen steckt. Es sind damit auch nichtlineare Leistungsendstufen mit hohem Wirkungsgrad einsetzbar.

Und als Nachteile der FM gegenüber der AM sind zu erwähnen:

- FM braucht mehr Bandbreite. Das ist das „Killerargument" gegen die Anwendung der FM auf Lang-, Mittel- und Kurzwellen.
- Der Schaltungsaufwand im Empfänger ist grösser. Im Zeitalter der integrierten Schaltungen ist dies allerdings kein schlagkräftiges Kriterium mehr. Hier liegt aber der Grund dafür, dass der VHF-Flugfunk in AM abgewickelt wird, da zur Zeit der Einführung die FM-Systeme noch zu aufwändig waren.

3.1.4.2 Kleinhub-FM

Der Spezialfall der Kleinhub-FM ergibt sich für kleine Werte des Modulationsindexes: $\mu \ll 1$. Aus (3.26) ergibt sich für die Bandbreite:

$$B_{KFM} = 2 \cdot B_{Na} = B_{AM}$$

Dies kann auch bestimmt werden mit Gleichung (3.24), wobei wiederum die Nullphasen weggelassen werden können:

$$s_{FM}(t) = \hat{s}_{Tr} \cdot \cos\left(\underbrace{\omega_{Tr} \cdot t}_{\alpha} + \underbrace{\mu \cdot \sin(\omega_{Na} t)}_{\beta} \right)$$

Mit dem Additionstheorem

$$\cos(\alpha + \beta) = \cos(\alpha) \cdot \cos(\beta) - \sin(\alpha) \cdot \sin(\beta)$$

wird daraus für $\mu \ll 1$:

$$s_{KFM}(t) = \hat{s}_{Tr}\left[\cos(\omega_{Tr}t)\cdot\underbrace{\cos(\mu\cdot\sin(\omega_{Na}t))}_{\approx 1} - \sin(\omega_{Tr}t)\cdot\underbrace{\sin(\mu\cdot\sin(\omega_{Na}t))}_{\approx\mu\cdot\sin(\omega_{Na}t)}\right]$$

$$= \hat{s}_{Tr}\left[\cos(\omega_{Tr}t) - \sin(\omega_{Tr}t)\cdot\mu\cdot\sin(\omega_{Na}t)\right]$$

Nützlich ist jetzt die Formel:

$$\sin(\alpha)\cdot\sin(\beta) = -\frac{1}{2}\cos(\alpha+\beta) + \frac{1}{2}\cos(\alpha-\beta)$$

Somit ergibt sich für das Kleinhub-FM-Signal:

$$s_{KFM}(t) = \hat{s}_{Tr}\left[\underbrace{\cos(\omega_{Tr}t)}_{\text{Träger}} + \underbrace{\frac{\mu}{2}\cos((\omega_{Tr}+\omega_{Na})\cdot t)}_{\text{oberes Seitenband}} \underset{\substack{\uparrow \\ \text{Unterschied} \\ \text{zu AM}}}{-} \underbrace{\frac{\mu}{2}\cos((\omega_{Tr}-\omega_{Na})\cdot t)}_{\text{unteres Seitenband}}\right]$$

$$(3.30)$$

Das Zeigerdiagramm der Kleinhub-FM entsteht aus demjenigen der AM, indem der Zeiger für das untere Seitenband um 180° gedreht wird, Bild 3.30.

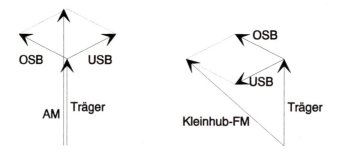

Bild 3.30   Zeigerdiagramme für die AM (links) und die Kleinhub-FM (rechts). Die Längen der
                 Seitenlinienzeiger sind stark übertrieben dargestellt.

Die Kleinhub-FM hat keinen nennenswerten Modulationsgewinn. Ihr Vorteil gegenüber der AM und der SSB liegt in der Unempfindlichkeit der FM gegenüber Amplituden-Nichtlinearitäten. Somit können nichtlineare Verstärker (Klasse C - Verstärker) mit gutem Wirkungsgrad eingesetzt werden. Dies ist dort wichtig, wo man mit einem Speisungsproblem kämpft, also bei batteriebetriebenen Geräten (Handfunksprechgeräte) und bei Geräten mit Solarspeisung (Satelliten). Auch bei der analogen Richtfunk-Übertragung benutzt man Klein-hub-FM. Im Mikrowellenbereich ist es nämlich nicht so einfach, lineare Leistungsverstärker zu bauen.

Die Bandbreiteneffizienz der Kleinhub-FM entspricht derjenigen der Zweiseitenband-AM. Eine Halbierung der Bandbreite wie bei SSB ist mit WM nicht mehr möglich.

3.1.4.3 Modulatoren und Demodulatoren

Ein FM-Signal kann erzeugt werden durch einen Schwingkreis in einer Oszillatorschaltung, wobei die Resonanzfrequenz des Schwingkreises variiert wird. Dies geschieht durch den Einsatz von Kapazitätsdioden (Varicap-Dioden, Varaktor-Dioden) anstelle von Kondensatoren. Die Frequenzänderung muss linear von der Steuerspannung abhängen, was nur bei relativ zur Trägerfrequenz kleinen Frequenzhüben erreichbar ist. Möchte man einen grossen Frequenzhub bei guter Linearität des Modulators, so

- realisiert man zuerst eine lineare Kleinhub-FM, vervielfacht in einer nichtlinearen Schaltung den Frequenzhub auf den gewünschten Wert und mischt danach auf die gewünschte Trägerfrequenz

- oder man moduliert auf einer hohen Trägerfrequenz und mischt danach in den gewünschten Bereich.

FM-Modulatoren sind auch integriert erhältlich und heissen VCO (voltage controlled oscillator) oder VFC (voltage to frequency converter). Die Trägerschwingung ist dabei häufig pulsförmig und muss darum mit einem BP-Filter nachbehandelt werden.

PM-Modulatoren werden indirekt nach Bild 3.25 realisiert. Eine direkte Methode beruht auf der Überlagerung einer AM-Schwingung und eines um 90° gedrehten Trägers (Armstrong-Modulator). Dieses Prinzip beruht auf der im Abschnitt 3.1.6 beschriebenen Quadratur-Darstellung von modulierten Signalen.

Im Abschnitt 5.4.2 werden wir eine rein digitale Methode betrachten, die auf einem DSP implementierbar ist.

Ein Modulator (nicht nur ein FM-Modulator) kann linearisiert werden, indem er mit einem qualitativ hochstehenden Demodulator gegengekoppelt wird, Bild 3.31.

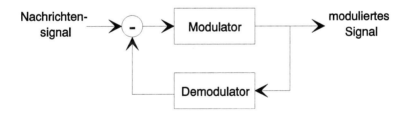

Bild 3.31 Linearisierung eines Modulators

Benutzt man im Sender und im Empfänger identische Demodulatoren, so brauchen diese nicht einmal linear zu sein, um eine verzerrungsfreie Signalübertragung zu ermöglichen. Umgekehrt kann man durch Vertauschen der Blöcke in Bild 3.31 einen Demodulator durch einen Hilfsmodulator linearisieren.

Ein PM-Demodulator benötigt eine Referenz*phase* und wird darum praktisch nicht verwendet. Ein FM-Demodulator hingegen benötigt nur eine Referenz*frequenz*, die man im Empfänger einfach generieren kann. In Umkehrung von Bild 3.25 wird ein PM-Demodulator darum realisiert durch die Kaskade FM-Demodulator und Integrator. Nachstehend werden deshalb nur FM-Demodulatoren besprochen. Davon gibt es eine Vielzahl von verschiedenen Typen, eine vertiefte Beschäftigung damit kann mit Hilfe von [Mei92] und [Mäu92] erfolgen. Ein FM-Demodulator wird oft auch als *Diskriminator* bezeichnet.

FM-Demodulatoren sind meistens auch empfindlich auf Amplitudenschwankungen wie sie durch Dämpfungsvariation auf dem Übertragungsweg auftreten können. Vor den FM-Demodulator gehört darum normalerweise ein *Begrenzer*, der diese Amplitudenschwankungen entfernt.

In zu stark vereinfachenden Lehrbüchern wird diesem Begrenzer die Störfestigkeit der WM verdankt mit der Begründung, Störungen beeinflussen nur die Amplituden. Dies ist falsch. Störungen beeinflussen auch die Nulldurchgänge. Bei grossem Hub und damit grosser Übertragungsbandbreite wirken sich aber die Verfälschungen weniger aus.

Nach dem Begrenzer folgt der eigentliche Demodulator, dessen zahlreiche Varianten in drei Klassen eingeteilt werden können:

- Umwandlung der FM in AM (die zusätzlich FM enthält) und Enveloppendemodulation (→ Flankendemodulator, Ratiodetektor, Frequenzdiskriminator). Diese Variante wurde früher am häufigsten angewandt.

- Umwandlung der FM in PDM (Pulsdauermodulation) oder PFM (Pulsfrequenzmodulation) mit anschliessender Integration (→ Zähldiskriminator, Koinzidenzdemodulator). PDM und PFM werden im Abschnitt 3.2 behandelt.

- Kohärente Demodulation mit PLL (phase locked loop). Dies ist die heute bevorzugte Methode. Sie lässt sich gut integrieren und auch per Software in einem DSP realisieren.

Die Umwandlung der FM in eine AM erfolgt z.B. durch eine frequenzabhängige Reaktanz, indem das FM-Signal auf einen Parallelschwingkreis mit zur Trägerfrequenz versetzter Resonanzfrequenz gegeben wird. Die Trägerfrequenz liegt somit auf der Flanke des Schwingkreises, dieser Demodulator heisst darum Flankendemodulator.

Der Frequenzdiskriminator bewerkstelligt die Umwandlung von FM in AM mit einer Differentiation. Die Ableitung des Arguments des FM-Signales ist in (3.19) angegeben:

$$\frac{d\Psi_{FM}(t)}{dt} = \omega_{Tr} + K \cdot s_{Na}(t)$$

Das Argument selber lautet somit:

$$\Psi_{FM}(t) = \int \omega_{Tr} + K \cdot s_{Na}(\tau) \, d\tau = \omega_{Tr} t + K \cdot \int s_{Na}(\tau) \, d\tau$$

Und das FM-Signal:

$$s_{FM}(t) = \hat{s}_{Tr} \cdot \cos\left(\omega_{Tr} t + K \cdot \int s_{Na}(\tau) \, d\tau\right)$$

Dieses Signal wird differenziert:

$$\frac{d\,s_{FM}(t)}{dt} = \hat{s}_{Tr} \cdot \underbrace{\left(\omega_{Tr} + K \cdot s_{Na}(t)\right)}_{\text{innere Ableitung des cos}} \cdot \sin\left(\omega_{Tr} t + K \cdot \int s_{Na}(\tau) \, d\tau\right)$$

Dies ist nichts anderes als ein AM-Signal mit variabler Trägerfrequenz. Mit einem einfachen Enveloppendetektor kann $s_{Na}(t)$ extrahiert werden.

Die zweite Gruppe von FM-Demodulatoren macht zuerst eine Umwandlung von FM in PDM oder PFM. Als Beispiel sei der Zähldiskriminator erwähnt. Dieser generiert mit einem Präzisionsmonoflop bei jedem Nulldurchgang des FM-Signales einen Puls konstanter Breite und Höhe. Integriert man dieses PFM-Signal, so ergibt sich eine linear von der Frequenz abhängige Spannung.

Der PLL ist in Bild 3.32 gezeigt, vgl. auch Bild 2.3. Es handelt sich um einen Phasenregelkreis, der die Phase der VCO-Ausgangsspannung derjenigen des FM-Signales angleicht. Damit werden auch die Momentanfrequenzen dieser beiden Signale identisch. Da der Gegenkopplungspfad mit dem VCO die Funktion eines FM-Modulators erfüllt, bewirkt die gesamte Anordnung die Umkehrfunktion, also eine FM-Demodulation. Dies entspricht der Umkehrung von Bild 3.31. Der Phasendetektor wird häufig mit einem Balancemischer (Bild 3.5) realisiert. Dieser Demodulator ist nicht amplitudensensitiv, braucht also keinen vorgeschalteten Begrenzer.

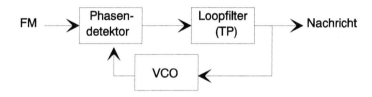

Bild 3.32 Phase Locked Loop (PLL) als FM-Demodulator

3.1.5 Das Störverhalten der analogen Modulationsverfahren

Die Kenntnis der Störresistenz bzw. des Modulationsgewinnes ist wichtig für die vergleichende Beurteilung der verschiedenen Modulationsverfahren und für die richtige Auswahl eines Verfahrens. Zur Erinnerung: kein Übertragungsverfahren ist ideal, sondern für einen *bestimmten* Anwendungsfall optimal!

Die Berechnung des Störverhaltens ist leider sehr aufwändig. Die Störung muss dazu mathematisch beschrieben werden, was die Theorie der stochastischen Prozesse benötigt. Wir verzichten an dieser Stelle auf diese Herleitungen und begnügen uns mit der Darstellung und Interpretation der Resultate. Berechnungen sind u.a. in [Ste82], [Mäu92], [Lük92], [Kam92], [Höl86] und [Pro94] zu finden. Im Abschnitt 2.8 wurde exemplarisch eine entsprechende Betrachtung für die Basisbandübertragung von digitalen Signalen durchgeführt.

Bild 3.33 zeigt die Einflüsse, die bei der Beurteilung des Störverhaltens der Modulationsverfahren zu berücksichtigen sind.

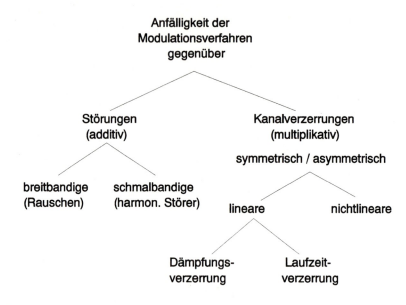

Bild 3.33 Kriterien zur Beurteilung des Störverhaltens der Modulationsverfahren

Vorerst wird als einzige Störung angenommen, dass dem übertragenen Signal ein Gauss'sches Rauschen additiv überlagert wurde. Dieser Spezialfall ist sowohl häufig (Schaltungsrauschen, Rauschen in Funkkanälen ab 30 MHz) als auch relativ einfach mathematisch beschreibbar. Als Kanal ist hierbei die Strecke zwischen Modulator-Ausgang und Demodulator-Eingang zu verstehen und nicht nur die eigentliche Übertragungsstrecke. Durch dieses Rauschen ist am Demodulatoreingang ein bestimmter Signal-Rausch-Abstand SR_K gegeben. Nach dem Demodulator hat das Nachrichtensignal den Signal-Rausch-Abstand SR_A, Bild 1.43. Bild 3.34 zeigt SR_A in Funktion von SR_K für verschiedene Modulationsarten.

SSSC = SSB bewirkt keine Bandbreitenänderung, d.h. $SR_A = SR_K$. Die Kurve für SSB dient darum als Referenz. Liegt die Kurve eines Modulationsverfahren über derjenigen von SSB, so erzielt es einen Modulationsgewinn.

DSSC benutzt die doppelte Übertragungsbandbreite und bewirkt einen Modulationsgewinn von 3 dB, d.h. einem Faktor 2. Dies deshalb, weil die Nutzanteile der beiden Seitenbänder sich kohärent (d.h. gleichphasig) addieren, während sich die beiden Störanteile inkohärent (d.h. leistungsmässig) addieren. Oder anschaulicher: der Inhalt der beiden Seitenbänder ist identisch, die beiden Rauschanteile hingegen sind unkorreliert und können teilweise ausgemittelt werden.

Die normale AM benutzt ebenfalls die doppelte Bandbreite, trotzdem ist kein Modulationsgewinn zu erzielen. Dies deshalb, weil der Träger in die Signalleistung eingeht, jedoch keine Information enthält. Beim maximalen Modulationsgrad m = 1 ist darum AM immer noch um 4.8 dB schlechter als SSB.

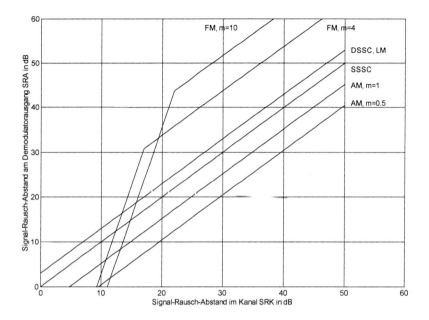

Bild 3.34   Modulationsgewinn der analogen Modulationsverfahren
Der Bereich des steilen Abfalls bei den FM-Kurven ist nur stilisiert wiedergeben.

Deutlich ist der Gewinn von FM zu sehen. Typisch für alle bandbreitenvergrössernden Modulationsverfahren (wie FM, PCM) ist das schnelle Absinken der Gewinnkurve unter einem bestimmten Schwellwert von SR_K, vgl. auch mit Bild 1.46. Je höher der Gewinn, desto höher auch dieser Schwellwert. Diesen Schwellwert erkennt man beim UKW-Empfang im Auto bei der Einfahrt in einen Tunnel: das Signal bleibt vorerst bei guter Qualität, dann bricht der Empfang innerhalb weniger Meter zusammen.

Bei traurigen Empfangsverhältnissen (SR_K unter 15 dB) sind also SSB und AM der FM überlegen. Konsultiert man Tabelle 1.8, so erkennt man, dass in kritischen Empfangssituationen mit FM gar keine Sprachübertragung mehr möglich ist, mit SSB jedoch schon.

Bei der AM-Demodulation mit einem Enveloppendetektor ergibt sich auch ein Schwelleffekt. Bei einem SR_K unter 15 dB wird dann AM noch schlechter als in Bild 3.34 gezeigt.

Welcher Modulationsgewinn mit einer bestimmten Bandbreitenvergrösserung β theoretisch erzielbar ist, zeigt Bild 1.45. In Bild 3.35 wurden die Kurven aus Bild 1.45 und aus Bild 3.34 die Kurven für SSB (β = 1), AM mit m = 1 (β = 2) und FM mit μ = 4 (β = 10) übereinander gelegt. Man sieht deutlich, dass die gängigen analogen Modulationsverfahren weit entfernt vom maximal Möglichen arbeiten. Einzig SSB kann als ideal bezeichnet werden, allerdings schaut kein Gewinn heraus. FM hat nur eine quadratische Verbesserung mit ansteigender Bandbreite, während theoretisch ja ein exponentieller Anstieg möglich wäre. Folgerung:

Störschutz erzeugt man besser mit Kanalcodierung statt mit Modulation!

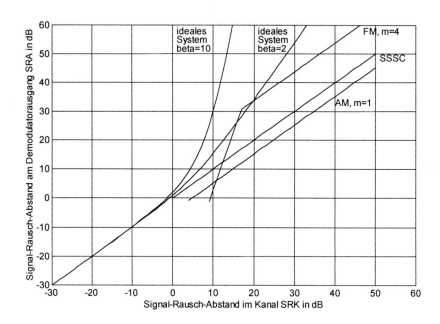

Bild 3.35   Vergleich zwischen idealen (lange Kurven) und realen (kurze Kurven)
Modulationsverfahren

Nun betrachten wir der Fall eines schmalbandigen Störsignales anstelle einer breitbandigen
Rauschstörung. Dieser Fall tritt auf bei Doppelbelegungen von Funkkanälen, durch Emissionen
auf Nachbarfrequenzen, wobei ungewollte Nebenwellen das erwünschte Empfangssignal ver-
seuchen oder durch absichtliche Störungen, z.B. in militärischen Anwendungen.

Der weiter oben erwähnte Gewinn von 3 dB von DSSC gegenüber SSSC gilt nur für Rauschstörer. Beim schmalbandigen Störer ist SSB resistenter. Dies deshalb, weil unsymmetrische
Seitenbänder bei der gewöhnlichen AM und bei der DSSC zu unangenehm klingenden nichtlinearen Verzerrungen im demodulierten Signal führen. In den chronisch überbelegten Kurz-
wellenbändern ist darum der bereits beschriebene ECSS-Demodulator von grossem Vorteil.
Eine anschauliche Begründung lautet folgendermassen: werden die beiden Seitenbänder leicht
und unterschiedlich verfälscht (Rauschstörer), so ist der Mittelwert der Seitenbänder besser als
ein Seitenband alleine. Ist aber ein Seitenband massiv gestört (Schmalbandstörer), so ist das
gesunde Seitenband viel näher beim Original als der Mittelwert.

Bei FM ist der sog. *Capture-Effekt* zu beobachten: ist der Störer stärker als das Nutzsignal, so
ist von letzterem gar nichts mehr zu hören. Diese Eigenschaft wird bei den *Gleichwellennetzen*
ausgenutzt: soll ein grösseres Gebiet mit Handfunksprechgeräten abgedeckt werden, so werden
auf Hügeln Relaisstationen (Empfänger-Frequenzumsetzer-Sender) plaziert. Die Relais arbeiten im Duplex-Betrieb, die Handfunksprechgeräte im Semiduplex-Betrieb. Die Frequenzumsetzung ist notwendig, damit der Relais-Sender nicht seinen eigenen Empfänger zustopft. Das
ist nichts anderes als Richtungstrennung nach dem FDD-Prinzip (frequency division duplexing). Statt nun jedem Relais eines Netzes sein eigenes Frequenzpaar zuzuweisen, arbeiten alle
mit demselben Frequenzpaar und die Handfunksprechgeräte hören das am jeweiligen Emp-
fangsstandort stärkste Relais alleine. Im Grenzbereich mit identischen Feldstärken ergeben sich

aber Schwierigkeiten. Darum werden die Relais-Sendefrequenzen um 10 bis 15 Hz versetzt. Im Grenzbereich ergibt sich eine Interferenz in Form einer Schwebung mit dieser Differenzfrequenz. Dadurch werden die Sprachsignale zwar etwas abgehackt (sog. flutter-fading), aber trotzdem verständlich. Solche Gleichwellenfunknetze sparen Frequenzkanäle und vereinfachen die Gerätebedienung, da stets dieselben Frequenzen benutzt werden. Wie immer hat es aber auch einen Haken: Gleichwellennetze können relativ einfach grossflächig gestört werden.

Es bleibt noch die Betrachtung des Einflusses von Kanalverzerrungen. Diese sind zu unterscheiden in lineare / nichtlineare und symmetrische / asymmetrische Verzerrungen. Die Symmetrie ist dabei in Bezug zur Trägerfrequenz zu verstehen. Asymmetrische Verzerrungen entstehen z.B. durch unkorrekt abgestimmte Empfangsfilter.

Zuerst werden die linearen Verzerrungen betrachtet. WM ist bezüglich Dämpfungsverzerrungen praktisch völlig unempfindlich, reagiert aber auf Laufzeitverzerrungen mit nichtlinearen Verzerrungen am Demodulatorausgang. Wird die Bandbreite zu stark beschränkt, so ergeben sich nichtlineare Verzerrungen. Solange die Carson-Bandbreite eingehalten wird, bleibt der Klirrfaktor aber unter 1%.

SSB reagiert mit linearen Verzerrungen nach dem Demodulator (dieser schiebt ja lediglich das HF-Spektrum ins Basisband), die Klangfarbe ändert sich dadurch.

Die gewöhnliche AM hingegen reagiert auf symmetrische Kanalverzerrungen mit linearen Verzerrungen. Bei asymmetrischen Kanalverzerrungen ergeben sich beim Produktdemodulator lineare Verzerrungen, beim Enveloppendetektor hingegen nichtlineare Verzerrungen. Selektiv-Fading (d.h. unterschiedlich gedämpfte Seitenbänder, dies kommt auf Kurzwelle gelegentlich vor) führt demnach meistens zu nichtlinearen Verzerrungen.

Die nichtlinearen Kanalverzerrungen sind rasch abgehandelt: WM ist unempfindlich, alle Arten von AM sind empfindlich und reagieren mit nichtlinearen Verzerrungen. Besonders unangenehm ist die *Kreuzmodulation*, d.h. die Modulation eines benachbarten Störträgers überträgt sich auf den Nutzträger, ein Sender erscheint plötzlich „an der falschen Stelle der Skala". Der Grund liegt wie bei der *Intermodulation* in unerwünschten Nichtlinearitäten der Empfängereingangsstufen.

3.1.6 Die Quadratur-Darstellung von modulierten Signalen

Ein harmonischer Träger kann in seiner Amplitude und/oder in seinem Argument moduliert werden, Gl. (3.2). Bemerkenswerterweise können alle diese Modulationsarten auf die Überlagerung von zwei amplitudenmodulierten Signalen zurückgeführt werden.

Nimmt man Gleichung (3.2):

$$s_m(t) = a(t) \cdot \cos\big(\omega_{Tr} \cdot t + \varphi_{Tr}(t)\big)$$

und die trigonometrische Beziehung:

$$\cos(\alpha + \beta) = \cos\alpha \cdot \cos\beta - \sin\alpha \cdot \sin\beta$$

so ergibt sich:

$$s_m(t) = a(t) \cdot \cos(\varphi_{Tr}(t)) \cdot \cos(\omega_{Tr} \cdot t) - a(t) \cdot \sin(\varphi_{Tr}(t)) \cdot \sin(\omega_{Tr} \cdot t)$$
$$= s_k(t) \cdot \cos(\omega_{Tr} \cdot t) - s_q(t) \cdot \sin(\omega_{Tr} \cdot t)$$

In der letzten Zeile wurden zwei neue Signale eingeführt, nämlich die sog.

Kophasal- oder Inphasekomponente: $\qquad s_k(t) = a(t) \cdot \cos(\varphi_{Tr}(t))$ $\qquad\qquad$ (3.31)

Quadraturkomponente: $\qquad\qquad\qquad s_q(t) = a(t) \cdot \sin(\varphi_{Tr}(t))$ $\qquad\qquad$ (3.32)

Diese beiden Komponenten entstehen also *eindeutig* aus der Hüllkurve a(t) und dem Nullphasenwinkel φ(t) des *modulierten* Signales. Die Rückrechnung

$$a(t) = \sqrt{s_k^{\,2}(t) + s_q^{\,2}(t)} \qquad\qquad\qquad\qquad\qquad (3.33)$$

$$\varphi(t) = \arctan\left(\frac{s_q(t)}{s_k(t)}\right) \qquad\qquad\qquad\qquad (3.34)$$

ist allerdings wegen der arctan-Funktion nicht eindeutig, es bleibt eine Unsicherheit bezüglich φ(t) von kπ, k = 0, ±1, ±2, … . Für das modulierte Signal gilt darum als Alternative zu Gleichung (3.2):

$$s_m(t) = \sqrt{s_k^{\,2}(t) + s_q^{\,2}(t)} \cdot \cos\left(\omega_{Tr} \cdot t + \arctan\frac{s_q(t)}{s_k(t)}\right) \qquad (3.35)$$

Die in (3.35) nicht berücksichtigte Unsicherheit des Argumentes spielt in der Praxis häufig keine Rolle, da man sich oft nur für die Hüllkurve interessiert oder der Bereich des Argumentes bereits anderweitig bekannt ist.

Gleichung (3.35) zeigt eine formale Gleichheit zur Signaldarstellung in der komplexen Wechselstromtechnik. Dort wird das reelle harmonische Spannungssignal

$$u(t) = \hat{U} \cdot \cos(\omega t + \varphi)$$

komplexwertig dargestellt:

$$\underline{u}(t) = \underline{U} \cdot e^{j\omega t}$$

$\underline{U}$ bezeichnet dabei die

komplexe Amplitude: $\qquad \underline{U} = \hat{U} \cdot e^{j\varphi}$

Das ursprüngliche reelle Signal u(t) entsteht aus dem komplexen $\underline{u}(t)$ durch Realteilbildung, d.h. durch Projektion auf die reelle Achse:

$$u(t) = \text{Re}(\underline{u}(t)) = \text{Re}(\underline{U} \cdot e^{j\omega t}) = \text{Re}(\hat{U} \cdot e^{j\varphi} \cdot e^{j\omega t})$$

$$= \text{Re}(\hat{U} \cdot e^{j(\omega t + \varphi)}) = \hat{U} \cdot \text{Re}(\cos(\omega t + \varphi) + j \cdot \sin(\omega t + \varphi))$$

$$= \hat{U} \cdot \cos(\omega t + \varphi)$$

Ganz analog lässt sich mit dem modulierten Signal nach (3.2) verfahren. Aus

$$s_m(t) = a(t) \cdot \cos(\omega_{Tr} \cdot t + \varphi_{Tr}(t)) \tag{3.36}$$

wird dadurch:

$$\underline{s}_m(t) = \underline{a}(t) \cdot e^{j\omega_{Tr}t} \tag{3.37}$$

In (3.37) ist die komplexe Amplitude zeitabhängig. Man nennt sie deshalb

komplexe Hüllkurve:
$$\underline{a}(t) = a(t) \cdot e^{j\varphi_{Tr}(t)} = a(t) \cdot \cos(\varphi_{Tr}(t)) + j \cdot a(t) \cdot \sin(\varphi_{Tr}(t))$$
$$\underline{a}(t) = s_k(t) + j \cdot s_q(t) \tag{3.38}$$

> *Die komplexe Hüllkurve $\underline{a}(t)$ hat als Betrag die reelle Hüllkurve a(t),*
> *als Realteil die Kophasalkomponente $s_k(t)$ und*
> *als Imaginärteil die Quadraturkomponente $s_q(t)$.*

(3.36) entsteht aus (3.37) wiederum durch Realteilbildung:

$$\underline{s}_m(t) = \underline{a}(t) \cdot e^{j\omega_{Tr}t}$$

$$s_m(t) = \text{Re}(\underline{s}_m(t)) = \text{Re}([s_k(t) + j \cdot s_q(t)] \cdot [\cos(\omega_{Tr}t) + j \cdot \sin(\omega_{Tr}t)])$$

$$= s_k(t) \cdot \cos(\omega_{Tr}t) - s_q(t) \cdot \sin(\omega_{Tr}t)$$

Wozu kann man dies alles nun brauchen? Der Wert dieser komplexen Darstellung liegt in zwei Punkten:

- Für theoretische Betrachtungen: Bandpass-Kanäle und Bandpass-Signale können in obiger Schreibweise durch *äquivalente Tiefpass-Kanäle bzw. -Signale* dargestellt werden. Die Umformung erfolgt durch eine Frequenzverschiebung, aufgrund des Modulationssatzes aus der Theorie der Fouriertransformation entstehen dadurch komplexwertige Stossantworten und Zeitsignale. Es genügt dadurch, TP-Kanäle zu untersuchen, die Resultate können auf BP-Kanäle übertragen werden.

- Für praktische Realisierungen: alle Modulationsarten können im Basisband ausgeführt werden, danach wird in eine gewünschte Bandpasslage umgesetzt.

Digital sind diese Konzepte sehr einfach zu realisieren. Im Abschnitt 5.2.2.2 greifen wir diese Idee wieder auf.

3.2 Analoge Modulation eines Pulsträgers

Bei stark nichtlinearen Kanälen (z.B. Binärkanälen, die nur zwei Zustände im übertragenen Signal erlauben und sogar eine Hysterese aufweisen können) muss zur Übertragung analoger Signale eine Modulation erfolgen. Dabei werden pulsförmige Träger benutzt. Die modulierten Signale sind jedoch *nicht* digital, da sie *nicht gleichzeitig* amplituden- und zeitdiskret sind. Das Spektrum des modulierten Signales ist viel breiter als das Spektrum des ursprünglichen Nachrichtensignals, theoretisch sogar aufgrund der steilen Pulsflanken unendlich breit. Dieses Spektrum beginnt bei 0 Hz, es handelt sich also um Basisbandverfahren.

Die Pulsmodulationen mit analogem Nachrichtensignal werden unterteilt in:

- PAM   Puls-Amplitudenmodulation
- PWM, PDM Pulse-Width-Modulation, Pulsdauermodulation
- PPM   Puls-Phasenmodulation, Puls-Positionsmodulation
- PFM   Puls-Frequenzmodulation
- RFM   Rechteck-Frequenzmodulation

Das Nachrichtensignal ist analog, also zeit- und wertkontinuierlich. Das übertragene Signal ist pulsförmig, besteht demnach nur zu bestimmten Zeitpunkten. Das Nachrichtensignal muss darum vor der Modulation abgetastet werden. Folgerungen:

- Die Pulsfrequenz des Trägers muss mindestens so hoch sein, dass das Abtasttheorem eingehalten wird, Gleichung (1.2).
- Im Empfänger muss nach der Demodulation mit einem Tiefpass das analoge Nachrichtensignal rekonstruiert werden.

Bild 3.36 zeigt eine Gegenüberstellung der analogen Pulsmodulationsarten, zu denen folgende Bemerkungen anzubringen sind:

- PAM ist fast dasselbe wie AM. Einziger Vorteil: das Tastverhältnis (das Verhältnis Pulsdauer zu Pulsperiode) kann klein gemacht werden, es können dadurch mehrere PAM-Signale verschachtelt werden ($\rightarrow$ Zeitmultiplex). Die kürzeren Pulse erfordern natürlich mehr Kanalbandbreite.
- PWM, PPM, PFM und RFM haben Pulse konstanter Höhe, die Information liegt in der Zeitachse. Da die meisten Störungen v.a. die Amplitude verändern und weniger die steilen Flanken der Pulse, sind diese Signale resistenter gegenüber Verfälschungen auf dem Übertragungsweg. Ebenso sind sie für die Verarbeitung in nichtlinearen Systemen bestens geeignet. Die Anwendung liegt z.B. in der analogen optischen Übertragung (v.a. PFM und RFM) sowie in Schaltnetzteilen (PWM).
- PPM wird meistens über die PWM erzeugt. Es kann die fallende oder wie in Bild 3.36 gezeichnet die steigende Flanke von PWM benutzt werden.
- Unterschied zwischen PFM und RFM: bei PFM haben die Pulse eine konstante Breite, bei RFM ist das Tastverhältnis konstant. Filtert man aus RFM mit einem Bandpass die Grundschwingung heraus, so stellt diese die normale FM dar.

- Für Zeitmultiplex wäre PAM am besten geeignet, da die Zeitpunkte aller Pulsflanken genau bekannt sind, leider ist aber PAM nicht so störresistent (→ Abhilfe durch PCM).

- PAM wird v.a. als Zwischenstufe (z.B. nach einem Abtaster) benutzt und weniger zur Übertragung.

- Pulsmodulationsverfahren sind Basisband-Verfahren, d.h. eine Umsetzung in einen beliebigen Frequenzbereich ist nicht möglich. Es braucht dazu einen zweiten Modulationsvorgang (Abschnitt 3.4).

- Keines der in Bild 3.36 gezeigten Modulationsverfahren ist digital: bei PAM liegt die Information in der Amplitudenachse, diese ist kontinuierlich und die Zeitachse ist diskret. Bei allen andern Verfahren liegt die Information in der Zeitachse, diese ist kontinuierlich und die Amplitudenachse ist diskret. Ein digitales Signal müsste jedoch in der Zeit- *und* in der Amplitudenachse diskret sein.

Da man alle diese Modulationsarten nur selten zur Weitdistanzübertragung benutzt, besprechen wir sie nicht ausführlicher. Interessenten finden weitere Informationen in [Mäu91] und [Höl86].

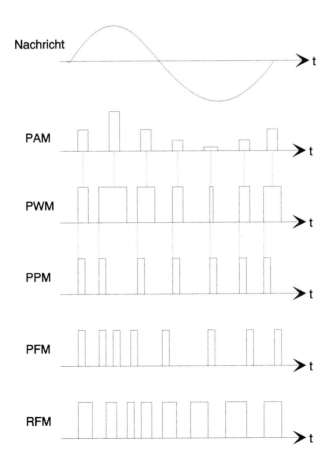

Bild 3.36 Analoge Pulsmodulationsarten

3.3 Digitale Modulation eines Pulsträgers

Wegen des beschränkten Auflösungsvermögens jeder Nachrichtensenke, bzw. wegen deren endlicher Begriffswelt, kann jedes analoge Signal durch ein *wert*diskretes, d.h. quantisiertes Signal mit dem gleichen nutzbaren Informationsgehalt ersetzt werden.

Shannon hat gezeigt, dass bei Beachtung des Abtasttheorems jedes bandbegrenzte analoge Signal durch ein *zeit*diskretes Signal mit gleichem Informationsgehalt ersetzbar ist.

Nutzt man beide Möglichkeiten gleichzeitig aus, so führt dies auf argument- *und* wertdiskrete Signale, also auf *digitale* Signale. Deren Vorteile wurden im Abschnitt 1.1.3 hinlänglich beschrieben.

Vom Standpunkt des Anwenders sind u.a. folgende Kriterien relevant:

- Störresistenz: es sind möglichst wenig Quantisierungsniveaus anzustreben

- Originaltreue: es sind möglichst viele Quantisierungsniveaus anzustreben

- Wirtschaftlichkeit: das digitale Signal soll einfach zeitmultiplexierbar sein

Abgetastete (zeitdiskrete) Signale werden im Basisband am bequemsten durch Pulsfolgen dargestellt. Die im Abschnitt 3.2 gestreiften Pulsmodulationsarten sind deshalb alle auch geeignet für die Übertragung von digitalen Signalen. Das letzte Kriterium aus obiger Aufstellung legt aber eindeutig eine amplitudendiskrete PAM nahe, da einzig bei dieser alle Flankenzeitpunkte bekannt sind. Damit sind aber die ersten beiden Forderungen nicht gleichzeitig erfüllbar. Dieses Dilemma wird mit einer Codierung gelöst, vgl. Abschnitt 1.1.3. Das Resultat ist die *Puls-Code-Modulation* (PCM), welche eine wichtige Rolle nicht nur bei der Übertragung (CD!), sondern auch bei der Verarbeitung spielt. Die Grundlagen der PCM wurden von A.H. Reeves im Jahre 1939 erarbeitet.

3.3.1 Puls-Code-Modulation (PCM)

3.3.1.1 Das Funktionsprinzip der PCM

In der Signalverarbeitung ist PCM nichts anderes als eine andauernde analog-digital - Wandlung eines Signals. Dies geschieht in drei Schritten, Bilder 3.37, 3.38, 1.7 und 1.8:

- *Abtasten:* Dies erfolgt mit einer sog. Sample & Hold - Schaltung (Abtast-Halteglied). Das Abtasttheorem ist zu beachten, nötigenfalls ist dem S&H ein Anti-Aliasing-Filter vorzuschalten. Es entsteht ein PAM-Signal.

- *Quantisieren:* Dies erfolgt in einem Quantisierer, z.B. mit einer Komparator-Kaskade. Die Anwendung bestimmt die Feinheit der Quantisierung. Durch dieses Runden geht ein Teil der Information unwiderruflich verloren, bei genügend feiner Quantisierung handelt es sich aber nur um eine Irrelevanzreduktion. Es entsteht ein quantisiertes PAM-Signal (QPAM).

- *Codieren:* Dies erfolgt in einem Codierer, einer logischen Schaltung. Meistens wird in einen Binärcode (Dualcode, Zweierkomplement, usw.) umgewandelt. Es entsteht das PCM-Signal, welches als binäre PAM aufgefasst werden kann. Pro Abtastwert werden demnach mehrere binäre Pulse übertragen. Letztere müssen entsprechend kurz sein und beanspruchen darum eine grosse Bandbreite. Der Gewinn liegt in der erhöhten Störresistenz, es handelt sich also wiederum um eine Umformung des Informationsquaders, Bild 1.35.

Meistens sind Abtaster, Quantisierer und Codierer in derselben integrierten Schaltung untergebracht.

Bild 3.37 Die drei Schritte zur Pulse-Code-Modulation

Der Preis für die Vorzüge der PCM liegt im

- Bandbreitenbedarf,

- Informationsverlust durch die Quantisierung,

- Geräteaufwand. Dieses Kriterium ist heute allerdings nicht mehr so wichtig, da die elektronischen Komponenten preisgünstig sind.

Die Basisbandübertragung eines PCM-Pulsstromes erfolgt mit den im Kapitel 2 beschriebenen Methoden. Die Bandpassübertragung ist im Abschnitt 3.4 beschrieben. Dem PCM-Pulsstrom sieht man seine Herkunft und Bedeutung ja nicht an, für das digitale Übertragungssystem handelt es sich einfach um ein Datensignal.

In diesem Abschnitt 3.3 geht es demnach nur um die Umsetzung eines analogen Signales in ein solches Datensignal. Stichworte sind Verkleinerung des Quantisierungsrauschens (nichtlineare Quantisierung, Kompandierung), Verkleinerung der Datenrate (prädiktive Codierung), notwendige Übertragungsbandbreite, Einfluss der Bitfehler und Modulationsgewinn.

3.3.1.2 Quantisierungsrauschen

Der Quantisierungs- oder Rundungsvorgang kann aufgefasst werden als Überlagerung eines Fehler- oder Störsignals, Bild 1.34. Falls die Abtastfrequenz nicht in einem festen Zusammenhang mit dem Analogsignal steht, hat das Fehlersignal zufällige Momentanwerte und darum dieselbe Charakteristik wie ein Rauschen. Deshalb spricht man vom *Quantisierungsrauschen*.

Aus den Bildern 1.8 und 3.38 ist ersichtlich, dass die Amplitude des Fehlersignales höchstens das halbe Quantisierungsintervall erreichen kann.

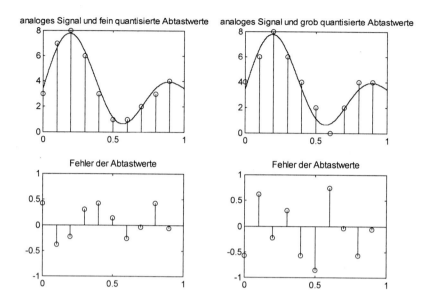

Bild 3.38 Zum Unterschied zwischen feiner und grober Quantisierung

Vergrössert man die Wortbreite eines AD-Wandlers um ein Bit, so verfügt dieser Wandler über die doppelte Anzahl Quantisierungsniveaus, halbiert somit die Amplitude des Fehlersignales und viertelt dessen Leistung. Die Leistung des quantisierten Signales hingegen ändert sich praktisch nicht mit der Anzahl Quantisierungsstufen (je mehr Stufen, desto besser stimmt diese Aussage). Als *Faustregel* für den Quantisierungsrauschabstand SR_Q, das ist das Verhältnis zwischen der Signalleistung P_S und der Leistung des Quantisierungsrauschens P_Q, gilt deshalb:

$$SR_Q = 10\log_{10}\left(\frac{P_S}{P_Q}\right) \approx k \cdot 6 \quad [dB] \tag{3.39}$$

k bedeutet die Anzahl Bit (Wortbreite) des AD-Wandlers. Ein Wandler mit k Stellen kann insgesamt 2^k Amplitudenniveaus darstellen im Bereich $0 \ldots 2^k \cdot q$ [V] oder $\pm 2^{k-1} \cdot q$ [V], q ist das Quantisierungsintervall. Soll ein Analogsignal, z.B. Musik, mit einer Dynamik (Unterschied zwischen lautesten und leisesten Passagen) von 80 dB dargestellt werden, so berechnet sich die notwendige Wortbreite des ADC folgendermassen:

$$80\,\text{dB} \triangleq 10000:1 \quad \Rightarrow \quad 2^k \geq 10000$$

$$k \geq \log_2(10000) = \frac{\log_{10}(10000)}{\log_{10}(2)} = 13.29$$

$$\Rightarrow \quad k = 14$$

Es wird also ein Wandler mit 14 Bit Wortbreite benötigt. Mit der Faustregel (3.39) ergibt sich derselbe Wert:

$$k \geq \frac{80}{6} = 13.3 \quad \Rightarrow \quad k = 14$$

Eine dritte Variante benutzt die Formel für die Kanalkapazität. Der Informationsgehalt eines Signals mit 20 kHz Bandbreite und 80 dB Dynamik beträgt pro Sekunde nach (1.17) oder (1.18) I = 533 kbit (kleines b!). Bei redundanzfreier Codierung braucht es für die Darstellung dieser Informationsmenge 533 kBit (grosses B!). Diese 533 kBit fallen jede Sekunde an und verteilen sich gemäss dem Abtasttheorem auf 40000 Abtastwerte, jeder Abtastwert stellt darum 13.3 bit dar und benötigt darum 14 Bit. Zu beachten ist bei der letzten Berechnung, dass die Abtastfrequenz nicht höher als das Minimum von 40 kHz gesetzt werden darf. Zusätzliche Abtastwerte enthalten nämlich wegen der Bandbegrenzung des Analogsignales auf 20 kHz *keine* neue Information, sondern nur Redundanz.

Die Leistung des Quantisierungsrauschens kann nicht allgemein berechnet werden. Falls aber das Analogsignal und das Fehlersignal statistisch unabhängig sind, d.h. die Abtastfrequenz hat keine Beziehung zum Signal, so hat das Fehlersignal e(t) (e = Error) eine gleichmässige Amplitudenverteilung. Die Wahrscheinlichkeitsdichte des Quantisierungsfehlers hat einen Verlauf gemäss Bild 3.39, wobei q das Quantisierungsintervall bedeutet. Das Integral über die ganze Kurve (Fläche des Rechtecks in Bild 3.39) ergibt 1.

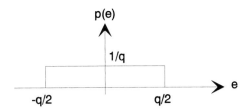

Bild 3.39 Wahrscheinlichkeitsdichte des Quantisierungsfehlers

In der Terminologie der Wahrscheinlichkeitsrechnung heisst der Mittelwert eines Signals s(t) *Erwartungswert* E(s). Dieser ist mit der Wahrscheinlichkeitsdichte verknüpft:

$$\text{Mittelwert:} \quad E(s) = \overline{s(t)} = \lim_{T \to \infty} \frac{1}{2T} \int_{-T}^{T} s(t) \, dt = \int_{-\infty}^{\infty} s \cdot p(s) \, ds \qquad (3.40)$$

Die Signalwirkleistung ist gleich dem mittleren Signalquadrat und ebenfalls mit der Wahrscheinlichkeitsdichte verknüpft:

$$\text{mittlere Leistung:} \quad P_s = \overline{s^2(t)} = \lim_{T \to \infty} \frac{1}{2T} \int_{-T}^{T} s^2(t) \, dt = \int_{-\infty}^{\infty} s^2 \cdot p(s) \, ds \qquad (3.41)$$

Die rechten Integrale in (3.40) und (3.41) enthalten die Momentanwerte s und deren Wahrscheinlichkeit p(s). Obige Gleichungen gelten für alle stationären und ergodischen Zufallsprozesse. Statistiker nennen (3.40) und (3.41) 1. bzw. 2. statistisches Moment. Letzteres (d.h. die Leistung bzw. der Effektivwert) ist eng verwandt mit der Streuung [Mey02].

Die Gleichung (3.41), die allgemein für ein Signal s(t) geschrieben ist, übertragen wir nun auf das Fehlersignal e(t). Dessen Leistung ist gleich der Leistung des Quantisierungsrauschens und beträgt nach Gleichung (3.41) und Bild 3.39:

$$P_Q = \int\limits_{-\infty}^{\infty} e^2 \cdot p(e) \, de = \int\limits_{-q/2}^{q/2} e^2 \cdot \frac{1}{q} \, de = \frac{e^3}{3q}\bigg|_{-q/2}^{q/2} = \frac{q^2}{12}$$

Leistung des Quantisierungsrauschens: $\boxed{P_Q = \dfrac{q^2}{12}}$ (3.42)

Voraussetzung für (3.42) ist ein stationärer und ergodischer Zufallsprozess sowie eine gleichmässige Amplitudenverteilung des Fehlersignales gemäss Bild 3.39. Wird ein Sinussignal von 1 kHz mit einer Abtastfrequenz von 4 kHz abgetastet, so ist das Fehlersignal selbst auch wieder periodisch und seine Amplitudenverteilung nimmt einen anderen Verlauf an. Für die in der Praxis üblichen Betriebsfälle gibt (3.42) aber einen guten Anhaltspunkt. Zu beachten ist, dass über den tatsächlichen Verlauf des Nachrichtensignales und des Fehlersignales keine Annahmen getroffen werden mussten, dies ist ja gerade der Gewinn durch die Verwendung der Wahrscheinlichkeitsrechnung.

Mit (3.42) kann nun wiederum der Rauschabstand des quantisierten Signales berechnet werden. Dies sei am Beispiel eines Sinussignales bei Vollaussteuerung demonstriert: Ein Wandler mit k Bit Wortbreite hat 2^k Amplitudenniveaus für den positiven *und* den negativen Amplitudenbereich. Der Spitzenwert des Sinus darf darum höchstens $2^{k-1} \cdot q$ betragen. Für die Leistung ist das Quadrat des Effektivwertes massgebend:

$$P_S = \left(\frac{2^{k-1} \cdot q}{\sqrt{2}}\right)^2 = 2^{2k-3} \cdot q^2$$

Als Störsignal wirkt das Fehlersignal mit der Leistung gemäss (3.42). Das in dB umgerechnete Verhältnis dieser Leistungen ergibt den gesuchten Quantisierungsrauschabstand:

$$SR_Q = 10 \cdot \log\left(12 \cdot 2^{2k-3}\right) = 10 \cdot \log\left(1.5 \cdot 2^{2k}\right) = 10 \cdot \log(1.5) + 20 \cdot k \cdot \log(2) \quad [dB]$$

$$SR_Q = 1.76 + k \cdot 6.02 \quad [dB] \tag{3.43}$$

Für einen 14-Bit-Wandler ergibt sich somit ein Quantisierungsrauschabstand von 86 dB, bei 15 Bit Auflösung 92 dB. Die Faustformel (3.39) ergibt hingegen 84 dB bzw. 90 dB. Die 6 dB Gewinn pro Bit Wortbreite stimmen überein, allerdings kommt noch ein konstanter Wert hinzu. Diese Konstante ist abhängig von der Signalform und der Aussteuerung des AD-Wandlers und muss deshalb stets neu berechnet werden (falls man sie überhaupt genau wissen will!). Diese Konstante hat einen Zusammenhang mit dem sog. *Crest-Faktor*, also dem Verhältnis zwischen Spitzenwert (massgebend für die Aussteuerung) und dem Effektivwert (massgebend für die Leistung). Gleichung (3.39) kann deshalb etwas verfeinert werden:

$$SR_Q = k \cdot 6 + K \quad [dB] \tag{3.44}$$

Für Sinussignale bei Vollaussteuerung beträgt K = 1.76. Bei den interessanteren zufälligen Signalen muss auf eine starke Aussteuerung verzichtet werden, da sonst gelegentliche grosse Momentanwerte den Wandler übersteuern würden. Dies hätte unangenehme nichtlineare Verzerrungen zur Folge. Eine Faustregel für die Aussteuerung ist:

$$\frac{B}{4} = \frac{q \cdot 2^{k-1}}{2^2} = q \cdot 2^{k-3} \overset{!}{=} \sqrt{P_S} = \text{Effektivwert des Signals} \tag{3.45}$$

Dabei ist B der halbe Aussteuerbereich des ADC, also die maximale Signalamplitude.

Für den Signal-Rauschabstand des digitalisierten Zufallssignales ergibt sich mit (3.45) und (3.42):

$$\frac{P_S}{P_Q} = \frac{q^2 \cdot 2^{2(k-3)}}{q^2 / 12} = \frac{12 \cdot 2^{2k}}{2^6} = \frac{3}{16} \cdot 2^{2k}$$

$$SR_Q = 10 \log_{10}\left(\frac{P_S}{P_Q}\right) = 20k \cdot \log_{10}(2) + 10\log_{10}\left(\frac{3}{16}\right) = 6\,k - 7.3 \quad [dB] \tag{3.46}$$

Man verliert also mehr als 1 Bit an Auflösung.

Wird ein Wandler zu schwach ausgesteuert, so bleiben das MSB und evtl. weitere Bit unverändert, also informationslos. Der Quantisierungsrauschabstand wird damit schlechter. Umgekehrt bewirkt eine Übersteuerung eine Sättigung des Wandlers und damit starke nichtlineare Verzerrungen.

Zusammenfassung:

Quantisierungsrauschabstand: $SR_Q = 6 \cdot k + K \quad [dB]$

k = effektiv ausgenutzte Wortbreite des AD-Wandlers

K = Konstante, abhängig von der Signalform

Sinussignal: K = 1.76

Zufallssignale: K = -10 ... -6

Betrachtet man die in Tabelle 1.7 aufgeführten Signal-Rauschabstände, so ergeben sich die in Tabelle 3.2 angegebenen Richtwerte für die Wortbreite des AD-Wandlers.

Tabelle 3.2 Anwendungsbezogene Richtwerte für die Wortbreite des AD-Wandlers

Signalinhalt	Wortbreite k des AD-Wandlers	Quantisierungsrausch-abstand SR_Q in dB
Sprache	8	40
Musik	16	90
Video	8-12	40-60

Nach Tabelle 1.8 müsste ein Sprachsignal sogar bei nur einem Bit Auflösung (d.h. der ADC ist ein Komparator, der das Vorzeichen des Momentanwertes im Abtastzeitpunkt bestimmt) noch knapp verständlich sein. Praktische Versuche bestätigen diese erstaunliche Vermutung.

3.3.1.3 Nichtlineare Quantisierung (Kompandierung)

Für Sprachsignale wurde eine Amplitudenverteilung gemäss Bild 3.40 gemessen [Mäu91]. Dies ist nicht eine Gleichverteilung wie in Bild 3.39, sondern eine Laplace-Verteilung.

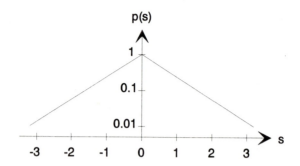

Bild 3.40   Wahrscheinlichkeitsdichte von Sprachsignalen (stilisierte und normierte Amplitudenverteilung in halblogarithmischer Darstellung)

Hohe Amplituden sind demnach selten, der AD-Wandler wird somit schlecht ausgenutzt. Eine Verbesserung kann man mit einer Vorverzerrung des Analogsignales erreichen, sodass die Amplitudenverteilung einen gleichmässigeren Verlauf annimmt. Ideal wäre eine Verteilung wie in Bild 3.39. Diese Vorverzerrung ist nichts anderes als eine Momentanwert-kompandierung, wie sie schon im Abschnitt 1.3.2.1 besprochen wurde.

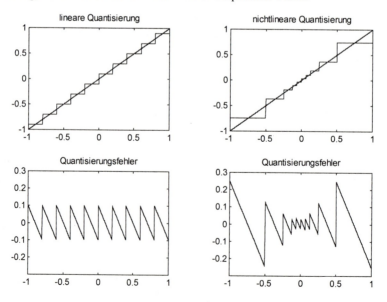

Bild 3.41   Vergleich der linearen Quantisierung (links) mit der nichtlinearen Quantisierung. oben: analoges Signal (Rampe) und quantisiertes Signal, unten: Quantisierungsfehler

Bild 3.41 stellt die lineare und die nichtlineare Quantisierung einander gegenüber. Aus dem Verlauf des Quantisierungsfehlers wird der Gewinn bei der nichtlinearen Quantisierung deutlich: bei den häufigen kleinen Momentanwerten ergibt sich ein kleiner Fehler, bei den seltenen grossen ein grosser Fehler. Oder anders ausgedrückt: der Quantisierungsrauschabstand wird unabhängig von der Aussteuerung. Oder nochmals anders: Lineare Quantisierung fügt einen Fehler mit konstanter *absoluter* Grösse dem Signal zu, nichtlineare Quantisierung hingegen einen Fehler mit konstanter *relativer* (prozentualer) Grösse.

Die nichtlineare Quantisierungskennlinie bzw. die Kompressionskennlinie hat für einen konstanten Quantisierungsrauschabstand einen logarithmischen Verlauf, wobei durch den Nullpunkt interpoliert wird. ITU-T hat zwei Kennlinien vorgeschlagen, nämlich die in Europa benutzte A-Kennlinie und die µ-Kennlinie, die in den USA angewandt wird.

$$\text{A-Kennlinie:} \quad y = \begin{cases} \text{sgn}(x) \cdot \dfrac{A \cdot |x|}{1 + \ln A} & 0 \le |x| \le 1/A \\[3ex] \text{sgn}(x) \cdot \dfrac{1 + \ln(A \cdot |x|)}{1 + \ln A} & 1/A \le |x| \le 1 \end{cases} \tag{3.47}$$

$$\text{µ-Kennlinie:} \quad y = \text{sgn}(x) \cdot \frac{\ln(1 + \mu \cdot |x|)}{\ln(1 + \mu)} \qquad 0 \le |x| \le 1 \tag{3.48}$$

Die A-Kennlinie ist für ganz kleine Signale linear. Der Gewinn bei der A-Kennlinie beträgt stolze 24 dB. Gewinn bedeutet dabei Anhebung des Quantisierungsrauschabstandes bei kleinen Eingangssignalen oder die Anhebung des Aussteuerbereiches.

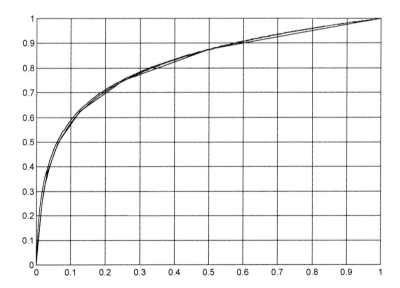

Bild 3.42   Vergleich der Kompressorkennlinien nach dem A- bzw. µ-Gesetz und der 13-Segment-Kennlinie. Nur der erste Quadrant ist gezeichnet, der dritte Quadrant verläuft punktsymmetrisch.

Im standardisierten PCM-Übertragungssystem wird für die Parameter A = 87.56 bzw. μ = 255 gesetzt. Bild 3.42 zeigt die beiden Kennlinien sowie die gleich eingeführte 13-Segment-Kennlinie. Die Unterschiede sind vernachlässigbar klein.

Aus praktischen Gründen wird die A-Kennlinie durch einen Polygonzug approximiert. Dieser heisst *13-Segment-Kennlinie*, die Konstruktion zeigt Bild 3.43.

Die Kennlinie ist unterteilt in Segmente, d.h. Abschnitte konstanter Steigung. Diese Segmente heissen A, B, ... , G. Das Segment G geht durch den Nullpunkt hindurch und setzt sich im 3. Quadranten mit derselben Steigung fort. Im 1. und 3. Quadranten gibt es darum insgesamt 13 verschiedene Steigungen, was den Namen der Kennlinie erklärt.

Jedes Segment umfasst 16 Quantisierungsintervalle, ausser Segment G, das 32 Quantisierungsintervalle umfasst und deshalb in die Abschnitte G I und G II aufgeteilt ist. Im 1. Quadranten liegen somit 6·16+1·32 = 128 Quantisierungsintervalle, die ganze Kennlinie umfasst 256 Quantisierungsintervalle und kann somit mit einem 8 Bit-Wandler abgedeckt werden.

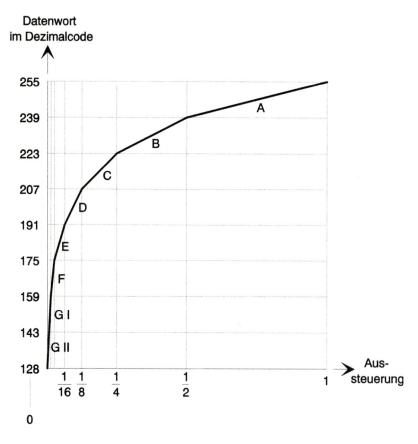

Bild 3.43   13-Segment-Kompressorkennlinie (nur 1. Quadrant, der 3 Quadrant verläuft punkt-symmetrisch)

Variiert man ein DC-Signal in seiner Amplitude von der Vollaussteuerung bis zur halben Aussteuerung, so überstreicht es das Segment A. Dadurch ändert sich der Ausgangswert des AD-
Wandlers linear um 16 Stufen. Würde man gedanklich die Amplitude nochmals um denselben
Wert reduzieren, so ergäbe sich die Amplitude 0 und ein linearer Wandler würde weitere 16
Stufen überstreichen. Auf der negativen Seite ergäben sich wegen der Symmetrie nochmals 32
Stufen. Man könnte also glauben, man hätte einen AD-Wandler mit 64 Stufen, d.h. einer Wortbreite von 6 Bit vor sich.

Nun wiederholt man dasselbe Experiment, startet aber bei der halben Aussteuerung und reduziert diese um 50%. Wieder überstreicht der Wandler 16 Stufen, diesmal im Segment B. Die
lineare Extrapolation führt entsprechend ebenfalls auf einen Wandler mit 6 Bit Wortbreite.

Offenbar sind für jeden Amplitudenwert scheinbar 64 Quantisierungsstufen sichtbar, deshalb
bleibt der Quantisierungsrauschabstand *unabhängig von der Aussteuerung* ziemlich konstant,
und zwar gemäss (3.44) je nach Signalform zwischen 36 und 40 dB. Bild 3.44 zeigt den Verlauf des Quantisierungsrauschabstandes bei Anwendung der 13-Segment-Kennlinie.

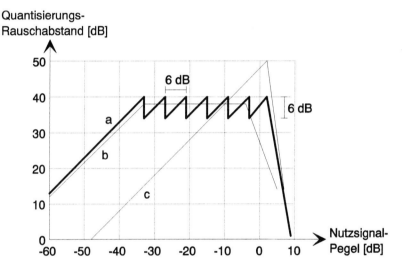

Bild 3.44 Verlauf des Quantisierungsrauschabstandes bei der 13-Segment-Kennlinie
      a: Aussteuerung mit Sinus-Signal
      b: Aussteuerung mit schmalbandigem Rauschen
      c: linearer 8-Bit-Wandler, ausgesteuert mit Sinus-Signal

Wir betrachten nun die dick ausgezogene Linie a in Bild 3.44. Diese Messkurve entsteht bei
der Aussteuerung der 13-Segment-Kennlinie mit einem Sinus-Signal. Bei kleinen Amplituden
handelt es sich um einen linearen Wandler (Segment G), deshalb steigt die Kurve linear an mit
einer Steigung von 45°. Dies deshalb, weil nach (3.44) eine doppelte Amplitude (Zuwachs um
6 dB) auch SR_Q um 6 dB ansteigen lässt.

Bei grösseren Aussteuerungen geht die Kurve a in einen horizontalen, gewellten Verlauf über.
Beim ersten Knick der Kurve überschreitet die Aussteuerung die Grenze zwischen den Segmenten G und F. Das Segment F ist nun schwach ausgesteuert, mit zunehmender Amplitude ist
es besser ausgesteuert und SR_Q steigt um 6 dB. Insgesamt sind darum 6 Wellen für die Seg-

mente A bis F sichtbar, wobei jede Welle mit einem Einbruch um 6 dB beginnt und danach linear mit 45° ansteigt.

Der Abfall über 0 dB Signalamplitude (Vollaussteuerung) ergibt sich durch Übersteuerung des AD-Wandlers, d.h. durch nichtlineare Verzerrungen.

Die Kurve b entsteht, wenn man den Wandler mit einem schmalbandigen Rauschsignal von 300 … 550 Hz Bandbreite ansteuert. Danach wird das Geräusch im Bereich 800 … 3350 Hz gemessen und daraus der Quantisierungs-Rauschabstand berechnet. Diese Methode wird in der Praxis angewandt.

Die Gerade c schliesslich zeigt den Quantisierungsrauschabstand bei einem linearen 8 Bit-Wandler, gemessen mit Sinus-Aussteuerung. Dieser erreicht am Schluss nach (3.43) fast 50 dB Rauschabstand. Allerdings sind diese 50 dB nach Tabelle 1.7 besser als notwendig für Zwecke der Sprachübertragung.

Auf der andern Seite erkennt man, dass bei Amplituden von -40 dB, d.h. bei 1% Aussteuerung, mit Kompandierung bereits ein Rauschabstand von über 30 dB erreicht wird, während dort die lineare Quantisierung nur lausige 9 dB bietet.

Im akustischen Direktvergleich schneidet der nichtlineare AD-Wandler bei kleinen Aussteuerungen massiv besser ab als der lineare ADC. Bei lauten Signalen ist der lineare Wandler hingegen nur unmerklich überlegen.

Die Kompandierung kann auf mehrere Arten realisiert werden:

- Analoge Vorverzerrung und danach lineare Quantisierung. Nachteilig ist der Aufwand im analogen Schaltungsteil.
- Nichtlineare Quantisierung im AD-Wandler. Dies erfordert spezielle Wandler, wäre aber durchaus realisierbar.
- Lineare Quantisierung mit zu grosser Wortbreite (mindestens 12 Bit) und danach nichtlineare Umcodierung auf 8 Bit. In der Praxis wird diese rein digitale Methode angewandt, Bild 3.45.

Der Kompressionsgewinn der 13-Segment-Kennlinie beträgt 24 dB und ist sichtbar im maximalen vertikalen Abstand der Kurven a und c in Bild 3.44. Der lineare Wandler muss bei kleinen Aussteuerungen mindestens so gut sein, braucht nach (3.44) demnach 24/6 = 4 Bit zusätzlich, also 12 Bit Wortbreite.

Die 8 Bit des kompandierten Datenwortes teilen sich folgendermassen auf:

- 1 Bit für das Vorzeichen
- 3 Bit für das Segment (mit GI und GII ergeben sich 8 Segmente in Bild 3.43)
- 4 Bit für die Position innerhalb des Segmentes (dies ergibt 16 Stufen).

Bild 3.45 Kompandierung durch Umcodieren (digitale Kompandierung)

Neben der Verbesserung des Quantisierungsrauschabstandes durch Kompandierung existiert noch ein weiteres Konzept mit derselben Wirkung, nämlich *Oversampling*. Die Idee ist die folgende: Das Quantisierungsrauschen ist ein Zufallssignal, dessen Leistung gleichmässig im Spektrum von Null bis zur halben *Abtast*frequenz $f_A/2$ verteilt ist. Die Rauschleistung ist durch (3.42) gegeben und unabhängig von der Abtastfrequenz. Von Interesse ist aber nur der Frequenzbereich des analogen Signales B_a. Wird nun die Abtastfrequenz viel höher gewählt (daher der Name Oversampling) als die Shannon-Grenze $f_A = 2 \cdot B_a$, so liegt ein Teil der Quantisierungsrauschleistung über dem interessierenden Frequenzbereich und kann *digital* mit einem Tiefpass weggefiltert werden. Dadurch wird der Rauschabstand verbessert, Bild 1.67.

Dieser Effekt kommt zustande, weil das Analogsignal auf B_a bandbegrenzt ist. Die zusätzlichen Abtastwerte können darum keine neue Information enthalten, sie sind redundant, d.h. voneinander abhängig. Im Quantisierer wird nun ein Abtastwert z.B. abgerundet, ein anderer hingegen aufgerundet. Die Rundungsfehler kompensieren sich wegen der gegenseitigen Abhängigkeit bei der TP-Filterung teilweise, was zum besseren Rauschabstand führt.

Bei einer zweifachen Überabtastung ($f_A = 4 \cdot B_a$) wird die Rauschleistung im Frequenzbereich 0 bis B_a halbiert gegenüber einer minimalen Abtastung ($f_A = 2 \cdot B_a$). Dadurch verbessert sich der Rauschabstand um 3 dB bei einer Verdoppelung der Bitrate. Verdoppelt man hingegen die Anzahl der Quantisierungsniveaus (d.h. Wandlerwortbreite um 1 Bit erhöhen von k auf k+1), so ergibt sich eine Rauschabstandsverbesserung um 6 dB bei einer Bitratenerhöhung um den Faktor (k+1)/k = (1+1/k). Oversampling ist demnach ein unwirtschaftliches Verfahren zur Rauschabstandsverbesserung. Trotzdem wird es angewandt, jedoch nicht in der Übertragungstechnik sondern in der Signalverarbeitung. Der Vorteil dabei ist, dass die *analogen* Anti-Aliasing-Filter und Rekonstruktionsfilter nicht so steilflankig sein müssen.

3.3.2 Prädiktive Codierung

3.3.2.1 Differentielle PCM (DPCM)

Steuert ein Signal einen AD-Wandler komplett aus und wird mit einer an der Shannongrenze liegenden Abtastfrequenz digitalisiert, so kann der Abtastwert n nahe bei der positiven Aussteuerungsgrenze und der Abtastwert n+1 nahe bei der negativen Aussteuerungsgrenze liegen. Zwischen benachbarten Abtastwerten besteht somit keine Korrelation, sämtliche Bit des PCM-Signals nehmen unvorhersagbare Werte an.

Eine Korrelation der Abtastwerte bedeutet umgekehrt, dass die Abtastwerte wenigstens teilweise vorhersagbar sind, sie sind also redundant und tragen nicht mehr die grösstmögliche Informationsmenge (1 Bit < 1 bit, d.h. der Informationsgehalt von 1 Bit ist kleiner als 1 bit). In folgenden Fällen ändern die vordersten Bit des PCM-Signals weniger häufig als die hinteren Bit und sind darum mit einer gewissen Treffsicherheit zu erraten:

- Das Signal enthält nur tiefe Frequenzen, der Wandler ist aber voll ausgesteuert. Abhilfe: Abtastfrequenz verkleinern.

- Teilaussteuerung. Abhilfe: Aussteuerung mit einer Pegelanpassung verbessern.

- Das Signal enthält tiefe Frequenzen hoher Amplitude und hohe Frequenzen kleiner Amplitude. Abhilfe: differentielle PCM (DPCM).

Bei Sprach- und Musiksignalen liegen genau die Verhältnisse des letzten Falles vor. Spektraluntersuchungen haben gezeigt, dass die hohen Töne kleinere Amplituden aufweisen als die tiefen Töne. Erstere diktieren aber die Abtastfrequenz. Daraus folgt, dass die Differenz zwischen zwei Abtastwerten kleiner ist als das Doppelte der maximal möglichen Signalamplitude.

Die Idee der differentiellen PCM besteht nun darin, nicht die Abtast*werte*, sondern die *Differenz* zwischen zwei Abtastwerten zu übertragen. Um diese Differenz mit gleicher Auflösung wie das ursprüngliche Signal darzustellen, genügt aber eine kleinere Wortbreite, z.B. 4 statt 8 Bit. Somit wird auch der Datenstrom reduziert, DPCM ist also eine Redundanzreduktion.

DPCM wird auch ausgiebig bei der Videoübertragung angewandt, da ausser bei Szenenwechseln zeitlich benachbarte Bilder sehr ähnlich sind.

Eigenschaften von Audiosignalen:

Hohe Amplituden sind selten
→ Rauschabstandsverbesserung durch Kompandierung.
Hohe Frequenzen sind schwach
→ Redundanzreduktion durch prädiktive Codierung.

3.3.2.2 Das Prinzip der prädiktiven Codierung

Der Sender überträgt nicht den Abtastwert, sondern dessen Differenz zu einem *Vorhersagewert*. Dieser wird aus den bereits bekannten, d.h. vorangegangenen Abtastwerten berechnet. Die Abweichung zwischen dem Vorhersagewert und dem tatsächlichem Wert wird mittels normaler PCM an den Empfänger übertragen. Dieser verfügt über denselben Prädiktor wie der Modulator, kann also denselben Vorhersagewert aus den bereits eingetroffenen und decodierten Datenworten berechnen. Beide Prädiktoren machen denselben Schätzfehler, beide verfügen aber auch über das Differenzsignal und können den Fehler korrigieren, Bild 3.46.

Die notwendige Wortbreite des Differenzsignales wird umso kleiner, je besser der Vorhersagewert ist. Bei DPCM wird als Vorhersagewert einfach der letzte Abtastwert genommen. Der Prädiktor besteht also lediglich aus einem Verzögerungsglied. Raffiniertere Methoden benutzen nicht nur den letzten Abtastwert, sondern die zwei letzten. Daraus lässt sich auch noch eine Steigung berechnen (Sekantenapproximation statt Treppenapproximation). Aus n vergangenen Abtastwerten kann eine Approximation mit einem Polynom des Grades n-1 berechnet werden, allerdings ist dies meist zu aufwändig für die zusätzliche Einsparung an Wortbreite.

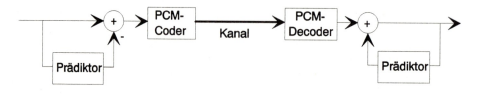

Bild 3.46 Prinzip der prädiktiven Codierung

Alle Übertragungssysteme mit prädiktiver Codierung leiden nach einem Übertragungsfehler unter Fehlerfortpflanzung. Abhilfe wird auf zwei Arten geschaffen:

- Von Zeit zu Zeit wird der gesamte Abtastwert statt nur dessen Differenz zum Vorhersagewert übertragen. Dies erfordert natürlich eine spezielle Kennzeichnung und bringt zudem die Übertragung etwas aus dem Tritt.

- Mit einer Kanalcodierung wird wieder etwas Redundanz eingeführt, um die Störsicherheit zu erhöhen. Unter dem Strich sinkt jedoch die Datenrate.

Das Prinzipschema in Bild 3.46 hat einen korrigierenswerten Nachteil: Der Prädiktor des Senders nimmt als Eingangswert das analoge, also nicht quantisierte Signal. Der Prädiktor des Empfängers hingegen hat nur das quantisierte Signal zur Verfügung, die beiden Schätzungen weichen deshalb etwas voneinander ab. Abhilfe bringt das Prinzip nach Bild 3.47 mit einem modifizierten Sender und unverändertem Empfänger. Am Senderausgang greift ein kompletter Empfänger nach Bild 3.46 das codierte Signal ab. Damit erhalten beide Prädiktoren die identischen Vorhersagewerte. Dieses Gegenkopplungsprinzip kann allgemein zur Verbesserung eines Modulators verwendet werden, z.B. auch zur Linearisierung eines analogen Modulators, vgl. Bild 3.31.

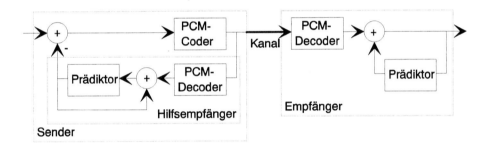

Bild 3.47 Prädiktive Codierung mit verbessertem Sender

3.3.2.3 Deltamodulation (DM), adaptive DM und Sigma-DM

Erhöht man bei der DPCM die Abtastfrequenz über das durch das Abtasttheorem diktierte Minimum, so vermindert sich die Differenz zum Vorhersagewert und damit die notwendige Wortbreite des DPCM-Signales. Im Extremfall genügt ein einziges Bit. DM ist nichts anderes als DPCM mit 1 Bit Wortbreite. Es wird also nur noch die Information übertragen, ob das Analogsignal grösser oder kleiner als der Vorhersagewert ist.

Der grosse Vorteil der DM gegenüber der DPCM liegt in der Wortbreite 1 Bit: eine Wortsynchronisation ist nicht mehr notwendig. Ein grosser Unterschied zu DPCM und PCM besteht darin, dass die Abtastfrequenz nicht mehr nach objektiven Kriterien, nämlich dem Abtasttheorem, sondern nach subjektiven Beurteilungsmassstäben, nämlich einer genügenden Signalqualität, bestimmt wird. Abtastfrequenz und Anzahl der Quantisierungsstufen (Amplitudenauflösung) hängen bei der Deltamodulation zusammen.

Bei der DM besteht der Prädiktor wie bei der DPCM aus einem Verzögerer. Der Coder hingegen degeneriert zu einem Flip-Flop, das auch die Funktion des Abtast-Haltegliedes übernimmt.
Bild 3.48 zeigt die entsprechende Modifikation des Senders aus Bild 3.47.

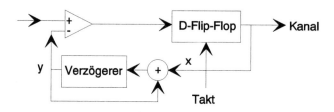

Bild 3.48 DPCM-Sender aus Bild 3.47, modifiziert für DM

Nun betrachten wir die Signale x[n] und y[n] aus Bild 3.48:

$$y[n] = x[n-1] + y[n-1] \quad \Rightarrow \quad Y(z) = X(z) \cdot z^{-1} + Y(z) \cdot z^{-1}$$

Aufgelöst nach Y(z)/X(z) ergibt sich die Übertragungsfunktion der rückgekoppelten Kaskade
aus Addierer und Verzögerer:

$$Y(z) \cdot \left(1 - z^{-1}\right) = X(z) \cdot z^{-1} \quad \Rightarrow \quad \frac{Y(z)}{X(z)} = \frac{z^{-1}}{1 - z^{-1}}$$

Aus der Signalverarbeitung ist der letzte Ausdruck als verzögerter, impulsinvarianter Integrator
bekannt. Damit kann das Prinzipschema für den DM-Modulator- und Demodulator angegeben
werden, Bild 3.49. Der Tiefpass am Empfängerausgang entfernt Überreste der Pulsfrequenz.

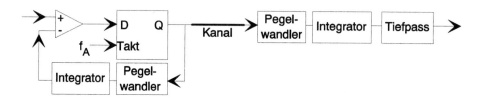

Bild 3.49 Prinzip der Deltamodulation und -Demodulation

Die Integratoren in Bild 3.49 lassen sich digital (kombiniert mit DA-Wandlern an den Ausgängen) oder analog realisieren. Beide Integratoren müssen mit bipolaren Pulsen angesteuert werden, die Pulshöhe entspricht der Schritthöhe. Dazu sind die beiden Pegelwandler vorgesehen.
Im Gegensatz dazu kann die Pulsfolge im Kanal unipolar und von beliebiger Höhe sein. Diese
Pulse sagen ja nur, ob die Integratoren mit einem positiven oder negativen Puls gefüttert werden sollen.

Eine einfache Hardware-Variante benutzt Up/Down-Counter mit nachgeschalteten DA-
Wandlern, Bild 3.50.

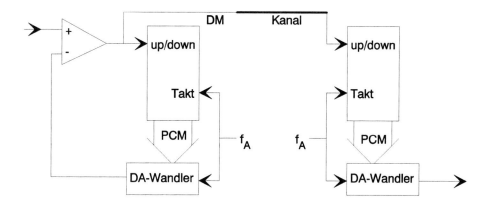

Bild 3.50 Tracking-ADC mit UP/Down-Counter als digitaler Deltamodulator und -Demodulator

Die DM hat wegen der einfachen Realisierung v.a. in der Sprachübertragung in militärischen Systemen eine Bedeutung erlangt.

Natürlich hat auch die Deltamodulation ihre Nachteile. Bild 3.51 zeigt ein problematisches Analogsignal und dessen Rekonstruktion am Ausgang eines DM-Übertragungssystems.

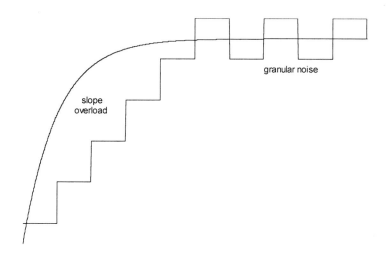

Bild 3.51 Signalverläufe bei der Deltamodulation

Zwei Punkte fallen auf:

- Ein konstantes Eingangssignal ist nur durch alternierende Vorzeichen darstellbar. Diese durch das DM-System erzeugte Signalschwankung heisst *granular noise* und kann v.a. in Sprechpausen störend wirken. Die Übertragung von drei Differenzwerten (Plus, Null und

Minus) ist untauglich, da dann ein ternäres Signal oder eine Wortsynchronisation benötigt wird. Die Verkleinerung der Stufenhöhe bringt Linderung verstärkt aber das folgende Problem:

- Ändert das Eingangssignal sehr rasch, so kann bei zu kleiner Stufenhöhe und/oder zu kleiner Abtastfrequenz das codierte Signal dem Original nicht folgen. Diese Ablösung heisst *slope overload*. Abhilfemassnahmen:

  - Abtastfrequenz erhöhen   (schlecht, da die Datenrate steigt)
  - Stufenhöhe vergrössern   (schlecht, da granular noise steigt)
  - adaptive Deltamodulation   (gut)
  - Sigma-Delta-Modulation   (gut)

Adaptive Deltamodulation (ADM):

Bei der ADM wird die Stufenhöhe vergrössert, falls das Vorzeichen der Differenz mehrere Male hintereinander gleich ist. Ändert das Vorzeichen wieder, so wird die Stufenhöhe wieder verkleinert, Bild 3.52. Mit dieser (natürlich exakter zu definierenden) Abmachung können Modulator und Demodulator unabhängig voneinander ihre Prädiktoren einstellen, dies geschieht durch Eingriffe in die Pegelwandler in Bild 3.49. Es wird wie bei der DM ein binäres Signal übertragen.

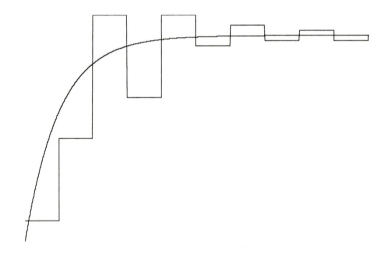

Bild 3.52 Signalverläufe bei der ADM

Die ADM heisst auch „high information delta modulation" (HIDM), „continuously variable slope delta modulation" (CVSD) oder „digitally controlled delta modulation" (DCDM).

Ein Übertragungsfehler wirkt sich u.U. stärker aus als bei der normalen DM, je nach momentaner Stufenhöhe. Wie bei allen prädiktiven Modulationsverfahren hat man zudem mit der Fehlerfortpflanzung zu rechnen. Mit zusätzlicher Kenntnis über das Nachrichtensignal kann man
die Situation aber verbessern. Dies gilt nicht nur für ADM, sondern auch für die DM und
DPCM: Audiosignale sind bekanntermassen DC-frei. Ein Übertragungsfehler wirkt sich aber
durch einen DC-Offset aus. Aus dem decodierten Signal kann darum der lineare Mittelwert
bestimmt und ausgeregelt werden.

Sigma-Delta-Modulation:

Slope Overload wird vermieden, indem das Analogsignal dergestalt vorverzerrt wird, dass
grosse Signaländerungen gar nicht erst auftreten. Dies geschieht zweckmässigerweise durch
einen Integrator, also eine lineare Verzerrung. Am Decoderausgang wird durch einen Differentiator kompensiert.

Ein Sigma-Delta-Modulator ist also nichts anderes als ein Integrator plus ein Deltamodulator.
Ein Sigma-Delta-Demodulator ist ein Delta-Demodulator plus ein Differentiator. Der Delta-
Demodulator seinerseits besteht aus einem Integrator und einem Tiefpass, Bild 3.49. Die Kaskade Integrator-Tiefpass-Differentiator kann durch den Tiefpass alleine realisiert werden, Bild
3.53. Ein Vergleich mit Bild 3.49 zeigt, dass einfach der Integrator vom Demodulatoreingang
an den Modulatoreingang verschoben wurde. Bild 3.54 zeigt einen vereinfachten Sender, der
die beiden Integratoren aus Bild 3.53 zusammenfasst.

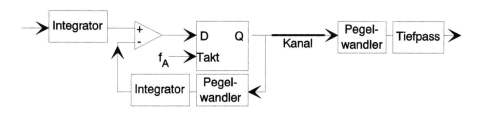

Bild 3.53 Sigma-Delta-Modulation und -Demodulation

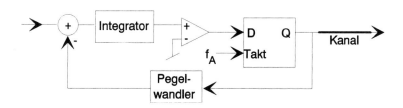

Bild 3.54 Vereinfachter Sender aus Bild 3.53

Ist das Nutzsignal Null, so werden gleich viele positive wie negative Pulse übertragen, ein positiver Signalwert bewirkt einen Überschuss an positiven Pulsen. Der Mittelwert der Puls-folge entspricht dem gesuchten Signalwert, dieser Mittelwert wird mit dem Tiefpass aus der Pulsfolge extrahiert.

Die Datenreduktion bei DPCM, DM, ADM und Sigma-DM ist eine Redundanzreduktion, ba-siert also auf der Ausnutzung von a-priori-Kenntnissen des Nachrichtensignales (vgl. Abschnitt 4.1.1). Ohne solche a-priori Kenntnisse („bei Sprache sind die hohen Amplituden selten und die hohen Frequenzen schwach") kann man die Datenrate gegenüber PCM nicht verkleinern. Trotzdem wendet man auch in solchen Fällen gerne die Sigma-DM an. Ein Grund dafür ist der äusserst einfache Decoder. Aber auch in der hochwertigen Signalverarbeitung findet die Sig-ma-Delta-Modulation vermehrt Anwendungen. Bei der AD-Wandlung wird dabei das Signal viel schneller als durch das Abtasttheorem gefordert abgetastet und mit dem 1-Bit-Code darge-stellt. Als eigentlicher AD-Wandler wird im Gegensatz zu PCM lediglich ein Komparator benutzt. Dank der Überabtastung (*oversampling*) werden jedoch keine steilflankigen Anti-Aliasing-Filter benötigt. Zudem liegt ein grosser Teil des Quantisierungsrauschens oberhalb der interessierenden Signalbandbreite (vgl. den Schlussabsatz des Abschnitts 3.3.1.3). Mit einer zusätzlichen Gegenkopplung (Regelung) kann man erreichen, dass die wesentlichen An-teile des Quantisierungsrauschspektrums v.a. bei hohen Frequenzen, d.h. über der maximalen Nutzsignalfrequenz liegen (*noise shaping*), was zu einer weiteren Verbesserung des Rauschab-standes führt. Auf diese Art werden AD-Wandler mit einer Dynamik von über 120 dB reali-siert, entsprechend einer Wortbreite von über 20 Bit bei PCM. Zur Verarbeitung wird hingegen PCM benutzt. Umcodiert wird mit einem digitalen Sigma-Delta-Demodulator, d.h. der Tief-pass in Bild 3.53 wird digital realisiert und danach die Abtastrate reduziert (Dezimation).

Bei der DA-Wandlung wird umgekehrt mit einer Interpolation die Abtastrate erhöht und in den Sigma-Delta-Code umgesetzt. Mit einem analogen Tiefpass kann daraus das analoge Signal wieder gewonnen werden. Dieses Filter hat also die Funktion des Rekonstruktionsfilters, braucht aber wegen der zu hohen Abtastfrequenz nicht steilflankig zu sein und ist darum sehr einfach zu realisieren. Dieses Verfahren wird häufig bei CD-Geräten eingesetzt und irreführen-derweise als 1 Bit-Wandlung bezeichnet.

Zum Schluss vergleichen die Tabellen 3.3 und 3.4 die digitalen Basisband-Modulations-verfahren. Die angegebenen Bitraten sind Richtwerte.

Tabelle 3.3 Vergleich der digitalen Basisband-Modulationsarten für Sprachübertragung

Modulationsart	Wortbreite	Abtastfrequenz	Aufwand	Bitrate bei Sprache
PCM	gross	minimal	mittel	64 kBit/s
DPCM	mittel	minimal	gross	32 kBit/s
DM	minimal	gross	mittel	32 kBit/s
ADM	minimal	mittel	mittel	16 kBit/s
Sigma-DM	minimal	mittel	minimal	16 kBit/s

Beim ISDN benutzt man für die Sprachübertragung die kompandierte PCM mit 64 kBit/s und nicht eine sparsamere Variante. Der Grund liegt darin, dass das ISDN ja nicht nur der Sprach-übertragung dient, sondern auch dem Datenverkehr. Es macht darum keinen Sinn, die Daten-rate der ISDN-Kanäle zu reduzieren.

Tabelle 3.4 Eignung der digitalen BB-Modulationsarten zur Signalaufbereitung vor einer Übertragung

Kriterium	Eignung
Frequenztranslation	nicht möglich (erfordert zusätzliche Modulation wie FSK usw.)
Kanalanpassung	alle Kanten des Nachrichtenquaders lassen sich anpassen
Multiplexbildung	Zeitmultiplex ist gut möglich, Frequenzmultiplex ist nur mit zusätzlicher Modulation (FSK usw.) möglich
Aufwand	- gegenüber analoger Modulation ist der Aufwand gross - dank Integration wird der Unterschied aber zusehends kleiner - zudem ist ein schlecht ausgenutzter Kanal um einiges teurer
Kanalanforderung	klein punkto Störabstand und gross punkto Bandbreite

3.3.3 Die Übertragungsbandbreite bei PCM

Bei der Übertragung von PCM-Signalen stellen k Bit einen einzigen Abtastwert dar. Für die Abtastfrequenz f_A gilt das Shannon-Theorem:

$$\frac{1}{T_A} = f_A > 2 \cdot B_a$$

B_a ist die Bandbreite des *analogen* Signals. Wenn jeder Abtastwert mit k Bit codiert wird, so gilt für die Dauer T_{Bit} eines einzigen Bit im Grenzfall:

$$T_{Bit} = \frac{T_A}{k} = \frac{1}{k \cdot f_A} = \frac{1}{2 \cdot k \cdot B_a}$$

Für die *minimale* Übertragungsbandbreite bei binärer Übertragung ergibt sich nach (2.2):

$$B_{\ddot{u}} = \frac{1}{2 T_{Bit}} = k \cdot B_a$$

In der Praxis wird mit Filtern endlicher Steilheit gearbeitet (Nyquistflanke), man rechnet mit der

Übertragungsbandbreite bei PCM: $\quad \boxed{B_{\ddot{u}} = c \cdot k \cdot B_a \quad ; \quad c = 1.6..2}$ $\qquad$ (3.49)

Die Bandbreite $B_{\ddot{u}}$ eines PCM-Signales steigt also gegenüber der Bandbreite B_a des analogen Signales massiv an. Da die Übertragungszeit unverändert ist, muss also ein Gewinn in der Störresistenz zu verzeichnen sein. Dies wird im Abschnitt 3.3.5 hergeleitet.

Zahlenbeispiel: Wird ein Sprachsignal von 3.4 kHz Bandbreite mit 8 kHz abgetastet und mit 8 Bit codiert, so ergibt sich die bekannte Datenrate von 64 kBit/s und bei binärer Übertragung eine Nyquistbandbreite von 32 kHz. Mit einem Pulsformungsfilter mit dem Roll-Off-Faktor r = 0.5 ergibt sich eine Übertragungsbandbreite von 48 kHz. Die Bandbreite wird also um den Faktor 14 vergrössert! Derselbe Wert für die Bandbreite ergibt sich auch mit Gleichung (3.49), wenn man k = 8 und c = 1.75 setzt.

Berechnen wir dasselbe mit Gleichung (2.5), so ergibt sich eine kleine Diskrepanz:

$$B_{\ddot{u}} = B_N \cdot \left(1+r\right) = \frac{R}{2} \cdot \left(1+r\right) = \frac{2k \cdot B_a}{2} \cdot \left(1+r\right) = k \cdot B_a \cdot \left(1+r\right)$$

Der Ausdruck in der Klammer entspricht c aus (3.49). Setzen wir wiederum r = 0.5 ein, so ergibt sich ein Bandbreitenanstieg um den Faktor 12 statt 14. Jetzt haben wir c = 1.5 gesetzt, in (3.49) wird aber c = 1.6 … 2 empfohlen. Diese zusätzliche Bandbreite wird benötigt für die endlich steile Flanke des Anti-Aliasing-Filters. In der obigen Rechnung wurde aus demselben Grund f_A = 8 kHz gesetzt, obwohl das Analogsignal nur eine Bandbreite von 3.4 kHz aufweist.

3.3.4 Der Einfluss von Bitfehlern bei PCM

PCM-Signale werden mit den im Kapitel 2 besprochenen Methoden im Basisband übertragen. Dabei können Bitfehler auftreten, deren Wahrscheinlichkeit im Abschnitt 2.8 hergeleitet wurde.

Die Auswirkung der falsch decodierten Bit hängt von der Anwendung ab. Bei PCM ist es ein Unterschied, ob das LSB oder das MSB eines Codewortes invertiert ist, die Deltamodulation zeigt vorteilhafterweise diesbezüglich keine Empfindlichkeit.

Die subjektive Auswirkung von Bitfehlern auf eine Sprachübertragung mit PCM wurde experimentell bestimmt. Tabelle 3.5 zeigt die Resultate.

Tabelle 3.5 Auswirkung von Bitfehlern auf PCM-Sprache

BER	subjektiver Einfluss
10^{-6}	nicht wahrnehmbar
10^{-5}	einzelne Knacke, bei niedrigem Sprachpegel gerade wahrnehmbar
10^{-4}	häufige Knacke, etwas störend bei niedrigem Sprachpegel
10^{-3}	stetes Knacken, störend bei jedem Sprachpegel
10^{-2}	stark störendes Prasseln, Verständlichkeit merklich verringert
$0.5 \cdot 10^{-1}$	Sprache nur noch schwer verständlich

3.3.5 Der Modulationsgewinn der PCM

Häufiges Knacken macht sich ähnlich wie das Quantisierungsrauschen bemerkbar. Nimmt man an, dass pro Codewort höchstens ein einziges Bit falsch detektiert wird und dass insgesamt nur wenige Bit falsch sind, so berechnet sich der Signal-Rausch-Abstand nach [Höl86] unabhängig von der Anzahl Quantisierungsstufen zu:

$$\left.\frac{P_S}{P_N}\right|_{dB} = SR_A = 10 \cdot \log_{10}\left(\frac{1}{4 \cdot p_{Fehler}}\right) \tag{3.50}$$

Das ist der von der Bitfehlerwahrscheinlichkeit abhängige Rauschabstand in dB am Ausgang, also *nach* dem Demodulator bzw. PCM-Decoder. Gleichung (2.24) hingegen beschreibt die Bitfehlerwahrscheinlichkeit in Abhängigkeit des Rauschabstandes in dB im Kanal (abgekürzt mit SR_K), also *vor* dem Demodulator. Die Kombination von (3.50) und (2.24) ergibt:

$$SR_A = 10 \cdot \log_{10}\left(\frac{1}{2 \cdot erfc\left(\frac{1}{\sqrt{2}} \cdot 10^{0.05 \cdot SR_K}\right)}\right) \tag{3.51}$$

Nun betrachten wir, wie effizient PCM die Bandbreiteninvestition in Störresistenz umsetzt. Dazu leiten wir den Rauschabstand am Ausgang in Funktion der Bandbreitendehnung her. Dabei betrachten wir die Rauschabstände *nicht* in dB.

Für den Quantisierungsrauschabstand gilt mit (3.42) und (3.45):

$$\frac{P_S}{P_Q} = \frac{q^2 \cdot 2^{2(k-3)}}{q^2/12} = A \cdot 2^{2k} \quad ; \quad 0 < A \le 1 \tag{3.52}$$

Der Faktor A beinhaltet die Aussteuerung sowie die Amplitudenverteilung des Analogsignales. Ist trotz Vollaussteuerung A < 1, so sind kleine Amplituden wahrscheinlicher als grosse. k lässt sich aus (3.49) berechnen und in (3.52) einsetzen:

$$k = \frac{1}{c} \cdot \frac{B_{\ddot{u}}}{B_a} = \frac{1}{c} \cdot \beta_{PCM} \quad \Rightarrow \quad \frac{P_S}{P_Q} = A \cdot 2^{\left(\frac{2}{c} \cdot \beta_{PCM}\right)} \tag{3.53}$$

β_{PCM} ist der Bandbreitendehnfaktor von PCM, A und c sind Konstanten. Der Quantisierungsrauschabstand steigt demnach *exponentiell* an bei nur linearem Zuwachs der Übertragungsbandbreite. Es wurde bereits im Abschnitt 1.1.9 gezeigt, dass dies das bestmögliche Mass an Austauschbarkeit zwischen Bandbreite und Störabstand ist.

Die PCM bietet einen beträchtlichen Modulationsgewinn. Der Signal-Rausch-Abstand im Kanal braucht ja nur so gross zu sein, dass die Pulse sicher detektiert werden können. Laut Tabelle 3.5 genügt eine Bitfehlerquote von 10^{-6}. Nach Bild 2.23 wird dies bereits mit einem Kanalrauschabstand SR_K von knapp 14 dB erreicht. Nach dem Decoder bleibt lediglich das Quantisierungsrauschen, das bei linearer 8 Bit-Codierung etwa 48 dB beträgt. Daraus resultiert ein maximaler Modulationsgewinn von 48 dB – 14 dB = 34 dB. Auf der anderen Seite ist natürlich auch der Zusatzbedarf an Bandbreite ziemlich gross. Ohne Modulationsgewinn wäre $SR_A = SR_K$, laut Tabelle 1.8 wären 14 dB unzumutbar schlecht. Beim selben Kanalrauschabstand ist PCM bereits perfekt.

Gleichung (3.51) verknüpft SR_K mit SR_A. Bild 3.55 zeigt diesen Zusammenhang graphisch.

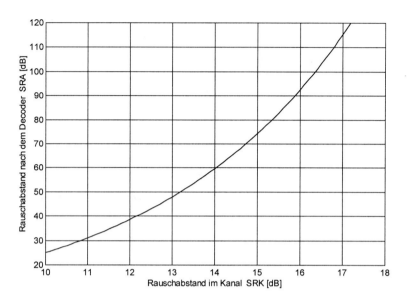

Bild 3.55 SR_A in Funktion von SR_K nach Gleichung (3.51)

Bild 3.55 ist insofern irreführend, dass SR_A auch bei einer BER = 0 nie den Quantisierungs-rauschabstand SR_Q übersteigen kann. Bild 3.56 zeigt die entsprechende Modifikation von Bild 3.55 für verschiedene Wortbreiten gemäss Gleichung (3.39) sowie als Vergleich den Modulationsgewinn von FM mit einem Modulationsindex $\mu = 5$.

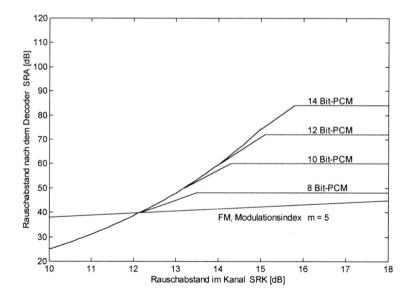

Bild 3.56 Modulationsgewinn von PCM und FM

Das Rauschen am Ausgang des PCM-Decoders setzt sich aus zwei Anteilen zusammen:

- Rauschen herrührend von Bitfehlern, verursacht durch Störungen im Kanal und

- Quantisierungsrauschen, das prinzipiell vorhanden ist.

Bei einem SR_K unter 12 dB wird das Gesamtrauschen am Ausgang nur bestimmt durch die Bitfehlerquote im Kanal, bei einem SR_K über 16 dB hingegen nur von der Wortbreite der PCM. Dazwischen findet ein Übergang statt, indem eine Erhöhung des SR_K um 1 dB eine Erhöhung des SR_A um über 10 dB bewirkt. Ein SR_K grösser als 16 dB verbessert SR_A überhaupt nicht, hier könnte also mit Erfolg die bereits im Zusammenhang mit Bild 1.46 erwähnte Regelung der Sendeleistung eingesetzt werden.

Typisch für alle digitalen Modulationsarten ist ein Schwelleneffekt, indem ein bestimmter Minimalwert für den Rauschabstand im Kanal notwendig ist, über diesem Wert aber das demodulierte Signal sofort eine ausgezeichnete Qualität aufweist, Bild 1.46. Dies leuchtet auch anschaulich ein, denn wenn ein Puls erkannt wird, ist die Information vollständig regenerierbar. Auch Bild 2.23 zeigt, dass eine kleine Verbesserung des Kanal-Rausch-Abstandes die Bitfehlerquote massiv verbessert. Ebenso typisch ist, dass bei schwierigen Verhältnissen (SR_K unter 12 dB) FM besser ist als PCM. Würde man Bild 3.56 nach links fortsetzen, so hätte auch FM einen Knick und SSB wäre besser, vgl. Bild 3.34.

Nun vergleichen wir den Bandbreitenbedarf von PCM und FM. Bei FM gilt (3.26):

$$B_{\ddot{u}FM} = 2 \cdot (\mu + 1) \cdot B_a$$

Beim in Bild 3.56 gezeigten FM-Beispiel wird die Bandbreite demnach um den Faktor 12 vergrössert. Bei PCM beträgt die Bandbreite nach Gleichung (3.49):

$$B_{\ddot{u}PCM} = 1.6 \cdot k \cdot B_a$$

Bei einer Wandler-Wortbreite von k = 8 ergibt dies eine fast identische Bandbreitenvergrösserung um den Faktor 12.8. Der maximale Unterschied zwischen den Kurven für die 8 Bit-PCM und FM beträgt 5.5 dB. Dies bedeutet einen 3.5-fachen Leistungsunterschied. Berechnet man allgemein den Modulationsgewinn in Abhängigkeit von der Bandbreitenvergrösserung, so sieht man, dass bei einer Wortbreite von 8 Bit und mehr, also den praktisch interessanten Fällen, die PCM der FM deutlich überlegen ist.

Allerdings ist FM ein Bandpassverfahren, PCM hingegen ein Basisbandverfahren. Die beiden Methoden können darum nicht einfach gegeneinander ausgetauscht werden. Überträgt man aber ein PCM-Signal mit QPSK (quadrature phase shift keying, vgl. Abschnitt 3.4.4) über einen Bandpasskanal, so gelten die hergeleiteten Formeln ebenfalls.

Bild 3.56 zeigt, dass bei gleicher Bandbreiteninvestition die analogen Modulationsverfahren gegenüber der PCM punkto Modulationsgewinn schlecht abschneiden. Dies haben wir ja bereits im Abschnitt 3.1.5 herausgefunden.

> *Moderne (digitale) Nachrichtensysteme benutzen die Modulation*
> *nur zur Frequenzumsetzung in die Bandpass-Lage und*
> *realisieren den Störschutz mit einer Kanalcodierung.*

Man ersetzt also den Modulationsgewinn durch den sog. *Codierungsgewinn*, vgl. Abschnitt 4.3.5.

3.4 Digitale Modulation eines harmonischen Trägers

3.4.1 Einführung

Im Kapitel 2 wurde die Übertragung von digitalen Signalen (inklusive PCM) im Basisband behandelt. Bild 2.11 zeigt das entsprechende Blockschema. Bild 3.57 zeigt die vereinfachte Version von Bild 2.11, weggelassen wurden die Innereien von Sender und Empfänger.

Bild 3.57 Datenübertragung im Basisband

Eine Übertragung über einen Bandpass-Kanal erfordert eine zusätzliche Modulation, wobei der Träger harmonisch ist, Bild 3.58. Mit den modulierten Signalen ist einfach eine Frequenzmultiplexierung durchführbar, während mit den digitalen Basisbandsignalen leichter eine Zeitmultiplexierung vorgenommen werden kann. Die Trägerfrequenz kann tief (z.B. Telefon-Modem) oder hoch (z.B. Funkübertragung im Mikrowellenbereich) sein.

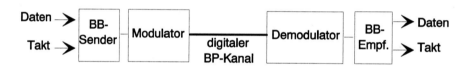

Bild 3.58 Datenübertragung über einen BP-Kanal

Das Thema dieses Abschnittes sind die Blöcke Modulator und Demodulator in Bild 3.58. Die andern beiden Blöcke wurden bereits im Kapitel 2 behandelt und können unverändert übernommen werden. Stichworte wie Pulsformung, Taktrückgewinnung, Entzerrung, Leitungscodierung usw. behalten also ihre Aktualität. Zu den letzten beiden Stichworten sind aber Ergänzungen anzubringen:

- Der Entzerrer im BB-Empfänger entzerrt den Kanal. Dieser umfasst nun das Übertragungsmedium *sowie* die Frequenzgänge von Modulator und Demodulator. Der Entzerrer kann zweistufig realisiert werden, nämlich mit einem Bandpass-Entzerrer vor dem Demodulator und einem Basisband-Entzerrer nach dem Demodulator.

- Der Leitungscoder im BB-Sender hat nicht mehr die Aufgabe, den DC-Anteil zu entfernen, da dies der Modulator ohnehin bewerkstelligt. Darum werden auch keine pseudoternären Codes wie der HDB-3-Code eingesetzt, sondern Scrambler (Bild 2.6 und Bild 2.7 unten).

Nun zu den Blöcken Modulator und Demodulator in Bild 3.58. Im Prinzip handelt es sich um eine normale Modulation eines harmonischen Trägers, genau wie im Abschnitt 3.1 besprochen. Es kommen also AM, FM und PM in Frage. Der einzige Unterschied liegt darin, dass das

Nachrichtensignal digital, also zeit- und wertdiskret ist. Entsprechend ändert sich der modulierte Parameter des Trägers ebenfalls diskret. Bei einer AM mit einem binären Digitalsignal
als Nachricht nimmt die Amplitude des modulierten Signales nur noch zwei Werte an. Man
spricht darum nicht mehr von Modulation sondern von *Tastung* (engl. *keying*) und unterscheidet

- ASK (amplitude shift keying, Amplitudenumtastung)
- FSK (frequency shift keying, Frequenzumtastung)
- PSK (phase shift keying, Phasenumtastung)

Um Bandbreite zu sparen, werden wie bei der Basisbandübertragung nicht rechteckförmige,
sondern gefilterte Pulse übertragen. Diese Pulsformung findet im Block „BB-Sender" im Bild
3.58 statt, wird hier also nicht nochmals besprochen. Streng genommen ändert sich aber nun
die Amplitude des ASK-Signales doch kontinuierlich, weshalb man auch Ausdrücke wie ASM
(amplitude shift modulation) usw. antrifft.

Die benötigte Bandbreite hängt wie bei der Basisbandübertragung von der Schrittgeschwindigkeit ab. Will man eine hohe Bitrate bei kleiner Bandbreite übertragen, so muss man die Baudrate auf Kosten der Störfestigkeit senken, vgl. Abschnitt 2.3. Das modulierende Digitalsignal
ist dann mehrwertig und aus der binären Modulation wird eine höherwertige Modulation. Die
Wertigkeit der Modulation wird mit einer Ziffer angegeben, z.B. 4-ASK oder 8-FSK usw.
Während man bei BB-Übertragungen meistens binäre oder pseudoternäre Signale benutzt, trifft
man bei BP-Übertragungen sehr häufig höherwertige Modulationen an. Dies deshalb, weil
wegen der zunehmenden drahtlosen Übertragung das HF-Spektrum zur raren Resource geworden ist.

In der Praxis wird ASK fast nur noch bei der optischen Übertragung verwendet. Für kleine
Datenraten wird wegen der Einfachheit FSK benutzt. Bei mittleren Datenraten zieht man eine
mehrwertige PSK wegen der Bandbreiteneffizienz vor. Für hohe Datenraten und hohe Wertigkeiten (16 und mehr Modulationszustände) verwendet man eine Kombination aus ASK und
PSK und nennt dies QAM (Quadratur-AM).

Es ist hilfreich, sich die Verknüpfungen zur analogen Modulation sowie zur digitalen Basisbandübertragung vor Augen zu halten. Dazu möge der Leser nochmals Bild 1.48 und die Erläuterungen dazu rekapitulieren.

Die Wahl eines Modulationsverfahrens ist eine Suche nach dem optimalen Kompromiss. Gemäss Abschnitt 1.1.8 wird in jede Kommunikation Bandbreite, Energie und Geld (Systemkomplexität) investiert. Natürlich kann man nicht alle Aufwände gleichzeitig minimieren.
Beim terrestrischen Richtfunk z.B. ist die Bandbreiteneffizienz ein starkes Kriterium. Bei einem Handy wie auch bei Satelliten fällt dagegen der Energieaufwand ins Gewicht, dies wegen
der problematischen Stromversorgung. Bei Massenprodukten spielt der Systempreis eine Rolle.

Dank der hochentwickelten Digitaltechnik kann heutigen Geräten eine erstaunlich hohe Komplexität und Funktionalität bei grosser Zuverlässigkeit und tiefem Preis verliehen werden. Betrachtet man z.B. die Technologie der GSM-Handies (Abschnitt 6.5.2) oder des digitalen Fern-
sehens (Abschnitt 5.1.2.3), so kann man etwas salopp sagen, dass keine gute Idee mehr an den
Realisierungskosten scheitert. Anders ausgedrückt: ein schlecht ausgenutzter Kanal ist viel
teurer als die ausgeklügelsten Sender und Empfänger. Bandbreiteneffizienz und Energie-
effizienz sind mit digitalen Methoden einfacher erreichbar als mit analogen Verfahren. Zudem
ist die Komplexität hochgezüchter digitaler Systeme viel preisgünstiger als diejenige analoger
Geräte, Bild 1.47.

3.4.2 Amplitudenumtastung (ASK)

Bild 3.59 zeigt zwei Beispiele der binären ASK. Bei m = 1 hat das modulierte Signal entweder die volle Amplitude oder verschwindet, weshalb man auch von *on-off-keying* (OOK) spricht.

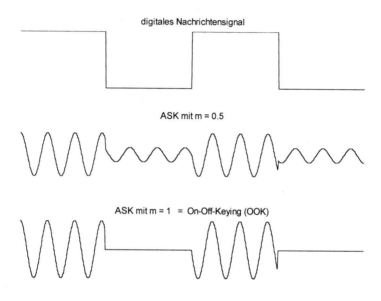

Bild 3.59 ASK-Signale bei unterschiedlichem Modulationsgrad

Das ASK-Signal kann als Produkt des harmonischen Trägers und des modulierenden Rechtecksignals aufgefasst werden. Das Spektrum entsteht aus der Faltung der beiden Teilspektren, es ergibt sich also ein sin(x)/x-Verlauf um die Trägerfrequenz. Der Abstand der beiden Nullstellen der sin(x)/x-Kurve wird maximal bei einer 010101-Bitfolge und beträgt dann gerade $2/T_{Bit}$, das ist die doppelte Bitfrequenz. Wie bei der Basisbandübertragung gilt auch hier, dass mit der Hälfte dieses Wertes eine korrekte Erkennung der einzelnen Bit möglich ist. Wegen der AM wird die Bandbreite gegenüber der Basisbandübertragung verdoppelt, es gelten die Formeln (3.15) und (2.3).

$$B_{ASK_{min}} = S = \text{Baudrate} \tag{3.54}$$

Wegen der Pulsformung wird die Bandbreite gegenüber (3.54) um den Faktor 1.4 … 1.5 grösser, Gleichung (2.5).

In der Praxis wird die ASK nur in der binären Variante benutzt. Die Hauptanwendung liegt bei der optischen Übertragung, wobei die Intensität des Lichtes durch eine Leuchtdiode oder eine Laserdiode umgeschaltet wird. Wegen den unterschiedlichen Funktionsprinzipien der Dioden benutzt man bei Leuchtdioden OOK, bei Laserdioden hingegen ASK mit m ≈ 0.9. Die binäre ASK ist alles andere als bandbreiteneffizient, bei der enormen Bandbreite der Lichtwellenleiter ist dies aber auch nicht wichtig.

On-off-keying ist auch bei der heute nur noch von den Funkamateuren gepflegten Morsetelegrafie in Gebrauch. Dort ist die Datenrate gering und die Bandbreite darum ebenfalls kein Thema. Die Modulation erfolgt heute meistens auf einer Frequenz von 800 bis 1000 Hz, indem ein Tongenerator getastet wird. Dieses Signal wird danach mit einem SSB-Sender auf die gewünschte Übertragungsfrequenz transponiert. Die Demodulation erfolgt mit einem SSB-Empfänger, wobei der Oszillator des Produktdemodulators (Bild 3.19) um 800 bis 1000 Hz neben das Empfangssignal gesetzt wird. Wird beim Sender die Morsetaste gedrückt, so erscheint die HF-Schwingung und der Demodulator liefert die hörbare Differenzfrequenz.

SSB ist für die Datenübertragung untauglich, da das Basisbandsignal tiefe Frequenzen enthält. Eine digitale Restseitenbandmodulation (VSB) funktioniert jedoch und ist im amerikanischen Vorschlag für die digitale Fernsehübertragung vorgesehen. SSB wird hingegen häufig benutzt, um nach einer ersten Modulation das Signal in einen andern Frequenzbereich zu transponieren.

3.4.3 Frequenzumtastung (FSK)

Bei der zweiwertigen FSK schaltet das binäre Nachrichtensignal die Frequenz eines harmonischen Oszillators zwischen den Werten f_1 und f_2 um, Bild 3.60.

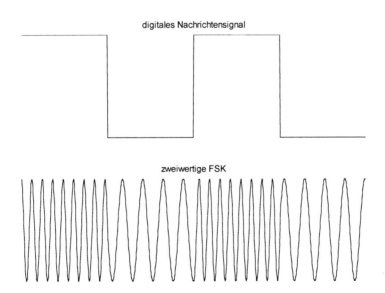

Bild 3.60 Binäre FSK

Man definiert:

Trägerfrequenz: $f_{Tr} = \dfrac{f_1 + f_2}{2}$ (3.55)

Frequenzhub: $\Delta f_{Tr} = \dfrac{|f_1 - f_2|}{2}$ (3.56)

Der Modulationsindex beträgt nach (3.22): $\mu = \dfrac{\Delta\omega_{Tr}}{\omega_{Na}} = \dfrac{\Delta f_{Tr}}{f_{Na}} = \dfrac{\Delta f_{Tr}}{B_N}$ (3.57)

Dabei bezeichnet B_N die Nyquistbandbreite nach (2.3). μ bestimmt die Übertragungsbandbreite sowie den Störabstand der FSK. Ein guter Kompromiss ergibt sich bei

$$\mu = \frac{2}{\pi}$$ (3.58)

Die Bandbreite des FSK-Signales kann nicht nach (3.28) berechnet werden, da das digitale Nachrichtensignal nicht harmonisch ist. Stattdessen fasst man die 2-FSK auf als zwei OOK-Signale im EXOR-Betrieb. Im Spektrum ergeben sich darum zwei sin(x)/x-Enveloppen bei den Frequenzen f_1 und f_2. Bei Datenübertragung über Funk ist dies von Vorteil, da der Empfänger im Gegensatz zu OOK stets ein Signal erhält. Damit kann man die zeitvariante Dämpfung des Funkkanals mit einer Regelung ausgleichen.

Auch die FSK lässt sich mehrwertig ausführen. Am meisten verbreitet ist aber die 2-FSK, nur gelegentlich kommen auch 4-FSK und 8-FSK-Systeme zum Einsatz.

Als Modulator wird ein steuerbarer Oszillator (VCO, voltage controlled oscillator) eingesetzt. Die Umschaltung zwischen zwei separaten und fixen Oszillatoren ist zwar naheliegend, in der Praxis aber wegen der durch die Phasensprünge vergrösserten Bandbreite nicht gebräuchlich. Zur Demodulation werden die im Abschnitt 3.1.4.3 beschriebenen Konzepte mit einem Abtaster am Ausgang verwendet. Gebräuchlich sind auch die sog. Filterkonverter, die mit zwei Bandpässen die Signale auf den Frequenzen f_1 und f_2 extrahieren und deren Amplituden vergleichen, Bild 3.61.

Häufig wird die Modulation im Audio-Bereich durchgeführt, man spricht dann von AFSK (audio frequency shift keying). Modulation und Demodulation können dabei mit einfachen Operationsverstärkerschaltungen oder digital mit einem DSP ausgeführt werden. Mit einem SSB-Sender wird das AFSK-Signal auf die eigentliche Übertragungsfrequenz umgesetzt. Dasselbe ist möglich mit einem FM-Sender, z.B. einem üblichen Handfunksprechgerät, in der Luft ist dann allerdings FM und nicht FSK.

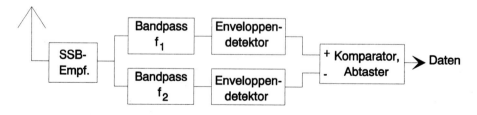

Bild 3.61 Einfacher inkohärenter AFSK-Empfangskonverter

Harte Frequenz- und Phasensprünge verbreitern die Bandbreite des modulierten Signales unnötig. Aus diesem Grund wird auch die FSK nicht diskret, sondern kontinuierlich mit geformten Pulsen ausgeführt. Umfangreiche Arbeiten zu diesem Gebiet resultierten in verschiedenen bandbreitesparenden Abarten der FSK, z.B.

- CPFSK   continous phase frequency shift keying
- MSK   minimum shift keying
- FFSK   fast frequency shift keying
- TFM   tamed frequency modulation (tamed = gezähmt)
- GMSK   Gaussian minimum shift keying (Impulsformung mit einem Filter mit
             Gauss-Frequenzgang, angewandt u.a beim GSM-Mobilfunk)

3.4.4 Phasenumtastung (PSK, DPSK, QPSK, OQPSK)

PSK ist eine vielbenutzte Modulationsart für Datenübertragungen. Im Gegensatz zur ASK und FSK ist aber eine kohärente Demodulation notwendig, wegen diesem Aufwand lohnt sich die PSK nicht bei tiefen Datenraten. Grundlage ist die binäre PSK, also die 2-PSK, die durch 180°-Phasensprünge des Trägersignales entsteht, Bild 3.62. Es wird auch der Name BPSK (binary phase shift keying) verwendet.

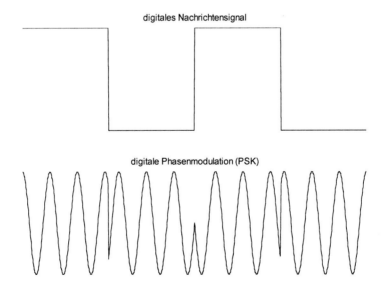

digitales Nachrichtensignal

digitale Phasenmodulation (PSK)

Bild 3.62 Zweiwertige PSK (2-PSK, BPSK)

Die 2-PSK entsteht aus der 2-ASK, indem der Modulationsgrad m sehr gross gemacht wird. Dadurch verschwindet der Träger und es bleiben nur noch die Seitenbänder, genau wie bei der Mischung. AM mit m > 1 ist ja eine Kombination von kontinuierlicher AM und binärer PM, vgl. Abschnitt 3.1.3.1. Ist das Nachrichtensignal binär, so bleibt beim modulierten Signal die Amplitude konstant und die binäre PM wird ausgenutzt, vgl. Bild 3.10. Tatsächlich kann man sich die Entstehung der 180°-Phasensprünge auch durch Produktbildung des Trägers mit einem Pulsmuster mit den Werten ±1 vorstellen. Bei der Multiplikation mit –1 wird der Träger umgepolt. Praktisch wird die 2-PSK mit dem bereits bekannten Balance-Modulator ausgeführt, Bilder 3.2 und 3.5 und 3.63.

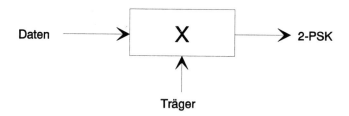

Bild 3.63 Binäre PSK, ausgeführt mit einem Mischer

Das Spektrum des 2-PSK-Signales hat demnach wie dasjenige der ASK eine sin(x)/x-Enveloppe um die Trägerfrequenz. Der Abstand zwischen den Nullstellen der Enveloppe beträgt $2/T_{Bit}$. Mit der halben Bandbreite ist eine Übertragung bereits möglich (Nyquistbandbreite), praktisch arbeitet man auch hier mit $B_{ü} = (1.4 \ldots 1.5)/T_{Bit}$. Im Gegensatz zur ASK tritt im Spektrum kein Diracstoss bei f_{Tr} auf.

Zur Demodulation muss zuerst der Träger regeneriert werden. Dies geschieht wie bereits in Bild 3.8 gezeigt mit einer Quadrierung und anschliessender Frequenzhalbierung.

Eine häufig verwendete Alternative zur Quadrierung ist der sog. *Costas-Loop*, weitere Methoden sind die *Remodulation* und der *decision-feedback PLL*. Näheres dazu ist in der Spezialliteratur zu finden.

Das Problem des PSK-Empfängers ist die Phasensynchronisation. Bei der in Bild 3.8 gezeigten Methode entsteht wegen der Zweideutigkeit der Quadrierung eine Phasenunsicherheit von π, die natürlich korrigiert werden muss. Rastet der Empfänger auf die falsche Phase ein, so werden alle Bit invertiert. Die Information über die korrekte Phase wird z.B. bei der Verbindungsaufnahme mit einem bekannten Synchronisationswort übertragen und nötigenfalls der demodulierte Datenstrom logisch invertiert. Noch besser ist die Verwendung einer differentiellen Codierung, da damit eine automatische Synchronisation auch nach Verbindungsunterbrüchen erreicht wird.

Bei der differentiellen Codierung wird die Phasenverschiebung zwischen Träger und PSK-Signal nicht aufgrund der Nachricht (0 oder 1, entsprechend 0 oder π) gewählt, sondern aufgrund des vorherigen Bit. Es ist für den Empfänger wesentlich einfacher, eine Phasen*änderung* zu messen als eine Phase. Für letztere braucht es nämlich einen gemeinsamen Referenzzeitpunkt. Die Phase wird also nach folgendem Schema zugeordnet:

normale Codierung (PSK):   1   Phase gegenüber Träger um π verschoben

                             0   Phase gegenüber Träger nicht verschoben

differentielle Codierung (DPSK): 1 Phase springt um π gegenüber der vorherigen Phase

0 Phase springt nicht

Natürlich sind auch die inversen Zuordnungen möglich.

Ein Beispiel mag den Vorteil verdeutlichen, wir beginnen mit der normalen Codierung:

Daten: 1   0   0   1   0   1   1   1   0   0   1

Phase: π 0   0 π 0 π π π 0   0 π

Ist der im Empfänger regenerierte Träger phasengleich zum Träger im Modulator, so wird der Empfänger beim ersten Bit eine Phasendifferenz feststellen und dieses als eine logische 1 interpretieren.

Ist der regenerierte Träger hingegen um π versetzt, so wird der Empfänger keine Phasendifferenz feststellen und somit eine logische 0 detektieren. Für das gesamte Signal ergibt sich:

Empfangsträger korrekt: 1   0   0   1   0   1   1   1   0   0   1

Empfangsträger um π versetzt: 0   1   1   0   1   0   0   0   1   1   0

Nun betrachten wir die differentielle Codierung. Für die Phase des ersten Bit wählen wir einfach π. Wir werden später sehen, dass die Art dieser Wahl gar nicht wichtig ist. Somit ergibt sich für die Phasen des übertragenen Signals:

Daten: 1   0   0   1   0   1   1   1   0   0   1

Phase: π π π 0   0 π 0 π π π 0

Der Empfänger braucht die Phase des vorherigen Bit. Wir legen einmal fest, diese sei 0. Also wird der Empfänger beim ersten Nutzbit eine Phasen*differenz* feststellen und das Bit als eine 1 interpretieren und sich die Phase π merken. Beim nächsten Bit ergibt sich kein Phasensprung, also war es eine 0 usw. Die ganze Sequenz lautet wie gewünscht:

Startphase 0: 1   0   0   1   0   1   1   1   0   0   1

Nun soll der Empfänger mit der falschen Startphase π beginnen. Beim ersten Bit wird er keine Phasendifferenz feststellen, eine 0 ausgeben und sich die Phase π merken. Beim zweiten Bit ergibt sich ebenfalls kein Phasensprung, also wird er wieder eine 0 ausgeben und sich die Phase π merken usw. Die ganze Sequenz lautet damit:

Startphase π: 0   0   0   1   0   1   1   1   0   0   1

$\rightarrow$ ab hier sind die Werte korrekt

In jedem Fall ergeben sich nach allfälligen Startschwierigkeiten die korrekten Werte der decodierten Bit. Dasselbe gilt für einen kurzzeitigen Unterbruch mit Synchronisationsverlust, die differentielle Codierung ist also nicht nur selbstsynchronisierend, sondern auch selbstheilend.

Natürlich hat die differentielle Codierung auch einen Nachteil: sie tendiert zu Doppelfehlern, was bei einer allfälligen Kanalcodierung berücksichtigt werden muss. Es macht z.B. keinen

Sinn, Datenworte mit einem Parity-Bit zu schützen und sie mit DPSK zu übertragen. Die BER wird bei differentieller Codierung somit etwas grösser als bei normaler Codierung und identischem Rauschabstand.

Die differentielle Codierung im Sender erfolgt auf einfache Art mit einem Exor-Tor und einer Verzögerung um einen Bittakt, Bild 3.64 links. Die Sequenz am Ausgang wird auf einen normalen PSK-Modulator gegeben.

Die Schaltung im Bild 3.64 rechts wandelt im Empfänger die differentielle Codierung wieder in eine normale Codierung um.

Bild 3.64 Differentielle Codierung im Sender (links) und Decodierung im Empfänger (rechts)

Ein sehr nützliches Hilfsmittel zur Beschreibung der digitalen Modulationsarten ist das *Konstellationsdiagramm*, auch *Modulationsdiagramm* genannt. Dies ist nichts anderes als das mit $-\omega_{T_r}$ rotierende Zeigerdiagramm des modulierten Signales, wobei nur der Endpunkt des Zeigers in den Abtastzeitpunkten gezeichnet wird. Bild 3.65 zeigt das Konstellationsdiagramm für die 2-ASK und die 2-PSK. Die beiden Achsen heissen I (in Phase) und Q (Quadratur), womit an die Quadraturdarstellung aus Abschnitt 3.1.6 angelehnt wird. Tatsächlich ist es nichts anderes als das abgetastete äquivalente Basisbandsignal, vgl. Abschnitt 5.2.2.2. Oft spricht man auch von einer Darstellung im *Signalraum*.

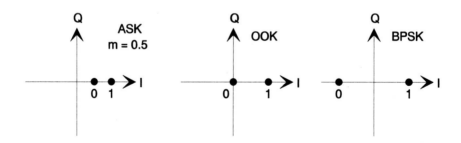

Bild 3.65 Konstellationsdiagramme: links: 2-ASK mit m = 0.5, mitte: 2-ASK mit m = 1 (= OOK) und rechts: 2-PSK (= BPSK)

Der Abstand der Punkte vom Ursprung gibt die momentane Grösse der Enveloppe und damit die momentane Leistung des Signals an.

Mit PSK werden auch mehrwertige Modulationen realisiert. Bei der 4-PSK werden 4 verschiedene Phasensprünge zugelassen, nämlich um 0, $\pi/2$, π und $3\pi/2$. Damit ergibt sich das Konstellationsdiagramm nach Bild 3.66.

Die 4-PSK kann interpretiert werden als zwei 2-PSK-Signale mit orthogonalen Trägern. Dies ist nichts anderes als die in Abschnitt 3.1.3.6 beschriebene Quadratur-AM (QAM) mit $m \to \infty$. Darum heisst diese 4-PSK auch QPSK (quadrature phase shift keying). Eine bestimmte Phase repräsentiert dabei zwei Bit, eine mögliche Zuordnung mit dem sog. *Gray-Code* ist in Bild 3.66 angegeben. Diese Zuordnung ist sehr geschickt, da der Demodulator am ehesten einen Fehler um $\pi/2$ macht, was nur einen einzigen Bitfehler verursacht.

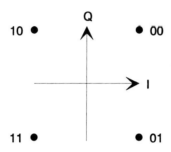

Bild 3.66 Konstellationsdiagramm der 4-PSK (QPSK)

Die QPSK belegt dieselbe Bandbreite wie die 2-PSK, überträgt aber bei identischer Baudrate die doppelte Bitrate. Als Preis dafür muss man einen kleineren Störabstand in Kauf nehmen. Dies ist aus dem Konstellationsdiagramm sehr schön ersichtlich, indem die „Privatsphäre" der einzelnen Punkte kleiner geworden ist. Die Bilder 3.65 und 3.66 zeigen nämlich die Diagramme bei störungsfreier Übertragung. Treten Störungen in Form von additivem Rauschen auf, so verschmieren die Punkte zu Flächen. Solange sich diese Flächen nicht überlappen, können die Punkte korrekt decodiert werden. Das im Empfänger gemessene Konstellationsdiagramm wird zur Beurteilung der Qualität einer BP-Übertragung benutzt und entspricht damit dem Augendiagramm bei der BB-Übertragung, Bild 2.15.

Bild 3.67 zeigt links das Konstellationsdiagramm der QPSK bei gestörter Übertragung. Rechts ist das Diagramm einer störungsfreien Übertragung gezeigt, wobei jedoch die Trägerregeneration mit einem Phasenjitter behaftet ist. Auch dies ist in Grenzen tolerierbar.

Die Signalleistung zeigt sich im Konstellationsdiagramm im Abstand der Punkte vom Ursprung. Bei gleicher maximaler Signalleistung ist die Privatsphäre umso kleiner, je mehr Modulationspunkte zugelassen werden. Umgekehrt kann mit Vergrösserung der Sendeleistung die Privatsphäre und somit der Störabstand vergrössert werden. Diese Aussage ist auch schon in Gleichung (1.17) enthalten.

Auch bei der QPSK wird die differentielle Codierung angewandt, ebenso erfolgt die Trägerrückgewinnung durch Quadrierung oder einen Costas-Loop.

In der Praxis werden die Pulse wie im Abschnitt 2.6 beschrieben vor der Modulation geformt, damit die Bandbreite des QPSK-Signales nicht zu gross wird. Hier lohnt sich eine Verbesserung der QPSK: bei Phasensprüngen um π ergeben sich starke Einbrüche in der Enveloppe,

Bild 3.68. Wegen der Bandbegrenzung sind die Phasensprünge nicht mehr so ausgeprägt wie in
Bild 3.62.

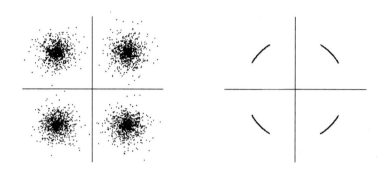

Bild 3.67 Konstellationsdiagramm der QPSK bei additiver Rauschstörung (links) und bei
Phasenjitter im Trägerregenerator (rechts)

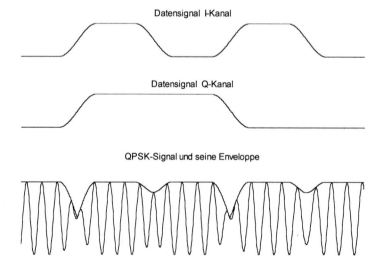

Datensignal I-Kanal

Datensignal Q-Kanal

QPSK-Signal und seine Enveloppe

Bild 3.68 Einbrüche in der Enveloppe des QPSK-Signals bei unterschiedlichen Phasensprüngen

Dies ist aus der mathematischen Formulierung sofort ersichtlich. In Anlehnung an (3.37) und (3.38) lautet das QPSK-Signal:

$$s_{QPSK}(t) = \left[s_I(t) + j \cdot s_Q(t) \right] \cdot e^{j\omega_{Tr}t} \tag{3.59}$$

Das komplexe Nachrichtensignal in der eckigen Klammer von (3.59) besteht aus zwei Datensignalen für den I- bzw. Q-Kanal, wobei diese gefiltert sind und wie in Bild 3.68 aussehen. Wechseln beide Signale gleichzeitig ihren Zustand, so wandern beide gleichzeitig durch den Nullpunkt und die eckige Klammer in (3.59) verschwindet.

Die 180°-Sprünge lassen sich vermeiden, wenn die gleichzeitigen Wechsel der Nachrichtensignale des I- und Q-Kanales vermieden werden. D.h. die Modulation des Q-Kanals muss um die halbe Schrittdauer gegenüber dem I-Kanal versetzt erfolgen. Ein Sprung von 00 auf 11 führt bei QPSK (Bild 3.66) durch den Ursprung. Durch den Zeitversatz wird dieser Sprung ersetzt durch *zwei* Sprünge von 00 auf 01 und danach von 01 auf 11 (oder von 00 auf 10 und dann auf 11). Es treten somit nur noch Sprünge um 90° auf. Dieses beliebte Verfahren heisst OQPSK (offset quadrature phase shift keying) und ist weitgehend unempfindlich gegenüber Nichtlinearitäten im Kanal. Ein dem Modulator folgender Leistungsverstärker gehört auch zu diesem Kanal, dieser Verstärker kann darum nichtlinear und mit hohem Wirkungsgrad gebaut werden. Insbesondere in der Satellitentechnik wird aus diesem Grund die OQPSK gerne verwendet. Bild 3.69 zeigt dasselbe wie Bild 3.68, jetzt aber für OQPSK.

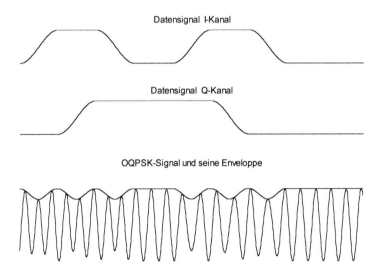

Bild 3.69 wie Bild 3.68, aber für OQPSK statt QPSK

Bei der OQPSK wird die Baudrate gegenüber der QPSK scheinbar verdoppelt. Erinnert man sich aber daran, dass die QPSK aus der Addition von zwei orthogonalen 2-PSK-Signalen entsteht, dass die Fouriertransformation eine lineare Abbildung ist und dass eine Zeitverschiebung das Amplitudenspektrum nicht verändert, so wird klar, dass die Bandbreite durch die versetzte Modulation nicht beeinflusst wird.

Bild 3.70 zeigt das Modulationsdiagramm der 8-PSK. Alle Punkte liegen auf einem Kreis.

Eine 16-PSK wäre zwar denkbar, allerdings wird dadurch die Privatsphäre der einzelnen Punkte zu klein, der Störabstand somit zu klein und die Bitfehlerquote nach dem Demodulator zu gross. In der Praxis wird die 16-PSK darum nicht angewandt. Sind zur Bandbreiteneinsparung solch grosse Wertigkeiten der Modulation notwendig, so verwendet man statt der PSK die QAM.

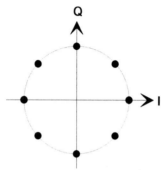

Bild 3.70 Modulationsdiagramm der 8-PSK

3.4.5 Quadratur-Amplitudenmodulation (QAM)

QAM ist ein Oberbegriff für die höherwertigen digitalen Modulationsarten, die in der Praxis alle aus einer Kombination von PSK und ASK realisiert werden.

Die in Bild 3.71 gezeigte 16-QAM bietet den einzelnen Punkten des Konstellationsdiagrammes eine grössere Privatsphäre als eine 16-PSK gleicher Signalleistung. Die gezeigte Zuordnung der Punkte zu den Bitmustern kommt folgendermassen zustande: die beiden ersten Bit bezeichnen den Quadranten und sind gleich gewählt wie in Bild 3.66, also nach dem Gray-Code. Die beiden hinteren Bit bezeichnen die Position innerhalb des Quadranten und werden im ersten Quadranten ebenfalls nach dem Gray-Code zugeordnet. Die Zuordnung innerhalb der andern Quadranten erfolgt bis auf eine Drehung um 90° identisch. Auf diese Art wird sichergestellt, dass sämtliche Punkte sich um nur 1 Bit von den horizontalen und vertikalen Nachbarn unterscheiden. Die diagonalen Nachbarn unterscheiden sich um zwei Bit, allerdings ist die Verwechslungsgefahr zwischen diesen wegen dem grösseren Abstand kleiner.

Bild 3.72 zeigt das Prinzipschema zur Erzeugung der QAM. Wie bei der QPSK wird mit einem I- und einem Q-Kanal gearbeitet. Haben diese Kanäle je zwei mögliche Zustände, so ergibt sich die QPSK, die deshalb gelegentlich auch als 4-QAM bezeichnet wird. Haben die beiden Datenkanäle je 4 Zustände, so entsteht die 16-QAM.

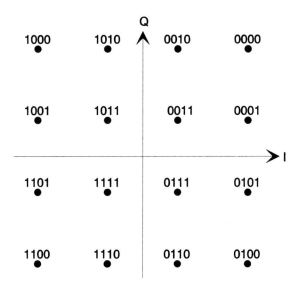

Bild 3.71 Konstellationsdiagramm der 16-QAM

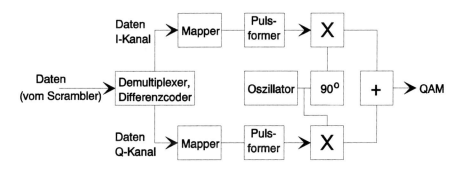

Bild 3.72 QAM-Modulator

Bild 3.72 geht direkt aus Bild 3.21 hervor. Dort werden zwei unabhängige Nachrichten mittels analoger QAM übertragen. Hier wird hingegen ein einziger digitaler Datenstrom hoher Bitrate übertragen und dazu zuerst mit einem Demultiplexer aufgeteilt auf den I- bzw. Q-Kanal. Dies ist nichts anderes als das schon in Bild 1.38 eingeführte Down-Multiplexing.

Nach dem Demultiplexer folgen die Mapper. Diese erzeugen aus Bitgruppen Pulse. Bei der 4-QAM (= QPSK) nimmt jeder Mapper 1 Bit und erzeugt einen positiven oder negativen Puls. Bei der 16-QAM nimmt jeder Mapper 2 Bit und erzeugt Pulse mit den Amplituden –3, –1, 1 oder 3.

Nach dem Mapper in Bild 3.72 werden die Pulse zur Bandbegrenzung gefiltert, dann folgen die Mischer und die Addition der beiden Kanäle.

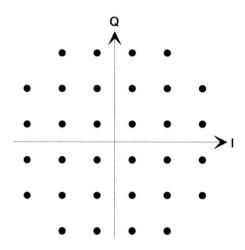

Bild 3.73 Konstellationsdiagramm der 32-QAM

Bei der 32-QAM erzeugt jeder Mapper einen sechswertigen bipolaren Puls, Bild 3.73 zeigt das entsprechende Konstellationsdiagramm. Bei je 6 Zuständen des I- und Q-Kanales ergeben sich insgesamt 36 Möglichkeiten, was nicht einer Zweierpotenz entspricht. Deshalb lässt man im Konstellationsdiagramm die vier Eckpunkte weg. Das sind die vier Punkte mit der grössten Momentanleistung.

Es sind sogar 64-QAM und 256-QAM-Systeme im Einsatz. Allerdings sind die Anforderungen an die Verzerrungsfreiheit des Kanals gross. Im Empfänger kann darum auf einen adaptiven Entzerrer kaum verzichtet werden.

Wegen der einfachen Zuordnung von Bitgruppen zu Modulationspunkten strebt man an, die Wertigkeit der Modulation einer Zweierpotenz gleichzusetzen. Zudem sollen der I- und der Q-Kanal gleich viele Zustände aufweisen, damit diese Kanäle identisch realisiert werden können und damit die Abstände zwischen den Modulationspunkten in allen Richtungen gleich werden.

Auch der QAM-Demodulator hat Schwierigkeiten, die absolute Phase aus dem Empfangssignal abzuleiten. Aus diesem Grund wird auch hier differentiell codiert.

Im Gegensatz zur PSK haben bei der QAM die einzelnen Punkte des Konstellationsdiagrammes unterschiedliche Abstände zum Ursprung, d.h. die Signalleistung schwankt je nach Bitmuster. Dies erfordert in jedem Falle eine lineare Verstärkung nach dem Modulator, eine Offsetmodulation wie bei der OQPSK ist deshalb bei der QAM unnütz.

Die ganze Schaltung aus Bild 3.72 wird heute vorzugsweise rein digital realisiert. Dies ist nur auf tiefen Trägerfrequenzen möglich, mit einem SSB-Sender wird deshalb das QAM-Signal nach dem Modulator auf die gewünschte Übertragungsfrequenz transponiert.

Eng verwandt mit der QAM und bisweilen von dieser gar nicht unterschieden ist die APSK (amplitude phase shift keying). Dabei werden der Betrag und die Phase eines komplexen Zeigers moduliert statt der Real- und der Imaginärteil. Im Konstellationsdiagramm liegen die Punkte demnach auf konzentrischen Kreisen.

Bild 3.74 zeigt die sog. multi-resolution-QAM (MR-QAM), die wegen dem in Bild 1.46 gezeigten ausgeprägten Schwelleneffekt der digitalen Übertragungen ersonnen wurde. Bei der MR-QAM werden die Punkte innerhalb jedes Quadranten näher zusammengerückt. Bei gleicher mittlerer Signalleistung wie bei der normalen QAM steigt somit die Verwechslungsgefahr innerhalb der Quadranten, d.h. für die hinteren beiden Bit einer Vierergruppe. Für die vorderen Bit sinkt jedoch die Verwechslungsgefahr, sie sind somit besser geschützt. Im Vergleich zur normalen QAM geschieht bei fallendem Signal-Rausch-Abstand in der angegebene Reihenfolge Folgendes:

1. Bei der MR-QAM wird die Verbindungsqualität schlechter, da innerhalb der Quadranten Bitfehler auftreten.

2. Die normale QAM-Verbindung bricht zusammen.

3. Erst danach kommt auch die MR-QAM-Verbindung zum Erliegen.

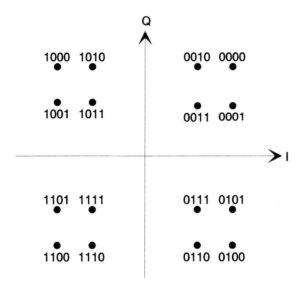

Bild 3.74 Konstellationsdiagramm der MR 16-QAM

Benutzt wird die MR-QAM beim digitalen Fernsehen (DVB). Der Modulator ist gleich wie in Bild 3.72 aufgebaut, die Mapper liefern entsprechend modifizierte Pulshöhen.

Die Bitfehlerquote lässt sich wie immer durch Verbesserung des Rauschabstandes verkleinern. Eine Erhöhung der Sendeleistung bläst das Konstellationsdiagramm auf und vergrössert so den Abstand der Punkte. Eine verringerte Rauschleistung verkleinert die Wolken um jeden Punkt.

Die Erhöhung der Wertigkeit der QAM verkleinert bei konstanter Bitrate die Baudrate und damit auch die Bandbreite. Dies geht allerdings auf Kosten des Modulationsgewinns. Lässt man hingegen die Bandbreite konstant, so können zusätzliche Bit übertragen werden. Es kann nun durchaus lohnenswert sein, einen Datenstrom mit einem 32-QAM-System statt mit einem 16-QAM-System derselben Bandbreite zu übertragen. Die zusätzlichen Bit werden für eine Kanalcodierung benutzt, d.h. man fügt den Daten Redundanz hinzu. Die höherwertige Modulation verkleinert den Modulationsgewinn, die Kanalcodierung erbringt den bereits erwähnten Codierungsgewinn. Dieser ist höher als die Einbusse beim Modulationsgewinn, wodurch das Gesamtsystem näher an die Shannongrenze reicht. Der Preis dafür ist der grössere Aufwand im Coder, Modulator, Demodulator und Decoder, also allgemein in der Kanalanpassung.

Modulation und Kanalcodierung sollen also, wenigstens wenn es um den Störschutz und nicht um Multiplexierung oder Frequenzverschiebung geht, gemeinsam betrachtet werden. Allerdings sind die Theorien sehr verschieden, weshalb bisher meistens separate Optimas anstelle eines Gesamtoptimums gesucht wurden. Neuere Konzepte benutzen eine gesamtheitliche Sichtweise.

Die Datenrate R bei gegebener Übertragungsbandbreite $B_{ü}$ berechnet sich nach (2.6) und (3.54):

$$R = \log_2(M) \cdot \frac{B_{ü}}{1+r} \tag{3.60}$$

Daraus ergibt sich für die spektrale Effizienz in Bit/s/Hz:

$$\frac{R}{B_{ü}} = \frac{\log_2(M)}{1+r} \tag{3.61}$$

Für den roll-off-Faktor r wird im neuen Standard für das digitale Fernsehen ein Wert von 0.15 angegeben. Dies ist weniger als in (2.6) empfohlen, die Filter müssen also steiler und damit aufwändiger sein. Hier geht es aber um sehr bandbreiteneffiziente Modulationsverfahren, es macht darum keinen Sinn, einen grossen Aufwand im Modulator und Demodulator zu treiben und gleichzeitig beim Pulsformfilter zu sparen. 64-QAM überträgt demnach mit einer spektralen Effizienz von 5.2 Bit/s/Hz.

Bild 3.75 zeigt die Bitfehlerquote in Abhängigkeit vom Kanalrauschabstand, angegeben in E_{Bit}/N_0. Dieselbe Darstellung wurde auch bei Bild 2.24 benutzt. Berechnungen zur Bitfehlerquote findet man z.B. in [Kam92], [Pro94] und [Skl88].

Die in Bild 3.75 gezeigten Kurven sind Idealwerte bei optimalen Empfängern. In der Praxis verschieben sich diese Kurven etwas nach rechts, u.a. auch wegen der differentiellen Codierung, die ja zu Doppelfehlern neigt.

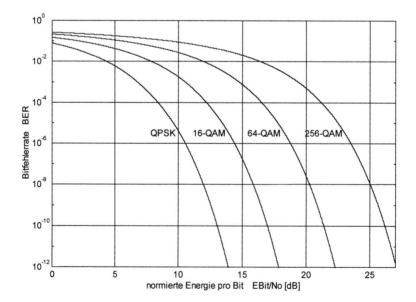

Bild 3.75 Bitfehlerquoten der QAM-Verfahren

Zahlenbeispiel: Ein Datenstrom von 2 MBit/s soll bei Raumtemperatur mit QPSK und einem roll-off-Faktor r = 0.35 übertragen werden. Die Bitfehlerquote soll 10^{-8} betragen. Wie gross muss die Signalleistung am Empfängereingang sein?

Nach Bild 3.75 ist ein E_{Bit}/N_0 von 12 dB erforderlich. Wie in Gleichung (2.26) gilt:

$$\frac{E_{Bit}}{N_0} = \frac{P_S / R}{P_N / B_{\ddot{u}}} \quad \Rightarrow \quad \frac{P_S}{P_N} = \frac{E_{Bit}}{N_0} \cdot \frac{R}{B_{\ddot{u}}}$$

Bei der QPSK gilt mit (3.61):

$$\frac{R}{B_{\ddot{u}}} = \frac{2}{(1+r)} = \frac{2}{1.35} = 1.48 \quad \hat{=} \quad 1.7 \text{ dB}$$

Das Verhältnis P_S/P_N muss also mindestens 13.7 dB betragen. Für P_N gilt mit (1.20):

$$P_N = N_0 \cdot B = k \cdot T \cdot \frac{R}{2} \cdot (1+r)$$

$$= 1.38 \cdot 10^{-23} \cdot 293 \cdot \frac{2 \cdot 10^6}{2} \cdot 1.35 \text{ W} = 5.46 \cdot 10^{-15} \text{ W} \quad \hat{=} \quad -142.6 \text{ dBW}$$

P_S muss also beim Empfänger mindestens –128.9 dBW = –98.9 dBm betragen. Einige dB Reserve sollte man ebenfalls noch einplanen. Kennt man die Streckendämpfung (dies wird im Kapitel 5 behandelt), so kann man die notwendige Senderausgangsleistung bestimmen.

Ein Übertragungssystem kann auf verschiedene Arten dimensioniert werden. Z.B. geht man nach folgendem Rezept vor:

1. Aufgrund der Anwendung legt man die Datenrate R und die Bitfehlerquote BER fest.
2. Man bestimmt die verfügbare Bandbreite $B_{\ddot{u}}$. Dazu sind physikalische Gegebenheiten, aber auch Vorgaben durch Regulationen und Normen zu beachten.
3. Man bestimmt die Rauschleistung P_N am Empfangsort und die Kanaldämpfung A_K.
4. Aufgrund einer technisch machbaren Sendeleistung und A_K berechnet man den Signal-Rauschabstand am Empfangsort und leitet daraus das Modulationsverfahren und dessen Wertigkeit M ab. An dieser Stelle soll man auch den Einsatz einer Kanalcodierung erwägen.
5. Schliesslich kontrolliert man, ob mit dem gewählten Verfahren die geforderte Datenrate erreichbar ist. Gegebenenfalls braucht man mehr Bandbreite oder mehr Signal-Rauschabstand.

Für die vergleichende Beurteilung der verschiedenen Modulationsverfahren wendet man folgende Kriterien an:

• Spektrale Effizienz nach (3.61)

• Bitfehlerwahrscheinlichkeit nach Bild 3.75

• Verhältnis zwischen maximaler und mittlerer Signalleistung (dies ist wichtig für die Dynamik- und Linearitätsanforderungen der Verstärker und beeinflusst deren schaltungstechnische Dimensionierung)

• Komplexität der Modulatoren und Demodulatoren (dies bestimmt den Gerätepreis)

3.4.6 Orthogonaler Frequenzmultiplex (OFDM)

Dimensioniert man nach obenstehendem Rezept einen Übertragungslink, so erhält man z.B. folgendes Resultat: mittels 16-QAM werden 4 MBit/s über einen Kanal von 1 MHz Bandbreite übertragen (der Einfachheit halber ist in diesem Beispiel r = 0 gesetzt).

Die Idee des sog. *Multicarrier-Verfahrens* besteht nun darin, nicht einen einzigen Breitbandkanal wie oben zu benutzten, sondern eine ganze Anzahl schmalbandiger Kanäle, sog. Subkanäle. Es handelt sich also um das in Bild 1.38 eingeführte Down-Multiplexing. Das obige System könnte man z.B. ersetzen durch

a) 10 Subkanäle mit je 100 kHz Bandbreite, wobei in jedem Kanal 16-QAM benutzt wird. Pro Kanal werden so 400 kBit/s übertragen, insgesamt also ebenfalls 4 MBit/s.

b) 10 Subkanäle mit je 100 kHz Bandbreite, wobei die ersten 5 Kanäle 64-QAM mit je 600 kBit/s und die restlichen QPSK mit je 200 kBit/s verwenden. Die totale Datenrate beträgt wiederum 4 MBit/s.

Den Übergang von der Breitbandmodulation auf ein Multicarriersystem kann man auch als Wechsel von Zeit- auf Frequenzmultiplex auffassen.

Multicarrier-Systeme haben in zwei Fällen Vorteile gegenüber einer einzigen Breitbandmodulation:

- Mehrwegempfang und Selektivschwund ($\rightarrow$ Methode a) von oben anwenden)
- Frequenzvariabler Signal-Rauschabstand SR_K ($\rightarrow$ Methode b) anwenden)

a) Mehrwegempfang und Selektivschwund

Bei terrestrischer Funkübertragung im Kurzwellen- und VHF/UHF-Bereich tritt oft Mehrweg-Empfang auf. Der Empfänger erhält dabei einen direkten Funkstrahl sowie weitere Strahlen, die wegen Reflexionen an Hügeln, Gebäuden usw. verspätet und abgeschwächt auftreten. Die Geisterbilder beim TV-Empfang sind z.B. das Resultat eines Mehrwegempfanges.

Z.B. hat die oben erwähnte 4 MBit/s - 16-QAM eine Symboldauer von 1 µs. Ein Funkstrahl legt in dieser Zeit einen Weg von 300 m zurück. Beträgt also die Streckendifferenz zwischen direktem und reflektiertem Strahl nur gerade 300 m, so trifft das verspätete Symbol gleichzeitig mit dem folgenden Symbol des direkten Strahles beim Empfänger ein. Mehrwegempfang verursacht demnach massives Impulsübersprechen (ISI) sowie Selektivschwund (schmalbandige destruktive Interferenz).

Die Abhilfe ist klar: man muss die Symboldauer verlängern. Die Wertigkeit der Modulation lässt man aber unverändert, diese hängt ja mit dem Rauschabstand zusammen. Folglich muss man die Datenrate und mit ihr die Bandbreite senken und man erhält Platz für weitere Kanäle. Werden die Symbole sogar noch künstlich verlängert durch ein sog. Schutzintervall (*guard-interval*), so sinkt zwar die Kanalausnutzung, dafür kann aber das Impulsübersprechen vollständig unterdückt werden.

Beim Mehrwegempfang handelt es sich um eine lineare Verzerrung, die im Prinzip durch einen Entzerrer nach Bild 1.60 kompensierbar ist. Das Problem liegt darin, dass bei Breitbandübertragungen die Symboldauer kurz wird gegenüber der Laufzeitdifferenz. Dies erfordert Entzerrer mit unpraktikabel hoher Ordnung. Die schmalbandigen Subcarrier-Kanäle des OFDM-Signals hingegen lassen sich (falls überhaupt notwendig) viel einfacher entzerren. Mit OFDM wird also der Aufwand vom Entzerrer in den Modulator und Demodulator verlegt. Unter dem Strich ist dies aber die günstigere Lösung, da Modulator und Demodulator mit der FFT sich sehr effizient realisieren lassen.

Wenn ein Multicarrier-System mit Mehrwegempfang fertig wird, dann lassen sich damit auch Gleichwellennetze realisieren. Bei diesen wird ein grosses Gebiet abgedeckt durch mehrere Sender mit identischem Programm, wobei alle Sender aufeinander synchronisiert sind und auf exakt derselben Frequenz arbeiten. Dadurch lässt sich sehr frequenzökonomisch eine Rundfunkversorgung realisieren, weshalb die neuen digitalen Rundfunk- und Fernsehsysteme (DAB und DVB) diese Technik benutzen [Nee00].

b) Frequenzvariabler Signal-Rauschabstand SR_K

Kupferkabel weisen wegen des Skin-Effektes eine Dämpfung auf, die mit der Wurzel aus der Frequenz ansteigt. Bei breitbandigen Übertragungen werden deshalb die hohen Frequenzen viel stärker in Mitleidenschaft gezogen als die tiefen. Als eine mögliche Gegenmassnahme wird die Preemphase/Deemphase (Abschnitt 1.3.1.2) angewandt. Multicarrier-Systeme bieten sich ebenfalls an als Gegenmassnahme, wobei die Wertigkeit der Modulation der einzelnen Subkanäle dem individuellen Rauschabstand angepasst wird.

Bei bidirektionalen Punkt-Punkt-Übertragungen (u.a. alle ARQ-Systeme) kann der Empfänger dauernd dem Sender rückmelden, wie seine aktuelle Empfangssituation aussieht. Damit kann das Modulationsschema laufend angepasst werden ($\rightarrow$ adaptives System).

Ein Anwendungsbeispiel ist die ADSL-Übertragung (asymmetrical digital subscriber loop, Abschnitt 5.6.4). Damit werden bis zu 8 MBit/s über eine verdrillte Kupferleitung übertragen.

Grundlage des Multicarrier-Verfahrens ist die Formel für die Kanalkapazität (1.17). Bei dieser werden P_S und P_N als konstant angenommen. Dies muss nicht sein, z.B. kann ein störender Sender nur einen Ausschnitt aus einem Breitbandkanal beeinträchtigen. (1.17) lässt sich allgemeiner schreiben:

$$C = \int_{f_u}^{f_o} \log_2\left(1 + \frac{P_S(f)}{P_N(f)}\right) df \qquad (3.62)$$

Natürlich ist (3.62) etwas unpraktisch. Näherungsweise unterteilt man deshalb die gesamte Bandbreite in Stücke mit konstantem Rauschabstand. Dadurch wird aus (3.62):

$$C = \sum_{k=0}^{N-1} B_k \cdot \log_2\left(1 + \frac{P_{S_k}}{P_{N_k}}\right) \qquad (3.63)$$

Nun zur Realisierung des Multicarrier-Verfahrens. Die einzelnen Subkanäle arbeiten mit QAM, die jede mit einer Schaltung nach Bild 3.72 realisiert wird. Mathematisch kann dies in komplexer Schreibweise sehr kompakt beschrieben werden, in Gleichung (3.59) wurde dies bereits ausgenutzt. Das digitale Nachrichtensignal $s_{Na}(t)$ wird zuerst mit einem Demultiplexer aufgeteilt in komplexwertige Teilsignale $s_k(t)$, danach folgt eine Quadraturmodulation mit der

Trägerfrequenz ω_k und schliesslich werden die Subkanäle addiert (Frequenzmultiplex) zum Multicarrier-Signal:

$$s_{Multicarrier}(t) = \sum_{k=0}^{N-1} s_k(t) \cdot e^{j\omega_k t} \qquad (3.64)$$

Es ist klar, dass dieses Verfahren rasch sehr aufwändig wird. Es gibt allerdings einen Spezial-fall, der sich günstig realisieren lässt: die Trägerfrequenzen müssen zueinander orthogonal sein. Dies führt auf das OFDM-Verfahren (orthogonal frequency division multiplex). Die Trä-gerfrequenzen sind dann orthogonal, wenn die folgende Bedingung erfüllt ist:

$$\omega_k = 2\pi k \cdot f_0 \qquad (3.65)$$

f_0 ist die Grundfrequenz, diese wird der Symboldauer angepasst. Das Spektrum jedes QAM-Signales hat einen $\sin(x)/x$-Verlauf, wobei für den Abstand Δf der Nullstellen links und rechts neben den Hauptmaximas gilt:

$$\Delta f = 2 / T_{Symbol} \qquad (3.66)$$

T_{Symbol} ist die Symboldauer der Subkanäle, inklusive der Zeit für die Schutzintervalle. Beim OFDM-Verfahren ist in allen Sub-Kanälen die Symboldauer gleich. Beim OFDM setzt man f_0 in (3.65) gleich $\Delta f/2 = 1/T_{Symbol}$ aus (3.66). Aus (3.64) wird dadurch

$$s_{OFDM}(t) = \sum_{k=0}^{N-1} s_k(t) \cdot e^{j2\pi k \frac{t}{T_{Symbol}}} \qquad (3.67)$$

Bild 3.76 zeigt den Effekt der orthogonalen Frequenzwahl: bei den Frequenzen $k \cdot f_0$ ist jeweils nur eine einzige $\sin(x)/x$-Schwingung ungleich Null.

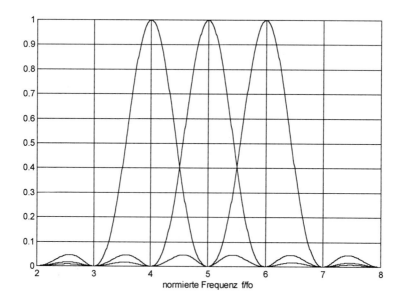

Bild 3.76 Leistungsspektren von drei orthogonalen QAM-Signalen

Da es sich um digitale Signale handelt, ist die Zeitvariable t diskret. Damit wird (3.67) identisch zur inversen diskreten Fouriertransformation (IDFT) und für letztere besteht in der Form der FFT (fast fourier transform) ein sehr effizienter und damit schneller Algorithmus zur Verfügung. Dieser wird digital in einem Rechenwerk ausgeführt, d.h. die Frequenzen können nicht im UHF-Bereich liegen. Einmal mehr teilt man deshalb die Modulation auf in eine komplizierte und darum digital realisierte Vorstufe, gefolgt von einem Frequenzumsetzer in Form eines SSB-Senders. Bild 3.77 zeigt das Blockschema des OFDM-Senders.

Zeitlich benachbarte Bit des Datenstromes in Bild 3.77 liegen im selben Subkanal des OFDM-Signales. Dies ist nicht erwünscht, vor allem dann nicht, wenn die Daten mit einem Kanalcode geschützt sind. Die Kanalcodierung wird nämlich wesentlich einfacher, wenn in einem Datenstrom von z.B. 100 Bit die Bit 20, 54 und 83 verfälscht sind anstelle der Bit 29, 30 und 31. In beiden Fällen ist aber die BER identisch. Im Falle der Funkübertragung ist die Chance grösser, dass Symbole auf benachbarten Frequenzen verfälscht werden als Symbole auf voneinander weit entfernten Frequenzen. Aus diesem Grund werden die Bitströme vor der IDFT mit einem *Zeit-Interleaver* oder nach der IDFT mit einem *Frequenz-Interleaver* verwürfelt. Dies führt zum coded orthogonal frequency division multiplex-Verfahren (COFDM). Auch hier ergibt sich wieder ein Berührungspunkt zwischen Kanalcodierung und Modulation.

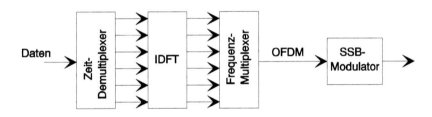

Bild 3.77 OFDM-Modulator

3.5 Mehrfachmodulation

a) Zwei Modulationsverfahren werden ineinander verschachtelt

Die Aufgaben der Modulation, nämlich

a) Multiplexierung (Bündelung)

b) Kanalanpassung (Frequenztransponierung und Störschutz)

werden aufgeteilt auf zwei getrennte Modulationsverfahren, die ineinander verschachtelt werden, Bild 3.78.

Nachstehend einige Beispiele. Die Buchstaben a) und b) beziehen sich auf die Aufgaben Bündelung bzw. Kanalanpassung.

a) SSB   b) FM   Beispiel: ein Bündel (FDM) von SSB-Signalen wird mit FM übertragen.
                    Dies wurde gemacht bei der analogen Telefon-Übertragung über Richt-
                    funk.

a) PCM   b) PSK   Beispiel: ein TDM-Bündel wird über PSK-Richtfunk übertragen

a) RFM   b) ASK   Beispiel: eine LED wird durch das RFM-Signal ein- und ausgeschaltet
                    (optische Übertragung). Die RFM wird benutzt, damit die Nichtlinearität
                    der LED ohne Einfluss bleibt. Das Licht selber wird mit ASK moduliert.

Bild 3.78 Verschachtelung von Modulationsarten

b) Zwei Trägerparameter werden gleichzeitig moduliert

Der Sinn dieser Massnahme liegt meistens darin, zusätzliche Information zu übertragen. Dies
geht auf Kosten der Störsicherheit. Beispiele:

- AM kombiniert mit FM

  Der Modulationsgrad der AM darf dabei nicht zu gross gemacht werden.

- PAM kombiniert mit PFM, PWM, PPM oder PCM

  Bei PAM ist die Information in der Amplitudenachse, bei allen andern in der Zeitachse.
  Benutzt wird dies z.B. für die Übertragung des Dienstkanals über eine PCM-Strecke.

- ASK kombiniert mit PSK

  Dies führt auf die bereits behandelte QAM.

3.6 Bezeichnung der Modulationsarten

Die Unzahl der möglichen und auch angewandten Modulationsarten wird nach einem einheitlichen Schema klassiert. Dieses System wurde 1979 eingeführt als Ersatz für ein älteres, den
Ansprüchen nicht mehr genügendes Bezeichnungssystem.

Aber auch das neue System ist nicht unproblematisch, da nicht nur das ausgesendete Signal
beschrieben wird, sondern auch seine Entstehungsart. Dadurch gibt es manchmal mehrere
Möglichkeiten, ein Signal zu klassieren.

Das Klassierungsschema besteht aus drei- bis fünfstelligen Codeworten, die nach dem Schema
BZBBB aufgebaut sind. B bedeutet einen Buchstaben, Z eine Ziffer. Die vierte und fünfte
Stelle sind fakultativ und geben eine detailliertere Signalbeschreibung an. Die Tabellen 3.6 bis
3.10 zeigen die Zuordnung.

Tabelle 3.6 1. Zeichen (Buchstabe) der Modulationsklassierung

	1. Zeichen	Bedeutung: Modulation des Hauptträgers
	N	unmodulierter Träger
AM:	A	DSB (gewöhnliche Zweiseitenband-AM)
	H	SSB, voller Träger
	R	SSB, reduzierter (variabler) Träger
	J	SSB, unterdrückter Träger (SSSC)
	B	ISB (Independent Sideband)
	C	VSB (Restseitenband-AM)
WM:	F	FM
	G	PM
AM+WM:	D	
Pulsmodulation:	P	unmodulierte Pulsfolge
	K	PAM
	L	PWM
	M	PPM
	Q	mit gleichzeitiger WM des Trägers
	V, W, X	andere Fälle

Tabelle 3.7 2. Zeichen (Ziffer) der Modulationsklassierung

2. Zeichen	Bedeutung: Art des Nachrichtensignals
0	kein modulierendes Signal
1	Nachrichtensignal einkanalig und quantisiert oder digital, keine Vormodulation (ausser TDM-Signale!)
2	Nachrichtensignal einkanalig und quantisiert oder digital, mit Vormodulation (ausser TDM-Signale!)
3	Nachrichtensignal einkanalig und analog
7	Nachrichtensignal mehrkanalig und quantisiert oder digital
9	Kombinationen von analogen und quantisierten oder digitalen ein- oder mehrkanaligen Nachrichtensignalen
X	andere Fälle

Tabelle 3.8 3. Zeichen (Buchstabe) der Modulationsklassierung

3. Zeichen	Bedeutung: Typ der Informationsübertragung
N	keine Information
A	Telegraphie für Hörempfang (Morsen)
B	Telegraphie für automatischen Empfang (Fernschreiber)
C	Faksimile
D	Daten, Telemetrie, Fernsteuerung
E	Telefonie und Hörrundfunk
F	Fernsehen
W	Kombinationen aus obigem
X	andere Fälle

Tabelle 3.9 4. Zeichen (Buchstabe) der Modulationsklassierung

4. Zeichen	Bedeutung: Details zur Signalbeschreibung
A	zweiwertiger Code mit unterschiedlicher Symboldauer
B	zweiwertiger Code mit gleicher Symboldauer, ohne Fehlerkorrektur
C	zweiwertiger Code mit gleicher Symboldauer, mit Fehlerkorrektur
D	vierwertiger Code
E	mehrwertiger Code
F	mehrwertiger Code für Textdarstellung
G	Mono-Audiosignal in Rundfunkqualität
H	Stereo- oder Quadro-Audiosignal in Rundfunkqualität
J	Audio-Signal im kommerzieller Qualität (ohne die nachfolgenden Kategorien K und L)
K	Audio-Signal im kommerzieller Qualität mit Frequenzinversion oder Subband-Teilung
L	Audio-Signal im kommerzieller Qualität mit separaten Pilottönen zur Aussteuerungskontrolle
M	monochromatisches Bild
N	Farbbild
W	Kombinationen von obigen Kategorien
X	andere Fälle

Tabelle 3.10 5. Zeichen (Buchstabe) der Modulationsklassierung

5. Zeichen	Bedeutung: Art der Multiplexierung
N	keine Multiplexierung
C	Code-Multiplex (CDM), inkl. Bandspreiztechniken
F	Frequenzmultiplex (FDM)
T	Zeitmultiplex (TDM)
W	Kombinationen von Frequenz- und Zeitmultiplex
X	andere Fälle

Schliesslich kann noch die benötigte Bandbreite des modulierten Signales angegeben werden. Dazu einige Definitionen:

• Belegte Bandbreite: die Bereichsgrenzen werden meistens durch den Leistungsabfall auf 0.5% (-23 dB) der totalen Durchschnittsleistung festgelegt (vgl. Bild 1.42).

• Notwendige Bandbreite: derjenige Teil der belegten Bandbreite, der für eine Informationsübertragung ausreichend ist.

• Zugewiesene Bandbreite: notwendige Bandbreite plus zweimal die absolute Frequenztoleranz.

Die Bandbreite wird angegeben mit drei Ziffern und einem Buchstaben, wobei der Buchstabe anstelle des Dezimalpunktes gesetzt wird und zugleich die Einheit bezeichnet. Als Buchstaben können H (Hz), K (kHz), M (MHz) und G (GHz) verwendet werden. Die erste Stelle ist eine Ziffer (*ausser* der Null) oder der Buchstabe H. Die Zahlenwerte werden auf drei Stellen gerundet. Die Tabelle 3.11 zeigt Beispiele.

Tabelle 3.11 Beispiele zur Frequenzbezeichnung

Frequenz	Bezeichnung
0.002 Hz	H002
0.1 Hz	H100
12.5 kHz	12K5
180.4 kHz	180K
180.5 kHz	181K
10 MHz	10M0
5.65 GHz	5G65

4 Codierung

Codierung ist eine Abbildung von einem Signal auf ein anderes Signal, also eine Signaltransformation, zum Zweck der

- Datenreduktion   → Quellencodierung, Abschnitt 4.1
- Geheimhaltung   → Chiffrierung, Abschnitt 4.2
- Kanalanpassung (Störschutz)   → Kanalcodierung, Abschnitt 4.3

Sowohl die Signaltransformation im Sender als auch die Rücktransformation im Empfänger sind aufwändige Operationen. Aus diesem Grund wird die Quellencodierung vornehmlich und die Kanalcodierung und Chiffrierung praktisch ausschliesslich auf digitale Signale angewandt.

Die Leitungscodierung bezweckt die Erhaltung der Taktinformation und je nach Anwendung evtl. auch die Unterdrückung der DC-Komponente. Obwohl letzteres auch als Kanalanpassung aufgefasst werden kann, wird die Leitungscodierung nicht zur Kanalcodierung gezählt. Sie wurde deshalb auch separat behandelt, nämlich im Abschnitt 2.4.

Die Quellencodierung bezweckt eine Datenreduktion, was nach Bild 1.12 erfolgen kann durch Redundanzreduktion und/oder Irrelevanzreduktion. Die Kanalcodierung hingegen fügt Redundanz dazu mit dem Zweck, die Übertragungssicherheit zu verbessern. Die Hintereinanderschaltung von Quellen- und Kanalcoder ist keineswegs eine Kompensation der Teilschritte, da die ursprünglich vorhandene Redundanz selten zur Fehlerentdeckung herangezogen werden kann. Bild 4.1 zeigt die Hintereinanderschaltung der Blöcke, die Breite der Pfeile symbolisiert dabei die jeweilige Datenrate.

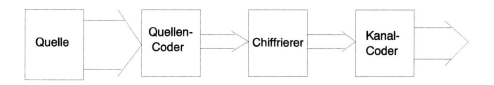

Bild 4.1 Reihenfolge der verschiedenen Coder. Die Breite der Pfeile symbolisiert die Datenraten.

Oft wird der Quellencoder zur Teilnehmerseite gerechnet, während der Kanalcoder zur Übertragungsseite gehört, Bild 4.2. Bei einer chiffrierten Übertragung wird der Chiffrierer zwischen Quellen- und Kanalcoder eingeschlauft. Ein Chiffrierer vor dem Quellencoder hätte ja einen grösseren Datendurchsatz zu bewältigen und der nachfolgende Quellencoder könnte die verschlüsselten Daten gar nicht mehr interpretieren. Beim unverschlüsselten Telefonnetz wird der Chiffrierer zur Teilnehmerseite gezählt und von diesem auch betrieben, während bei verschlüsselten Netzen, z.B. in militärischen Anwendungen, der Chiffrierer zur Übertragungsseite gehört. Im letzteren Fall wird oft mit einem sog. *Bündelchiffriergerät* ein ganzes TDM-Signal gemeinsam verschlüsselt.

Die Unterscheidung in Teilnehmer- und Übertragungsseite regelt die betrieblichen Zuständigkeiten und ist somit ein organisatorischer Aspekt. Dies darf nicht vermischt werden mit der

Abgrenzung des Übertragungskanals, welche einen technisch-systemtheoretischen Aspekt darstellt, vgl. Abschnitt 1.1.5.

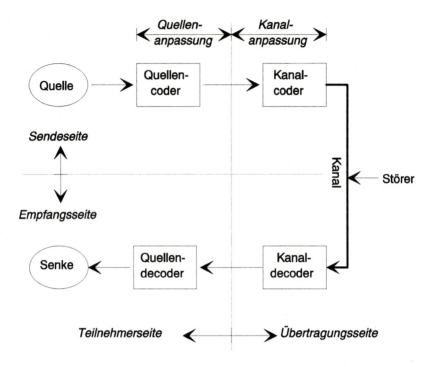

Bild 4.2   Eine der möglichen Aufteilungen eines Nachrichtenübertragungssystems in Teilnehmer-und Übertragungsseite

4.1 Quellencodierung

Die Quellencodierung hat eine grosse wirtschaftliche Bedeutung, da sie die notwendige Bandbreite und/oder die Übertragungszeit bzw. den Speicherbedarf reduziert. Somit werden auch die Übertragungskosten verkleinert. Dies fällt besonders ins Gewicht bei hohen Datenmengen, wie sie bei bewegten Bildern (Video) auftreten, vgl. Tabelle 1.4.

Die Quellencodierung hat natürlich auch ihre Kehrseite: Die Systemkomplexität (benötigte Rechenleistung) steigt an, d.h. die Übertragungskosten werden gegen Gerätekosten ausgetauscht. Letztere sind dank den Fortschritten der Mikroelektronik aber drastisch gesunken, unter dem Strich lohnt sich daher die Datenkompression. Nachteilig kann die Quellencodierung bei Echtzeitanwendungen sein, da die Codierung und die Decodierung eine gewisse Zeit benötigen.

4.1.1 Redundanzreduktion (Algorithmische Kompression)

Die Redundanzreduktion ist im Gegensatz zur Irrelevanzreduktion ein *reversibler* Vorgang. Die Codierung entspricht somit einer eineindeutigen Abbildung der Menge der Symbole aus der Nachrichtenquelle auf die Menge der Symbole des Übertragungscodes, Bild 1.48. Der effektive Informationsgehalt wird demnach durch die Redundanzreduktion nicht verändert.

Man unterscheidet folgende Klassen von Redundanzreduktionen:

- Huffman-Codierung
- Prädiktive Codierung
- Lauflängencodierung
- Codierung mit Wörterbüchern

Zuerst müssen wir etwas genauer untersuchen, was überhaupt unter Informationsgehalt zu verstehen ist. Im Abschnitt 1.1.4 wurde dies intuitiv definiert, jetzt folgt eine mathematische Formulierung. Information haben wir betrachtet als Beseitigung von Unsicherheit durch Empfang eines Symbols, wobei dessen Informationsgehalt von seiner Auftretenswahrscheinlichkeit abhängt. Liefert eine Quelle N verschiedene Symbole S_i, wobei jedes Symbol mit der Wahrscheinlichkeit p_i auftritt, so berechnet sich der *Informationsgehalt eines Symbols* zu

$$H(S_i) = \log_2\left(\frac{1}{p_i}\right) = -\log_2(p_i) \tag{4.1}$$

Der *mittlere Informationsgehalt der Symbole* heisst *Entropie* der Quelle:

$$\boxed{H = \sum_{i=1}^{N} p_i \cdot H(S_i) = \sum_{i=1}^{N} p_i \cdot \log_2\left(\frac{1}{p_i}\right) = -\sum_{i=1}^{N} p_i \cdot \log_2(p_i) \quad [\text{bit / Symbol}]} \tag{4.2}$$

Ein wichtiger Spezialfall ist die binäre Quelle, deren beide Symbole die Wahrscheinlichkeiten p und 1-p aufweisen. Dies führt auf die binäre Entropiefunktion

$$h(p) = p \cdot \log_2\left(\frac{1}{p}\right) + (1-p) \cdot \log_2\left(\frac{1}{1-p}\right) \tag{4.3}$$

Bild 4.3 zeigt den Verlauf von h(p).

Wird p = 1 in (4.3), so sendet die Quelle garantiert Symbol 1 und nie Symbol 2. Für den Empfänger ist dies nicht gerade spektakulär, entsprechend ist der Informationsgehalt 0. Die maximale Entropie $H_{max} = H_0$ tritt auf bei p = 0.5, das ist die symmetrische binäre Quelle.

Man kann zeigen, dass auch bei Quellen mit N Symbolen die maximale Entropie H_0 dann auftritt, wenn alle Symbole gleich wahrscheinlich auftreten. Die p_i in (4.2) sind dann alle gleich 1/N und aus (4.2) wird:

$$H_0 = \sum_{i=1}^{N} \frac{1}{N} \cdot \log_2(N) = N \cdot \frac{1}{N} \cdot \log_2(N) = \log_2(N) \tag{4.4}$$

H_0 heisst *Entscheidungsgehalt* und hängt nur von der Mächtigkeit des Quellenalphabetes ab.

Die Differenz zwischen maximaler und mittlerer Entropie ist die *Redundanz* R. Die Redundanz ist ein Mass für die Vorhersagbarkeit eines Signals.

$$R = H_0 - H = \log_2(N) + \sum_{i=1}^{N} p_i \cdot \log_2(p_i) \qquad (4.5)$$

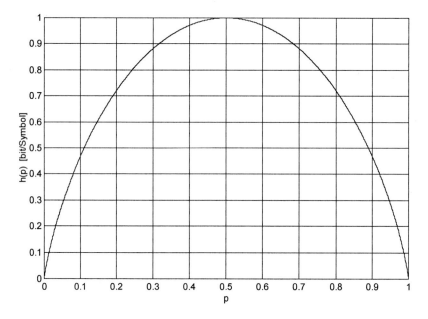

Bild 4.3 mittlerer Informationsgehalt (Entropie) einer binären Quelle

Als Beispiel betrachten wir eine Quelle, die 4 Symbole A, B, C und D mit den Wahrscheinlichkeiten 0.5, 0.25, 0.125 und 0.125 liefert. Die Entropie beträgt somit

$$H = 0.5 \cdot \log_2(2) + 0.25 \cdot \log_2(4) + 0.125 \cdot \log_2(8) + 0.125 \cdot \log_2(8) = 1.75 \text{ bit/Symbol}$$

Ein entsprechender Symbolstrom sieht z.B. folgendermassen aus:

AAACACABABBABADAACBDAABD...

Wären alle Symbole gleich häufig, so wäre die maximale Entropie $H_0 = 2$ bit/Symbol, die Redundanz beträgt somit 0.25 bit/Symbol.

Nun betrachten wir die Umsetzung vom Quellencode in den binären Code. Dies könnte z.B. geschehen nach der Zuordnung

A	00
B	01
C	10
D	11

Der oben als Beispiel aufgeführte Symbolstrom umfasst 24 Symbole mit dem mittleren Informationsgehalt 1.75 bit pro Symbol, die gesamte Informationsmenge beträgt somit 42 bit. Die vorgeschlagene Codierung weist jedem Symbol 2 Bit (grosses B!) zu, dies führt zu einer Datenmenge von 48 Bit für die Informationsmenge von 42 bit, es ist also Redundanz vorhanden: pro Quellensymbol 0.25 bit, pro Bit demnach 0.125 bit, in 48 Bit also 6 bit.

Eine bessere Codierung arbeitet mit einem Entscheidungsbaum und fragt zuerst, ob das Quellensymbol ein A ist. In 50% der Fälle ist dies nicht der Fall und man fragt, ob das Symbol ein B ist. Muss man auch dies verneinen, so kommt die Frage nach dem C. Codieren wir eine Bejahung mit einer 1 und eine Verneinung mit einer 0, so ergibt sich folgende Zuordnung:

A	1
B	01
C	001
D	000

Für den obigen Symbolstrom benötigt man nun $12 \cdot 1 + 6 \cdot 2 + 3 \cdot 3 + 3 \cdot 3 = 42$ Bit. Somit ist die Datenmenge gleich der Informationsmenge, die Redundanz ist entfernt. Die Anzahl der Nullen ist gleich der Anzahl der Einsen. Dies gelingt aber nicht stets so perfekt wie in diesem Beispiel!

Die Grundidee der Redundanzreduktion ist die Folgende: Die Quellensymbole werden aufgelistet in der Reihenfolge ihrer Häufigkeit bzw. ihrer Auftretenswahrscheinlichkeit. Der Übertragungscode besteht aus Symbolen (Datenworten) *unterschiedlicher* Länge, wobei nun die kurzen Datenworte den häufigen Quellensymbolen zugeteilt werden. Je nach Algorithmus ergibt sich ein

* Shannon-Code

* Fano-Code

* Huffman-Code

Der Huffman-Code ist aufwändiger als der Fano-Code, erreicht aber etwas bessere Resultate. Der Shannon-Code wird in der Praxis nicht verwendet.

Falls alle Quellensymbole gleich wahrscheinlich sind, so kann der Datenstrom nicht komprimiert werden, da er keine Redundanz enthält. Diskrete Zufallsprozesse zeigen z.B. diese Eigenschaft. Kann man also eine Symbolfolge algorithmisch komprimieren, so kann sie keine Zufallsfolge sein.

Bei der Redundanzreduktion geht es also darum, jegliche Struktur im Datenstrom als a priori-Information zu erkennen und vor der Übertragung zu eliminieren. Dies machen auch die prädiktiven Codierer, die wir in der Form der differentiellen PCM bereits angetroffen haben.

Der Momentanwertkompander (z.B. in Form der A-Law-Kennlinie bei der PCM-Übertragung) bewirkt ebenfalls eine Redundanzreduktion. Er ändert nämlich die Wahrscheinlichkeitsverteilung der Quellensymbole (in diesem Fall sind dies die Momentanwerte des Sprachsignales) von Bild 3.40 auf eine Gleichverteilung wie in Bild 3.39. Der Gewinn liegt in einem kleineren Quantisierungsrauschen, wozu bei linear codierter PCM eine höhere Bitrate erforderlich wäre.

Die Redundanzreduktion kann auch als *Dekorrelation* aufgefasst werden, da nach der Kompression das Signal dieselben Eigenschaften hat wie ein Zufallssignal.

Übrigens ist die gesamte Naturwissenschaft nichts anderes als die Suche nach algorithmischer Kompression. Es wird nämlich versucht, eine Folge von Beobachtungsdaten kompakt mit einer Formel zu beschreiben.

Ein weiteres Beispiel soll das Prinzip der Redundanzreduktion vertiefen. Die Tabelle 4.1 zeigt eine Quelle mit den 3 Symbolen A, B und C mit unterschiedlichen Auftretenswahrscheinlichkeiten. Daneben sind drei Codes angegeben.

Tabelle 4.1 Beispiel für verschiedene Quellencodes

Symbol S	p(S)	Code 1	Code 2	Code 3
A	0.6	0	0	0
B	0.3	01	10	10
C	0.1	10	110	11

Die in Tabelle 4.1 gezeigten Codes sind nicht alle geschickt gewählt. Der erste Code ist nicht decodierbar, da aus einem Datenstrom …0010… sowohl AAC als auch ABA herausgelesen werden könnte. Die Codes 2 und 3 sind in dieser Hinsicht besser: Code 2 ist ein sog. *Kommacode*, d.h. die Codeworte haben einen klar definierten Abschluss, hier eine 0. Die Codes 2 und 3 erfüllen die sogenannte *Präfix-Eigenschaft*: kein Codewort ist gleich wie der Anfang eines anderen Codewortes. Solche Codes nennt man auch selbstsynchronisierend. Die Präfix-Eigenschaft erkennt man sehr einfach am sog. *Codebaum*, Bild 4.4.

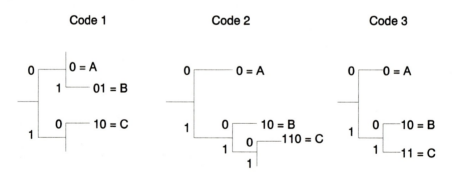

Bild 4.4 Codebäume für die Codes nach Tabelle 4.1. Code 3 ist ein Huffman-Code.

Der Codebaum jedes binären Codes besteht aus Verzweigungen mit je zwei Möglichkeiten. Wird der Weg nach oben gewählt, so bedeutet dies eine 0, nach unten entsprechend eine 1. Natürlich ist auch die umgekehrte Zuordnung möglich. Die Codeworte eines selbstsynchronisierenden Codes stehen stets am Ende eines Astes, nie aber an einer Verzweigung.

Der Morsecode bewerkstelligt übrigens ebenfalls eine Quellencodierung, indem dem im Englischen (und auch im Deutschen) häufigsten Buchstaben e das kürzeste Codewort Punkt zugeordnet wurde. Der Morsecode ist nicht selbstsynchronisierend, weshalb eigentlich drei Symbole verwendet werden, nämlich Punkt, Strich und Abstand.

Damit ist das Grundprinzip der Quellencodierung erklärt. Nun zu einigen Finessen:

- Ein Text besteht aus Buchstaben mit unterschiedlicher Auftretenswahrscheinlichkeit. Häufig treten aber bestimmte Kombinationen auf, in einem deutschsprachigen Text z.B. ei, en, er, ie, ch, ck, sch, qu usw. Man spricht von einer *diskreten Nachrichtenquelle mit Gedächtnis*. Die Kompression lässt sich verbessern, indem man sog. *Supersymbole* einführt, also mehrere Buchstaben gleichzeitig codiert (→ *Markov-Codierung*). Man könnte sogar ganze Klartextworte gemeinsam codieren, ja ganze Sätze oder sogar ganze Bücher. Vom Prinzip her liesse sich so die gesamte Redundanz entfernen, allerdings mit hohem Aufwand. Codes mit dieser Eigenschaft nennt man *Optimalcodes*.

  Der Entscheidungsgehalt H_0 der deutschen Schriftsprache beträgt $\log_2(26)$ = 4.7 bit/Symbol. Berücksichtigt man die Häufigkeit der Einzelbuchstaben, so ergibt sich eine Entropie von H_1 = 4.1 bit/Buchstabe. Nutzt man die häufigen Buchstabenkombinationen und Silben aus, so ergibt sich H_3 = 2.8 bit/Symbol. Codiert man über ganze Wörter, so wird H_6 = 2.0 bit/Symbol, bei ganzen Sätzen ergibt sich H_∞ = 1.6 bit/Buchstabe.

- Die beschriebene Codierung ergibt einen Code mit variabler Wortlänge. Falls zufälligerweise mehrmals hintereinander ein seltenes Symbol und damit ein langes Codewort auftritt, steigt die Kanalbelastung über den Durchschnitt an. Mit einem Zwischenspeicher (Puffer) kann man dies unter Inkaufnahme einer Verzögerungszeit verhindern.

- Für die Übertragung sind ungleich lange Codeworte nachteilig, v.a. wenn der Bitstrom mit anderen Signalen multiplexiert wird (TDM). Da die Codes aber selbstsynchronisierend sind, kann der Bitstrom vor der Übertragung einfach zerstückelt werden in gleich lange Worte, diese werden empfangsseitig wieder aneinandergereiht und vom Quellendecoder zuerst wieder korrekt zerlegt in ungleich lange Worte und dann decodiert.

Nachteilig bei diesen Codes ist die Tatsache, dass die Eigenschaften der Quelle bekannt sein müssen. U.U. muss man darum in einem zweistufigen und evtl. zeitraubenden Verfahren zuerst die Quelleneigenschaften bestimmen und dann erst codieren (→ *adaptive Codierer*).

Für die Datenrate ist die mittlere Codewortlänge massgebend. Wir nennen die Codewortlänge W, der Mittelwert ist gleich dem Erwartungswert E[W]. E[W] muss natürlich mindestens gleich dem mittleren Informationsgehalt der Quellensymbole (also der Entropie der Quelle) sein, damit keine Information verlorengeht.

$$H \leq E[W]$$

Die Frage ist nun, ob man auch eine obere Grenze für E[W] angeben kann. Man kann zeigen, dass für selbstsynchronisierende Optimalcodes gilt:

$$H \leq E[W] < H + 1 \qquad\qquad (4.6)$$

Der *Lempel-Ziv-Algorithmus* hingegen ist unabhängig von der Quelleneigenschaft. Er beschreitet aber den umgekehrten Weg, indem er ungleich lange Worte des Quellenstromes in Codeworte konstanter Länge („Abkürzungen") abbildet. Dieser Algorithmus findet breite Anwendung bei der Kompression von Datenfiles vor der Übertragung oder vor der Speicherung. Dieser Algorithmus ist auch in den Betriebssystemen der Computer enthalten.

Der Lempel-Ziv-Algorithmus ist der prominenteste Vertreter aus der Klasse *Codierung mit Wörterbüchern*.

Schliesslich ist noch die *Lauflängencodierung* (run length coding) zu erwähnen. Diese wird bei der Bild- und Fax-Übertragung mit Erfolg benutzt. Ein Run ist eine Folge von 0-Bit oder 1-Bit. Die Sequenz ...001111000... enthält beispielsweise einen 0-Run der Länge 2, einen 1-Run der Länge 4 und einen 0-Run der Länge 3. Da häufig benachbarte Bildpunkte identisch sind, ergeben sich oft lange Runs. Die 0-Runs und die 1-Runs wechseln sich per Definition ab, die Art der Runs muss darum gar nicht codiert werden. Die obige Sequenz könnte also mit ...243... im Dezimalcode übertragen werden. Trotz Synchronisationsaufwand ist die Kompression beachtlich. Codiert man aber ein Zufallsmuster, so ist die Datenmenge nach der Quellencodierung sogar grösser.

4.1.2 Irrelevanzreduktion (Entropiereduktion)

Die Irrelevanzreduktion ist im Gegensatz zur Redundanzreduktion ein *irreversibler* Vorgang, d.h. Information geht unwiderruflich verloren, was sich in einem Qualitätsverlust äussert. Damit dieser Verlust nicht schmerzt, muss mit der Nachrichtensenke eine anwendungsbezogene Vereinbarung getroffen werden, wo die Grenze zwischen Relevanz und Irrelevanz zu ziehen ist.

Da Information über Bord geworfen wird, spricht man auch von verlustbehafteter Datenkompression oder von Entropiereduktion. Im Gegensatz dazu ist die Redundanzreduktion eine verlustlose Kompression.

> *Die Redundanzreduktion orientiert sich an den*
> *Eigenschaften der Quelle.*
>
> *Die Irrelevanzreduktion orientiert sich an den*
> *Bedürfnissen der Senke.*

Häufig ist der Mensch die Senke, Irrelevanzreduktion ist darum ein wichtiges Thema bei der Musik, Bild- und Videoübertragung.

Beispiele:

- Die Quantisierung ist eine Irrelevanzreduktion. Würde man in einem PCM-Signal bei jedem Datenwort das LSB auf Null setzen, so wäre dieses konstant, also informationslos und müsste darum gar nicht übertragen werden. Derselbe Effekt der Datenreduktion ergäbe sich auch mit einem AD-Wandler mit einer um 1 Bit verkürzten Wortbreite. Bei der Compact Disk wurde eine Auflösung von 16 Bit als genügend erachtet. Bei der Sprachübertragung mit PCM gibt man sich schon mit 8 Bit zufrieden.

- Fernsehen: Das Auge nimmt eine Folge von 20 und mehr Standbildern pro Sekunde als bewegtes Bild wahr. Dies wird ausgenutzt, indem beim Fernsehen 25 Bilder und nicht etwa 100 oder noch mehr Bilder pro Sekunde übertragen werden. Wenn Stubeninsekten fernsehen, nehmen sie aber 25 Einzelbilder pro Sekunde wahr.

- Farbfernsehen: Das menschliche Auge hat auf der Netzhaut Stäbchen zur Aufnahme der Helligkeitsinformation und Zäpfchen für die Farbinformation. Da die Zäpfchen eine

schlechtere Winkelauflösung ermöglichen als die Stäbchen, nimmt der Mensch die Fein-
struktur eines Bildes v.a. über die Helligkeit auf. Dies wird ausgenutzt bei Kindermalbü-
chern, in denen Kinder eine vorgezeichnete Schwarz-Weiss-Kontur ziemlich ungelenk ein-
färben können und damit mindestens die Eltern entzücken. Beim Farbfernsehen wird diese
Tatsache ausgenutzt, indem die Helligkeitsinformation mit etwa 5 MHz Bandbreite übertragen wird, die Farbinformation aber nur mit 1.3 MHz.

- Audio-Bandbreite: Der Mensch hört nur in jungen Jahren bis 20 kHz. Die Bandbreite und
  damit die Abtastfrequenz von Audiosignalen wird darum auf 20 kHz bzw.
  44.1 kHz beschränkt. Der Mensch kann aber nur Töne bis zu einigen kHz selber (d.h. ohne
  Instrumente) erzeugen, für Sprachübertragung genügt darum eine Bandbreite von 3.4 kHz
  bzw. eine Abtastfrequenz von 8 kHz.

Besonders wirksam ist natürlich eine Kombination von Irrelevanz- und Redundanzreduktion.
Dies verlangt oft eine interdisziplinäre Zusammenarbeit und damit (einmal mehr!) eine breite
Bildung.

- Datensignale werden nur mit Redundanzminderung komprimiert, da diese verlustfrei ist,
  Abschnitt 4.1.1.

- Bei Sprachsignalen wird eine Kombination von Redundanz- und Irrelevanzreduktion angewandt, Abschnitt 4.1.3.

- Audiosignale (Musik) weisen eine zu grosse Vielfalt auf, es kommt darum v.a. eine Irrelevanzreduktion zum Zuge, Abschnitt 4.1.4.

- Bei Bildsignalen (stehende Bilder) wird aus demselben Grund v.a. die Irrelevanz entfernt,
  Abschnitt 4.1.5.

- Videosignale (bewegte Bilder) schliesslich werden mit einer Kombination aus Redundanz-
  und Irrelevanzreduktion komprimiert, Abschnitt 4.1.6

4.1.3 Kompression von Sprachsignalen

Einige Möglichkeiten wurden bereits erwähnt:
- Bandbeschränkung (Irrelevanzreduktion)
- relativ grobe Quantisierung (Irrelevanzreduktion)
- Momentanwertkompandierung (Redundanzreduktion).
- Prädiktive Codierung: DPCM, DM, ADM, Sigma-DM (Redundanzreduktionen).

Die redundanzmindernden Methoden heissen auch *waveform-coder*. Diese sind unabhängig
von der Signalart und darum sehr robust und breit anwendbar.

Komplett anders arbeiten die *vocoder* (voice coder): Mit einer Filterbank (praktisch ausgeführt
durch die Kurzzeit-FFT mit 16 - 20 ms Fensterlänge) werden im Frequenzbereich einige Teilbänder gebildet und die Energie in jedem Teilband bestimmt. Diese Werte werden übertragen
und damit am Empfangsort mit dem inversen Vorgang das Sprachsignal angenähert. Dabei
nutzt man aus, dass das menschliche Gehör unempfindlich auf Phasenfehler ist, Tabelle 1.16.

Die wirksamste Sprachdatenkompression erreicht man mit der sog. *Analyse-Synthese-Methode*. Dabei versucht man, den Entstehungsprozess des Signals zu approximieren und nicht das Signal selber. Man bestimmt also ein Modell der Quelle sowie die Parameter dieses Modells. Beschränkt man sich auf Sprache, so genügt ein einziges Modell, das Problem reduziert sich somit auf die Parameterbestimmung. Dieses Vorgehen heisst *LPC-Verfahren* (linear predictive coding) und soll etwas näher betrachtet werden.

Bild 4.5 zeigt allgemein das Prinzip der Parameteridentifikation. Das Originalsystem und das Modell werden mit demselben Eingangssignal angeregt. Der Optimierer bestimmt die Parameter so, dass die Differenz der Ausgangssignale y(t) und y'(t) möglichst klein wird.

Stimmt die Modellstruktur in etwa mit der Wirklichkeit überein, so kann man im Modell systeminterne Grössen bestimmen, die direkt nicht zugänglich wären. In der Regelungstechnik wird davon Gebrauch gemacht (Zustands-Beobachter).

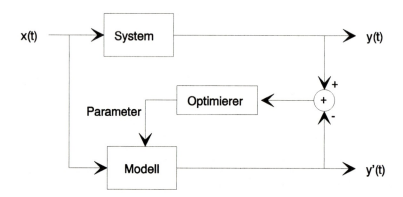

Bild 4.5 Parameteridentifikation

Ist das Anregungssignal bekannt, so braucht das Modell gar kein Eingangssignal mehr, bzw. das Eingangssignal kann intern im Modell erzeugt werden. y' hängt dann nur noch von den Parametern ab. Dies eröffnet die Möglichkeit, das Signal y durch die Näherung y' und letzteres kompakt durch einen Satz von Parametern zu beschreiben. Damit lässt sich die Datenkompression erreichen.

Der menschliche Vokaltrakt wird angeregt durch einen Luftstrom aus der Lunge. Die lautbestimmenden Parameter sind die momentane Formgebung der Mundhöhle, der Lippen usw. Der Vokaltrakt wird nun modelliert durch ein lineares (digitales) Allpolfilter, d.h. ein Filter ohne Nullstellen, dessen Parameter rasch ändern und darum alle 16 bis 20 ms neu bestimmt werden müssen. Bei einer Abtastfrequenz von 8 kHz umfasst dies 128 bis 160 Abtastwerte. Die Anregung des Vokaltraktes ist nicht messbar. Man ersetzt sie im Modell durch zwei verschiedene Signalgeneratoren: eine Rauschquelle für die stimmlosen Laute und einen Generator für periodische Pulse für die stimmhaften Laute. Die Repetitionsrate der Pulse entspricht der sog. Pitch-Frequenz, also der scheinbaren Tonhöhe des Sprachsignales. Bild 4.6 zeigt das Modell für die Spracherzeugung. Das Ausgangssignal y' ist bei richtig eingestellten Parametern eine gute Näherung an das ursprüngliche Sprachsignal. y' kann beschrieben werden durch die verwendete Quelle (Schalterstellung), die Pitchfrequenz und die Werte der Parameter.

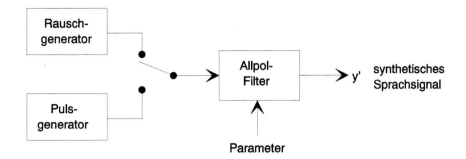

Bild 4.6 Modellierung des menschlichen Vokaltraktes

Bei der Sprachübertragung lässt sich nun Bandbreite sparen, indem man nicht das Sprachsignal y und auch nicht seine Näherung y', sondern die Werte der Parameter (5 bis 10 Polpaare, 8 bis 10 Bit pro Polpaar), die benutzte Quelle (1 Bit), die Pitchfrequenz (6 Bit) und die Lautstärke (5 Bit mit einer Kompressorkennlinie) überträgt und im Empfänger ein identisches Modell mit diesen Werten füttert. Damit entsteht auch im Empfänger das Signal y', Bild 4.7.

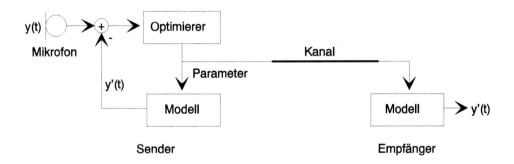

Bild 4.7 Sprachdatenkompression mit dem LPC-Verfahren

Die Berechnung der Parameter erfolgt nach der Methode der kleinsten Fehlerquadrate, also durch Auflösung eines linearen Gleichungssystems. Die Bestimmung der richtigen Quelle (Rauschen bzw. Pulse und Pitch-Frequenz) erfolgt parallel dazu mit einer FFT und der Suche nach äquidistanten Peaks im Spektrum.

Die in Form der Paramater übertragene Informationsmenge ist kleiner, als wenn y oder y' übertragen würde. Trotzdem kann im Empfänger y' komplett erzeugt werden. Dies widerspricht nicht etwa der Informationstheorie, sondern liegt darin begründet, dass im Modell bereits viel Information über die Sprache enthalten ist. Diese a priori-Information braucht nicht mehr übertragen zu werden.

Ein Trivialbeispiel mag das Konzept verdeutlichen: Ein Klavierstück kann man mit einem Mikrofon erfassen, digitalisieren und übertragen. Diese grosse Informationsmenge braucht viel Bandbreite für die Übertragung. Wenn man weiss, dass es sich um ein Klavier handelt (a priori-Information), so könnte man im Sender statt der Töne die gedrückten Tasten erfassen (die

Parameter). Nun wird nur noch die Folge der Tastennummern übertragen (das ist genau das Notenblatt!) und im Empfänger auf einem zweiten Klavier (Modell) dieselben Tasten gedrückt. Damit ertönt das Klavierstück in der ursprünglichen Form, obwohl weniger Information übertragen wurde. Die Einsparung an Information ist das Wissen, das bereits im Klavier vorhanden ist. Stimmen die Modelle im Sender und im Empfänger nicht überein (z.B. im Sender ein Klavier, im Empfänger ein Cembalo), so ergibt sich natürlich eine Verfälschung. Sind die Modelle zwar identisch aber ungeeignet, so weicht y' stark von y ab. Geeignete Modelle sind häufig zu aufwändig, damit kann die Parameter-Estimation nicht in Echtzeit durchgeführt werden. Man behilft sich in der Praxis mit einem genügend guten Kompromiss. Wenn wenig a priori-Information vorhanden ist, sind entsprechend mehr Parameter zu schätzen. Im Extremfall enthalten die Parameter dieselbe Informationsmenge wie das ursprüngliche Signal.

Bei der CD wird kein Gebrauch vom LPC-Verfahren gemacht, da bei den ganz unterschiedlichen Arten von Tönen kein praktikables Modell gefunden werden kann. Beschränkt man sich aber auf Sprache, so ist die beschriebene Methode der Sprachsynthese sehr vorteilhaft.

Das LPC-Verfahren wird bei den GSM-Mobiltelefonen benutzt. Die Abtastrate beträgt dort 8 kHz mit einer Auflösung von 13 Bit, was einen Datenstrom von 104 kBit/s ergibt. Die LPC-Codierung reduziert dies auf 13 kBit/s, es wird also eine sehr gute Qualität gewährleistet. Die nachfolgende Kanalcodierung expandiert wieder auf 22.8 kBit/s. Eine weitere Anwendung mit 2.4 kBit/s Datenrate erfolgt beim Inmarsat-System, einem satellitengestützten Telefonsystem.

Es existieren verschiedene Weiterentwicklungen des eben beschriebenen LPC-Verfahrens, zum Teil sind diese auch genormt. Tabelle 4.2 gibt eine Übersicht über die Sprach-Codecs.

Tabelle 4.2 Verschiedene Sprach-Codec-Normen

Codec-Norm	Bezeichnung		Bitrate [kBit/s]
G.711	PCM	Pulse Code Modulation	64
G.722	SB-ADPCM	Sub-Band Adaptive Differential PCM	48, 56, 64
G.728	LD-CELP	Low Delay Code Excited Linear Prediction	16
G.729	CS-ACELP	Conjugate-Structure ACELP	8
G.723.1	ACELP	Algebraic Code Excited Linear Prediction	5.3, 6.3
	MELP	Mixed Excitation Linear Prediction	2.4

Die Vocoder und Waveformcoder machen weniger Annahmen über die Quelle, benutzen also weniger a priori-Information und bieten darum auch weniger Kompressionsgewinn. Der Vocoder braucht bei gleicher Sprachqualität eine grössere Datenrate als der LPC-Coder. Trotzdem hat er seine Daseinsberechtigung: er ermöglicht die Speicherung der Kennwerte von ganzen Phonemen (Laut-Grundbausteinen). Damit lassen sich alle Worte aufbauen, mit einer Bibliothek von Vocoder-Phonemen ist es darum möglich, direkt Text in Sprache zu verwandeln.

Es ist klar, dass die Umsetzung der eben beschriebenen Konzepte mehrstufige und anspruchsvolle Signalverarbeitungsschritte erfordert. Da jeder Schritt dem Signal einen Fehleranteil zufügt, ist das Resultat am Ende der Kette unbrauchbar. Gelingt es jedoch, das Signal gegen Störungen in der Verarbeitung zu immunisieren, so werden die Methoden durchaus praktikabel. Das Stichwort zur Immunisierung heisst *Quantisierung*, d.h. man realisiert solche Konzepte mit digitalen Systemen.

Werden verschiedene Duplex-Sprachkanäle multiplexiert, so wird das Übertragungssystem nur zu etwa 40% ausgenutzt. Dies wegen den Sprechpausen und der Tatsache, dass meistens nur ein Gesprächspartner spricht. Durch eine *dynamische Kanalzuteilung* lässt sich die Ausnutzung von teuren Kanälen verbessern, indem bei langen Sprechpausen der Kanal einem anderen Benutzer übergeben wird (Irrelevanzreduktion). Im abgekoppelten Empfänger wird mit einem Rauschen die Präsenz des Partners vorgetäuscht. Die Verständlichkeit leidet etwas wegen den abgehackten Worteröffnungen. Abhilfe bringt ein Räuspern oder Husten vor der Worteröffnung, um den Kanal zurückzuerobern. Der erhöhte Organisationsaufwand für die dynamische Kanalzuteilung ist immer noch günstiger als z.B. ein nur halb ausgenutzter Satellit. Diese Technik heisst DSI (digital speech interpolation) und wird unter der Bezeichnung TASI (time assignment speech interpolation) auch bei Kabelverbindungen über die Weltmeere angewandt. Auf 100 Vollduplex-Sprachkanälen können mit diesem Verfahren bis 250 Gespräche abgewickelt werden. Bei den Nachrichtennetzen wird dasselbe Problem angegangen mit der Paketvermittlung, Abschnitt 6.3.1.2.

4.1.4 Kompression von Audiosignalen nach MPEG

MPEG heisst Motion Pictures Experts Group und bezeichnet das Gremium, das im Auftrag der ISO und der IEC Normen für die Audio- und Videokompression erarbeitet hat. Es existieren verschiedene MPEG-Normen:

- MPEG-1 ist für die Audio- und Video-Wiedergabe ab CD-Laufwerk ausgelegt.

- MPEG-2 hat seine Hauptanwendung in der Audio- und Videoverteilung in Broadcast-Qualität und bei der DVD (digital versatile disc).

- MPEG-4 befasst sich mit Internet- und Multimedia-Anwendungen.

MPEG-3 war gedacht für hochauflösendes Fernsehen (HDTV = high definition television), wurde aber in MPEG-2 integriert.

Audiosignale sind zumindest im technischen Sinne gehaltvoller als die im letzten Abschnitt betrachteten Sprachsignale. Es geht hier um Töne, Geräusche, Musik usw. im Frequenzbereich bis 20 kHz. Diese Signale werden linear quantisiert mit 16 Bit, die Abtastfrequenz beträgt 48 kHz (Studios und Digital Audio Tape, DAT), 44.1 kHz (Compact Disc, CD) oder 32 kHz (Digital Satellite Radio, DSR). Die Datenrate beträgt somit 512 bis 768 kBit/s für einen Tonkanal (Mono).

Audiosignale weisen in ihrer Charakteristik eine sehr grosse Variation auf. Aus diesem Grund ist die Redundanzreduktion nicht sehr wirksam. Man setzt darum bei der Senke an, also dem menschlichen Ohr, und führt eine Irrelevanzreduktion durch. Dazu nutzt man physiologische Effekte des Gehörs aus. Unser Gehörsinn hat folgende „Unzulänglichkeiten":

- Die *Ruhehörschwelle* und die *Lautstärkeempfindung* sind beide stark frequenzabhängig. Dies legt nahe, verschiedene Bereiche des Audiospektrums unterschiedlich zu behandeln und Signalanteile unter der Ruhehörschwelle nicht zu übertragen.

- Wird dem Ohr ein Gemisch von verschiedenen Tönen angeboten, so hört es nicht stets alle Töne. Diese sog. *Verdeckung* hängt ab von der Frequenzdifferenz, der Lautstärkedifferenz und der Tonhöhe. In Versuchen mit zahlreichen Testpersonen hat man diesen Effekt genauer untersucht. Kennt man den Verdeckungseffekt, spezifiziert durch die frequenz- und laut-stärkeabhängige *Mithörschwelle*, so kann man bereits im Sender die unhörbaren Töne ent-fernen. Bild 4.8 zeigt das Prinzip des Verdeckungseffektes.

- Unmittelbar nach einem lauten Höreindruck ist das Ohr für etwa 10 ms taub. Danach erholt es sich und hat nach 200 ms wieder die volle Empfindlichkeit erreicht. Man nennt dies *Maskierung*. Nach einem prägnanten Hörereignis kann man demnach getrost die Datenrate absenken.

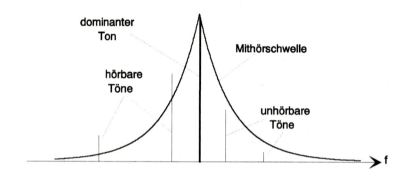

Bild 4.8 Das Prinzip der Mithörschwelle

Alle diese Effekte werden bei der Audiosignalkompression nach MPEG ausgenutzt. Bild 4.9 zeigt die Grundstruktur des Coders.

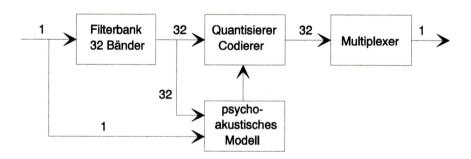

Bild 4.9 MPEG-Audio-Coder. Die Zahlen geben die Anzahl der Signale an.

Das Audiosignal in PCM-Darstellung mit 48 kHz Abtastfrequenz wird in einer digitalen Poly-phasen-Filterbank in 32 Bänder von 750 Hz Breite zerlegt. Mit Hilfe des psychoakustischen

Modells berechnet der Coder für jedes Teilband die Mithörschwelle und bestimmt die Quanti-
sierungsstufenhöhe individuell für jedes Band so, dass das Quantisierungsrauschen an der
Mithörschwelle liegt. Je nach Audiosignal schwankt demnach die Bitrate nach dem Quantisierer.

Im Multiplexer werden die 32 Datenströme zusammengefügt. Es handelt sich dabei um die
schwankenden Anteile der Abtastwerte und die konstanten Anteile, die die aktuellen Wortbreiten angeben.

Möchte man diese komprimierten Audiodaten speichern, so wäre die eben beschriebene Methode angebracht. Die meisten Nachrichtenkanäle sind jedoch durch eine maximale Datenrate
definiert, bei einem variablen Datenstrom würde man zeitweise Bandbreite verschenken. Aus
diesem Grund erhöht man nach der oben beschriebenen Verarbeitung die Anzahl der Quantisierungsstufen so, dass die maximal zugewiesene Datenrate auch tatsächlich erreicht wird.

Diese nachträgliche Bitratenerhöhung verbessert die subjektive Tonqualität nicht. Es gibt aber
einen guten Grund, diesen Aufwand trotzdem zu treiben. Auch digitale Signale erleben während der Verarbeitung eine Verschlechterung, primär verursacht durch Rundungseffekte in den
Rechenwerken. Würde man nun die Audiodaten so stark komprimieren, dass die Unzulänglichkeiten gerade noch unmerkbar sind, so würde nach einer weiteren Verarbeitung die Tonqualität merkbar verschlechtert. Beispiele für weitere Verarbeitungen sind z.B. Klangregler,
Equalizer und erneute Codierung nach einer Decodierung (Kaskadierung, Recodierung).

Da der Decoder kein psycho-akustisches Modell auswerten muss, ist er wesentlich einfacher zu
realisieren als der Coder.

Damit ist das Grundprinzip erklärt. Dieses Verfahren heisst MUSICAM (masking pattern universal subband integrated coding and multiplexing). Im MPEG-Standard wird dieses
MUSICAM-Verfahren benutzt, wobei drei sog. Layers definiert sind. Der Aufwand im Coder
und Decoder steigt von Layer zu Layer an, dafür sinkt die Bitrate. Bei allen MPEG-Verfahren
achtete man darauf, dass die Decoder erheblich einfacher realisierbar sind als die Coder. Die
MPEG-Verfahren werden nämlich beim DAB (digital audio broadcasting) und beim DVB
(digital video broadcasting) benutzt, bei diesen Verteildiensten sollen die vielen Endgeräte
möglichst preisgünstig sein.

Bild 4.10 zeigt den Audiocoder nach MPEG-2 Layer 1.

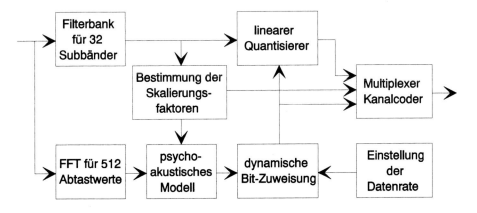

Bild 4.10 Audiocoder nach MPEG-2 Layer 1 (mono)

Die Abtastfrequenz am Eingang des Coders in Bild 4.10 beträgt wahlweise 48 kHz, 44.1 kHz oder 32 kHz. Wir betrachten hier nur den ersten Fall.

Nach der Filterbank werden die 32 Ausgangssignale einer Unterabtastung (Dezimation) unterworfen, die Abtastfrequenz beträgt danach 48 kHz/32 = 1.5 kHz. Jeweils 12 benachbarte Abtastwerte werden zu einem Block von 8 ms Dauer zusammengefasst und der Maximalwert von jedem Block bestimmt. Dieser Maximalwert wird als Skalierungsfaktor für den Block benutzt und mit 6 Bit quantisiert. Danach werden alle 12 Abtastwerte des Blockes durch den Skalierungsfaktor dividiert, sie sind danach normiert.

Die normierten Abtastwerte eines Blockes werden danach quantisiert, die angemessene Anzahl Quantisierungsstufen liefert das psycho-akustische Modell. Alle 12 Abtastwerte werden gleich quantisiert, was wegen des Maskierungseffektes möglich ist. Letzterer dauert ja mindestens 10 ms an, also länger als die Blockdauer.

Parallel dazu wird eine FFT über 512 Abtastwerte ausgeführt, danach liegt das Spektrum in viel feinerer Auflösung als nach der Filterbank vor. Im FFT-Spektrum wird nach äquidistanten Linien gesucht, d.h. es wird festgestellt, ob eine Tonalität oder ein Geräusch vorhanden ist. Dies ist der gleiche Vorgang wie bei der Quellenauswahl bei der LPC-Sprachcodierung. Die Kenntnis der Tonalität ist notwendig, damit das psycho-akustische Modell die Mithörschwellen korrekt bestimmen kann.

Danach folgt die Bitzuweisung, d.h. für jedes Band wird individuell die Quantisierungsstufenzahl bestimmt, sodass die Vorgabe der Datenrate ausgeschöpft wird. Pro Band stehen 4 Bit für die Angabe der Quantisierungsstufenzahl zur Verfügung, dies eröffnet 16 Varianten.

Schliesslich fasst der Multiplexer die Datenströme zusammen. Bild 4.11 zeigt den Rahmen, der $32 \cdot 12 = 384$ Abtastwerte des ursprünglichen PCM-Stromes umfasst und 8 ms dauert.

Header: 12 Bit Synchronisation 20 Bit Systeminform.	Kanal- codierung (optional)	Bit- Zuweisung 4 Bit/Band	Skalen- faktoren 6 Bit/Band	Abtastwerte 2 .. 15 Bit	Zusatz- daten
32 Bit	16 Bit	128 Bit	192 Bit	mind. 768 Bit	

Bild 4.11 Aufbau des MPEG-2 Layer 1 - Rahmens (mono)

Der Header enthält 12 Bit zur Synchronisation (vgl. Schluss des Abschnittes 2.2) und 20 Bit Systeminformation. Diese beschreibt das Audiosignal näher, was z.B. für die Programmwahl nützlich ist.

Für den optionalen Fehlerschutz ist ein Faltungscode vorgesehen, Abschnitt 4.3.3. Diese Kanalcodierung schützt nur die Bitzuweisung und einen Teil des Headers.

Die Zusatzdaten werden vom Decoder nicht ausgewertet. Sie dienen künftigen Erweiterungen, z.B. Surround-Sound.

Solange dieser Rahmen durch einen Kanal mit einer Bitfehlerquote besser als 10^{-3} transportiert wird, hört man keine Störeffekte.

Die Datenrate ist in 14 Stufen wählbar und liegt zwischen 32 kBit/s und 448 kBit/s pro Audiokanal.

Das Verfahren nach MPEG-2 Layer 2 erreicht eine etwas bessere Kompression, betreibt aber dafür mehr Aufwand im Coder und Decoder. Die Datenrate beträgt 32 kBit/s bis 384 kBit/s pro Audiokanal. Die wesentlichen Änderungen sind:

- Blocklänge von 36 statt 12 Abtastwerten. Dadurch werden pro Sekunde weniger Skalenfaktoren benötigt. Bei schnellen Änderungen des Audiosignales (Paukenschlag) ist die Blockdauer zu gross gegenüber der Maskierungszeit. In diesem Fall braucht es zwei oder drei Skalenfaktoren pro Block und pro Band.

- Die FFT erfolgt über 1024 statt 512 Abtastwerte, was eine bessere Frequenzauflösung gestattet.

- Die Bitzuweisung hat bei den oberen Bändern nur 4 statt 16 Möglichkeiten zur Verfügung.

Die Codierung nach Layer 3 geht nochmals einen Schritt weiter:

- Es werden 576 (!) statt 32 Teilbänder gebildet.

- Eine nichtlineare Quantisierung wird benutzt.

- Eine Huffmann-Codierung reduziert noch die Redundanz.

- Bei Stereo-Programmen wird die Redundanz zwischen den Kanälen entfernt. Stereo-Ton ist nicht dasselbe wie Zweikanal-Ton, denn letzteres beschreibt zwei völlig unabhängige Audiokanäle.

4.1.5 Kompression von Bildsignalen nach JPEG

Zuerst betrachten wir kurz die Darstellung von Bildern und Videosequenzen.

Ein Bild ist ein zweidimensionales Signal. Die Bildfläche wird unterteilt in Bildelemente (Pixels, picture elements), denen eine Farbe und eine Helligkeit zugeordnet wird. Aus der Farbenlehre ist bekannt, dass man jede Farbe aus drei Grundfarben zusammenmischen kann. Ein Bild braucht darum zur Beschreibung drei Matrizen R, G, und B für die Farben Rot, Grün und Blau.

Diese Matrizen werden häufig linear umgeformt. Zuerst bildet man die Summe, dies gibt die Matrix Y mit der Helligkeitsinformation:

$$\mathbf{Y} = 0.3 \cdot \mathbf{R} + 0.59 \cdot \mathbf{G} + 0.11 \cdot \mathbf{B} \tag{4.7}$$

Die Koeffizienten in dieser Gleichung ergeben sich aufgrund der Farbempfindlichkeit des menschlichen Auges. Nun bildet man die Differenzen

$$\begin{aligned} \mathbf{U} &= \mathbf{B} - \mathbf{Y} \\ \mathbf{V} &= \mathbf{R} - \mathbf{Y} \end{aligned} \tag{4.8}$$

Statt die Matrizen RGB hat man nun drei andere Matrizen YUV. Die Umrechnung ist eineindeutig, die beiden Darstellungen sind deshalb gleichwertig.

Der Vorteil der YUV-Darstellung ist zweifach:

- Das Helligkeitssignal Y ermöglicht eine Kompatibilität zu schwarz/weiss-Geräten.

- Im Abschnitt 4.1.2 wurde erklärt, dass das menschliche Auge für Farben eine schlechtere Auflösung hat als für die Helligkeit. In den Matrizen U und V lässt sich somit Irrelevanz entfernen.

Für die *Übertragung* sind zweidimensionale Signale ungeeignet. Man liest darum die Matrizen zeilenweise aus und wandelt sie so in ein eindimensionales Signal um. Bei der Quellencodierung geht es um eine *Verarbeitung*, dies kann auch in der Matrizendarstellung geschehen.

Ein Video besteht aus der Aneinanderreihung von Standbildern. Pro Sekunde muss man mindestens 25 Bilder präsentieren, damit der Betrachter den Eindruck eines kontinuierlichen Flusses hat.

Bilder und Videosignale werden nach verschiedenen Standards codiert:

- JPEG (Joint Photographic Experts Group): Standbilder

- M-JPEG (Motion-JPEG): Video (Bewegtbilder), nicht exakt definiert

- MPEG-1: Video für CD-ROM und Multimedia, Datenrate bis 1.5 MBit/s

- MPEG-2: Video für Fernsehen und Studios, Datenrate 5 … 50 MBit/s

- MPEG-4: Internet-Anwendungen und Multimediatechnik auf der Grundlage von Objekt-Definitionen.

Wir betrachten in diesem Abschnitt das Verfahren nach JPEG für die Kompression von Standbildern. Dabei wird die diskrete Cosinus-Transformation (DCT) benutzt, ein Spezialfall der zweidimensionalen Fourier-Transformation.

Die Grundidee lässt sich an einem eindimensionalen Signal endlicher Länge erklären, z.B. einem während einer Woche registrierten Temperatursignal. Dieses Signal besteht aus einer langen Sequenz von Abtastwerten, wobei eine Struktur vorhanden ist, z.B. ein Tag-Nacht-Verlauf. Nun unterwirft man diese Sequenz einer diskreten Fouriertansformation (DFT) und erhält die Spektralkomponenten. Zwei davon werden dominant sein, nämlich die Komponente für 0 Hz, die die Durchschnittstemperatur angibt und die Komponente für die Tagesfrequenz, welche die Tag-Nacht-Variation beschreibt. Alle anderen Komponenten werden klein oder sogar vernachlässigbar sein.

Nun übertragen wir das Beispiel auf ein Bildsignal. Dieses ist nicht zeitabhängig sondern ortsabhängig, was aus mathematischer Sicht keine Rolle spielt. Das Bild ist aber zweidimensional, weshalb die zweidimensionale Fouriertransformation benutzt werden muss. Für diskrete Signale nimmt man die DFT (diskrete Fouriertransformation), für welche in der Form der FFT (fast fourier transform) ein sehr effizienter und darum schneller Algorithmus zur Verfügung steht.

Die DFT geht allerdings von periodischen Signalen aus und leidet deshalb an Randeffekten. Man vergrössert darum das Bild in beiden Richtungen, indem man das gespiegelte Original anfügt. Damit wird das Signal im Originalbereich gerade und ohne Sprungstelle periodisch fortsetzbar. Zudem wird das DFT-Spektrum reell, was für den Rechenaufwand vorteilhaft ist. Es ist möglich, die eben beschriebenen Erweiterungen der DFT direkt auszuführen, dies führt auf die diskrete Cosinus-Transformation. Diese ist also mit der DFT eng verwandt. Für zweidimensionale Signale lauten die Formeln:

Zweidimensionale diskrete Cosinus-Transformation für eine NxM-Matrix:

$$S(X,Y) = \sum_{x=0}^{N-1}\sum_{y=0}^{M-1} \alpha(X)\cdot\alpha(Y)\cdot s(x,y)\cdot\cos\left(\frac{(2x+1)\cdot X\cdot\pi}{2N}\right)\cdot\cos\left(\frac{(2y+1)\cdot Y\cdot\pi}{2M}\right) \quad (4.9)$$

Inverse zweidimensionale diskrete Cosinus-Transformation für eine NxM-Matrix:

$$s(x,y) = \sum_{X=0}^{N-1}\sum_{Y=0}^{M-1} \alpha(X)\cdot\alpha(Y)\cdot S(X,Y)\cdot\cos\left(\frac{(2x+1)\cdot X\cdot\pi}{2N}\right)\cdot\cos\left(\frac{(2y+1)\cdot Y\cdot\pi}{2M}\right) \quad (4.10)$$

Dabei bedeuten:

s(x,y)   Bildsignal im Originalbereich mit den Koordinaten x, y

S(X,Y)   Bildsignal im Ortsfrequenzbereich mit den Koordinaten X, Y

N, M   Anzahl Zeilen und Kolonnen der Matrix

x, X = 0 ... N-1

y, Y = 0 ... M-1

α Gewichtungskoeffizient:

$$\alpha(r) = \begin{cases} \sqrt{\dfrac{1}{N}} & \text{für } r = 0 \\[3mm] \sqrt{\dfrac{2}{N}} & \text{für } r \neq 0 \end{cases} \qquad (4.11)$$

Die diskrete Cosinus-Transformation wandelt eine reellwertige NxM-Matrix eineindeutig, d.h. umkehrbar in eine andere reellwertige NxM-Matrix um. Es geht bei der Transformation also keine Information verloren. Hin- und Rücktransformation lassen sich mit identischen Rechenwerken ausführen.

Natürlich braucht die DCT Zeit, wobei der Aufwand schnell ansteigt mit wachsender Matrizengrösse. Für die Bildkompression zerlegt man darum das Bild in Blöcke von 8 mal 8 Pixel und wendet auf diese Blöcke die DCT an. Aus (4.9) entsteht mit dem Spezialfall N = M = 8:

$$S(X,Y) = \frac{1}{4}\cdot\beta(X)\cdot\beta(Y)\cdot\sum_{x=0}^{7}\sum_{y=0}^{7} s(x,y)\cdot\cos\left(\frac{(2x+1)\cdot X\cdot\pi}{16}\right)\cdot\cos\left(\frac{(2y+1)\cdot Y\cdot\pi}{16}\right) \quad (4.12)$$

Für die Gewichtungsfaktoren β gilt:

$$\beta(r) = \begin{cases} \dfrac{1}{\sqrt{2}} & \text{für } r = 0 \\[3mm] 1 & \text{für } r \neq 0 \end{cases} \qquad (4.13)$$

Die DCT zerlegt einen Block in Grundstrukturen, so wie die DFT eine Sequenz in ihre harmonischen Anteile zerlegt. Bild 4.12 zeigt diese Grundstrukturen am Beispiel einer 4x4-Matrix.

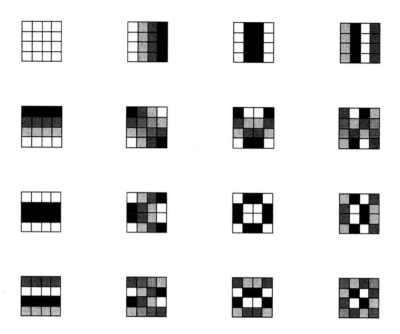

Bild 4.12 Basisfunktionen der 4x4-DCT

Bild 4.12 ist folgendermassen zu interpretieren: Wir sehen 16 4x4-Matrizen, bei denen die Schwärzung der Felder ein Mass für den darin enthaltenen Zahlenwert ist. Diese Matrizen sind alle im Originalbereich. Jede dieser Matrizen gehört zu einer 4x4-Spektralmatrix, bei der ein einziges Element Eins ist und alle andern Elemente Null sind. Wo die einzige Eins steht wird gerade angeben durch die Position der gezeigten Matrizen.

Zuerst betrachten wir nur die oberste Zeile, also ein eindimensionales Signal. Die Matrix ganz links gehört zum Spektralvektor [1 0 0 0], bei dem also nur das Gleichstromglied vorkommt. Die ganze Originalbereichs-Matrix ist darum gleichmässig hell. Die Matrix daneben gehört zum Spektralvektor [0 1 0 0], die Grundschwingung ist aktiv und im Originalbereich hat eine Periode Platz. Wandert man weiter nach rechts, so verkürzt sich die Periode und das Muster wechselt schneller ab.

Alle Matrizen der obersten Zeile haben in vertikaler Richtung keine Struktur. Die zweitoberste Matrix ganz links hat jedoch eine Periode in vertikaler Richtung, genauso wie die zweite Matrix von links in der obersten Zeile eine einzige Periode in horizontaler Richtung aufweist.

Die Matrix ganz unten rechts zeigt entsprechend den wildesten Verlauf.

Nachdem nun der Mechanismus der DCT besprochen ist, bleibt die Frage, zu was all dies gut sein soll. Dazu betrachten wir ein Beispiel mit einem 8x8-Block, wie er beim JPEG-Verfahren benutzt wird. Bei allen Matrizen sind nur ganzzahlige Elemente angegeben.

Matrix 1: Bildblock im Originalbereich

165	156	160	170	171	168	159	152
140	132	136	135	134	145	127	120
131	129	127	128	128	128	128	127
176	171	185	203	206	203	193	178
127	127	127	127	127	122	117	119
128	127	127	127	125	121	115	114
124	122	122	120	120	121	124	119
127	127	127	127	126	126	123	118

Nun wird die zweidimensionale diskrete Cosinus-Transformation ausgeführt:

Matrix 2: Bildblock im Ortsfrequenzbereich, nach der DCT:

1108	11	-22	14	2	5	4	-1
88	-4	-9	9	3	3	4	-2
-32	6	7	3	-3	1	1	-1
-18	10	1	-1	3	-2	0	0
95	-8	-15	2	5	2	-2	1
91	-16	-7	2	3	5	-4	2
-19	5	4	-5	3	-2	-3	0
-84	5	17	-7	0	-4	-3	2

Auffallend sind die Grössenunterschiede der Zahlen in der Matrix 2. In der Matrix 1 sind die Zahlen ja alle etwa gleich gross. Diese Eigenschaft der Matrizen nach der DCT ist typisch, genau hier liegt darum der Ansatz für die Irrelevanzreduktion.

Man könnte auf die Idee kommen, einfach die kleineren Zahlen auf Null zu setzten. Dies würde jedoch u.U. grosse Bildverfälschungen nach sich ziehen. In langen Versuchsreihen mit vielen Testpersonen hat man empirisch eruiert, wie wichtig die einzelnen Spektralkomponenten sind. Daraus hat man eine Quantisierungsmatrix Q bestimmt, die die Gewichtung der Koeffizienten beschreibt. Die Matrix Y mit den Helligkeitswerten wird gewichtet (normiert) mit Q und danach gerundet. Es handelt sich dabei um eine elementweise Division und nicht um eine Matrix-Division.

$$\mathbf{Y_Q} = \text{round}\left(\frac{\mathbf{Y}}{\mathbf{Q}}\right)$$

Die Irrelevanzreduktion findet bei diesem Rundungsschritt statt. Die Matrix 3 ist die von JPEG erwähnte aber keineswegs vorgeschriebene Quantisierungstabelle. Für die Farbdifferenzmatrizen U und V benutzt man eine andere Tabelle, die im Bereich oben links kleine Zahlen aufweist und im übrigen Bereich grosse Zahlen. Dadurch werden die höherfrequenten Koeffizienten eliminiert und die räumliche Auflösung des Farbbildes beschränkt. Die tatsächlich benutzte Quantisierungstabelle muss man im komprimierten Datenstrom einmal dem Empfänger mitliefern, damit er korrekt decodieren kann.

Matrix 3: Quantisierungstabelle Q

16	11	10	16	24	40	51	61
12	12	14	19	26	58	60	55
14	13	16	24	40	57	69	56
14	17	22	29	51	87	80	62
18	22	37	56	68	109	103	77
24	35	55	64	81	104	113	92
49	64	78	87	103	121	120	101
72	92	95	98	112	100	103	99

Matrix 4: Gewichteter und gerundeter Bildblock (Ortsfrequenzbereich)

69	1	-2	1	0	0	0	0
7	0	-1	0	0	0	0	0
-2	0	0	0	0	0	0	0
-1	1	0	0	0	0	0	0
5	0	0	0	0	0	0	0
4	0	0	0	0	0	0	0
0	0	0	0	0	0	0	0
-1	0	0	0	0	0	0	0

Die Matrix 4 zeigt im Vergleich zur Matrix 2 den Effekt der Quantisierung. Viele Koeffizienten sind Null und diese Nullen gruppieren sich erst noch der linken oberen Ecke weggewandt.

Nun werden die Koeffizienten ausgelesen. Dazu verfolgt man die in Bild 4.13 gezeichnete Reihenfolge, wodurch die vielen Nullen im seriellen Datenstrom nebeneinander zu liegen kommen.

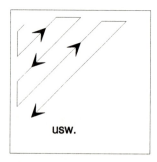

Bild 4.13 Auslesen der DCT-Koeffizienten aus der Spektralmatrix

Nun haben wir einen seriellen Datenstrom von 64 Zahlen für ein Teilbild vor uns. Dieser wird noch einer Redundanzreduktion unterworfen:

• Da viele Nullen nebeneinander liegen, führt man naheliegenderweise eine Lauflängencodierung durch.

• In Kombination dazu wendet man eine Huffman-Codierung an.

• Der erste Wert der Sequenz gibt die durchschnittliche Helligkeit des gesamten Blockes an und ist meistens weitaus dominant. Um seinen Wert zu verkleinern, wird eine prädiktive Codierung nur für diesen Koeffizienten durchgeführt.

Der nun um die Irrelevanz und Redundanz erleichterte Datenstrom wird weiter multiplexiert:

• Bisher haben wir nur von einer einzigen 8x8-Matrix gesprochen. Ein Bild von z.B. 720x576 Pixeln umfasst aber 6480 solcher 8x8-Blöcke, und jeder Block benötigt 3 Matrizen, nämlich Y, U und V.

• Es braucht noch Angaben zu den benutzten Quantisierungstabellen, der Bildauflösung usw.

Im Empfänger wird der Datenstrom demultiplexiert und die Redundanz regeneriert. Somit liegt für jeden Block wieder die Matrix 4 vor. Diese wird zuerst mit Q multipliziert (Matrix 5) und dann einer inversen zweidimensionalen DCT unterworfen, es ergibt sich die Matrix 6.

Matrix 5: Im Decoder entnormierter Bildblock (Ortsfrequenzbereich), vgl. mit Matrix 2

1104	11	-20	16	0	0	0	0
84	0	-14	0	0	0	0	0
-28	0	0	0	0	0	0	0
-14	17	0	0	0	0	0	0
90	0	0	0	0	0	0	0
96	0	0	0	0	0	0	0
0	0	0	0	0	0	0	0
-72	0	0	0	0	0	0	0

Matrix 6: Bildblock nach der inversen DCT, vgl. mit Matrix 1

165	165	167	170	171	167	157	150
126	126	128	133	135	133	125	119
127	128	130	135	139	138	132	127
183	182	183	187	190	189	184	179
127	125	124	125	126	124	119	114
132	129	126	126	127	125	120	115
126	123	121	121	123	123	120	116
126	123	122	123	127	129	127	124

Schliesslich zeigt Bild 4.14 einen optischen Vergleich der Matrizen 1 und 6.

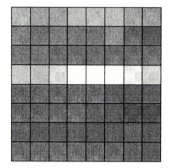 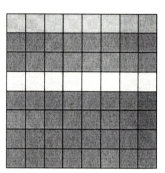

Bild 4.14 Originalbildblock (links) und nach einer JPEG-Kompression rekonstruierter Bildblock (rechts)

Mit dem JPEG-Verfahren erreicht man eine Kompression um den Faktor vier bis acht, ohne dass der Betrachter eine Verschlechterung des Bildes feststellt.

Schöner wäre es, wenn die Blöcke grösser als 8x8 Bildpunkte wären. Der Rechenaufwand für die DCT steigt jedoch überproportional mit der Grösse der Matrix, weshalb man diesen Kompromiss einging.

Einige Besonderheiten des JPEG-Verfahrens sind noch erwähnenswert:

- Benutzt man das Internet zur Bildübertragung, so hat man häufig lästige Wartezeiten in Kauf zu nehmen. Offensichtlich ist die Übertragungskapazität geringer als die Rechenkapazität am Zielort. Dieser Situation angepasst ist ein modifiziertes Multiplexverfahren, bei dem nicht wie oben beschrieben die DCT-Koeffizienten der 8x8-Blöcke hintereinander übertragen werden (sequentielle Multiplexierung). Vielmehr überträgt man zuerst von allen Blöcken das Element (1,1), also den DC-Wert. Danach folgen die Elemente (2,1), (1,2) usw. Der Vorteil dieser *progressiven Multiplexierung* liegt darin, dass der Decoder von Anfang an das gesamte Bild zur Verfügung hat, wenn auch noch unscharf. Später verbessert der Decoder die Schärfe bis zur Endqualität. Für den Betrachter ist dies interessanter, als einen langsamen Bildaufbau von oben nach unten mitzuverfolgen. Zudem lässt sich die Übertragung stoppen, falls man das Bild gar nicht mehr sehen möchte. Ähnliches leistet die sukzessive Approximation, bei der zuerst der DC-Wert und danach nur die MSB aller andern Koeffizienten übertragen werden, gefolgt von den niederwertigen Bit.

- Der Kompressionsfaktor und mit ihm die Bildqualität lassen sich mit der Quantisierungsmatrix Q einstellen.

- Spezielle Anwendungen wie z.B. die Kompression von Röntgenbildern tolerieren keinerlei Verschlechterungen der Bildqualität. Es kommt also nur noch eine Redundanzreduktion in Frage. Theoretisch könnte man einfach Q mit lauter Einsen füllen. Praktisch ergibt aber bereits dies Fehler, diese entstehen durch Rundungseffekte bei der Berechnung der DCT und der IDCT. JPEG sieht darum eine verlustlose Kompression vor, die nach der Methode der prädiktiven Codierung arbeitet. Dabei wird jeder Bildpunkt X geschätzt aufgrund seiner drei Nachbarn A, B und C, es stehen 8 Varianten für die Prädiktion zur Verfügung:

	Auswahlcode:	Prädiktion für X:
	0	keine
	1	A
	2	B
C B	3	C
A X	4	A+B-C
	5	A+(B-C)/2
	6	B+(A-C)/2
	7	(A+B)/2

Der Coder wählt die jeweils günstigste Prädiktion aus und teilt diese dem Decoder mit. Die Schätzwerte werden zusätzlich noch Huffman-codiert.

Der erreichbare Kompressionsfaktor liegt unter 2. Bei Röntgenbildern allerdings ist er über 2, da diese einen grossen Anteil an schwarzen Flächen aufweisen.

Die diskrete Cosinustransformation ist eine unter vielen Transformationen, sie hat sich aber für die Bildkompression sehr bewährt. Eine ganz neue und vielversprechende Art der Transformationscodierung beruht auf der *Wavelet-Transformation* [Bän02], [Str00].

4.1.6 Kompression von Videosignalen nach MPEG

Videosignale repräsentieren bewegte Bilder, sie haben also drei Dimensionen, nämlich zwei Orts- und eine Zeitkoordinate. Für den menschlichen Betrachter genügt es, wenn er 25 Einzelbilder pro Sekunde präsentiert bekommt. Die Einzelbilder werden darum in Zeilen zerlegt und alle Zeilen aller Bilder verkettet, wodurch aus dem dreidimensionalen Signal ein eindimensionales Signal wird.

Für die Darstellung von Farbvideosignalen gibt es mehrere Formate:

- 4:4:4-Format: Signale R, G und B mit je 13.5 MHz Abtastfrequenz und 8 Bit Auflösung, unkomprimierte Datenrate R = 324 MBit/s.

- 4:2:2-Format: Signale Y (f_A=13.5 MHz) , U und V (je 6.75 MHz), je 8 Bit, R = 216 MBit/s.

- 4:2:0-Format: Signale Y (13.5 MHz) , U und V (je 3.375 MHz), je 8 Bit, R = 162 MBit/s.

Der Übergang von der RGB- auf die YUV-Darstellung bewirkt bereits eine Irrelevanzreduktion, nämlich die Beschränkung der Farbauflösung. Das 4:4:4-Format ist hingegen besser geeignet für die Bildverarbeitung, z.B. für Trickeffekte.

Der JPEG-Standard ist aus drei Gründen nicht gut für die Videokompression geeignet:

- Das sog. Motion-JPEG-Verfahren ist nicht genormt, dies führt zu Kompatibilätsproblemen.

- JPEG nutzt die zeitliche Korrelation der Videobilder nicht aus.

- Die Codierung und Multiplexierung von kombinierten Audio- und Videosignalen ist bei JPEG nicht vorgesehen.

MPEG hat diese Einschränkungen nicht. Wie im Abschnitt 4.1.4 erwähnt, gibt es verschiedene Normen:

- *MPEG-1*: Das Anwendungsgebiet sind Multimedia-Anwendungen auf Computern, weshalb sich verschiedene Einschränkungen ergeben. Die Datenrate beträgt 1.5 MBit/s, was zu den herkömmlichen CDs passt. Das Bildformat beträgt maximal 352x288 Punkte.

  Durch die Fortschritte der Mikroelektronik wurde die Norm bald überboten, es tauchten Namen wie MPEG-1+ und MPEG-1.5 auf.

- *MPEG-2*: Dieser Standard war zum vorneherein für die Fernsehübertragung konzipiert. Verschiedene Qualitätsniveaus werden angeboten, diese heissen *Profiles* und *Levels*. Ein PAL-TV-Signal (Abschnitt 5.1.2.2) lässt sich mit 6 MBit/s darstellen (Endverbraucherqualität), bei 9 MBit/s (Studioqualität) hat man noch etwas Reserve für Verarbeitungen.

  MPEG-3 sollte die Codierung von hochauflösenden Fernsehsignalen übernehmen (HDTV, high definition TV). Diese Funktion ist nun in MPEG-2 enthalten.

- *MPEG-4* ist konzipiert für Multimedia-Anwendungen über das Internet. Das dazu notwendige Kompressionsverfahren benutzt neue Lösungsansätze, nämlich objektorientierte Inhaltsbeschreibungen.

MPEG-1 und MPEG-2 basieren wie JPEG auf der DCT. Dazu kommen aber noch weitere Verarbeitungsschritte:

- *Differenzcodierung*: Aufeinanderfolgende Bilder werden differenzcodiert. Dieses Prinzip ist bereits in Bild 3.47 beschrieben. Die Verzögerung des Prädiktors umfasst ein ganzes Bild, da die Punkte einer Zeile und die Zeilen eines Bildes bereits durch die DCT dekorreliert werden.

- *Bewegungsschätzer*: Die Prädiktion wird zusätzlich unterstützt durch einen Bewegungsschätzer. Dieser bildet Makro-Blöcke von 16x16 Pixeln, d.h. 2x2 DCT-Blöcken. Der Bewegungsschätzer bestimmt, welche Makroblöcke sich am ähnlichsten sind, damit die Differenzcodierung über diese Paare erfolgen kann. Bild 4.15 zeigt das Blockschaltbild des MPEG-Video-Coders, dort ist der Einfluss des Bewegungsschätzers auf den Prädiktor eingetragen. Diese Bewegungsschätzung ist eine sehr rechenintensive Angelegenheit, die sich aber nur auf den Coder konzentriert. Der Mehraufwand im Decoder ist gering.

- *Umsortieren der Bilder*: Der Prädiktor benutzt nicht nur vergangene Bilder, sondern auch zukünftige (bidirektionale Prädiktion). Dies erfordert eine Verzögerungszeit und einen grösseren Bildspeicher im Coder und Decoder. Da die prädiktive Codierung unter Fehlerfortpflanzung leidet und da ein Fernsehempfänger auch mitten im Programm zuschalten können muss, werden ab und zu komplette Bilder ohne Prädiktion übertragen, sog. I-Bilder (intraframe codierte Bilder). Zwischen den I-Bildern werden P-Bilder (unidirektional prädizierte Bilder) als Stützstellen plaziert. Die meisten Bilder sind B-Bilder, d.h. bidirektional prädizierte Bilder. Die Reihenfolge der Bilder lautet:

$$\dots I_k \quad B_{01} \quad B_{02} \quad P_1 \quad B_{11} \quad B_{12} \quad P_2 \quad B_{21} \quad B_{22} \quad P_3 \quad B_{31} \quad B_{32} \quad I_{k+1} \dots$$

Es dauert also 12 Bilder, d.h. etwa eine halbe Sekunde, bis ein frisch zugeschalteter Empfänger decodieren kann. Dies sollte aber selbst für die schnellsten Zapper genügen.

Damit im Decoder die Rekonstruktion der B-Bilder starten kann, müssen für jedes B-Bild die benachbarten I- oder P-Bilder vorliegen. Im Coder wird deshalb die Reihenfolge der Bilder gewechselt:

$$\dots I_k \quad P_1 \quad B_{01} \quad B_{02} \quad P_2 \quad B_{11} \quad B_{12} \quad P_3 \quad B_{21} \quad B_{22} \quad I_{k+1} \quad B_{31} \quad B_{32} \dots$$

Der Vorteil dieser Massnahme liegt darin, dass der Decoder nur zwei statt vier Bildspeicher benötigt und somit preisgünstiger wird.

- *Steuerung der Datenrate durch variable Quantisierung*: Das Ziel ist, die im Übertragungskanal zur Verfügung stehende Datenrate stets voll auszunutzen. Der Kompressionsgrad hängt jedoch vom Videosignal ab. Aus diesem Grund wird die Quantisierungsmatrix Q laufend dem Bildinhalt angepasst. Die aktuelle Version von Q muss natürlich dem Decoder ebenfalls mitgeteilt werden. Im Gegensatz zu JPEG sind darum bei MPEG einige Varianten für Q vordefiniert, weshalb lediglich die Nummer der gewählten Variante übertragen werden muss. Bei Szenenwechseln können kurzdauernde Artefakte sichtbar werden, innerhalb einer Szene merkt der Betrachter nichts von der Codierung.

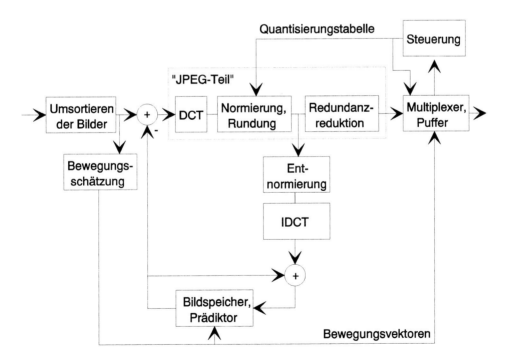

Bild 4.15 Blockschaltbild des MPEG-Video-Coders

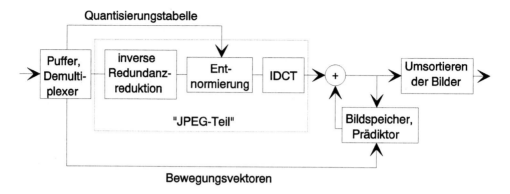

Bild 4.16 Blockschaltbild des MPEG-Video-Decoders

MPEG-1 benutzt nur das sog. SIF-Format (source input format), das die halbe Datenrate ge-genüber dem 4:2:0-Format aufweist. Natürlich sind Verfälschungen in Kauf zu nehmen.

MPEG-2 benutzt die Formate 4:2:0 und 4:2:2. Zudem wird das Zeilensprungverfahren (Ab-schnitt 5.1.2.1) berücksichtigt und eine nichtlineare Quantisierung als Alternative ermöglicht. Die Tabelle 4.3 zeigt die Profiles und Levels bei der MPEG-2 - Videocodierung. Die Levels geben die Bildauflösung an, die Profiles bedeuten:

- *Simple profile (SP):* Nur unidirektionale Prädiktion, d.h. keine B-Bilder. Format 4:2:0.

- *Main profile(MP):* Wie SP, aber zusätzlich bidirektionale Prädiktion. MP ist für die meisten üblichen Anwendungen vorgesehen, so auch für das digitale Fernsehen (DVB).

- *SNR scalable profile (SNRP):* Eine digitale Übertragung hat nur eine kurze Spanne vom perfekten Empfang bis zum Totalausfall, Bild 1.46. Im Übergangsbereich kann man bei MPEG-2 wählen, ob man lieber ein verrauschtes aber scharfes Bild oder ein unverrauschtes aber unscharfes Bild hat. Beim SNRP erhält man ersteres.

- *Spatial scalable profile (SSP):* Hier erhält man im Übergangsbereich ein unscharfes aber dafür unverrauschtes Bild.

- *High profile (HP):* Format 4:2:2 für höchste Ansprüche.

MPEG-2 eignet sich für alle Bedürfnisse der Fernsehübertragung:

- Low definition television (LDTV):   Profile: SP@ML   Bitrate [MBit/s]:   1.5 ... 3
- Standard definition television (SDTV):   MP@ML   3 ... 6
- Extended definition television (EDTV):   HP@ML   6 ... 8
- High definition television (HDTV):   HP@HL   20 ... 30

Für das digitale Fernsehen (DVB) ist MP@ML vorgesehen.

Tabelle 4.3 Maximale Datenraten der Profiles und Levels bei der MPEG-2 - Videocodierung

Profiles: Levels/Auflösung:	Simple Profile	Main Profile	SNR Scalable Profile	Spatial Scalable Profile	High Profile
High Level 1920x1152		80 MBit/s			100 MBit/s
High-1440 Level 1440x1152		60 MBit/s		60 MBit/s	80 MBit/s
Main Level 720x576	15 MBit/s	15 MBit/s	15 MBit/s		20 MBit/s
Low Level 352x288		4 MBit/s	4 MBit/s		

Die leeren Felder in Tabelle 4.3 sind nicht definiert. Die Tabelle ist abwärtskompatibel, d.h. ein Decoder für ein bestimmtes Feld kann alle weiter links und weiter unten stehenden Modi ebenfalls decodieren.

MPEG-2 definiert auch die Multiplexierung von zusammengehörenden komprimierten Videodaten und komprimierten Audiodaten. Dies erfordert Pufferspeicher und eine Synchronisation, damit nach dem Decoder die Signale zeitgleich an die Senke gelangen. Dazu kommen noch weitere Informationen ohne direkten zeitlichen Zusammenhang, z.B. Angaben über die Programmart, Untertitel usw. Das multiplexierte Signal heisst *transport stream*, Bild 4.17.

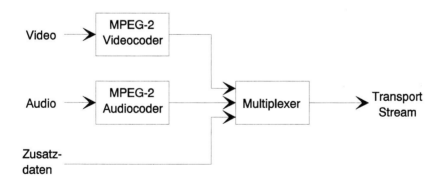

Bild 4.17 Multiplexierung von Video-, Audio- und Zusatzdaten in MPEG-2

4.2 Chiffrierung

4.2.1 Einführung

Die Chiffrierung wandelt einen Klartext (plaintext) in ein Chiffrat (ciphertext) um. Damit strebt man unterschiedliche Ziele an:

- Geheimhaltung: Verhindern, dass Unbefugte die Nachricht lesen.

- Integrität: Verhindern, dass Unbefugte Nachrichten modifizieren oder löschen.

- Authentifikation: Prüfen, dass die Nachricht tatsächlich vom erwarteten Absender stammt bzw. zum gewünschten Adressaten gelangt.

Die ersten Anwendungen der Chiffrierung erfolgten bei den Militärs und den Diplomaten. Heute sind auch private Gesellschaften sehr an einer Geheimhaltung interessiert, z.B. Banken. Während früher mit Tabellen oder mechanischen Einrichtungen ver- und entschlüsselt wurde, bedient man sich heute eines Computers. Die Chiffriermaschine ist demnach ein Programm.

Jede Chiffrierung benutzt einen *Algorithmus*, also einen bestimmten Typ von Chiffriermaschine, sowie einen *Schlüssel*, das sind die Parameter zur Einstellung des Chiffrierers. Die heutigen Methoden garantieren die Sicherheit einzig aufgrund eines integren Schlüssels. Ein Gegner (so nennen die Kryptologen den unbefugten Dritten) darf also über ein intaktes Dechiffriergerät verfügen und er darf auch den Algorithmus kennen, trotzdem kann er ohne den Schlüssel keinen Klartext erhalten. Dies hat den Vorteil, dass ein Chiffrieralgorithmus nur einmal entwickelt werden muss.

Das sichere Verteilen der Schlüssel ist die Hauptschwierigkeit bei der Anwendung der Kryptologie.

Die Kryptoanalyse ist die Kunst des Knackens eines Chiffrates. Prinzipiell ist dies bei jedem Chiffrat möglich, indem man alle Möglichkeiten des Entschlüsselns ausprobiert. Dank einer unvorstellbaren Vielfalt wird dieser Weg jedoch imprakikabel. Man verwendet Verfahren, bei denen sämtliche auf der Erde vorhandenen Computer gleichzeitig tausende von Jahren probieren müssten, um sicher zum Klartext zu gelangen. Die Kryptoanalysten suchen demnach nach Abkürzungen, d.h. weniger zeitraubenden Verfahren des Code-Knackens. Die Kryptographie bedient sich deshalb sehr anspruchsvoller mathematischer Methoden und ist deswegen eine Domäne von wenigen Spezialisten. Eine etwas weniger akademische Methode, den Schlüssel zu erhalten, ist die Bestechung oder Bedrohung der Geheimnisträger oder ihrer Angehörigen. Bei modernen Systemen werden die Schlüssel automatisch erzeugt und kein Mensch kennt sie.

Man unterscheidet zwischen

- Online Chiffrierung: unmittelbar vor der Sendung wird verschlüsselt, unmittelbar nach Empfang wird entschlüsselt. Diese Methode ist einfach, aber unflexibel.

- Offline Chiffrierung: Verschlüsselung und Übertragung werden zeitlich und örtlich getrennt. Das Übermittlungspersonal hat keine Kenntnis von Schlüsseln und Verschlüsselungsverfahren und behandelt ausschliesslich Chiffrate.

Ein Text wird in einem binären Code dargestellt, z.B. im bekannten ASCII-Code. Ein Chiffrierer verarbeitet daher nicht Buchstaben, sondern Bitkombinationen. Auf die gleiche Art lassen sich darum auch andere Nachrichten wie z.B. digitalisierte Sprache oder Bilder verschlüsseln.

4.2.2 Symmetrische Chiffrierverfahren

Symmetrische Chiffrierverfahren benutzen für die Chiffrierung und die Dechiffrierung zwei identische Schlüssel. Die asymmetrischen Verfahren arbeiten mit zwei unterschiedlichen Schlüsseln und werden im Abschnitt 4.2.3 besprochen.

Die symmetrischen Chiffrierverfahren unterteilen sich in

- Substitutionsmethoden (Ersetzungsverfahren) und

- Permutations- oder Transpositionsmethoden (Versetzungsverfahren)

Bei der *Substitutionsmethode* werden die 26 Buchstaben des Alphabets ersetzt durch je einen anderen Buchstaben. Z.B. wird a durch f ersetzt, b durch x usw. Die Zuordnungstabelle bildet den Schlüssel, wofür aus $26! \approx 4 \cdot 10^{26}$ Möglichkeiten ausgewählt werden kann. Probiert man mit einem Computer alle Varianten aus und benötigt dieser 1 µs für eine Möglichkeit, so wartet man im Maximum 10^{13} Jahre, im Mittel lediglich halb so lange.

Diese Methode scheint sicher, kann aber trotzdem einfach geknackt werden. Man sortiert die Symbole des Chiffrats und ermittelt so die Häufigkeitsverteilung der einzelnen Buchstaben. Bei deutschem oder englischem Klartext wird der häufigste Buchstabe ein e sein usw. Ferner untersucht man auch die Kombination von zwei Buchstaben (Digramme, z.B. sind „en" und „er" sehr häufig) und Trigramme wie „sch" oder „die".

Eine Möglichkeit, die Verteilung der Buchstaben und -Kombinationen auszugleichen, ist die polyalphabetische Chiffrierung. Im Prinzip wird dabei während der Verschlüsselung die Zuordnungstabelle dauernd gewechselt.

Bei der *Transponierungsmethode* oder *Permutationsmethode* wird die Reihenfolge der Buchstaben beim Chiffrieren geändert. Z.B. wird der Text zeilenweise in eine Matrix eingelesen und kolonnenweise ausgelesen. Die Häufigkeitsverteilung der Buchstaben bleibt natürlich erhalten. Die Permutation verändert also die Position, nicht aber den Wert eines Symbols, während die Substitution den Wert, nicht aber die Position eines Symbols modifiziert.

Die Untersuchung der Verteilung der Symbole (Buchstaben) wird aus Analogiegründen Spektralanalyse genannt. Der Chiffrierer hat demnach die Aufgabe, im Chiffrat eine gleichmässige Verteilung sicherzustellen. Dies entspricht einem weissen Rauschen, der Chiffriervorgang ist demnach wie die Redundanzreduktion eine Dekorrelation. Dies bringt den Vorteil, dass das Chiffrat nicht von einer echten Zufallsfolge unterscheidbar ist. Belastet man den Kanal mit Scheinübertragungen, so kann ein Abhorcher keine Rückschlüsse auf den tatsächlichen Nachrichtenverkehr ziehen. Dies ist wichtig, weil v.a. in militärischen Anwendungen die Zeit bis zum Knacken eines Codes viel grösser ist als die Aktualitätsdauer der Nachricht selber. Man verzichtet darum oft von vornherein auf Dechiffrierversuche und konzentriert sich auf die Auswertung der Verkehrsstatistik. Mit Scheinübertragungen wird dem entgegengewirkt.

Heute werden weiterentwickelte Varianten sowie Kombinationen der oben beschriebenen Verfahren Permutation und Substitution angewandt. Berühmtestes Beispiel ist wohl der DES-Algorithmus (data encryption standard), der 1974 von IBM entwickelt und von der US-Regierung als Standard übernommen wurde. Wegen des dementsprechend grossen Marktes ist der DES-Algorithmus auch rein hardwaremässig implementiert worden, was hohe Datenraten zulässt. 1994 wurde z.B. ein DES-Chiffrierer für 1 GBit/s mit einem GaAs-Gate-Array realisiert.

Der DES-Algorithmus verschlüsselt Blöcke von 64 Bit, indem er diese in 16 Schritten je einer Substitution unterwirft. Ergänzt wird noch mit Permutationen. Der Schlüssel hat eine Länge von 56 Bit, was $2^{56} \approx 7 \cdot 10^{16}$ Möglichkeiten bietet. Genau diese Schlüssellänge ist der Haupt-kritikpunkt am DES-Verfahren. Neuere Untersuchungen zeigen, dass ein Kryptoanalyst mit einem Budget von etwa einer Million Dollar in der Lage ist, ein DES-Chiffrat innert einigen Stunden zu knacken.

Beim in dieser Hinsicht besseren Triple DES-Verfahren benutzt man zwei Schlüssel, mit denen man alternierend dreimal den DES-Algorithmus ausführt.

An der ETH Zürich wurde Ende der 80er Jahre der IDEA-Algorithmus entwickelt (international data encryption algorithm). Dieser Algorithmus besitzt einen ausgezeichneten Ruf. Dies deshalb, weil einerseits dessen geistige Väter Lai und Massey anerkannte Kapazitäten sind und andererseits, weil die Schweiz als Nichtmitglied der NATO nicht unter dem Einfluss der NSA (national security agency, USA) steht. Der IDEA-Algorithmus besteht aus einer Mischung von verschiedenen algebraischen Operationen, die v.a. in Software effizient implementierbar sind. Die Schlüssellänge beträgt 128 Bit.

Der neue Standard für die Blockchiffrierung heisst AES (advanced encryption standard).

Als Variante zur oben beschriebenen *Block-Chiffrierung* wird auch die *kontinuierliche Chiffrierung* eingesetzt (*stream encryption*). Dabei wird der binäre Klartext EXOR-verknüpft mit einer Schlüsselfolge:

Klartext:	1	1	0	1	0	0	1	1	0
Schlüssel:	0	1	1	1	0	0	1	0	0
Chiffrat:	1	0	1	0	0	0	0	1	0

Im Empfänger wird mit derselben Schlüsselfolge nochmals eine EXOR-Verknüpfung durchgeführt:

Empfangenes Chiffrat:	1	0	1	0	0	0	0	1	0
Schlüssel:	0	1	1	1	0	0	1	0	0
rekonstruierter Klartext:	1	1	0	1	0	0	1	1	0

Das Verfahren ist sehr einfach und sehr sicher, solange die Schlüsselfolge mindestens so lang ist wie der Klartext und nur ein einziges Mal benutzt wird. Die Methode heisst darum *one-time pad*.

Bei allen symmetrischen Chiffrierverfahren müssen die Schlüssel über einen sicheren Kanal dem Empfänger überbracht werden, z.B. mittels Kurier. Dies kann zu einem wählbaren Zeitpunkt geschehen, während der Zeitpunkt der Übertragung der eigentlichen Nachricht oft von äusseren Faktoren abhängt. Die Herstellung der Schlüssel geschieht mit echten Zufallsgeneratoren, die z.B. das Rauschen eines Widerstandes ausnutzen.

Eine einfache Methode, den Schlüsseltausch zu umgehen, funktioniert folgendermassen:

A verschlüsselt die Nachricht mit einem nur ihm bekannten Schlüssel und schickt sie an B. B chiffriert das Chiffrat nochmals mit einem nur B bekannten Schlüssel und sendet es zurück an A. A dechiffriert mit seinem Schlüssel und sendet die immer noch chiffrierte Nachricht wieder an B. B dechiffriert mit seinem eigenen Schlüssel und liest den Klartext. Die Methode hat aber zwei Haken: erstens muss der Partner identifizierbar sein, sonst könnte ein Eindringling unbemerkt die Rolle von B übernehmen, und zweitens belastet das Hin und Her den Kanal.

4.2.3 Asymmetrische Chiffrierverfahren (Public Key - Systeme)

Public-Key-Systeme wurden erstmals 1976 von Diffie und Hellmann vorgeschlagen. Sie benutzen zwei unterschiedliche Schlüssel, nämlich den Schlüssel C zur Chiffrierung und den Schlüssel D zur Dechiffrierung. Die Schlüssel werden so generiert, dass D aus der Kenntnis von C nicht hergeleitet werden kann. Darum kann C genausogut veröffentlicht werden, was der Methode den Namen gab.

Möchte A an B eine geheime Nachricht senden, so verschlüsselt er sie mit dem öffentlichen Schlüssel C_B von B und schickt das Chiffrat ab. B dechiffriert mit seinem privaten und geheimen Schlüssel D_B.

Der grosse Vorteil dabei ist, dass nie ein geheimer Schlüssel D ausgetauscht werden muss. Dadurch lassen sich auch spontan geschützte Verbindungen mit neuen Partnern aufnehmen. Zudem sinkt die Anzahl der notwendigen Schlüssel, da jeder Teilnehmer nur ein Schlüsselpaar benötigt. Bei den symmetrischen Verfahren braucht es hingegen einen Schlüssel pro Verbindung.

Public-Key-Systeme haben natürlich auch ihre Nachteile:

- Der Aufwand für die Chiffrierung ist bei langen Nachrichten unpraktikabel hoch. Die Public-Key-Systeme werden deshalb vorwiegend dazu benutzt, die Schlüssel für eine symmetrische Chiffrierung auszutauschen.

- Die Verteilung der öffentlichen Schlüssel muss mit einer Authentifikation kombiniert sein. Täuscht ein Gegner den öffentlichen Schlüssel von B vor, so kann er die an B gerichteten Sendungen einfach entschlüsseln.

- Die Sicherheit der asymmetrischen Verfahren beruht auf schwer zu lösenden mathematischen Aufgaben wie der Faktorzerlegung von grossen Zahlen. Ob dies tatsächlich so schwierig ist, ist aber keineswegs bewiesen. Sollte bereits ein effizienter Algorithmus entwickelt worden sein, so wird mit Sicherheit versucht, seine Existenz möglichst lange zu verheimlichen. Die Suche nach stets grösseren Primzahlen ist darum auch im Zusammenhang mit der Chiffrierung interessant.

Das bekannteste asymmetrische Chiffrierverfahren ist der *RSA-Algorithmus*, der von R. Rivest, A. Shamir und L. Adleman publiziert wurde.

4.2.4 Hash-Funktionen

Hash-Funktionen sind Einwegfunktionen mit folgenden Eigenschaften:

- Aus einer Nachricht beliebiger Länge wird ein Hashwert konstanter und kurzer Länge erzeugt, z.B. 128 Bit.

- Hashfunktionen sind kollisionsfrei, d.h. auch nur minimal unterschiedliche Nachrichten ergeben unterschiedliche Hashwerte.

- Die Berechnung des Hashwertes ist einfach und damit schnell. Es ist aber praktisch unmöglich, eine Nachricht mit einem vorgegebenen Hashwert zu erzeugen.

Mit einer Hash-Funktion wird eine Nachricht komprimiert und unkenntlich gemacht, sie kann aber nie mehr expandiert und lesbar gemacht werden. Ein verbreiteter aber mittlerweile unsicherer Algorithmus ist der MD5-Algorithmus. Moderner und sicherer ist der SHA1-Algorithmus (secure hash algorithm).

Hash-Funktionen werden dazu benutzt, die Authentizität einer Nachricht sicherzustellen, indem der Nachricht der *verschlüsselte* Hashwert als Checksumme oder eine Art Fingerabdruck beigefügt wird. Oft wird vorher die Nachricht mit einer Zeitangabe ergänzt (time stamp), um Verzögerungen zu entdecken. Die Nachricht selber bleibt dabei für alle lesbar. Damit können z.B. Computerprogramme vor Modifikationen geschützt werden. Die Verschlüsselung der ganzen Nachricht bewirkt natürlich ebenfalls eine Authentifikation. Allerdings ist dies bedeutend aufwändiger als die Verschlüsselung des kurzen Hashwertes.

Eine weitere Anwendung sind digitale Unterschriften, vgl. Abschnitt 4.2.5.

Computersysteme und Chipkarten nutzen Hash-Funktionen, um die Passwörter zu schützen. Die Passwörter selber sind auf dem System bzw. der Karte gar nicht vorhanden. Ein Unbefugter kann höchstens den Hash-Wert lesen, daraus aber nicht auf das Passwort schliessen.

4.2.5 Kryptographische Protokolle

Austausch geheimer Nachrichten:

Das Prinzip wurde bereits erwähnt: A chiffriert seine Nachricht mit einem symmetrischen Verfahren wie DES oder IDEA. Dazu erzeugt er einen neuen Schlüssel, der nur ein einziges Mal benutzt wird. Dieser Schlüssel wird mit einem Public-Key-Verfahren wie RSA mit dem öffentlichen Schlüssel von B chiffriert. Die verschlüsselte Nachricht und der verschlüsselte Schlüssel werden dann zu B geschickt.

Der von Zimmermann entwickelte und durch das Internet berühmt gewordene PGP-Algorithmus (pretty good privacy) benutzt diese Technik, indem er IDEA und RSA kombiniert.

Problematisch ist die Authentifikation der Teilnehmer. Ein Gegner könnte vortäuschen, B zu sein. Abhilfe bieten zertifizierte Schlüsselverwaltungsstellen (elektronische Notariate) für die öffentlichen Schlüssel. Diese errechnen den Hash-Wert für jeden Schlüssel und verschlüsseln diesen nochmals mit ihrem eigenen privaten Schlüssel. Jeder, der im Besitze des öffentlichen Schlüssels der Verwaltungsstelle ist kann somit überprüfen, ob der öffentliche Schlüssel von B echt ist.

Digitale Unterschriften:

Die Chiffrierung eröffnet auch die Möglichkeit, auf elektronischem Weg Notariatsfunktionen zu übernehmen, d.h. die sichere Speicherung und Verwaltung von Dokumenten mit elektronischen Unterschriften. Ein unterschriebenes Dokument gewährleistet die folgenden Sicherheiten:

• Weder Sender noch Empfänger können es nachträglich modifizieren.

- Weder Sender noch Empfänger können seine Existenz verleugnen.

- Der Unterschreibende ist eindeutig identifizierbar, nur er kann die Unterschrift erzeugen.

- Die Unterschrift gehört eindeutig zum Dokument und wurde nicht etwa anderweitig kopiert und übertragen.

Für digitale Unterschriften benutzt man ebenfalls asymmetrische Chiffrierverfahren. Dabei nutzt man aus, dass beim RSA-Algorithmus die beiden Schlüssel ihre Rollen tauschen können. Die Unterschrift wird so erzeugt, dass das Dokument oder auch nur sein Hash-Wert mit dem geheimen Schlüssel des Absenders verschlüsselt wird (für die Übertragung geheimer Nachrichten wird hingegen der öffentliche Schlüssel des Empfängers benutzt). Die Unterschrift wird geprüft, indem mit dem öffentlichen Schlüssel des Absenders der Hash-Wert entschlüsselt und mit dem von B selber berechneten Hash-Wert verglichen wird.

Elektronisches Geld:

Das zu unterschreibende Dokument kann ein Check sein. Dieser kann als ganzes kopiert werden, mit dem Ziel, ihn mehrfach einzulösen. Auf dem Check wird deshalb ein Zeitstempel angebracht, womit mehrfaches Einreichen entdeckt wird.

Geld hat jedoch eine zusätzliche Eigenschaft, die auch durch die kryptographische Version erfüllt werden muss: Geld ist anonym. Wird mit barer Münze bezahlt, so kann der Käufer nicht identifiziert werden. Mit einem von Chaum 1985 vorgeschlagenen Protokoll ist es möglich, dass jedermann die Echtheit einer elektronischen Banknote überprüfen kann, obwohl die Bank diese Note nie gesehen hat. Die Bank kann aber prüfen, ob eine Note mehrfach benutzt wird.

Elektronische Wasserzeichen (Steganogramme):

Steganographie bezeichnet das unauffällige Übertragen einer Nachricht. Diese wird verschlüsselt und in eine grössere Datei, z.B. eine Graphik oder ein Audio-File, eingebettet. Optisch bzw. akustisch ist die Veränderung unmerklich. Damit lassen sich z.B. Urheberrechte dokumentieren.

Für weitere Informationen zum Thema Chiffrierung sei auf die Fachliteratur verwiesen, z.B. [Sch96]. Amüsant zu lesen ist [Beu94], das ohne mathematischen Aufwand auskommt. Auch in [Sta97] finden sich weitere Hinweise. Eine sehr anregende Bettlektüre ist [Sin00].

Zum Schluss noch eine Kostenabschätzung in Form eines Zahlenbeispiels mit folgenden Annahmen: Eine Datenleitung oder ein Richtfunk-Link mit 2 MBit/s soll chiffriert werden. Die beiden Chiffriergeräte kosten zusammen 20'000 Euro. Diese Investition soll innert 5 Jahren abgeschrieben werden, d.h. die Verschlüsselung kostet 333 Euro pro Monat.

In einem Monat kann dieser Link 5200 GBit Datenmenge übertragen. Rechnen wir mit einer relativ schwachen mittleren Auslastung von 10%, so sinkt die Datenmenge auf 520 GBit, was 65 GByte entspricht. Dies wiederum reicht für 16 Mio. vollbeschriebene A4-Seiten.

Soll über diesen Link ein Dokument von 100 A4-Seiten übertragen werden, so kostet die Verschlüsselung dieses Dokumentes also ganze 0.002 Euro.

4.3 Kanalcodierung

4.3.1 Einführung

Die Kanalcodierung bezweckt eine Datensicherung, also den Störschutz der Information bei der Übertragung und Speicherung. Dazu wird der ursprünglichen Nachricht gezielt Redundanz zugefügt, sodass der Empfänger mit dieser Doppelinformation Fehler zumindest entdecken, evtl. sogar korrigieren kann.

Eine Nachricht von 1 kBit Umfang wird durch die Kanalcodierung vergrössert, beispielsweise auf 1.3 kBit. Die Informationsmenge in bit bleibt dabei erhalten, da der Kanalcoder nur Redundanz zufügt. Das Übertragen der 1.3 kBit beansprucht aber entweder mehr Zeit (Pulsbreite bzw. Symbolrate unverändert) oder mehr Bandbreite (um den Faktor 1.3 kürzere Symbole). Im Gegenzug darf die Kanaldynamik kleiner und damit die Bitfehlerquote grösser sein. Die Kanalcodierung bewerkstelligt demnach wie die Modulation ein Umformen des Nachrichtenquaders, Bild 1.35. Kanalcodierung ist darum ebenfalls eine Kanalanpassung.

Unter Kanal ist dabei die Strecke zwischen Kanalcoder und Kanaldecoder zu verstehen, Bild 4.18. Der Kanal umfasst also neben dem eigentlichen Übertragungsmedium auch Modulatoren, Verstärker usw. Dieser Kanal wird charakterisiert durch:

- Datenrate R in Bit/s
- Bitfehlerquote (BER, bit error ratio)
- Art der Fehler (Einzelfehler, Burstfehler usw.)

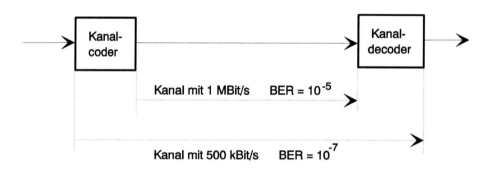

Bild 4.18 Kanalumwandlung bzw. -Anpassung durch Kanalcodierung

Die Anwendung bestimmt, mit welcher Sicherheit bzw. Fehlerquote Daten bei der Quelle eintreffen müssen. Bei PCM-Sprachübertragung mit 64 kBit/s tritt bei einer BER von 10^{-5} im Mittel alle 1.56 Sekunden ein Fehler auf. Dies ist noch kaum störend, vgl. Tabelle 3.5. Ein Computerprogramm von 100 kByte Länge (800 kBit) würde nach der Übertragung statistisch gesehen 8 Bitfehler aufweisen und kaum mehr funktionieren.

Die möglichen Fehlerquellen sind vielfältig und umfassen auch Personen, nicht nur Geräte, z.B. bei der Datenerfassung. Es macht keinen Sinn, ein Textdokument mit einer BER von 10^{-9}

zu übertragen, wenn in diesem Text bereits Tippfehler vorhanden sind. Aufgrund dieser Tipp-fehler hat ein Text üblicherweise eine BER von $10^{-4} \dots 10^{-5}$.

Ein Buch mit 300 Seiten umfasst etwa 800'000 Zeichen. Wird dieser Text im Baudot-Code dargestellt (5 Bit pro Buchstabe) und wie in Bild 2.1 seriell mit einem Startbit und zwei Stopbit übertragen, so ergibt sich eine Datenmenge von 6.4 MBit. Bei einer BER von 10^{-5} bedeutet dies etwa 60 Bitfehler, also 60 falsche Buchstaben. Dank der Redundanz im Text werden diese Fehler kaum bemerkt.

Die Fehlerwahrscheinlichkeit eines Systems entspricht der Summe der Wahrscheinlichkeiten der einzelnen Glieder. Bei den in der Praxis üblichen Bitfehlerquoten kann man nämlich die Wahrscheinlichkeit vernachlässigen, dass ein verfälschtes Bit später zurückverfälscht wird. Heute lassen sich Fehlerquoten von 10^{-14} erreichen, was bei einer Übertragung von 64 kBit/s einem Fehler in 50 Jahren entspricht.

Eine der grössten Fehlerquellen ist die Datenerfassung, v.a. wenn sie manuell erfolgt. Auf einer Bankabrechnung ist darum die Auflistung der Einzelposten zu kontrollieren, nicht die Richtig-keit der Summe. Messungen bei der manuellen Dateneingabe haben ergeben, dass ca. 1% Zei-chenfehler auftreten. Eine zweimalige Eingabe mit automatischem Vergleich verbessert die BER auf 10^{-5}. Hilfreich sind Formatprüfungen und Bildung von Kontrollsummen usw. Die zweite Massnahme ist nichts anderes als eine Kanalcodierung, die erste ist ein Plausibili-tätstest.

Die Tabelle 4.4 zeigt die Bitfehlerquoten verschiedener Leitungstypen. Diese Werte werden in naher Zukunft noch verbessert werden.

Tabelle 4.4 BER auf verschiedenen Leitungen

Leitungstyp	BER
Telefon-Wählleitung	$10^{-4} \dots 10^{-6}$
Telefon-Mietleitung	$10^{-5} \dots 10^{-6}$
Digital-Mietleitung	$10^{-6} \dots 10^{-7}$

Tabelle 4.5 Gemessene Aufteilung der Burstfehler auf einer Mietleitung

Anzahl gestörte benachbarte Bit	Prozentualer Anteil
1	62.5%
2	22%
3	7.5%
4	4.6%
5	1.7%
6	0.9%
7	0.5%
≥ 8	0.3%

Bitfehler treten oft nicht einzeln auf, sondern in Gruppen (Büschelfehler oder Burstfehler). Bei der optischen Datenübertragung sind die Fehlerbursts kürzer als bei der Übertragung über Funk. Extrem lange Fehlerbursts ergeben sich dann, wenn der Decoder im Empfänger die Synchronisation verloren hat. Dies kann auch geschehen als Folge eines Fehlers im vorgelagerten Demodulator. Speicher wie z.B. die Compact Disc erzeugen ebenfalls Fehlerbursts, da eine Oberflächenverletzung oder -Verschmutzung stets zahlreiche Bit betrifft. Tabelle 4.5 zeigt die Auswertung der Fehler auf einer Mietleitung.

Einige einfache Verfahren zur Datensicherung, die noch keinen mathematischen Aufwand benötigen, werden nachstehend kurz beschrieben:

- *Parity-Check:* Dies ist eine zeichenweise Sicherung, wobei jedem Datenwort ein zusätzliches Bit angefügt wird. Dieses Parity-Bit erhält diejenige Polarität, die die Summe aller Einsen im Datenwort (inklusive Parity-Bit) gerade (oder ungerade) werden lässt. Der Empfänger kann einen *Einzel*fehler erkennen. Über einen Rückkanal wird im Fehlerfall eine Wiederholung angefordert (ARQ, automatic repeat request). Bei differentieller Codierung ist der Parity-Check unbrauchbar, da dann stets Doppelfehler auftreten.

- *Blocksicherung mit Parity:* Die Daten werden in eine Matrix geschrieben und jede Zeile und jede Kolonne mit einem Parity-Bit ergänzt. Die Methode heisst darum auch VRC/LRC-Codierung (vertical redundancy check bzw. longitudinal redundancy check). Gegenüber der zeichenweisen Parity-Sicherung lassen sich Einfachfehler nicht nur erkennen, sondern sogar korrigieren. Zweifachfehler können nur entdeckt werden. Dieser Gewinn wird mit einem höheren Anteil an Redundanz erkauft. Beispiel: 4 Datenbit $d_1 \ldots d_4$ werden durch 4 Prüfbit $p_1 \ldots p_4$ geschützt.

$$\begin{bmatrix} d_1 & d_2 \\ d_3 & d_4 \end{bmatrix} \begin{matrix} p_1 \\ p_2 \end{matrix} \quad \rightarrow \quad \begin{bmatrix} d_1 & d_2 & d_3 & d_4 & p_1 & p_2 & p_3 & p_4 \end{bmatrix}$$
$$\quad p_3 \quad p_4$$

Bei gerader Parität gilt: $p_1 = d_1 \oplus d_2$, $p_2 = d_3 \oplus d_4$, usw. Der Empfänger führt dieselbe Berechnung mit den empfangenen Nutzbit durch und erhält die 4 Prüfpit $p_{1e} \ldots p_{4e}$. Diese vergleicht er mit den empfangenen Prüfbit $p_1 \ldots p_4$. Gilt $p_{1e} \neq p_1$ und $p_{4e} \neq p_4$, so ist das Bit d_2 falsch. Da dieses Bit nur zwei Werte annehmen kann, muss es einfach invertiert werden und der Fehler ist korrigiert. Ergibt aber der Vergleich nur $p_{1e} \neq p_1$, so wurde auf der Übertragungsstrecke das Prüfbit p_1 invertiert und es ist keine Massnahme notwendig.

- *Gleichgewichtete Codes:* Das Gewicht eines Codewortes ist die Anzahl der Einsen in seinem Bitmuster. Gleichgewichtete Codes verwenden nur solche Worte, die dasselbe Gewicht aufweisen. Ein Einzelfehler bei der Übertragung verändert das Gewicht und lässt den Fehlerfall erkennen. In der Praxis wird das CCITT-Alphabet Nr. 2 (das ist der beim Fernschreiber benutzte fünfstellige Baudot-Code) um zwei Stellen so verlängert, dass in jedem Codewort 3 Einsen und 4 Nullen auftreten. Der neue Code bildet das CCITT-Alphabet Nr. 3. Der Decoder prüft diese 3:4-Regel und quittiert über den ARQ-Kanal. Zugunsten grösserer Effizienz werden drei Buchstaben (also total 21 Bit) als Block übertragen und gemeinsam quittiert. Das Verfahren wird v.a. zur Fernschreibübertragung über Kurzwellenfunk benutzt und heisst darum TOR (teletype over radio). Die in der Hochseeschiffahrt verwendete Variante hiess SITOR (Simplex-TOR), die Funkamateure benutzten das praktisch identische AMTOR (Amateur-TOR). Heute sind weiterentwickelte Varianten im Einsatz.

- *Echomethode:* Der Empfänger schickt die ganze Botschaft zurück zum Absender, worauf dieser allfällige Differenzen feststellt und nötigenfalls eine Wiederholung abschickt. Dadurch muss keine Redundanz übertragen werden, dafür muss der Rückkanal ebenso leistungsfähig sein wie der Vorwärtskanal. Die Methode wird bei Terminals eingesetzt. Besonders nützlich ist sie bei jenen Anwendungen, bei denen nur wenig Daten übertragen werden müssen, z.B. beim Download von Parametern von einem Host-Rechner auf eine externe Rechnerkarte. Der Empfänger braucht keine Intelligenz.

Bei allen ARQ-Verfahren regelt ein Protokoll die möglichen Betriebsfälle. Z.B. kann die Quittung verloren gehen, trotzdem muss danach auch dem Empfänger klar sein, ob nun eine Wiederholung oder ein neuer Block bei ihm eintrifft.

Die oben beschriebenen Verfahren sind einfach zu verstehen und einfach zu implementieren. Allerdings ist deren Wirksamkeit beschränkt. Eine leistungsfähigere Fehlererkennung ist mit aufwändigen mathematischen Methoden erreichbar, z.B. mit der CRC-Sicherung (cyclic redundancy check). Die Abschnitte 4.3.2 und 4.3.3 befassen sich mit diesen Methoden. Die Tabelle 4.6 gibt eine Übersicht über die Leistungssteigerung einer Datenübertragung aufgrund der Kanalcodierung.

Tabelle 4.6 Verbesserung einer gesicherten Übertragung gegenüber ungesichertem Betrieb

Sicherungsverfahren	Verbesserungsfaktor
Zeichenparität	ca. 100
Blockparität	ca. 1000
CRC-Sicherung	50'000 bis 100'000

Steht kein Rückkanal zur Verfügung, so ist kein ARQ-System realisierbar. Dieser Fall tritt auch bei der Speicherung auf, denn meistens ist ein fehlerhaftes Bit falsch gespeichert und nicht etwa falsch gelesen. Eine Wiederholung ist darum zwecklos. In solchen Fällen ergänzt man die Nachricht mit soviel Redundanz, dass der Empfänger ohne Rückfrage die Fehler korrigieren kann. Diese Methode heisst FEC (forward error correction).

Kanalcodierung im engeren Sinn bezeichnet nur die mathematisch aufwändigen Verfahren, die sich in die Gruppen *Blockcodes* (Abschnitt 4.3.2) und *Faltungscodes* (Abschnitt 4.3.3) unterteilen. Die ersten Ideen dazu stammen aus dem Beginn der 50er Jahre. Wegen ihrer Komplexität wurden die vorgeschlagenen Verfahren für unbrauchbar erklärt. Heute werden weit kompliziertere Methoden zumeist mit VLSI-Schaltungen realisiert. Prominentestes Beispiel ist wiederum der CD-Player. Weitere Anwendungen ergeben sich im HF-, VHF- und UHF-Datenfunk, beim Mobilfunk (GSM-Handies), Raumfahrt, Telemetrie usw. Der erste sensationelle Erfolg der Kanalcodierung geht auf die Voyager-Raumsonde zurück, welche Bilder vom Neptun aus etwa 4 Milliarden Kilometer Distanz zur Erde funkte. Ohne Kanalcodierung wären die empfangenen Signale unbrauchbar gewesen.

4.3.2 Blockcodes

Die Blockcodes nehmen jeweils m Nutzbit, berechnen daraus k Prüfstellen und hängen diese an die Nutzbit an. Es ergeben sich neue Datenworte mit n = m+k Stellen, Bild 4.19.

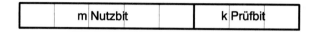

Bild 4.19 Codewort der Länge n = 8 mit m = 5 Nutzbit und k = 3 Prüfbit.

Die Grössen m und k sind frei wählbar und orientieren sich nicht etwa an einer Struktur der zu schützenden Daten. Vielmehr betrachtet man die Nutzdaten lediglich als simples Bitmuster.

Ein Datenwort der Länge m kann 2^m verschiedene Bitmuster annehmen. Die Codeworte aus Bild 4.19 haben zwar die Länge n = m+k, sie können aber trotzdem nur 2^m und nicht etwa 2^{m+k} verschiedene Bitmuster aufweisen. Dies deshalb, weil die k Prüfstellen mit einer festen Rechenvorschrift aus den m Nutzbit abgeleitet werden.

Die Idee der Kanalcodierung besteht darin, dass die n-stelligen Codeworte 2^n Möglichkeiten bieten, davon aber nur 2^m Varianten ausnutzen. Tritt bei der Übertragung ein Bitfehler auf, so ergibt sich ein neues Codewort, das aber keiner erlaubten Variante entspricht. Dadurch wird der Fehler entdeckt.

Ein einfaches Beispiel mag dies verdeutlichen. Es sei m = 2 und k = 1. Es treten demnach vier verschiedene Nutzdatenworte auf. Mit dem Kontrollbit ergeben sich folgende Codeworte:

$$0\,0 \rightarrow 0\,0\,0$$
$$0\,1 \rightarrow 0\,1\,1$$
$$1\,0 \rightarrow 1\,0\,1$$
$$1\,1 \rightarrow 1\,1\,0$$

Es handelt sich also um die bereits bekannte gerade Parität. Durch Probieren stellt man fest, dass ein einziger Bitfehler aus keinem Codewort ein anderes gültiges Codewort entstehen lässt. Besonders anschaulich wird dies, wenn man die Codeworte als n-stellige Vektoren betrachtet und die einzelnen Bit des Codewortes als Komponenten eines Punktes in einem n-dimensionalen Raum auffasst. Für n = 3 lässt sich dies noch zeichnen, Bild 4.20. Die gültigen Codeworte sind mit dicken Punkten markiert. Man erkennt, dass die Codeworte stets diagonal zueinander liegen und nie auf benachbarten Punkten des Würfels. Wird ein einzelnes Bit eines Wortes verfälscht, so ergibt sich ein ungültiges Codewort, beispielsweise wird 011 zu 001. Allerdings ist es unmöglich, den erkannten Fehler auch zu korrigieren. Ursprünglich hätte ja auch 101 gesendet werden können, denn auch bei diesem Codewort genügt ein einzelner Bitfehler, um auf 001 zu kommen.

Bild 4.20 zeigt, dass ein zweiter Code mit den bisher ungültigen Worten hätte gebildet werden können. Die beiden Codes sind gleichwertig.

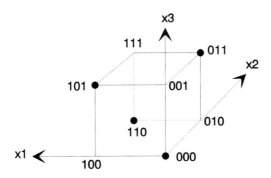

Bild 4.20 Darstellung eines Codes mit n = 3 im n-dimensionalen Raum

Das Problem der Code-Erzeugung ist demnach folgendes: Wähle aus $2^n = 2^{k+m}$ Bitmustern 2^m so aus, dass diese möglichst weit voneinander entfernt sind. Die Codeworte müssen zueinander die grösstmögliche *Distanz* d aufweisen.

Geometrisch ist diese Distanz aus Bild 4.20 als Anzahl Kanten zu deuten, die zwischen den Punkten liegen. Dies ist gleichbedeutend mit der Anzahl unterschiedlicher Bit. Die Codeworte 110 und 101 haben somit die Distanz d = 2. Man spricht von einer nichteuklidischen Distanz, die Codeworte als Vektoren gedeutet spannen einen nichteuklidischen Raum auf. Die euklidische Distanz, d.h. die gewohnte geometrische Distanz zwischen 110 und 101 beträgt hingegen nur 1.41.

Die Distanz d bezeichnet also den Abstand zwischen zwei gültigen Codeworten. Die *Hamming-Distanz* h bezeichnet das Minimum aller in einem Code vorkommenden Distanzen und ist ein Mass für die Leistungsfähigkeit eines Codes.

Das *Gewicht* w eines Codewortes bezeichnet die Anzahl der im Codewort vorkommenden Einsen.

Mathematisch werden die Codeworte als Vektoren W_i geschrieben, i ist ein Laufindex. Es gilt für die Distanz d zwischen zwei Codeworten und die Hammingdistanz h eines Codes:

$$d\left(W_i ; W_j\right) = w\left(W_i \oplus W_j\right) \tag{4.14}$$

$$h = Min\left\{ d\left(W_i ; W_j\right)\right\} \quad i \neq j \tag{4.15}$$

Der in Bild 4.20 gezeigte Code hat die Hammingdistanz h = 2. Nun soll die Hammingdistanz vergrössert werden. Damit dies noch zeichnerisch darstellbar bleibt, bleiben wir bei n = 3 und setzen m = 1 und k = 2. Es sind also nur zwei Codeworte möglich, wir nehmen 000 und 111. Bild 4.21 zeigt diesen Code im nichteuklidischen dreidimensionalen Raum.

Die beiden Codeworte bilden eine Raumdiagonale. Ein einzelner Bitfehler ändert das Wort 111 z.B. zu 101. Dieses empfangene Wort hat zu 111 die Distanz 1, zu 000 hingegen die Distanz 2. Wegen dem vorausgesetzten Einfachfehler kommt also nur 111 als vom Sender abgeschicktes Wort in Frage.

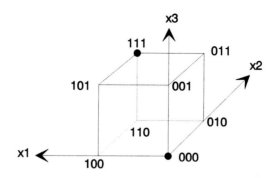

Bild 4.21 Codes mit Hammingdistanz h = 3

Bei h = 3 sind also Einzelfehler korrigierbar. Durch Probieren lässt sich einfach feststellen, dass mit h = 4 auch nur ein Einzelfehler korrigierbar ist, mit h = 5 hingegen kann ein Doppelfehler korrigiert werden. Allgemein gilt:

In einem Codewort können e Fehler *korrigiert* werden, wenn

$$h \geq 2e + 1 \tag{4.16}$$

In einem Codewort können e Fehler *erkannt* werden, wenn

$$h \geq e + 1 \tag{4.17}$$

Man kann sich dies geometrisch so vorstellen, dass um jeden erlaubten Punkt im Raum ein Korrekturbereich gebildet wird. Die einzelnen Bereiche dürfen sich dabei nicht berühren. Der Decoder im Empfänger bestimmt nun, in welchem Bereich das empfangene Wort liegt und ordnet dieses dem nächstgelegenen erlaubten Datenwort zu.

Möchte man z.B. 5 Bitfehler korrigieren können, so sind 11 Prüfbit pro Datenblock zu verwenden. Mit diesen 11 Prüfbit kann man aber bis 10 Bitfehler pro Wort erkennen. Erkennung ist also bedeutend weniger aufwändig als Korrektur, aus diesem Grund sind die ARQ-Systeme gegenüber den FEC-Systemen in der Überzahl. FEC-Systeme werden nur dort benutzt, wo kein Rückkanal zur Verfügung steht (Speicher) oder wo mehrere Empfänger auf einen Sender hören (Rundfunk).

Ist die Zahl der Nutzbit m und die Korrekturfähigkeit e und damit die notwendige Hammingdistanz h bekannt, so lässt sich die minimale Prüfstellenzahl k bestimmen: im Korrekturbereich

liegen $\binom{n}{1}$ Einzelfehler, $\binom{n}{2}$ Doppelfehler usw. und $\binom{n}{e}$ e-fache Fehler. Insgesamt ergibt

dies $\sum_{i=1}^{e} \binom{n}{i}$ korrigierbare Codeworte. Der Korrekturbereich umfasst auch das korrekte Code-

wort. Wegen $\binom{n}{0} = 1$ liegen somit in einem Korrekturbereich $\sum_{i=0}^{e} \binom{n}{i}$ Codeworte. Insgesamt

gibt es 2^m Korrekturbereiche, also mindestens $2^m \cdot \sum_{i=0}^{e} \binom{n}{i}$ verschiedene n-stellige Bitkombi-

nationen. Maximal können aber höchstens 2^n verschiedene Bitkombinationen auftreten, es gilt also

$$2^m \cdot \sum_{i=0}^{e} \binom{n}{i} \leq 2^n = 2^{m+k} = 2^m \cdot 2^k$$

$$\sum_{i=0}^{e} \binom{n}{i} \leq 2^k$$

$$\boxed{k \geq \log_2 \sum_{i=0}^{e} \binom{n}{i} = \log_2 \sum_{i=0}^{e} \binom{m+k}{i}} \tag{4.18}$$

Diese Gleichung kann iterativ ausgewertet werden.

Die Grösse R_C heisst *Codierungsrate*:

$$R_C = \frac{m}{n} = \frac{m}{m+k}$$

R_C sie ist ein Mass für die Vergrösserung der Datenmenge: die Datenrate R steigt durch die Kanalcodierung auf R/R_C an (oder anders: bei gleicher Datenrate im Kanal sinkt der Nutzdatendurchsatz). R_C ist kleiner als 1, in der Praxis bewegt sich R_C zwischen 0.5 und beinahe 1.

Für grosse h steigt die Datenmenge durch die Kanalcodierung stark an, ausser wenn m und damit n ebenfalls gross sind. Bei der Voyager-Sonde z.B. wurde ein Code mit n = 255 eingesetzt. Bei solchen Dimensionen ist es aber unmöglich, durch Probieren diejenigen 2^m Codeworte zu finden, die einen Code mit maximaler Hammingdistanz h ergeben. Stattdessen braucht man für die Codierung und die Decodierung eine Rechenvorschrift. Diese Vorschrift wird natürlich einfacher, wenn man spezielle Blockcodes benutzt. In der Praxis sind v.a. die *linearen Blockcodes* beliebt, speziell eine ihrer Untergruppen, nämlich die *zyklischen Codes*, Bild 4.22. Die Codierung erfolgt entweder mit *Matrizenrechnung* oder mit *Polynomalgebra*.

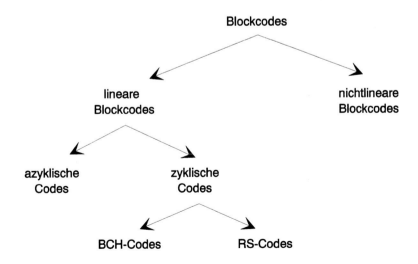

Bild 4.22 Unterteilung der Blockcodes

Der RS-Code (Reed-Solomon-Code, die Namen der Erfinder) wird bei der CD angewandt, der BCH-Code (Bose-Chaudhuri-Hocquenghem, die Namen der Erfinder) findet beim DAB (digital audio broadcasting, digitaler UKW-Rundfunk) Verwendung.

Bei *linearen* Codes ergibt die EXOR-Summe (die Bitweise Modulo-2 - Addition von zwei beliebigen gültigen Codeworten) wiederum ein gültiges Codewort. Damit ist auch das Bitmuster mit n Nullen ein gültiges Codewort. Es entsteht, wenn man ein Codewort zu sich selber addiert. Die Hammingdistanz h eines linearen Codes entspricht somit dem minimalen Gewicht aller Codeworte, ausser dem Codewort mit lauter Nullen.

Systematische Codes sind Blockcodes, deren Blöcke nach Bild 4.19 aufgebaut sind. Es kommen also zuerst die m Nutzbit und danach die k Prüfbit. Eine Verschachtelung der Bit ist denkbar, wird aber in der Praxis seltener angewandt als die systematischen Codes. Die linearen Codes lassen sich alle in der systematischen Form darstellen.

Die Blockcodes werden mit 2 Ziffern bezeichnet: (n, m)-Code

    Dabei bedeuten: n = Länge der Codeworte inkl. Prüfbit

                                                           m = Anzahl Nutzbit pro Codewort

Die obere Grenze der Hammingdistanz bei gegebenem n und m kann nicht genau berechnet werden. Verschiedene Grenzwerte werden in der Literatur angegeben, z.B. die Hamming-Grenze, Plotkin-Grenze, Griesmer-Grenze, Singleton-Grenze.

$$\text{Plotkin-Grenze:} \qquad h \le n \cdot \frac{2^{m-1}}{2^m - 1} \tag{4.19}$$

Die Gleichung (4.19) ist eine Näherung, gültig für binäre Codes und m gross. Mit 14-stelligen Worten, wovon 8 Bit für die Prüfung reserviert sind, lässt sich also ein Code mit der Hammingdistanz 7 konstruieren. 8-stellige Worte mit 4 Prüfbit ermöglichen eine Hammingdistanz von 4. Nach (4.16) ist damit ein einziger Fehler korrigierbar. Das im vorhergehenden Abschnitt bei der Block-Parity-Sicherung ausgeführte Beispiel zeigte dasselbe Resultat.

Nun wird die Konstruktion eines linearen (6,3)-Codes gezeigt. Dieser Code umfasst demnach $2^m = 2^3 = 8$ Worte mit der Länge n = 6, davon werden n−m = k = 3 Bit für die Prüfung verwendet. Die Hammingdistanz h ist gleich 3. Nach (4.19) kann dies möglich sein.

Die Nutzdatenworte werden als Vektor geschrieben (m = 3 Elemente): $\underline{d} = (d_1 \ d_2 \ d_3)$

Die Codeworte ebenfalls (n = 6 Elemente): $\underline{c} = (c_1 \ c_2 \ c_3 \ c_4 \ c_5 \ c_6)$

Nun wird die sog. *Generatormatrix* G gebildet. Diese muss m = 3 linear unabhängige Zeilen aufweisen. G wird linear so umgeformt, dass die ersten m Kolonnen und m Zeilen eine Einheitsmatrix bilden. Diese Umformung ist stets möglich und transformiert den linearen Blockcode in einen linearen *systematischen* Blockcode. G lässt sich jetzt aufteilen in die Einheitsmatrix $[E^m]$ und die Matrix $[G']$ mit m Zeilen und n−m = k Kolonnen. Für unseren Code sieht dies z.B. so aus:

$$[G] = \begin{bmatrix} 1 & 0 & 0 & 1 & 1 & 0 \\ 0 & 1 & 0 & 0 & 1 & 1 \\ 0 & 0 & 1 & 1 & 0 & 1 \end{bmatrix}$$
$$\underbrace{\qquad\qquad}_{[E^m]} \ \underbrace{\qquad\qquad}_{[G']}$$

Die gesamte Information über den Code sitzt in der Teilmatrix [G'].

Jetzt werden die Codeworte $\underline{c}$ gebildet nach der Vorschrift:

$$\underline{c} = \underline{d} \cdot [G] \tag{4.20}$$

Alle Berechnungen sind wiederum in der Modulo-2 - Arithmetik durchzuführen.

Für unser Beispiel ergibt sich: Datenworte: Codeworte:

Datenworte	Codeworte
000	000000
001	001101
010	010011
011	011110
100	100110
101	101011
110	110101
111	111000

Im Empfänger wird die sog. Kontrollmatrix [H] vorbereitet:

Aus $[G] = [E^m\ G']$ wird $[H] = [G'^T\ E^{n-m}]$ $\tag{4.21}$

Für unser Beispiel lautet [H]:

$$[H] = \underbrace{\begin{bmatrix} 1 & 0 & 1 \\ 1 & 1 & 0 \\ 0 & 1 & 1 \end{bmatrix}}_{[G'^T]} \underbrace{\begin{bmatrix} 1 & 0 & 0 \\ 0 & 1 & 0 \\ 0 & 0 & 1 \end{bmatrix}}_{[E^{n-m}]}$$

Die eigentliche Prüfoperation besteht aus der Produktbildung

$$\underline{s} = \underline{c} \cdot [H]^T \tag{4.22}$$

Der Vektor $\underline{s}$ hat die Länge m = 3 und heisst *Syndromvektor*. Falls die Übertragung fehlerfrei war, so gilt $\underline{s} = 0$. Für unser Beispiel:

$$\underline{s} = \underline{c} \cdot \begin{bmatrix} 1 & 1 & 0 \\ 0 & 1 & 1 \\ 1 & 0 & 1 \\ 1 & 0 & 0 \\ 0 & 1 & 0 \\ 0 & 0 & 1 \end{bmatrix} = (0\,0\,0) \qquad \text{für alle gültigen Codeworte}$$

Falls die Prüfoperation zeigt, dass nur soviele Fehler vorliegen wie auch korrigierbar sind, so kann aus dem Syndrom s der sog. *Fehlervektor* berechnet werden. Dieser zeigt die falschen Bit an, die nur noch invertiert werden müssen. Zur Auswertung des Syndroms dient der *Berlekamp-Massey-Algorithmus*. Dieser wurde entwickelt von Berlekamp und erstmals plausibel erklärt von Massey.

Für eine Untergruppe der linearen und systematischen Codes, nämlich die *zyklischen Codes*, gibt es eine elegantere Berechnung. Diese basiert auf einer Polynomalgebra anstatt der Matrizenrechnung. Das Verfahren heisst *CRC-Codierung* (cyclic redundancy check) und erfreut sich aus zwei Gründen breiter Anwendung: Erstens erkennt dieser Code Burstfehler und zweitens ist die Polynomrechnung einfacher und schneller durchzuführen als die Matrizenrechnung.

Die Datenworte werden nicht mehr als Vektoren, sondern als Polynome aufgefasst. Die einzelnen Bit entsprechen gerade den Koeffizienten des Polynoms. Beispiel: Das Datenwort

$$I = (1\,1\,0\,1\,0\,1\,1)$$

entspricht dem Polynom

$$I = 1 \cdot b^6 + 1 \cdot b^5 + 0 \cdot b^4 + 1 \cdot b^3 + 0 \cdot b^2 + 1 \cdot b^1 + 1 \cdot b^0 = b^6 + b^5 + b^3 + b^1 + b^0$$

Die Generatormatrix wird ersetzt durch das *Generatorpolynom* G. Dieses hat den Grad k und mit seiner Hilfe werden die k Prüfbit P gebildet. Diese stammen aus dem Rest der Division

$$\frac{b^k \cdot I}{G} = Q + \frac{P}{G} \tag{4.23}$$

I ist das Polynom mit den m Nutzbit. Die Multiplikation mit b^k bedeutet ein Verschieben um k Stellen nach links und Anhängen von k Nullen. Genau dasselbe passiert in der digitalen Signalverarbeitung bei der Z-Transformation: dort wird ein Polynom nach rechts verschoben, indem man es mit z^{-1} multipliziert. Danach bildet der Sender die Codeworte

$$C = b^k \cdot I + P \tag{4.24}$$

Das bedeutet, dass die m Nutzbit um k Stellen nach links geschoben werden und dann die k Prüfbit rechts angehängt werden.

Der Empfänger nimmt das empfangene Wort C und dividiert dieses durch G. Da der Rest der Division I/G im Sender zu $b^k \cdot I$ addiert wurde, geht die Division im Empfänger ohne Rest auf, falls keine Übertragungsfehler aufgetreten sind.

Die Operationen im Sender und Empfänger sind also identisch und können mit Schieberegistern einfach und schnell ausgeführt werden.

Der Name zyklischer Code leitet sich aus der Tatsache ab, dass aus einer zyklischen Verschiebung eines Codewortes wieder ein Codewort entsteht. Aufgrund der Linearität können alle Codeworte aus einem einzigen Bitmuster durch Verschieben und Superponieren erzeugt werden. Dieses Bitmuster ist das erwähnte Generatorpolynom, das natürlich nicht ganz frei wählbar ist. Verwendet werden sog. *primitive Polynome*, deren Koeffizienten in Tabellen aufgelistet sind.

Die CRC-Codierung hat die schöne Eigenschaft, dass bei k Prüfstellen k nebeneinanderliegende Bitfehler entdeckt werden können (Burstfehler). Deswegen ist die CRC-Codierung ein de facto-Standard geworden, wobei folgende Generatorpolynome häufig eingesetzt werden:

CRC-16: $G(x) = x^{16} + x^{15} + x^2 + 1$

CRC-CCITT: $G(x) = x^{16} + x^{12} + x^5 + 1$

Beispiel:

   Nutzdatenwort: $I = 1\ 0\ 1\ 0\ 0\ 0\ 1\ 1\ 0\ 1$

   Koeffizienten des Generatorpolynoms: $G = 1\ 1\ 0\ 1\ 0\ 1$

Berechnen der Prüfstellen durch fortlaufende Divisionen und Verwendung des Rests:

```
1 0 1 0 0 0 1 1 0 1 0 0 0 0 0    (k = 5 Nullen an I angehängt)
1 1 0 1 0 1
  1 1 1 0 1 1
  1 1 0 1 0 1
    1 1 1 0 1 0
    1 1 0 1 0 1
      1 1 1 1 1 0
      1 1 0 1 0 1
        1 0 1 1 0 0
        1 1 0 1 0 1
          1 1 0 0 1 0
          1 1 0 1 0 1
            1 1 1 0 = Rest → P = 0 1 1 1 0  (k = 5 Stellen)
```

Damit lautet das Codewort: $C = 1\ 0\ 1\ 0\ 0\ 0\ 1\ 1\ 0\ 1\ 0\ 1\ 1\ 1\ 0$

In den beiden Beispielen wurde die bekannte Polynom- und Matrizenrechnung angewandt mit dem einzigen Unterschied, dass alle Operationen in der Modulo-2 - Arithmetik durchzuführen waren. Diese ungewohnte Rechnungsmethode soll nun etwas genauer betrachtet werden.

Wir sind uns gewohnt, mit einer leistungsfähigen Algebra komplizierte Aufgaben zu lösen. Dabei werden meistens die reellen Zahlen verwendet, manchmal auch die komplexen Zahlen. Es ist nun sehr verlockend, diese leistungsfähige Algebra auch auf die Probleme der Codierungstechnik anzuwenden.

Die gewohnte Algebra ist definiert für *Zahlenkörper*. Ein Zahlenkörper ist eine Menge von Zahlen, die gewisse Eigenschaften erfüllen müssen, u.a. sind zu erwähnen

- Der Körper ist abgeschlossen bezüglich der Addition: werden zwei Zahlen aus dem Körper addiert, so ist die Summe ebenfalls ein Element des Körpers.

- Der Körper ist abgeschlossen bezüglich der Multiplikation.

- Es existiert ein Neutralelement für die Addition: die Summe einer Zahl und des Neutralelementes ergibt die ursprüngliche Zahl.

- Es existiert ein Neutralelement für die Multiplikation.

- Es gilt das Distributivgesetz: $a(b+c) = ab + ac$

- Die Division muss definiert sein.

Werden andere Eigenschaften definiert, so ergeben sich Gruppen oder Ringe. Beispiele für Zahlenkörper sind die Mengen der reellen Zahlen und der komplexen Zahlen. 0 und 1 sind die Neutralelemente. Diese Körper umfassen unendlich viele Elemente, sonst wären sie nicht abgeschlossen. Sie heissen darum *unendliche Körper*.

Für alle Körper gilt dieselbe Algebra, die Rechenregeln sind darum identisch für die reellen und die komplexen Zahlen. Die reellen Zahlen kann man mit der kontinuierlichen Zahlengeraden graphisch darstellen.

Mit den reellen Zahlen können Polynome gebildet werden. Nun treten aber sog. *irreduzible Polynome* auf, d.h. die Wurzeln dieser Polynome sind nicht Elemente des Zahlenkörpers. Z.B. hat die Gleichung $x^2+1 = 0$ keine reelle Zahl als Lösung. Als Abhilfe definiert man einen *erweiterten Körper*, im Falle der rellen Zahlen geht man zu den komplexen Zahlen über. Die graphische Darstellung erfordert eine zusätzliche Dimension, man gelangt zur *Zahlenebene*.

Mit binären Zahlen der Wortlänge n (als solche können ja alle digitalen Datenworte aufgefasst werden) lassen sich nur 2^n verschiedene Zahlen darstellen. Mit solchen Datenworten kann also kein unendlicher Körper gebildet werden. Man behilft sich mit einem schlauen Trick: statt eine Zahlengerade verwendet man einen *Zahlenkreis*. Beispiel: ein endlicher Körper umfasse die einstelligen Dezimalzahlen 0 ... 6. Addiert man zwei Zahlen, z.B. 3+5, so erhält man auf der Zahlengeraden 8. Auf dem Zahlenkreis gelangt man hingegen zu 1. Das ist nicht anderes als die Modulo-7 - Rechnung, wobei 7 die Anzahl Elemente im endlichen Zahlenkörper ist.

Allerdings können nicht endliche Zahlenkörper mit beliebiger Anzahl Elemente gebildet werden, ohne die obigen Regeln zu verletzen. Der Franzose Galois hat bewiesen, dass die Anzahl Elemente in einem endlichen Körper eine Primzahl oder eine Primzahlpotenz sein muss (Galois liess übrigens sein Leben mit 21 Jahren in einem Duell). Man spricht darum von *Galois-Körpern* GF(p) bzw. GF(p^n). p bedeutet die Primzahl und n eine natürliche Zahl. In der englischen Sprache heisst ein Zahlenkörper *field*, ein Galoiskörper heisst *galois-field* und die Abkürzung davon ist dieses seltsame GF. Auch in der deutschsprachigen Literatur tritt häufig der Ausdruck *Galois-Feld* auf.

Man kann zeigen, dass GF(p^n) ein Erweiterungskörper ist zu GF(p). Für die konkrete Anwendung muss man noch p und n bestimmen. p ist eine Primzahl, als Minimalwert kommt p = 2 in Frage. Der Galois-Körper GF(2) umfasst die Elemente 0 und 1, dies sind gleichzeitig die Neutralelemente sowie die logischen Werte, die ein Bit annehmen kann. Der Galoiskörper GF(2^n) umfasst 2^n Elemente, also wird n gerade gleich der Länge (Stellenzahl) der Datenworte gesetzt.

Der geniale Trick bei der Anwendung der Galois-Feldern liegt also darin, dass man die bekannte Algebra anwendet auf einen Zahlenkörper, der massgeschneidert ist auf die digitalen Signale.

Eine Addition in GF(2) hat folgende Wahrheitstabelle:

$$0 + 0 = 0$$
$$0 + 1 = 1$$
$$1 + 0 = 1$$
$$1 + 1 = 0$$

Dies ist nichts anderes als die Modulo-2-Addition und entspricht genau der *EXOR-Verknüpfung*. Deutlich ist auch die Rolle des Neutralelementes 0 erkennbar. Mit der Vorstellung des Zahlenkreises gelangt man zur Aussage: *Addition und Subtraktion sind in GF(2) identisch.*

Die Wahrheitstabelle der Multiplikation lautet:

$$0 \cdot 0 = 0$$
$$0 \cdot 1 = 0$$
$$1 \cdot 0 - 0$$
$$1 \cdot 1 = 1$$

Dies entspricht genau der *AND-Verknüpfung*.

Die BCH-Codes und die RS-Codes (Bild 4.22) ziehen nun alle Register der Algebra in Galois-Feldern. Sie benutzen sogar die Diskrete Fourier-Transformation (DFT) in $GF(2^n)$! Dies ist aber anschaulich erklärbar:

Gehen wir zuerst zurück zu den reellen Zahlen. Ein zeitlich beschränktes reelles Signal wird abgetastet, wobei das Abtasttheorem gerade eingehalten wird. Es entstehen m reelle Abtastwerte, die gespeichert werden. Mit diesen m Zahlen lässt sich eine DFT durchführen, es entstehen m Spektralwerte.

Nun wird dasselbe Signal nochmals abgetastet, aber etwas schneller. Es entstehen n > m Abtastwerte, die wiederum der DFT unterworfen werden. Jetzt entstehen aber n Spektralwerte, wobei die obersten k = n-m Spektralwerte gleich Null sind, da das Zeitsignal zu schnell abgetastet wurde.

Die Idee ist nun die folgende: Man nimmt ein Nutzdatenwort mit m Stellen. Dieses Datenwort wird als Spektralvektor aufgefasst und mit k Nullen auf die Länge n vergrössert. Eine inverse DFT erzeugt einen Vektor im Zeitbereich, wobei die Nullen verteilt und nicht mehr explizit sichtbar sind. Die Zeitsequenz hat die Länge n, entspricht aber einem überabgetasteten Signal, die Zeitwerte sind darum redundant. Diese Zeitsequenz ist nun das Codewort und wird zum Empfänger übertragen. Dieser führt eine DFT aus und kontrolliert, ob die höchsten k Spektralwerte Null sind, das ist der Syndromvektor. Wenn bei der Übertragung auch nur ein einziger Abtastwert verfälscht wird, so zeigt dies der Syndromvektor an. Die DFT ist ja eine N zu N -Transformation, d.h. jeder Abtastwert beeinflusst jeden Spektralwert und umgekehrt. Bild 4.23 zeigt das Prinzip.

Der Unterschied zwischen BCH- und RS-Codes liegt darin, dass BCH-Codes binäre Codeworte verwenden, RS-Codes dagegen mehrwertige Codeworte, meistens ist die Wertigkeit eine Zweierpotenz. Je nach Ansicht sind RS-Codes ein Spezialfall der BCH-Codes oder BCH-Codes ein Spezialfall der RS-Codes.

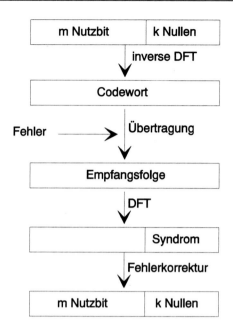

Bild 4.23 Transformationscodierung bei BCH- und RS-Codes

Bei einer Datenübertragung weist der Empfänger stets die Kaskade Entscheider-Leitungs-decoder auf, vgl. Bild 2.11. Wird eine Kanalcodierung eingesetzt, so wird der Kanaldecoder an den Leitungsdecoder gehängt, im Falle einer Bandpass-Übertragung wird ein Demodulator vorgeschaltet. Punkto Abtastung und Decodierung sind nun zwei Verfahren zu unterscheiden:

- *Hard-decision decoding:* Der Kanaldecoder nimmt die *logischen* Werte *nach* dem Ent-scheider und korrigiert auf das Codewort mit der kleinsten *nichteuklidischen* Distanz.

- *Soft-decision decoding:* Der Kanaldecoder nimmt die *reellen* Signalwerte im Abtastzeit-punkt (*vor* dem Entscheider) und korrigiert auf das Codewort mit der kleinsten *euklidischen* Distanz.

Beispiel: Der Code umfasse die Worte 111 und 000. Bei bipolarer Übertragung werden diese Worte durch die Pegel 1, 1, 1 und $-1, -1, -1$ dargestellt. Das empfangene und abgetastete Da-tenwort habe vor dem Entscheider die Pegel 0.5, 0.5, -3.

Der hard-decision decoder quantisiert zuerst Bit für Bit und gibt darum 110 an den Kanalde-coder weiter. Dieser korrigiert auf 111.

Der quadrierte euklidische Abstand des Punktes 0.5, 0.5, -3 zum Punkt 1, 1, 1 beträgt $(1-0.5)^2 + (1-0.5)^2 + (1-(-3))^2 = 16.5$. Zum Punkt $-1, -1, -1$ ergibt sich aber weniger, nämlich $1.5^2 + 1.5^2 + 2^2 = 8.5$. Der soft-decision decoder entscheidet sich darum für 000, also gerade anders als der hard-decision decoder. Dies ist die Folge des starken Ausreissers beim dritten Bit. Bei schwachen Ausreissern entscheiden sich beide Decoder gleich.

Soft-decision decoding ist natürlich besser, aber auch aufwändiger und wird darum seltener verwendet. Vermehrt trifft man aber in den Empfängern nicht die simplen Komparatoren wie in Bild 2.13 an, sondern einen AD-Wandler wie in Bild 2.14. Damit ist die Hardware bereit für einen soft-decision decoder.

Codes können verschachtelt werden, um die Sicherheit zu erhöhen, Bild 4.24. Bei der CD z.B. werden zwei RS-Codes ineinander verschachtelt.

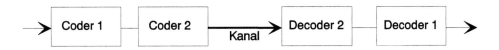

Bild 4.24 verschachtelte Codes (*concatenated codes*)

Jede Fehlerkorrektur versagt, wenn in einem Block zuviele Fehler auftreten. Bei Burstfehlern passiert dies, obwohl die BER sehr klein sein kann. D.h. die meisten Codeworte enthalten zuviel Redundanz, einzelne Codeworte hingegen zuwenig. In der Bilanz ist ein solcher Code nicht sehr effizient.

Eine Verbesserung der Situation ergibt sich, wenn man mit einem *Interleaver* die Bit der bereits codierten Worte verwürfelt. Dies erfolgt über mehrere Blöcke gleichzeitig, entsprechend wird die Übertragung etwas verzögert. Interleaving (*Code-Spreizung*) ist eine einfache Operation: man liest die codierten Blöcke zeilenweise in eine Matrix ein und kolonnenweise wieder aus. Der Empfänger macht das Umgekehrte. Ein Burstfehler der Länge e wird dadurch umgewandelt in e Einzelfehler. Für die Korrektur dieser Einzelfehler genügt eine Hammingdistanz h = 3. Man spart also Bandbreite auf Kosten von Schaltungsaufwand (Speicher) und Verzögerung. Bei der CD treten aufgrund der Oberflächenverunreinigungen oft Burstfehler auf, es ist darum nicht erstaunlich, dass bei der CD dieses Interleaving auch angewandt wird. Bild 4.25 zeigt das Blockschema.

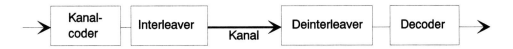

Bild 4.25 Interleaving gegen Burstfehler

4.3.3 Faltungscodes

Die Faltungscodes (*convolutional codes*) bilden die zweite Gruppe der Kanalcodes. Sie führen keine blockweise, sondern eine kontinuierliche Codierung aus. Die Theorie der Faltungscodes ist noch jung und noch weniger anschaulich als diejenige der Blockcodes. Trotzdem haben die Faltungscodes ihre Daseinsberechtigung.

Faltungscoder sind einfach zu realisieren und mit dem *Viterbi-Algorithmus*, welcher einen soft-decision decoder darstellt, steht eine starke Decodiermethode zur Verfügung. Als Variante zum Viterbi-Decoder wird auch die sequentielle Decodierung (Stack-Decoder und Fano-Decoder) eingesetzt. Faltungscodes sind linear, aber nicht systematisch.

Der Faltungscoder liest die Nutzdaten in ein Schieberegister ein und greift die einzelnen Zellen ab. Diese Abgriffe werden auf geeignete Art einer mathematischen Operation unterzogen, natürlich wiederum in Modulo-2 - Arithmetik, woraus die Prüfbit resultieren. Bild 4.26 zeigt ein einfaches Beispiel.

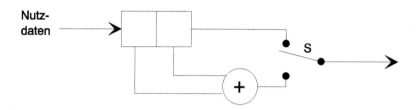

Bild 4.26 Faltungscoder für den Wyner-Ash-Code

Der Schalter S wird mit dem doppelten Nutzbittakt hin- und hergeschaltet. Im Ausgangs-datenstrom erscheinen dadurch die ursprünglichen Daten, wobei zwischen je zwei Bit deren EXOR-Verknüpfung eingefügt wird. Die Datenmenge wird durch die Codierung also verdop-pelt. Aus dem Nutzdatenstrom

     B1   B2   B3   B4   B5   usw.

wird der codierte Datenstrom

     B1   B1$\oplus$B2   B2   B2$\oplus$B3   B3   usw.

Im Empfänger wiederholt der Decoder dieselbe Operation und vergleicht seine berechneten Prüfbit mit den angelieferten Prüfbit. Ergibt sich ein einziger Unterschied, so ist das Prüfbit bei der Übertragung verfälscht worden. Führen jedoch zwei benachbarte Operationen zu einem unterschiedlichen Resultat, so wurde das dazwischenliegende Nutzbit verfälscht.

Der Wyner-Ash-Code entdeckt dann alle Fehler, wenn zwischen zwei fehlerhaften Bit (inklu-sive Prüfbit) mindestens 3 Bit korrekt übertragen wurden. Der Wyner-Ash-Code korrigiert demnach einen Fehleranteil von 25 % auf 0 % bei einer Verdoppelung der Datenmenge.

Der im Abschnitt 4.3.2 als Beispiel benutzte (6,3)-Blockcode kann mit seiner Hammingdistanz h = 3 pro Block mit 6 Bit nur einen Fehler korrigieren. Die maximal zulässige Fehlerquote beträgt damit nur 16 %, obwohl die Datenmenge ebenfalls verdoppelt wird.

Natürlich werden auch Coder mit längeren Schieberegistern als in Bild 4.26 eingesetzt. Dabei wird die Information von einem Bit über mehrere andere Bit verteilt. Die aufwändigeren Codes lassen sich nicht direkt berechnen wie bei den Blockcodes, man behilft sich stattdessen mit Simulationen, um einen optimalen Code zu finden. Bild 4.27 zeigt den Aufbau eines aufwän-digeren Faltungscoders. Dieser schiebt jeweils k Nutzbit aufs Mal in das Schieberegister der Länge L·k. Danach werden n Linearkombinationen aus dem Inhalt des Schieberegisters gebil-det. Die Codierungsrate beträgt demnach R_C = k/n.

Häufig ist die Codierungsrate bei Faltungscodes klein, d.h. der Nutzdatendurchsatz ist schlecht. Zugleich ist oft die Korrekturfähigkeit des Codes zu gross. In diesen Fällen lässt man einen Teil der Bit weg und provoziert von vornherein einige Bitfehler, die der Decoder aber mühe-los korrigieren kann. Diese sog. *punktierten Codes* verbessern den Nutzdatendurchsatz.

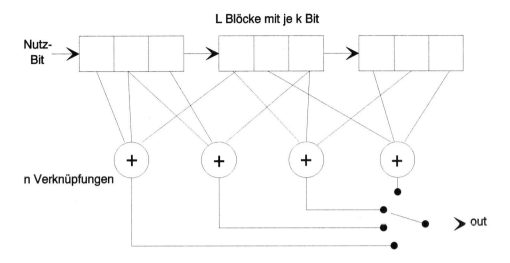

Bild 4.27 Allgemeine Struktur des Faltungscoder

Faltungscoder können als Automaten aufgefasst werden, wobei der momentane Inhalt des Schieberegisters den aktuellen Zustand darstellt. Dieser beschreibt die Vorgeschichte des Automaten. Bei den Faltungscodern benutzt man nicht das aus der Automatentheorie bekannte Zustandsdiagramm, das die Zustandsübergänge anschaulich zeigt. Vielmehr trägt man über der Zeitachse die verschiedenen Zustände auf. Bild 4.28 zeigt dies an einem Faltungscoder mit 2 Schieberegisterzellen und somit 4 Zuständen.

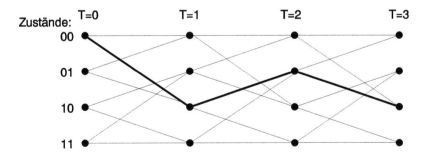

Bild 4.28 Trellisdiagramm eines Faltungscoders

Die drei Bereiche zwischen den vier Zuständen in Bild 4.28 sind alle gleich aufgebaut, es handelt sich ja stets um denselben Automaten. Jeder Zustand hat zwei Abgänge, abhängig davon, ob eine logische 1 oder 0 als nächstes Bit erscheint. Die möglichen Ziele der Abgänge hängen ab von der EXOR-Verknüpfung des Faltungscoders. Bild 4.28 ähnelt einem Gatter (engl. trellis), was den Namen Trellisdiagramm erklärt. Die dicke Linie zeigt einen Weg durch das Trellisdiagramm, wie er durch einen bestimmten Datenstrom eingeschlagen wird. Treten Übertragungsfehler auf, so weicht der Weg ab. Viterbi hat 1967 einen effizienten Algorithmus veröffentlicht, der den wahrscheinlichsten möglichen Pfad im Trellisdiagramm findet.

4.3.4 Die Auswahl des Codierverfahrens

Es gibt kein ideales Codierungsverfahren, sonst hätte nämlich in den vorhergehenden Abschnitten nur dieses besprochen werden müssen. Vielmehr geht es um die Auswahl des für die *jeweilige Anwendung optimalen* Verfahrens. Damit steht man vor derselben Kompromisssuche wie bei der Auswahl eines Modulationsverfahrens.

Bestimmend für die Auswahl eines Codierverfahrens sind:

- die zulässige BER nach dem Decoder
- die Eigenschaften der Kanalstörungen
- die Datenrate
- die Art der Information
- die Konsequenz unentdeckter oder falsch korrigierter Bitfehler
- die Kosten punkto Bandbreitenvergrösserung und Geräteaufwand
- die zulässige zusätzliche Verzögerungszeit

Die Kosten müssen verglichen werden mit dem Aufwand für andere Arten der Fehlerreduktion, z.B. für eine Erhöhung der Sendeleistung. Man sucht also die günstigste Variante für ein *Gesamt*optimum. Einmal mehr ist zu erwähnen, dass ein Pflichtenheft nicht einfach ein fehlerfreies System verlangen darf, aber auch nicht ein verschwommen formuliertes „möglichst gutes System".

AWGN-Kanäle (additive white Gaussian noise) mit einer BER von 10^{-5} ... 10^{-7} werden häufig mit einem Faltungscode mit Viterbi-Decodierung angepasst. Bei diesen Kanälen dominieren die Einzelfehler.

Falls die Kanalstörung nicht Gauss'sche Eigenschaften aufweist, treten vermehrt Burstfehler auf. Hier werden mit RS-Codes und BCH-Codes gute Resultate erzielt, v.a. dann, wenn nach dem Decoder sehr tiefe BER unter 10^{-10} gefordert sind. Ebenfalls bei FEC-Systemen bieten sich die zyklischen Codes an.

Die BER ist jedoch in vielen Fällen ein zweifelhaftes Qualitätskriterium. Sehr kleine BER haben oft einen Schwelleneffekt, z.B. ist bei der Übertragung eines Computerprogrammes die Fehlerfreiheit sehr wichtig. Ob aber ein Fehler oder hundert Fehler im Programm auftreten ist unwesentlich, in beiden Fällen ist das Programm unbrauchbar.

Je nach Nachrichtenquelle ist es unsinnig, alle Bit zu schützen. Bei PCM-Signalen beispielsweise ist es sehr effizient, nur die vordersten Bit mit Redundanz zu versehen, da ein invertiertes LSB kaum wahrgenommen wird. Hier ist die BER also auch nicht das Mass aller Dinge. Aus demselben Grund wurde auch die MR-QAM ersonnen, Bild 3.74.

Ebenso ist bei PCM-Signalen nicht stets eine Fehlerkorrektur erforderlich. Erkennt man einen Abtastwert als falsch übertragen, so kann er viel billiger aus den benachbarten Abtastwerten interpoliert werden. Man nennt diese Technik *Fehlerüberdeckung* oder *Fehlerverschleierung* und findet sie ebenfalls bei der CD.

Diese Fehlerverschleierung ist bei allen Übertragungen geeignet, die subjektiv beurteilt werden, d.h. bei denen die Nachrichtensenke ein Mensch und nicht eine Maschine ist. Je stärker die Quellensignale aber komprimiert werden, desto weniger Bitfehler dürfen auftreten.

Theoretischen Untersuchungen wird fast immer der symmetrische AWGN-Kanal zugrunde gelegt. Symmetrisch bedeutet, dass im Mittel gleich viele Nullen und Einsen übertragen werden und dass die Wahrscheinlichkeit, dass eine Null zu einer Eins invertiert wird, gleich gross ist wie die Wahrscheinlichkeit, dass eine Eins verfälscht wird. Der TTL-Kanal ist demnach nicht symmetrisch, da der 1-Pegel robuster ist als der 0-Pegel. Asymmetrische Kanäle lassen sich mit Zusatzschaltungen (Umcodierern) symmetrieren.

Gedächtnislose Kanäle haben eine konstante Fehlerwahrscheinlichkeit, gedächtnisbehaftete Kanäle erzeugen Fehlerbursts.

Erfolgt nach der Kanalcodierung noch eine Modulation, so muss auch deren Einfluss auf die Fehlercharakteristik betrachtet werden. So tendiert z.B. eine differentielle Codierung vor der Modulation (zum Zwecke der einfacheren Synchronisation des Demodulators) dazu, Paare von Bitfehlern zu erzeugen.

Wählt man einen Blockcode kleiner Länge, so fallen die Kontrollbit gegenüber den Nutzbit stark ins Gewicht und der Durchsatz der Nutzdaten sinkt. Wird die Blocklänge sehr gross gemacht, so steigt die Blockfehlerwahrscheinlichkeit (vgl. Abschnitt 4.3.5) und beim ARQ-System die Anzahl der Wiederholungen, der Durchsatz sinkt also ebenfalls. Man kann die optimale Länge eines Blockes berechnen, um bei einer gegebenen Bitfehlerquote den maximalen Durchsatz zu erhalten [Ger94]. Allerdings muss in der Praxis diese Kanaleigenschaft bekannt sein oder gemessen werden. Einfachere Systeme benutzen einen sehr pragmatischen und effektiven Ausweg: steigt die Anzahl der Wiederholungen verdachtserregend an, so wird die Blocklänge verkürzt, im andern Fall verlängert. Es handelt sich dabei um ein *adaptives Protokoll*.

Daraus kann man schliessen, dass man wo immer möglich ein ARQ-Verfahren benutzen soll, nur so lässt sich ein adaptives Protokoll implementieren. Auch punkto Nutzdatendurchsatz ist ein ARQ-System einem FEC-System prinzipiell überlegen:

- Bei FEC-Systemen fügt der Kanalcoder *vorsorglich viel* Redundanz ein. Falls fast keine Störungen auftreten, bleibt die eingefügte Redundanz nutzlos, die Nutzdatenrate wird schlechter als nötig.

- ARQ-Systeme hingegen bilden Blöcke mit *wenig* Redundanz und wiederholen gestörte Blöcke. Diese Wiederholung ist ebenfalls Redundanz, allerdings wird sie *nur bei Bedarf* eingefügt. Falls sehr viele Störungen auftreten, so wird der Durchsatz ebenfalls kleiner und sinkt u.U. bis auf Null ab. Nach zuvielen erfolglosen Versuchen wird man darum die Verbindung automatisch auflösen, um den Kanal freizugeben.

Zum Schluss ist noch erwähnenswert, dass die Codierung nicht nur zum Fehlerschutz eingesetzt wird, sondern auch zur Synchronisation verwendbar ist. Eine fehlende Synchronisation zeigt sich nämlich dadurch, dass im Syndrom dauernd Übertragungsfehler gemeldet werden. Übertragungsbandbreite wird normalerweise benötigt für

- die Übertragung der eigentlichen Nachricht

- den Fehlerschutz durch Modulation und Kanalcodierung

- die Übertragung von Zusatzinformationen wie Pilottöne und Synchronisationsworte, die aber nur der Demodulator und der Decoder benötigen und die nicht an die Senke weitergegeben werden.

Kombiniert man diese Teilaufgaben, so lässt sich etwas Bandbreite einsparen.

4.3.5 Der Codierungsgewinn

Welche Leistung erbringt die Kanalcodierung innerhalb des gesamten Übertragungssystems eigentlich? Die Antwort ist auf den ersten Blick einfach: die Bitfehlerquote wird verringert dank der Übertragung von Redundanz. Allerdings benötigt diese Redundanz Übertragungsbandbreite oder Übertragungszeit oder Speicherplatz. Man beurteilt die Codierungsverfahren unter der Annahme gleicher Übertragungszeit. Eine Verdoppelung der Datenrate durch eine Kanalcodierung vergrössert aber auch die Übertragungsbandbreite. Dies bewirkt bei einem AWGN-Kanal eine Vergrösserung der Rauschleistung, d.h. der Signal-Rauschabstand im Kanal SR_K wird nach (1.20) verringert und die Bitfehlerquote steigt an. Die Kanalcodierung muss diesen Anstieg mehr als wettmachen, ansonsten lohnt sich der Aufwand nicht.

Shannon hat gezeigt, dass eine fehlerfreie Datenübertragung über einen AWGN-Kanal stets dann möglich ist, wenn die Informationsrate J kleiner ist als die in (1.17) angegebene Kanalkapazität C. Allerdings hat Shannon nicht angegeben, wie ein Kanalcode zur Erreichung dieses Grenzwertes zu konstruieren ist, er hat lediglich bewiesen, dass ein Code existiert. Unter Umständen ist der Codierungsaufwand aber unendlich gross und für die Anwendung unpraktikabel.

Es geht nicht darum, die theoretische Grenze zu erreichen, sondern darum, die Übertragung im Vergleich zur uncodierten Variante zu verbessern. Diese Verbesserung kann auf zwei äquivalente Arten ausgedrückt werden:

- Bei gleicher Sendeleistung wird die Bitfehlerquote durch die Codierung kleiner.
- Die gleiche Bitfehlerquote kann mit reduzierter Sendeleistung erreicht werden.

Benutzt man die zweite Definition und drückt man die mögliche Reduktion der Sendeleistung in dB aus, so ist der Codierungsgewinn direkt mit dem Modulationsgewinn vergleichbar. Im Bild 2.24 beträgt beispielsweise der Codierungsgewinn (erreicht durch einen BCH-Code) bei einer BER von 10^{-8} etwa 4 dB gegenüber der bipolaren Übertragung. Dabei wurde die Verschlechterung von SR_K aufgrund der grösseren Bandbreite bei der Codierung bereits berücksichtigt.

Fehlerfreiheit gibt es in der Praxis wie gesagt nicht. Darum soll die Restfehlerquote trotz Kanalcodierung am Beispiel der Blockcodes berechnet werden. Als Kanal dient der gedächtnislose AWGN-Kanal.

Ein einzelnes Bit wird mit der *Bitfehlerwahrscheinlichkeit* p_{Bit} verfälscht und mit der Wahrscheinlichkeit $1-p_{Bit}$ korrekt übertragen. Die Wahrscheinlichkeit, dass m aufeinanderfolgende Bit korrekt sind, beträgt $(1-p_{Bit})^m$, da der Kanal gedächtnislos und damit die Bitfehler unabhängig sind.

Dies kann auch anders ausgedrückt werden: In einem Block von m Bit Länge treten i falsche und gleichzeitig (m–i) richtige Bit auf. Die Wahrscheinlichkeit dafür ist:

$$p_{Bit}^{\,i} \cdot \left(1 - p_{Bit}\right)^{m-i}$$

Da es insgesamt $\binom{m}{i}$ Möglichkeiten gibt, i falsche Bit aus total m Bit auszuwählen, lautet die Wahrscheinlichkeit für i Fehler in einem Block von m Bit:

$$\binom{m}{i} \cdot p_{Bit}^{\ i} \cdot \left(1 - p_{Bit}\right)^{m-i} \tag{4.25}$$

Setzt man i = 0 so erhält man die Wahrscheinlichkeit für einen korrekten Block, was wegen $\binom{m}{0} = 1$ wie oben $\left(1 - p_{Bit}\right)^{m}$ ergibt.

Die Wahrscheinlichkeit, dass ein Block von m Bit falsch ist, d.h. dass mindestens ein Bit falsch ist, heisst *Blockfehlerwahrscheinlichkeit* p_{Block} und beträgt somit

$$p_{Block} = 1 - \left(1 - p_{Bit}\right)^{m} \tag{4.26}$$

Auch dies kann anders berechnet werden, wobei der folgende Weg viel komplizierter ist, wir aber das anders aussehende Resultat später benötigen.

Die Blockfehlerwahrscheinlichkeit ist die Wahrscheinlichkeit, dass 1 oder 2 oder 3 ... oder m Bit des Blockes falsch sind. Sie beträgt aufgrund (4.25):

$$p_{Block} = \sum_{i=1}^{m} \binom{m}{i} \cdot p_{Bit}^{\ i} \cdot \left(1 - p_{Bit}\right)^{m-i} \tag{4.27}$$

(4.27) und (4.26) drücken dasselbe aus, müssen also zusammenhängen. Dies kann man zeigen mit der Binomialformel

$$\left(a+b\right)^{m} = \sum_{i=0}^{m} \binom{m}{i} \cdot a^{m-i} \cdot b^{i}$$

Nun setzt man a = 1−p_{Bit} und b = p_{Bit}:

$$\left(1 - p_{Bit} + p_{Bit}\right)^{m} = 1 = \sum_{i=0}^{m} \binom{m}{i} \cdot p_{Bit}^{\ i} \cdot \left(1 - p_{Bit}\right)^{m-i} \tag{4.28}$$

Gegenüber (4.27) liegt der einzige Unterschied darin, dass die Summation bei 0 beginnt. Der Summand mit i = 0 ist somit zuviel und wird subtrahiert:

$$p_{Block} = 1 - \binom{m}{0} \cdot p_{Bit}^{\ 0} \cdot \left(1 - p_{Bit}\right)^{m} = 1 - \left(1 - p_{Bit}\right)^{m}$$

Damit ergibt sich dasselbe Ergebnis wie bei (4.26):

$$p_{Block} = \sum_{i=1}^{m} \binom{m}{i} \cdot p_{Bit}^{\ i} \cdot \left(1 - p_{Bit}\right)^{m-i} = 1 - \left(1 - p_{Bit}\right)^{m} \tag{4.29}$$

Mit Gleichung (2.24) kann p_{Bit} ausgedrückt werden durch den Signal-Rausch-Abstand im Kanal, SR_K. Bild 4.29 zeigt die Auswertung für die Blocklängen 1, 16 und 512. Bei m = 1 ergibt (4.29) die Bitfehlerwahrscheinlichkeit, somit ist diese Kurve identisch zu derjenigen aus Bild 2.23.

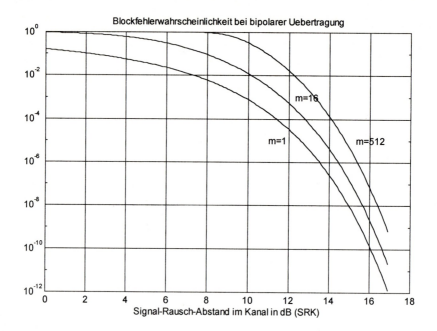

Bild 4.29 Blockfehlerwahrscheinlichkeiten für ungesicherte Blöcke der Länge m = 1, 16 und 512

Man erkennt in Bild 4.29, dass ein Block der Länge 512 unter einem SR_K von 8 dB gar nie fehlerfrei übertragbar ist.

Unter der *Restfehlerwahrscheinlichkeit* p_R versteht man die Blockfehlerwahrscheinlichkeit bei Einsatz einer Kanalcodierung. Die Wahrscheinlichkeit, dass in einem Block der Länge n = m+k höchstens e Fehler auftreten, ergibt sich aus (4.29), indem der fehlerfreie Fall dazugezählt wird. Die Summation startet also bei 0 statt 1:

$$\sum_{i=0}^{e} \binom{n}{i} \cdot p_{Bit}^{\,i} \cdot \left(1 - p_{Bit}\right)^{n-i} \tag{4.30}$$

Diese maximal e Fehler werden vom Decoder korrigiert. Nicht korrigierbar sind Worte mit mehr als e Fehlern. Die Wahrscheinlichkeit dafür ist die gesuchte Restfehlerwahrscheinlichkeit p_R , die aufgrund (4.30) einfach angegeben werden kann:

$$p_R = 1 - \sum_{i=0}^{e} \binom{n}{i} \cdot p_{Bit}^{\,i} \cdot \left(1 - p_{Bit}\right)^{n-i} \tag{4.31}$$

Der maximal mögliche Wert von e für eine Fehlerkorrektur ergibt sich aus m und k nach Gleichung (4.18). Die Restfehlerwahrscheinlichkeit für Fehlererkennung ist stets kleiner als diejenige für die Fehlerkorrektur.

Beispiel: Über eine Telefonleitung mit einer BER von 10^{-4} sollen Daten übertragen werden. Dies geschehe blockweise, im ersten Fall mit ungeschützten Viererblöcken, im zweiten Fall mit einem (7,4)-Blockcode. Die Blockfehlerwahrscheinlichkeit aus Fall 1 ist zu vergleichen mit der Restfehlerwahrscheinlichkeit aus Fall 2.

Fall 1: Die Blockfehlerwahrscheinlichkeit nach (4.29) ist gleichbedeutend zur Restfehlerwahrscheinlichkeit nach (4.31) mit e = 0 und beträgt:

$$p_{R_1} = 1 - \left(1 - p_{Bit}\right)^4 = 1 - 0.9999^4 \approx 4 \cdot 10^{-4}$$

Fall 2: Der (7,4)-Code hat nach (4.19) eine Hamming-Distanz h von höchstens 3. Nach Gleichung (4.16) kann damit höchstens ein Bitfehler korrigiert werden, d.h. e = 1. Eingesetzt in (4.31) ergibt sich:

$$p_{R_2} = 1 - \left(1 - p_{Bit}\right)^7 - 7 \cdot p_{Bit} \cdot \left(1 - p_{Bit}\right)^6 = 1 - 0.9999^7 - 7 \cdot 10^{-4} \cdot 0.9999^6 \approx 2 \cdot 10^{-7}$$

Der einfache Blockcode verbessert demnach die Übertragungssicherheit um fast drei Zehnerpotenzen, allerdings dauert die Übertragung fast doppelt so lange.

Der *Codierungsgewinn* G_C ergibt sich nun aus dem Verhältnis der Blockfehlerwahrscheinlichkeit zur Restfehlerwahrscheinlichkeit. Mit (2.24) lässt sich p_{Bit} wiederum durch SR_K ausdrücken.

$$G_C = \frac{P_{Block}}{P_R} = \frac{1 - \left(1 - p_{Bit}\right)^{n-k}}{1 - \sum_{i=0}^{e} \binom{n}{i} \cdot p_{Bit}{}^i \cdot \left(1 - p_{Bit}\right)^{n-i}} \qquad (4.32)$$

Ein Beispiel soll diesen Gewinn verdeutlichen. Es sollen bis e = 3 Fehler in einem Block der Länge n = 8 … 128 korrigiert werden können. Nach (4.18) wird k berechnet und in (4.32) eingesetzt. Bild 4.30 zeigt das Resultat.

Bei einer Fehlerquote von 10^{-3} wird durch die Blocksicherung mit n = 128 nach Bild 4.30 die Fehlerquote um den Faktor 10000 verkleinert. Dazu werden 19 Prüfbit benötigt, pro Block von 128 Bit werden nur 109 Nutzbit übertragen.

Für Fehlererkennung kann die Berechnung nicht geschlossen ausgeführt werden, da eine Abwandlung der Gleichung (4.18) für diesen Fall nicht existiert. Für Abschätzungen rechnet man darum stets mit Fehlerkorrektur (FEC-Systeme) und weiss, dass bei blosser Fehlererkennung (ARQ-Systeme) die Resultate sicher besser sein müssen.

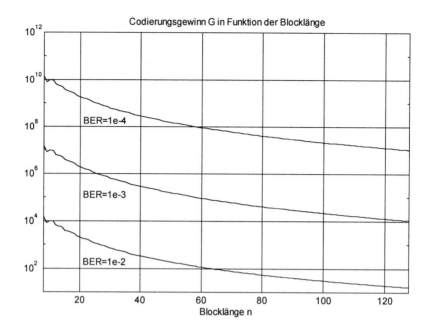

Bild 4.30 Codierungsgewinn, berechnet für Blocklängen n = 8 ... 128 und drei verschiedene BER

Der soeben berechnete Codierungsgewinn gibt Auskunft darüber, wie stark die Bitfehlerquote in den Nutzdaten nach dem Decoder verkleinert ist gegenüber der Bitfehlerquote im Kanal. Um den Gewinn der Codierung (der ja auf Kosten der Bandbreite erzielt wird) in einen Bezug zum Modulationsgewinn zu setzen (der ebenfalls mit Bandbreite erkauft wird), ist eine normierte Darstellung vorteilhafter. Dies war bereits das Vorgehen am Schluss des Abschnittes 2.8. Man berechnet also die BER in Funktion der Energie, die pro Bit investiert wird. Diese Betrachtungsweise lag schon dem Bild 2.24 zugrunde, dort ist zum Vergleich die Kurve für einen BCH-Code eingetragen.

Möchte man mit einer Kanalcodierung die BER senken, ohne die Übertragungsbandbreite und -Zeit zu erhöhen, so muss man eine höherwertige Modulation einsetzen, was die BER wieder verschlechtert. Unter dem Strich ergibt sich aber ein besseres System, d.h. es liegt näher an der Shannon-Grenze. Der Grund liegt darin, dass der Störschutz durch Kanalcodierung effizienter ist als der Störschutz durch Modulation. Aus diesem Grund benutzt man bei leistungsfähigen digitalen Übertragungen 32-QAM oder 64-QAM, also Modulationsarten mit wenig Störschutz. Letzteren stellt man besser mit Kanalcodierung sicher.

Wichtig ist also, dass man die Kanalcodierung und die Modulation als Einheit betrachtet. Dies führt auf Konzepte mit dem Namen *codierte Modulation* oder *trelliscodierte Modulation* (TCM).

4.3.6 Die weitgehend sichere Punkt-Punkt-Verbindung

Die Grundlage der Nachrichtenübertragung ist die Formel von Shannon, Gleichung (1.17). Es geht also darum, die Bandbreite und den Signal-Rauschabstand zu maximieren. Bild 4.31 gibt eine Übersicht.

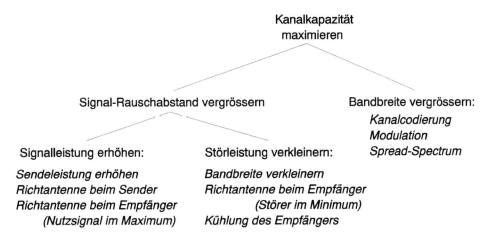

Bild 4.31 Methoden zur Härtung einer Verbindung

Gemäss Bild 4.31 hat eine Erhöhung der Bandbreite B einen positiven sowie einen negativen Effekt auf die Kanalkapazität C. Deshalb strebt C gegen einen endlichen Grenzwert, wenn B über alle Schranken wächst, vgl. Bild 1.41. Mit der Leistung lässt sich jedoch C beliebig steigern, Bild 1.40.

Das in Bild 4.31 erwähnte Spread-Spectrum-Verfahren wird im Abschnitt 5.3 behandelt.

Die Hauptmethoden Kanalcodierung und Modulation wurden bereits besprochen. Ebenso wurden bereits einige Raffinessen erwähnt, z.B. soft-decision decoder, Korrelationsempfänger, Interleaver usw. Trotzdem muss man festhalten:

> *Die absolut fehlerfreie Übertragung gibt es nicht! Mit genügend Aufwand lässt sich aber die Bitfehlerquote beliebig klein machen.*

Dies kostet natürlich, man muss deshalb im technischen Pflichtenheft genau festlegen, welche Übertragungsleistung gefordert ist.

> *Kein Übertragungsverfahren ist für jeden Kanal optimal!*

Man muss demnach die Kanaleigenschaften kennen. Ändern diese, so muss man auch das Übertragungssystem anpassen, d.h. es wird aus verschiedenen Modulationsarten und verschiedenen Kanalcodes ausgewählt. *Adaptive Systeme* machen dies selbständig, als Kriterien für die

Umschaltung dienen z.B. die Anzahl der Wiederholungsanforderungen des ARQ-Systems, das Syndrom nach der Kanaldecodierung, die Bitfehler in den (bekannten!) Synchronisationsworten, die Leistung am Empfängereingang usw.

Am universellsten sind adaptive Systeme. Da die Verhältnisse am Empfängereingang massgebend sind, diese aber von Sender mitbestimmt werden, braucht ein adaptives System einen Rückkanal. Auch dies legt die Verwendung eines ARQ-Systemes nahe.

Über den ARQ-Quittierungskanal kann der Gegenstation mitgeteilt werden, ob die Sendeleistung erhöht werden muss oder erniedrigt werden kann. Wegen dem Schwelleneffekt der digitalen Übertragung ist es ja sinnlos, mit zu grossen Signal-Rausch-Abständen zu arbeiten.

ARQ-Systeme haben je nach Kanaleigenschaft eine variable Verzögerung, was deren Einsatz für Echtzeitübertragungen (Sprache) u.U. ungeeignet macht.

Zusätzlich zu Bild 4.31 kommen noch weitere Methoden in Frage:

- *Diversity-Betrieb:* Dies ist nichts anderes als eine im Betrieb stehende Ersatzverbindung. Man unterscheidet zwischen:

  - *Frequenz-Diversity*: eine Funkübertragung läuft gleichzeitig auf zwei verschiedenen Frequenzen. Die Wahrscheinlichkeit, dass *gleichzeitig* beide Verbindungen gestört werden, ist viel kleiner als die Störung eines einzigen Links.

  - *Raumdiversity*: Räumliche Trennung der Verbindungen. Im UHF-Mobilfunk hat man z.B. häufig Probleme mit Interferenzlöchern, d.h. starken Empfangsfeldstärkeeinbrüchen, die durch Überlagerung verschiedener Reflexionen entstehen. Wenige Wellenlängen neben der Antenne, d.h. in einigen Metern Abstand, ist die Feldstärke aber u.U. viel grösser. Mit zwei räumlich getrennten Antennen ist darum eine zuverlässige Verbindung viel eher möglich als mit nur einer einzigen Antenne.

  - *Zeitdiversity*: Eine Meldung wird wiederholt abgesetzt, um kurzzeitigen Störungen auszuweichen. Diese Methode hat natürlich sehr viele Gemeinsamkeiten mit der Kanalcodierung und dem Interleaving.

  - *Polarisationsdiversity*: Horizontale und vertikale Polarisation der elektromagnetischen Welle werden parallel benutzt (Richtfunk, Abschnitt 5.5.6).

Diversity heisst eine einzige Nutzverbindung gleichzeitig über mehrere Kanäle laufen lassen. Dies ist nicht zu verwechseln mit Multiplex-Betrieb, bei dem mehrere Nutzverbindungen gleichzeitig über einen gemeinsamen Kanal laufen. Ein Multiplex-Signal kann aber durchaus mit Diversity-Systemen übertragen werden. Eine leitergebundene Verbindung in Raum-Multiplex bedeutet, dass mehrere Aderpaare bzw. Koaxialtuben im gleichen Mantel liegen. Leitergebundene Verbindungen mit Raumdiversity hingegen belegen verschiedene Trassen, damit ein Bagger nicht gleichzeitig beide Verbindungen kappen kann. Polarisations-Divesity heisst, dass über den horizontal und den vertikal polarisierten Kanal dieselben Daten laufen. Bei Polarisations-Multiplex handelt es sich um verschiedene Daten.

- *Ersatzsysteme:* Bei dieser Methode wird ein komplettes zusätzliches Übertragungssystem installiert. Ist dieses in Betrieb, so handelt es sich um Diversity. Ist das System eingeschaltet, aber nicht in Betrieb, so spricht man von *hot stand-by*. Im Fehlerfall wird automatisch und verzugslos auf das Ersatzsystem umgeschaltet. Man spricht auch von (1+1) - Betrieb.

Ersatzsysteme sind aber gleich teuer wie das Originalsystem, deshalb wird man vielleicht auf 5 Verbindungen ein einziges Ersatzsystem installieren und gelangt so zum (5+1) - Betrieb. Ersatzsysteme fangen auch Gerätedefekte auf, zudem können Unterhaltsmessungen und Wartungsarbeiten durchgeführt werden, ohne die Nutzverbindung zu unterbrechen. Damit sind auch die *organisatorischen Aspekte* angetönt, die ebenfalls entscheidend sind für die Betriebssicherheit.

Ersatzverbindungen und Diversity-Systeme sind schlecht ausgenutzt, sie bieten also Sicherheit zu einem hohen Preis. Schränkt man sich aber nicht auf eine einzelne Verbindung ein, so ergibt sich eine kostengünstigere Variante, nämlich *Nachrichtennetze* bzw. *Datennetze*.

Netze stellen vielen Benutzern gleichzeitig Verbindungen zur Verfügung. Der einzelne Benutzer hat dabei das Gefühl, eine Punkt-Punkt - Verbindungen zu benutzen. In Tat und Wahrheit benutzt er eine *logische Verbindung*, welche ein Weg durch das Netz ist, Bild 1.49. Dieser Weg geht von Netzknoten zu Netzknoten, also über eine *Kette von physikalischen Verbindungen*. Für letztere können alle bisher besprochenen Methoden angewandt werden. Da Digitalsignale regenerierbar sind, ist es egal, wieviele Glieder eine solche Kette umfasst. Bei Störungen wird einfach ein anderer Weg genommen. Dies entspricht dem Diversity-Betrieb, aber mit der schönen Eigenschaft, dass der Ersatzkanal für die logische Verbindung A gleichzeitig Nutzkanal für die logische Verbindung B sein kann. Das gesamte Netz stellt eine bestimmte Durchsatzrate für viele Benutzer zur Verfügung. Diese Durchsatzrate kann statt mit einigen hochgezüchteten physikalischen Verbindungen auch mit vielen kostengünstigeren physikalischen Verbindungen und einer grossen Vermaschung erreicht werden. Dabei lässt sich erst noch die Last gleichmässig im Netz verteilen.

- *Memory-ARQ:* Normale ARQ-Systeme verwerfen ein falsch empfangenes Datenwort und verlangen eine Wiederholung. Beim Memory-ARQ wird dies verbessert. Ein Datenwort, z.B. 00110011 soll übertragen werden. Tritt ein Fehler auf, so wird das Wort zwischengespeichert und nochmals angefordert, evtl. ein drittes Mal usw. Schliesslich stehen folgende Worte im Zwischenspeicher (Beispiel):

  10110010

  00010011

  00110111

  Mit einem kolonnenweisen Mehrheitsentscheid erhält man das Wort 00110011, das auch den Nullvektor als Syndrom ergibt, obwohl das Datenwort nie korrekt übertragen wurde.

- *Selbstüberwachung* der Geräte (BITE = built in test equipment). Kombiniert man dies mit einer Fernüberwachung und -Steuerung, so kann das Betriebspersonal von einer Zentrale aus ein System überwachen. Dies bedingt aber, dass ein Teil der Übertragungskapazität für das System-Management reserviert bleibt (EOW = engineering order wire, Dienstkanal).

- *Unterbruchsfreie Stromversorgung*: Dieser Systemteil ist einer der teuersten, denn je nach Anforderung installiert man Akkumulatoren für die kurzzeitige Überbrückung und Notstromaggregate in Form von Dieselgeneratoren für die langfristige Speisung. Solche Einrichtungen erfordern aber aufwändige bauliche Massnahmen (Tankraum, Lüftung usw.).

5 Übertragungssysteme und -Medien

In den folgenden beiden Kapiteln geht es um das Zusammenspiel der bisher beschriebenen Konzepte zu einem funktionierenden System zur Nachrichtenübertragung. Dies verlangt einen neuen Standpunkt zur Beurteilung der vorgestellten Lösungen. Die in den bisherigen Kapiteln behandelten mathematischen und physikalischen Grundlagen sind mehr oder weniger exakt, d.h. sie sind mit Worten wie richtig oder falsch beurteilbar. Systeme hingegen beinhalten so viele und so verschiedenartige Aspekte, dass sie nicht mehr so einfach zu bewerten sind. Bei Systemen geht es stets um einen Kompromiss zwischen

- Anwendernutzen (z.B. Datenrate)
- physikalischen und informationstheoretischen Grenzen (z.B. Shannongrenze)
- technologischen Grenzen (z.B. Rechenkapazität, Speichergrösse)
- Vorschriften und Normen
- Kosten

Die Frage ist also weniger, ob ein System gut oder schlecht ist, sondern wie nahe es am Optimum arbeitet. Dieses Optimum ändert sich v.a. durch die Fortschritte in der Mikroelektronik laufend, trotzdem bleiben veraltete Systeme oft noch lange in Betrieb. Dies deshalb, weil z.B. die Einführung eines komplett neuen Rundfunksystems wegen der Inkompatibiltät zum bisherigen System mit enormen Kosten verbunden ist. Aus diesem Grund werden nachstehend auch ältere, analoge Rundfunksysteme beschrieben.

5.1 Rundfunktechnik

5.1.1 Hörrundfunk

5.1.1.1 AM-Rundfunk

Bei Funkverbindungen unterscheidet man je nach Elevationswinkel der von der Sendeantenne abgestrahlten Welle zwischen Boden- und Raumwellen. Bei Kurzwellen wird die Raumwelle von der sog. Ionosphäre in einigen hundert Kilometern Höhe gebeugt und zur Erde zurückgelenkt. Bei Langwellen wird die Bodenwelle entlang der Erde umgelenkt. Die Mittelwellen verhalten sich tagsüber wie Langwellen, nachts wie Kurzwellen. Aus diesem Grund zeichnen sich diese drei Bänder aus durch weite Übertragungsdistanzen.

Die Ionosphäre hat einen schichtförmigen Aufbau, wobei mehrere dieser Schichten eine Raumwelle zurückwerfen können. Der Zustand der Ionosphäre sowie die Höhe der Schichten variiert, im Abschnitt 5.5 werden die Mechanismen genauer betrachtet. Raumwellen haben darum zeitvariante Eigenschaften. Tabelle 5.1 fasst die Eigenschaften zusammen.

Tabelle 5.1 Übertragungseigenschaften der Lang-, Mittel- und Kurzwellen

Band	Frequenzen für Rundfunk	Ausgenutzte Welle	Kanaleigenschaft	Distanz
Langwellen	148.5 ... 283.5 kHz	Bodenwelle	konstant	Kontinent
Mittelwellen	526.5 ... 1606.5 kHz	tags Bodenwelle nachts Raumwelle	tags konstant nachts variabel	Kontinent
Kurzwellen	3.2 ... 26.1 MHz verteilt auf 12 Bänder	Raumwelle	variabel, Mehrweg-empfang, Doppler	weltweit

Die ersten Rundfunksender kamen um 1920 in Betrieb. Dem damaligen Stand der Technik entsprechend kam nur ZSB-AM mit Träger in Frage. Eine Beurteilung dieser aus heutiger Sicht ungünstigen Wahl erfolgte bereits am Schluss des Abschnittes 3.1.3.1. 1995 waren über 2 Milliarden AM-Empfänger in Betrieb, versorgt durch rund 20000 Sender, 2500 davon auf Kurzwelle.

Die AM ist eine im Vergleich zur FM schmalbandige Modulationsart. Aus diesem Grund hat die AM in denjenigen Wellenbereichen eine Berechtigung, wo eine Weitdistanzübertragung möglich ist. Dadurch können zahlreichere Sender im Frequenzmultiplexverfahren gleichzeitig betrieben werden als dies mit FM der Fall wäre.

Vor der AM-Modulation wird das Nachrichtensignal mit einem Bandpass von 200 bis 4500 Hz gefiltert. Die untere Grenze verbessert die Sprachverständlichkeit, die obere Grenze legt die Übertragungsbandbreite und damit den Kanalraster fest. Die Bandbreite des Nachrichtensignales ist also etwas grösser als beim Telefonsystem. Dies ermöglicht auch Musikübertragungen, jedoch ohne die heutigen Qualitätsanforderungen auch nur annähernd zu befriedigen.

Mit einem Silbenkompander (Abschnitt 1.3.2.2) wird die Dynamik des Nachrichtensignals um 10 dB reduziert und so der mittlere Modulationsgrad und damit der Versorgungsbereich vergrössert. Der maximale Modulationsgrad wird auf 1 beschränkt, damit die Empfänger mit preisgünstigen inkohärenten Demodulatoren wie dem Hüllkurvendemodulator arbeiten können.

Der Kanalraster sollte eigentlich Trägerfrequenzen im Abstand von 10 kHz aufweisen (9 kHz Signalbandbreite plus ein sog. *guard band* wegen der endlich steilen Filter). Trotzdem sind die meisten Sender in einem 9 kHz-Raster angeordnet unter Inkaufnahme einer Signalverschlechterung durch zu schmale Empfangsfilter. Auf MW, speziell aber auf KW werden auch Frequenzen ausserhalb des Rasters benutzt.

Trotz der bekannten Nachteile der ZSB-AM wird diese noch heute benutzt. Wegen der Frequenzknappheit und der grossen Reichweite kommt natürlich nur ein schmalbandiges Verfahren in Frage. Die Sprechfunkdienste benutzen schon seit Jahrzehnten die SSSC-Modulation. Für den Rundfunk ist dies nicht möglich, da für Musikübertragungen die Frequenz exakt eingestellt werden muss, vgl. Tabelle 3.1. Lange diskutierte man die Einführung von SSB mit vermindertem Träger. Wegen der Inkompatibilät der bereits installierten Empfänger zögerte man jedoch mit einem Wechsel. Später stellte man die Diskussion um SSB für Rundfunk ganz ein, da eine rein digitale Lösung als bald realisierbar erachtet wurde. Im Abschnitt 5.1.1.4 wird das Konzept erläutert.

5.1.1.2 FM-Rundfunk

Mit FM lässt sich auf Kosten der Bandbreite die Störfestigkeit erhöhen. In einem bestimmten Frequenzbereich lassen sich daher viel weniger FM-Sender als AM-Sender unterbringen. Aus diesem Grund wird die bandbreitenfressende aber dafür qualitativ hochstehende FM-Modulation nur im UKW-Bereich (Ultrakurzwellen) mit seiner beschränkten Reichweite angewandt. Die Einführung erfolgte in den fünfziger Jahren.

Der UKW-Rundfunkbereich erstreckt sich von 87.5 MHz ... 108 MHz. Das Nachrichtensignal wird gefiltert auf den Bereich 30 Hz ... 15 kHz. Zur besseren Störfestigkeit der hohen Töne wird eine Preemphase angewandt, die aus einem Hochpass mit 50 µs Zeitkonstante besteht, vgl. Bild 3.29. Der Hub beträgt 75 kHz und die Bandbreite des FM-Signals nach Gleichung (3.26) 180 kHz.

In den sechziger Jahren wurde die Stereo-Übertragung eingeführt. Dazu suchte man eine Methode, die älteren Monogeräten weiterhin den Empfang ermöglicht.

Das Stereosignal besteht aus zwei Audiokanälen, dem L-Signal (links) und dem R-Signal (rechts). Aus diesen beiden Signalen wird zuerst das S-Signal (Summe) und das D-Signal (Differenz) hergestellt. Die Umrechnung erfolgt aufgrund Gleichung (5.1).

$$S = \frac{1}{2} \cdot (L + R) \qquad R = S - D$$
$$D = \frac{1}{2} \cdot (L - R) \qquad L = S + D \tag{5.1}$$

Diese beiden Signale werden im Frequenzmultiplex übertragen. Das S-Signal belegt dabei das Basisband bis 15 kHz. Das D-Signal moduliert einen Hilfsträger von 38 kHz in ZSB-AM ohne Träger (DSSC). Dabei entstehen Seitenbänder im Bereich 23 ... 38 kHz und 38 ... 53 kHz. Diese Seitenbänder liegen nicht im Bereich des S-Signals, deshalb können das S-Signal und das DSSC-Signal addiert werden.

Der Träger wird durch die DSSC unterdrückt, was wegen des Aussteuerbereiches des Senders erwünscht ist. Als Ersatz wird auf 19 kHz ein Pilotton hinzugefügt, womit der Empfänger den ursprünglichen Träger einfacher regenerieren kann.

Bild 5.1 zeigt das Spektrum des sog. *Stereo-Multiplex-Signals*, bestehend aus S-Signal, D-Signal und Pilotton. Damit wird der UKW-Sender in FM moduliert.

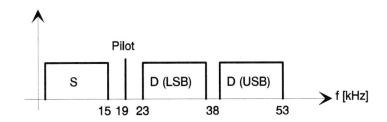

Bild 5.1 Aufbau des Stereo-Multiplex-Signals

Da das D-Signal normalerweise viel kleinere Amplituden aufweist als das S-Signal, benötigt ein Stereosender praktisch die gleiche Übertragungsbandbreite wie ein Monosender. Mit einem Hub von 75 kHz ergibt sich also eine Bandbreite von 180 kHz.

Der Empfänger demoduliert das FM-Signal und erhält wieder das Stereo-Multiplex-Signal. Der Mono-Empfänger filtert das S-Signal aus, während der Stereo-Empfänger im Stereo-Decoder wieder die L- und R-Signale erzeugt.

Die Mindestfeldstärke beträgt 48 dB (μV/m) bei Monoempfang und 54 dB (μV/m) bei Stereoempfang. In dichter besiedelten Gebieten müssen diese Grenzwerte wegen dem höheren Störnebel etwas angehoben werden.

Seit Mitte der siebziger Jahre ist das ARI-System in Betrieb (Autofahrer-Rundfunk-Information). Dieses System gestattet die Erkennung von Sendern mit Strassenverkehrsinformationen sowie den Zeitpunkt der Ausstrahlung solcher Informationen. Damit kann der Empfänger gesteuert werden (Umschaltung von CD oder Audio-Kassette auf FM-Empfang und ggf. Erhöhen der Lautstärke). Für ARI wird dem Stereo-Multiplex-System ein zweiter Pilotton bei 57 kHz hinzugefügt. Während der Ausstrahlung von Verkehrsinformationen wird dieser Pilot mit 125 Hz in der Amplitude moduliert. Mit einer zusätzlichen Amplitudenmodulation im Bereich 23.75 Hz ... 53.98 Hz lassen sich noch regionale Bereiche kennzeichnen.

Eine Weiterentwicklung stellt das RDS (radio data system) dar. Dieses gestattet die Kennzeichnung des Programms sowie Angaben über alternative Sendefrequenzen desselben Programms, den Programmtyp (Nachrichten, bevorzugte Musikart usw.), die Uhrzeit, den Referenzwert für das differentielle GPS-Navigationssystem usw. Realisiert wird RDS mit einem digitalen ZSB-Verfahren, wobei ein gegenüber dem ARI-Träger um 90° gedrehter Träger von 57 kHz moduliert wird. ARI und RDS zusammen ergeben demnach eine QAM, Bild 3.21.

5.1.1.3 Digital Audio Broadcasting (DAB)

Das UKW-FM-System bietet dem Heimempfänger eine den heutigen Ansprüchen knapp genügende Tonqualität. Problematisch ist jedoch der Mobilempfang, der ein sehr grosses und darum wichtiges Kundensegment abdeckt. Das Problem liegt im Mehrwegempfang aufgrund Reflexionen an Hügeln und Gebäuden. Die dadurch entstehenden Interferenzlöcher machen dem Autoradio schwer zu schaffen. Eine Linderung bringt der Frequenzwechsel auf einen anderen, momentan besser empfangbaren Sender, was mit dem RDS-Verfahren automatisch möglich ist. Eine für den Hörer teurere Gegenmassnahme ist das im Abschnitt 4.3.6 erklärte Raumdiversity-Verfahren.

Ein zweites Problem ist die Frequenzknappheit. Vor einigen Jahren wurde die Obergrenze des UKW-Rundfunkbereiches von 104 MHz auf 108 MHz erweitert. Die Frequenzknappheit linderte sich angesichts des Ansturms von neuen Lokalradiostationen jedoch nicht.

Drittens ist das UKW-FM-System nicht multimediatauglich. Dem Mobilteilnehmer würden digitale Zusatzdienste wie z.B. Verkehrsinformationen einen grossen Nutzen bringen.

Es ist klar, dass eine evolutionäre Verbesserung des UKW-FM-Systems das gewünschte Ziel nicht erreichen kann. Vielmehr ist eine revolutionäre und damit inkompatible Neuerung notwendig, die natürlich rein digital arbeitet. Das neue System heisst DAB (digital audio broadcasting) und wird im Moment eingeführt.

Die Frequenzknappheit erfordert eine Quellencodierung. DAB wendet das im MPEG-2 Layer 2 definierte MUSICAM-Verfahren an, Abschnitt 4.1.4. Die Datenrate beträgt zwischen 160 und 256 kBit/s für ein Stereo-Signal.

Multimedia-Tauglichkeit ist mit der digitalen Übertragung im Prinzip bereits gegeben. Schwierigkeiten ergeben sich mit den unterschiedlichen und z.T. riesigen Datenraten. Texte zu Musikstücken, Manuskripte zu Textbeiträgen usw. lassen sich jedoch einfach beifügen. Solche zum Hörprogramm gehörenden Daten heissen PAD (programme associated data). Daneben lassen sich noch weitere, unabhängige Daten übertragen, z.B. Verkehrsnachrichten, Börsenkurse, Touristik-Informationen usw. Bei Bedarf lassen sich diese Daten verschlüsseln, was den Empfang nur bei Errichtung einer Zusatzgebühr ermöglicht. Die programmunabhängigen Daten dürfen asynchron übertragen werden. Sie werden deshalb in einem separaten Multiplexer paketweise zusammengefasst. Die verschiedenen Daten verlangen einen unterschiedlichen Schutz und haben deshalb ihre eigenen Kanalcoder.

Die Kanalcodierung erfolgt je nach Dateninhalt mit unterschiedlichem Aufwand. Benutzt werden punktierte Faltungscodes mit Viterbi-Decodierung. Durch die Kanalcodierung und die Zeitinterleaver entsteht eine Verzögerung von etwa 0.5 Sekunden, was man z.B. bei Zeitzeichen studioseitig kompensieren muss.

Die Schwierigkeit des Mehrwegempfanges wird mit dem COFDM-Verfahren angegangen, Abschnitt 3.4.6. Als Bandbreite wurde 1.536 MHz festgelegt, unterteilbar in 1536, 768, 384 oder 192 Subträger mit einem Abstand von 1, 2, 4 bzw. 8 kHz. Jeder Subträger wird mit differentieller QPSK moduliert. Die so erreichbare Datenrate ist mit über 2 MBit/s viel grösser, als ein komprimiertes Stereosignal benötigt. Man kombiniert darum 6 unabhängige Stereo-Programme mit ihren jeweiligen PAD sowie weitere Daten zu einem *DAB-Ensemble*. Bild 5.2 zeigt den Aufbau des Datenstromes.

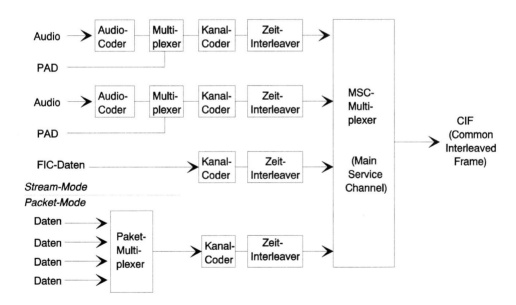

Bild 5.2 Aufbau des Multiplexsignales bei DAB. Insgesamt gibt es sechs Audio/PAD-Kanäle, nur deren zwei sind gezeichnet.

Die Datenrate eines Ensembles wird flexibel zugeteilt, indem z.B. eine Sportübertragung weniger Datenrate zugeteilt bekommt als eine Musikübertragung. Jeder Rahmen beginnt mit einem sog. Nullsymbol, einer Sendepause. Diese ermöglicht dem Empfänger eine Beurteilung der Störsituation. Danach folgt ein bekanntes, Sine Sweep genanntes Symbol, mit dem der Empfänger seinen Entzerrer einstellt. Dann folgt der fast information channel (FIC), der den Aufbau des Multiplexrahmens und die momentan benutzte Kanalcodierung beschreibt.

Die CIF-Daten in Bild 5.2 gelangen zum OFDM-Modulator. Das OFDM-Signal ist dank der Schutzintervalle (Abschnitt 3.4.6) unempfindlich gegenüber Mehrwegempfang. Dies gestattet die Bildung von Gleichwellennetzen (SFN, single frequency network). Dabei wird dasselbe DAB-Ensemble von mehreren bis 70 km getrennten und genau aufeinander synchronisierten Sendern auf derselben Frequenz abgestrahlt. Auch dies ist neben der Quellencodierung ein wichtiger Beitrag zur Frequenzökonomie. Zudem kann die Sendeleistung gegenüber dem FM-Verfahren reduziert werden, da neben dem Codierungsgewinn noch ein Netzgewinn auftritt, indem sich die Signale mehrerer Sender gegenseitig unterstützen.

Die Übertragung der DAB-Programme mit terrestrischen Gleichwellennetzen erfolgt vorerst auf etwa 220 MHz im TV-Kanal 12. Dieser umfasst vier DAB-Ensembles. Die definitive Frequenzzuteilung ist noch Gegenstand hitziger internationaler Debatten. Eine weitere Übertragung ist vorgesehen via Satellit auf einem 40 MHz breiten Kanal bei 1.5 GHz (L-Band, vgl. Tabelle 1.11).

Kommerziell hat DAB noch nicht den gewünschten Erfolg. Das mag einerseits an der noch schwachen Abdeckung und den noch teuren Empfangsgeräten liegen, anderseits fehlen schlicht noch interessante Inhalte für den Datenteil (Packet Mode). Auch technisch wird DAB kritisiert: es ist so nahe mit DVB-T verwandt (vgl. Abschnitt 5.1.2.3), dass man eigentlich Fernsehen wie Hörrundfunk über letzteres abwickeln könnte.

5.1.1.4 Digitaler Lang-, Mittel- und Kurzwellenrundfunk

Tabelle 5.1 zeigt, dass ein digitaler Nachfolger der AM mit einem unangenehmen Kanal zu kämpfen hat. Der mögliche Mehrwegempfang kann ISI verursachen, man benötigt also einen Entzerrer. Die Zeitvarianz des Kanals fordert sogar einen adaptiven Entzerrer. Die schmale Bandbreite kann nur dann eingehalten werden, wenn mit einer Quellencodierung das Nachrichtensignal stark komprimiert wird. Die starken atmosphärischen Störsignale erfordern eine Kanalcodierung.

Das Systemdesign beruht aber nicht nur auf technischen Randbedingungen, sondern orientiert sich auch am Marketing. In dichtbesiedelten und hochindustrialisierten Ländern erfolgt die Rundfunkversorgung über Kabel, VHF-Rundfunk oder Satelliten. In dünn besiedelten Gebieten werden Kabelnetze und VHF/UHF-Netze wegen der beschränkten Reichweite teuer. Es bleibt die Versorgung via Satellit oder die weitreichenden Lang-, Mittel- und Kurzwellensender. Satellitenverbindungen geniessen die Vorteile des breitbandigen, konstanten und störarmen Kanals. Der digitale Rundfunk unter 30 MHz hat darum nur dann eine Chance, wenn die Empfänger deutlich preisgünstiger sind als eine Satellitenempfangsanlage. Man kann es noch deutlicher sagen: Ein Hauptabnehmer des digitalen Rundfunks unter 30 MHz sind die Entwicklungsländer. Ein Empfänger muss deshalb für umgerechnet 10 bis 20 Euro erhältlich sein, weil in einem Entwicklungsland kaum jemand ein Monatsgehalt in einen Empfänger investiert. Der Empfänger muss auch stromsparend arbeiten, da Batterien oft Mangelware sind und Stromnetze nicht für jedermann existieren.

Aus diesen Gründen ist DAB bereits in der Markteinführung, während ein digitales Verfahren für Frequenzen unter 30 MHz erst 2001 standardisiert wurde. Wenigstens hier wollte man die Chance packen und sich weltweit auf eine einzige Norm einigen. Im Jahr 2003 soll das neue System operationell sein.

Im Lang-, Mittel- und Kurzwellenbereich kann man nicht einfach auf andere Frequenzen ausweichen wie bei der Einführung von DAB. Die Bewältigung der Übergangsphase ist deshalb ein starkes Kriterium bei der Auswahl des neuen Systems.

Es bewarben sich fünf Vorschläge um die Gunst des DRM-Konsortiums (digital radio mondiale), einer Unterbehörde der ITU-R. Drei davon beruhten auf einem Multicarrierverfahren, nämlich COFDM. Zwei Vorschläge propagierten ein Single-Carrier-Verfahren, nämlich eine mehrwertige QAM. Letztere brauchen aufwändige Entzerrer, die erstere dank der langen Symboldauer einsparen. Gewonnen hat aus der ersten Gruppe das System Skywave 2000:

- Die Audiodaten werden zuerst komprimiert nach MPEG 2 Layer 3.

- Die folgende Kanalcodierung umfasst Faltunsgscoder und Interleaver, im Empfänger wird nach dem Viterbi-Algorithmus decodiert.

- Das HF-Signal wird gebildet aus Gruppen von Trägern. Die Grundeinheit bildet ein sog. Kernel mit 96 Subträgern im Abstand 33.3 Hz, entsprechend einer Symboldauer von 30 ms und einer totalen Bandbreite von 3200 Hz. Dieser Kernel kann flexibel ergänzt werden mit Gruppen zu 11 Subträgern. Mit z.B. 16 Zusatzgruppen ergeben sich insgesamt 272 Subträger und eine totale Bandbreite von etwa 9 kHz, also passend zum heutigen AM-Raster. Dies erlaubt den parallelen Betrieb von AM- und DRM-Sendern.

  Die Subträger werden mit Audiodaten moduliert mit 16-QAM, 64-QAM oder 256-QAM. Letzteres ist nur für Bodenwellenausbreitung vorgesehen. Wie bei DAB werden auch hier PAD (programme associated data) zugefügt.

- Drei Subträger des Kernels bleiben unmoduliert und bilden die Referenzsignale für die Bekämpfung der Dopplershift.

5.1.2 Fernsehen

5.1.2.1 Schwarz-Weiss-Fernsehen

In den USA, England, Frankreich und der damaligen Sowjetunion wurden ab 1948 Fernsehsendungen ausgestrahlt. In der Schweiz begann man erst 1953 mit regelmässigen Aussendungen. „Regelmässig" hiess damals an drei Abenden pro Woche je eine Stunde Programm, natürlich in schwarz-weiss. Bis 1960 war keine magnetische Aufzeichnung von Videosignalen möglich, mit Ausnahme der Spielfilme wurden also lauter Live-Beiträge ausgestrahlt. Ab 1960 setzte dann die Konservenproduktion ein, was die Programmgestaltung völlig änderte. 1968 erfolgte die Einführung des Farbfernsehens.

Videosignale sind zweidimensional, sie werden für die Übertragung umgewandelt in eindimensionale Signale. Dazu wird das Bild in der Kamera zeilenweise abgetastet, die Zeilen werden aneinandergereiht. Zur Rekonstruktion des Bildes wird Synchronisationsinformation beigefügt (Horizontal- bzw. Zeilensynchronisation und Vertikal- bzw. Bildsynchronisation), Bild 5.3.

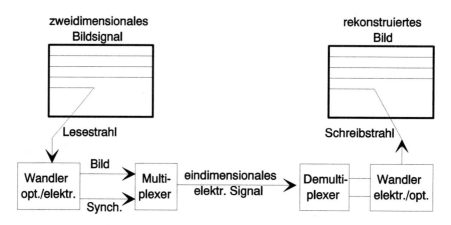

Bild 5.3 Das Prinzip der Bildübertragung

In Europa werden 625 Zeilen pro Bild abgetastet, was die erreichbare Bildauflösung festlegt. In allen auf dasselbe Programm eingestellten Fernsehempfängern läuft der Elektronenstrahl der Bildröhre synchron zum Strahl der Kamera über die Bildfläche. Die Position des Strahles wird festgelegt durch zwei Sägezahngeneratoren, die ihreseits mit den Synchronisationssignalen gesteuert werden. Die Nachleuchtdauer der einzelnen Bildpunkte muss genau der Bilddauer angepasst werden, damit das Flimmern klein bleibt und noch kein Schmieren bei Bewegungs-kanten auftritt.

Pro Sekunde müssten 50 Bilder übertragen werden, damit das menschliche Auge kein Flim-mern wahrnimmt. Dies erfordert aber eine grosse Übertragungsbandbreite. Deshalb wurde als Kompromiss das Zeilensprungverfahren eingeführt, wobei jedes Bild in zwei Halbbilder auf-geteilt wird mit den geradzahligen bzw. ungeradzahligen Zeilen.

Somit ergibt sich als Bildfrequenz 25 Hz, als Vertikalfrequenz 50 Hz und als Horizontalfre-quenz 625·25 = 15'625 Hz. Die Zeit für die Übertragung einer einzigen Zeile inklusive Syn-chronisation beträgt demnach 64 µs.

Mit Zwischenspeicherung im Empfänger und wiederholtem Auslesen desselben Bildes kann das Flimmern verkleinert werden. Moderne Empfänger mit digitalem Zwischenspeicher be-werkstelligen dies. Kinoprojektionen verwenden 24 Bilder pro Sekunde, mit der sog. Flimmer-blende wird die Projektion jedes Einzelbildes kurz unterbrochen. Auf diese Art entsteht eben-falls der Eindruck einer doppelten Bildfrequenz.

Beim schwarz/weiss-Fernsehen wird das Bild dargestellt durch das sog. BAS-Signal (Bild, Austastlücke, Synchronisation). Die Helligkeit der Bildpunkte wird durch einen Spannungspe-gel im Bereich 0 % (schwarz) und 100 % (weiss) angegeben. Danach folgt die Austastlücke mit einem Pegel von 0 %, damit während dem Zeilenrücklauf der Schreibstrahl dunkel ist. Die Zeilensynchronisation erfolgt durch einen Pegel von –43 % (schwärzer als schwarz). Nach dem Synchronisationsimpuls folgt die Schwarzschulter mit einem Pegel von 0 %, die als Referenz-spannung benutzt wird. Die Vertikalsynchronisation geschieht durch wiederholte Synchronisa-tionspulse (Trommelwirbel statt Paukenschlag). Bild 5.4 zeigt diese Synchronisationsphase, die 12 µs der für eine Zeile reservierten 64 µs belegt. Der eingezeichnete Burst wird für die Farbbilddemodulation benötigt und später besprochen. Vor der in Bild 5.4 gezeichneten Syn-chronisationsphase liegt die Zeile Nr. n, danach die Zeile Nr. n+2 (Zeilensprungverfahren).

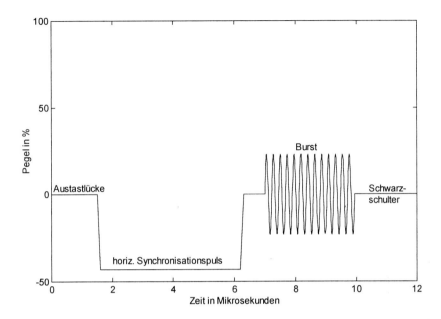

Bild 5.4 Zeilensynchronisation

Die Bandbreite des BAS-Signals beträgt 5 MHz. Diese Zahl lässt sich unter Vernachlässigung des Synchronisationsaufwandes folgendermassen abschätzen: Die 625 Zeilen bestimmen die Vertikalauflösung. Bei gleicher Horizontalauflösung und einem Breiten-Höhenverhältnis von 4:3 ergeben sich pro Zeile 625·4/3 = 833 Bildpunkte. Pro Bild sind also 625·833 = 520'000 Punkte vorhanden, bei 25 Bildern pro Sekunde müssen 13 Mio. Punkte pro Sekunde übertragen werden. Werden diese Punkte mit PAM analog übertragen, so ist eine minimale Bandbreite von 6.5 MHz erforderlich. Dies wird aber nur dann notwendig, wenn die Punkte alternierend hell und dunkel sind. Deshalb wird die Bandbreite ohne grosse Qualitätseinbusse auf 5 MHz beschränkt.

Zur drahtlosen Übertragung sowie zur Frequenzmultiplex-Übertragung über Kabelnetze muss man das BAS-Signal modulieren. Wegen der grossen Bandbreite des BAS-Signales kommt FM nicht in Frage. Auch AM mit seiner doppelten Bandbreite ist noch ungünstig. Da SSB nicht machbar ist, weil das BAS-Signal tiefe Frequenzen enthalten kann, bleibt nur noch VSB (Restseitenband, vgl. Abschnitt 3.1.3.4). Damit wächst die Bandbreite auf 7 MHz an. Der Träger wird mitgeliefert, da die Empfänger mit einem Produktdemodulator arbeiten müssen und deshalb den phasenrichtigen Träger benötigen.

Das BAS-Signal wird vor der Modulation invertiert, d.h. eine hohe HF-Amplitude entspricht einem dunklen Bildpunkt. Mit dem Modulationsgrad werden folgende Amplituden eingestellt: Synchronisation = 100 %, Schwarzschulter = 75 % und Weiss = 10 %. Die periodischen Spitzenwerte während der Synchronisation geben dem Empfänger ein Kriterium für seine Verstärkungsregelung, womit er die distanzabhängige Übertragungsdämpfung kompensieren kann.

Das Tonsignal wird auf einem Tonträger 5.5 MHz über dem Bildträger in FM mit einem Hub von 50 kHz übertragen, Bild 5.5.

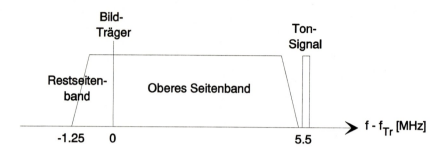

Bild 5.5 Spektrum des modulierten TV-Signales (schwarz/weiss) mit Ton

5.1.2.2 Farbfernsehen

Für die Farbbildübertragung wird jedes Bild zerlegt in die Anteile der Komponenten Rot, Grün und Blau. Es entsteht daraus das dreikanalige RGB-Signal, aus dem im Empfänger wieder das ursprüngliche Farbbild zusammengemischt wird. Die Farbbildröhre besteht also aus drei parallelen Systemen, d.h. je einem Elektronenstrahl für die drei Farben.

Wie bei der FM-Stereo-Übertragung werden auch hier die Signale umgewandelt. Das RGB-Signal eignet sich nämlich aus zwei Gründen nicht zur Übertragung:

- Jeder der drei Kanäle hat eine Bandbreite von 5 MHz, gegenüber der schwarz/weiss-Übertragung verdreifacht sich die Bandbreite. Bereits im Abschnitt 4.1.5 ist beschrieben, dass dies unnötig ist.

- Das RGB-Signal kann von schwarz/weiss-Empfängern nicht verarbeitet werden.

Das RGB-Signal wird darum in das *Luminanzsignal* Y (Helligkeitsinformation) umgewandelt nach der Gleichung:

$$Y = 0.3\,R + 0.59\,G + 0.11\,B \tag{5.2}$$

Die Koeffizienten in (5.2) ergeben sich aufgrund der Farbempfindlichkeit des menschlichen Auges. Dieses Y-Signal gewährleistet die Kompatibilität zu den schwarz/weiss-Empfängern.

Ferner werden die Farb*differenz*signale U und V gebildet:

$$U = B - Y \qquad V = R - Y \tag{5.3}$$

Aus Y, U und V kann der Empfänger wieder R, G und B berechnen.

Im Sender werden die Signale U und V mit einem Tiefpass auf 1.3 MHz Bandbreite reduziert, da wie im Abschnitt 4.1.2 erwähnt das Auge eine kleinere Auflösung für Farben hat.

Anschliessend werden zwei orthogonale Träger bei 4'429'687.5 Hz (kurz 4.43 MHz) mit U bzw. V moduliert in DSSC. Dies ist also eine Quadratur-AM gemäss Bild 3.21. Dieses QAM-Signal heisst *Chrominanzsignal* und trägt die Farbinformation.

Nun werden das Luminanzsignal Y (Bereich 0 … 5 MHz) und das Chrominanzsignal (Bereich 4.43 MHz ± 1.3 MHz) addiert zum FBAS-Signal (Farb-BAS). Die beiden Spektren werden

dadurch ineinander verschachtelt, was auf den ersten Blick die Trennung im Empfänger verunmöglicht. Tatsächlich sind aber die Signale Y, U und V wegen der Zeilenstruktur des Bildes
im Wesentlichen periodisch. Die Periode entspricht der Zeilendauer von 64 μsec. Es handelt
sich also um Linienspektren mit dem Linienabstand 1/(64 μs) = 15.625 kHz. Dasselbe gilt auch
für das Chrominanzsignal. Dessen Trägerfrequenz beträgt exakt 283.5·15625 Hz, dadurch
fallen die Spektrallinien des Chrominanzsignales genau zwischen die Linien des Luminanzsi-
gnales.

Das FBAS-Signal moduliert wie bisher den Bildträger in VSB, der Ton in FM wird 5.5 MHz
über dem Bildträger hinzuaddiert. Bild 5.6 zeigt das Spektrum.

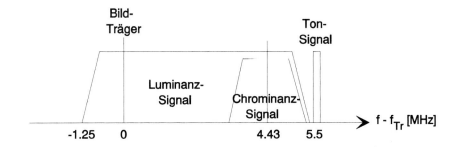

Bild 5.6 Spektrum des Farbfernsehsignales

Der Empfänger demoduliert das VSB-Signal und erhält wieder das FBAS-Signal sowie das
immer noch FM-modulierte Tonsignal. Mit einem QAM-Demodulator werden die Signale U
und V erzeugt. Dieser Demodulator muss exakt phasengleich zum 4.43 MHz-Oszillator im
Sender sein. Zur Synchronisation des Demodulators wird im Zeilensynchronisationssignal der
sog. Burst übertragen, Bild 5.4.

Phasenfehler im demodulierten Chrominanzsignal führen zu Farbfehlern im angezeigten Bild.
Geräte nach der amerikanischen NTSC-Norm (national television system committee) hatten
deshalb früher einen Knopf zur Einstellung der korrekten Farbart. Heute übertragen die NTSC-
Sender während der Vertikal-Austastlücke ein Referenzsignal.

Das deutsche PAL-System (phase alternating line) ist eine Weiterentwicklung des NTSC-
Verfahrens. Dabei wird der 4.43 MHz-Träger von Bildzeile zu Bildzeile um 180° gedreht. Der
Empfänger folgt diesen Phasensprüngen, die aktuelle Phasenlage wird mit dem Burst mitge-
teilt. Weist der Übertragungsweg einen Phasenfehler auf, so ändert die Farbe von Zeile zu
Zeile gegenläufig, der Farbfehler lässt sich somit ausmitteln.

Nicht alle der 625 Zeilen werden tatsächlich auf dem Bildschirm angezeigt. In den Lücken
zwischen zwei Bildern lässt sich aus diesem Grund Zusatzinformation übertragen. In Deutschland heisst dies Videotext, in der Schweiz Teletext. Dabei wird zwischen zwei Halbbildern
während dem Strahlrücklauf während 7 bzw. 8 Zeilen Textinformation übertragen. Eine weitere Zeile wird für das VPS-System (Steuerung von Videorecordern, video programming system)
benutzt. In zwei weiteren Zeilen werden Prüfsignale zur Streckenkontrolle und als Referenz für
Abgleicharbeiten übertragen, z.B. für Reflexions- und Rauschmessungen.

Für die Übertragung des breitbandigen TV-Signales kommen nur Frequenzen im VHF-Bereich
und darüber in Frage. Tabelle 5.2 zeigt die Fernsehbänder.

Tabelle 5.2 Aufteilung der Fernsehbänder

Bereich		Kanäle	Raster [MHz]	Frequenzen [MHz]
I	VHF	2 … 4	7	47 … 68
III	VHF	5 … 12	7	174 … 223
IV	UHF	21 … 34	8	470 … 582
V	UHF	35 … 69	8	582 … 862

Zur Tabelle 5.2 sind folgende Ergänzungen anzubringen:

- Das Rundfunkband II ist der UKW-FM-Bereich von 87.5 … 108 MHz.
- folgende Kanäle sind gesperrt:
  - 1   (zu schmal)
  - 12 (z.T. freigestellt für DAB, vgl. Abschnitt 5.1.1.3)
  - 36 (reserviert für Radar)
  - 38 (reserviert für Radioastronomie)
- Die Tabelle gilt für drahtlose terrestrische Übertragung. Kabelverteilnetze arbeiten auch in anderen Frequenzbereichen (→ Sonderkanäle), der Satellitendirektempfang erfolgt bei 12 GHz und kommt somit in den Genuss eines höheren Antennengewinnes.

Als minimale Empfangspegel werden 65 dBµV/m (Band IV) bzw. 70 dBµV/m (Band V) garantiert, gemessen 10 m über Grund. Die TV-Umsetzer verwenden dazu je nach Versorgungsgebiet Leistungen von 1 W bis 250 kW.

Als Verbesserung wurde PAL-Plus eingeführt, das mit seinem Bildformat 16:9 besser zum menschlichen Gesichtsfeld passt als das Format 4:3 des PAL-Systems.

Eine weitere Verbesserung ist HDTV (high definition television). Hier geht es primär um die Erhöhung der Auflösung. Ausgehend vom nie realisierten MAC-Standard (multiplexed analogue components) wurde D-MAC entwickelt, das mehrere digitale Tonkanäle und ein analoges Bild umfasst. Das HD-MAC verbessert zusätzlich die Bildauflösung dank der Verdoppelung der Zeilenzahl auf 1250.

5.1.2.3 Digitales Fernsehen (DVB)

DVB (digital video broadcasting) bedeutet die komplett digitale Signaldarstellung in PCM und wird in den Studios bereits praktiziert. Für die Übertragung wird das Bildsignal im 4:2:2-Format dargestellt (Abschnitt 4.1.6) und hat eine Datenrate von 216 MBit/s. Mit dem MPEG-2-Algorithmus wird auf 9 MBit/s (Studioqualität) oder 6 MBit/s (Endverbraucherqualität) reduziert. Danach folgt ein Scrambler, der die Signalenergie gleichmässig im Spektrum verteilt und eine Kanalcodierung mit einem Reed-Solomon-Code und einem Interleaver, Bild 5.7.

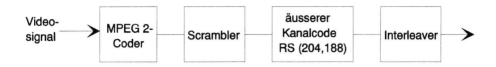

Bild 5.7 Signalvorverarbeitung für die DVB-Übertragung

Für die Übertragung stehen drei Varianten zur Verfügung:

- Satellit (→ DVB-S)
- Koaxialkabelnetze (→ DVB-C)
- terrestrische VHF/UHF-Netze (→ DVB-T)

Jeder der drei Kanäle hat seine Eigenheiten, weshalb das Signal je nach Übertragungsart unterschiedlich angepasst wird. Die Vorverarbeitung in Bild 5.7 ist für alle Varianten identisch.

Satellitenübertragung (DVB-S):

Der Satellitenkanal ist zumindest im Downlink, also bei der Teilstrecke Satellit → Erde, leistungsbegrenzt. Dies wegen der aufwändigen Satellitenspeisung mit Solarzellen. Auf der andern Seite steht Bandbreite zur Verfügung, da der Bereich 10.7 ... 12.75 GHz für Direktempfangssatelliten reserviert ist. Dieser Bereich lässt sich dank der starken Richtcharakteristik der Antennen mehrfach ausnutzen, nämlich mit Raum- und Polarisationsmultiplex. Das Leistungsproblem wird im Satelliten mit nichtlinearen Senderendstufen mit gutem Wirkungsgrad angegangen. Dies verbietet aber den Einsatz einer QAM. Für DVB-S wird QPSK benutzt. Bild 5.8 zeigt das Blockschaltbild. Insgesamt sind also zwei Kanalcoder im Pfad, vgl. Bild 4.24. DVB-S ist bereits im praktischen Betrieb. Damit die herkömmlichen Fernsehempfänger weiterhin benutzbar sind, wird diesen eine sog. Set-Top-Box vorgeschaltet.

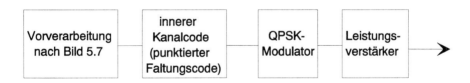

Bild 5.8 Blockschaltbild für die DVB-S - Übertragung

Übertragung über Koaxialkabel (DVB-C):

Koaxialkabelnetze enthalten aufgrund der vergleichsweise grossen Dämpfung zahlreiche Verstärker. Die Intermodulationsprodukte dieser Verstärker sind bei analoger Übertragung eine wichtige Grösse. Bei digitaler Übertragung lässt sich der Pegel um 10 dB absenken, sodass Intermodulation kein Thema mehr ist. Reflexionen an Stosstellen im Kabelnetz verursachen lineare Verzerrungen, nämlich Echos.

Der Kabelkanal ist bandbegrenzt. Man wählte deshalb eine höherwertige Modulation, nämlich 64-QAM. Beträgt der Pegelabstand zu den Reflexionen mindestens 30 dB, so sind letztere wirkungslos. Da die Bitfehlerquote relativ klein ist, kann auf den inneren Kanalcoder verzichtet werden und eine differentielle Vorcodierung vor der Modulation benutzt werden. Dies vereinfacht den Empfänger. Die Nutzdatenrate in einem 8 MHz breiten Kanal beträgt 38 MBit/s. Damit lassen sich anstelle eines analogen Programmes vier bis fünf digitale Programme übertragen, die zuvor mit MPEG 2 MP@ML komprimiert wurden.

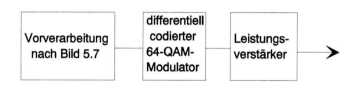

Bild 5.9 Blockschaltbild für die DVB-C - Übertragung

Übertragung über terrestrische VHF/UHF-Netze (DVB-T):

Dies ist die schwierigste Übertragungsart, da der Mehrwegempfang durch Reflexionen an Hügeln und Gebäuden den Empfang digitaler Signale beeinträchtigt (ISI). Entsprechend wurde dieser Teil des DVB-Systems erst am Schluss definiert und lehnt sich möglichst an die anderen Standards an. DVB-T soll einen Kanalraster von 8 MHz belegen, die Benutzung der VHF-Bänder I und III ist somit nicht vorgesehen. Hauptkunde ist der Heimempfänger mit Dachantenne (ca. 15 dB Antennengewinn). Der portable Empfänger (fixer Standort, aber behelfsmässige Antenne bzw. Geräteantenne) ist nur in Sendernähe betreibbar. Der mobile Empfänger wird überhaupt nicht angesprochen. Das Verfahren soll sowohl Gleichwellennetze als auch eine hierarchische Modulation nach dem in Bild 3.74 gezeigten Prinzip ermöglichen.

Die Forderung nach Gleichwellennetzen führt automatisch zur COFDM. Bei einem Senderabstand von 60 km muss das Guard-Intervall etwa 200 µs lang sein. Die entsprechend lange Symboldauer führt zu zahlreichen Subträgern, was aufwändige Geräte verlangt. Aus diesem Grund lässt der Standard verschiedene Symboldauern zu und überlässt es den einzelnen Netzbetreibern, ihr System zu spezifizieren und ihrem Gelände anzupassen. Bild 5.10 zeigt die senderseitige Signalverarbeitung.

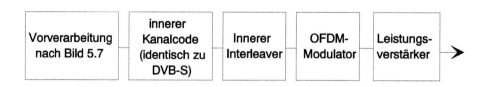

Bild 5.10 Blockschaltbild für die DVB-T - Übertragung

Die Anzahl Subträger beträgt etwa 1700 oder etwa 6800, wobei die Subträger in QPSK, 16-QAM, 64-QAM, MR-16-QAM oder MR-64-QAM moduliert werden.

Die Sender stehen an erhöhten Standorten, die Studios normalerweise mitten in den Ballungszentren. Die Kette in Bild 5.10 wird deshalb zwischen dem inneren Interleaver und dem OFDM-Modulator aufgetrennt und dort eine digitale Fernübertragung eingeschlauft. Dies kann über eine Punkt-Punkt-Verbindung mit Lichtwellenleitern erfolgen oder über ein Datennetz wie ATM (asynchroner transfer mode, Abschnitt 6.3.5.2).

Der notwendige Empfangspegel variiert zwischen 31 und 55 dBµV/m, je nach gewählter Kanalcodierung. DVB-T benötigt also wesentlich weniger Empfangspegel als die analoge Übertragung und bieten die sechsfache Programmzahl. DVB arbeitet demnach wesentlich näher an der Shannongrenze, allerdings zulasten der Systemkomplexität.

In den USA stösst DVB nicht auf Gegenliebe. DVB ist wie DAB eine europäische Entwicklung und sah keine HDTV-Übertragung vor. Die Amerikaner legten aber Wert auf das hochauflösende Fernsehen und entwickelten ATSC (advanced television systems committee), das auf einer digitalen, achtwertigen VSB-Modulation beruht. Im Jahr 2006 soll das analoge NTSC-System ausgeschaltet werden.

Obwohl mittlerweile auch der DVB-T-Standard HDTV ermöglicht, werden wohl beide Normen nebeneinander existieren. Die geographische Aufteilung wird wahrscheinlich genau der heutigen Unterteilung in PAL und NTSC entsprechen.

Ein zusätzlicher Streitpunkt ist, ob man weiterhin am Zeilensprungverfahren festhalten möchte. Die Computerindustrie möchte es abschaffen, die Rundfunkindustrie aus Kompatibilätsgründen beibehalten.

5.2 Empfängertechnik

5.2.1 Geradeausempfänger, Einfach- und Doppelsuperhet

Der Geradeausempfänger als einfachste Form des Empfängers ist den heutigen Ansprüchen bei weitem nicht mehr genügend. Aus didaktischen Gründen lohnt sich aber trotzdem eine kurze Besprechung. Bild 5.11 zeigt das Blockschaltbild.

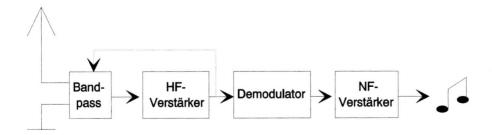

Bild 5.11 Geradeausempfänger

Das Signal gelangt von der Antenne zuerst auf einen Bandpass, welcher zwei Funktionen erfüllt:

- Auswahl des gewünschten Senders (Kanaltrennung)
- Verbesserung des Signal-Rauschabstandes (vgl. Bild 1.67)

Nach dem Bandpass folgt ein HF-Verstärker, danach der Demodulator und anschliessend der NF-Verstärker. Ebenfalls eingezeichnet ist eine Rückkopplung, welche den Eingangskreis entdämpft, somit seine Güte und damit die Trennschärfe (Nahselektivität, Unterdrückung von Nachbarsendern) sowie die Empfindlichkeit verbessert. Dieses Prinzip ist als *Audion-Empfänger* bekannt, konnte sich aber wegen der äusserst heiklen Einstellung der Rückkopplung nicht behaupten. Wird zuwenig rückgekoppelt, so ist der Empfänger zu unempfindlich, bei zu starker Rückkopplung beginnt die Schaltung zu schwingen und der Empfänger wird zum Sender.

Bei grossen Signalleistungen an der Antenne können sogar die beiden Verstärker in Bild 5.11 entfallen, was zum rein passiven Empfänger führt. Die Schaltung eines MW-Empfängers nach Bild 5.12 wird auch heute noch von Schulkindern gebaut. Als Demodulator wird ein Einweggleichrichter nach Bild 3.13 eingesetzt, wobei wegen der Trägheit der Kopfhörermembrane auf eine spezielle Glättung verzichtet werden kann. Der DC-Anteil nach dem Demodulator gelangt ebenfalls auf den Kopfhörer, was aber nicht stört. Vorteilhafterweise setzt man eine Germanium- oder Schottky-Diode ein, da diese eine kleinere Flussspannung aufweisen als Siliziumdioden. Der Kopfhörer muss hochohmig sein (2 kΩ) und der Schwingkreis soll möglichst dämpfungsarm ausgeführt werden.

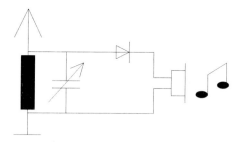

Bild 5.12 Der einfachste Mittelwellenempfänger

Als Kuriosum: der wohl wirklich einfachste AM-Empfänger besteht aus einer frischen Zitrone, in die ein Kupferdraht und ein Küchenmesser gesteckt werden. Der Kopfhörer wird an diese beiden Metalle angeschlossen. Es handelt sich um einen Gleichrichter, da zwei verschiedene Metalle sich in einer Säure befinden, was ein elektrisch nichtlineares chemisches Element ergibt. Dieses Prinzip funktioniert aber nur in unmittelbarer Nähe eines AM-Rundfunksenders.

Die Schwäche des Geradeausempfängers liegt in seinem Eingangsfilter. Dieses muss für jeden Sender entsprechend eingestellt werden, dabei bleibt die Güte und somit die *relative* Bandbreite des Schwingkreises etwa konstant. Wünschbar wäre jedoch eine konstante *absolute* Bandbreite, die der verwendeten Modulationsart angepasst ist. Zudem ist bei höheren Frequenzen die Trennschärfe überhaupt nicht mehr erzielbar. Weiter geschieht die gesamte HF-Verstärkung auf derselben Frequenz. Da ist die Gefahr sehr gross, dass durch unerwünschte

Rückkopplungen innerhalb des Empfängers der Verstärker schwingt. Der Superhet-Empfänger hat eine Lösung für beide Probleme, er bietet also eine besserer Trennschärfe und eine höhere Empfindlichkeit..

Der Trick des Superhet-Empfängers (Überlagerungsempfänger) besteht darin, den Demodulator auf einer *fixen* Frequenz, der sog. *Zwischenfrequenz* (ZF, engl. intermediate frequency, IF), arbeiten zu lassen. Das Signal des gewünschten Senders wird mit einer Mischung auf die Zwischenfrequenz umgesetzt, Bild 5.13.

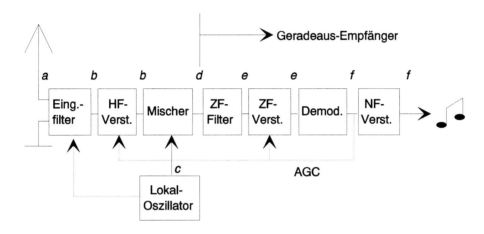

Bild 5.13 Einfachsuperhet

Ab dem Eingang des ZF-Filters entspricht das Blockschaltbild dem Bild 5.11. Die Blöcke davor dienen der Frequenzumsetzung von der HF-Lage in die ZF-Lage. Mit der Frequenz des Lokaloszillators (LO) wird der Sender ausgewählt. Da die Mischung nicht eindeutig ist, muss ein HF-Filter (Eingangsfilter) vorhanden sein. Dieses braucht jedoch nicht schmalbandig zu sein. Der Superhet schiebt also das HF-Spektrum vor dem ZF-Filter vorbei, während der Geradeausempfänger sein Eingangsfilter über das HF-Spektrum schiebt. Tabelle 5.3 zeigt am Beispiel eines MW-Empfängers die Frequenzen, die an den kursiv geschriebenen Stellen im Bild 5.13 auftreten.

Tabelle 5.3 Frequenzen im Blockschaltbild 5.13

Punkt in Bild 5.13	auftretende Frequenzen
a	alle
b	500 kHz ... 1650 kHz
c	925 kHz ... 2055 kHz
d	Summe- *und* Differenzfrequenzen
e	450 ... 460 kHz
f	0 ... 4.5 kHz

Nach dem Demodulator wird ein AGC-Signal (automatic gain control) abgegriffen und damit die HF- und ZF-Verstärker geregelt. Je nach Sendeleistung, Distanz und Ausbreitungsdämpfung treten nämlich zwischen verschiedenen Sendern Pegelunterschiede bis über 100 dB auf. Der ZF-Verstärker muss darum ein schmalbandiger Verstärker mit sehr hohem Regelbereich sein, damit der Demodulator stets mit etwa gleich starken Signalen arbeiten kann. Der ZF-Verstärker wird meistens mehrstufig ausgeführt.

Der grosse Nachteil des Superhet-Empfängers ist der *Spiegelfrequenz*empfang (engl. image frequency). Da bei der Mischung stets Summen- und Differenzfrequenzen auftreten, ergeben sich zwei Möglichkeiten, einen Sender zu empfangen. Dies sei am Beispiel eines Senders von 525 kHz und eines Empfängers mit einer ZF von 455 kHz demonstriert:

- Differenzbildung: LO-Frequenz = 525 kHz – 455 kHz = 70 kHz
- Summenbildung: LO-Frequenz = 525 kHz + 455 kHz = 980 kHz

In der Praxis wird die Differenzbildung bevorzugt, da der LO einen prozentual kleineren Bereich überstreichen muss, was technisch einfacher realisierbar ist. Umgekehrt können aber zwei Sender gleichzeitig dieselbe ZF erzeugen. Bei einer LO-Frequenz von 980 kHz ergibt sich:

- gewünschter Sender: 525 kHz → ZF = 980 kHz – 525 kHz = 455 kHz
- Spiegelfrequenz: 1435 kHz → ZF = 1435 kHz – 980 kHz = 455 kHz

Es ist die Aufgabe des Eingangsfilters, diesen Spiegelfrequenzempfang zu verhindern. Die oben berechneten Frequenzen liegen aber beide innerhalb des MW-Bereiches, das Filter muss darum je nach gewünschter Empfangsfrequenz doch noch umgeschaltet werden, dies ist in Bild 5.13 auch eingezeichnet.

Eine andere Abhilfe anstelle der Filterumschaltung beruht auf der Erkenntnis, dass der Abstand zwischen gewünschter Frequenz und Spiegelfrequenz gerade das Doppelte der Zwischenfrequenz beträgt, Bild 5.14. Man muss also nur die Zwischenfrequenz so hoch machen, dass das Eingangsfilter nicht mehr umgeschaltet werden muss.

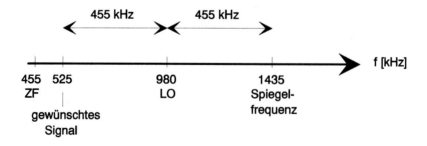

Bild 5.14 Zur Lage der Spiegelfrequenz

Die Wahl der Zwischenfrequenz ist demnach ein Kompromiss:

- ZF möglichst hoch → gute Spiegelfrequenzunterdrückung dank einfacherem Eingangsfilter
- ZF möglichst tief → gute Nahselektion dank einfacherem ZF-Filter

Die Aufteilung der Aufgaben „Frequenzumsetzung" und „Filterung" in zwei getrennte Blöcke haben wir bereits im Bild 3.16 beim SSB-Modulator angetroffen.

Die beste, aber auch eine teure Lösung des Dilemmas der Wahl der ZF bietet der Doppelsuperhet. Es handelt sich um einen Zweifach-Überlagerungsempfänger, wobei die erste ZF hoch liegt (→ gute Spiegelfrequenzunterdrückung) und die zweite ZF tief liegt (→ gute Trennschärfe). Bild 5.15 zeigt das Blockschema. Wird ein Produktdemodulator eingesetzt, so befinden sich insgesamt drei Mischer im Signalpfad.

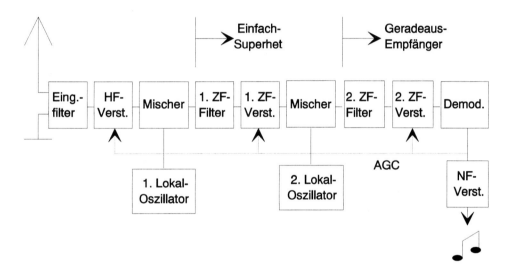

Bild 5.15 Blockschaltbild des Doppelsuperhet-Empfängers

Einer der beiden Lokaloszillatoren muss frequenzvariabel sein, um den gewünschten Sender einzustellen. Heute bevorzugt man einen variablen 1. Lokaloszillator, damit die nachfolgenden Stufen nicht zuviele Signale erhalten. Die Oszillatoren werden heute mit auf dem DDS-Prinzip basierenden Synthesizern realisiert, vgl. Abschnitt 5.4.

Die ZF-Stufen müssen sehr gut abgeschirmt sein. Drückt nämlich ein Signal direkt in eine der ZF-Stufen, so hört man am Lautsprecher stets dieses Signal, unabhängig von der Einstellung der Lokaloszillatoren. Aus diesem Grund werden oft am Empfängereingang auf die ZF abgestimmte Saugkreise gegen Masse angelegt. Die Tabelle 5.4 zeigt einige häufig benutzte Zwischenfrequenzen.

Tabelle 5.4 Häufig verwendete Zwischenfrequenzen

Zwischenfrequenz	Anwendung
455 kHz	MW-Einfachsuperhet 2. ZF bei Doppelsuperhet
9 MHz	UKW-Empfänger
10.7 MHz	2. ZF bei professionellen Empfängern
38.9 MHz	TV-Empfänger
45 MHz	1. ZF bei KW-Doppelsuperhet
70 MHz	1. ZF bei professionellen Empfängern Richtfunkgeräte (Mikrowellenempf.)

Die Hauptschwierigkeit beim Bau von Empfängern hängt ab vom Frequenzbereich:

Lang- und Mittelwellen-Empfänger:

Diese Empfänger sind einfach zu realisieren, da sie dem Rundfunkempfang dienen und somit starke Signale in einem fixem Kanalraster zu verarbeiten haben. Da das atmosphärische Rauschen in diesen Frequenzbereichen stark ist, brauchen die Empfänger keine rauscharmen Schaltungen.

Kurzwellen-Empfänger:

Im Kurzwellenbereich ist der Empfängerbau wesentlich anspruchsvoller. Das atmosphärische Rauschen ist immer noch stark im Vergleich zum Halbleiter- und Widerstandsrauschen, in dieser Hinsicht stellen sich darum keine Herausforderungen. Das Hauptproblem sind jedoch die extremen Pegelunterschiede zwischen Sendern auf benachbarten Frequenzen. Stellt man den Empfänger auf einen schwach einfallenden Sender ein, so regelt die AGC die HF- und ZF-Verstärker auf. Ein benachbarter starker Sender übersteuert dadurch v.a. den HF-Verstärker und den 1. Mischer, was zu Intermodulationsprodukten führt, die das gewünschte schwache Signal durchaus überdecken können („Zustopfen" des Empfängers). Die Gross-Signalfestigkeit ist das wichtigste Gütekriterium hochwertiger KW-Empfänger und wird mit folgenden Methoden verbessert:

- sorgfältig dimensionierte Schaltungen mit hohem Dynamikbereich,

- frühzeitige Filterung, d.h. bei breitbandigen Empfängern wird das Eingangsfilter umschaltbar ausgeführt und

- zuschaltbare Dämpfungsglieder. Diese Massnahme wurde bereits am Schluss des Abschnittes 1.2.3.3 beschrieben.

Bild 5.16 zeigt den Eingangsteil eines modernen Kurzwellenempfängers.

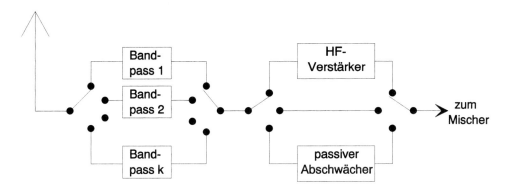

Bild 5.16 Eingangsteil eines modernen Kurzwellen-Breitbandempfängers mit umschaltbaren Eingangs-Bandpässen und wählbarer HF-Verstärkung bzw. Abschwächung

Eine weitere Schwierigkeit für die KW-Empfänger sind die stark überbelegten Frequenzbänder, die einen ungestörten Empfang höchstens für Rundfunk erlauben. Diesen Störungen wird mit aufwändigen ZF-Filtern begegnet, zu erwähnen sind:

- Notch-Filter (Kerbfilter, d.h. schmale variable Bandsperren zur Elimination von fremden Trägern, die sich beim AM- und SSB-Empfang durch unangenehmes Pfeifen bemerkbar machen)

- Noise Blanker (Störaustaster zur Bekämpfung von impulsartigen Störungen, eingefügt *vor* der schmalen Filterung, damit die Reaktionszeit kurz bleibt)

- verstellbare Flanken der ZF-Filter (Passband-Tuning).

Diese Filterungen könnten billiger nach der Demodulation im NF-Bereich ausgeführt werden. Die ZF-Methode ist allerdings vorteilhafter, da so die AGC auf das tatsächlich gewünschte Signal anspricht. Gelegentlich werden preisgünstige Empfänger mit NF-Filtern etwas verbessert, wobei heute Realisationen mit digitalen Signalprozessoren (DSP) im Vordergrund stehen.

VHF-Empfänger:

Mit zunehmender Frequenz sinkt die Intensität des atmosphärischen Rauschens ab. Aus diesem Grund steigt die Anforderung an die Rauscharmut bzw. Empfindlichkeit der Empfänger mit der Frequenz. Im VHF-Bereich sind viele Rundfunkdienste tätig, die Signale sind darum meistens stark und relativ einfach empfangbar. In Spezialfällen plaziert man einen rauscharmen Vorverstärker (LNA, low noise amplifier) direkt bei der Antenne. Dieser hat die Aufgabe, die wegen des Skineffektes mit zunehmender Frequenz ebenfalls wachsenden Verluste der Antennenzuleitung zu kompensieren. Würde man diesen Verstärker an den Empfängereingang verlegen, so liesse sich zwar der Pegel ebenfalls anheben, jedoch wäre der Rauschabstand um die Kabeldämpfung schlechter.

UHF- und SHF-Empfänger:

Das Hauptkriterium dieser Empfänger ist die Empfindlichkeit, welche durch das Eigenrauschen des Empfängers bestimmt ist. Den Hauptbeitrag zum Eigenrauschen liefert der HF-

Verstärker, weshalb dieser bei extremen Anforderungen (z.B. Radioastronomie) stark gekühlt wird, Gleichung (1.20).

Im Datenblatt eines einfachen Empfängers steht z.B., dass die Empfindlichkeit 0.25 µV betrage für den Empfang eines SSB-Signales mit 10 dB Rauschabstand. Bei der üblichen Wellenimpedanz von 50 Ω beträgt somit die notwendige Empfangsleistung:

$$P_S = \frac{U_{eff}^2}{R} = \frac{\left(0.25 \cdot 10^{-6}\right)^2}{50} \text{ W} = 1.25 \cdot 10^{-15} \text{ W} \stackrel{\wedge}{=} -119 \text{ dBm} \tag{5.4}$$

Da bei SSB kein Modulationsgewinn erzielbar ist, liegt das Rauschen P_N des Empfängers gemäss Datenblatt um 10 dB tiefer und beträgt somit $1.25 \cdot 10^{-16}$ W $\stackrel{\wedge}{=} -129$ dBm.

Der theoretische Grenzwert $P_{N\min}$ für das Empfängerrauschen ist durch Gleichung (1.20) gegeben und beträgt bei der Temperatur 290 Kelvin und einer SSB-Bandbreite von 2.7 kHz:

$$P_{N\min} = k \cdot T \cdot B = N_0 \cdot B = 1.38 \cdot 10^{-23} \cdot 290 \cdot 2700 \text{ W}$$
$$= 4 \cdot 10^{-21} \cdot 2700 \text{ W} = 10.8 \cdot 10^{-18} \text{ W} \stackrel{\wedge}{=} -139.7 \text{ dBm} \tag{5.5}$$

(Anmerkung: Als Temperatur benutzt man gerne 290 K und nicht die Ordonnanztemperatur 293 K (20 °C), weil so N_0 den runden Wert $4 \cdot 10^{-21}$ W/Hz annimmt.)

Das Eigenrauschen dieses Empfängers verschlechtert also den Rauschabstand um etwa 10 dB. Den realen (d.h. rauschenden) Empfänger modelliert man durch einen rauschfreien Empfänger mit einer zusätzlichen (Eigen-) Rauschquelle am Eingang. Letztere hat die Rauschleistungsdichte N_E und die Rauschleistung $P_E = N_E \cdot B$. Für das totale Empfängerrauschen gilt somit:

$$P_N = P_{N\min} + P_E = N_0 \cdot B + N_E \cdot B$$

Nun drückt man das totale Rauschen durch ein Vielfaches n des theoretischen Minimalwertes aus:

$$P_N = n \cdot P_{N\min} = n \cdot N_0 \cdot B = N_0 \cdot B + N_E \cdot B$$

$$n = \frac{N_0 + N_E}{N_0} = 1 + \frac{N_E}{N_0} = 1 + \frac{P_E}{P_{N\min}} = \frac{P_N}{P_{N\min}} \quad [] \tag{5.6}$$

$$F = 10 \cdot \log_{10}(n) \quad [dB] \tag{5.7}$$

n heisst *Rauschzahl*, F heisst *Rauschmass*. Für unseren Empfänger ergibt sich:

$$n = \frac{1.25 \cdot 10^{-16}}{10.8 \cdot 10^{-18}} = 11.57 \quad \text{und} \quad F = 10 \cdot \log_{10}(n) = 10.6 \text{ dB}$$

Die *Rauschtemperatur* T_R ist eine fiktive Temperatur, die für die Eigenrauschquelle N_E (betrachtet als Quelle für thermisches Rauschen) herrschen müsste, damit eine gegebene Rauschleistung *zusätzlich* zum thermischen Rauschen entsteht:

$$N_E \cdot B = P_N - N_0 \cdot B = n \cdot N_0 \cdot B - N_0 \cdot B = (n-1) \cdot N_0 \cdot B$$
$$N_E = (n-1) \cdot N_0$$
$$k \cdot T_R = (n-1) \cdot k \cdot T \quad \Rightarrow \quad T_R = (n-1) \cdot T$$

Die Rauschtemperatur unseres Empfängers beträgt also $(11.57-1) \cdot 290 \approx 3065$ K. Die Grössen n, F und T_R beschreiben in verschiedenen „Währungen" ein und dasselbe Phänomen, nämlich das Eigenrauschen eines Empfängers. T_R bietet die grösste Auflösung, F meistens die bequemste Rechnung. Der Rauschflur (totales Rauschen) eines Empfängers in dBm beträgt nach (5.6):

$$P_N\,[\text{dBm}] = 10 \cdot \log\!\big(n \cdot P_{N_{min}}\,[\text{mW}]\big) = 10 \cdot \log(n \cdot N_0\,[\text{mW/Hz}] \cdot B\,[\text{Hz}])$$

$$= 10 \cdot \log(N_0\,[\text{mW/Hz}]) + 10 \cdot \log(B\,[\text{Hz}]) + 10 \cdot \log(n)$$

$$P_N\,[\text{dBm}] = -174\,\text{dBm} + 10 \cdot \log(B\,[\text{Hz}]) + F\,[\text{dB}] \qquad\qquad (5.8)$$

Ein spezielles Augenmerk erfordert auch die Realisierung der Oszillatoren, da diese eine grosse relative Frequenzgenauigkeit und -Stabilität aufweisen müssen. Der Abschnitt 5.4 widmet sich diesem Thema. Falls nämlich der Lokaloszillator eines Überlagerungsempfängers nicht nur eine einzige Frequenz liefert, so werden auch benachbarte Sender auf die ZF gemischt und verschlechtern den Störabstand (und erhöhen somit das Rauschmass F des Empfängers).

Mikrowellen-Empfänger brauchen auf jeden Fall einen LNA direkt an der Antenne. In diesem Frequenzbereich wird die Dämpfung der Koaxialkabel untragbar hoch. Auch diese Vorverstärker haben ein Eigenrauschen, das den Rauschabstand des Empfangssignals verschlechtert. Das Eigenrauschen ist über diese Verschlechterung definiert: ein LNA mit F = 0 dB ist rauschfrei, bei F = 3 dB verschlechtert er das Empfangssignal um 3 dB. Gute Vorverstärker haben F unter 0.5 dB und werden meistens mit GaAs FET oder als parametrische Verstärker realisiert.

Ab 3 GHz kann man ausweichen auf Hohlleiter. Diese teure Lösung lohnt sich jedoch nur bei kombinierten Sende-Empfangsanlagen. Bei reinen Empfangssystemen wird besser der LNA ersetzt durch einen LNB (low noise block) bzw. LNC (low noise converter). Dies sind Kombinationen von Verstärkern und Mischern, die das Empfangssignal auf eine tiefere Frequenz umsetzen, sodass die Dämpfung des Koaxialkabels nicht ins Gewicht fällt. Im Prinzip wird einfach der Superhet-Empfänger nach Bild 5.15 in der ersten ZF-Stufe aufgetrennt und räumlich separiert.

5.2.2 Der digitale Empfänger

Auch in der Empfängertechnik ist die Digitalisierung nicht aufzuhalten. Seit einigen Jahren schon werden alle benötigten Frequenzen digital erzeugt, früher mit einem PLL (phase locked loop), heute mit DDS (direct digital synthesis), vgl. Abschnitt 5.4. Damit lassen sich die Empfangsfrequenzen problemlos auch über eine digitale Schnittstelle fernsteuern. Dies ist wichtig, weil auf Kurzwelle die Arbeitsfrequenz häufig geändert werden muss und die Frequenzwahl sowie die Verbindungsaufnahme vermehrt automatisiert werden (ALE = automatic link establishment). Etabliert sind auch die bereits erwähnten digitalen Filter, die an den NF-Ausgang eines Empfängers angeschlossen werden und der Störunterdrückung dienen.

Bis zum durchgehend digitalen Empfänger dürfte doch noch etwas Zeit verstreichen. Limitierend ist v.a. die hohe Abtastfrequenz der AD-Wandler, die grosse notwendige Wortbreite (Dynamik) und die daraus erforderliche Rechenleistung der Prozessoren.

Bereits erhältlich sind Empfänger mit konventionellen HF- und ZF-Stufen, wobei das Signal nach dem zweiten ZF-Filter digitalisiert wird. Da es sich um ein Bandpass-Signal handelt, ist die gleich anschliessend besprochene Unterabtastung möglich. Die AGC der ZF-Verstärker verkleinert die notwendige Dynamik des nachfolgenden Digitalteiles. Besonders vorteilhaft ist die in Abschnitt 3.1.6 besprochene Quadraturdarstellung, da damit direkt ins Basisband heruntergemischt werden kann. Dies entspricht einem Superhetempfänger mit der Zwischenfrequenz Null, besser bekannt unter dem Namen *Direktmischer*.

Mit der Digitaltechnik hält auch die Software Einzug in die Empfängertechnik. Dies ermöglicht den preisgünstigen Bau von Mehrnormengeräten und adaptiven Systemen (*software defined radio*), die in den künftigen Mobilfunknetzen zum Einsatz kommen werden [Jon02].

Nachstehen betrachten wir zwei Punkte des digitalen Empfängers genauer: die Abtastung von Bandpass-Signalen (wie es das ZF-Signal eines Empfängers darstellt) und die Quadraturdarstellung von Signalen (als Fortsetzung des Abschnittes 3.1.6).

5.2.2.1 Abtastung von Bandpass-Signalen

Das Abtasttheorem besagt, dass bei korrektem Abtasten eines kontinuierlichen Signals die Abtastwerte das Signal *vollständig* beschreiben. In diesem Fall stellt die Abtastung eine eineindeutige, d.h. umkehrbare Abbildung vom kontinuierlichen in den zeitdiskreten Bereich dar.

Häufig wird das Abtasttheorem mit folgendem Wortlaut zitiert: „Die Abtastfrequenz muss höher sein als das Doppelte der höchsten Signalfrequenz." Dies ist nicht falsch, aber auch nicht richtig. Zur Begründung stelle man sich ein Bandpass-Signal vor, dessen Spektralanteile z.B. im Bereich 80 kHz bis 100 kHz liegen. Dieses Signal kann man auf zwei Arten abtasten:

- Direkte Abtastung: nach dem obigen Satz ist dazu eine Abtastfrequenz von über 200 kHz notwendig.

- Indirekte Abtastung: Das Signal wird zuerst *analog* mit einer Frequenz von 80 kHz gemischt. Nach der Mischung belegt das Signal den Frequenzbereich 0 … 20 kHz. Nun wird abgetastet mit einer Abtastrate von über 40 kHz.

Da auch der analoge Mischvorgang umkehrbar ist, bedeutet dies, dass bei der Mischung der Informationsgehalt nicht ändert. Offensichtlich stellen die Abtastwert-Sequenzen der direkten und indirekten Abtastung beide dieselbe Information dar, allerdings mit einem Unterschied in der Datenmenge von einem Faktor 5. Die Abtastwerte aus der direkten Abtastung müssen darum redundant sein.

Das obenstehende falsche Zitat des Abtasttheorems beschreibt demnach eine hinreichende, jedoch nicht notwendige Bedingung zur eineindeutigen Abtastung. Für Tiefpass-Signale ist die Bedingung aber notwendig, und da Tiefpass-Signale viel häufiger digitalisiert werden als Bandpass-Signale ist das unkorrekt formulierte Abtasttheorem leider häufig anzutreffen. Die bessere Formulierung lautet nach Gleichung (1.2):

> *Die Abtastung ist eineindeutig (d.h. umkehrbar und somit ohne Informationsverlust), wenn die Abtastfrequenz die doppelte Bandbreite des analogen Signales übersteigt.*

Die Abtastung entspricht der Multiplikation des analogen Signals mit einer Diracstossreihe. Das Spektrum des abgetasteten Signales entsteht durch Falten der Teilspektren. Das Spektrum der Diracstossreihe (Zeitabstand: T = Abtastintervall) ist wiederum eine Diracstossreihe (Frequenzabstand: $1/T = f_A$ = Abtastfrequenz), und Falten mit einer Diracstossreihe bedeutet periodisches Fortsetzen. Durch die Abtastung wird also das Spektrum des analogen Signales periodisch fortgesetzt. Es muss nun vermieden werden, dass sich dabei die einzelnen Spektralperioden überlappen, vielmehr müssen die einzelnen Perioden separierbar bleiben. Bild 5.17 zeigt die Situation für ein Bandpass-Signal im Bereich f_u bis f_o.

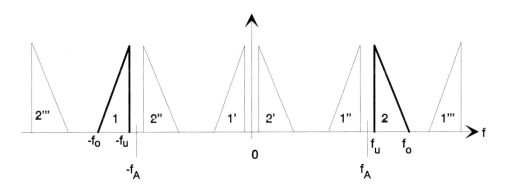

Bild 5.17 Abtastung eines reellen Bandpass-Signales. Dick gezeichnet ist das ursprüngliche Spektrum, bestehend aus den Komponenten 1 und 2. Fein gezeichnet sind die durch die Abtastung entstehenden neuen Spektralperioden.

Durch die periodische Fortsetzung des Spektrums in Bild 5.17 wird der Anteil 1 dupliziert im Abstand f_A, es entstehen die Spektralanteile 1', 1" und 1"'. Genauso entstehen aus dem Anteil 2 die Duplikate 2', 2" und 2"'. Das ursprüngliche Spektrum (1 und 2) bleibt dann unberührt, wenn die rechte (steile) Flanke von 1 bzw. 1" nach k-facher Wiederholung nicht in 2 hineinläuft. Genauso darf die rechte Flanke von 2 nicht in 1"' (die (k+1). Wiederholung von 1) hineinlaufen. Im negativen Teil des Spektrums sind die Verhältnisse zwangsläufig symmetrisch. Mathematisch ausgedrückt heisst dies:

$$\begin{aligned} -f_u + k \cdot f_A &< f_u \\ -f_o + (k+1) \cdot f_A &> f_o \end{aligned} \tag{5.9}$$

Auflösen nach f_A ergibt das *Abtasttheorem für reelle Bandpass-Signale:*

$$\boxed{\frac{2 \cdot f_u}{k} > f_A > \frac{2 \cdot f_o}{k+1}} \tag{5.10}$$

k gibt an, wieviele Perioden innerhalb des ursprünglichen Spektrums (zwischen Block 1 und Block 2 in Bild 5.17) liegen bzw. wie oft das Band $B = f_o - f_u$ (einseitige Bandbreite) im Bereich $0 \dots f_u$ Platz hat. k muss eine natürliche Zahl sein. Aus (5.10) folgt:

$$\begin{aligned} (k+1) \cdot f_u &> k \cdot f_o \\ k \cdot f_u + f_u &> k \cdot f_o \\ k \cdot (f_o - f_u) = k \cdot B &< f_u \end{aligned}$$

$$0 \le k < \frac{f_u}{B}$$ (5.11)

Ein Zahlenbeispiel soll dieses Resultat verdeutlichen: Ein Bandpass-Signal mit B = 6 kHz erstreckt sich von 50 kHz bis 56 kHz. Nach (5.11) kann k Werte von 0 ... 8 annehmen. Mit (5.10) lassen sich die möglichen Abtastfrequenzen ausrechnen, Tabelle 5.5 zeigt die Resultate.

Tabelle 5.5 Resultate zum Zahlenbeispiel für die Bandpass-Abtastung

k	f_A [kHz]
0	112 ... ∞
1	56 ... 100
2	37.33 ... 50
3	28 ... 33.33
...	...
8	12.44 ... 12.50

Bemerkenswert ist die Zeile 1: k = 0 bedeutet, dass keine Spektralanteile des abgetasteten Signals tiefer als f_u liegen. Es handelt sich also um die „normale" Abtastung, wie wenn es um ein Tiefpass-Signal ginge. Entsprechend ist für die Abtastfrequenz ein Minimum von 2 mal f_o vorgeschrieben, jedoch kein Maximum.

Weiter bemerkenswert ist das andere Extrem, Zeile 8: die minimalste Abtastfrequenz ist höher als die doppelte Bandbreite. Diese Aussage gilt sowohl für Bandpass- als auch für Tiefpass-Signale, da bei letzteren f_o = B ist. Diese Erkenntnis ist eigentlich naheliegend: beim Abtasttheorem geht es um die Erhaltung des Informationsgehaltes. In der Shannon'schen Formel für die Kanalkapazität (Gl. (1.17) bzw. (1.19)) erscheint als Variable auch B und nicht etwa f_o. Dies lässt sich aus obigen Gleichungen ableiten, indem man (5.11) in (5.10) einsetzt und das Minimum sucht. Dieses Minimum tritt auf, wenn k möglichst gross ist:

$$f_A > \frac{2 \cdot f_o}{k+1} = \frac{2 \cdot f_o}{\frac{f_u}{B}+1} = \frac{2 \cdot B \cdot f_o}{f_u + B} = \frac{2 \cdot B \cdot f_o}{f_u + (f_o - f_u)} = 2 \cdot B$$ (5.12)

Nach der Bandpass-Abtastung liegt eine Periode des Spektrums bei tiefen Frequenzen, in Bild 5.17 sind dies die Komponenten 1' und 2'. Dieser Anteil kann wie ein Tiefpass-Signal digital verarbeitet werden.

Der ADC darf bei der Abtastung von Bandpass-Signalen also langsamer arbeiten. Die vorgeschaltete Sample and Hold-Schaltung (S&H) jedoch muss die tatsächliche Frequenz des Eingangssignals verarbeiten können!

Unschön ist, dass wegen (5.10) und (5.11) nicht jede beliebige Abtastfrequenz über 2·B benutzbar ist. Deshalb kann durch die Bandpass-Abtastung nicht stets genau in die Basisbandlage gemischt werden. Die Hilbert-Transformation schafft hier Abhilfe.

5.2.2.2 Analytische Signale und Hilbert-Transformation

Die oben besprochene Bandpass-Abtastung geht von reellen BP-Signalen aus. Reelle Zeitsignale haben stets konjugiert komplexe Spektren, genau deshalb entsteht das Problem mit der Überlappung der Spektren bei deren periodischer Fortsetzung. Hätte man ein Zeitsignal mit nur einseitigem Spektrum, so könnten sich die Teilspektren in Bild 5.17 nicht mehr in die Quere kommen und die Restriktion (5.10) liesse sich lockern: die Abtastfrequenz müsste lediglich die Bedingung $f_A > 2 \cdot B$ einhalten (exakter: $f_A > B$, jedoch muss man zwei Signale digitalisieren).

Solche Signale mit einseitigem („kausalem") Spektrum nennt man *analytische Signale*. Sie sind im Zeitbereich komplexwertig, da ihr Spektrum nicht konjugiert komplex ist. Analytische Signale kann man darstellen durch zwei reelle Funktionen, wobei die eine den Realteil und die andere den Imaginärteil der komplexwertigen Zeitfunktion darstellt. Diese beiden Funktionen sind bei analytischen Signalen verknüpft durch die *Hilbert-Transformation*.

Anmerkung: Jedes Spektrum, das nicht konjugiert komplex ist, gehört zu einem komplexen Zeitsignal. Analytische Signale sind ein Spezialfall davon, indem ihr Spektrum auf eine ganz bestimmte Art asymmetrisch ist: es ist einseitig, Bild 5.18.

Die Bandpass-Abtastung von analytischen Signalen nennt man *komplexe* Bandpass-Abtastung. Im Gegensatz dazu ist die in Bild 5.17 beschriebene Version die reelle Bandpass-Abtastung.

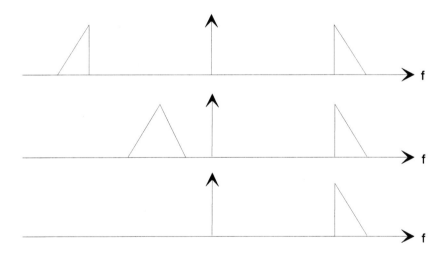

Bild 5.18 verschiedene Betragsspektren:
oben: reelles Zeitsignal: Betragsspektrum gerade
Mitte: komplexes Zeitsignal: Betragsspektrum ohne Symmetrie
unten: analytisches Zeitsignal: Betragsspektrum einseitig

Das Spektrum in Bild 5.18 unten enthält dieselbe Information, die auch in dem zum obersten Spektrum gehörenden reellen Zeitsignal steckt. Bei den reellen Zeitsignalen ist ja zum vorneherein bekannt, dass das Spektrum eine Symmetrie aufweist. Es geht also darum, aus dem obersten Spektrum in Bild 5.18 das unterste herzustellen. Dies kann geschehen durch die Überlagerung von zwei Teilspektren: $X(j\omega) = X_1(j\omega) + X_2(j\omega)$, Bild 5.19. Wegen dem Superpositionsgesetz der Fouriertransformation gilt:

$$X(j\omega) = X_1(j\omega) + X_2(j\omega) \quad \circ\!\!-\!\!\circ \quad x(t) = x_1(t) + x_2(t) \tag{5.13}$$

Das reelle Signal (z.B. das ZF-Signal eines Empfängers) sei nun $x_1(t)$. Dessen Spektrum $X_1(j\omega)$ ist konjugiert komplex, d.h. der Realteil ist gerade und der Imaginärteil ist ungerade, wie in Bild 5.19 oben gezeichnet. Nun formen wir um auf das analytische Signal, dessen Spektrum in Bild 5.19 unten gezeichnet ist. Dazu brauchen wir ein Hilfssignal $x_2(t)$ mit dem Spektrum $X_2(j\omega)$. Dieses Spektrum muss nach Bild 5.19 Mitte einen ungeraden Realteil und einen geraden Imaginärteil haben. Aufgrund der Symmetriebeziehungen der Fouriertransformation folgt, dass $x_2(t)$ rein imaginär sein muss. Zusätzlich muss $x_2(t)$ aus $x_1(t)$ berechenbar sein, wie dies Bild 5.19 auch optisch nahelegt. Damit lässt sich schreiben:

$$x_2(t) = j \cdot \tilde{x}_1(t) \tag{5.14}$$

Somit wird aus der Superposition (5.13):

$$x(t) = x_1(t) + j \cdot \tilde{x}_1(t) \tag{5.15}$$

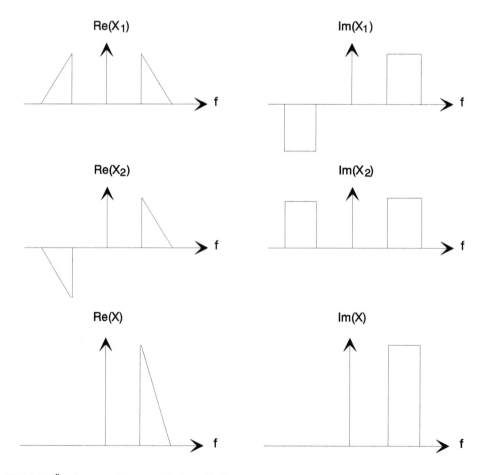

Bild 5.19 Überlagerung (Superposition) von Spektren

Nun muss nur noch die Abbildung $x_1 \rightarrow \tilde{x}_1$ hergeleitet werden, dann ist das Problem gelöst. Dies kann nach Bild 5.19 am einfachsten im Frequenzbereich formuliert werden:

$$X_2(j\omega) = \mathrm{sgn}(\omega) \cdot X_1(j\omega) \tag{5.16}$$

Wegen (5.14) und der Linearität der Fouriertransformation gilt:

$$x_2(t) = j \cdot \tilde{x}_1(t) \quad \circ\!\!-\!\!\circ \quad X_2(j\omega) = j \cdot \tilde{X}_1(j\omega) \tag{5.17}$$

Somit ergibt sich aus (5.17) und (5.16) die gesuchte Abbildungsvorschrift, die Hilbert-Transformation:

$$\tilde{X}_1(j\omega) = \frac{1}{j} \cdot \mathrm{sgn}(\omega) \cdot X_1(j\omega) = -j \cdot \mathrm{sgn}(\omega) \cdot X_1(j\omega)$$

Hilbert-Transformation:
$$\boxed{\tilde{X}(j\omega) = -j \cdot \mathrm{sgn}(\omega) \cdot X(j\omega)} \tag{5.18}$$

Damit gilt:

$$\mathrm{Re}\big(\tilde{X}(j\omega)\big) + j \cdot \mathrm{Im}\big(\tilde{X}(j\omega)\big) = -j \cdot \mathrm{sgn}(\omega) \cdot \mathrm{Re}\big(X(j\omega)\big) - j \cdot \mathrm{sgn}(\omega) \cdot j \cdot \mathrm{Im}\big(X(j\omega)\big)$$
$$= \mathrm{sgn}(\omega) \cdot \mathrm{Im}\big(X(j\omega)\big) - j \cdot \mathrm{sgn}(\omega) \cdot \mathrm{Re}\big(X(j\omega)\big)$$

$$\mathrm{Re}\big(\tilde{X}(j\omega)\big) = \mathrm{sgn}(\omega) \cdot \mathrm{Im}\big(X(j\omega)\big)$$
$$\mathrm{Im}\big(\tilde{X}(j\omega)\big) = -\mathrm{sgn}(\omega) \cdot \mathrm{Re}\big(X(j\omega)\big) \tag{5.19}$$

> *Die Hilbert-Transformierte $\tilde{X}$ eines Signals X entsteht dadurch, dass man im Spektrum den Real- und den Imaginärteil vertauscht.*

Bild 5.20 zeigt ein Beispiel:

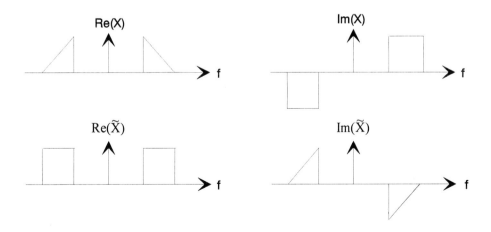

Bild 5.20 Spektrum eines Signals (oben) und Spektrum der Hilbert-Transformierten (unten)

Da $\mathrm{Re}(X(j\omega))$ eine gerade Funktion ist, ist $-\mathrm{sgn}(\omega)\cdot\mathrm{Re}(X(j\omega))$ eine ungerade Funktion. Der Imaginärteil von $\tilde{X}(j\omega)$ ist somit ungerade. Der Realteil von $\tilde{X}(j\omega)$ wird mit der analogen Überlegung eine gerade Funktion, Bild 5.20. Das Spektrum $\tilde{X}(j\omega)$ ist also konjugiert komplex. Daraus folgt:

> *Ist $x(t)$ eine reelle Funktion, dann ist $\tilde{x}(t)$ ebenfalls reell.*

Aus (5.18) ist der Frequenzgang des idealen Hilbert-Transformators sofort ersichtlich, durch Fourier-Rücktransformation erhält man die Impulsantwort:

$$\text{idealer Hilbert-Transformator:} \qquad \begin{array}{l} H_H(j\omega) = -j\cdot\mathrm{sgn}(\omega) \\[2mm] h_H(t) = \begin{cases} \dfrac{1}{\pi t} & ;\quad t \neq 0 \\[3mm] 0 & ;\quad t = 0 \end{cases} \end{array} \qquad (5.20)$$

Der Hilbert-Transformator wechselt den Bereich nicht, ein Zeitsignal ist also nach der Transformation immer noch ein Zeitsignal.

Bild 5.21 zeigt den Frequenzgang und die Impulsantwort des idealen Hilbert-Transformators.

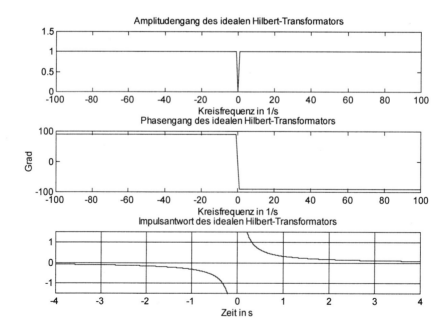

Bild 5.21 Amplitudengang, Phasengang und Impulsantwort des idealen Hilbert-Transformators

> *Der Hilbert-Transformator*
> - *ist ein breitbandiger 90° - Phasenschieber*
> - *erzeugt die Quadraturkomponente seines Eingangssignales*

Das Ausgangssignal des Hilbert-Transformators kann auch durch die Faltung des Eingangs-signals mit der Impulsantwort beschrieben werden. Dieses Integral heisst

Hilbert-Integral: $$\widetilde{x}(t) = \frac{1}{\pi} \int_{-\infty}^{\infty} \frac{x(t-\tau)}{\tau} d\tau \tag{5.21}$$

Der ideale Hilbert-Transformator hat für die Realisierung zwei grosse Nachteile: er hat eine unendliche Bandbreite und eine akausale Impulsantwort. Man muss sich demnach mit einer Näherung begnügen, indem man mit dem *bandbegrenzten Hilbert-Transformator* arbeitet. Solange das zu transformierende Signal ebenfalls bandbegrenzt ist, ist dies überhaupt nicht tragisch. Bild 5.22 zeigt die neuen Systemfunktionen.

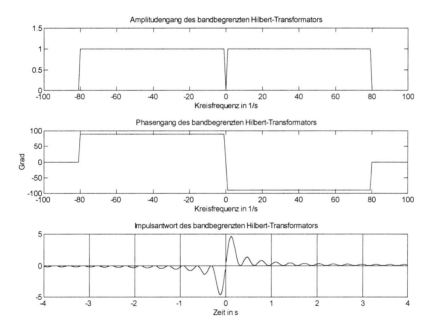

Bild 5.22 Amplitudengang, Phasengang und Impulsantwort des bandbegrenzten Hilbert-Transformators

Aus der abklingenden und darum längenbegrenzten Impulsantwort in Bild 5.22 erkennt man, dass der bandbegrenzte Hilbert-Transformator mit einem FIR-Filter einfach realisierbar ist. Allerdings ist die Realisierung nur kausal möglich, die Zeitverschiebung (Gruppenlaufzeit des Filters) muss man kompensieren mit der Schaltung nach Bild 5.23. Aus einem reellen Zeitsi-gnal x(t) kann also nur die Hilbert-Transformierte zu dessen verzögerter Kopie x(t-τ) realisiert werden. In den meisten Anwendungsfällen stört diese Verzögerung nicht.

Der Hilbert-Transformator kann als Breitbandphasenschieber aufgefasst werden. Dies ermöglicht auch eine Variante zur oben beschriebenen Realisierung: man benutzt mehrere frequenzversetzte schmalbandige Phasenschieber (= digitale Allpässe, also rekursive Systeme) und approximiert so den breitbandigen Phasenschieber. Die Methode „FIR-Filter" ergibt einen korrekten Phasengang und einen approximierten Amplitudengang. Bei der Methode „Allpässe" ist es gerade umgekehrt.

Den Hilbert-Transformator in seiner Realisierung nach Bild 5.23 haben wir bereits angetroffen bei Bild 3.18. Dort ging es um die Phasenmethode für die Erzeugung einer SSB-Modulation, wobei der Hilbert-Transformator als breitbandiger 90°-Phasenschieber dient.

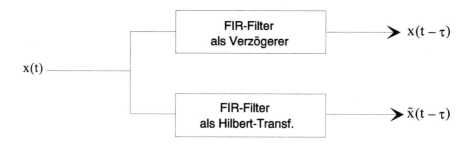

Bild 5.23 Praktische Realisierung des Hilbert-Transformators

Nun sollen noch einige interessante *Eigenschaften der Hilbert-Transformation* aufgelistet werden. Dabei wird folgende Notation benutzt: $\tilde{x}(t) = H\{x(t)\}$

- Linearität:

$$H\{a_1 \cdot x_1(t) + a_2 \cdot x_2(t)\} = a_1 \cdot H\{x_1(t)\} + a_2 \cdot H\{x_2(t)\} \tag{5.22}$$

- Zeitinvarianz:

$$\tilde{x}(t - \tau) = H\{x(t - \tau)\} \tag{5.23}$$

- Umkehrung:

$$H\{\tilde{x}(t)\} = H\{H\{x(t)\}\} = -x(t) \tag{5.24}$$

  Zwei Phasendrehungen um 90° ergeben eine Inversion.

- Orthogonalität:

$$\int_{-\infty}^{+\infty} x(t) \cdot \tilde{x}(t)\, dt = 0 \tag{5.25}$$

- Lineare Filterung: Durchlaufen $x(t)$ und $\tilde{x}(t)$ zwei identische Filter mit der Impulsantwort $h(t)$, so bilden die Ausgangssignale $y(t)$ bzw. $\tilde{y}(t)$ ebenfalls eine Hilbert-Korrespondenz.

- Symmetrie:

    gerades Signal: $\quad x(t) = x(-t) \quad \rightarrow \quad \tilde{x}(t) = -\tilde{x}(-t)$

    ungerades Signal: $x(t) = -x(-t) \quad \rightarrow \quad \tilde{x}(t) = \tilde{x}(-t)$ $\qquad$ (5.26)

- Ähnlichkeit:

$$H\{x(at)\} = \tilde{x}(at) \qquad (5.27)$$

- Energieerhaltung:

$$\int\limits_{-\infty}^{+\infty} x^2(t)\, dt = \int\limits_{-\infty}^{+\infty} \tilde{x}^2(t)\, dt \qquad (5.28)$$

- Modulationseigenschaft:

$$H\{s(t) \cdot \cos\omega_o t\} = s(t) \cdot \sin\omega_o t \qquad (5.29)$$

    Voraussetzung: s(t) ist bandbegrenzt auf Frequenzen unter $|\omega_0|$

- Einige Korrespondenzen:

Tabelle 5.6 Einige Korrespondenzen der Hilbert-Transformation

$x(t)$	$\tilde{x}(t)$	Voraussetzung
$\cos(\omega_0 t)$	$\sin(\omega_0 t)$	$\omega_0 > 0$
$\sin(\omega_0 t)$	$-\cos(\omega_0 t)$	$\omega_0 > 0$
$\delta(t)$	$\dfrac{1}{\pi t}$	keine
$\dfrac{\sin(\omega_g t)}{\omega_g t}$	$\dfrac{1 - \cos\omega_g t}{\omega_g t}$	keine

Vergleicht man (5.29) mit der Herleitung der Gleichungen (3.31) und (3.32) so erkennt man, dass die Kophasal- und die Quadraturkomponente eines Signales nichts anderes als eine Hilbert-Korrespondenz darstellen. Gleichung (3.38) beschreibt die komplexe Hüllkurve, die demnach ein analytisches Signal ist.

Analytische Signale werden auch gerne für theoretische Betrachtungen verwendet. Ein reelles BP-Signal kann durch ein äquivalentes analytisches Signal dargestellt werden und dieses durch ein äquivalentes TP-Signal, Bild 5.24. Dadurch genügt es, eine Theorie der TP-Signale und -Systeme zu entwickeln und diese auf BP-Signale und -Kanäle zu übertragen.

Zusammenfassung: Für die (insbesondere digitale) Verarbeitung modulierter Signale ist es vorteilhaft, mit nur einseitigen Spektren zu arbeiten. Diese sind im Zeitbereich komplex, wobei der Imaginärteil die Hilbert-Transformierte des Realteils ist. Die Verarbeitung von analytischen Signalen erfordert daher zwei Signalpfade, die je ein reelles Signal manipulieren.

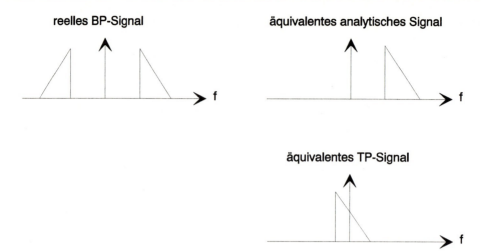

Bild 5.24 Herleitung des äquivalenten TP-Signales

Die Quadraturmischung erfolgt direkt nach dem Frequenzverschiebungssatz (auch Modulationssatz genannt) der Fouriertransformation:

$$x(t) \cdot e^{j\omega_0 t} \quad \circ\!\!-\!\!\circ \quad X(\omega - \omega_0) \tag{5.30}$$

Das Zeitsignal in (5.30) darf komplexwertig sein. Vorteilhafterweise wählt man es analytisch, somit ist es vor und nach der Mischung eindeutig, d.h. es tritt keine Spiegelfrequenz auf.

$$\underline{x}(t) = x(t) + j \cdot \tilde{x}(t) \tag{5.31}$$

Der Quadratur-Mischvorgang lautet damit:

$$\underline{y}(t) = y(t) + j \cdot \tilde{y}(t) = \underline{x}(t) \cdot e^{j\omega_0 t} = \underline{x}(t) \cdot \left[\cos \omega_0 t + j \cdot \sin \omega_0 t\right] \tag{5.32}$$

Damit ergibt sich das Prinzip-Blockschema in Bild 5.25. Die komplexwertigen Signale sind mit zwei parallelen Pfeilen für Real- und Imaginärteil dargestellt.

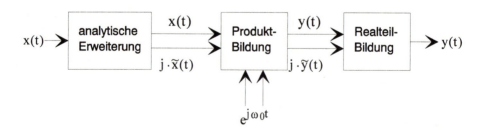

Bild 5.25 Prinzip der Quadraturmischung

Das reelle Ausgangssignal erhält man wie bei Gleichung (3.36) durch Realteilbildung von y(t). Aus (5.32) folgt:

$$y(t) = \text{Re}\left(\underline{y}(t)\right) = \text{Re}\left(\left[x(t) + j \cdot \tilde{x}(t)\right] \cdot \left[\cos\omega_0 t + j \cdot \sin\omega_0 t\right]\right)$$
$$= x(t) \cdot \cos\omega_0 t - \tilde{x}(t) \cdot \sin\omega_0 t \qquad\qquad (5.33)$$

Bild 5.26 zeigt das entsprechende Blockschaltbild, das ausschliesslich mit reellen Signalpfaden arbeitet und dank dem Verzögerer (vgl. Bild 5.23) kausal realisierbar ist.

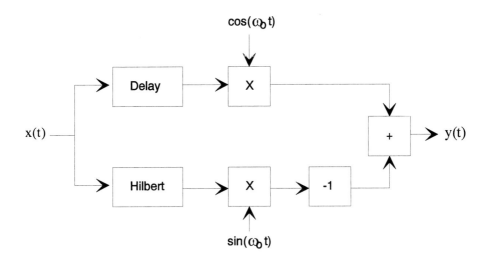

Bild 5.26 praktische Ausführung des Quadraturmischers

Für schmalbandige Signale, die ihre Spektralkomponenten um eine hohe Mittenfrequenz ω_0 haben (z.B. ein moduliertes Trägersignal), gilt der Modulationssatz (5.29). Für diese Signale kann man sich demnach die analytische Erweiterung vor der Multiplikation sparen. Dies führt zum vereinfachten Blockschema nach Bild 5.27. Im Gegensatz zu Bild 5.26 werden die Kophasal- und die Quadraturkomponente nicht addiert, sondern separat weiterbehandelt. Die beiden Mischer sind konventioneller Bauart, es entstehen Differenz- und Summenfrequenzen, wobei letztere durch die Tiefpassfilter unterdrückt werden. Die beiden Signale $y(t)$ und $\tilde{y}(t)$ nach den Tiefpassfiltern stellen die komplexe Hüllkurve des (evtl. modulierten) Signales $x(t)$ dar. Dies ist das äquivalente TP-Signal (Bild 5.24) zu x(t) und enthält die gesamte Information des modulierten Signales x(t), dies wurde im Abschnitt 3.1.6 hergeleitet. Die Demodulation kann demnach alleine mit der komplexen Hüllkurve erfolgen, was auch rein digital in einem Signalprozessor machbar ist. Gleichung (3.33) beschreibt beispielsweise, wie ein AM-Signal inkohärent demoduliert werden kann (Enveloppendetektor).

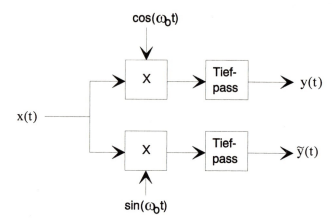

Bild 5.27 Abwärts-Quadraturmischer für schmalbandige Signale zur Bildung der komplexen Hüllkurve

Nun können wir das Blockschema des digitalen Empfängers betrachten. Bild 5.28 zeigt den Empfänger nach dem Überlagerungsprinzip. Der HF- und der ZF-Teil sind genau nach Bild 5.15 aufgebaut. Manchmal folgt eine dritte Zwischenfrequenz unter 50 kHz, um preisgünstigere AD-Wandler einsetzen zu können. Wegen den hohen Frequenzen werden die HF- und ZF-Stufen noch analog realisiert. Telefonmodems hingegen digitalisieren direkt das ankommende Signal und umfassen somit nur den ADC und den umrandeten Teil von Bild 5.28.

Bild 5.29 zeigt den Empfänger nach dem Direktmischer-Prinzip. Hier wird nach Bild 5.27 ein komplexes ZF-Signal gebildet und direkt in die Basisbandlage gemischt.

Auf die identische Art werden Sender realisiert, indem die Modulation mit einem DSP am äquivalenten Basisbandsignal ausgeführt wird und dieses danach komplex in die Bandpasslage verschoben wird. Dort folgt noch die Realteilbildung, vgl. Bild 5.25.

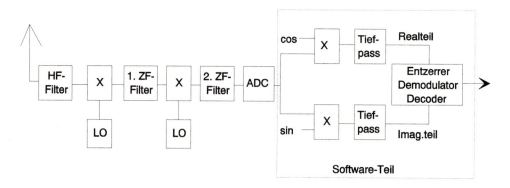

Bild 5.28   Empfänger nach dem Überlagerungsprinzip (reelles ZF-Signal in Bandpasslage) mit digitalem Demodulator. Die Verstärker sind nicht gezeichnet.

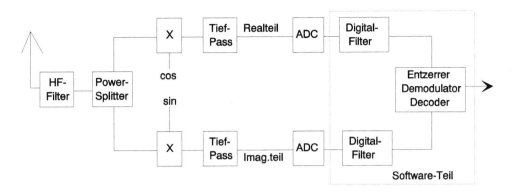

Bild 5.29 Empfänger nach dem Prinzip des Direktmischers (komplexes ZF-Signal in der Basisbandlage) und digitalem Demodulator

Mit den Kenntnissen über analytische Signale und die Quadraturdarstellung lassen sich noch zwei interessante Details erklären:

- Im Abschnitt 3.4.4 wurde die digitale Phasenmodulation (PSK) besprochen. Die Demodulation erfordert eine phasenrichtige Regeneration des Trägers (kohärente Demodulation). Die Quadrierung nach Bild 3.8 ist eine Möglichkeit der Trägerregenation.

  Eine häufig angewandte Variante dazu ist der Costas-Loop. Dies ist nichts anderes als ein Quadraturdemodulator, der mit einer Regelung ergänzt ist. Diese Regelung bringt die Quadraturkomponente zum Verschwinden, wodurch die Kophasalkomponente phasengleich zum Träger wird.

- Ein analytisches Signal $\underline{x}(t)$ hat ein einseitiges (kausales) Spektrum. Bedingung ist, dass der Imaginärteil von $\underline{x}(t)$ die Hilberttransformierte des Realteils ist:

$$\underline{x}(t) = x(t) + j \cdot \tilde{x}(t)$$

  Wegen der Symmetrie der Fouriertransformation gegenüber ihrer Rücktransformation kann dieselbe Überlegung im Frequenzbereich gemacht werden:

> *Soll ein Zeitsignal kausal sein (das gilt für alle Stossantworten realisierbarer Systeme!), so muss der Imaginärteil des Spektrums (Frequenzgang des Systems) die Hilbert-Transformierte des Realteils sein.*

Für sog. minimalphasige Systeme (deren Übertragungsfunktion hat keine Nullstellen in der rechten s-Halbebene bzw. ausserhalb des Einheitskreises der z-Ebene) folgt daraus:

> *Amplituden- und Phasengang von minimalphasigen linearen Systemen können nicht unabhängig voneinander gewählt werden!*

5.3 Spread-Spectrum-Technik (Bandspreiztechnik)

Nach Bild 4.31 ist die Vergrösserung der Bandbreite eine der möglichen Methoden zur Erhöhung der Kanalkapazität. Dies wird erreicht durch Kanalcodierung, Modulation oder Spread-Spectrum-Technik (Bandspreiztechnik). Der prinzipielle Unterschied zwischen Spread-Spectrum-Technik und Modulation besteht darin, dass bei der Bandspreiztechnik nicht die Nachricht selber, sondern eine spezielle Spreizsequenz die Bandbreite vergrössert.

Diese Technik ist seit der Mitte der dreissiger Jahre bekannt. Die Anwendungen erfolgten bis Ende der siebziger Jahre praktisch ausschliesslich im militärischen Bereich. Heute wird die Spread-Spectrum-Technik auch zivil genutzt, v.a. als Zugriffsverfahren auf Satelliten, vgl. Abschnitt 6.2.1.3.

Man unterscheidet grob drei Arten von Spread-Spectrum-Techniken:

- Direct sequence spread spectrum (DS-SS)
- Frequency hopping spread spectrum (FH-SS)
- Chirp-spread-spectrum

Alle drei Methoden verbreitern das HF-Spektrum bei unveränderter Sendeleistung. Die Leistungs*dichte* wird dadurch zusehends kleiner, Bild 5.30. Das Signal A in Bild 5.30 könnte z.B. ein konventionelles FM-Signal sein. Signal D ist so stark gespreizt, dass die Leistungsdichte sehr klein ist. Das Signal ist mit normalen Empfängern gar nicht detektierbar. Mit Chiffrierung lässt sich nur der Nachrichteninhalt verstecken, mit Spread-Spectrum sogar die Nachrichtenübertragung selber. Unter anderem darum ist Spread-Spectrum für militärische Anwendungen interessant.

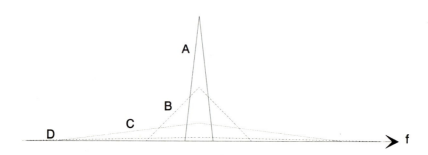

Bild 5.30 Spektrale Verteilung der Sendeleistung bei unterschiedlichen Spreizfaktoren

Beim *frequency-hopper* wird die Trägerfrequenz eines ansonsten konventionellen Senders variiert. Mit einem Zufallsgenerator wird z.B. aus 100 möglichen Frequenzen eine ausgewählt und diese während einigen Millisekunden belegt. Der Empfänger muss diese Zufallsfolge kennen und folgt mit seinem Lokaloszillator genau den Sprüngen des Senders. In der ZF-Stufe des Empfängers erscheint somit wieder ein konventionelles Signal.

Gegenüber der konventionellen Übertragung ergeben sich einige Vorteile:

• Sind einige Frequenzen von konventionellen Signalen besetzt, so kann der Empfänger immer noch z.B. 90% der Nachricht aufnehmen. Mit einer Kanalcodierung bzw. dank der Redundanz der Sprache nimmt der Inhalt keinen Schaden. Eine konventionelle Übertragung auf einem bereits besetzten Kanal kann im Gegensatz dazu komplett scheitern (bei FM-Systemen z.B. wegen dem Capture-Effekt).

• Der unerwünschte Empfänger kennt die Zufallsfolge nicht. Mit einem Scanner-Empfänger (automatischer Suchempfänger) können nur Bruchstücke der Nachricht aufgenommen werden, was den Inhalt schützt.

• Störsender können aus technischen Gründen nicht einfach einen Frequenzbereich von z.B. 50 MHz Breite mit einem Störsignal zudecken. Vielmehr attackieren Störsender im Pulsbetrieb fremde Emissionen, die der Störsender in den kurzen Sendepausen mit einem schnellen Scanner selber sucht (look-through-Prinzip). Ein frequency-hopper weicht dieser Störung elegant aus. Dies ist der Hauptgrund für deren militärische Anwendung.

In der Kurzzeitmittelung des HF-Spektrums hat ein frequency-hopper eine hohe Leistungsdichte oder die Dichte Null, je nach dem, ob man gerade eine Emission beobachtet hat oder nicht. Erst durch die Langzeitmittelung ergibt sich die kleine Leistungsdichte. Die Übertragung selber lässt sich darum nicht verheimlichen. Ebenso sind Frequency-Hopper einfach zu peilen. Die Standortbestimmung (dazu reicht im Gegensatz zur Inhaltsauswertung eine Erfassungswahrscheinlichkeit von einigen Prozent) wird sogar genauer als bei konventionellen Sendern, da das Signal auf verschiedenen Frequenzen erfasst wird und so die Einflüsse der Topographie ausgemittelt werden.

Die Topographie verändert die Absorptions- und die Reflexionsverhältnisse, der erwünschte Empfänger findet darum je nach momentaner Frequenz andere Empfangsverhältnisse vor. Die AGC des Empfängers muss darum sehr schnell reagieren können. In hügeligem Gebiet muss deshalb die Hopp-Rate auf 200 bis 300 pro Sekunde begrenzt werden. Die Hauptanwendung des Hoppers liegt demnach in der Abwehr von elektronischen Störungen und der Hopp-Betrieb wird erst im Bedarfsfalle aktiviert.

Eine Verbesserung bringt *direct-sequence-spread-spectrum*, Bild 5.31. Es entsteht ein breites Spektrum, bei dem auch die kurzzeitig gemessene Leistungsdichte klein ist. Das Signal kann sogar unter dem Rauschflur des Empfängers liegen.

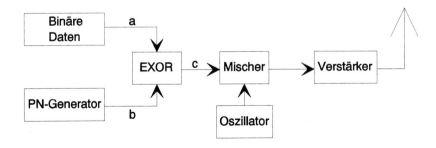

Bild 5.31 Blockschema eines Senders für direct-sequence-spread-spectrum

Ein Blick auf Bild 3.63 zeigt, dass die binäre Sequenz c in Bild 5.31 PSK-moduliert wird. Es ergibt sich demnach ein sin(x)/x-Spektrum, dessen Breite von der Taktrate der Sequenz c abhängt. Diese Taktrate wird künstlich massiv erhöht, indem die Taktrate des PN-Generators ein Mehrfaches der Datenrate der Nachrichtenquelle beträgt. Der PN-Generator erzeugt eine pseudozufällige Sequenz b (PN = pseudo noise), d.h. die Sequenz ist periodisch mit einer langen Periode, innerhalb der Periode hat sie jedoch zufällige Eigenschaften. Dies lässt sich mit rückgekoppelten Schieberegistern einfach bewerkstelligen. Die Symbole der Spreizsequenz b nennt man *chip*.

Der Empfänger demoduliert mit einem Mischer die Sequenz c. Zudem erzeugt er mit einem zweiten PN-Generator dieselbe Spreizsequenz b und verknüpft diese mit c in einem EXOR-Tor. Am Ausgang des Tores liegt wieder die ursprüngliche Sequenz a vor. Dass eine zweimalige EXOR-Verknüpfung das ursprüngliche Signal ergibt, haben wir schon bei der kontinuierlichen Chiffrierung im Abschnitt 4.2.2 gesehen. Dort haben beide Sequenzen dieselbe Taktrate, hier ist die Spreizsequenz wesentlich schneller. Das Hauptproblem des Empfängers ist die Synchronisation seines PN-Generators auf denjenigen des Senders.

Der unerwünschte konventionelle Empfänger entdeckt das spread-spectrum-Signal kaum. Der unerwünschte spread-spectrum-Empfänger kennt die Spreizsequenz nicht und kann das Signal darum nicht komprimieren.

Ein schmalbandiges Störsignal wird durch den spread-spectrum-Empfänger gespreizt und somit unwirksam gemacht, Bild 5.32.

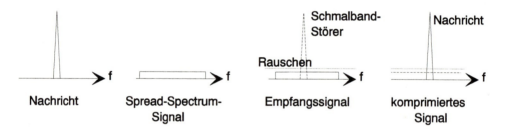

Bild 5.32 Signalspektren bei der direct-sequence-spread-spectrum-Übertragung

Der unerwünschte Empfänger nimmt das spread-spectrum-Signal (wenn überhaupt) als kleinen Rauschanstieg wahr. Man kann darum gespreizte Signale gleichzeitig im selben Frequenzbereich übertragen, die gegenseitige Störung besteht in einer Verschlechterung des Rauschabstandes. Dies führt zum *code division multiplex* (CDM) als Variante zu FDM und TDM.

Bei FDM (frequency division multiplex) arbeiten mehrere Sender gleichzeitig auf verschiedenen Frequenzbereichen. Bei TDM (time division multiplex) arbeiten mehrere Sender zu unterschiedlichen Zeiten im gleichen Frequenzbereich. Bei CDM arbeiten mehrere Sender gleichzeitig im gleichen Frequenzbereich, Bild 1.36.

Voraussetzung für CDM ist, dass zwischen den einzelnen Übertragungen wenig Übersprechen auftritt. Dies wird erreicht durch orthogonale Spreizsequenzen. Die Spreizsequenz wirkt also wie eine Adressierung. Eine Koordination zwischen den verschiedenen Benutzern ist deshalb nur einmal notwendig, nicht aber während des Betriebs. Genau dies macht CDM attraktiv für Satellitensysteme. Beim UMTS (Mobiltelefonie der dritten Generation) wird ebenfalls DS-SS benutzt, bei Bluetooth (ein Funksystem für einzelne Räume, das die PC-Verkabelung eliminieren soll) kommt FH-SS zum Einsatz.

5.4 PLL und Frequenzsynthese

5.4.1 Der Phase Locked Loop (PLL)

Der PLL (phase locked loop) ist eigentlich ein ganz normaler Regelkreis. Zwei Aspekte bereiten aber etwas Mühe:

- die geregelte Grösse ist eine Phase ($\rightarrow$ Schwierigkeit mit der intuitiven Vorstellung)
- in gewissen Betriebszuständen ist der PLL stark nichtlinear ($\rightarrow$ Schwierigkeit mit der mathematischen Beschreibung).

Der Grund, weshalb der PLL hier besprochen wird, liegt in seiner mannigfaltigen Anwendung in der Nachrichtentechnik.

Der PLL besteht aus drei Komponenten, nämlich:

- VCO (voltage controlled oscillator, spannungsgesteuerter Oszillator)
- PD (Phasendetektor)
- LF (Loop-Filter)

Diese Bausteine werden nach Bild 5.33 zusammengeschaltet.

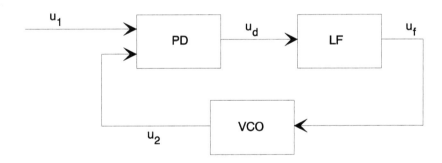

Bild 5.33 Blockschaltbild des PLL

Der PD vergleicht die Phase des Eingangssignales u_1 mit der Phase des VCO-Ausgangssignales u_2 und gibt ein Signal u_d proportional zur Phasendifferenz ab. Dieses Signal hat normalerweise AC-Anteile, die vom LF (ein Tiefpass, häufig 1. Ordnung) entfernt werden. Das Signal u_f ändert sich nur noch langsam (im Idealfall enthält es nur noch den DC-Anteil von u_d) und steuert den VCO.

Ist die Phase von u_2 gegenüber u_1 nacheilend, so steigt u_f und damit die Frequenz von u_2. Ist die Phase von u_2 gegenüber u_1 voreilend, so sinkt u_f und damit die Frequenz von u_2. Im eingerasteten Zustand (nur in diesem ist der PLL brauchbar) haben u_1 und u_2 eine konstante Phasendifferenz und somit dieselbe Frequenz.

Die Anwendungen des PLL sind mannigfaltig. Einige wurden bereits erwähnt, die folgende Liste enthält noch weitere Möglichkeiten:

- Taktregeneratoren für Datenempfänger
- Trägerregenatoren für Demodulatoren
- Jitter-Reduktoren
- Phasenschieber
- Frequenzsynchronisationen
- Phasensynchronisationen
- FM- und FSK-Demodulatoren
- PM- und PSK-Demodulatoren
- Frequenz-Vervielfacher und -Teiler (Abschnitt 5.4.2)
- Frequenz-Synthesizer (Abschnitt 5.4.2)
- ∞ viele andere

Es ist aufgrund dieser Anwendungsvielfalt nicht erstaunlich, dass auch verschiedene Ausführungsformen des PLL existieren. Man unterscheidet vier Klassen [Bes93]:

- *Linearer PLL:* Das ist der in Bild 5.33 gezeigte PLL mit analogem LF, Multiplizierer oder Ringmischer als PD und einem VCO mit kontinuierlich einstellbarer Ausgangsfrequenz.
- *Klassisch-digitaler PLL:* Als PD wird ein digitaler Typ eingesetzt, z.B. ein EXOR-Tor. Die restlichen Bausteine sind gleich wie beim linearen PLL. Es handelt sich also um eine gemischt analog-digitale Schaltung.
- *Vollständig-digitaler PLL:* Der VCO wird ersetzt durch einen DCO (digitally controlled oscillator) und auch das LF wird rein digital realisiert.
- *Software-PLL:* Alle Operationen werden per Software in einem DSP implementiert. Im Moment ist diese Variante erst für langsame Anwendungen einsetzbar.

5.4.2 Frequenzsynthese

In nachrichtentechnischen Systemen werden häufig Oszillatoren gebraucht, um harmonische Signale für Mischer, Modulatoren und Demodulatoren zu liefern. Diese Oszillatoren werden je nach Einsatzgebiet nach folgenden Kriterien beurteilt:

- spektrale Reinheit
- Frequenzkonstanz bei Temperaturschwankungen, Belastungsschwankungen und Alterung
- Bereich der wählbaren Frequenzen
- Feinheit (Auflösung) der Frequenzeinstellung
- Geschwindigkeit einer gewollten Frequenzumschaltung oder -Änderung
- Grösse
- Preis

Es ist klar, dass keine Schaltung allen Anforderungen gleichzeitig gerecht werden kann. In der Praxis benutzt man deshalb zahlreiche verschiedene Oszillator-Konzepte. Wie stets ist auch die Oszillator-Entwicklung die Suche nach dem jeweils optimalen Kompromiss. Häufig werden auch Kombinationen von Oszillatoren benutzt, um die Vorteile verschiedener Konzepte zu vereinen.

Früher wurden oft LC-Oszillatoren eingesetzt, die aus Serie- oder Parallel-Resonanzkreisen aufgebaut waren. Diese Oszillatoren liefern reine harmonische Signale, deren Frequenz einfach durch Variation der Induktivität oder der Kapazität verstellbar ist. Dies ist auch elektronisch möglich, indem z.B. eine Kapazitätsdiode (Varicap) eingesetzt wird. Nachteilig ist die mangelnde Frequenzkonstanz und die Verwendung von Spulen. Bei hohen Frequenzen sind diese Oszillatoren schlecht handhabbar.

Muss die Frequenz nicht variabel sein, so werden gerne Quarz-Oszillatoren (XCO = crystal controlled oscillator) eingesetzt. Das sind mechanische Schwinger, die im MHz-Bereich arbeiten und deren Frequenzkonstanz durch eine Temperaturregelung weiter erhöht werden kann. Die Nachteile der Quarzoszillatoren sind deren unverstellbare Frequenz und der eingeschränkte Frequenzbereich.

Der VCO (voltage controlled oscillator), wie er auch im PLL Verwendung findet, ist ein Oszillator, dessen Frequenz sehr einfach elektronisch verstellt werden kann. Allerdings ist die Frequenzkonstanz nicht gross.

Sehr hohe Frequenzen (Mikrowellenbereich) können nach Abschnitt 1.2.3.1 durch Frequenzvervielfachung erzeugt werden, indem eine Nichtlinearität ausgenutzt wird, Bild 5.34. Die Ausgangsfrequenz hat dieselbe *relative* Genauigkeit und Konstanz wie die Oszillatorfrequenz. Die vervielfachte *absolute* Ungenauigkeit kann je nach Anwendung zu Schwierigkeiten führen.

Bild 5.34 Frequenzvervielfachung an einer Nichtlinearität

Der Frequenzbereich eines VFO (variable frequency oscillator) ist beschränkt. Mit der Schaltung nach Bild 5.35 lässt sich der Bereich vergrössern, indem dieser in mehrere kleinere Unterbereiche unterteilt wird.

Heutzutage benutzen die Oszillatoren meistens einen oder sogar mehrere PLL-Schaltungen, Bild 5.36. Der Referenzoszillator ist ein evtl. temperaturstabilisierter Quarz-Oszillator. Bei extremen Anforderungen darf es auch eine Cäsium-Atomuhr sein.

Der PLL regelt den VCO so, dass die beiden Signale am Eingang des Phasendetektors phasenstarr und somit gleichfrequent sind. Wegen dem Divider (= Teiler, dies ist lediglich ein programmierbarer modulo-N-Counter) ist die VCO-Frequenz um den Faktor N höher als die Referenzfrequenz.

Mit einem PLL kann man also ganz einfach aus einem unstabilen VCO einen stabilen Oszillator mit digital wählbarer Frequenz realisieren.

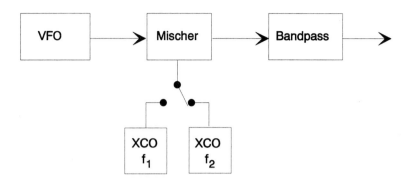

Bild 5.35 Erzeugung eines Signals mit grosser Frequenzvariation

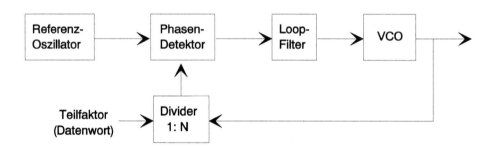

Bild 5.36 Frequenzvervielfachung mit PLL

Möchte man die Ausgangsfrequenzen der Schaltung in Bild 5.36 in einem engen Kanalraster (z.B. 10 kHz für ein Handfunkgerät) wählbar haben, so muss die Referenzfrequenz tief sein. Quarzoszillatoren arbeiten jedoch nicht auf solch tiefen Frequenzen. Gelöst wird dies mit einem zweiten Teiler, der in Bild 5.36 zwischen Referenzoszillator und Phasendetektor eingeschlauft wird, Bild 5.37.

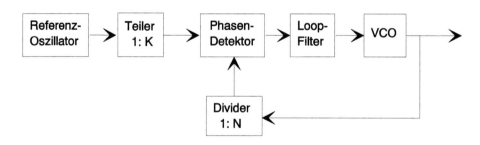

Bild 5.37 PLL mit feinem Frequenzraster am Ausgang

Natürlich möchte man möglichst viele Funktionen digital realisieren und in hochintegrierten Bausteinen implementieren. Mit stromsparender CMOS-Technologie sind jedoch keine Frequenzen über 100 MHz realisierbar. Abhilfe bietet das Konzept nach Bild 5.38. Der Divider aus Bild 5.36 oder 5.37 wird aufgeteilt in einen Divider und einen Prescaler. VCO und Prescaler können sehr hohe Frequenzen aufweisen (Mikrowellen, realisiert z.B. in ECL- oder GaAs-Technologie), dagegen sind alle Baublöcke im umrandeten Bereich in einer einzigen integrierten CMOS-Schaltung erhältlich (frequency-synthesizer-IC). Als externes Bauteil ist einzig ein Schwingquarz für den Referenzoszillator notwendig. Anstelle der Frequenzteilung mit dem Prescaler kann das VCO-Signal auch mit einem Mischer nach unten gemischt werden. Das Ausgangssignal des VCO lässt sich mit einem Vervielfacher weiter erhöhen.

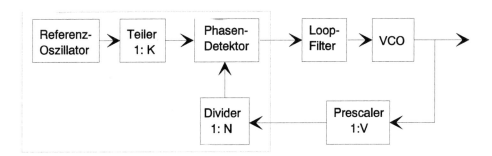

Bild 5.38 PLL-Oszillator für hohe Frequenzen

Auch das Konzept nach Bild 5.38 hat einen Nachteil: die Frequenzauflösung beträgt nicht etwa $\dfrac{f_{\text{Ref}}}{K}$, sondern $\dfrac{f_{\text{Ref}}}{K} \cdot V$, und V ist sicher grösser als 1, sonst ist der Prescaler sinnlos.

Als Abhilfe könnte man selbstverständlich die Konzepte kombinieren, indem man einen PLL nach Bild 5.37 mit feiner Auflösung als VFO in Bild 5.35 einsetzt. Anstelle zahlreicher Quarzoszillatoren wird ein zweiter PLL, jetzt jedoch mit grober Frequenzauflösung, eingesetzt. Nach dem Bandpass entstehen Frequenzen nach der Formel

$$ f_{out} = N_1 \cdot f_{\text{Ref}_1} + N_2 \cdot f_{\text{Ref}_2} $$

Leiten beide PLL ihre Referenz aus einem gemeinsamen Mutteroszillator ab (was aus Aufwandgründen ohnehin ratsam ist) und wählt man z.B. $f_{\text{Ref1}} = 10 \cdot f_{\text{Ref2}}$, so ergibt sich:

$$ f_{out} = f_{\text{Ref}} \left[10 \cdot N_1 + N_2 \right] $$

Bild 5.39 zeigt das Prinzip. Verfolgt man dieses weiter, so lässt sich die gewünschte Frequenz mehrstellig synthetisieren. Wer will, kann noch einen Vervielfacher nach Bild 5.34 ins Spiel bringen.

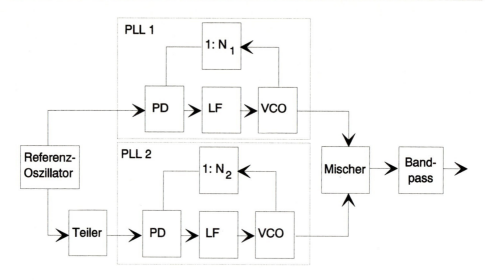

Bild 5.39   Frequenzdiskrete Version von Bild 5.35
PLL 1 mit grobem Frequenzraster, PLL 2 mit feinem Frequenzraster

Der Aufwand in Bild 5.39 ist allerdings etwas gross, weil mehrere PLL miteinander arbeiten, also mehrere Phasendetektoren, Loop-Filter und VCO in Betrieb sind. Vor allem aber muss der Bandpass nach dem Mischer verstellbar sein.

Dieselbe Art der Frequenzsynthese kann erreicht werden mit einem einzigen PLL durch Anwendung eines Tricks, der hier nicht nachgerechnet werden soll (Genaueres findet sich z.B. in [Bes93]). Anstelle des simplen Prescalers wird in Bild 5.38 ein umschaltbarer Prescaler benutzt. Dieser hat wahlweise einen Teilfaktor V oder V+1 oder V+2 oder V+3. Solche Schaltungen sind als „modulo N-Counter mit Preset" integriert erhältlich. Weiter wird nicht ein einziger Teiler eingesetzt, sondern gleich mehrere, die abwechselnd in Aktion treten. Damit können Synthesizer gebaut werden, die einen beliebig grossen Frequenzbereich bei beliebig kleiner Auflösung und beliebiger Konstanz abdecken. Die komplette Schaltung ist integriert erhältlich, sieht aus wie Bild 5.38 (mit komplizierterem Prescaler und Teiler) und ist durch die IC-Technologie in ihrer Arbeitsfrequenz nach oben beschränkt. Dieser Bereich lässt sich mit separatem Prescaler in GaAs-Technik oder einem Mischer oder einem Vervielfacher erweitern.

Häufig wird ein harmonisches Ausgangssignal benötigt, die oben vorgestellten digitalen Konzepte mit einem VCO liefern jedoch oft pulsförmige Signale. Die Umwandlung könnte geschehen mit einem Tiefpassfilter, das die Grundschwingung des Rechtecks extrahiert. Diese Methode ist jedoch nicht ratsam, da die Grenzfrequenz des Filters stets der Ausgangsfrequenz angepasst sein muss. Solange die Frequenzen genügend tief sind, zeigt Bild 5.40 eine bessere Variante. In einem EPROM werden die Werte eines Sinus abgelegt. Ein modulo-k-Zähler dient als Adressgenerator und spricht alle Speicherzellen nacheinander an. Werden die Werte einer Periode des Sinus mit 2^k Samples gespeichert, so muss der Zähler mit der 2^k-fachen Ausgangsfrequenz getaktet werden. Diese Taktfrequenz wird mit einem der oben beschriebenen Synthesizer erzeugt. Mit dieser Schaltung lässt sich somit auch FM und FSK erzeugen, indem der Synthesizer entsprechende Taktfrequenzen liefert.

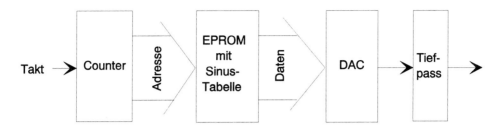

Bild 5.40 Digitale Erzeugung eines rein harmonischen Signals

Das Konzept nach Bild 5.40 lässt sich speicherplatzsparend realisieren, indem nur ein einziger Quadrant der Sinus-Tabelle benutzt wird. Die restlichen Quadranten können aufgrund der Symmetriebeziehungen daraus erzeugt werden. Weiter können mit demselben Counter gleichzeitig zwei Tabellen mit Sinus- und Cosinus-Werten ausgelesen werden. Damit lassen sich absolut phasenstarr und frequenzunabhängig die Eingangssignale für einen Quadraturmischer (Bilder 5.26, 5.27 und 5.29) erzeugen. Auch QAM-Modulatoren und QAM-Demodulatoren benutzen diese Schaltung, Bilder 3.21 und 3.72.

Der Haken am Konzept nach Bild 5.40 liegt in der variablen Abtastfrequenz des harmonischen Signales am Ausgang. Bei grossen Frequenzvariationen muss der Rekonstruktionstiefpass am Ausgang nachgezogen werden. Abhilfe bietet das DDS-Konzept (direct digital synthesis), welches sich bereits breiter Anwendung erfreut.

Die Grundidee der DDS liegt in der Erkenntnis, dass jede Frequenz als zeitliche Phasenänderung aufgefasst werden kann:

$$\omega = 2\pi f = \frac{d\varphi(t)}{dt} \approx \frac{\Delta\varphi(t)}{\Delta t} = \frac{\Delta\varphi(t)}{T}$$

In einem digitalen System ist das kleinste Zeitintervall die Abtastzeit T. Eine Frequenz kann nach obiger Formel erzeugt werden mit der Schaltung in Bild 5.41.

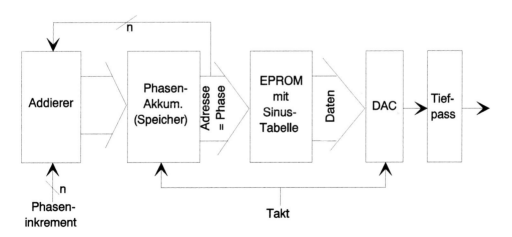

Bild 5.41 Frequenzsynthese nach dem DDS-Prinzip

Im EPROM ist wiederum eine Sinus-Tabelle angelegt. Die Adresse des Speichers wird aufgefasst als Argument (Winkel) des Sinus, am Speicherausgang erscheint der dazugehörende Momentanwert. Dieser wird vom DAC gewandelt und vom Rekonstruktions-Tiefpass geglättet. Dieser Teil der Schaltung entspricht genau dem Konzept des Bildes 5.40 mit dem wichtigen Unterschied, dass die Taktfrequenz konstant ist. Deshalb bleibt der Rekonstruktions-Tiefpass unverändert.

Die Frequenz wird mit dem Phaseninkrement verändert. Für tiefe Frequenzen ist das Phaseninkrement klein und der Sinus am Ausgang wird durch zahlreiche Stützwerte synthetisiert. Bei hohen Frequenzen ist das Phaseninkrement gross und der Sinus enthält nur noch wenige Stützwerte. Solange das Abtasttheorem eingehalten ist (bis zur halben Taktfrequenz), lässt sich der Sinus rekonstruieren. Die Frequenzkonstanz wird bestimmt durch die Konstanz des Taktgenerators, der aber wie erwähnt stets auf derselben Frequenz schwingt und darum relativ einfach stabilisierbar ist. Die Frequenzauflösung hängt ab von der Wortbreite der Speicheradressierung (Adressbus, in der Praxis sind 24 bis 32 Bit notwendig) und die spektrale Reinheit des Ausgangssignales hängt ab von der Wortbreite des DAC (Datenbus, in der Praxis werden 8 bis 12 Bit benutzt). Die maximale Ausgangsfrequenz hängt ab von der verwendeten Logik-Familie.

Das Phaseninkrement in Grad beträgt: $\qquad \Delta\varphi = \dfrac{f_{out}}{f_{Takt}} \cdot 360^o$

Für die Frequenzauflösung gilt: $\qquad \Delta f_{out} = \dfrac{f_{Takt}}{2^n}$

Zahlenbeispiel: Bei einer Taktfrequenz von 33.5 MHz und einer Busbreite von n = 24 ergibt sich eine Frequenzauflösung von 2 Hz und ein Frequenzbereich von 15 MHz (theoretisch 16.75 MHz).

Auch für DDS-Generatoren sind spezielle integrierte Schaltungen erhältlich. Bei tieferen Ausgangsfrequenzen ist natürlich auch die Software-Lösung mit einem DSP (digitaler Signalprozessor) möglich. Im Moment ist die Ausgangsfrequenz auf etwa 40 MHz beschränkt. Für Anwendungen bei höheren Frequenzen wird wiederum vervielfacht oder gemischt.

Quadratursignale können mit zwei Tabellen erzeugt werden. Dank der digitalen und schnell veränderlichen Frequenzeinstellung eignen sich DDS-Generatoren auch bestens für *sämtliche* Arten von Modulatoren. FM-Modulatoren ändern das Phaseninkrement in Funktion der Nachricht, Phasenmodulatoren addieren eine variable Phase zum Ausgang des EPROMs in Bild 5.41. Eine AM kann man erzeugen, indem man die Referenzspannung des DAC in Bild 5.41 durch einen zweiten DAC erzeugt, der mit der Nachricht angesteuert wird. Denselben Effekt hat ein digitaler Multiplizierer im Datenbus vor dem DAC. Da AM, FM und PM gleichzeitig ausführbar sind, können nach Abschnitt 3.1.6 alle Wünsche bezüglich Modulation erfüllt werden.

Ein PLL-Synthesizer nach Bild 5.39 ist ebenfalls in der Lage, eine feine Frequenzauflösung zu bieten. Allerdings kann diese Frequenz nicht rasch geändert werden, da die Loop-Filter zugunsten der spektralen Reinheit des Ausgangssignales sehr schmalbandig sein müssen. Hier ist das DDS-Prinzip eindeutig im Vorteil.

Bei sehr vielen Anwendungen ist die spektrale Reinheit der Oszillator-Signale von grosser Bedeutung. Alle realen Oszillatoren leiden an Amplituden und Phasenschwankungen (letztere erzeugen auch Frequenzschwankungen). Jede Änderung eines Sinus-Signales verbreitert aber das eigentlich unendlich schmale Spektrum, eine Spektralanalyse zeigt darum zusätzliche Frequenzen, die je nach Herkunft als Amplitudenrauschen (*amplitude noise*) oder Phasenrauschen (*phase noise*) bezeichnet werden. In der Praxis ist das Amplitudenrauschen gegenüber dem Phasenrauschen meistens vernachlässigbar.

Da das Phasenrauschen die Folge einer zufälligen Signalschwankung ist, ergibt sich ein kontinuierliches Spektrum, das mit einer Amplituden*dichte* spezifiziert wird. Das Oszillator-Ausgangssignal wird dazu mit einem hochkarätigen Spektralanalysator gemessen und das Resultat über der Frequenzachse in dBc/Hz dargestellt. Der Referenzwert 0 dBc ist die Trägerleistung (carrier). Auf der Trägerfrequenz (Offset 0 Hz) beträgt die Amplitudendichte daher zwangsläufig 0 dBc. Je schneller die Messkurve mit der Entfernung von der Trägerfrequenz abfällt, desto besser ist die spektrale Reinheit des Oszillatorsignals. Es ist zu unterscheiden zwischen *in-band noise*, der innerhalb der Modulationsbandbreite liegt, und *out-of-band noise*.

Insbesondere bei Modulatoren und Demodulatoren für die Funkübertragung ist eine spektrale Reinheit der Oszillatorsignale wichtig. Im Sender bewirkt in-band noise eine Verschlechterung des Signal-Rausch-Abstandes und damit eine Verringerung der Übertragungsqualität (Eigenstörung). Out-of-band noise hingegen ist die Ursache für Nachbarkanalstörungen (Fremdstörungen), indem das eigene Sendesignal unnötigerweise verbreitert wird.

Im Empfänger verschlechtern beide Arten von Phasenrauschen den Signal-Rausch-Abstand, und damit den Dynamikbereich des Empfängers. Dies geschieht dadurch, dass benachbarte starke Empfangssignale im Mischer mit dem schlechten Oszillatorsignal moduliert werden und so ein breiteres Spektrum erhalten, das den Rauschflur des Empfängers anhebt und das gewünschte Signal beeinträchtigt.

Es wurde bereits erwähnt, dass bei jeder Frequenzvervielfachung (sei es mit einer Nichtlinearität oder mit einem PLL) die absolute Frequenzungenauigkeit ebenfalls vervielfacht wird. Für Oszillatoren mit feinem Frequenzraster sind deshalb die DDS-Konzepte punkto Phasenrauschen dem PLL nach Bild 5.37 deutlich überlegen.

Moderne Empfänger für den Langwellen- bis Kurzwellenbereich überstreichen den Bereich von 100 kHz bis 30 MHz mit 1 bis 10 Hz Auflösung. Aus Gründen der guten Spiegelfrequenzunterdrückung wird die 1. Zwischenfrequenz hoch gewählt, z.B. 45 MHz (Tabelle 5.4). Damit muss der 1. Lokaloszillator Frequenzen von 45 MHz bis 75 MHz erzeugen, für einen DDS-Oszillator ist dies (noch) zu hoch. Man kombiniert deshalb einen PLL mit grober Auflösung und somit wenig Phasenrauschen mit einem DDS-Oszillator mit feiner Auflösung und ebenfalls wenig Phasenrauschen. Es ergibt sich das Blockschaltbild 5.39, wobei der PLL 1 durch den DDS ersetzt wird.

5.5 Drahtlose Übertragung

Maxwell sagte 1865 die elektromagnetischen Wellen voraus, Hertz wies deren tatsächliche Existenz 1888 nach und Marconi nutzte diese Wellen erstmals technisch aus. Am 12. Dezember 1901 gelang es Marconi, den Atlantik mit Radiowellen zu überbrücken.

Nach Maxwell gibt es elektrische Felder und magnetische Felder, die vektoriell beschrieben werden mit $\vec{E}$ [V/m] bzw. $\vec{H}$ [A/m]. Die Maxwell'schen Gleichungen besagen, dass ein zeitlich änderndes elektrisches Feld ein magnetisches Feld verursacht und dass umgekehrt ein zeitlich änderndes magnetisches Feld ein elektrisches Feld erzeugt. Diese Felder erzeugen sich also gegenseitig und bilden zusammen eine elektromagnetische Welle. Diese Welle kann Energie transportieren und nach Gleichung (1.24) demnach auch Information. Im freien Raum, d.h. bei ungestörter Ausbreitung, stehen das elektrische und das magnetische Feld senkrecht aufeinander und der Betrag und die Richtung des momentanen Leistungsflusses berechnet sich aus dem Vektorprodukt:

$$\vec{S} = \vec{E} \times \vec{H} \quad \left[\frac{W}{m^2} \right] \tag{5.34}$$

$\vec{S}$ ist der Poynting-Vektor und hat die Dimension einer Leistungsdichte. Nach (5.34) ist die elektromagnetische Welle also wie die Wasserwelle eine Transversalwelle, d.h. die Bewegung der Felder (Wassertropfen) erfolgt quer zur Ausbreitungsrichtung der Welle.

Das Amplitudenverhältnis von $\vec{E}$ - zu $\vec{H}$ - Feld entspricht der Wellenimpedanz. Im Vakuum und in der Luft ist diese reell (d.h. die beiden Felder sind in Phase) und beträgt

$$Z_{W_0} = \frac{|\vec{E}|}{|\vec{H}|} = \sqrt{\frac{\mu_0}{\varepsilon_0}} = 120 \cdot \pi \; [\Omega] = 377 \; \Omega \tag{5.35}$$

Die Ausbreitungsgeschwindigkeit im Vakuum und in der Luft beträgt

$$v = \frac{1}{\sqrt{\mu_0 \cdot \varepsilon_0}} = c = 3 \cdot 10^8 \; \frac{m}{s} \tag{5.36}$$

Dieses Ergebnis hat zur später bewiesenen Hypothese geführt, dass Licht eine elektromagnetische Welle ist.

Die *Polarisation* der elektromagnetischen Welle entspricht der Richtung des E-Vektors. Man unterscheidet:

- lineare Polarisation
  - vertikale Polarisation
  - horizontale Polarisation
- zirkulare / elliptische Polarisation
  - linksdrehend
  - rechtsdrehend

Die elektromagnetische Welle kann sich im Vakuum ausbreiten, was im letzten Jahrhundert noch schwierig vorstellbar war. Man erfand deshalb den Äther, also ein leichtstoffliches und darum unspürbares Medium, das den Radiowellen die Ausbreitung ermöglicht. Albert Einstein räumte mit der Vorstellung des Äthers auf, trotzdem hat sich in der Umgangssprache dieser Ausdruck erhalten. Genauso verhält es sich mit dem Ausdruck „funken": die ersten Sender waren Funkensender, da sie die Hochfrequenz aus dem breitbandigen Spektrum eines auslöschenden Funkens erzeugten. Man war äusserst froh, als man dieses brachiale Prinzip durch Oszillatoren ersetzen konnte, aber auch der Ausdruck „funken" hat überlebt.

Die vier Maxwell'schen Gleichungen beschreiben in kompakter Form die gesamte Elektrodynamik. Allerdings handelt es sich um Differentialgleichungen, die nur für einfache geometrische Anordnungen geschlossen lösbar sind. Für die Physiker sind die Maxwell'schen Gleichungen ideal, da sie eine enorme Aussagekraft haben. Die Ingenieure hingegen, denen es – extrem ausgedrückt – mehr um die Anwendung als um das Naturverständnis geht, lieben die Maxwell'schen Gleichungen wegen ihrer schwierigen Lösbarkeit weniger. Die Ingenieure arbeiten lieber mit einfachen und deshalb mathematisch gut handhabbaren Theorien. Vereinfachte Theorien gelten jedoch nur für Spezialfälle. Solange diese aber genugend häufig sind, lohnt es sich, eine vereinfachte Theorie aufzustellen:

- Niederfrequenzbereich: Hier ist die Wellenlänge der elektromagnetischen Welle gross gegenüber den Abmessungen des betrachteten Systems, darum brauchen die Ausbreitungseffekte gar nicht berücksichtigt zu werden. Man arbeitet deshalb mit Schwingungen und nicht mit Wellen. Ebenso ist es im Niederfrequenzbereich unnötig, mit vektoriellen Grössen wie $\vec{E}$ und $\vec{H}$ zu arbeiten. Viel bequemer ist der Umgang mit daraus abgeleiteten skalaren Grössen wie Spannung U, Strom I, Fluss Φ usw.

- Frequenzen bis 100 MHz: Die Wellenlänge beträgt mindestens 2 m (Kabel) bzw. 3 m (Luft). Die Schaltungstheorie eines UKW-Empfängers benötigt noch keine Wellentheorie, hingegen braucht die Beschreibung der Energieausbreitung in einem Kabel ein verfeinertes und darum komplizierteres Modell. Man nutzt dabei aus, dass die Querabmessung des Kabels klein sind im Vergleich zur Wellenlänge und die Ausbreitung darum nur eindimensional in Kabelrichtung stattfindet. Diese eindimensionale Wellentheorie heisst *Leitungstheorie* und gewinnt wieder an Bedeutung, da sie auch für schnelle Digitalschaltungen angewandt werden muss. Abrisse der Leitungstheorie finden sich z.B. in [Her00], [Hof97], [Mei92], [Ste82] und [Zin90].

- Höchstfrequenztechnik: Erhöht man die Frequenz weiter, so machen sich die Ausbreitungseffekte bereits bei der Verbindung zwischen zwei Printkarten, dann auch bei Verbindungen innerhalb einer Printkarte und sogar im Aufbau der einzelnen Bauteile bemerkbar. In diesem Fall muss man die Wellentheorie anwenden, d.h. man benutzt die Maxwell'schen Gleichungen in ihrer ursprünglichen Form. Die Rechenarbeit erledigt man dabei mit Computern. Eine Einführung in die theoretischen Grundlagen liefert z.B. [Wol97].

Die Dimensionierung von Bauteilen für die Mikrowellentechnik ist also äusserst anspruchsvoll und verlangt viel Erfahrung. Nur wenige Ingenieure befassen sich mit diesem Thema. Der Trend in der Mikrowellentechnik geht dahin, dass man fertige Baublöcke einkauft und diese zu einem Gesamtsystem integriert. Diese Baublöcke haben eine systemtheoretisch einfach formulierbare Aufgabe, es handelt sich nämlich um Blöcke mit nur wenigen Signalein- und -ausgängen, z.B. Verstärker, Filter, Mischer, Oszillatoren, Zirkulatoren, Addierer, Splitter usw. Die komplizierte Signalverarbeitung wird auf tieferen Frequenzen und möglichst digital vorgenommen, vgl. Bild 5.29. Die Mehrzahl der Ingenieure muss also lediglich die Black-Box-Beschreibung der Mikrowellenkomponenten kennen und nicht deren inneren Aufbau. Zusätzlich ist eine Messpraxis im Umgang mit Mikrowellenkomponenten sehr nützlich.

5.5.1 Antennen

Mit einer Antenne kann eine elektromagnetische Welle abgestrahlt werden. Dabei unterscheidet man zwischen dem *Nahfeld* (einige Wellenlängen Distanz zur Antenne) und dem *Fernfeld*. Technisch interessant und mathematisch einfacher beschreibbar ist das Fernfeld.

Von *Strahlung* spricht man, wenn sich das Feld komplett von seiner Quelle getrennt hat. Die Quelle kann in diesem Fall nicht mehr feststellen, ob die abgestrahlte Energie irgendwo absorbiert wird oder sich weiter ausbreitet. Im Gegensatz dazu besteht z.B. bei der Energieübertragung durch Induktion eine Wechselbeziehung zwischen Last und Generator.

Antennen müssen eine Ausdehnung vergleichbar zur Wellenlänge haben, um überhaupt einen vernünftigen Wirkungsgrad zu erreichen. Folgerungen:

- Die Berechnung einer Antenne verlangt die Wellentheorie und ist mathematisch äusserst anspruchsvoll. Antennen werden selten von Grund auf dimensioniert, vielmehr wählt man einen passenden Typ aus der breiten Palette der angebotenen Produkte aus.

- Mit vernünftigem Aufwand ist eine Abstrahlung erst ab Frequenzen von etwa 100 kHz möglich. Dort beträgt die Wellenlänge 3 km.

Eine Antenne hat zwei Aufgaben zu erfüllen:

- Umwandeln der geführten Welle auf der Zuleitung (möglichst wenig Abstrahlung) zu einer abgestrahlten Welle im Raum (Sendeantenne) bzw. umgekehrt (Empfangsantenne).

- Transformation der Wellenimpedanz des Kabels von z.B. 50 Ω auf die Wellenimpedanz der Luft (bzw. Vakuum) $Z_{W_0} = 377 \, \Omega$.

Oft betrachtete *theoretische* Antennen sind der *isotrope Strahler* (punktförmige, ideale Antenne ohne Richtwirkung) und der *Hertz'sche Dipol* (elektrisch kurze Antenne, $l \ll \lambda$, Feldstärke entlang der Antenne konstant und Feldberechnung deshalb relativ einfach).

Alle praktisch benutzten Antennen bauen auf dem *λ/2-Dipol* auf. Dessen Entstehung kann man sich durch Aufklappen einer leerlaufenden λ/4-Zweidrahtleitung denken, Bild 5.42. Die Grösse der Antenne entspricht also meistens der halben Wellenlänge.

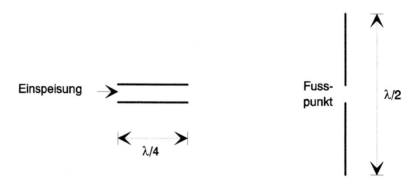

Bild 5.42 Entstehung des λ/2-Dipols durch Aufklappen einer λ/4-Leitung

Dipolantennen werden bis 10 MHz durch Drähte realisiert, über 10 MHz durch Rohre oder Stäbe. Ein horizontal aufgehängter Dipol ist horizontal polarisiert und hat zwei Hauptstrahlrichtungen quer zu den Dipolästen. In Richtung des Drahtes strahlt der Dipol nicht.

Wird ein Dipol wie in Bild 5.42 rechts vertikal aufgehängt, so ergibt sich ein kreisförmiges Horizontaldiagramm (Rundstrahler). Im Kurzwellenbereich (Wellenlänge 10 … 100 m) wird oft eine Dipolhälfte mit einem Rohr realisiert und die andere mit einem Draht, der gemäss den örtlichen Gegebenheiten abgespannt wird.

Das aus der Feldtheorie bekannte Spiegelprinzip lässt sich ausnutzen, indem man ein λ/4-Rohr in den (leitfähigen!) Boden steckt und die andere Dipolhälfte weglässt. So gelangt man zur *ground plane-Antenne*. Aber auch Fahrzeugantennen im VHF-Gebiet nutzen diesen Effekt aus (Stabantennen).

Die wichtigsten Kenngrössen einer Antenne sind:

- horizontales und vertikales Strahlungsdiagramm
  - Öffnungswinkel der Hauptkeule
  - Maximalwerte der Nebenkeulen
  - Vor- / Rückwärtsverhältnis
- Gewinn gegenüber dem isotropen Strahler, dem Hertz'schen Dipol oder dem λ/2-Dipol
- Polarisation
- Fusspunktimpedanz
- Wirkungsgrad
- nutzbarer Frequenzbereich
- klimatische Resistenz (Windlast, Vereisung)
- chemische Resistenz (Korrosion im sauren Regen!)
- Preis

Passive Antennen sind reziproke Gebilde, d.h. ihre Eigenschaften wie Richtwirkung, Gewinn und Fusspunktimpedanz gelten für Sende- und Empfangsbetrieb. Aktive Antennen enthalten einen rauscharmen Vorverstärker und werden nur im Empfangsbetrieb benutzt.

Eine Empfangsantenne nimmt vom elektromagnetischen Feld die Leistung P_E auf und gibt diese über die Antennenleitung (häufig ein Koaxialkabel) an den Empfänger weiter. Es gilt:

$$P_E = \vec{A}_w \cdot \vec{S} \tag{5.37}$$

$\vec{A}_w$ heisst wirksame Antennfläche und ist der Normalvektor auf eine gedachte Fläche, dessen Betrag den Wirkungsgrad (Gewinn) und dessen Richtung die Richtwirkung der Antenne beschreibt. $\vec{A}_w$ hat keinen direkten Zusammenhang mit der geometrischen Fläche, sondern hat den Namen einfach wegen der Dimension erhalten: die Dimension von $\vec{S}$ ist W/m^2, die Dimension von P_E ist W, also muss die wirksame Antennenfläche die Dimension m^2 haben.

Sende- und Empfangsantennen müssen im Bereich über 30 MHz mit derselben Polarisation betrieben werden. Der UKW-Rundfunk wird wegen den Fahrzeugantennen vertikal polarisiert abgestrahlt. Das Fernsehen benutzt hingegen die horizontale Polarisation, da diese Wellen etwas weniger absorbiert werden durch nasse vertikale Strukturen (verregnete Bäume usw.). Bei Frequenzen unter 30 MHz wird die Polarisation bei der Beugung in der Ionosphäre ohnehin gedreht, sodass am Empfangsort ein Gemisch von Polarisationen auftritt.

Bei Freiraumausbreitung (Richtfunk, Satelliten) kann mit unterschiedlichen Polarisationen eine Entkopplung erreicht werden. Damit lässt sich das Radiospektrum effizienter ausnutzen (Polarisationsmultiplex).

Mit Richtantennen wird das Strahlungsdiagramm beeinflusst (Scheinwerferprinzip) und so ein Antennengewinn erzielt. Dieser Gewinn ist definiert als die scheinbare Leistungszunahme gegenüber einer Sendestation mit einer Referenzantenne (isotroper Strahler, Hertz'scher Dipol oder $\lambda/2$-Dipol). D.h. man nimmt einen Sender mit z.B. 100 W Leistung und eine Referenzantenne und misst den Signalpegel beim Empfänger. Nun wechselt man beim Sender auf die Richtantenne, die genau auf den Empfänger ausgerichtet ist. Nun misst man wieder den Empfangspegel und rechnet den Verstärkungsfaktor in dB um. Genausogut könnte man die Sendeleistung reduzieren, bis sich wieder derselbe Empfangspegel wie bei der Referenzantenne ergibt. Die dazu notwendige Leistungsabschwächung entspricht wiederum dem Antennengewinn.

Richtantennen enstehen häufig aus Kombinationen von einzelnen Antennen. Ihre Gesamtgrösse steigt damit stark an, was bedeutet, dass aus mechanischen Gründen ein Antennengewinn umso leichter realisierbar ist, je höher die Frequenz ist.

Eine sehr weit verbreitete Richtantenne ist die *Yagi-Antenne*. Diese besteht aus mehreren Elementen:

- einem $\lambda/2$-Dipol als *Strahler*
- 1 bis 3 verlängerten $\lambda/2$-Dipolen als *Reflektoren*
- mehreren (1 bis 20) verkürzten $\lambda/2$-Dipolen als *Direktoren*

Reflektoren und Direktoren sind nur durch das Feld mit dem Strahler gekoppelt und werden deshalb auch *parasitäre Elemente* genannt. Sie werden durch das Feld zum Mitschwingen angeregt und werden so ihrerseits zu Strahlern. Die Felder aller Elemente kombinieren sich so, dass durch Interferenz die gewünschte Richtwirkung erzielt wird. Bild 5.43 zeigt eine 4-Element-Yagi, wie sie z.B. für den Fernsehempfang benutzt wird.

Mit Yagi-Antennen lassen sich Gewinne bis über 20 dB erzielen. Zusätzlich können mehrere Richtantennen kombiniert werden (*gestockte Antennen, phased arrays, Antennengruppen*). Schaltet man die Antennen einer Gruppe über ein steuerbares Netzwerk zusammen, so kann man die Richtcharakteristik der Gruppe der Empfangssituation anpassen ($\rightarrow$ smart antennas).

Yagi-Antennen benutzt man im Bereich 7 MHz bis 1 GHz. Unter 7 MHz (Wellenlänge 40 m) wird die Antenne mechanisch zu aufwändig, über 1 GHz sind die Parabolantennen vorteilhafter. Die Yagi-Antennen sind relativ schmalbandig, für die verschiedenen Rundfunkbänder (Tabelle 5.2) benötigt man deshalb individuelle Antennen.

Gewisse Funkdienste benötigen breitbandige Antennen und benutzen darum *logarithmischperiodische Antennen*. Diese weisen weniger Gewinn auf als die Yagi-Antennen, was mit erhöhter Sendeleistung kompensiert wird.

Die Breitbandigkeit bezieht sich nicht nur auf den Wirkungsgrad, sondern auch auf die Fusspunktimpedanz der Antenne. Diese ändert mit der Frequenz, sollte aber gleich der konstanten Wellenimpedanz der Zuleitung sein, sodass Wellenanpassung und damit reflexionsfreier Betrieb herrscht.

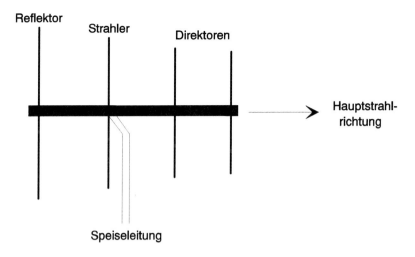

Bild 5.43 Yagi-Antenne mit 4 Elementen

Bei Frequenzen ab einigen hundert MHz gewinnen die *planaren Antennen* an Beliebtheit. Dies sind Gruppen von einzelnen Dipolen, die in einer Ebene angeordnet sind und sich unauffällig an einer Fassade anbringen lassen. Sie werden z.B. für Mobilfunkdienste benutzt.

Parabolantennen arbeiten nach demselben Prinzip wie die Autoscheinwerfer: ein paraboloid-förmiger Reflektor bündelt die Strahlung einer Punktquelle in eine Richtung. Als Primärstrahler kommen Dipole, ab einigen GHz auch Hornstrahler zum Einsatz, die im Brennpunkt des Paraboloiden plaziert sind. Bild 5.44 zeigt drei unterschiedliche Bauformen.

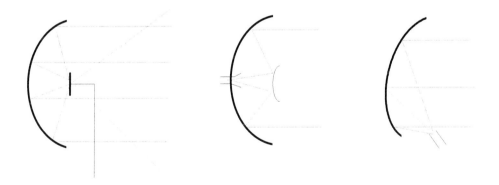

Bild 5.44 Parabolantennen: links: zentral gespeiste Parabolantenne mit Dipol als Primärstrahler
Mitte: Cassegrain-Antenne mit Horn als Primärstrahler
rechts: Offset-Antenne (Muschel-Antenne)

Parabolantennen strahlen beileibe nicht nur in eine einzige Richtung, in Bild 5.44 links ist dies angedeutet. Nachteil der Zentralspeisung ist die aufwändige Montage der Zuleitung zum Primärstrahler. Die Cassegrain-Antenne benutzt einen Hilfsreflektor und ist in dieser Hinsicht besser. Allerdings schattet der Hilfsreflektor den Hauptreflektor etwas ab und vermindert darum den Antennengewinn. Die Offset-Antenne hat diese Nachteile nicht.

Der Antennengewinn hängt beim Parabolspiegel ab vom Verhältnis zwischen Spiegeldurchmesser und Wellenlänge. Aus diesem Grund bündelt der Autoscheinwerfer viel stärker als die Parabolantennen. Für den Gewinn einer Parabolantenne gilt in Funktion des Spiegeldurchmessers d und der Frequenz f näherungsweise:

$$G \, [\text{dB}] \approx 20 \cdot \log_{10}\big(8 \cdot d \, [\text{m}] \cdot f \, [\text{GHz}]\big) \tag{5.38}$$

Als Faustformel für den ±3 dB-Öffnungswinkel gilt:

$$\vartheta_{\pm 3 \, \text{dB}} \, [\,^\circ] \approx \frac{21}{d \, [\text{m}] \cdot f \, [\text{GHz}]} \tag{5.39}$$

Ein Spiegel von 1 m Durchmesser hat beispielsweise bei der Frequenz 4 GHz einen Gewinn von etwa 30 dB bei einem Öffnungswinkel von ca. 5 Grad. Bild 5.45 zeigt die Auswertung der Gleichungen (5.38) und (5.39).

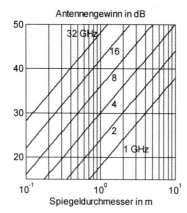 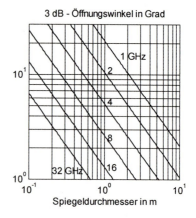

Bild 5.45 Gewinn und Öffnungswinkel von Parabolantennen. Es handelt sich um Richtwerte, Nichtidealitäten sind bereits berücksichtigt.

Die Wirkung der Antenne (bzw. der Schaden bei unsachgemässer Auswahl und falscher Betriebsweise) wird leider oft unterschätzt. Einerseits bedeuten Gewinne von 10 bis 60 dB eine gewaltige Leistungseinsparung bzw. Erhöhung des Rauschabstandes, zudem schirmt eine Richtantenne beim Empfänger unerwünschte Sender aus anderen Richtungen ab, verbessert also den Störabstand.

Weitere Informationen zu Antennen finden sich z.B. in [Mei92] und [Zin90].

5.5.2 Übersicht über die Ausbreitungseffekte

Am 12. Dezember 1901 gelang es Marconi erstmals, den Atlantik mit Radiowellen zu über-brücken. Rayleigh baute ein Experiment, masstäblich verkleinert zu dieser Atlantik-Überbrückung. Ihn störte, dass sich Marconis Radiowellen entgegen der Theorie von Maxwell nicht geradlinig ausgebreitet hatten. Heaviside und Kennely postulierten unabhängig vonein-ander die Existenz einer reflektierenden Schicht in der oberen Atmosphäre und erklärten so den Erfolg Marconis. Allerdings war damals der genaue Wirkungsmechanismus dieser Schicht, der sog. *Ionosphäre*, noch völlig unbekannt.

Ungestörte elektromagnetische Wellen breiten sich geradlinig aus. Störungen oder Irregulari-täten im Übertragungsweg beeinflussen aber die Ausbreitung. Diese Beeinflussung lässt sich unterteilen in:

- Dämpfungseffekte (Absorption)

- Umlenkungseffekte (Beugung in der Ionosphäre, Reflexion, Brechung und Streuung an „harten" Objekten im Ausbreitungsweg)

Beide Effekte hängen stark von der Wellenlänge bzw. Frequenz ab. Generell gilt, dass die Dämpfung durch Objekte im Ausbreitungsweg umso grösser ist, je grösser diese Objekte im Vergleich zur Wellenlänge sind. Ein Gebirge wird von Langwellen umrundet, Ultrakurzwellen hingegen sind auf der Rückseite infolge der Abschattung nicht mehr zu hören. Zur Namensge-bung und den entsprechenden Frequenzen vgl. Tabelle 1.10 im Abschnitt 1.1.11.

Je höher die Frequenz ist, desto eher treten Reflexionen, Streuungen und Brechungen auf. Aus diesem Grund arbeiten die Mobiltelefone im UHF-Bereich, um auch aus Strassenschluchten in Städten noch arbeiten zu können.

Jede Sendeantenne strahlt sog. *Raumwellen* und *Bodenwellen* ab. Diese Namen ergeben sich aufgrund der Steilheit der abgestrahlten Wellen. Je nach Frequenz sind die Raum- oder die Bodenwellen von Bedeutung, vgl. Tabelle 5.1 im Abschnitt 5.1.1.1. Für die Untersuchung der Ausbreitungseffekte ist eine Klassierung in vier Gruppen aufgrund der Frequenz vorzunehmen:

- *Frequenzen von 30 kHz … 300 kHz (Langwellen):* Die Raumwelle wird in der Ionosphäre tagsüber absorbiert und ist technisch bedeutungslos. Die Bodenwelle bewegt sich entlang der Erdoberfläche, die leitende Erdoberfläche und die leitende Ionosphäre wirken zusam-men wie ein Wellenleiter. Mit genügend hohen Sendeleistungen (einige 100 kW) lässt sich die Antipode (der auf der Erdkugel gegenüberliegende Punkt, Distanz 20'000 km) errei-chen. Nachts wird die Raumwelle reflektiert und die Reichweite steigt etwas an.

- *Frequenzen von 300 kHz … 3 MHz (Mittelwellen):* Die Mittelwellen sind Zwitter, indem sie sich tagsüber wie Langwellen, nachts aber wie Kurzwellen verhalten.

- *Frequenzen von 3 MHz … 30 MHz (Kurzwellen):* Die Bodenwelle wird durch Hügel usw. rasch absorbiert (Reichweite 20 … 30 km) und ist technisch bedeutungslos. Die Raumwelle wird in der Ionosphäre gebeugt (häufig vereinfachend als Reflexion bezeichnet) und ge-langt zurück zur Erdoberfläche. Hier findet eine Reflexion statt usw. Im Zick-Zack-Weg lässt sich mit kleinen Leistungen (100 W) die Antipode erreichen. Allerdings sind die Ei-genschaften der Ionosphäre stark zeitabhängig.

- *Frequenzen über 30 MHz:* Die Raumwelle durchstösst die Ionosphäre und gelangt in den Weltraum. Technisch ist die Raumwelle nur für Satellitenverbindungen interessant. Die Bodenwelle breitet sich quasi-optisch aus, d.h. geradlinig mit den erwähnten Nebeneffekten wie Streuung usw. Je höher die Frequenz, desto optischer ist die Ausbreitung. Terrestrisch lassen sich wegen der Erdkrümmung nur kurze Distanzen (30 … 100 km) überbrücken.

Unter 30 MHz kann man nur schmalbandige Signale übertragen (ca. 10 kHz Bandbreite). Dies hat folgende Gründe:

- Die Bandbreite ist gar nicht vorhanden, weil
  - der LW- und der MW-Bereich zu schmal sind, vgl. Tabelle 5.1 oder 1.10
  - die grosse Reichweite nur wenige gleichzeitige Benutzer zulässt
- Die Ausbreitungseigenschaften sind stark frequenzabhängig, was zu grossen Verzerrungen führen würde.

Auf Frequenzen über 30 MHz lassen sich auch breitbandige Signale (einige MHz) übertragen.

5.5.3 Übertragung im Bereich unter 3 MHz

Generell wird in diesen Bereichen mit schmalbandigen Signalen gearbeitet (Audio-Signale und langsame Datenübertragungen).

Im *VLF-Bereich* (3 kHz bis 30 kHz) ist der Aufwand für die Sendeantenne sowie die notwendige Leistung für eine Weitdistanzübertragung riesig. Trotzdem wird dieser Frequenzbereich genutzt, und zwar wegen zwei speziellen Eigenschaften:

- Die Ausbreitung ist unabhängig von ionosphärischen Einflüssen. Ausgenutzt wurde dies beim OMEGA-Navigationssystem (um 12 kHz). Dieses Verfahren beruhte auf der Interferenzmessung der Signale verschiedener Sender mit bekanntem Standort. Voraussetzung war, dass die Phasenlage der Empfangssignale einzig von der Übertragungsdistanz abhängt. Aus demselben Grund benutzt man VLF zur Übertragung von Zeitzeichen.
- VLF-Signale können als einzige Radiowellen 10 bis 15 m tief in Meerwasser eindringen (Skineffekt). Dies ermöglicht den Funkkontakt mit getauchten und somit getarnten U-Booten.

Im *LF-Bereich* (Langwellen, 30 kHz bis 300 kHz) sind im unteren Bereich ebenfalls Navigationssysteme (LORAN auf 100 kHz und DECCA auf 71 kHz und 86 kHz) sowie Zeitzeichensender angesiedelt. In Deutschland steht z.B. der Sender DCF77, der auf 77 kHz sendet und die Funkuhren steuert. Die VLF- und LF-Navigation wird jetzt durch das satellitengestützte und viel genauere GPS-System abgelöst (GPS = global positionning system).

Ab 150 kHz arbeiten die Rundfunksender. Nachts steigt deren Reichweite an, weshalb sie ihre Leistung reduzieren.

Der *Mittelwellenbereich* (300 kHz bis 3 MHz) gehört dem Schiffsfunk und dem Rundfunk.

5.5.4 Übertragung im Bereich 3 MHz bis 30 MHz (Kurzwellen)

Am wenigsten durchschaubar sind die Ausbreitungsmechanismen der nur für schmalbandige Signalübertragungen geeigneten Kurzwellen. Diese nehmen aber für den Weitverkehr aus mehreren Gründen eine Sonderstellung ein, Bild 5.46. Dort sind drei Kurven eingezeichnet:

• Kurve a beschreibt die Reichweite ohne Einsatz von Relais-Stationen (vgl. Abschn. 5.5.2).

• Kurve b zeigt den Pegel des atmosphärischen Rauschens, das als sog. 1/f-Rauschen bei tiefen Frequenzen viel stärker ist als bei hohen Frequenzen.

• Kurve c zeigt die Wirksamkeit (Gewinn, Richtwirkung) der Antenne, vgl. Abschnitt 5.5.1.

Das in Bild 5.46 markierte Gebiet ist der für Weitverkehr interessante Bereich: die Kurzwellen.

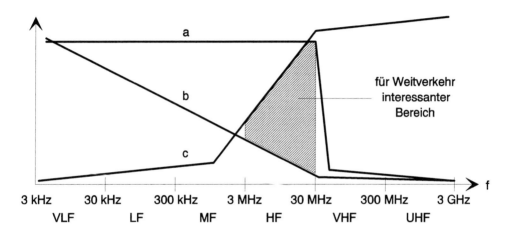

Bild 5.46   Zur Sonderstellung der Kurzwellen für den Weitverkehr
               a) Reichweite   b) atmosphärisches Rauschen   c) Wirksamkeit der Antennen

Der grosse Trick der Kurzwellen besteht in ihrer Beeinflussbarkeit durch die Ionosphäre. Unter Ionosphäre versteht man mehrere Schichten von ionisiertem, d.h. elektrisch leitendem Gas in der oberen Atmosphäre. Die Physiker nennen ein ionisiertes Gas Plasma.

Der Mechanismus der Ionisation lässt sich folgendermassen erklären: Die Hauptbestandteile der Atmosphäre sind die Gase N_2, O_2, H_2 und CO_2. Die energiereiche Ultraviolettstrahlung der Sonne ionisiert die Moleküle, d.h. Elektronen werden von ihren Atomen getrennt und fliegen frei herum. Gelangen sie in die Nähe eines positiv geladenen Atomrumpfes, so fängt dieser das Elektron wieder ein (Rekombination). Die Ionisationsrate hängt ab von der Intensität der Sonneneinstrahlung, die Rekombinationsrate hängt ab von der Dichte der Moleküle, d.h. von der Wahrscheinlichkeit, in einer bestimmten Zeit einen Partner zu finden.

Die Dichte der freien Elektronen, d.h. die Anzahl der freien Elektronen pro Kubikmeter, variiert mit der Höhe. Über 400 km Höhe ist die UV-Strahlung sehr stark, aber die Moleküldichte gering. Damit ist auch die Dichte der freien Elektronen klein. Weiter unten steigt wegen der höheren Dichte der Moleküle auch die Elektronendichte an. Noch weiter unten ist die UV-Strahlung bereits geschwächt, die Moleküldichte wird jedoch aufgrund der Gravitation grösser und damit übersteigt die Rekombinationsrate die Ionisationsrate und die Elektronendichte sinkt. Die Elektronendichte hat also ein Maximum in einer bestimmten Höhe, es bildet sich eine sog. Ionisationsschicht.

Das UV-Licht der Sonne enthält Wellen unterschiedlicher Wellenlängen. Die verschiedenen Gase der Atmosphäre reagieren unterschiedlich auf diese Frequenzen, weshalb sich mehrere Schichten mit erhöhter Elektronendichte bilden. Diese Schichten werden mit Grossbuchstaben bezeichnet, Tabelle 5.7 und Bild 5.47. Die Bezeichnung beginnt mit D, weil die Forscher damals noch nicht wussten, ob unterhalb der D-Schicht noch weitere Schichten entdeckt werden.

Tabelle 5.7 Die Schichten der Ionosphäre

Schicht	Höhe [km]	zeitliches Auftreten	Wirkung
D	50 ... 90	nur tags, Maximum um 12.00 Lokalzeit	Beugung von Langwellen Dämpfung von Kurzwellen
E	90 ... 125	nur tags, Maximum um 12.00 Lokalzeit	Beugung von langen Kurzwellen Dämpfung von kurzen Kurzwellen
F_1	150 ... 250	nur tags, nachts Kombination mit F_2 zur F-Schicht	Beugung von kurzen Kurzwellen
F_2	350 ... 500	nur tags, nachts Kombination mit F_1 zur F-Schicht	Beugung von kurzen Kurzwellen

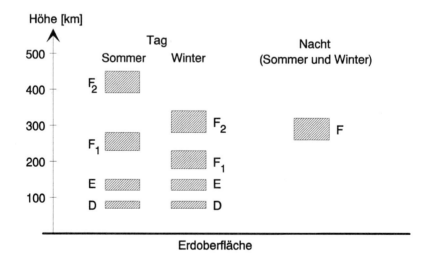

Bild 5.47 Die Schichten der Ionosphäre

Die wichtigste Schicht für die Kurzwellenübertragung ist die F-Schicht (bzw. die F-Schichten). Wegen der geringen Dichte in dieser grossen Höhe ist die Rekombinationsrate so klein, dass die F-Schicht auch nachts existiert. Zum Höhenvergleich: das Wetter spielt sich nur in den untersten 10 km der Atmosphäre ab und die Raumstation ISS kreist 350 bis 400 km über der Erdoberfläche.

Die D-Schicht ist nur lästig, weil sie dämpft. Sie ist räumlich diffus, weshalb Puristen von der D-Region anstelle der D-Schicht sprechen.

Da die Ionisation der Schichten von der Sonnenstrahlung abhängt, unterliegt sie zeitlichen Schwankungen: sie variiert mit der Tageszeit und der Jahreszeit.

Man hat festgestellt, dass die Intensität der UV-Strahlung der Sonne nicht konstant ist. Vielmehr hängt sie zusammen mit der Anzahl der *Sonnenflecken*, das sind dunkle Gebiete auf der Sonnenoberfläche. Die Zahl der Sonnenflecken schwankt mit einer Periode von 11.6 Jahren, deren Ursache noch ungeklärt ist. Zudem ergibt sich eine 27-tägige Schwankung, die der Eigenrotation der Sonne entspricht. Die Sonnenflecken treten nämlich in Gruppen auf, und Sonnenflecken auf der der Erde abgewandten Seite haben keinen Einfluss auf die Ionosphäre. Nach einer ganzen Umdrehung besteht aber die Chance, dass eine Fleckengruppe noch existiert.

Astronomen betrachten übrigens unsere Sonne als ziemlich unspektakulären Verteter der Zwergsterne vom sog. G-Typ. Alle Sterne dieser Klasse scheinen Sonnenflecken zu haben. Messungen der Zykluszeit zeigten eine deutliche und bisher unerklärliche Häufung bei etwa 11 Jahren, während rare Exoten abweichen bis hinunter auf 3 Jahre bzw. hinauf auf 30 Jahre. Nach einem Sonnenfleckenzyklus wird das magnetische Feld der Sonne umgepolt.

Paare von Sonnenflecken bilden Aus- bzw. Eintrittspunkte von Magnetfeldlinien, die sich ringförmig aus der Sonne herausstülpen, ähnlich einem Henkel an einer Tasse. Die Sonnenflecken werden aus dem Sonneninnern mit weniger Energie versorgt als die restliche Sonnenoberfläche, sie haben deshalb eine Temperatur von etwa 4500 °C und erscheinen dunkler als ihre Umgebung mit ca. 6000 °C.

Bereits vor 2000 Jahren beobachteten chinesische Astronomen die Sonnenflecken, 1611 wurden sie von Galilei wiederentdeckt. Seit 1849 wird an der Sternwarte der ETH Zürich die Sonnenaktivität untersucht, zudem wurden Aufzeichnungen bis zurück nach 1750 ausgewertet. Dabei wird das Bild der Sonne interpretiert nach einem Vorschlag von Rudolf Wolf, dem Begründer der Zürcher Sonnenbeobachtung, indem man die Sonnenfleckengruppen g und die Zahl der einzelnen Sonnenflecken f zählt und daraus die *Zürcher Relativzahl* R bestimmt:

$$R = k \left(10\,g + f \right) \tag{5.40}$$

Natürlich ist R etwas subjektiv, indem die verwendeten optischen Instrumente (berücksichtigt im Faktor k in (5.40)) sowie die Zählweise des Auswerters das Resultat beeinflussen.

Zeitlich korreliert mit den Sonnenflecken treten die Sonnenfackeln auf, die einen grösseren Energieausstoss aufweisen in Form von breitbandiger elektromagnetischer Strahlung, die vom Radiofrequenzbereich über Ultraviolett bis zur Röntgenstrahlung reicht. Diese erhöhte Strahlung der Fackeln hat einen grossen Einfluss auf die Kurzwellenausbreitung. Eine indirekte Quantifizierung dieser Strahlung erfolgt über die gut sichtbaren Sonnenflecken. Allerdings sind die monatlichen Schwankungen von R viel grösser als die Schwankungen der Fackeln, weshalb man mit einem gleitenden Mittelwertbildner die *geglättete Zürcher Relativzahl* R_s (s = smoothed) berechnet. Bild 5.48 zeigt R_s im Zeitraum von 1750 bis 1998. Sehr schön ist die Periodizität der Sonnenfleckenzahl zu erkennen. Diese Sonnenfleckenzyklen werden seit 1755 numeriert, Zyklus Nr. 23 begann Ende 1996. Bild 5.49 zeigt am Beispiel der Zyklen 21 und 22 eine Gegenüberstellung von R und R_s.

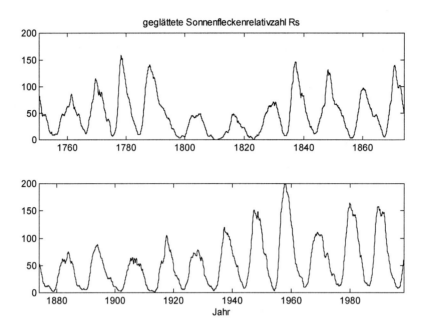

Bild 5.48 Geglättete Zürcher Relativzahl R_s von 1750 bis 1998

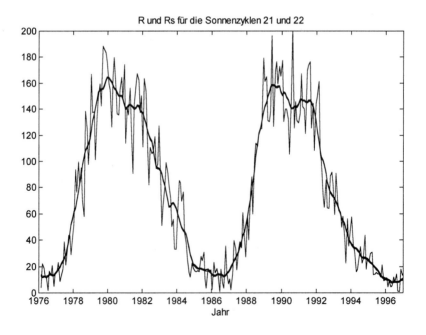

Bild 5.49 Vergleich zwischen R und R_s für die Sonnenzyklen 21 und 22

R_s bildet die Grundlage für die Funkprognosen.

Natürlich hat man Wege gesucht, die Sonnenaktivität objektiv zu ermitteln. Dabei bestimmt man direkt die Wirkung der Fackeln, indem man die Intensität der Sonnenstrahlung bei der Wellenlänge 10.7 cm (Frequenz 2.8 GHz) misst. Dieser *solare Flux* (SF) hat einen engen Zusammenhang mit der gemittelten Sonnenfleckenrelativzahl R_s. Dieser Zusammenhang lässt sich beschreiben durch eine Potenzreihe, bei der bereits das quadratische Glied sehr klein ist:

$$SF = 63.75 + 0.728R_s + 0.00089R_s{}^2 + \dots$$

Für die Praxis genügt die lineare Umrechnung vollauf:

$$SF \approx 63.75 + 0.728R_s \tag{5.41}$$

Hier zeigt sich die Genialität oder wenigstens die Intuition Wolfs beim Aufstellen von (5.40). Der solare Flux wird täglich von verschiedenen Observatorien bestimmt, die aktuellen Resultate sind leicht erhältlich, z.B. auf dem Internet.

R_s und SF beschreiben die Ursache der Ionisation der Ionosphäre, nämlich die Sonnenaktivität. Eine andere Methode besteht in der Messung der Auswirkung, also der Ionisation selber. Die Ionisation wird indirekt bestimmt über die Reflexionsfähigkeit der Ionosphäre. Dazu wird mit einem *Sounder* ein Signal wechselnder Frequenz senkrecht nach oben abgestrahlt und das Echo im sog. *Ionogramm* ausgewertet. Dies entspricht genau dem Echolot, ausser dass elektromagnetische statt akustische Wellen benutzt werden und dass nach oben statt nach unten abgestrahlt wird. Diejenige Frequenz, die gerade noch reflektiert wird, heisst *kritische Frequenz* f_0. Jede Schicht hat ihre eigene kritische Frequenz, die mit f_{0E}, f_{0F1} usw. bezeichnet werden. Weltweit sind etwa 150 solche Sounder installiert, Bild 5.50 zeigt ein Messergebnis.

Tiefe Frequenzen des Kurzwellenbereiches werden von der D-Schicht absorbiert. Erhöht man die Frequenz, so wird die Dämpfung kleiner und man beobachtet die Reflexion an der E-Schicht. Erhöht man die Frequenz weiter, so wird die E-Schicht durchstossen und die Reflexion an der F_1-Schicht wird sichtbar usw. Die F_1-Schicht würde durchaus auch tiefere Frequenzen reflektieren, doch gelangen diese wegen den darunterliegenden Schichten gar nicht so hoch hinauf.

Aufgrund der Laufzeit des Echos kann die *virtuelle Höhe* der Reflexionsschicht berechnet werden. Tatsächlich findet aber eine Beugung statt, rechnerisch kann dies als Reflexion in der virtuellen Höhe h' uminterpretiert werden.

Die ausserordentlichen Strahlen in Bild 5.50 entstehen aufgrund einer Doppelbrechung, wofür der Einfluss des Erdmagnetfeldes auf die Ionosphäre verantwortlich ist. Diese Doppelbrechung ist ähnlich der optischen Doppelbrechung in gewissen Kristallen. Aus einem in die Ionosphäre einfallenden Strahl werden also zwei gebeugte Strahlen, die aufgrund der unterschiedlichen virtuellen Höhen verschiedene Laufzeiten aufweisen. Dies führt zu einer linearen Verzerrung in Form eines Mehrwegempfanges. Die ausserordentlichen Strahlen sind am stärksten bei der F- und F_2-Schicht, schwächer bei der F_1-Schicht und bei der E-Schicht kaum messbar.

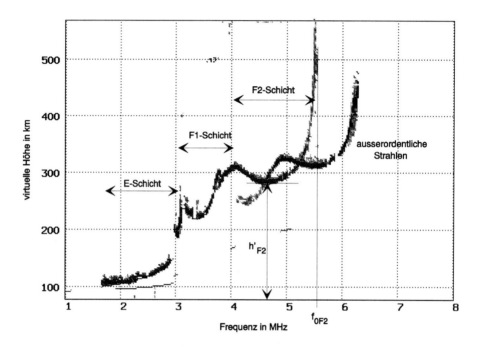

Bild 5.50   Ionogramm (reale Messung) mit Interpretation einiger Daten. Spezialisten lesen solche
Ionogramme detaillierter.

Bild 5.51 zeigt die Schwankungen der kritischen Frequenz in Abhängigkeit von der Tageszeit
und für verschiedene R_s-Werte. Bild 5.52 zeigt die Abhängigkeit der kritischen Frequenz von
der geographischen Breite. Die geographischen und die tageszeitlichen Schwankungen sind mit
der Sonnenscheindauer verknüpft, während der R_s-Wert die Intensität der Sonnenstrahlung
charakterisiert.

Die kritische Frequenz (bei den Physikern heisst sie Plasmafrequenz) ist die maximale Frequenz, die bei *vertikaler* Einstrahlung in die Ionosphäre gerade noch reflektiert wird. Bei Weitdistanzübertragungen verläuft der Übertragungsweg jedoch in Form einer Zick-Zack-Linie um
die Erdkugel. Ein Sprung (engl. hop) via F_2-Schicht überbrückt etwa 4000 km. Man versucht,
mit möglichst flacher Abstrahlung bei der Sendeantenne zu arbeiten, damit die Anzahl der
Sprünge klein wird. Dadurch wird auch die Anzahl der D-Schicht-Durchquerungen kleiner und
somit die Dämpfung geringer.

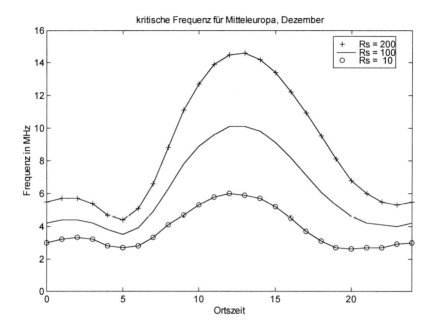

Bild 5.51 Kritische Frequenz in Abhängigkeit der Tageszeit und der Sonnenaktivität

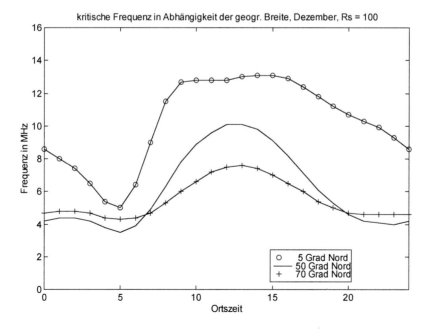

Bild 5.52 Kritische Frequenz in Abhängigkeit der geographischen Breite bei konstanter geographischer Länge und gleichem Monat.

Flach in die Ionosphäre einfallende Strahlen werden bis zu einer gewissen Grenze auch dann noch reflektiert, wenn die kritische Frequenz bereits überschritten ist. Statt mit der kritischen Frequenz arbeitet man darum lieber mit der *maximum usable frequency* (MUF). Die MUF kann bei bekannten Standorten von Sender und Empfänger rein geometrisch aus h' und der kritischen Frequenz im Reflexionspunkt berechnet werden. Letztere wird bestimmt mit einem *vertical sounder* (der unter dem Reflexionspunkt stehen muss, was nicht immer möglich ist), mit einem *oblique sounder* (schrägstrahlender Sounder, der direkt die MUF misst) oder durch Interpolation und Prognose aus bekannten kritischen Frequenzen an andern Orten.

Die so berechnete MUF ist wegen der Interpolation mit einer gewissen Ungenauigkeit behaftet. Zudem hat man bei der Planung von zukünftigen Verbindungen nicht den genauen Wert von R_s, sondern nur dessen prognostizierten Wert zur Verfügung. Deshalb verwendet man als Resultat nicht die MUF, sondern die *frequency of optimal traffic* (FOT). Diese beträgt einfach 85% der MUF und beinhaltet damit eine Sicherheitsmarge. MUF und FOT sind unabhängig von der Sendeleistung. Ferner ist die *lowest usable frequency* (LUF) zu berücksichtigen. Diese bezeichnet die tiefste Frequenz, die die D-Schicht noch durchdringen kann. Da es um Absorption geht, ist die LUF auch abhängig von der Sendeleistung. Qualitativ verläuft die LUF tageszeitlich wie die kritische Frequenz. Um die Mittagszeit ist die LUF also am höchsten, nachts fällt sie unter den Kurzwellenbereich.

Bei langen Tageslichtstrecken kann die LUF sogar die MUF übersteigen, dann ist zwischen diesen Punkten keine KW-Verbindung möglich. Die Arbeitsfrequenz muss also über der LUF und unter der MUF liegen. Bei Weitverbindungen sind mehrere Hops notwendig. In diesem Fall ist die niedrigste MUF aller Hops massgebend, während sich die Dämpfungen summieren.

Zusammenfassung: Massgebend für die Kurzwellenausbreitung ist die Stärke der Ionisation der Ionosphäre. Diese Ionisation hängt ab von der Intensität und der Dauer der Sonnenstrahlung und zeigt darum folgende (schon in den Bildern 1.16 und 1.17 eingetragene) Schwankungen:

- tageszeitliche Schwankung

- jahreszeitliche Schwankung

- Sonnenfleckenzyklus (Periode von 11.6 Jahren)

- Eigenrotation der Sonne (Periode von 27 Tagen)

Als Mass für die Ionisation dienen als primäre Grössen

- die geglättete Zürcher Relativzahl R_s oder

- der solare Flux SF

Und als sekundäre Grösse, aus R_s oder SF ableitbar bzw. direkt messbar:

- kritische Frequenz f_0 / Ionogramm

Die kritische Frequenz beschreibt den Zustand der Ionosphäre an einem bestimmten Ort zu einem bestimmtem Zeitpunkt. Für eine Funkverbindung spezifiziert man zusätzlich

- die geographische Lage von Sender und Empfänger

Daraus und aus R_s oder SF berechnet man für eine *bestimmte* Funkverbindung die

- MUF (maximum usable frequency aufgrund der Beugung)

- FOT (frequency of optimal traffic) = 85% der MUF

- LUF (lowest usable frequency aufgrund der Dämpfung)

Tendenzen:

- Stärke der Ionisation:
  - Tagsüber ist die Ionisation stärker als nachts.
  - Im Sommer ist die Ionisation stärker als im Winter.
  - Während eines Sonnenfleckenmaximums ist die Ionisation stärker als während eines Minimums.

- Auswirkung: Mit stärkerer Ionosation
  - steigt die MUF, weil auch höhere Frequenzen von den F-Schichten gebeugt werden
  - steigt die LUF, weil die D-Schicht stärker dämpft. Faustregeln:
    - Eine Verdoppelung der Frequenz reduziert die Dämpfung auf einen Viertel.
    - Eine Verzehnfachung der Sendeleistung senkt die LUF um 2 MHz.

- Folgerungen für die Frequenzwahl einer Kurzwellenverbindung:
  - Bei stärkerer Ionisation benutzt man höhere Frequenzen als bei schwacher Ionisation.
  - Tagsüber sind Frequenzen unter 5 MHz wegen der Dämpfung der D-Schicht kaum zu gebrauchen. Nachts hingegen sind diese Frequenzen gut benutzbar.
  - Frequenzen über 20 MHz sind v.a. im Sonnenfleckenmaximum und tagsüber zu gebrauchen, dann genügen 5 W Sendeleistung für Interkontinentalverbindungen. Während einem Sonnenfleckenminimum herrscht auf diesen Frequenzen hingegen fast Funkstille.
  - Bei Kurzwellenverbindungen versucht man stets, eine möglichst hohe Frequenz zu benutzen. Dadurch ist die Dämpfung durch die D-Schicht minimal. Allerdings darf die Frequenz nicht zu hoch sein, da sonst keine Reflexion an der F-Schicht auftritt.
  - Eine Funkverbindung über Kurzwelle funktioniert nur dann permanent, wenn die Frequenzen im Laufe des Tages mehrfach gewechselt werden.

Aufgrund der tageszeitlichen Schwankungen ist zu einem bestimmten Zeitpunkt jeweils nur ein Teil des Kurzwellenbereiches nutzbar. In diesem Teil tummeln sich alle Benutzer und machen sich gegenseitig die Frequenzen streitig. Der Hauptanteil der Störungen ist darum nicht etwa Rauschen, sondern *man-made noise* in Form von starken, schmalbandigen Signalen. In dieser Situation braucht es Operateure mit Skill, Geduld und Fingerspitzengefühl an der Station.

Da die MUF und die LUF dauernd schwanken und man die aktuellen Werte nicht stets kennt, arbeitet man mit Prognosen für R_s, also einer Funkwettervorhersage. Diese Prognose weist natürlich eine Unsicherheit auf: arbeitet man auf der vorhergesagten MUF, so kommt die Verbindung mit 50% Wahrscheinlichkeit zustande, benutzt man die vorhergesagte FOT, so beträgt die Wahrscheinlichkeit 90%.

Die Frequenzplanung *zukünftiger* Verbindungen (Berechnung der MUF/FOT und LUF) benötigt als Eingabe:

- die Tageszeit (Auflösung: 1 Stunde)
- die Jahreszeit (Auflösung: 1 Monat)
- die prognostizierten Werte für R_s oder SF
- die Standorte von Sender und Empfänger

Für Feldstärkeprognosen wird zusätzlich noch die Sendeleistung sowie der Gewinn der Sende- und Empfangsantennen benötigt.

Früher prognostizierte man die Funkverbindungen aufgrund umfangreicher Tabellenwerke, heute gibt es dazu komfortable und günstige PC-Programme. Die Prognosewerte für R_s oder SF erhält man aus den einschlägigen Bulletins oder aus dem Internet. Verschiedene Observatorien verbreiten aktuelle Messwerte.

Ein aktuelles Bild über die momentane Ausbreitungslage kann man auch durch Eigenmessung gewinnen. Dazu benutzt man weltweit verstreute und synchronisierte Baken-Sender (*beacon*), das sind vollautomatisch arbeitende Sender mit bekannter Leistung und Rundstrahlantennen. Ist die Bake hörbar, so liegt die MUF höher.

Bild 5.53 zeigt ein Beispiel einer Funkprognose für die Strecke Mitteleuropa - Osterinseln (Südpazifik). Die Zeit ist in UTC eingetragen (universal time coordinated), welche gegenüber der MEZ um eine Stunde nachgeht und keine Sommerzeit kennt. (Früher hiess die UTC Greenwich mean time, GMT.)

Im oberen Teilbild sind die Tageslichtzeiten für die beiden Endpunkte angegeben, darunter die MUF und die LUF. Typischerweise sinkt die LUF, wenn an beiden Orten Nacht herrscht, da dann die Ionisation abgebaut wird. Nach 20 Uhr UTC sinkt die MUF bis zur LUF, in diesem Zeitraum ist eine Kurzwellenverbindung praktisch unmöglich.

Im unteren Teilbild sind die Empfangspegel für einige Frequenzen dargestellt, es handelt sich dabei um Bänder der Funkamateure. Die Linie für 28 MHz kann erst erscheinen, wenn die MUF genügend hoch ist, umgekehrt verschwinden die Linien für 3.5 MHz und 7 MHz, sobald die LUF ansteigt. Typischerweise umfasst die Linie für 7 MHz diejenige für 3.5 MHz, da beide hauptsächlich von der LUF abhängen.

Ein Funkstrahl verbindet zwei Punkte auf der Erdoberfläche entlang ihrem Grosskreis. Dieser liegt in der durch Senderstandort, Empfängerstandort und Erdmittelpunkt aufgespannten Ebene. Dieser Grosskreis zerfällt in zwei Teile, nämlich den kurzen Weg (short path, stets kleiner als 20'000 km) und den langen Weg (long path, 40'000 km minus kurzer Weg). Für Verbindungen über Distanzen von mehr als 10'000 km kann es in zwei Fällen vorteilhaft sein, den langen Weg zu wählen:

- Die Frequenz liegt unter 10 MHz und der lange Weg überquert die Nachtseite der Erde. Dabei wird die tiefere LUF ausgenutzt.

- Die Frequenz liegt über 10 MHz und der lange Weg überquert die Tagesseite der Erde. Jetzt wird die höhere MUF ausgenutzt.

Voraussetzung ist natürlich die Verwendung einer drehbaren Richtantenne, was über 10 MHz aber sehr häufig der Fall ist. Der lange und der kurze Weg unterscheiden sich in ihrer Richtung um 180°. Bild 5.54 zeigt die Prognose der long path - Verbindung nach den Osterinseln, wobei ansonsten dieselben Parameter wie in Bild 5.53 benutzt wurden. Um 14.00 UTC ist demnach eine KW-Verbindung zu den Osterinseln nur über den langen Weg (26'000 km) möglich.

Aufwändigere Darstellungen parametrisieren R_s (z.B. 10, 30, 60, 90, 120, 150), die Tageszeit (z.B. alle Stunden) und die Jahreszeit (z.B. alle Monate). Damit berechnet man $6 \cdot 24 \cdot 12 = 1728$ Plots der Weltkarte, worin die MUF mit unterschiedlicher Farbe angegeben ist. Bild 5.55 zeigt ein Beispiel.

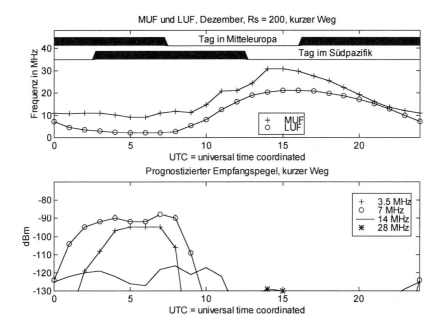

Bild 5.53 Funkprognose über 24 Stunden für eine Kurzwellenverbindung von Mitteleuropa nach den Osterinseln im Südpazifik, Distanz 14'000 km. Berechnungsgrundlagen: Monat Dezember mit $R_s = 200$, Sender mit 500 W und Dipolantenne, Empfänger mit Dipolantenne.

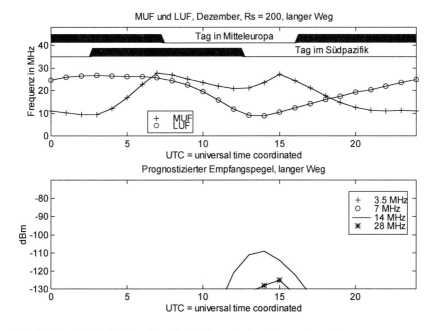

Bild 5.54 Wie Bild 5.53, aber berechnet für den langen Weg, Distanz 26'000 km

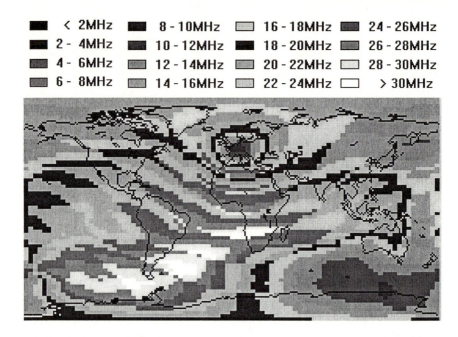

■	< 2MHz	■	8 - 10MHz	□	16 - 18MHz	■	24 - 26MHz
■	2 - 4MHz	■	10 - 12MHz	■	18 - 20MHz	□	26 - 28MHz
■	4 - 6MHz	□	12 - 14MHz	□	20 - 22MHz	□	28 - 30MHz
■	6 - 8MHz	□	14 - 16MHz	□	22 - 24MHz	□	> 30MHz

Bild 5.55 Aufwändige MUF-Prognose für Mitteleuropa, berechnet für April, 18.00 UTC, $R_s = 90$

Nun soll Bild 5.55 genauer interpretiert werden. Deutlich ist zu sehen, dass in Richtung Südamerika die MUF viel höher liegt als Richtung Asien oder Australien. Dies ist aus dem Sonnenstand leicht zu erklären.

Das nördliche Afrika ist auf 20 MHz über einen einzigen Sprung via F-Schicht zu erreichen. Das Saharagebiet ist heller eingetragen, die MUF ist tiefer. Ein einziger Hop genügt für dieses Gebiet nicht, für zwei Hops ist es aber zu nahe. Die Welle müsste darum steiler abgestrahlt werden, damit die Hop-Distanz sinkt. Für steilere Wellen sinkt aber die MUF.

Etwas weiter südlich steigt die MUF wieder an. Dieses Gebiet ist mit zwei Sprüngen bei flachem Abstrahlwinkel auf 20 MHz wieder erreichbar.

Für noch grössere Distanzen vermischen sich die Gebiete für n Sprünge bzw. n+1 Sprünge. Dort können also Wellen mit verschiedenen Ausbreitungspfaden eintreffen, was zu Interferenzerscheinungen führt (Fading).

Von Mitteleuropa in Richtung Norden ist auf 20 MHz ein einziger Hop via F-Schicht möglich. Wegen der schwächeren Sonneneinstrahlung in der Polarregion ist die MUF zu tief für einen zweiten Hop auf 20 MHz, vgl. Bild 5.52. Bei grösseren R_s zeigt sich aber ein zweiter Ring um Mitteleuropa. Diese Erscheinung der konzentrischen Ringe um den Sendestandort wird MUF-Trichter genannt.

Bei der Kurzwellenausbreitung treten einige überraschende Effekte auf. Diese sind aber erklärbar und können in der Planung berücksichtigt werden:

- *Tote Zone:* In den Anfangszeiten der Funktechnik entdeckte man rasch, dass die Reichweite der Bodenwelle im Kurzwellenbereich sehr beschränkt ist. Die Raumwelle gelangt jedoch in der Nähe des Senders wegen der steilen Einstrahlung in die Ionosphäre nur dann zurück, wenn die Arbeitsfrequenz unter der kritischen Frequenz liegt. Diese ist aber oft so tief, dass die Dämpfung durch die D-Schicht eine Raumwellenverbindung verunmöglicht. Erhöht man die Frequenz, so werden alle Ionosphärenschichten durchdrungen, es findet keine Reflexion statt.

Entfernt man sich weiter weg vom Sender, so gelangt man in die tote Zone, in der kein Empfang möglich ist, da die Bodenwelle absorbiert wird und die Raumwelle noch nicht existiert.

Entfernt man sich noch weiter vom Sender, so gelangt plötzlich die Raumwelle zurück. Nun wird die flach in die Ionosphäre einfallende Welle reflektiert. Deren Frequenz ist kleiner als die MUF, aber höher als die kritische Frequenz.

Wegen der toten Zone war früher der gesamte Kurzwellenbereich Spielwiese der Funkamateure. Diese haben massgeblich zur Erforschung der Kurzwellenausbreitung beigetragen. Als die sehr gute Brauchbarkeit der Kurzwellen für Weitdistanzübertragungen entdeckt wurde, kamen sofort kommerzielle und staatliche Benutzer in diesen Frequenzbereich. Den Funkamateuren überliess man Bänder bei den Frequenzen 1.8, 3.5, 7, 10, 14, 18, 21, 24 und 28 MHz. Damit kann man zu jedem Zeitpunkt Interkontinentalverbindungen abwickeln, auch im Sonnenfleckenminimum ist die Antipode auf 14 MHz erreichbar. Die zahlreichen Funkamateure konnten Experimente in einem Umfang anstellen, die kein Forschungsinstitut hätte bezahlen können.

- *gray-line-Verbindungen:* Die graue Linie ist die Dämmerungszone, in der die D-Schicht noch nicht (Morgen) oder nicht mehr (Abend) auftritt. Deshalb sind besonders auf tiefen Frequenzen die Dämpfungen sehr klein. Um die Weihnachtszeit z.B. ist in Mitteleuropa der Sonnenuntergang gleichzeitig zum Sonnenaufgang in Kalifornien. Diese beiden Gebiete sind zu diesem Zeitpunkt durch die gray-line verbunden. Während 20 bis 30 Minuten sind nun Verbindungen auf ca. 3 MHz mit grosser Signalstärke möglich.

Bisher war fast ausschliesslich vom berechenbaren Verhalten der Kurzwellen die Rede. Dazu kommen aber noch schlecht vorhersagbare Einflüsse, z.T. sogar schlecht erklärbare Phänomene:

- Die bereits erwähnte 27-tägige Schwankung der Sonnenaktivität aufgrund der Eigenrotationszeit der Sonne. Mit genauen R_s-Werten kann dieser Einfluss wenigstens abgeschätzt werden.
- Völlig zufällige Schwankungen aufgrund von Irregularitäten der Sonnenaktivität.

Als abnormale Ausbreitungseffekte, die als Folge von solchen Irregularitäten entstehen, sind zu erwähnen:

- *Ionosphärische Stürme:* Ursache sind sog. *flares*, das sind heftige Explosionen an der Sonnenoberfläche, vermutlich wegen raschen Magnetfeldänderungen in der Nähe von grossen Sonnenfleckengruppen. Diese Ausbrüche sind von der Erde aus mit Teleskopen beobachtbar. Diese flares schleudern Materie in den Weltraum und senden starke Röntgen- und UV-Strahlung aus. Da die flares mit den Sonnenflecken zusammenhängen, treten sie im Sonnenfleckenmaximum vermehrt auf.

Rund acht Minuten nach einem Ausbruch trifft die Strahlung auf der Erde ein. Die Dämpfung in der Ionosphäre steigt an. 18 bis 36 Stunden später treffen die Materieteilchen ein. Diese sind geladen (Protonen und Elektronen) und reagieren mit dem Erdmagnetfeld sowie mit der Ionosphäre. Als Folge zeigen sich Aurora-Erscheinungen (Nordlichter), sowie bis zu drei Tage dauernde magnetische Stürme in der Ionosphäre. Der Rauschpegel steigt an und die Funkverhältnisse werden schlechter. Die Polrouten sind stärker betroffen als transäquatoriale Verbindungen.

Die Observatorien, welche die Sonnenaktivität messen, untersuchen auch das Erdmagnetfeld. Dessen Reaktionen auf die flares (angegeben im sog. K-Index) sowie auch die Prognosewerte für das Verhalten des Erdmagnetfeldes (sog. A-Index) werden zusammen mit den Messwerten der Sonnenaktivität veröffentlicht.

- *Mögel-Dellinger-Effekt:* Dieser ist die Folge von extrem starken flares. Die Dämpfung steigt innert Minuten so stark an, dass alle Kurzwellenverbindungen unterbrochen werden. Der Effekt ist derart überraschend, dass man häufig an einen Defekt des eigenen Empfängers glaubt. Der Effekt dauert 15 Minuten bis einige Stunden. Natürlich tritt er nur auf der Tagesseite der Erde auf. Später folgt ein starker ionosphärischer Sturm. Der Mögel-Dellinger-Effekt heisst auch SID (*sudden ionospheric disturbance*).

- *Fading:* Manchmal trifft nicht nur eine einzige Welle beim Empfänger ein, sondern gleich mehrere. Diese haben verschiedene Wege mit unterschiedlichen Laufzeiten und Dämpfungen hinter sich, z.B. n bzw. n+1 Sprünge. Am Empfangsort ergibt sich je nach Phasenlage eine konstruktive oder destruktive Interferenz. Variieren die Ausbreitungsverhältnisse, so ergeben sich die fading genannten Signalstärkeschwankungen. Häufigste Ursache ist eine Interaktion der Elektronen der Ionosphäre mit dem Erdmagnetfeld. Dadurch wird eine in die Ionosphäre eintretende Kurzwelle in zwei Teilwellen mit etwas unterschiedlicher Frequenz aufgespalten (ordentlicher und ausserordentlicher Strahl). Fortan werden diese Wellen unterschiedlich reflektiert und gedämpft. Im Ionogramm (Bild 5.50) erkennt man dies an der Aufspaltung der Echos von den F-Schichten. Zugleich wird die Polarisation der Welle gedreht. Auf Kurzwelle ist es darum im Gegensatz zu VHF und UHF-Verbindungen nicht notwendig, dass Sende- und Empfangsantenne dieselbe Polarisation aufweisen.

Mit Frequenz-Diversity kann man die Schwundeffekte erfolgreich bekämpfen.

Nicht wegdiskutierbar ist die Tatsache, dass die Kurzwellen sich ziemlich eigenwillig gebärden. Es benötigt sehr viel Erfahrung, um die sich stets ändernde optimale Frequenz zu finden. Die Kurzwellen erhielten deshalb den Ruf eines unzuverlässigen Mediums, dem zudem noch der Mangel an Kanalkapazität anhaftet. Als in den siebziger Jahren die Satellitentechnik genügend weit entwickelt war und man darüber hinaus noch für 1976 ein Sonnenfleckenminimum erwartete (Bild 5.48), wurde die kommerzielle Nutzung der Kurzwelle totgesagt. Stattdessen setzte man ganz auf die zuverlässigen Satelliten, die Arbeiten zur Verbesserung der Kurzwellentechnik wurden praktisch eingestellt.

Heute präsentiert sich die Situation wieder anders: die Kurzwellen erleben eine Renaissance. Dies hat mehrere Gründe:

- Setzt man auf Satellitenverbindungen, so begibt man sich in eine Abhängigkeit von Dritten. Nicht alle Verbindungsbenutzer wollen damit leben. Einzig die Kurzwelle bietet eine Weitdistanzverbindung unter komplett eigener Regie.

- Hauptnachteil der Kurzwelle sind ihre schnell ändernden Eigenschaften. Früher begegnete man dem mit gut ausgebildeten Funkern. Heute haben dank den Mikroprozessoren auch Maschinen adaptive Fähigkeiten, sodass die Bedienung einer modernen Kurzwellenstation und die Verkehrsabwicklung auf Kurzwelle so einfach geworden ist wie das Versenden eines Fax über das Telefonnetz.

Was als Nachteil der Kurzwelle bleibt, ist die im Vergleich zu Satellitenverbindungen geringe Kanalkapazität. Aufgrund der Mehrwegausbreitung und dem frequenzselektiven Schwund darf nämlich die Baudrate ca. 200 Baud nicht überschreiten, ansonsten entsteht Impulsübersprechen (ISI). Man arbeitet also auf Kurzwellen mit schmalbandigen Signalen. Mit mehrwertiger Modulation erreicht man Nutzdatenraten von etwa 1 ... 2.4 kBit/s, was für einen Telegrammverkehr genügt. Für die Sprachübertragung wird SSB eingesetzt. Genau für diese beiden Anwendungen wird die Kurzwelle aktuell bleiben, z.B für diplomatische Vertretungen, Schiffsfunk, Flugfunk und natürlich militärische Anwendungen.

Der Kurzwellenkanal ist wohl der schwierigste aller Kanäle, weshalb bereits für die kleinen Datenraten von 1 ... 2.4 kBit/s das gesamte Arsenal an technischen Hilfsmitteln aufgeboten werden muss. Faszinierend ist die Tatsache, dass die herausragenden Eigenschaften der Kurzwellen per Zufall entdeckt wurden, danach empirisch untersucht wurden und später auch Gegenstand wissenschaftlicher Erforschung waren. Obwohl noch nicht alle Beobachtungen restlos geklärt sind, besteht seit langem eine intensive technische Nutzung.

Die Datenübertragung über Kurzwelle hat bereits eine lange Tradition. Den Beginn machte die Morsetelegrafie, die heute nur noch bei den Funkamateuren in Betrieb ist.

Schon bald benutzte man das Funkfernschreiben, realisiert durch eine asynchrone Übertragung mit dem fünfstelligen Baudot-Code, Bild 2.1. Die Baudrate betrug 50 Baud. Als Modulation wurde 2-FSK angewandt mit einem Hub von 170 ... 850 Hz. Dieses RTTY-Verfahren (radio teletype) blieb bis zu Beginn der achziger Jahre das am meisten benutzte Verfahren.

Mit dem Aufkommen der Mikroprozessoren wurden intelligentere Methoden praktikabel. Der Reigen wurde eröffnet durch SITOR (simplex teletype over radio). Dieses bereits im Abschnitt 4.3.1 besprochene ARQ-Verfahren bietet eine Kanalcodierung.

Mit der Verbreitung günstiger und leistungsfähiger Signalprozessoren vollzog sich ein rasanter Wandel. Eine moderne Kurzwellenstation besteht aus den in Bild 5.56 gezeigten Komponenten.

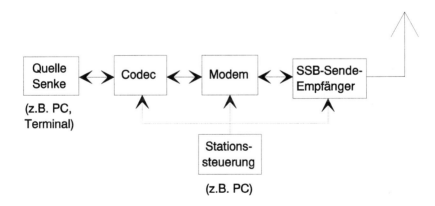

Bild 5.56 Aufbau einer Station zur Datenübertragung über Kurzwelle

Der Codec nimmt die Quellen- und Kanalcodierung vor und bildet die Übertragungsrahmen. Mehrere Varianten stehen zur Auswahl (viel/wenig Redundanz, kurze/lange Rahmen). Das Modem kann diverse Modulationsarten von langsamem 2-FSK bis zu schnellem 16-QAM behandeln und arbeitet im Audiofrequenzbereich, realisiert mit digitalen Signalprozessoren.

Der SSB-Sender übernimmt die Umsetzung in den Kurzwellenbereich. Dazu kann ein konventionelles SSB-Gerät benutzt werden, es muss aber über eine gute Frequenzkonstanz verfügen. Vorteilhafterweise werden die Frequenzen in einem fernsteuerbaren Synthesizer (Abschnitt 5.4) aufbereitet. Für ARQ ist eine schnelle Sende-Empfangsumschaltung wünschbar. Die Sendeleistung bewegt sich im Bereich 100 W bis 2,5 kW für Sprach- und Datenübertragung, Rundfunksender arbeiten mit mehreren 100 kW.

Die Auswahl des Codes und der Modulationsart erfolgt adaptiv während dem Betrieb. Die Verbindungsaufnahme erfolgt mit einem langsamen und störsicheren Verfahren. Treten nur wenig Fehler auf, so wird die Datenrate erhöht. Bei Verbindungsunterbruch probieren die Stationen selbständig, den Kontakt wiederherzustellen. Dabei können sie auch auf Ersatzfrequenzen ausweichen. Jede Station regelt die Sendeleistung der Gegenstation, um optimale Empfangsverhältnisse zu haben.

Die Stationssteuerung übernimmt weniger zeitkritische Aufgaben und ist z.B. mit einem PC realisiert. Dieser kann durchaus gleichzeitig auch als Endgerät (Quelle/Senke) operieren.

Eine Verbindungsaufnahme zwischen zwei Partnern könnte folgendermassen ablaufen: Jeder PC berechnet stündlich die Ausbreitungsprognose, danach kennt die Station die FOT. Da fremde Stationen vermutlich eine FOT in derselben Region berechnen, ist die Gefahr einer Störung durch anderweitige Frequenzbelegungen gross. Deshalb berechnet jede Station z.B. 10 verschiedene Frequenzen im Bereich der aktuellen FOT.

Nun werden mit einem Zufallsmuster diese Frequenzen dauernd kontrolliert und so ein allfälliger Anruf entdeckt. Möchten Daten abgesandt werden, so wählt sich die Station eine freie Frequenz aus den 10 möglichen aus und beginnt mit dem Aufruf der Gegenstation. Antwortet diese innerhalb einer gewissen Zeitspanne nicht, so probiert die Station auf einer andern Frequenz nochmals. Diese nervtötende Arbeit hatte früher ein Funker zu übernehmen, heute erledigt dies die Station selber (ALE = automatic link establishment).

Sind in einer Zentrale mehrere Sende-Empfänger in Betrieb, so ist der Empfang wegen der starken Sendesignale anderer Verbindungen gestört. In diesem Fall werden die Sender einige Kilometer von den Empfängern getrennt und ferngesteuert.

Auf Kurzwelle wurde bis anhin für Datenübertragungen stets mit schmalbandigen Signalen mit 0.5 bis 1 kHz Bandbreite gearbeitet. Im Moment sind Forschungsarbeiten im Gange, die ein ganz anderes Lösungskonzept verfolgen, nämlich spread-spectrum (Abschnitt 5.3). Weitere Arbeiten haben das Ziel, LPC-codierte Sprache digital über Kurzwelle zu übertragen. Die OFDM-Modulation (Abschnitt 3.4.6) mit ihrer langen Symboldauer dürfte auf Kurzwellen ebenfalls bald eingesetzt werden.

Zum Schluss betrachten wir das im Kurzwellenbereich ziemlich starke Rauschen. Dieses wird in Anlehnung an (5.7) mit dem Antennenrauschmass F_{Ant} beschrieben. F_{Ant} sinkt mit steigender Frequenz und hängt auch vom Wetter und von der Jahreszeit ab. F_{Ant} bewegt sich im Kurzwellenbereich zwischen 10 und 50 dB. Während Gewittern kann dieser Wert beträchtlich höher ausfallen.

Der Empfänger hat nach (5.8) einen Rauschflur von:

$$P_N\,[\text{dBm}] = -174\,\text{dBm} + 10 \cdot \log\big(B\,[\text{Hz}]\big) + F\,[\text{dB}]$$

Nun kommt noch das Antennenrauschmass F_{Ant} dazu. Somit vergrössert sich der Rauschflur auf:

$$P_N\,[\text{dBm}] = -174\,\text{dBm} + 10 \cdot \log\big(B\,[\text{Hz}]\big) + F\,[\text{dB}] + F_{Ant}\,[\text{dB}] \qquad (5.42)$$

Als Zahlenbeispiel betrachten wir eine SSB-Verbindung mit 2.7 kHz. Der Empfänger habe eine Rauschzahl F = 10 dB und das Antennenrauschen betrage F_{Ant} = 20 dB. Der Rauschpegel beträgt nach (5.42) -110 dBm. Die SSB-Verbindung benötigt mindestens 15 dB Rauschabstand, damit die Sprache noch verständlich ist (Tabelle 1.8). Der Signalpegel am Empfängereingang muss deshalb mindestens -95 dBm betragen. Dies entspricht etwa 0.32 pW oder einer Spannung von 4 µV an 50 Ω.

Ein Blick auf Bild 5.54 zeigt, dass für den langen Weg zu den Osterinseln die Pegel an der unteren Grenze liegen. Würde man mit zwei Yagi-Antennen mit je 10 dB Gewinn anstelle der Dipolantennen arbeiten, so würde der Pegel um 20 dB grösser und die Verbindung problemlos zustandekommen. Bei kleinerem atmosphärischem Rauschen genügen auch die Dipolantennen.

5.5.5 Übertragung im Bereich 30 MHz bis 1 GHz

Die VHF/UHF-Wellen verhalten sich wie bereits erwähnt quasi-optisch. Für weitreichende Verbindungen wählt man darum erhöhte Standorte, um die Erdkrümmung auszugleichen. Im Gegensatz dazu benötigt man für weitreichende Kurzwellenverbindungen eine flache Abstrahlung, d.h. einen Standort mit tiefem Horizont. Die Höhe selber ist dabei egal.

Die VHF/UHF-Verbindungen sind i.A. stabil und zuverlässig, darum können auch Relais-Stationen benutzt werden. Diese stehen auf Bergspitzen oder befinden sich im Weltraum (Satelliten).

Durch Beugung in den unteren Atmosphärenschichten bis 3 km Höhe reichen die VHF und UHF-Wellen etwas weiter als der optische Horizont. Man spricht vom Radiohorizont.

Im VHF-Bereich (30 MHz bis 300 MHz) treten ebenfalls Ausbreitungs-Anomalien auf, von denen nachstehend einige beleuchtet werden.

- *VHF-Ausbreitung über die F_2-Schicht:* Während starker Sonnenfleckenmaximas kann die MUF für Interkontinentalverbindungen bis über 50 MHz ansteigen. Dies ist im Prinzip ein normaler, aber wegen seiner Seltenheit aufsehenerregender Fall.

- *Sporadic-E:* Gelegentlich und unregelmässig bilden sich direkt unter der E-Schicht sehr stark ionisierte „Wolken" mit 80 bis 160 km Durchmesser. Diese Zonen driften umher und leben nur einige Stunden. Sie reflektieren Frequenzen bis 150 MHz. Sporadic-E tritt häufiger im Sommer auf (hauptsächlich um 10-12 und 18-20 Uhr Ortszeit) als im Winter (hauptsächlich 21-23 Uhr Ortszeit). Das noch ungeklärte Phänomen bietet oft auch TV-Fernempfang.

- *Aurora-Verbindungen:* Die Entstehung der Nordlichter wurde bereits beschrieben. Ist der solare Partikelstrom genügend stark, so können an Polarlichtern VHF-Funkwellen reflektiert werden, während auf Kurzwelle die Dämpfung ansteigt. Wegen des Flatter-Fadings (Dämpfungsschwankung mit 100 … 1000 Hz) sind Sprachsignale nur schlecht verständlich. In Morse-Telegraphie sind Verbindungen möglich.

- *Meteor-Scatter:* In der oberen Atmosphäre (ca. 100 km) verglühende Meteoriten (Sternschnuppen) hinterlassen einen ionisierten Schweif, an dem VHF-Signale reflektiert werden können. Der Effekt dauert einige Sekunden bis eine halbe Minute und gestattet Verbindungen bis 2000 km, dies aufgrund der Höhe der Meteoritenschweife sowie der Tatsache, dass nur Einzelhops möglich sind. Täglich verglühen einige hundert Millionen Meteoriten (die meisten davon haben Massen im Milligramm-Bereich, sind also eher Staubteilchen), sodass dieser Effekt technisch ausnutzbar wird. Wenn die Erdbahn eine Meteorschauerbahn kreuzt, treten besonders häufig Verbindungsmöglichkeiten auf, z.B. um den 12. August im Perseidenschwarm.

Der Sender sendet burstartige Aufrufe von einigen ms Dauer an den Empfänger, die meistens erfolglos sind. Tritt eine Verbindungsmöglichkeit auf, so antwortet der Empfänger und der Sender schickt die Nachricht mit einigen kBit/s. Längere Nachrichten werden in Pakete unterteilt und diese einzeln übertragen. Im Tagesmittel ergibt sich ein Nutzdatendurchsatz von etwa 50 ... 75 Bit/s, was einem permanent verfügbaren Fernschreibkanal entspricht.

In Testmessungen wurde die totale Übertragungszeit einer Nachricht, die in 8 Teilpakete unterteilt war, ermittelt. Das erstaunliche Resultat: ca. 40% der Fälle brauchten weniger als 30 Sekunden, ca. 80% der Fälle brauchten weniger als 90 Sekunden, ca. 95% der Fälle brauchten weniger als 200 Sekunden und kein Fall brauchte mehr als 400 Sekunden.

Da der Übertragungsweg räumlich sehr begrenzt ist und zeitlich zufällig auftritt, sind MBC-Übertragungen (meteor burst communication) praktisch nicht störbar. Dies erklärt die hauptsächlich militärischen Anwendungen.

Die Hauptanwendung des VHF-Bereiches und des UHF-Bereiches liegt natürlich bei den normalen und stabilen Ausbreitungsarten. Wegen der kleinen Maximaldistanz aufgrund der quasioptische Ausbreitung kann man dieselben Frequenzen räumlich getrennt mehrfach belegen. Deshalb kann man sich breitbandige Kanäle hoher Kapazität leisten. In [Gen98] ist die Modellierung des Funkkanals detailliert beschrieben.

Den Hauptanteil belegen die Rundfunkbänder, vgl. Tabelle 5.2. Weiter benutzt der Flugfunk sowie das Militär diesen Frequenzbereich. Die Mobilfunkdienste sind aus zwei Gründen im oberen Bereich um 900 MHz angeordnet: zum einen sind die Antennen kleiner und damit die Geräte handlicher und zum andern können Strassenschluchten besser ausgeleuchtet werden.

Die Unterscheidung zwischen den Bereichen von 30 MHz bis 1 GHz bzw. über 1 GHz erfolgt weniger aufgrund der Ausbreitungseigenschaften als aufgrund der eingesetzten Technik. Im Bereich 30 MHz bis 1 GHz werden Sendeleistungen von einigen Watt (Mobiltelefone) bis einigen kW (Rundfunksender) eingesetzt. Als Antennen werden Rundstrahlantennen (Stabantennen) und Richtantennen (meistens Yagi-Antennen) benutzt.

5.5.6 Übertragung im Bereich über 1 GHz (Mikrowellen)

In diesen Frequenzbereichen betragen die Sendeleistungen nur noch einige Watt (Ausnahme: Radar und Satelliten). Die Hauptanwendung liegt bei den *Richt*funkverbindungen im Gegensatz zum *Rund*funk. Man kultiviert also die Punkt-Punkt-Verbindung anstelle einer Flächenabdeckung, weshalb als Antennen meistens Richtantennen (normalerweise Parabolspiegel) eingesetzt werden.

Bei Richtfunkverbindungen haben Sender und Empfänger Sichtverbindung. Die Ausbreitung erfolgt deshalb ungestört und heisst Freiraumausbreitung. Bei terrestrischen Verbindungen muss man darauf achten, dass die Überhöhung der Sender- und Empfängerstandorte so gross ist, dass

- das Zwischengelände aufgrund der Erdkrümmung nicht in den Übertragungsweg hineinragt. Sende- und Empfangsantennen müssen deshalb auf Türme oder Hügel gestellt werden.

- die 1. Fresnelzone (vgl. unten) frei von Hindernissen ist, was eine zusätzliche Überhöhung erfordert.

Entlang des Übertragungsweges beträgt die Überhöhung h:

$$h = \frac{1}{2 \cdot R} \cdot d \cdot (D - d) \tag{5.43}$$

Dabei bezeichnet D die Verbindungsdistanz und R den Erdradius von 6378 km. d ist die Längenvariable und variiert von 0 bis D. Erwartungsgemäss ist h symmetrisch zu d = D/2. Die maximale Überhöhung tritt in der Mitte des Übertragungsweges auf (d = D/2) und beträgt:

$$h_{max} = \frac{D^2}{8 \cdot R} \tag{5.44}$$

Längs des Bodensees von Konstanz bis Bregenz (D = 46 km) beträgt die Überhöhung bereits 40 m! Auf einer geometrischen Kugel müssen die Antennen auf Türme der Höhe h montiert werden. Die Verbindungsdistanz D ist dann gleich der doppelten Sichtweite s:

$$D = 2 \cdot s = \sqrt{2 \cdot R \cdot h} \tag{5.45}$$

Ein Turm von 30 m Höhe bietet eine geometrische Sichtweite von 20 km.

Durch Beugungseffekte in der Atmosphäre reichen die Mikrowellen etwas weiter als die optischen Wellen. Man spricht vom *Radiohorizont* und berücksichtigt dies in (5.45), indem man R um den Faktor 4/3 (gültig für Mitteleuropa) vergrössert.

Aufgrund von Bodenreflexionen können mehrere Wellen bei der Empfangsantenne eintreffen. Die dadurch entstehende Interferenz kann das Summensignal auslöschen. Deshalb muss die sog. *1. Fresnel-Zone* frei von Hindernissen sein. Diese Zone ist ein Ellipsoid, in dessen Brennpunkten sich die Antennen befinden, Bild 5.57. Die Differenz des Umwegs via Reflexion am Ellipsoiden zum direkten Weg beträgt gerade eine halbe Wellenlänge. Wäre innerhalb der 1. Fresnelzone ein Hindernis, so würde durch Überlagerung des direkten Strahls und des indirekten (reflektierten) Strahls eine destruktive Interferenz entstehen.

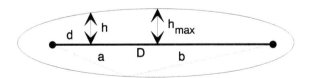

Bild 5.57 1. Fresnel-Zone $(a+b) - D = \lambda/2$

Die Höhe h in Bild 5.57 beträgt:

$$h = \sqrt{\frac{d \cdot (D - d) \cdot \lambda}{D}} = \sqrt{\frac{d \cdot (D - d) \cdot c}{D \cdot f}} \tag{5.46}$$

Die maximale Höhe tritt wiederum in der Mitte auf und beträgt z.B. bei einer Verbindung über 50 km auf einer Frequenz von 5 GHz rund 30 m.

Die notwendige Überhöhung der Sende- und Empfangsstandorte gegenüber dem Zwischengelände setzt sich also aus zwei Komponenten zusammen: Erdkrümmung und Fresnel. (5.43), die Beugung und (5.46) ergeben zusammengefasst:

$$h = \frac{1}{2 \cdot \left(\frac{4}{3} \cdot R\right)} \cdot d \cdot (D - d) + \sqrt{\frac{d \cdot (D - d) \cdot c}{D \cdot f}} \qquad (5.47)$$

Beide Summanden sind symmetrisch bezüglich d = D/2. Da es nicht um eine Millimetergenauigkeit geht, kann (5.47) noch etwas umgestellt werden, wodurch sich eine praxisgerechtere Form ergibt. Als Variablen werden nicht D, d und f, sondern D, d/D sowie f/(1 GHz) (normierte Frequenz) genommen. Zudem wird D in km eingesetzt und alle Konstanten zusammengefasst. So ergibt sich:

$$h = 0.06 \cdot D^2 \cdot \frac{d}{D} \cdot \left(1 - \frac{d}{D}\right) + 17.3 \cdot \sqrt{\frac{D}{f}} \cdot \sqrt{\frac{d}{D} \cdot \left(1 - \frac{d}{D}\right)} \qquad (5.48)$$

h in m;   D in km;   f in GHz

Bei einer Verbindung über 50 km auf 5 GHz beträgt die erforderliche Überhöhung etwa 70 m. Die Einhaltung der Werte aus (5.48) kontrolliert man anhand des Geländeprofils. Dies erfolgt mit einer topographischen Karte (die bei Wäldern die Höhe des Bodens und nicht die hier interessierende Höhe der Baumwipfel angibt!) oder automatisch anhand eines digitalisierten Geländemodells. Nötigenfalls muss man die Sende- und Empfangsstandorte verschieben oder man muss eine Relaisstation dazwischenschalten. Bild 5.58 zeigt die geometrisch/topographischen Anforderungen an eine Richtfunkverbindung.

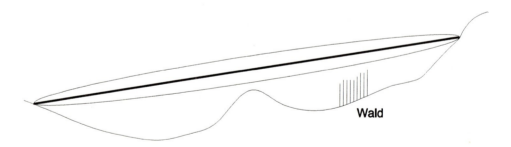

Bild 5.58 Streckenprofil einer Richtfunkverbindung mit Fresnelzone

Bei Freiraumausbreitung kann man die Streckendämpfung genau angeben. Im Grunde genommen handelt es sich nicht um eine Dämpfung, sondern um eine Verdünnung. Die Leistungsdichte einer Welle wird nach (5.36) mit dem Poyntingvektor angegeben. Strahlt ein Sender z.B. mit 1 W Leistung und umhüllt man die Antenne mit einer gedachten Kugelschale von 1 m² Oberfläche, so beträgt die Leistungsdichte auf dieser Schale 1 W/m². Integriert man die Leistungsdichte über die Oberfläche, so ergibt sich 1 W, also die eingeschlossene Leistung. Vergrössert man den Abstand und damit die Oberfläche der gedachten Kugelschale, so sinkt die Leistungs*dichte*, nicht aber die eingeschlossene Leistung.

Ohne Herleitung: Die Freiraumdämpfung A_F der Strecke D beträgt bei isotropen (also gewinnlosen) Sende- und Empfangsantennen (d.h. von Antennenanschluss zu Antennenanschluss):

$$A_F = \left(\frac{4\pi \cdot D}{\lambda}\right)^2 \tag{5.49}$$

Logarithmiert ergibt sich das Freiraumdämpfungsmass a_F:

$$a_F = 20 \cdot \log_{10}\frac{4\pi \cdot D}{\lambda} = 20 \cdot \log_{10}\frac{4\pi \cdot f \cdot D}{c} \quad [dB] \tag{5.50}$$

(5.50) kann man in eine Faustformel umrechnen. Dazu normiert man die Frequenz f auf f_0 und die Distanz D auf D_0:

$$a_F = 20 \cdot \log_{10}\frac{4\pi \cdot fD}{c} - 20 \cdot \log_{10}\left(\frac{4\pi \cdot fD}{c} \cdot \frac{f_0}{f_0} \cdot \frac{D_0}{D_0}\right) - 20 \cdot \log_{10}\left(\frac{4\pi \cdot f_0 D_0}{c} \cdot \frac{f}{f_0} \cdot \frac{D}{D_0}\right)$$

$$= 20 \cdot \log_{10}\left(\frac{4\pi \cdot f_0 \cdot D_0}{c}\right) + 20 \cdot \log_{10}\left(\frac{f}{f_0}\right) + 20 \cdot \log_{10}\left(\frac{D}{D_0}\right)$$

Nun setzt man z.B. $f_0 = 1$ GHz und $D_0 = 1$ km. Daraus ergibt sich für den ersten Summanden ein Wert von 92.4 dB und damit die Faustformel für die Freiraumdämpfung:

$$a_F \, [dB] = 92.4 \, dB + 20 \cdot \log_{10}\left(f \, [Ghz]\right) + 20 \cdot \log_{10}\left(D \, [km]\right) \tag{5.51}$$

Zahlenbeispiele: Auf einer Frequenz von 5 GHz beträgt die Dämpfung über eine Distanz von 10 km 126 dB, über 40 km 138 dB.

> *Die Verdoppelung der Distanz verringert die Leistung*
> *des Empfangssignales um 6 dB (Viertelung).*

Dieses Verhalten ist ganz anders als bei Ausbreitungen, die durch Absorptionen charakterisiert werden. Bei diesen nimmt die Dämpfung in dB proportional mit der Distanz zu. Für das obige Zahlenbeispiel heisst dies, dass eine Verbindung über ein (hypothetisches!) Kabel von 10 km Länge 126 dB Dämpfung aufweist, über 40 km hingegen 504 dB.

In absorbierenden Medien (Kupferleitungen, Glasfasern) schwächt sich ein Signal exponentiell mit der Distanz ab. Bei Freiraumausbreitung (Verdünnung statt Dämpfung) schwächt sich das Signal hingegen nur quadratisch mit der Distanz ab. Allerdings besteht bei der Freiraumausbreitung nach (5.51) eine grosse „Anfangsdämpfung". Dies bedeutet, dass bei kurzen Distanzen die leitergebundene Übertragung weniger Leistung braucht, während bei langen Distanzen die drahtlose Übertragung deutlich überlegen ist. Die Distanz gleicher Dämpfung hängt vom Medium ab, Glasfasern benutzt man heute für Distanzen bis 100 km ohne Zwischenverstärker.

Die Freiraumdämpfung nach (5.51) gilt bei Frequenzen über 10 GHz nur im Weltraum, da sich die Regendämpfung stark bemerkbar macht. Um 60 GHz spielt die O_2-Absorption in der Atmosphäre eine grosse Rolle.

Das Leistungsbudget einer Richtfunkverbindung sieht folgendermassen aus:

$$P_{RX} = P_{TX} + G_{SA} + G_{EA} - a_F - a_K \qquad\qquad (5.52)$$

Dabei bedeuten: P_{RX} Empfangsleistung in dBm oder dBW
                  P_{TX} Sendeleistung in der gleichen Einheit wie P_{RX}
                  G_{SA} Gewinn der Sendeantenne in dB
                  G_{EA} Gewinn der Empfangsantenne in dB
                  a_F Freiraumdämpfung in dB nach (5.51)
                  a_K Dämpfungen in dB der Antennenzuleitungen, Stecker usw.
                        (oft rechnet man noch 3 bis 6 dB „unallocated system loss" dazu)

Heikel ist die Verbindung zwischen Senderendstufe und Antenne bzw. Antenne und Empfänger. Dafür benutzt man Koaxialkabel (ca. 0.5 dB Dämpfung pro Meter im Mikrowellenbereich, bei tieferen Frequenzen weniger) oder besser (aber teurer und unflexibel) Wellenleiter (0.04 dB Dämpfung pro Meter). Bei Richtfunkanlagen auf Bergen wird oft aus klimatischen Gründen die Elektronik von der Antenne separiert. Nur sechs Meter Koaxialkabel verheizen dann schon die Hälfte der Sendeleistung! Dank der Miniaturisierung lässt sich heute die Mikrowellen-Elektronik direkt am Parabolspiegel anbringen, sodass auf der Zuleitung nur noch Zwischenfrequenz-Signale (LNB bzw. LNC, vgl. Schluss des Abschnittes 5.2.1) oder sogar direkt die Basisband-Signale auftreten. Diese können dank ihrer tieferen Frequenz dämpfungsarm auf dem Koaxialkabel übertragen werden.

Die notwendige Empfangsleistung P_{RX} bestimmt sich letztlich bei analoger Übertragung aus SR_A, dem gewünschten Rauschabstand am Empfängerausgang und bei digitaler Übertragung aus der gewünschten Bitfehlerquote BER:

$$\text{analoge Übertragung:}\quad P_{RX} > P_N + SR_A - G_M \qquad\qquad (5.53)$$

$$\text{digitale Übertragung:}\quad P_{RX} > P_N + SR_K - G_C \qquad\qquad (5.54)$$

Dabei bedeuten: P_{RX} Empfangsleistung in dBm oder dBW nach (5.52)
                  P_N Empfängereigenrauschen nach (5.42) in der gleichen Einheit wie P_{RX}
                  S_{RA} gewünschter Rauschabstand am Empfängerausgang in dB
                  G_M Modulationsgewinn in dB
                  SR_K notwendiger Kanalrauschabstand am Empfängereingang, bestimmt durch die Modulationsart und die gewünschte BER, vgl. Bild 3.75.
                  G_C Codierungsgewinn in dB

Für Richtfunkverbindungen sollte die Frequenz scheinbar möglichst tief gewählt werden, da nach (5.51) die Freiraumdämpfung mit der Frequenz ansteigt und auf tiefen Frequenzen eine hohe Leistung einfacher zu erzielen ist. Eine Verdoppelung der Frequenz lässt die Freiraumdämpfung um 6 dB ansteigen. Anderseits steigt nach Bild 5.45 der Gewinn der Antenne ebenfalls um 6 dB. Bei Verwendung von zwei Richtantennen lohnt es sich unter dem Strich, möglichst hohe Frequenzen zu benutzen. Für Weitdistanzübertragungen (einige zehn km) liegt die Grenze wegen der Regendämpfung bei 10 GHz.

Richtfunkanlagen arbeiten mit elektrischen Leistungen von 1 W und weniger. Häufig werden die Antennen überdimensioniert, nicht etwa um die Empfangsleistung weiter zu erhöhen, sondern um den Funkstrahl möglichst scharf zu bündeln. Dies erlaubt, dieselbe Frequenz in geographischer Nachbarschaft gleich wieder zu verwenden.

Häufig wird Gleichung (5.52) etwas umgestellt. Zum einen wird der Gewinn der Sendeantenne mit der Sendeleistung kombiniert zur ERP (effective radiated power) in dBW oder dBm. Zweitens arbeiten moderne Richtfunkanlagen mit einer Sendeleistungsregelung der Gegenstation. Man setzt darum in (5.52) für P_{RX} die notwendige Empfangsleistung ein für eine BER von z.B. 10^{-8} (hier P_{RXmin} genannt). Danach berechnet man den sog. *Systemwert*:

$$a_{F\max} = \underbrace{P_{TX\max} + G_{SA}}_{ERP} + G_{EA} - P_{RX\min} - a_K - Schwundreserve \qquad (5.55)$$

Der Systemwert hängt nur von den Geräten ab und gibt an, wie gross die Streckendämpfung nach (5.51) maximal sein darf. Die Wahl der Schwundreserve ist Geschmackssache, häufig wählt man 10 dB. Eine weitere Verkleinerung der BER auf z.B. 10^{-10} erreicht man besser mit einer Kanalcodierung anstatt mit einer Erhöhung der Sendeleistung.

Zusammenfassung:

- Für die Planung eines Mikrowellen-Links benötigt man die Kenntnis der Topographie und kontrolliert mit (5.48), ob überall die notwendige Überhöhung erreicht wird.

- Die maximale Übertragungsdistanz aufgrund der Dämpfung errechnet sich aus (5.55) und (5.51). Ist die Dämpfung zu gross, so sind z.B. grössere Antennen zu verwenden.

- Die ungefähre Empfangsleistung (bzw. die ungefähre Sendeleistung bei geregeltem Betrieb) soll man berechnen, damit man beim Ausrichten der Antennen nicht auf ein Nebenmaximum der Strahlungskeule hereinfällt. Zudem dient diese Grösse als Sollwert und gestattet die Betriebsüberwachung einer Anlage.

Für die Planung eines ganzen Richtfunk*netzes* wird jeder einzelne Link wie oben budgetiert. Dabei geht es neben der Topographie darum, dass die Dämpfung einen bestimmten *Maximalwert* nicht überschreitet.

Bei einem Netz muss man zusätzlich sicherstellen, dass die Dämpfung *zwischen* je zwei Links einen bestimmten *Minimalwert* überschreitet, um gegenseitige Störungen auszuschliessen. Diese Dämpfung hängt ab von

- der Geländeform

- den Antennendiagrammen

- bei unterschiedlichen Polarisationen einer Polarisationsdämpfung von 20 ... 30 dB

- den unterschiedlichen Arbeitsfrequenzen und der Steilheit der Empfangsfilter

- der benutzten Sendeleistung

Von Hand lässt sich die Netzplanung nur näherungsweise durchführen. Rechnergestützte Verfahren ermöglichen eine bessere Ausnutzung des Spektrums. Stationen mit automatischer Sendeleistungsregelung gestatten ein dichteres Netz, da die Gleichkanalstörungen vermindert werden.

Richtfunkstrecken werden mit Datenraten bis zu 622 MBit/s betrieben und sind eine Alternative zur leitergebundenen Übertragung mit Koaxialkabeln oder Lichtwellenleitern. Herausragendes Merkmal gegenüber diesen ist die kurze Zeit zur Installation eines Links sowie die relative Unverletzlichkeit des Signals auf dem Übertragungsweg. Nachteilig ist die Notwendigkeit von Anlagen an prominenten Standorten, was den Interessen des Landschaftsschutzes zuwiderläuft. Langstreckenverbindungen (100 km) werden im Frequenzbereich 4 bis 10 GHz abgewickelt, Kurzstreckenverbindungen (einige km) im Bereich 10 bis 60 GHz.

Die Zielsetzungen bei der Entwicklung moderner Richtfunksysteme sind:

- *Verbesserung der Übertragungsqualität* (Anzahl fehlerfreie Bit/s erhöhen)

  Mehrwegausbreitung und frequenzselektiver Schwund verursachen lineare Verzerrungen und beeinflussen die Übertragung negativ. Es entsteht Pulsübersprechen (intersymbol interference, ISI). Bekämpft wird ISI mit Raum- und Frequenzdiversitiy sowie mit adaptiven Entzerrern.

- *Verbesserung der Wirtschaftlichkeit* (Anzahl Bit/s pro Kosten erhöhen)

  Man versucht zunehmend, die Signalverarbeitung mit hochintegrierten Schaltungen im Basisband vorzunehmen. Dabei wird der digitale Empfänger nach Bild 5.28 oder 5.29 eingesetzt. Weitere Stossrichtungen sind die Einbindung in Netze und die Bereitstellung von Netzmanagementfunktionen (Kapitel 6).

- *Verbesserung der spektralen Effizienz* (Anzahl Bit/s pro Hz erhöhen)

  Die Richtfunkkanäle sind durch ITU-R genormt und haben eine Breite von 28 bis 40 MHz. Um die hohen Datenraten übertragen zu können, ist deshalb eine mehrstufige Modulation notwendig. Heute sind 64-QAM bis 256-QAM-Systeme mit Trelliscodierung im Einsatz.

  Eine weitere Verbesserung der spektralen Effizienz bringt der Gleichkanalbetrieb (cochannel operation). Dabei werden zwei Richtfunksignale auf derselben Frequenz, aber mit orthogonaler Polarisation übertragen, Bild 5.59.

  Eine hundertprozentige Kanaltrennung ist beim Gleichkanalbetrieb nie erreichbar, da Ausbreitungseffekte (Regen) und Toleranzen bei der Antenne zu einer gewissen Depolarisation und damit zu einem Übersprechen führen. Mit Kreuzpolarisationsentzerrern (XPIC, cross polarization interference canceller) wird dieses Übersprechen erfolgreich bekämpft, Bild 5.60. Damit kann bis zu einer Übersprechdämpfung von 0 dB gearbeitet werden, d.h. Nutz- und Interferenzsignal sind gleich stark! Die XPIC arbeitem nach dem gleichen Prinzip wie die echo-canceller, Bild 2.20.

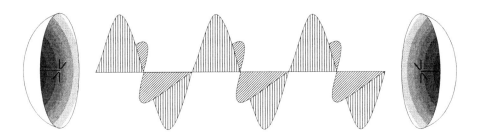

Bild 5.59 Gleichkanalbetrieb von zwei Richtfunkstrecken

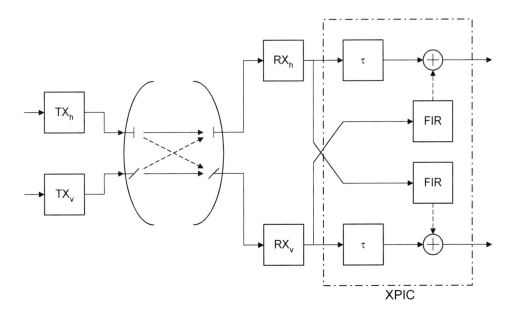

Bild 5.60 Kreuzpolarisationsentzerrung

Bei Mikrowellenanlagen lohnt sich eine gewisse Vorsicht. Strahlungen in diesem Frequenzbereich sind zwar noch nicht ionisierend und deshalb nicht krebsfördernd oder gefährlich für das Erbgut. Es können aber Trübungen des Auges auftreten (Gerinnung des Eiweisses). Aus diesem Grund muss man bei hohen Leistungs*dichten* vorsichtig sein. Ein fertig installierter Sender mit 1 W Leistung auf 5 GHz ist harmlos. Diese Anlage verwendet nämlich eine Parabolantenne mit etwa 1 m Durchmesser. Entfernt man jedoch das Antennenkabel und schaut man direkt in das Kabelende, so ist die Leistungsdichte viel grösser als im Normalbetrieb.

Zum Schluss soll ein Zahlenbeispiel den Dimensionierungsvorgang eines Mikrowellenlinks verdeutlichen. Gewünscht wird eine Richtfunkübertragung von 2 MBit/s über eine Distanz von

50 km mit einer BER von 10^{-8}. Die Topographie erlaube diese Verbindung, da die Geländeüberhöhung genügend gross sei.

Zuerst entscheidet man sich für eine Frequenz. Dazu sind Vorschriften wie internationale und nationale Frequenzzuweisungspläne zu berücksichtigen. Wir wählen für dieses Beispiel eine Frequenz von 5 GHz.

Mit (5.51) berechnen wir die Freiraumdämpfung zu 140.4 dB. Diese Dämpfung kann man kompensieren mit Antennengewinn, Sendeleistung, Modulationsgewinn und Codierungsgewinn. Es gibt also eine Vielfalt von möglichen Systemlösungen. Wir schränken die Vielfalt ein, indem wir ohne Kanalcodierung arbeiten und zuerst die Parabolantenne auswählen. Diese sollen einen Durchmesser von 1 m haben, damit sie noch einigermassen handlich sind. Nach Bild 5.45 oder Gleichung (5.38) ergibt dies einen Antennengewinn von 32 dB pro Antenne.

Nun wählen wir die Modulationsart. Diese hängt ab von der zur Verfügung stehenden Bandbreite. Wir nehmen an, dass die Bandbreite keine Restriktion darstellt und entscheiden uns darum für OQPSK. Nach Bild 3.75 benötigt diese ein E_{Bit}/N_0 von 12 dB. Nach Gleichung (3.60) und (2.26) rechnen wir dies für einen roll-off-Faktor von 0.35 um in SR_K:

$$\frac{P_S}{P_N} = \frac{E_{Bit}}{N_0} \cdot \frac{R}{B_{\ddot{u}}} = \frac{E_{Bit}}{N_0} \cdot \frac{R}{\frac{R}{2} \cdot (1+r)} = \frac{E_{Bit}}{N_0} \cdot \frac{2}{1+r} = \frac{E_{Bit}}{N_0} \cdot 1.48 \tag{5.56}$$

Der Faktor 1.48 bedeutet 1.7 dB, d.h. SR_K muss mindestens 12+1.7 = 13.7 dB betragen (vgl. Zahlenbeispiel am Schluss des Abschnittes 3.4.5).

Nun berechnen wir nach (5.42) das Eigenrauschen des Empfängers und nehmen an, dass dessen Rauschmass 10 dB und das Antennenrauschmass 1 dB betragen. Somit ergibt sich für P_N:

$$P_N = -174 + 10 \cdot \log(B) + 10 + 1 = -163 + 10 \cdot \log\left(\frac{R \cdot (1+r)}{2}\right) = -101.7 \, \text{dBm} \tag{5.57}$$

Jetzt können wir mit (5.54) den notwendigen Empfangspegel ermitteln:

$$P_{RX} > P_N + SR_K = -101.7 + 13.7 = -88 \, \text{dBm} \tag{5.58}$$

Zum Schluss berechnen wir mit (5.52) die notwendige Sendeleistung. Dabei nehmen wir an, dass die Mikrowellenelektronik direkt am Spiegel montiert wird und somit keine Kabelverluste auftreten:

$$P_{TX} = a_F + P_{RX} - G_{SA} - G_{EA} = 140.4 - 88 - 32 - 32 = -11.6 \, \text{dBm} \,\hat{=}\, 70 \, \mu W \tag{5.59}$$

Wir haben keinerlei Reserven eingeplant für Antennenmissweisung, Gewitterregen, Verluste in Steckern des Mikrowellenteils usw. Je nach Wichtigkeit der Verbindung sollte man eine Reserve vorsehen, mit einer Sendeleistungsregelung könnte diese nur im Bedarfsfall aktiviert werden. Ein Sender mit 10 mW Leistung bietet hier über 20 dB Reserve und lässt sich für 5 GHz problemlos bauen, das System wird also funktionieren. Man könnte sogar in Erwägung ziehen, die Antennen zu verkleinern und die Sendeleistung weiter zu erhöhen.

Anmerkung: Im Zahlenbeispiel sind die dB-Zahlen auf eine Kommastelle angegeben. Angesichts der grossen Reserve ist dies viel zu genau. Trotzdem soll man so rechnen, damit man die Reserve kennt und sie nicht verstreut und unbewusst in den vielen Rundungen einbaut.

Setzt man zusätzlich eine Kanalcodierung ein, so dimensioniert man diese so, dass sie die BER um z.B. den Faktor 100 verbessert. Damit sinkt der Minimalwert von SR_K, dafür steigt die Bandbreite mit sinkender Codierungsrate (d.h. erhöter Redundanz) an. Unter dem Strich muss eine kleinere minimale Sendeleistung resultieren, sonst lohnt sich der Aufwand für die Kanalcodierung nicht.

5.5.7 Satellitentechnik

Satelliten sind künstliche Erdtrabanten, die ganz unterschiedlichen wissenschaftlichen, technischen, wirtschaftlichen und militärischen Zwecken dienen:

- Nachrichtensatelliten: Rundfunksatelliten (für TV- und Radio-Direktempfang) und Fernmeldesatelliten (zur Weitdistanzübertragung in kommerziellen Netzen, ohne direkten Kontakt zum Endbenutzer).

- Erd- und Weltraum-Erkundungssatelliten: z.B. Wettersatelliten, Erkundung von Bodenschätzen, Klimabeobachtung, Spionage- und Aufklärungssatelliten, Hubble-Teleskop für die Astronomie usw.

- Satelliten mit Spezialaufgaben: z.B. Navigation

Das Thema dieses Abschnittes sind die Nachrichtensatelliten. Für den Nachrichtentechniker sind diese Satelliten in erster Linie ganz normale Relais-Stationen mit der speziellen Eigenschaft, dass sie im Weltraum stationiert sind. Dank ihrer Höhe überschauen die Satelliten einen grossen Teil der Erdoberfläche und gestatten breitbandige Weitverbindungen mit berechenbarer Qualität und Zuverlässigkeit. Genau diese Eigenschaft ist die Stärke der Satellitenverbindung gegenüber der Kurzwellenverbindung: letztere ist schmalbandig und wegen der Zeitvarianz der Ionosphäre von unsicherer Zuverlässigkeit. Der Nachteil der Satellitenverbindung ist der grosse technische Aufwand, was eine Abhängigkeit von Dritten bedeutet, nämlich von Staaten, die über eine Weltraumtechnologie verfügen.

Satelliten enthalten bis 100 sog. Transponder, die nach Bild 5.61 aufgebaut sind. Ein Transponder setzt also mit einem Mischer einen Eingangsfrequenzbereich in einen Ausgangsfrequenzbereich um. Nach dem Mischer wird vorteilhafterweise die Kehrlage weiterbenutzt, um den Dopplereffekt zu kompensieren, vgl. Schlussbemerkung des Abschnittes 3.1.3.3.

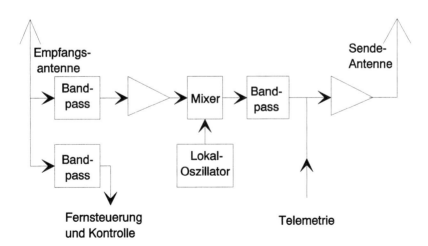

Bild 5.61 Prinzipieller Aufbau eines Satelliten-Transponders

Das von einem Transponder umgesetzte Frequenzband hat eine Breite von 36 ... 50 MHz. Dieser *physikalische* Kanal kann auf mehrere *logische* Kanäle aufgeteilt werden durch

- Frequenzmultiplex (FDM)
- Zeitmultiplex (TDM)
- Kombination von TDM und FDM
- Codemultiplex (CDM, Spread-Spectrum)

Die Verbindung Erde → Satellit (*uplink*) und Satellit → Erde (*downlink*) muss wegen der Beugung durch die Ionosphäre über 20 ... 30 MHz liegen. In der Praxis werden Frequenzen im Bereich 1 bis 30 GHz benutzt, einige Satelliten benutzen auch Frequenzen ab 100 MHz. Über 10 GHz fällt die Dämpfung durch die Atmosphäre bereits ins Gewicht. Sowohl uplink wie downlink werden einzeln dimensioniert nach der in Abschnitt 5.5.6 beschriebenen Methode. Im Gegensatz zum terrestrischen Richtfunk ist die Freihaltung der Fresnelzone keine Schwierigkeit. Das Linkbudget nach Gleichung (5.52) muss um eine zweite Strecke ergänzt werden. Dieses Budget kann man sehr anschaulich in einem Pegel- oder Dämpfungsplan graphisch darstellen, Bild 5.62 zeigt ein Beispiel. Das Prinzip entspricht genau demjenigen in Bild 1.20 Ferner gibt es Verbindungen zwischen Satelliten (*interlinks*), für die natürlich dieselben Berechnungsmethoden gelten.

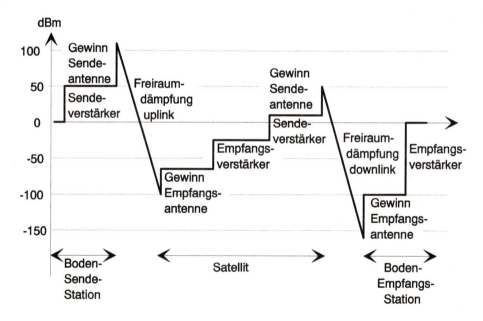

Bild 5.62 Pegelplan einer Satellitenverbindung mit 60 dB Gewinn der Bodenantennen, 40 dB Gewinn der Satellitenantennen und 210 dB Freiraumdämpfung (40'000 km Distanz auf 15 GHz)

Das an sich einfache Satellitenprinzip nach Bild 5.61 enthält einige Raffinessen:

- Die *Übertragungsdistanz* und damit die Freiraumdämpfung ist im Vergleich zum terrestrischen Richtfunk gross. Dies bedingt starke Senderendstufen, rauscharme Empfangsverstärker und Antennen mit grossem Gewinn. Diese Antennen haben zwangsläufig einen schmalen Öffnungswinkel, weshalb diese Antennen genau auf den hochfliegenden Satelliten ausgerichtet sein müssen. Bei tieffliegenden Satelliten (LEO, low earth orbit) ist die Antennenausrichtung unproblematisch, da kein grosser Gewinn notwendig ist.

- *Positionierung des Satelliten:* Je weiter der Satellit von der Erde entfernt ist, desto grösser ist wegen dem grösseren Sichtbereich des Satelliten die überbrückbare Distanz auf der Erde, desto länger ist der Satellit von einem Punkt auf der Erde sichtbar und damit nutzbar und desto schwächer sind die Signale. Auch hier geht es also um die Suche nach dem optimalen Kompromiss. Die Auswahl der Satellitenbahn wird noch speziell besprochen.

- *Elektronik im Satelliten:* Der Satellit wird gespeist von Solarzellen, die auf seiner Oberfläche liegen oder auf Panels angebracht sind, die erst im Weltraum entfaltet werden. Diese Panels dürfen wegen dem mechanischen Aufwand nicht allzu gross werden. Der Satellit hat also ein Speisungsproblem, dem mit Schaltungen mit hohem Wirkungsgrad begegnet werden muss.

  Im Weltraum fehlt die Luft, die bei Elektronikschaltungen üblicherweise die Verlustwärme abführt. Die Satellitenelektronik ist demnach der Gefahr lokaler Überhitzung ausgesetzt. Mit speziellen heat-pipes wird die Abwärme der Endstufen an die Aussenwand des Satelliten geführt. Festkörper mit guter thermischer Leitfähigkeit haben leider gleichzeitig auch eine hohe elektrische Leitfähigkeit.

- *Mechanik des Satelliten:* Grosse Temperaturdifferenzen zwischen Sonnen- und Schattenseite belasten die Oberfläche des Satelliten. Alle beweglichen Teile brauchen spezielles Augenmerk wegen der Schmierung, die im Vakuum nicht so einfach durchführbar ist. Nicht selten gehen deswegen Satelliten verloren, indem z.B. die Antennen und Solarpanels sich nicht entfalten lassen.

- *Stabilisierung des Satelliten:* Der Satellit bewegt sich als starrer Körper um die Erde, d.h. einzig die Lage des Satelliten-Massenschwerpunktes ist definiert. Ohne spezielle Massnahmen zur Lagestabilisierung trudelt oder torkelt der Satellit durch den Weltraum, was eine optimale Ausrichtung der Richtantennen auf die Erde und der Solarpanels auf die Sonne verunmöglicht. Zur Lagestabilisierung werden verschiedene Methoden angewandt: Ältere Satelliten benutzten die Spin-Stabilisierung (der Satellit dreht 10 bis 30 Mal pro Minute um seine Achse), was für Richtantennen nur eine Achse zulässt und für Satelliten mit optischen Instrumenten an Bord untauglich ist. Die Lageregelung aufgrund des Gravitationsfeldes oder des Magnetfeldes der Erde wird bei tieffliegenden Satelliten (LEO) angewandt, während hochfliegende Satelliten häufig die Fixsterne zur Lageregelung ausnutzen. Andere Satelliten benutzen einen magnetisch und berührungsfrei gelagerten Kreisel. Im Nachrichtensatelliten Symphony z.B. hat dieses sog. Gyroskop eine Masse von 3.5 kg und dreht sich mit 3000 Umdrehungen pro Minute.

  Für Lage- und Bahnkorrekturen sind am Satelliten kleine Düsen angebracht, die bei Bedarf kurzzeitig aktiviert werden. Der Treibstoffvorrat dieser Düsen ist heute die bestimmende Grösse für die Nutzungsdauer eines Satelliten.

Der Transponder nach Bild 5.61 vollbringt lediglich eine Frequenzumsetzung und eine Verstärkung. Bei digitalen Signalen ist aber zusätzlich eine Regeneration möglich. Bild 2.18 zeigt einen Basisband-Repeater, der bei BP-Übertragung noch um Demodulator und Modulator ergänzt werden muss. Für höhere Ansprüche können der uplink und der downlink *einzeln* mit einer Kanalcodierung gehärtet werden. Bei digitalen Übertragungen, die keine Echtzeitanforderung stellen (z.B. E-Mail) kann man den Satelliten durch einen Speicher erweitern. In diesem Fall ist der Satellit nichts anderes als eine fliegende Mailbox, Bild 5.63.

Eine interessante Anwendung benutzt tiefliegende Satelliten, die dank der kurzen Distanz mit wenig Aufwand erreicht werden können. Ein Überflug dauert allerdings nur 10 bis 15 Minuten und der Sichtbereich ist klein. Ein grosses File, das z.B. von Europa nach Afrika transferiert werden soll, wird unterteilt in Häppchen, die während einem oder mehreren Überflügen des Satelliten in dessen Speicher geladen werden. Über Afrika wird der Speicherinhalt in eine terrestrische Box umgeladen und ab da weitergeleitet.

Bild 5.63 Satelliten-Mailbox

Nun einige Worte zur *Satellitenbahn (Orbit)*. Unter idealisierten Annahmen (die Erde ist eine Kugel mit homogener Masseverteilung, keine Restatmosphäre im Weltraum, keine Einflüsse durch das Gravitationsfeld von Sonne und Mond usw.) kann die Satellitenbahn komplett durch die Kepler'schen Gesetzte beschrieben werden. Demnach umrundet der Satellit die Erde auf einer elliptischen Bahn, in deren einem Brennpunkt die Erde ist, Bild 5.64. Die Kreisbahn ist eine spezielle elliptische Bahn, bei der die beiden Brennpunkte aufeinanderfallen. Die Erdanziehung wird kompensiert durch eine Zentrifugalkraft, d.h. je weiter der Satellit von der Erde entfernt ist, desto langsamer bewegt er sich relativ zur Erde. Auf einem elliptischen Orbit ist demnach die Umlaufgeschwindigkeit variabel.

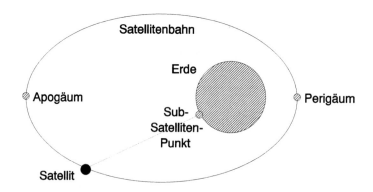

Bild 5.64 Umlaufbahn eines Satelliten

Die Ellipse wird spezifiziert durch den erdnächsten Punkt (Perigäum), den erdfernsten Punkt (Apogäum), die Exzentrizität sowie den Winkel zwischen Ellipsenebene und Äquatorebene (Inklination).

Die Bahnebene (Ellipsenebene) wird beim Start festgelegt und ist nur noch mit extremem Energieaufwand zu ändern. Dies darum, weil die Komponente des Geschwindigkeitsvektors in der Bahnebene sehr gross ist. Möchte man die Bahnebene trotzdem ändern, z.B. bei Satelliten auf deep-space-Missionen, so nutzt man das Gravitationsfeld von andern Planeten aus.

Innerhalb der Bahnebene kann jedoch die Ellipse relativ einfach verändert werden. Dazu wird mit einem Motor der Satellit während einer bestimmten Zeit beschleunigt. Beliebt ist die Beschleunigung im Apogäum, wodurch die Ellipse massiv vergrössert wird und das Apogäum der alten Bahn zum Perigäum der neuen Bahn wird, Bild 5.65. Um Antriebsenergie der Startrakete zu sparen, wird die Rotationsgeschwindigkeit der Erde ausgenutzt. Aus diesem Grund sind alle Weltraumbahnhöfe in der Nähe des Äquators gelegen und die Startrichtung zeigt gegen Osten, also in Richtung der Erdrehung.

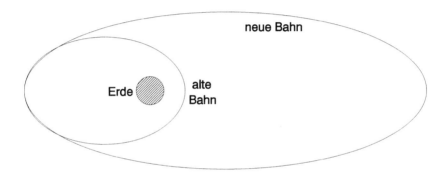

Bild 5.65 Änderung der Bahnhöhe eines Satelliten

Elliptische Umlaufbahnen haben den Vorteil, dass die Sichtdauer und die Reichweite gross sind, während der Satellit im Bereich seines Apogäums ist. Legt man dieses Apogäum über das interessierende Gebiet, so bietet der Satellit eine lange Nutzungsdauer.

Da sich die Erde dreht, sieht der Satellit allerdings bei jedem Umlauf einen andern Streifen der Erde. Wählt man die Bahn so, dass ein elliptischer Umlauf gerade 24 Stunden dauert, so überstreicht der Satellit täglich dasselbe Gebiet, es handelt sich um eine *geosynchrone* Bahn. Leider führt die Bahnebene wegen der Erdabplattung eine Präzessionsbewegung durch, so dass sich bei oben beschriebener Bahn die Lage des Apogäums von der Erde aus gesehen verändert. Man kann zeigen, dass bei einer Inklination der Bahnebene von 63.4° die Präzessionsbewegung von der Erde aus unsichtbar wird und die Bahn tatsächlich geosynchron wird. Erstmals wurde dieser Orbit von den russischen Satelliten der Molniya-Reihe benutzt, weshalb die elliptische Bahn mit 63.4° Inklination und 24 Stunden Umlaufzeit auch Molniya-Orbit heisst. Damit konnten die Russen ihre weit nördlich liegenden Gebiete Sibiriens bedienen, die mit einem geostationären Satelliten schwierig zu erreichen sind.

Ein Spezialfall der geosynchronen Bahn (Umlaufzeit 24 Stunden) ist die *geostationäre* Bahn, d.h. der Satellit ist von der Erde aus gesehen stets am selben Ort. Als einzige Möglichkeit kommt dafür die kreisförmige Bahn mit 36'000 km Erdabstand und der Inklination 0° in Frage.

Geostationäre Satelliten hängen also alle über dem Äquator, überblicken rund einen Drittel der Erdoberfläche und können ohne Antennennachführung angepeilt werden. Dies macht diese Bahn besonders attraktiv für *Rundfunk*satelliten. Die Distanz der für Europa zuständigen geostationären Satelliten zu Mitteleuropa beträgt etwa 40'000 km. Ihre Position wird mit dem Längengrad des Subsatellitenpunktes angegeben, z.B. 19° West.

Die geostationäre Bahn ist sehr beliebt und deswegen auch sehr stark belegt. Entsprechend sammelt sich dort auch Weltraumschrott an, der durchaus das Potenzial hat, in Zukunft die Satellitentechnik extrem zu verteuern!

Auch die geostationäre Bahn ist nicht genau geostationär, vielmehr führen diese Satelliten eine Achterbewegung von etwa 600 km Ausdehnung aus. Als Konsequenz daraus benötigen die Satelliten eine gegenseitige Sicherheitsdistanz. Diese Bewegung überstreicht von der Erde aus gesehen einen Winkelbereich von 1°. Zum Vergleich: die Vollmondscheibe erscheint unter einem Winkel von 0.5°. Nach Bild 5.45 hat bereits ein Parabolspiegel von 2.5 m Durchmesser bei 8 GHz einen Öffnungswinkel von etwa 1°. Stark bündelnde Antennen müssen also auch bei geostationären Satelliten nachgeführt werden. Umgekehrt stattet man die Rundfunksatelliten mit so starken Senderendstufen aus, dass bei den Empfängern kleine Antennen benutzbar werden. Diese lassen sich fix montieren, sind unauffälliger und natürlich auch preisgünstiger als ihre grossen Brüder.

Der grosse Vorteil der geostationären Bahn ist der fixe Satellitenstandort. Ihr Nachteil ist die weite Distanz, was eine aufwändige technische Ausrüstung erfordert. Beim Rundfunksatelliten ist diese im Satelliten konzentriert, beim Fernmeldesatelliten in der Bodenstation. Rundfunksatelliten sind Klötze von etwa 2 m Seitenlänge und einer Masse bis zu mehreren Tonnen.

Das andere Extrem bilden kleine, tieffliegenden Satelliten (LEO, low earth orbit, d.h. Bahnhöhen bis 1500 km und Umlaufzeiten von etwa 2 Stunden), von denen in naher Zukunft noch einiges zu hören sein wird. Damit wird Satellitenbetrieb mit Handfunkgeräten ermöglicht.

LEOs auf tiefer polarer Umlaufbahn (Inklination 90°) haben eine gute Beobachtungsauflösung und -Empfindlichkeit und überstreichen mit ihrem *footprint* (Wirkungsfläche auf der Erde) streifenweise die ganze Erde. Diese Bahn wird darum für Erderkundungssatelliten bevorzugt.

Das Ausrichten der Antenne auf den Satelliten erfordert genaue geometrische Angaben. Diese können gewonnen werden aus den sog. Kepler-Elementen der Satellitenbahn sowie einem Haufen sphärischer Trigonometrie. Da sich die Satellitenbahn laufend ändert (ungleichmässiges Gravitationsfeld, Abbremsung durch die Restatmosphäre, Einflüsse der Schwerkraft von Sonne und Mond), werden die Satellitenbahnen periodisch vermessen und deren Kepler-Elemente aktualisiert. Den rechnerischen Teil der Antennenausrichtung erledigt man mit komfortablen und preisgünstigen PC-Programmen.

Bei Bedarf wird die Bahn des Satelliten korrigiert, dazu dienen die bereits erwähnten kleinen Steuerdüsen und die in Bild 5.61 angedeutete Fernsteuerung. Die *Bahn*korrektur wird also von der Kontrollstation auf der Erde ausgeführt, während die *Lage*korrektur vom Satelliten selbständig durchgeführt wird.

Jeder Satellit tritt ab und zu in den Kernschatten der Erde ein. Bei den geostationären Satelliten z.B. geschieht dies beim Frühlings- und Herbstanfang. Vom Satelliten aus gesehen ist dies eine Sonnenfinsternis, was jeweils eine heikle Phase darstellt. Die Energiezufuhr setzt aus, mit Batterien muss diese Phase überbrückt werden. Es gibt Satelliten, deren Sender in diesem Zeitraum ausgeschaltet werden, um die Lebensdauer der Akkumulatoren zu erhöhen. Ein anderer Spezialfall tritt dann auf, wenn der Satellit von der Erde aus gesehen eine „Sonnenfinsternis" erzeugt. Optisch ist dies natürlich nicht wahrzunehmen, aber die Empfangsantenne für den downlink nimmt zusätzlich zum Satellitensignal das Rauschen der Sonne auf, was zu einer dramatischen Absenkung des Signal-Rausch-Abstandes führt.

Als Modulationsart wird bei analoger Übertragung häufig FM und Schmalband-FM eingesetzt, dies wegen des Wirkungsgrades der Endstufe im Satelliten. Für digitale Übertragungen sind OQPSK-Verfahren (Bild 3.69) sehr beliebt, und zwar wegen des Wirkungsgrades, der Bandbreiteneffizienz und der Störresistenz. Die Sendeleistung des Satelliten beträgt je nach Typ einige Watt bis ca. 250 W, letzteres bei Rundfunksatelliten für Direktempfang. Der Leistungsbedarf eines Rundfunksatelliten beträgt etwa 2 ... 3 kW. Zur besseren Ausnutzung der Bandbreite werden auch kreuzpolarisierte Gleichkanalsysteme eingesetzt, Bilder 5.59 und 5.60. Mehrere MPEG-2-codierte und zu Bündeln von 33 MBit/s multiplexierte Video-Datenströme lassen sich gleichzeitig über denselben Satelliten übertragen und mit Parabolantennen von nur 60 cm Durchmesser empfangen (DVB-S, vgl. Abschnitt 5.1.2.3).

Fernmeldesatelliten benutzt man für Datenübertragungen und Video-Verbindungen zwischen Studios, z.B. bei Eurovisionssendungen. Früher wurde häufig bis 15'000 Telefongespräche gleichzeitig über geostationäre Satelliten übertragen, z.B. über die Intelsat-Reihe. Heute wird dies von transozeanisch verlegten Lichtwellenleitern übernommen, da die Verzögerungszeit von etwa 270 ms über die 2 mal 40'000 km Distanz im Sprechbetrieb unangenehm ist. Bei leitergebundener Übertragung ergibt sich eine Verzögerung von lediglich 5 ms pro 1000 km. Datenübertragungen via Satellit laufen mit bis zu 155 MBit/s, was eine Einbindung der Fernmeldesatelliten in SDH-Netze erlaubt (SDH = synchrone digitale Hierarchie, ein Multiplexverfahren, das im Abschnitt 6.3.2.3 besprochen wird).

Gefährlich für den Satelliten sind die Startphase (Vibrationen, Raketenausfall), der Einschuss in die Umlaufbahn (Treibstoffverbrauch und damit Verringerung der Betriebsdauer) und das Entfalten der Antennen und Solarpanels. Ist alles geglückt, so ist der Satellit bis 10 Jahre einsatzfähig, dann ist der Treibstoff der Bahnkorrekturdüsen aufgebraucht. Kleine Satelliten bremst man ab und lässt sie in der Atmosphäre verglühen, grosse Satelliten schiesst man in Richtung Sonne weg. Die Zuverlässigkeit (Verfügbarkeit) eines Satelliten beträgt über 99%!

Moderne Satelliten verfügen über mehrere Transponder und mehrere Antennen. Sie sind in der Lage mit sog. *spot beams* kleine Flächen von einigen hundert Kilometern Durchmesser zu bestrahlen. Im Moment wird die Anzahl der im Weltraum plazierten Transponder auf über 2000 geschätzt, Prognosen sagen ein Wachstum von 50 % in den nächsten Jahren voraus.

Arbeiteten früher die Satelliten eher als Einzelkämpfer, entstehen nun Satellitennetze. Diese bieten sich in folgenden Fällen an:

- weltweite Kommunikation über ein einheitliches System
- Kommunikation über terrestrisch nur schwierig zu erschliessende Gebiete. Beispiele:
  - Indien und China (grosser Kommunikationsbedarf bei noch schwacher Infrastruktur)
  - Indonesien (13'677 Inseln)
  - Australien (grosse, unerschlossene Wüstengebiete).

Die Organisation Inmarsat ist ein Zusammenschluss von verschiedenen nationalen Telefongesellschaften und unterhält ein Satellitensystem, dessen C-Version mit aktenkoffergrossen Bodenstationen Datenkommunikation über geostationäre Satelliten erlaubt. Ausser den Polkappen wird die ganze Erdoberfläche abgedeckt. Inmarsat-M bietet 4.8 kBit/s-Sprachverbindungen (LPC-komprimiert) oder 2.4 kBit/s-Daten- und Faxverbindungen mit Übergängen in das terrestrische Telefonnetz.

Mit Bodenstationen der Grösse und Bedienerfreundlichkeit eines GSM-Handys kann jedoch kein Betrieb über die 40'000 km entfernten geostationären Satelliten gemacht werden. Stattdessen werden tieffliegende Satelliten eingesetzt (LEO, low earth orbit). Diese bewegen sich jedoch von der Erde aus gesehen ziemlich schnell, weshalb die Satelliten während einer Verbindung das Gespräch an einen anderen Satelliten weiterleiten. Im Prinzip handelt es sich um ein Zellularnetz (vgl. Abschnitt 6.5.2) wie bei der GSM-Technik, wobei sich aber die Zellen bewegen und nicht die Benutzer. Jeder Satellit bedient mit spot beams mehrere Funkzellen. Als Beispiele sollen einige Systeme kurz vorgestellt werden, die dabei erwähnten Zugriffsverfahren wie TDMA und CDMA werden im Abschnitt 6.2.1 erklärt:

- *Iridium:* Dieses von Motorola portierte System umfasst 66 Satelliten mit etwa 700 kg Masse in 780 km Höhe. Ein Satellit ist damit maximal 13 Minuten von der Erde aus sichtbar. Ursprünglich waren 77 Satelliten vorgesehen, der Name des Systems leitet sich aus dem chemischen Element mit der Ordnungszahl 77 ab. Der Zugriff erfolgt mittels TDMA, der Uplink ist bei 19.5 GHz, der Downlink bei 29.2 GHz. Die Inbetriebnahme erfolgte im Herbst 1998, die Investitionen schätzt man auf 5 Milliarden Dollar. Kommerziell wurde Iridium zum Flop. Als Überlagerung zum GSM-System für abgelegene Gebiete gedacht, wurde es von der unerwartet starken Verbreitung der terrestrischen Netze konkurrenziert (die möglichen Kunden waren schliesslich nur noch dort, wo kein Geld zu holen war!). Zudem war die Datenrate für die Sprachübertragung ausgelegt und bei weitem zu klein für weitere Dienste. Man wollte die Satelliten bereits aufgeben und verglühen lassen, doch dann kaufte das amerikanische Verteidigungsministerium das System.

- *Inmarsat-P:* Betrieben von Inmarsat fliegen 12 Satelliten 10'000 km über der Erde und gestattet dasselbe wie Inmarsat-M, jedoch mit Handys als Bodenstationen. Auch die Nutzung von GSM-Netzen ist mit Multi-Mode-Handies möglich. Zugriff: TDMA.

- *Globalstar:* 48 Satelliten bewegen sich in 8 Ebenen in 1400 km Höhe und wirken als reine Repeater, was eine kostengünstige Benutzung ermöglicht. Weitere 8 Satelliten stehen als Reserve in einer Umlaufbahn bereit, 8 Satelliten sind Bodenreserve. Der Zugriff ist mit CDMA realisiert. Der Uplink ist auf 1.6 GHz, der Downlink bei 2.5 GHz. Hinter dem Projekt stehen France Telecom, Alcatel, Hyundai u.a. Kosten: 2.7 Milliarden Dollar.

- *Teledesic:* Dieses System erregte nur schon deshalb Aufsehen, weil Bill Gates sein Pate ist. 840 (!) Satelliten sollten die Erde in 640 km Höhe umkreisen. Später wurde das Projekt reduziert auf 288 Satelliten in 1600 km Höhe, die Datenkommunikation mit ATM (vgl. Abschnitt 6.3.5.2) ermöglichen sollen. Geschätzte Investition: 12 Milliarden US$! Geplante Bereitschaft: 2003.

Bei Satellitennetzen mit LEOs müssen diese untereinander kommunizieren können. Dazu benutzt man ISL (inter-satellites links) für Satelliten auf derselben Bahn und IOL (inter-orbit links) für Satelliten auf unterschiedlichen Bahnen. Die IOL haben zusätzlich mit dem Dopplereffekt zu kämpfen. Da keine Atmosphäre im Wege steht, ist man bei der Frequenzwahl nach oben frei. Während beim Iridium-System der Interlink auf 23.3 GHz arbeitet, erforschen neue Projekte optische Verbindungen, da dort die Bündelung am stärksten ist. Ein Experimentalsystem arbeitet mit folgenden Daten: Die Übertragungsdistanz beträgt 45'000 km bei einer Laserleistung von 60 mW auf einer Wellenlänge von 850 nm. Die Lichtkeule ist nur 600 Mikrograd breit, was am Zielort nach 45'000 km Distanz eine beleuchtete Fläche von nur gerade 150 m Durchmesser ergibt. Während der Laufzeit dieses Strahls bewegen sich die Satelliten um 2 km, man benötigt also ein ausgeklügeltes System zur Strahllenkung. Dieses beruht auf einer Kombination von Vorausberechnung, Grobausrichtung und Feinausrichtung. Die Dopplershift beträgt 10 GHz und die Empfindlichkeit 73 Photonen pro Bit bei einer Datenrate von 50 MBit/s.

5.5.8 Zusammenfassung

Bild 5.66 zeigt den Einsatzbereich der verschiedenen drahtlosen Übertragungsarten. Die angegebenen Datenraten und Distanzen sind als Richtwerte aufzufassen.

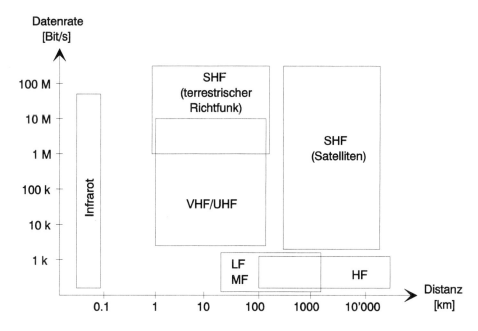

Bild 5.66 Einsatzbereich der drahtlosen Übertragung (zur Namensgebung der Frequenzbereiche vgl. Tabelle 1.10 S.80)

5.6 Medien für die leitergebundene Übertragung

Die leitergebundene Übertragung ist die älteste Version der elektrischen Nachrichtenübertragung, sie ist aber nach wie vor aktuell. Begonnen wurde mit Zweidrahtleitungen, später folgten die Koaxialkabel und dann die Lichtwellenleiter (LWL). Nachteil aller Leitungen ist der immense Aufwand für das Verlegen sowie den Unterhalt der Trassen. In einem Kabel können mehrere Aderpaare (mehrere Koaxialtuben bzw. LWL) untergebracht werden, wodurch sich die Kapazität erhöhen lässt. Dies wird auch als Raummultiplex bezeichnet.

Das im Abschnitt 4.3.6 angesprochene Raumdiversity ist etwas ganz anderes: zwei Leitungen übertragen *gleichzeitig dieselbe* Information über *verschiedene* Trassen. Diversity dient der Sicherheit, Multiplex (= Mehrfachausnutzung) dient der Kostensenkung.

5.6.1 Verdrillte Leitungen

Bei der Zweidrahtleitung (engl. *twisted pair*) werden zwei Kupferadern verdrillt, um die Einstreuung durch magnetische Felder zu verkleinern. Gegenüber elektrischen Störfeldern hilft eine Abschirmung. Zweidrahtleitungen werden darum klassiert in STP (shielded twisted pair, jedes Aderpaar individuell geschirmt und nur von IBM benutzt) und das stärker verbreitete UTP (unshielded twisted pair, das ganze Kabel gemeinsam geschirmt). Mit beiden Typen wird auch Raummultiplex gemacht, meistens mit 4 Aderpaaren.

Zweidrahtleitungen werden benutzt bei LANs (local area networks) sowie in der Telefonie für den Anschluss der Endgeräte an den ersten Vermittler (Anschlusszentrale, Bild 1.49). Dieser sog. Teilnehmerbereich (local loop, subscriber loop) ist sehr fein verästelt. Eine Multiplexbildung ist i.A. nicht möglich wegen der räumlichen Trennung der einzelnen Abonnenten. Aus diesem Grund muss man im local loop ein möglichst kostengünstiges Medium einsetzen. Bei kleinen Datenraten lassen sich mehrere Kilometer ohne Zwischenverstärker überbrücken.

Im Zuge der Digitalisierung der Nachrichtennetze ist es von enormer wirtschaftlicher Bedeutung, die Leitungen des Teilnehmerbereiches unverändert übernehmen zu können. Im Teilnehmerbereich stecken nämlich rund 2/3 der Gesamtkosten des weltweiten Telefonnetzes. Für das ISDN mit 144 kBit/s sind die Zweidrahtleitungen dank der kurzen Distanzen sehr gut einsetzbar. Für künftige Anwendungen mit grösserem Datenbedarf (z.B. Multimedia) erwartet man jedoch eine viel höhere Datenrate. Als Lösung bietet sich HDSL an (high speed digital subscriber line, Abschnitt 5.6.4).

Verdrillte Leitungen sind im Vergleich zu Koaxialkabeln und LWL das kostengünstigste und am einfachsten handhabbare Medium. Dafür sind die Datenrate und die Reichweite begrenzt.

Auch bei einfachen UTP-Kabeln treten Qualitätsunterschiede auf, weshalb man verschiedene Klassen nach Tabelle 5.7 unterscheidet.

Die Wellenimpedanz beträgt 100 Ω für die UTP-Kabel und 150 Ω für die STP-Kabel. Für Sprachübertragung (local loop) werden UTP-Kabel der Kategorie 1 und 2 benutzt, während man die höherwertigen Kabel bei Datenübertragungen einsetzt (LAN).

Tabelle 5.7 Technische Daten von UTP-Kabeln

Klasse nach ISO	UTP-Kategorie	maximale Frequenz in MHz	max. Dämpfung in dB (Frequenz in MHz)				minim. Nahübersprech-dämpfung (NEXT) in dB (Frequenz in MHz)			
			0.77	16	20	100	0.77	16	20	100
A	1, 2	0.1	-	-	-	-	-	-	-	-
B	3	16	2.23	13.1	-	-	43	23	-	-
C	4	20	1.87	8.85	10.2	-	58	38	36	-
D	5	100	1.80	8.20	9.18	22.0	64	44	42	32

Die Verkabelung einer Grossfirma ist eine teure Angelegenheit. Durchgesetzt hat sich die sog. *universelle Kommunikationsverkabelung* (UKV), die auch international genormt ist (ISO/IEC 11801 und EN 50173). Besonders zwei Punkte zeichnen die UKV aus:

- Trennung von passiven Teilen (Kabel) und aktiven Komponenten (Hubs, Repeater, Switch usw.). Die Kabel überdauern somit mehrere Generationen von Geräten.

- Homogene und flächendeckende Verkabelung. Die über die gesamte Nutzungsdauer gerechneten Betriebskosten werden dank dieser Flexibilität kleiner, da man Anpassungen an Umorganisationen und neue Kommunikationsbedürfnisse leichter vornehmen kann.

Die klassische UKV ist sternförmig strukturiert und umfasst drei Hierarchiestufen: Areal, Gebäude und Etage. Bild 5.67 zeigt das Prinzip. Für die Etagenverkabelung werden heute nur noch Kabel der Kategorie 5 verlegt. Die andern Hierarchiestufen werden je nach Datenrate mit UTP Kabeln oder Lichtwellenleitern (LWL) realisiert.

Im Moment sind Diskussionen im Gange, eine UTP-Kategorie 6 einzuführen. Es ist allerdings fraglich, ob Datenraten von über 155 MBit/s (das entspricht einem multimedia-tauglichen Breitbandkanal in ATM-Technologie) am Arbeitsplatz erforderlich sind. Viel vernünftiger wäre es wahrscheinlich, nicht die Quantität sondern die Qualität der Information am Arbeitsplatz zu erhöhen sowie geschickte Quellencodierungen einzusetzen.

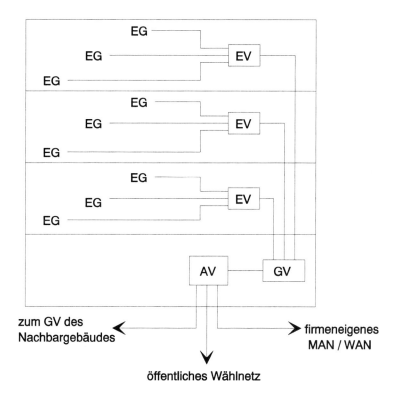

Bild 5.67   Prinzip der universellen Kommunikationsverkabelung (UKV)
EG = Endgerät   EV = Etagenverteiler   GV = Gebäudeverteiler   AV = Arealverteiler
MAN = metropolitan area network   WAN = wide area network

5.6.2 Koaxialkabel

Koaxialkabel benutzt man in folgenden Anwendungen:

- Frequenzmultiplexübertragungen in der Telefonie: Mit einer Bandbreite von 60 MHz wurden 10'800 Sprachkanäle mit SSB übertragen, der Abstand der Zwischenverstärker betrug lediglich 1.5 km. Heute benutzt man bei leitergebundener Übertragung TDM über LWL und nicht mehr FDM über Koaxialkabel. Als Zwischenstadium machte man TDM über Koaxialkabel mit Datenraten bis 140 MBit/s (Kapitel 2).

- Kabelfernsehen (CATV, cable television): 60 TV-Kanäle und dutzende von Radioprogrammen werden mit einer Bandbreite von 600 MHz in die Wohnungen gebracht. Die Reichweite ist allerdings gering, weshalb die heutigen CATV-Netze eine Grobverteilung in die Wohnquartiere mit LWL und eine Feinverteilung in die Wohnungen mit Koaxialkabeln vornehmen.

- Datennetze (LAN): Koaxialkabel sind den UTP-Kabeln überlegen, denn sie übertragen 100 MBit/s über eine Distanz von 1 km, bei kürzeren Distanzen sogar mehr.

Die Koaxialkabel vereinen hohe Bandbreite mit Störfestigkeit. Letztere ist eine Folge der Abschirmwirkung, die sich durch den Skin-Effekt ergibt und erst ab 60 kHz wirksam ist.

Als Kehrseite des Skineffektes steigt die Dämpfung aller Kupferkabel mit der Wurzel aus der Frequenz, vgl. Tabelle 5.8. Für Datenraten über 100 MBit/s sind deshalb die Koaxialkabel durch die Lichtwellenleiter verdrängt worden.

Die Koaxialkabel weisen je nach Bauart Wellenimpedanzen von 75 Ω (CATV) oder 50 Ω (digitale Übertragungen, Antennenzuleitung bei der professionellen Funktechnik) auf.

Tabelle 5.8 Dämpfungswerte für einige Koaxialkabel

Typ	Z_W [Ω]	Aussendurch-messer [mm]	Dämpfung in dB/100m				
			10 MHz	30 MHz	100 MHz	200 MHz	500 MHz
RG-58	50	5.8	5	9	17	24	39
RG-213	50	10.3	2	3.7	7	10.2	17
RG-220	50	28	0.6	1.1	2.3	3.8	7

Aus dem Abschnitt 1.1.8 ist bekannt, dass Information, Bandbreite und Energie miteinander verknüpft sind (Shannon-Würfel). Die Lichtwellenleiter sind in der Lage, dank ihrer *Bandbreite* sehr viel Information zu übertragen. Die Koaxialkabel hingegen sind geeignet, viel *Energie* zu transferieren. Dies begründet eine andere und vorläufig bleibende Anwendung für die Koaxialkabel: die Verbindung zwischen Sender bzw. Empfänger und Antenne.

Wegen der mit der Frequenz steigenden Dämpfung wird dieselbe Aufgabe im Mikrowellengebiet (über 3 GHz) durch Wellenleiter (Hohlleiter) erfüllt. Diese sind aber teuer, unflexibel und im Betrieb nicht gerade einfach. So darf z.B. im Innern des Hohlleiters kein Wasserdampf sein, da sonst die Dämpfung stark ansteigt. Deshalb setzt man die Wellenleiter häufig unter Stickstoffdruck.

5.6.3 Lichtwellenleiter (LWL)

5.6.3.1 Einführung

Die Entwicklung zur anwendungstechnischen Reife der Lichtwellenleiter (LWL) sowie der optoelektronischen Wandler (Laserdioden und Photodioden) geschah genau zum richtigen Zeitpunkt und war ein grosses Glück für die Nachrichtentechnik. Die ab 1970 absehbaren Bedürfnisse an Datenraten waren wegen der Dämpfung nicht mit Koaxialkabeln und wegen der Dämpfung sowie mangelnder Bandbreite schon gar nicht mit verdrillten Leitungen mit erträglichem Aufwand (Anzahl und Abstand der Zwischenverstärker) erfüllbar. In der Not griff man auch nach Strohhalmen und erforschte den Einsatz von Supraleitern zur Informationsübertragung über weite Distanzen.

Die LWL beruhen auf einer Kombination von verschiedenen Technologien, indem sich Physik, Materialwissenschaften und Schaltungstechnik ideal ergänzen. Glücklicherweise lieferten alle beteiligten Gebiete ihren Beitrag zur richtigen Zeit ab. In der Folge verdrängten die LWL die Koaxialkabel aus dem Gebiet der breitbandigen Weitdistanzübertragung.

Die herausragenden Eigenschaften der optischen Übertragung sind:

• Datenrate bis 10 GBit/s (beschränkt durch die optoelektronischen Wandler, die Faser selber könnte über 50 TBit/s übertragen!)

• kleine Dämpfung von unter 0.3 dB/km, ein gewaltiger Unterschied zu den Dämpfungswerten in Tabelle 5.8!

• Immunität gegenüber elektromagnetischen Störungen

• weitgehende Abhörsicherheit

• kleine Abmessungen und tiefes Gewicht im Vergleich zu Kupferkabeln

Bild 5.68 zeigt das Prinzip aller heutigen optischen Übertragungssysteme:

Bild 5.68 Prinzipieller Aufbau eines optischen Übertragungssystems

Vergleicht man mit Bild 1.24, so könnte man die Wandler aus Bild 5.68 einfach als Modulator bzw. Demodulator auffassen. Tatsächlich kann heutzutage der Anwender ohne jegliche Kenntnisse von Optoelektronik eine LWL-Übertragung einsetzen. Das System wird einfach beurteilt aufgrund seines Übertragungsverhaltens und nicht aufgrund seiner Wirkungsweise, d.h. je nach Art des Nachrichtensignales (analog oder digital) gelten die in Abschnitt 1.1.7 besprochenen Beurteilungskriterien.

Trotzdem ist es vernünftig, dass der Nachrichtentechniker eine grobe Ahnung von den physikalischen Prinzipien hat. Dieser Abschnitt ist deshalb eine Art „management summary" über die LWL-Übertragung.

5.6.3.2 Die optische Faser

Die optische Übertragung basiert auf der *Totalreflexion* des Lichtes beim Übergang von einem optisch dichten in ein optisch dünneres Medium. Der LWL ist demnach eine koaxiale Anordnung von Gläsern mit unterschiedlichen Brechungsindizes, Bild 5.69. Der Grundbaustoff der LWL, nämlich Silizium (Quarzglas, SiO_2), ist buchstäblich wie Sand am Meer vorhanden. Für die Glasfasern ist allerdings hochreines Silizium notwendig.

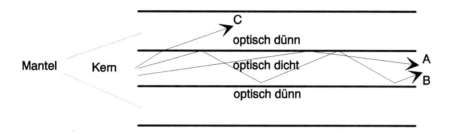

Bild 5.69   Längsschnitt durch einen LWL, bestehend aus Kern (*core*) und Mantel (*cladding*) mit 3 Lichtstrahlen A, B und C. Nicht gezeichnet ist die Hülle (*coating*), die den mechanischen Schutz gewährleistet.

Die Lichtstrahlen müssen genügend flach in die Faser eintreten, damit eine Totalreflexion auftritt. Die Strahlen A und B in Bild 5.69 erfüllen diese Bedingung, Strahl C jedoch nicht. Der Sinus des Grenzwinkels heisst *numerische Apertur* der Faser und hängt ab von der Geometrie (Durchmesser von Kern und Mantel) und von den Brechungsindizes.

Bild 5.70 zeigt die Dämpfung einer Faser in Funktion der Wellenlänge. Die Faserdämpfung wird nach unten begrenzt durch die Rayleigh-Streuung, d.h. die Streuung an Material-Inhomogenitäten im LWL. Dies ist eine physikalische und nicht etwa eine technologische Grenze. Demnach sollte man die Wellenlänge des Lichtes möglichst gross wählen. Bei 1.4 µm zeigt sich ein Dämpfungspeak, der von unvermeidlichen OH-Ionen im Glas herrührt und dessen Höhe darum abhängig ist vom Herstellungsverfahren. Bei Wellenlängen ab 1.6 µm steigt die Dämpfung wieder an, da die Atome in SiO_2-Molekülen zu Schwingungen angeregt werden. Die theoretische Minimaldämpfung von 0.2 dB/km bei 1.55 µm wird von modernen Lichtwellenleitern schon fast erreicht. Als Vergleich: normales Fensterglas hat eine Dämpfung von 100 dB/km.

Man benutzt drei Wellenlängenbereiche (optische Fenster) für die faseroptische Signalübertragung: bei 0.85 µm, 1.30 µm und 1.55 µm. Jeder dieser Bereiche hat eine unvorstellbare Bandbreite von mehreren THz!

> *Durch eine einzelne Glasfaser könnte theoretisch alles von Menschen*
> *gesammelte Wissen in etwa 20 Sekunden übertragen werden.*

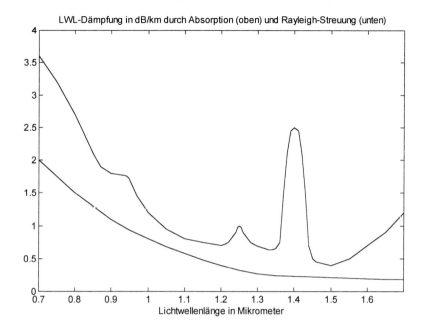

Bild 5.70 Dämpfungsverlauf der Lichtwellenleiter (Erklärung im Text)

Der Bereich um 0.85 μm (nahes Infrarot) hat den Vorteil, dass elektronische und optoelektronische Komponenten aus demselben Material, nämlich Gallium-Arsenid, realisierbar sind. Heute bevorzugt man wegen der kleineren Dämpfung die Fenster im fernen IR-Bereich, wobei das dritte Fenster bei 1.55 μm den Nachteil der teureren Wandler hat.

Für Kurzdistanzanwendungen (z.B. in der Messtechnik) muss keine Rücksicht auf die Dämpfung genommen werden, somit kann auch sichtbares Licht benutzt werden. Manchmal werden auch dicke und preisgünstige Kunststoff-LWL in solchen Anwendungen eingesetzt.

Neben der Dämpfung treten noch andere Effekte auf, nämlich verschiedene Arten von Dispersionen (Laufzeitverzerrungen), von denen zwei bedeutsam sind:

- Materialdispersion (auch chromatische Dispersion genannt): Die Laufzeit hängt von der Wellenlänge ab.

- Modendispersion: Strahlen mit unterschiedlichen Wegen haben unterschiedliche Laufzeiten, z.B. die Strahlen A und B in Bild 5.69.

Diese Laufzeitunterschiede bewirken Inter-Symbol-Interference (ISI) und sind umso grösser, je länger der LWL ist. Wird die Dispersion nicht speziell bekämpft, so ist sie und nicht etwa die Dämpfung das limitierende Kriterium für den maximalen Repeaterabstand. Die Kapazität eines LWL wird darum nicht in Bit/s sondern in Bit/s mal km angegeben. Ein bestimmter LWL überträgt also z.B. 100 MBit/s über 100 km oder 1 GBit/s über 10 km.

Die Materialdispersion wird verkleinert bei Verwendung einer Laserdiode (LD) anstelle einer billigeren Leuchtdiode (LED, light emitting diode), da erstere ein schmalbandigeres Lichtsignal aussendet.

Die in Bild 5.69 gezeichnete Faser ist eine sog. *Stufenprofilfaser*, weil sich ihr Brechungsindex beim Übergang Kern-Mantel sprunghaft verkleinert. Die Modendispersion lässt sich verringern, indem man den Brechungsindex kontinuierlich ändert (→ *Gradientenprofilfaser*) oder indem man den Kern sehr dünn macht (5 μm), sodass nur noch ein Modus existieren kann (Strahl A in Bild 5.69) (→ *Monomodefaser*). Monomodefasern haben demnach auch ein Stufenprofil. Die Gradienten- und Stufenprofilfasern sind viel dicker als die Monomodefaser, sie haben nämlich einen Kerndurchmesser von 50 μm und einen Manteldurchmesser von 125 μm.

Die dicke Stufenprofilfaser hat lediglich noch didaktischen Wert. Die Monomodefaser bietet mit Abstand die höchste Übertragungskapazität. Allerdings ist ihre Apertur klein, d.h. die Einkopplung des Lichtes ist nicht so einfach. Wegen des dünnen Kerns (5 μm, also in der Grössenordnung der Lichtwellenlänge von 1.30 μm oder 1.55 μm) sind auch Steck- und Spleissverbindungen schwieriger auszuführen. Trotzdem werden die Monomodefasern überall dort eingesetzt, wo die Datenraten hoch und gleichzeitig die Distanzen gross sind. In allen andern Fällen kann man die Gradientenprofilfaser benutzen. In naher Zukunft wird man nur noch Monomodefasern einsetzen, da der Preisvorteil der Gradientenfaser zusehends verschwindet.

LWL sind sehr empfindlich gegenüber Feuchtigkeitseintritt und mechanischen Beanspruchungen wie Zugkräfte, enge Biegungen und Querdrücke. Die Herstellung von LWL ist darum eigentlich eine Verpackungstechnologie!

Verschiedene LWL-Abschnitte werden durch Spleisse dauerhaft oder durch Stecker lösbar miteinander verbunden. Das Anbringen der Spleisse und der Stecker ist mit entsprechenden Hilfsmitteln auch bei Monomodefasern feldmässig durchführbar. Schwieriger ist die Verbindung Faser - Wandler. Hier hilft oft der Hersteller der Dioden, indem ein kurzes LWL-Stück (pigtail) bereits am Halbleiter angebracht ist. Als Einfügungsdämpfung muss bei Spleissen mit 0.1 bis 0.5 dB und bei Steckern mit 0.5 bis 1 dB gerechnet werden.

Bei häufig zu lösenden Steckern weitet man manchmal mit einer Linse den Lichtstrahl auf und konzentriert ihn im Gegenstück wieder. Ein Schmutzfleck auf der Kontaktfläche bewirkt dann lediglich einen Dämpfungsanstieg und kappt nicht gleich die Verbindung.

5.6.3.3 Elektrisch-optische Wandler

Als Sende-Elemente kommen im Moment zwei Bauteile in Frage: die Leuchtdiode (LED) und die Laserdiode (LD). Tabelle 5.9 stellt die Eigenschaften dieser Bauteile einander gegenüber, mit + und – wird der jeweilige Gewinner bzw. Verlierer bezeichnet.

Bei LD und LED moduliert man die Lichtintensität durch Variation des Vorwärtsstromes. Dabei zeigen diese Bauteile unterschiedliche Eigenschaften:

- LED: die Modulationskennlinie ist nichtlinear, was bei analogen Signalübertragungen zu Verzerrungen führt (Klirrfaktor). Falls die Bandbreite des Nachrichtensignales nicht zu gross ist, führt man deshalb zuerst eine Vormodulation in Form der RFM, PFM usw. aus (Bild 3.36) und legt so die Information in die Zeitachse des Signales.

- LD: die Kennlinie weist einen Knick auf, über diesem Schwellstrom beginnt erst der eigentliche Laserbetrieb (stimulierte Emission) mit einer ziemlich linearen Kennlinie. Damit sind sogar analoge FDM-Übertragungen möglich, was man bei Kabelfernsehverteilnetzen ausnutzt.

Tabelle 5.9 Gegenüberstellung von LED (Leuchtdiode) und LD (Laserdiode)

LED	Kriterium, Eigenschaft	LD
−	Lichtleistung	+
−	spektrale Breite (→ Materialdispersion)	+
−	Ankopplung an Faser (kleine räumliche Strahlungskeule)	+
−	Modulationsbandbreite	+
+	Schaltungsaufwand	−
+	Lebensdauer	−
+	Gefährlichkeit für das Auge (starker unsichtbarer IR-Strahl!)	−
+	Preis	−

Als Empfangselemente kommen ebenfalls zwei Bauteile in Betracht, nämlich die Photodiode (PIN-Diode) und die Lawinenphotodiode (APD, avalanche photo diode). Beide Dioden werden in Sperrrichtung betrieben, der Sperrstrom variiert in Funktion der in die Sperrzone eindringenden Lichtmenge. Deshalb wird die Sperrzone zwischen den p- und n-Halbleitern verbreitert mit einer eigenleitenden i-Schicht (intrinsic), daher der Name PIN-Diode. Bei der APD tritt zudem noch eine Vervielfachung der Ladungsträger auf, was durch eine hohe Sperrspannung erreicht wird. Mit einem Transimpedanzverstärker wandelt man den signalabhängigen Sperrstrom in eine Spannung um. Tabelle 5.10 vergleicht die Empfangselemente.

Tabelle 5.10 Gegenüberstellung von PIN-Dioden und APD

PIN	Kriterium, Eigenschaft	APD
−	Empfindlichkeit	+
−	Bandbreite	+
+	Eigenrauschen	−
+	Schaltungsaufwand	−

Die APD werden zusehends von der PIN-Diode verdrängt, da letztere weniger rauscht und die Lichtleistung nicht das limitierende Kriterium ist. Systemrauschen und Systemlinearität werden also durch die Senderseite bestimmt.

5.6.3.4 Optische Strecken

Aus den Tabellen 5.9 und 5.10 folgt:

- Die LD wird vorzugsweise bei grossen Distanzen und hohen Datenraten eingesetzt. Am besten wird sie mit der Monomodefaser kombiniert.
- Die Kombination LED-Monomodefaser ist nicht sinnvoll, da man die ohnehin geringe Lichtleistung nur schlecht einkoppeln kann.

Die Tabelle 5.11 gibt sinnvolle Kombinationen von Sender, Faser und Empfänger an. Die Ausdrücke schmalbandig, breitbandig und kurz bzw. lang sind bewusst nicht spezifiziert, da sich die technologischen Grenzen ständig ändern. Für Weitdistanzübertragungen und für Kabelfernsehverteilanlagen (CATV, cable television) werden nur Monomodefasern eingesetzt. LAN's (local area networks) arbeiten zum Teil noch mit Gradientenfasern.

Tabelle 5.11 Sinnvolle Kombinationen von Komponenten zur optischen Übertragung

	schmalbandige Signale	breitbandige Signale
kurze Distanzen	LED - Gradientenfaser - PIN	LD - Gradientenfaser - PIN/APD
weite Distanzen	LD - Gradientenfaser - PIN/APD	LD - Monomodefaser - PIN/APD

Das Leistungsbudget einer optischen Übertragung stellt man gleich auf wie bei Mikrowellenlinks, Gleichung (5.22). Statt der Freiraumdämpfung setzt man die Dämpfung der Faser ein und addiert die bereits erwähnten Spleiss- und Steckerdämpfungen. Antennengewinn gibt es bei faseroptischer Übertragung natürlich nicht, hingegen einen Wirkungsgrad der Lichteinkopplung in den LWL.

5.6.3.5 Modulation und Multiplexierung

Verglichen mit den mehreren THz Breite eines optischen Fensters sind die Bandbreiten der heutigen Nachrichtensignale lächerlich. Aus der Sicht des LWL ist die optische Übertragung also eine ausgesprochene Schmalbandübertragung, obwohl man stets von Breitbandübertragung spricht. Ausschlaggebend ist nämlich die relative Bandbreite, d.h. die Bandbreite des Signals im Verhältnis zur Trägerfrequenz. Bei 200 THz Trägerfrequenz ist aber alles technisch Übliche schmalbandig.

Das Licht kann (vorerst) einzig in seiner Intensität moduliert werden. Man spricht von IM, was dasselbe ist wie AM. Diese Modulation kann analog (kontinuierlich) oder digital (diskret) erfolgen.

Bei analoger Modulation muss man den Klirrfaktor und die Temperaturdrift v.a. der Sende-diode berücksichtigen. Deshalb benutzt man gerne die schon erwähnte Vormodulation (Subcar-rier-Modulation).

Die digitalen Modulationsverfahren arbeiten mit Lichtpulsen und Zeitmultiplex (TDM). Am Sendedioden-Eingang bzw. am Empfangsdioden-Ausgang erscheinen normale Basisbandsi-gnale wie sie im Kapitel 2 besprochen wurden. Diese Intensitätsmodulation ist eine ASK des Lichtes. Bei LED als Modulatoren setzt man den Modulationsgrad $m = 1$ ist (on-off-keying, OOK). Bei Laserdioden hingegen ist $m \approx 0.9$, damit die Laserdiode stets im Laser-Modus bleibt (bei schwachem Vorwärtsstrom verhält sich die Laserdiode wie eine LED).

Die Bitfehler treten v.a. aufgrund von Gauss'schem Rauschen auf. Dies im Gegensatz zu Funk-verbindungen, wo häufig burstartige Störungen der Hauptfeind sind. Braucht man eine Ka-nalcodierung, so wählt man bei LWL-Systemen darum zweckmässigerweise einen Faltungs-code.

Im Moment sind Systeme mit 10 GBit/s Datenrate im Einsatz und an 40 GBit/s wird in den Labors gearbeitet. Dabei wird nur eine Lichtwellenlänge benutzt. Die Faser ist besser ausge-nutzt, wenn man gleichzeitig mehrere Wellenlängen („Farben") benutzt, man nennt dies WDM (wavelength division multiplex). Dies ist dasselbe wie FDM, jedoch spricht man in der Optik lieber von Wellenlängen als von Frequenzen. Der Abstand der einzelnen Träger orientiert sich an der Bandbreite eines einzelnen Nachrichtensignales sowie an Normen der ITU-T. Z.B. reali-siert man Systeme mit 16 mal 10 Gbit/s oder mit 32 mal 5 Gbit/s. WDM ist nur möglich mit Laserdioden, da nur diese das notwendige schmale Spektrum aufweisen. Die einzelnen Träger sind dabei mit TDM-Signalen moduliert. Es besteht also eine Verwandtschaft zum OFDM-Verfahren, Abschnitt 3.4.6.

Beim Übergang von einem Single-Carrier-System zu einem WDM-System muss man lediglich die elektronische Ausrüstung ersetzen, die Faser selber ist weiterhin verwendbar.

Über eine Standard-Mono-Mode-Faser kann man heute pro Träger 10 GBit/s über eine Distanz von 100 km übertragen. Lange Distanzen werden mit Repeatern realisiert, die (noch) im elek-trischen Bereich arbeiten und alle 50 bis 100 km eingeschlauft werden. Für Spezialfälle, z.B. zur Überbrückung der Meere, werden auch bereits optische Verstärker eingesetzt.

Diese optischen Verstärker basieren auf erbiumdotierten Faserstücken (EDFA, erbium-doped fibre amplifiers) und bieten physikalisch bedingt eine Bandbreite von 5 THz, also nur 10% der Bandbreite der Faser. Glücklicherweise arbeiten die EDFA aber im dämpfungsärmsten dritten optischen Fenster. Zur Kompensation der „schmalen" Bandbreite versucht man, die Abstände der einzelnen Träger eines WDM-Signals möglichst klein zu machen, also die Anzahl der Träger in diesen 5 THz zu erhöhen. Ist der Trägerabstand 100 GHz oder kleiner, so spricht man von DWDM (dense WDM).

Im Moment erreicht man im Labor Datenraten von 10 TBit/s über 100 km Distanz über eine einzige Faser! Dabei werden 256 DWDM-Kanäle mit je 40 GBit/s auf die Faser gegeben. Mit einem zusätzlichen Overhead von 7 % für eine FEC-Kanalcodierung wurde die Bitfehlerquote von 10^{-4} um Zehnerpotenzen verbessert.

Für Duplexverbindungen benutzt man meistens zwei getrennte Fasern. Da die Ummantelung ohnehin der aufwändigste Teil des LWL ist, werden oft zahlreiche Fasern in einen gemeinsa-men Mantel eingebettet. Es stehen also meistens Fasern zur Verfügung.

Mit nur einer einzigen Faser sind ebenfalls Duplexverbindungen möglich. Die Richtungstren-nung erfolgt mit optischen Filtern, d.h. eine Richtung benutzt 1.30 µm und die andere Richtung z.B. 1.55 µm (FDD = frequency division duplexing). Ersetzt man die Farbfilter durch semi-permeable Spiegel, so lässt sich auch das Ping-Pong-System anwenden.

5.6.3.6 Zukunftsaussichten

Die durch die Rayleigh-Streuung bestimmte theoretische Grenze der Faserdämpfung ist schon fast erreicht, Bild 5.70. In der Praxis wurden schon Dämpfungen von 0.22 dB/km realisiert. Da die mögliche Maximallänge einer Faser durch die Dispersion bestimmt wird, forscht man in diese Richtung. Man untersucht z.B. spezielle Pulsformen, sog. *Solitons*, die immun gegenüber Dispersion sind. Der Repeaterabstand lässt sich damit auf einige 1000 km erhöhen.

In den Labors arbeitet man an weiteren optischen Komponenten wie Repeater, Schalter, Mischer usw. Endziel ist das volloptische Netz, d.h. eine kohärente optische Übertragung, kombiniert mit optischer Vermittlung usw. Die WDM-Technik ist eine Voraussetzung für solche Netze, die nochmals einen gewaltigen Quantensprung in der Datenrate bringen werden.

5.6.4 Neue Konzepte für den Local Loop

Jahrzehntelang verstand man unter Telekommunikation fast nur die Sprachübertragung über das Telefonnetz. Dazu wurden die Wohnungen und Büros mit Kupferleitungen erschlossen und die Weitdistanzübertragung mit Multiplexverbindungen und Vermittlern kostengünstig realisiert, Bild 1.49.

Mittlerweile sind die Benutzer bedeutend anspruchsvoller geworden und verlangen weitere Dienste. Damit wandelt sich aber auch die Anforderung an das Übertragungsnetz, Tabelle 5.12. Dabei ist noch nichts darüber ausgesagt, ob diese Dienste vom mobilen oder stationären Teilnehmer in Anspruch genommen werden.

Tabelle 5.12 Verschiedene Dienste der Telekommunikation

Dienst	Anwendungsbeispiel	Technische Anforderung
Sprache	Telefon	tiefe Bitrate, Duplex, Echtzeit
Rundfunk	Radio / TV	breitbandig, nur in einer Richtung, Echtzeit
Daten	E-Mail File-Transfer	tiefe Bitrate, keine Echtzeit variable Bitrate, keine Echtzeit
Multimedia	Internet mit Audio- und Video-Applikationen	eine Richtung mit hoher Bitrate, Gegenrichtung mit kleiner Bitrate, je nach Anwendung Echtzeit
Zweiweg-Multimedia	Videokonferenzen	beide Richtungen mit hoher Bitrate in Echtzeit

Während innerhalb des Netzbereiches die explodierenden Bedürfnisse an Datenraten mit Glasfaser- und Satellitentechnik, Multiplexierung und Vermittlung mit bezahlbarem Aufwand stillbar sind, präsentiert sich die Situation im Netzzugang, also im local loop, ganz anders. Bei einer leitergebundenen Übertragung entstehen die Kosten nur zum kleinen Teil durch das Medium selber. Den grössten Teil frisst die Installation der Leiter, also die Grab-, Löt-, Spleiss- und Unterhaltsarbeiten. Aus diesem Grund stecken zwei Drittel der Kosten des Telefonnetzes in diesem fein verästelten Teilnehmerbereich.

Im heute deregulierten Telekommunikationsmarkt haben die neuen Konkurrenten der ehemaligen Monopolgesellschaften damit zu kämpfen, dass sie weder einen local loop besitzen noch wegen der Kosten einen zweiten installieren können. Entsprechend erbittert wurden die Verhandlungen um die Mitbenutzungstarife des Teilnehmerbereiches geführt.

Die Kupferleitungen des local loops (last mile) waren gedacht für Basisband-Sprachübertragungen über Distanzen bis maximal 8 km. Diese Leitungen sind nicht ohne weiteres in der Lage, digitale Dienste mit den entsprechenden Anforderungen an die Datenrate zu ermöglichen. Folgende Konzepte sollen Abhilfe bringen:

- Modems: Die Anschlusszentrale in Bild 1.49 digitalisiert das ankommende Signal, damit es mit TDM kostengünstig übertragbar ist. Aus diesem Grund wird das Signal mit einem Anti-Aliasing-Filter auf den Norm-Sprachkanal von 3.1 kHz Bandbreite beschränkt, Bild 1.53. Mit Modems kann man diesen BP-Kanal für digitale Übertragungen benutzen, heutige Geräte arbeiten mit 56 kBit/s. Da die Baudrate beschränkt ist, müssen diese Modems mit einer mehrwertigen Modulation wie QAM arbeiten.

- ISDN (Abschnitt 6.4.2): die Digitalisierung wird an den Ort des Endgerätes verlegt. Die Elektronikschaltung in der Anschlusszentrale wird ersetzt durch einen digitalen Teilnehmeranschluss. Damit wird die Bandbreite des local loops nicht mehr durch das Anti-Aliasing-Filter begrenzt, sondern durch den Frequenzgang des Kupferkabels selber. Die Übertragungsleistung beträgt bei ISDN 144 kBit/s.

- HDSL/ADSL: Diese Abkürzungen bedeuten *high speed digital subscriber line* bzw. *asymetrical digital subscriber line*. Es handelt sich um ausgeklügelte Modulationsverfahren, die die Kanalkapazität der alten Kupferkabel besser ausnutzen. HDSL gestattet 2 MBit/s im Duplexbetrieb über einige Kilometer Distanz ohne Repeater, während ADSL in eine Richtung mit 8 MBit/s und in der Gegenrichtung mit 128 kBit/s arbeitet. Eine genauere Beschreibung folgt weiter unten.

- CATV: Die Antennenwälder auf den Hausdächern wurden eliminiert, indem man die Wohnungen mit Koaxialkabeln erschloss. Dank der Kapazität dieser Kanäle wurde das Angebot erweitert auf 60 TV-Programme und zahlreiche Radioprogramme. Einzelne dieser Kanäle benutzt man jetzt für Datenverkehr anstelle von Fernsehprogrammen. Die Gegenrichtung realisiert man über das normale Telefonnetz oder ebenfalls über das CATV-Netz.

- LWL: Eine komfortable aber ziemlich unbezahlbare Lösung wäre, in jede Wohnung und in jedes Büro eine Glasfaser zu verlegen (FITL, fibre in the loop oder FTTH, fibre to the home). Man behilft sich mit Teillösungen: FTTB (fibre to the building) und FTTC (fibre to the curb).

- PLC (powerline communication), Datentransport über die elektrische Energiezufuhr: Mit der Starkstromverdrahtung besteht im Prinzip ein zweites, weit verzweigtes Kupfernetz, in dem allerdings die Transformatoren im Wege stehen. Trotzdem lassen sich einige MBit/s übertragen.

- Wireless Local Loop: eine drahtlose Erschliessung der Teilnehmer (RITL, radio in the loop) ist billiger als die Installation neuer Kabel. Auf der anderen Seite stehen das jetzt schon überlastete Radiospektrum und die Problematik des Elektrosmogs. Die drahtlose Lösung muss darum auf der Zellularfunktechnik basieren (Abschnitt 6.5.2) und mit Mikrozellen arbeiten, damit die benutzten Sendeleistungen minimal werden.

Für HDSL sind zwei Verfahren gebräuchlich, nämlich Basisbandübertragung mit dem 2B1Q-Leitungscode und eine digitale Modulation mit CAP (carrierless AM/PM, entspricht der APSK oder der QAM). Die Schwierigkeit besteht in der mit der Frequenz steigenden Leitungsdämpfung, dem Übersprechen und den Echos. Beide Varianten benötigen darum Entzerrer und Kanalcodierung.

ADSL wird ebenfalls in zwei Varianten praktiziert, nämlich mit CAP und mit DMT (discrete multi-tone, dies ist nichts anderes als das im Abschnitt 3.4.6 beschriebene OFDM-Verfahren). Der Trend verschiebt sich in Richtung DMT, das den Frequenzbereich bis 1.1 MHz mit 256 Subträgern mit je 4.3 kHz Bandbreite belegt. Die 225 oberen Kanäle sind dem downlink zugeordnet und transportieren je 35.5 kBit/s mit QAM. Dies entspricht etwa dem, was ein modernes Telefonmodem im Bereich 300 Hz ... 3.1 kHz bewerkstelligt. Die Wertigkeit der QAM-Modulation der einzelnen Subträger wird den Dämpfungs- und Reflexionsverhältnissen angepasst und adaptiv eingestellt. Für den uplink benutzt man die unteren Kanäle, wobei der Bereich bis 20 kHz freigelassen wird. Mit passiven Filtern wird dieser unterste Bereich abgetrennt und für das normale Telefon benutzt (POTS, plaine old telephone service). Dank der passiven Filter funktioniert dies auch dann noch, wenn der ADSL-Teil wegen einem Defekt lahmgelegt ist. Als Kanalcodierung benutzt man einen Reed-Solomon-Code, wahlweise kann man diesen mit einem Interleaving ergänzen.

Da die Entwicklung noch in schnellem Gange ist und laufend neue Produkte erscheinen, benötigt man noch Namen. Allgemein nennt man die effiziente digitale Ausnutzung des local loops xDSL. Dabei ist x Platzhalter für ein H (high speed), A (asymmetrical), S (symmetrical), V (very high speed) oder RA (rate adaptive). Mit VHDSL sollen 34 MBit/s über ca. 2 km übertragen werden. Diese Datenrate entspricht der von der ITU-T genormten E3-Multiplexhierarchie, während HDSL ein E1-Bündel übertragen kann, vgl. Abschnitt 6.3.2.2.

Die xDSL- und PLC-Verfahren sind nicht unumstritten. Da die Medien aus nicht abgeschirmten Leitungen bestehen und diese mit Digitalsignalen im MBit/s-Bereich beschickt werden, resultiert ein beträchtlicher sog. Störnebel über den gesamten Lang-, Mittel- und Kurzwellenbereich. Dies dürfte den Radioempfang in diesen Wellenbereichen massiv beeinträchtigen.

5.6.5 Zusammenfassung

Bild 5.71 zeigt eine Gegenüberstellung der leitergebundenen Übertragungsmedien. Die angegebenen Datenraten und Distanzen sind lediglich als Richtwerte aufzufassen, in den Entwicklungslabors werden diese Daten bereits übertroffen.

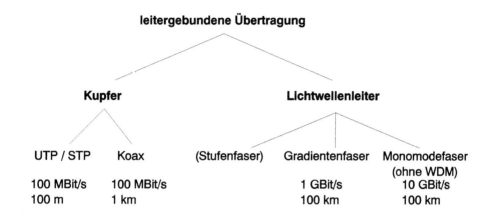

Bild 5.71 Zusammenfassung der leitergebundenen Übertragung

Zum Schluss noch ein lustiges Gedankenspiel, das die obigen eindrücklichen Datenraten in einen andern Zusammenhang stellt. Die Idee dazu stammt aus [Tan97].

Wie leistungsfähig ist eine Datenübertragung, wenn die Information magnetisch gespeichert und danach der Speicher transportiert wird?

Wir betrachten ein Videoband mit 240 Minuten Aufnahmedauer. Nach Tabelle 1.4 beträgt die Datenrate 216 MBit/s. Vorsichtshalber rechnen wir mit einer Bandbreite von 5 MHz und einem Rauschabstand von nur 40 dB, was nach Gleichung (1.18) eine Datenrate von etwa 66.7 MBit/s ergibt. Ein einziges Videoband speichert demnach etwa 1 TBit.

Das Band hat etwa die Abmessungen 19·10.5·3 cm. In eine Kiste mit der Grösse 40·22·30 cm passen demnach 40 Bänder und 5 solche Kisten kann man bequem in einen Personenwagen verstauen. Diese 200 Bänder speichern 200 TBit.

Nun werden die Kisten in 2 Stunden durch einen Kurier über 100 km transportiert. Es ergibt sich dadurch eine Datenrate von etwa 28 GBit/s. Die Monomodefaser wird damit in den Schatten gestellt, auch punkto Kosten!

> *Man betreibt also den ganzen Aufwand der Nachrichtentechnik erst in zweiter Linie mit dem Ziel, die Datenrate zu erhöhen. Primär geht es darum, die Verzögerungszeit zu verkleinern!*

6 Nachrichtennetze

Die Einführung zu diesem Kapitel wurde bereits mit dem Abschnitt 1.1.10 vorweggenommen. Es sei hier nochmals darauf hingewiesen, dass sich die Technik der Nachrichtennetze zu einer eigenständigen Disziplin entwickelt hat. Dieses Buch befasst sich zu 80 % mit der Übertragungstechnik und zu 20 % mit Netzen. Genausogut könnte man die umgekehrte Gewichtung der Stoffgebiete vornehmen. Dieses Kapitel bietet also lediglich eine Einführung in die Nachrichtennetze, ein vertieftes Studium z.B. mit [Pet00], [Hal96], [Sta97] oder [Tan97] ist wärmstens empfohlen.

6.1 Das OSI-Modell

In einem Nachrichtennetz sind zahlreiche und völlig unterschiedliche Aufgaben zu lösen. Dies birgt drei Gefahren:

- Man sieht vor lauter Bäumen den Wald nicht mehr.

- Man redet aneinander vorbei, indem man nicht dasselbe meint wie der Gesprächspartner, dies aber nicht merkt.

- Die Geräte verschiedener Hersteller können nicht miteinander kommunizieren.

Angesichts dieser Problematik ist es notwendig, die Komplexität zu reduzieren auf verdaubare Häppchen und eine gemeinsame Sprache zu sprechen. Genau dies ist das Ziel des OSI-Modells. Das Vorgehen entspricht exakt demjenigen, das im Abschnitt 1.1.5 eingeführt wurde: das System „Netz" wird unterteilt in Subsysteme. Diese Subsysteme heissen in der Sprache des OSI-Modells *Schichten* (engl. *layer*). OSI bedeutet *open systems interconnection* (Kommunikation in offenen Systemen). Das Modell wurde entwickelt von der ISO (international standards organization). Man findet darum auch Namen wie ISO-OSI-Modell, ISO-Modell sowie alle vorstellbaren Permutationen. Referenzmodell ist eine ebenfalls häufig anzutreffende Bezeichnung.

Die Idee des OSI-Modells soll an einem Beispiel aus [Tan97] demonstriert werden. Zwei Philosophen aus Afrika bzw. Indien möchten von ihrem jeweiligen Zuhause aus miteinander über den Sinn des Lebens debattieren. Sie engagieren dazu zwei Übersetzer, die neben der jeweiligen Landessprache noch Englisch beherrschen und zwei Funker. Das Blockschaltbild dieser Verbindung zeigt Bild 6.1.

Die Philosophen kommunizieren inhaltlich miteinander (virtuelle Verbindung), physikalisch sprechen Sie jedoch mit ihren Übersetzern. Dasselbe gilt für letztere: in Tat und Wahrheit sprechen Sie mit den Funkern. Die physikalischen Verbindungen laufen also vertikal, ausser auf der untersten Schicht, wo die eigentliche Distanz überbrückt wird. Die logischen Verbindungen laufen stets horizontal, es sprechen stets gleichartige Partner miteinander. Beim Telefonieren spricht man zwar in das Mikrofon, aber nicht mit dem Mikrofon.

Wesentlich an diesem Schichtenmodell ist, dass sich nur die jeweiligen Schichten auf gleicher Höhe verstehen müssen und dass die Schnittstellen zu den oberen bzw. unteren Schichten klar definiert sind und dass diese Definitionen eingehalten werden.

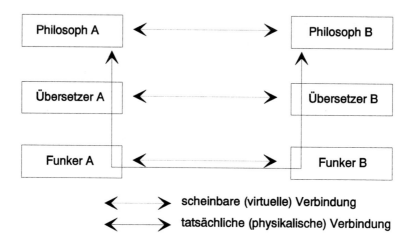

Bild 6.1 Vereinfachte Analogie zum OSI-Modell

Die Übersetzer müssen eine gemeinsame Sprache sprechen. Sie dürfen aber ohne Rücksprache mit den Philosophen oder Funkern Französisch statt Englisch benutzen. Ebenso dürfen die Funker in eigener Regie von einer Kurzwellenverbindung auf einen Satellitenlink wechseln.

Man spricht deshalb oft von einem *Dienst*, den eine Schicht von der darunterliegenden Schicht in Anspruch nimmt bzw. der darüberliegenden Schicht anbietet. Im Bild 6.1 bietet die unterste Schicht z.B. eine Weitdistanzübertragung an. Die mittlere Schicht nimmt diesen Dienst in Anspruch für eine Übertragung in Englisch. Der obersten Schicht wird hingegen eine Übertragung in der jeweiligen Landessprache angeboten.

Das OSI-Modell hat sieben Schichten, Bild 6.2. Jede Schicht spricht mit der gleich hohen Schicht des Partners mit vereinbarten Regeln, einem *Protokoll*. Die Gesamtheit aller Protokolle einer Verbindung heisst *Protokollstack*. Mit Ausnahme der untersten Schicht können alle Funktionen auch mit Software erfüllt werden. Ein Protokollstack ist also oft nichts anderes als eine Ansammlung von Programmen. In einem konkreten Netz können Schichten einfach fehlen, falls ihre Funktionen nicht benötigt werden.

Die traditionelle Domäne der Elektroingenieure ist die Bitübertragungsschicht. Von dort arbeiten sie sich nach oben, während die Informatiker von der Anwendungsschicht her kommen und sich nach unten durchkämpfen. In der mittleren Region trifft man sich.

Die *Bitübertragungsschicht* bewerkstelligt die eigentliche Übertragung, sie stellt eine ungesicherte Verbindung von A nach B zur Verfügung. Hier muss Klarheit herrschen über Modulationsarten, Trägerfrequenzen, Bit- und Symbolraten usw. Hier treten verschiedene Symbolformen auf, während in allen andern Schichten mit Rechteckpulsen gearbeitet wird. Das eigentliche Medium (Koaxialkabel, Lichtwellenleiter usw.) wird nicht mehr zu den sieben Schichten gezählt. Die Kapitel 2, 3 und 5 dieses Buches befassen sich ausführlich mit der Bitübertragungsschicht, weitere Erläuterungen sind gar nicht mehr notwendig.

Die *Sicherungsschicht* hat mehrere Aufgaben zu erfüllen:

• Umwandeln der ungesicherten Übertragung der Bitübertragungsschicht in eine gesicherte Übertragung. Dies erfolgt mit einer Kanalcodierung und wurde im Abschnitt 4.3 bereits hinlänglich besprochen. Sehr häufig wird die dort erwähnte CRC-Codierung zusammen mit einem ARQ-Protokoll (automatic repeat request, das automatisierte „Wie bitte?") benutzt.

Erfolgt diese Kanalcodierung etappenweise zwischen zwei Knoten, so ist die Sicherung in der Schicht 2 angegliedert. Erfolgt diese Kanalcodierung jedoch End-zu-End, so ist die Transportschicht dafür zuständig.

- Flusskontrolle: es muss verhindert werden, dass eine schnelle Quelle eine langsame Senke überfüllt und so Daten verloren gehen. Dies geschieht oft kombiniert mit dem ARQ-Protokoll. In Datennetzen werden die Daten meistens paketweise übertragen und jedes Paket quittiert. Bei einem Netz mit vielen Knoten führt dies dazu, dass der zeitliche Abstand zwischen zwei Paketen gross wird, weil der Sender jeweils auf die Quittung des vorherigen Paketes warten muss. Besser ist das sog. *pipelining*, bei dem der Sender z.B. 10 unbestätigte Pakete absenden darf. Je nach Ausgefeiltheit des Protokolls repetiert der Sender nach einer Fehlermeldung alle Pakete ab dem fehlerhaften (go back n - ARQ) oder nur das fehlerhafte (selective repeat). Der Empfänger benötigt im zweiten Fall einen Zwischenspeicher, um die Pakete in der korrekten Reihenfolge dem darüberliegenden Layer zu übergeben.

- Vielfachzugriff (media access, MAC-Teilschicht): in Broadcastnetzen steht nur ein einziger Kanal für alle Teilnehmer zur Verfügung, was zu Konflikten führt. Die MAC-Teilschicht regelt diese Fälle (Abschnitt 6.2.1).

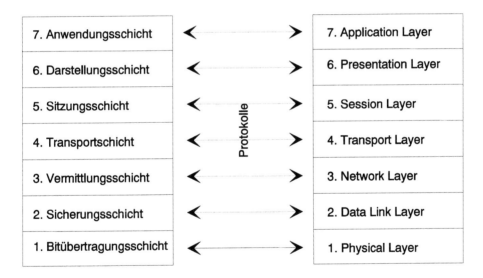

Bild 6.2 Die sieben Schichten des OSI-Modells

Die *Vermittlungsschicht* baut aus mehreren Punkt-Punkt-Verbindungen eine Verbindung durch ein Netz. Konkret bedeutet dies Vermittlung (Abschnitt 6.3.1), Multiplexierung (Abschnitt 6.3.2) und Wegesuche (*Routing*) (Abschnitt 6.3.3).

Die *Transportschicht* ist die erste Instanz, die sich mit der End-zu-End Verbindung befasst. Hierzu gehören Verbindungsaufbau, Datensegmentierung, End-zu-End-Fehlerkontrolle, End-zu-End-Fluss-Kontrolle usw. Oftmals wechselt beim Übergang von der Vermittlungs- zur Transportschicht auch die Zuständigkeit vom Netzbetreiber zum Netzbenutzer. Die Aufgabe der Transportschicht ist es, den Anwendern einen einfach zu benutzenden, effizienten, zuver-

lässigen und kostengünstigen Service anzubieten und sie dabei vor den Details und Unzulänglichkeiten der unteren Schichten abzuschirmen. Die Transportschicht wählt das Übertragungs-
netz aus, falls überhaupt Alternativen zur Verfügung stehen. Sie bringt die Pakete wieder in die
korrekte Reihenfolge, falls diese durch das Netz verändert wurde (bei der Paketvermittlung mit
Datagrammen kann dies der Fall sein, Abschnitt 6.3.1.2).

Die Transportschicht kann eine Nutzverbindung (logische Verbindung) auf mehrere physikali-
sche Verbindungen aufteilen, damit der Durchsatz steigt. Dies ist ein Down-Multiplexen wie in
Bild 1.38 unten. Umgekehrt kann sie mehrere parallele logische Verbindungen in eine einzige
Verbindung multiplexen, um Kosten zu sparen. Häufig werden in Virtual Circuit-Netzen (Ab-
schnitt 6.3.1.2) nämlich nicht nur die übertragenen Bytes, sondern auch die Anzahl virtueller
Verbindungen verrechnet, denn letztere binden Resourcen in Form von Speicherplatz in den
Routern.

Die *Sitzungsschicht* eröffnet, überwacht und beendet eine Session.

Die *Darstellungsschicht* übernimmt die Syntax- und Formatanpassung. Dies beinhaltet auch
Quellencodierung (Abschnitt 4.1) und End-zu-End-Chiffrierung (Abschnitt 4.2).

Die *Anwendungsschicht* schliesslich identifiziert den Partner, wählt Kommunikationsparameter
(Dienstgüten) und bietet grundlegende Dienste an wie File-Transfer, E-Mail usw.

Das folgende Beispiel einer Telefonverbindung soll die Übergabe der Kommunikation zwischen den einzelnen Schichten verdeutlichen. In Klammern ist die jeweilige Schicht angegeben. Bei einem betriebsbereiten Telefonapparat (physical layer) wird der Hörer abgenommen
und der Summton ertönt (data link layer). Darauf wird die Nummer eingestellt (network layer)
und ein Telefonoperateur einer Firma meldet sich (transport layer). Eine Person XY wird verlangt und man einigt sich auf eine Sprache („Do you speak english?") (presentation layer).
Danach kommt man endlich zur Sache (application layer).

Bild 6.3 zeigt die Interpretation im OSI-Modell für eine Verbindung von A nach B über einen
Repeater, der nach Bild 2.18 aufgebaut ist. Solche Repeater liegen *zwischen* den Knoten in
Bild 1.49.

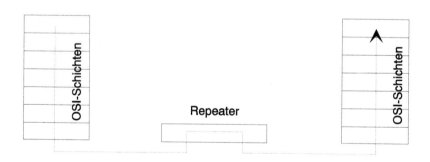

Bild 6.3 Verbindung über einen Repeater, dargestellt im OSI-Modell

Bewerkstelligt der Repeater zusätzlich eine Kanalcodierung, d.h. erfolgt die Fehlersicherung
etappenweise statt End-zu-End, so umfasst die Zwischenstation auch die Schicht 2. Diese
Schicht ist auch beteiligt, wenn verschiedene LANs zusammengekoppelt werden. Diese Zwischenstation heisst *Bridge*, Bild 6.4.

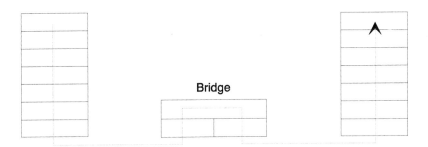

Bild 6.4 Verbindung über eine Bridge, dargestellt im OSI-Modell

Wird zusätzlich eine Vermittlungsfunktion wahrgenommen, so umfasst die Zwischenstation drei Schichten und heisst *Router*, Bild 6.5. Die Knoten in Bild 1.49 sind z.B. solche Router.

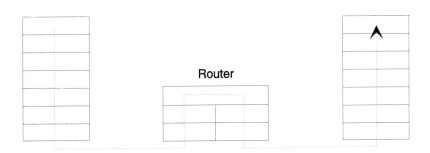

Bild 6.5 Verbindung über einen Router, dargestellt im OSI-Modell

Ein *Gateway* schliesslich ist eine Zwischenstation, die zusätzlich zum Router noch eine Protokollkonversion vornehmen kann. Unterschiedliche Netze werden über Gateways zusammengekoppelt. Dabei sind weitere Schichten als in Bild 6.5 involviert.

Es wurde bereits erwähnt, dass jede Schicht von der jeweils darunterliegenden Schicht einen Dienst in Anspruch nimmt und der jeweils darüberliegenden Schicht einen andern, verbesserten Dienst anbietet. Die Übergabestellen (Schnittstellen) heissen SAP (*service access point*). Wenn eine Schicht aber die Veredelung eines Dienstes bewerkstelligen soll, braucht sie dazu Resourcen, in diesem Falle Bandbreite. Diese Bandbreite wird investiert in einen schichtspezifischen Overhead, also zusätzlichen Bits. Dieser Overhead wird benötigt für die Abwicklung des schichtspezifischen Protokolls. Bild 6.6 zeigt den Aufbau der Datenpakete von Schicht 4 nach unten. Nach oben geht es nach demselben Prinzip weiter.

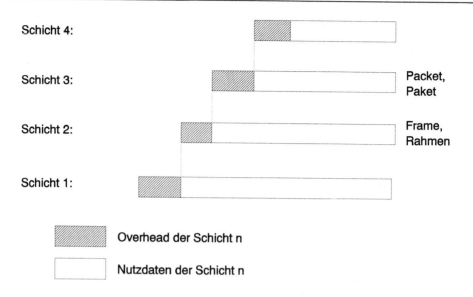

Schicht 4:

Schicht 3:   Packet,
                                                                                     Paket

Schicht 2:   Frame,
                                                                                     Rahmen

Schicht 1:

▨ Overhead der Schicht n

☐ Nutzdaten der Schicht n

Bild 6.6 Jede Schicht benötigt für die Erfüllung ihrer Aufgabe einen Overhead

Der Overhead der Schicht 3 enthält Adressinformationen und Multiplexrahmen, im Overhead der Schicht 2 ist die Redundanz der Kanalcodierung enthalten und der Overhead der Schicht 1 beinhaltet z.B. Synchronisationsworte für den Taktregenerator des Empfängers und Trainingssequenzen für den Entzerrer des Empfängers. In der Praxis kann der Overhead aufgeteilt werden in zwei Blöcke (Header und Trailer), dies ist lediglich eine Frage der Normung. Zudem können die Schichten selber Datenpakete generieren, die sie für ihre eigenen Zwecke benötigen. So kann z.B. die Schicht 3 Pakete als Pfadfinder aussenden, um Informationen über die optimale Wegwahl (Routing) zu erhalten. Die Overheads aller Schichten zusammen können durchaus 50 % der auf der Schicht 1 übertragenen Datenmenge ausmachen.

Die Geschichte der Netze ist geprägt durch einen Wildwuchs von Normen, da verschiedene Grossfirmen jeweils versuchten, ihre eigene Entwicklung zur Norm zu erheben. Es ist klar, dass für verschiedene Anwendungszwecke auch verschiedene Netztechnologien angewendet werden. Viele Teilaspekte wären jedoch einheitlich lösbar, leider wurde aber diese Chance verpasst. Das OSI-Modell ist der Versuch, wenigstens eine gemeinsame Sprache zu finden.

Das OSI-Modell erfreut sich grosser Kritik, wird aber trotzdem breit angewendet. Das Hauptproblem des Modells liegt darin, dass es auf die vermittelten Netze zugeschnitten ist. Die Teilaufgaben der Broadcast-Netze, wie sie im LAN-Bereich eingesetzt werden, können nur schlecht auf die Schichten des OSI-Modells abgebildet werden. Dies hat zur Folge, dass bei LANs die Schicht 2 völlig überladen ist, während die Schicht 3 untätig herumliegt. Mit der Schicht 5 weiss ohnehin niemand so recht etwas anzufangen. Trotz der berechtigten Kritik am OSI-Modell lohnt sich der Umgang damit, um wenigstens eine gemeinsame Sprache zu sprechen. Als Konkurrenz zum OSI-Modell existiert das TCP/IP-Referenzmodell (transmission control protocol / internet protocol), das nur 4 Schichten umfasst, Bild 6.7. Mit Internet ist hier nicht das Netz aller Netze gemeint, sondern eine Schicht im Modell.

Ein berühmtes Protokoll für die Transportschicht ist TCP (transmission control protocol), zusammen mit IP (internet protocol) ergibt sich das bekannte Gespann TCP/IP, das die UNIX-Welt beherrscht. TCP/IP ist das vom amerikanischen Verteidigungsministerium verlangte

Verfahren. Darauf (und nicht nur aufgrund seiner unbestrittenen Qualitäten) gründet die starke Verbreitung dieses Protokollstacks.

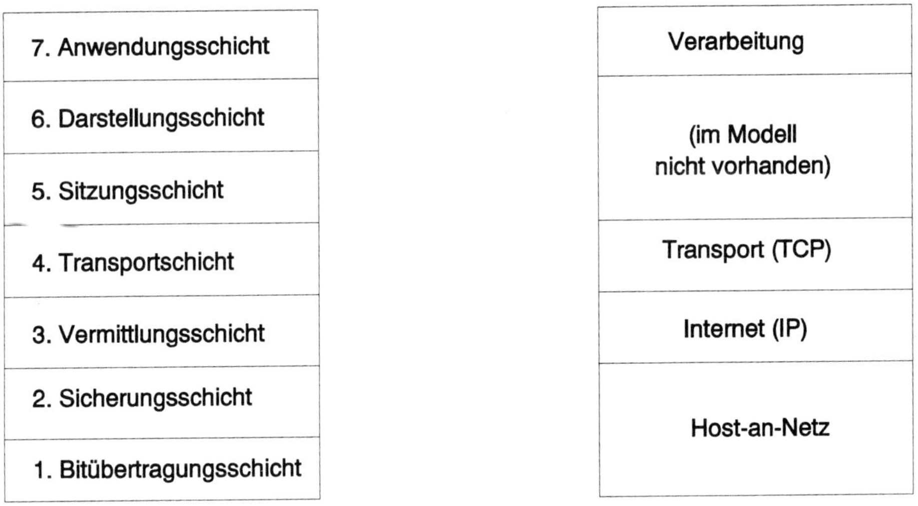

7. Anwendungsschicht	Verarbeitung
6. Darstellungsschicht	(im Modell nicht vorhanden)
5. Sitzungsschicht	
4. Transportschicht	Transport (TCP)
3. Vermittlungsschicht	Internet (IP)
2. Sicherungsschicht	Host-an-Netz
1. Bitübertragungsschicht	

Bild 6.7 Vergleich des OSI-Modells (links) mit dem TCP/IP-Modell (rechts)

6.2 Techniken für LAN und MAN

Bei LAN- und MAN-Netzen ist die Schicht 2 ziemlich belastet. Man unterteilt sie darum in zwei Teilschichten, nämlich LLC (logical link control) für Sicherung und Flusskontrolle und MAC (media access) für den Vielfachzugriff.

6.2.1 Vielfachzugriff (MAC-Teilschicht)

MAC ist die Abkürzung für *media access*. Vielfachzugriff ist ein Thema, das nur bei Broadcast-Netzen Bedeutung hat. Diese Netze haben nur einen gemeinsamen physikalischen Kanal, an den alle Benutzer angeschlossen sind. LANs wie Ethernet oder Token Ring arbeiten nach diesem Prinzip, aber auch Funknetze, insbesondere Satellitennetze, sind Broadcast-Netze. Eine Diskussionsrunde mit Personen ist ebenfalls ein Broadcast-Netz, weil alle denselben Kanal benutzen wollen, dies aber nicht gleichzeitig tun dürfen. Um Kollisionen zu vermeiden, braucht es irgendeine ordnende Instanz. Das kann z.B. Anstand sein, häufig wird ein Moderator benutzt, manchmal setzt sich auch die schiere Gewalt in Form von Lautstärke durch.

6.2.1.1 FDMA: Separierung auf der Frequenzachse

FDMA heisst *frequency division multiple access* und bedeutet, dass die Frequenzachse eines Kanals auf mehrere Teilnehmer aufgeteilt wird. FDMA ist damit ähnlich wie FDM (frequency division multiplex).

6.2.1.2 TDMA: Separierung auf der Zeitachse

Bei TDMA (*time division multiple access*) werden die konkurrierenden Kanalbenutzer durch Zeitschlitze separiert. Die dazu erforderliche Zeitsynchronisation zwischen den Stationen ist bei Netzen mit grosser Ausdehnung, z.B. Satellitennetzen, nicht so einfach auszuführen. Auf der andern Seite ist Schalten einfacher als Filtern, die Effizienz gegenüber FDMA ist höher.

Bei FDMA und TDMA besteht der grosse Nachteil darin, dass ein unbenutzter Frequenz- oder Zeitschlitz nicht einem andern Benutzer zur Verfügung gestellt wird, der Kanal also schlecht ausgenutzt wird. Bei FDM und TDM, also den Multiplexverfahren, wird mit einer Vermittlung dieser Nachteil vermieden. Bei der MAC-Problematik ist dies auch möglich, benötigt aber einen zusätzlichen Kanal. In einer Diskussionsrunde macht man dies z.B. dadurch, dass eine sprechwillige Person sich durch Handerheben bemerkbar macht. Bündelfunknetze (Abschnitt 6.5.3) arbeiten mit TDMA oder FDMA und einem speziellen Organisationskanal.

6.2.1.3 CDMA: Separierung durch Codes

CDMA (*code division multiple access*) gibt allen Benutzern gleichzeitig die ganze Bandbreite und unterteilt den Shannonwürfel in allen drei Achsen, Bild 1.36. Konkret ausgeführt wird dies mit einer Spread-Spectrum-Modulation (Abschnitt 5.3), wobei jeder Teilnehmer eine individuelle Spreizsequenz erhält, die zu allen andern im Netz benutzten Sequenzen orthogonal ist. Die Benutzerseparation besteht demnach in der Zuteilung der Sequenzen, einer rein organisatorischen Massnahme vor der Betriebsphase. Während dem Betrieb kann jeder Benutzer nach Belieben loslegen, solange die Kanalkapazität noch nicht erschöpft ist. Genau diese Eigenschaft, dass im Betrieb keinerlei Synchronisation zwischen verschiedenen Verbindungen erforderlich ist, macht CDMA für Satellitensysteme attraktiv.

Als Analogie kann man sich eine Cocktailparty vorstellen, bei der Diskussionen unter Paaren stattfinden [Tan97]. Bei TDMA stehen alle in der Mitte des Raumes, sprechen aber nacheinander. Bei FDMA sind die Paare im Raum verteilt und sprechen gleichzeitig. Bei CDMA stehen alle in der Mitte und sprechen gleichzeitig, aber ein Paar in Deutsch, eines in Englisch usw. Die fremden Gespräche werden dadurch lediglich als Hintergrundgeräusch wahrgenommen.

6.2.1.4 CSMA/CD: Separierung durch Wettbewerb

Ein sehr häufig eingesetztes Verfahren ist CSMA/CD (*carrier sense multiple access with collision detection*). Dabei hört jede sendewillige Station den Kanal ab und belegt ihn, sobald er frei zu sein scheint (carrier sense). Wegen der Ausbreitungsverzögerung im Kanal können aber trotzdem mehrere Stationen gleichzeitig mit Senden beginnen. Auf dem Datenbus werden dadurch die einzelnen Emissionen überlagert und dabei verstümmelt. Dies kann von den Stationen entdeckt werden (collision detection), worauf die Sendung gestoppt wird. Nun warten alle Stationen bis der Kanal frei ist und die nächste Karambolage findet statt. Um dies zu verhindern, hat jede Station einen Zufallstimer, der nach Freiwerden des Kanals gestartet wird. Ist der Timer abgelaufen und der Kanal immer noch frei, so darf die Station senden.

Bei Funknetzen ist keine collision detection möglich, da das eigene Sendesignal alle andern Signale bei weitem übertönt. Dort wird deshalb nur CSMA (carrier sense multiple access) angewandt. Eine Kollision wird dadurch festgestellt, dass das abgesandte Paket nicht quittiert wird. Danach probiert die Station nochmals. Ein zweiter Zähler (retry counter) überwacht die erfolglosen Verbindungen und hängt die Station vom Netz ab, wenn sein Stand zu hoch ist. Damit wird verhindert, dass in einem überlasteten Netz nur noch Kollisionen auftreten und keine erfolgreichen Datenpakete mehr übertragen werden.

6.2.1.5 Polling / DAMA: Separierung durch Moderation

CSMA funktioniert bestens, solange sich nicht zuviele Stationen um den Kanal balgen, d.h. so lange der Anteil an kollidierten Paketen tief bleibt. Bei hoher Kanalbelastung sinkt die Effizienz drastisch.

In diesem Fall ist Polling das bessere Verfahren. Dabei wird ein Moderator bestimmt, der nacheinander jede Station fragt, ob sie etwas zu sagen hat. Vorteilhaft dabei ist die garantierte Abfrage innerhalb einer Zeitspanne, während es bei CSMA unbestimmt lange dauern kann, bis eine Station zum Zuge kommt. Nachteilig ist bei kleiner Nachfrage die längere Wartezeit gegenüber CSMA. Dieser Nachteil kann mit DAMA (*demand assignment multiple access*) gemildert werden. Der Moderator fragt wiederum alle Stationen ab, merkt sich aber, ob eine Station stets keinen Bedarf meldet. Diese Station wird fortan seltener abgefragt. Bei Funknetzen über Relais übernimmt natürlich die Relaisstation die Rolle des Moderators. Spezielle Prozeduren erlauben die Neuaufnahme einer Station in ein Netz. Ein Abgang wird vom Moderator einfach entdeckt.

6.2.1.6 Token-Passing: Separierung durch Reservation

Ein Token ist eine Berechtigung zum Senden eines Datenpaketes. Dieses Token ist ein spezielles Bitmuster, das die Stationen unter sich herumreichen. Dazu müssen alle Stationen in einem logischen Ring angeordnet werden, d.h. jede Station muss ihren Nachfolger kennen. Physisch muss jedoch keine Ringstruktur vorliegen. Das Token wird weitergereicht, eine sendewillige Station nimmt es, setzt darin ein Besetzt-Flag, hängt sein Paket an und sendet es weiter. Die folgenden Stationen prüfen die Adresse und senden das Paket unbesehen weiter, falls es nicht für sie bestimmt ist. Der Adressat kopiert sich das Paket, schreibt eine Empfangsquittung in den Header und schickt das Paket ebenfalls weiter. Schliesslich gelangt es zum Sender zurück, der die Quittung zur Kenntnis nimmt, die Daten nochmals kontrollieren kann und das Token wieder freigibt.

Natürlich sind spezielle Massnahmen erforderlich, um eine Station neu in einen Ring aufzunehmen oder eine Station aus dem Ring zu entfernen. Ferner kann auch ein Token verloren gehen, z.B. wenn die Station, die es gerade besitzt, wegen eines Defektes ausfällt. Im Restnetz muss dann ein neues Token generiert werden.

Ähnlich wie beim Polling ist bei kleiner Kanalbelastung die Wartezeit unnötig hoch, dafür können für jeden Benutzer eine Mindestdatenrate und eine maximale Wartezeit garantiert werden.

6.2.2 Logical Link Control (LLC)

Die LLC-Teilschicht ist über der MAC-Teilschicht, die beiden bilden zusammen die Schicht 2 (link layer) des OSI-Modells. Die LLC-Teilschicht übernimmt die Fehlerkorrektur und die Fluss-Steuerung.

Ein auch für Weitdistanzübertragungen sehr häufig benutztes LLC-Protokoll ist das HDLC-Protokoll (*high-level data link control*). Unter anderem arbeiten alle X.25-Netze mit diesem Protokoll, es heisst dort LAPB (link access procedure, balanced). Ebenso wird dieses Protokoll im Steuerungskanal des ISDN benutzt, dort trägt es den Namen LAPD (link access procedure D channel). Bild 6.8 zeigt den HDLC-Rahmen.

Anzahl Bit: 8	8	8	>= 0	16	8
01111110	Adresse	Steuerung	Daten	Prüfsumme	01111110
(Rahmen)					(Rahmen)

Bild 6.8 HDLC-Rahmen

Der Rahmen ist unterteilt in Felder, deren Bedeutung nachstehend erläutert ist:

- *Rahmenerkennung:* Die Bitfolge 01111110 kennzeichnet eindeutig den Rahmen. Damit die Datenübertragung transparent ist, d.h. damit im Datenfeld jede beliebige Bitkombination inklusive die Folge 01111110 übertragen werden kann, wird das sog. Bitstopfen (*bitstuffing*) angewandt: Im von der Schicht 3 angelieferten Datenstrom wird prinzipiell nach 5 Einsen eine Null eingefügt. Der Empfänger entfernt prinzipiell nach fünf Einsen die folgende Null. Treten 6 Einsen in Folge auf, so kann es sich nur um einen Rahmen handeln.

- *Adresse:* Zugehörigkeit des Rahmens zu einer bestimmten Verbindung.

- *Steuerung:* Dieses Feld wird für Folgenummern, Bestätigungen usw. benutzt. Der Aufbau ist in Bild 6.9 gezeigt.

- *Daten:* Hier ist der von der Schicht 3 angelieferte Datenstrom enthalten, nötigenfalls segmentiert (d.h. unterteilt in einzelne Pakete) und gestopft. Der Inhalt ist frei, die Länge beliebig und nicht etwa an eine 8-Bit-Struktur gebunden.

- *Prüfsumme:* Checksumme einer CRC-Kanalcodierung.

- *Rahmenerkennung:* Dank Stopfung eindeutige Endmarke eines Rahmens. Falls mehrere Rahmen direkt hintereinander übertragen werden, genügt ein einziges Wort mit dem Muster 01111110 zur Trennung. In der Schicht 1 kann eine Leitungscodierung implementiert sein. Diese wandelt die Rahmenfolge 01111110 um in eine für den Taktregenerator des Empfängers günstigere Sequenz. Hier in der Schicht 2 werden jedoch die logischen und nicht die physikalischen Zustände betrachtet.

Das HDLC-Protokoll kennt drei Arten von Rahmen, die mit dem Feld „Steuerung" (8 Bit) unterschieden werden, Bild 6.9.

Anzahl Bit:	1		3	1	3
Informationsrahmen:	0		Seq	P/F	Next

	1	1	2	1	3
Überwachungsrahmen:	1	0	Typ	P/F	Next

	1	1	2	1	3
unnumerierte Rahmen:	1	1	Typ	P/F	Modifier

Bild 6.9 Aufbau des Steuerungs-Feldes aus Bild 6.8

In Bild 6.9 bedeuten:

- *Seq:* Folgenummer des Rahmens. Damit können bis 7 unbestätigte Rahmen unterwegs sein, was ein selective repeat ermöglicht.

- *Next:* Quittierungsfeld für die Gegenstation für Rahmen, die angeliefert wurden. Dies ist ein „Huckepackverfahren", indem Quittungen im gleichen Rahmen übertragen werden wie Daten. Das Feld „Next" enthält die 3-Bit-Nummer des *nächsten* erwarteten Rahmens. Wurde also der Rahmen mit der Nummer 010 korrekt empfangen, wird das Feld auf 011 gesetzt.

- *P/F (poll/final):* Mit diesem Bit kann ein Rechner Terminals abfragen. Sendet der Rechner ein P zum Terminal, so darf es Daten schicken. Bei diesen ist dann ebenfalls P gesetzt, ausgenommen beim letzten Rahmen, der mit F markiert wird.

- *Typ:* Art des Rahmens:

  0   receive ready: Bestätigungsrahmen, der benutzt wird, falls wegen fehlenden Daten in Rückrichtung die positive Bestätigung nicht im Huckepackverfahren erfolgen kann.

  1   reject: negative Bestätigung (im Huckepackverfahren nicht möglich)

2 receive not ready: positive Bestätigung, aber keine weiteren Rahmen erwünscht, z.B. wegen zuwenig Pufferspeicher im Empfänger (Fluss-Steuerung).

3 selective reject: Die Wiederholung eines bestimmten Rahmens wird angefordert (selective repeat). Nicht alle HDLC-Dialekte unterstützen diese Option.

Die unnumerierten Rahmen unterscheiden sich beträchtlich unter den einzelnen HDLC-Dialekten. Mit den Feldern Typ und Modifier stehen 32 Möglichkeiten zur Verfügung, wobei aber nicht alle tatsächlich benutzt werden. Sie werden für Steuerungszwecke benutzt, z.B.:

- SABM: set asynchronous balanced mode = Verbindungsaufbau

- DISC: disconnect = Abmeldung aus dem Netz

- FRMR: frame reject = gravierender Fehler in der Paket-Struktur

- UA: unnumbered acknowledgement = positive Bestätigung eines unnumerierten Rahmens, von denen jeweils nur ein einziger ausstehend sein darf.

6.2.3 LAN-Segmentierung

LANs sind üblicherweise Broadcastnetze und arbeiten deshalb bei vielen angeschlossenen Stationen ineffizient. Deshalb unterteilt man einen Rechnerverbund in mehrere unabhängige LANs und koppelt diese über Bridges, Bild 6.10. Normalerweise ordnet man ein LAN einer Organisationseinheit zu, damit viel Verkehr im eigenen Bereich stattfindet und nur wenig Daten über die Bridge in ein anderes LAN weitergereicht werden müssen.

Zugunsten eines höheren Durchsatzes durch die Bridge wird diese möglichst in Hardware realisiert. Man spricht in diesem Fall von einem Switch, genauer von einem Layer 2 - Switch.

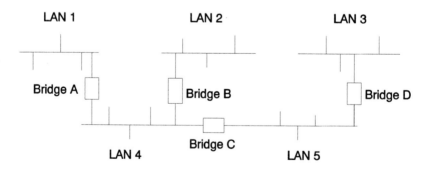

Bild 6.10 Kopplung von verschiedenen LANs über Bridges

Jede Station erhält eine eindeutige MAC-Adresse. Die Norm IEEE 802.5 z.B. sah bei der Einführung eine Adresse von 16 Bit Länge vor. Davon sind 7 Bit zur Kennzeichnung des LAN bestimmt und 8 Bit zur Identifizierung der Station. Ein Bit braucht man zur Unterscheidung einer Gruppenadresse (Multicast) von einer individuellen Adresse. Heute arbeitet man praktisch nur noch mit MAC-Adressen von 48 Bit Länge, wovon man 14 Bit für die Kennzeichnung des LAN investiert.

Diese LAN-Adresse wird von den Bridges benutzt für die Weiterleitung der Datenpakete. Dies geschieht aufgrund von Tabelleneinträgen, die automatisch erstellt und bei ändernden Netzkonfigurationen nachgeführt werden. Zur Verhinderung von loops bildet man einen sog. *spanning tree*, das ist ein Baum, der jede Bridge eindeutig erreicht. Bestehen verschiedene Möglichkeiten einer Wegwahl, z.B. wenn eine zusätzliche Bridge die LANs 2 und 3 in Bild 6.10 koppelt, so wird aufgrund einer Kostenfunktion der optimalste Weg in den spanning tree aufgenommen.

6.2.4 Systembeispiele

In diesem Abschnitt besprechen wir konkrete Ausführungsformen von LANs. Diese Netze stammen aus Entwicklungen von verschiedenen Firmen und wurden nachträglich von IEEE genormt. Bild 6.11 gibt eine Übersicht über diese Normen.

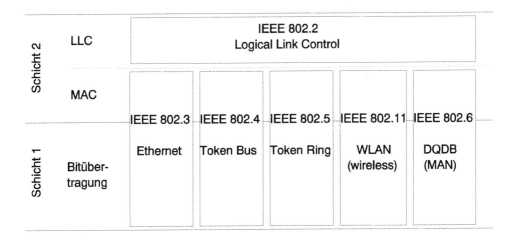

Bild 6.11 IEEE-Normenwerke für LAN und WAN

6.2.4.1 Ethernet, Fast Ethernet und Giga-Ethernet

Ethernet ist die älteste und am weitesten verbreitete LAN-Technologie; sie erreicht etwa 60 % Marktanteil. Es handelt sich um einen logischen Bus, das Zugriffsverfahren ist CSMA/CD. Ether heisst Äther, der Name ergab sich aus der den Funknetzen ähnlichen Arbeitsweise. Die Datenraten auf dem Bus betragen 10 MBit/s für Ethernet, 100 MBit/s für Fast Ethernet und 1 Gbit/s für Giga-Ethernet.

Wir betrachten zuerst das ursprüngliche und in IEEE 802.3 genormte Ethernet. Das Übertragungsmedium war früher ein dickes Koaxialkabel, das wegen seiner Farbe einfach „yellow cable" genannt wurde. Später folgten das dünne Koaxialkabel (thin wire), das UTP-Kabel und die optische Faser. Die Tabelle 6.1 stellt die verschiedenen Medien einander gegenüber. Deren Namen lassen sich leicht merken: „10" bedeutet 10 MBit/s, „Base" deutet an, dass es sich um eine Basisbandübertragung handelt, „5" und „2" bezeichnen die Segmentlänge in 100 m, „T" bezeichnet das twisted pair und „F" die Faser (fibre).

Tabelle 6.1 Beim Ethernet benutzte Kabel

Name	Typ	Segmentlänge	Bemerkungen
10Base5	dickes Koaxkabel	500 m	veraltet
10Base2	dünnes Koaxkabel	200 m	veraltet
10Base-T	twisted pair	100 m	
10Base-F	LWL	2000 m	

Die zu übertragenden Daten werden aufgeteilt in Rahmen (Pakete), Bild 6.12 zeigt den Aufbau des Ethernet-Rahmens. Die physikalische Übertragung erfolgt im Basisband. Dazu braucht es eine Leitungscodierung, wofür der differentielle Manchester-Code gewählt wurde, Bild 2.4.

Anzahl Byte:

7	1	2 oder 6	2 oder 6	2	0..1500	0..46	4
Präambel	Rahmen	Zieladresse	Quelladresse	Länge	Daten	Pad	Prüfsumme

Bild 6.12 Aufbau des Ethernet-Rahmens

Die Felder des Ethernet-Rahmens haben folgende Bedeutung und Funktion:

- *Präambel:* 7 Byte lang wird das Muster 10101010 übertragen, damit der Taktregenerator des Empfängers synchronisieren kann.

- *Rahmen:* Die Sequenz 10101011 markiert den Rahmen. Bis auf das letzte Bit entspricht dies der Präambel. Der Grund liegt darin, dass bei fehlendem Datenverkehr auf dem Bus Ruhe herrscht. Die Taktregeneratoren der Empfänger müssen darum zuerst synchronisieren und nehmen deshalb die Präambel anfänglich fehlerhaft auf. Deshalb muss man mit dem Rahmenwort eine für alle gemeinsame Zeitmarke setzen.

- *Adressen:* Normalerweise werden nur die 6-Byte-Adressen benutzt. Es können Gruppenadressen gesetzt werden, um mehrere Empfänger effizient mit demselben Paket zu bedienen (multicasting). Eine Zieladresse mit lauter Einsen meint sämtliche Stationen im Netz (broadcasting).

- *Länge:* Länge des Datenfeldes in Byte.

- *Daten:* Eigentliche Nutzdaten.

- *Pad:* Der gesamte Rahmen muss eine Länge von mindestens 64 Byte haben, damit Kollisionen lang genug sind, um von allen Stationen am Bus als solche erkannt zu werden. Bei zu kurzen Rahmen hört nämlich unter Umständen eine Station mit Senden auf, bevor das erste Byte das entfernte Ende des Netzes erreicht hat. Dort könnte es kollidieren, ohne dass dies die sendende Station feststellt. Falls das Datenfeld zu kurz ist, verlängert das Pad-Feld den Rahmen entsprechend.

- *Prüfsumme:* Kontrollwort der CRC-Fehlersicherung

Der Nachteil des CSMA/CD-Verfahrens ist die Tendenz zum Netzkollaps bei starker Belastung. Dies tritt deshalb auf, weil fast nur noch Kollisionen auftreten und kein Nutzverkehr mehr stattfindet. In der Praxis beschränkt man deshalb die Anzahl Stationen pro Segment je nach Verkehr auf weit unter die von der Norm erlaubte Anzahl von 1024. Verschiedene Strategien sind im Einsatz, um die Leistung des Ethernet-LANs zu erhöhen:

- Ein räumlich ausgedehntes Segment unterteilt man mit Repeatern in physikalisch getrennte, logisch und funktional jedoch zusammenhängende Teilsegmente.

- Wächst die Anzahl der angeschlossenen Stationen, so unterteilt man das LAN mit einem Switch in Zugriffsbereiche (*collision domains*).

- Mehrere LANs koppelt man mit Bridges an ein Backbone-Netz. Dies ist gegenüber der unstrukturten Kopplung nach Bild 6.10 vorzuziehen. Dort muss nämlich LAN 4 sämtlichen grenzüberschreitenden Verkehr von LAN 1 übernehmen.

  Liegen die LANs nahe beieinander, so installiert man statt ein Backbone-Netz einen Router, an den man alle LANs anschliesst (*collapsed backbone*).

- Das Backbone-Netz kann ein weiteres Ethernet (vornehmlich natürlich ein Fast-Ethernet oder ein Giga-Ethernet) oder aber ein Netz in einer anderen schnellen Technologie sein (z.B. FDDI oder ATM).

- Logisch ist jedes Ethernet als Bus ausgeführt. Physikalisch macht man gerne eine sternförmige Verdrahtung und plaziert im Sternpunkt einen *Hub* oder sogar einen Switch. Damit entspricht die Verkabelung der UKV, Bild 5.67.

  Ein Hub besteht aus Repeatern, die jedes Eingangssignal auf alle abgehenden Leitungen weitergeben und dadurch ein Broadcast-Verhalten emulieren. Der Switch hingegen verhindert Kollisionen, indem er das Broadcastnetz aufspaltet in Punkt-Punkt-Übertragungen.

- Der Switch kann sich die Source-Adressen der Rahmen merken und lernt damit, welche Station an welcher Leitung (Switch-Port) angeschlossen ist. Mit diesem Wissen ist der Switch befähigt, einen einkommenden Rahmen nur gerade auf die gewünschte Leitung weiterzugeben. Installiert man im Switch noch Speicher, so ermöglicht dies, gleichzeitig weitere Rahmen zwischen zwei am ersten Datenaustausch unbeteiligten Stationen zu übertragen. Man nennt dies *Ethernet-Switching.* Die Tendenz geht weiter in Richtung Switching mit Vollduplexverbindungen.

- Ist ein zentraler Server am Switch angeschlossen, so wird dessen Leitung am stärksten belastet sein. Diese Verbindung wird man deshalb mit einem Vielfachen der sonst üblichen Kapazität ausrüsten.

Fast-Ethernet ist von der technischen Idee her (Verkabelung, MAC- und Rahmenformat) dasselbe wie Ethernet, einzig die Datenrate ist auf 100 MBit/s erhöht. Tabelle 6.2 zeigt die Bezeichnung der Kabel.

Tabelle 6.2 Beim Fast-Ethernet benutzte Kabel

Name	Typ	Segmentlänge	Bemerkungen
100Base-T4	Twisted Pair, Kategorie UTP-3, 4 Paare	100 m	kaum benutzt
100Base-TX	Twisted Pair, Kategorie UTP-5, 2 Paare	100 m	
100Base-FX	LWL (2 Gradientenfasern)	136 m	

Ein Ethernet-Rahmen hat eine Minimallänge von 64 Bytes = 512 Bit. Bei einer Datenrate von 10 MBit/s dauert ein solcher Rahmen also etwa 50 μs. In dieser Zeit legt ein Rahmen bei einer Ausbreitungsgeschwindigkeit von 2/3 der Lichtgeschwindigkeit (dies ist eine gute Faustformel für alle PE-isiolierten Kabel) eine Strecke von 10 km zurück.

Der späteste Zeitpunkt, bei dem eine Kollision noch entdeckt wird, tritt dann auf, wenn die Station A einen Rahmen abschickt und kurz bevor dieser bei der Station B eintrifft, beginnt auch Station B zu senden. A kann die Kollision nur bemerken, solange ihr Rahmen noch nicht ganz abgeschickt ist. Die Rahmendauer muss also die doppelte Ausbreitungszeit von A nach B übersteigen. In einem Ethernet-LAN mit Hub dürfen die Stationen deshalb höchstens einen Viertel der oben berechneten 10 km vom Hub entfernt sein. Der Abstand zum Hub, der selber auch noch eine zu berücksichtigende Verzögerung verursacht, ist deshalb beim 10 MBit/s-Ethernet auf 2 km beschränkt. Die Kabeldämpfung reduziert diesen Wert weiter, vgl. Tabelle 6.1. Möchte man nun beim Fast-Ethernet die Rahmenstruktur aus Kompatibilitätsgründen beibehalten, so muss man die Segmentlänge entsprechend auf 200 m verkürzen.

Ein zweites Problem stellt die Bandbreite dar. Bei 100 MBit/s Datenrate über UTP-Kabel ist der bandbreitenfressende Manchestercode ungeeignet. Bei 100Base-T4 macht man ein Down-Multiplexing auf drei Aderpaare und drittelt so die Bitrate, das vierte Aderpaar wird für die Meldung der Kollisionen benutzt. Zudem wird der 8B6T-Leitungscode (8 binäre Bit werden auf 6 ternäre Symbole abgebildet) benutzt. Die Symbolrate auf einem Aderpaar beträgt somit $1/3 \cdot 6/8 \cdot 100 \cdot 10^6 = 25$ MBaud. Nach Tabelle 5.7 beträgt die Bandbreite des UTP-3-Kabels 16 MHz, die eben berechnete Baudrate ist also nach Gleichung (2.5) und (2.3) übertragbar. Da der 8B6T-Code sich deutlich vom Manchester-Code unterscheidet, nimmt ein MII (media independent interface) die Anpassung vor.

Schliesslich ist noch das Gigabit-Ethernet zu erwähnen, das eine Datenrate von 1 Gbit/s aufweist und seinen Einsatz primär im Backbone-Bereich und für den Server-Anschluss findet. Gemäss der obigen Überschlagsrechnung muss man die Segmentlänge auf maximal 20 m verkürzen, damit das Rahmenformat unverändert bleiben kann. Diese Distanz ist nun doch zu kurz, weshalb man keine UTP-Kabel als Übertragungsmedium einsetzt sondern LWL. Zudem macht man Duplexverbindungen und fügt Switches ein.

6.2.4.2 Token-Bus, Token-Ring und FDDI

Nachteile des Ethernet sind der statistische Zugriff auf das Netz sowie die im ursprünglichen Standard (heutiger Umfang: über 1200 Seiten!) fehlende Prioritätenregelung für die Rahmen. Für Anwendungen mit Echtzeitanforderung wie z.B. in Produktionsanlagen ist dies nicht geeignet. Bei Überlast kollabieren CSMA-Netze, d.h. der Durchsatz sinkt drastisch. Bei Zugriffsverfahren mit Token passiert dies nicht.

Beim *Token-Bus* sind die Stationen physisch in einer Bus- oder Baumstruktur angeordnet, logisch hingegen in einem Ring. Die logische Struktur wird realisiert, indem jeder Station die Adresse des Vorgängers und des Nachfolgers bekanntgegeben wird. Diese werden benutzt für die Weitergabe des Tokens. Das Kabel selber ist dabei ein Broadcast-Medium. Es wird ein Koaxialkabel mit 75 Ω Wellenimpedanz benutzt, die Signale sind FSK- oder PSK-moduliert. Als Datenraten sind 1 MBit/s, 5 MBit/s und 10 MBit/s möglich.

Beim *Token-Ring* sind die Stationen in einem logischen und physischen Ring angeordnet. Es ergeben sich folgende Vorteile:

- Der Ring ist kein Broadcast-Medium, sondern eine Verkettung von (erprobten!) Punkt-Punkt-Verbindungen.
- Alle Stationen sind gleichberechtigt, eine Station wird zum Moderator ernannt.
- Die beim Ethernet benutzten analogen Komponenten für die collision detection entfallen.

Der Token-Ring arbeitet mit dem differentiellen Manchester-Code und einer Datenrate von 4 oder 16 MBit/s über verdrillte Kupferpaare. Häufig werden die maximal 250 Stationen über zwei Aderpaare an ein sog. *wire-center* angeschlossen, damit Bypass-Relais defekte Ringsektoren überbrücken können. Bild 6.13 zeigt den Aufbau der Token-Ring-Rahmen.

Ein Vergleich mit Bild 6.12 zeigt die grosse Ähnlichkeit zum Ethernet-Rahmen. Eine Umwandlung ist in der OSI-Schicht 2 möglich, bereits in der LLC-Teilschicht sind sie identisch, Bild 6.11. Aus diesem Grund kann man ein Token-Ring-LAN und ein Ethernet-LAN mit einer sog. *Translation-Bridge* koppeln, Bild 6.4.

Anzahl Byte:

1	1	1	2 oder 6	2 oder 6	0 .. unbegrenzt	4	1	1
SD	AC	FC	Zieladresse	Quelladresse	Daten	Prüfsumme	ED	FS

Bild 6.13 Aufbau der Token-Ring-Rahmen

Die Felder in Bild 6.13 bedeuten:

- *SD (start delimiter) und ED (end delimiter):* Rahmenkennung

- *AC (access control):* Zugriffssteuerung, enthält das Token-Bit und eine Prioritätenangabe, Reservierungsbits und ein Monitorbit

- *FC (frame control):* Rahmensteuerung, unterscheidet Datenrahmen von diversen Steuerrahmen (letztere werden z.B. für die Neuaufnahme von Stationen in den Ring benötigt)

- *Adressen, Prüfsumme:* identisch zu Bild 6.12

- *Daten:* unbegrenzte Länge. Damit eine Station nicht ihren Egoismus ausleben kann, wird mit einem Token-Hold-Timer die Sendezeit begrenzt.

- *FS (frame status):* Dieses Wort enthält zwei interessante Bit: das erste wird gesetzt, wenn die Zielstation den Rahmen gelesen, das zweite, wenn die Zielstation den Rahmen kopiert hat (letzteres kann z.B. wegen vollem Pufferspeicher unterbleiben). Die Quellstation interpretiert die beiden Bit: 00 = Ziel nicht vorhanden oder nicht eingeschaltet

    10 = Ziel vorhanden, aber Rahmen nicht akzeptiert

    11 = Übertragung war erfolgreich

Im Token Ring ist stets ein Rahmen unterwegs, falls kein Datenverkehr anliegt wird einfach der Token weitergereicht. Die Stationen lesen die Rahmen Bit für Bit und schicken sie mit einem Bit Verzögerung auf die nächste Etappe weiter. Jede Station wirkt also wie ein Repeater. Die angesprochene Station kopiert die Daten, der Absender entfernt nach einem Umlauf den Rahmen aus dem Ring.

Da auf dem Ring stets Betrieb herrscht, brauchen die Token Ring - Rahmen keine Präambel zur Empfängersynchronisation wie beim Ethernet.

FDDI (fibre distributed data interface) verhält sich zum Token Ring wie Fast-Ethernet zu Ethernet. Das Prinzip von FDDI (genormt in ISO 9314) ist dasselbe wie beim Token-Ring, aber FDDI benutzt LWL und überträgt 100 MBit/s über Distanzen bis 200 km an bis zu 500 Stationen. Häufig wird FDDI wie DQDB als Backbone-MAN benutzt. Mit FDDI lassen sich auch Daten mit Echtzeitanforderung wie z.B. Sprache übertragen.

FDDI benutzt aus Preis- und Sicherheitsgründen LED in den optischen Sendern. Die Verkabelung besteht aus zwei gegenläufigen Ringen, wobei der eine als Schutzring für den andern dient. Brechen beide Ringe an derselben Stelle entzwei (z.B. bei einem Brand), so überbrücken die beiden benachbarten Stationen ihre optischen Aus- und Eingänge. Somit entsteht aus den beiden Ringen ein einziger langer Ring, Bild 6.14.

Bild 6.14 Selbstheilung eines FDDI-Doppelringes

6.2.4.3 DQDB (Distributed Queue Dual Bus)

DQDB eignet sich wie FDDI als MAN (metropolitan area network), gegenüber den LAN sind sowohl die Bitrate als auch die überbrückbare Distanz deutlich erhöht. DQDB kann ein Gebiet von 50 km Durchmesser mit 140 MBit/s bedienen.

DQDB benutzt zwei parallele Busse, an die alle Stationen angeschlossen sind, Bild 6.15. Am Anfang (Head) jedes Busses werden laufend sog. Zellen mit einer konstanten Länge von 53 Byte erzeugt, die auf dem Bus zum Ende wandern und dort entfernt werden. Die Zellen bewegen sich auf den beiden Bussystemen in entgegengesetzter Richtung. DQDB hat im Gegensatz zu den LAN-Netzen eine konstante und kurze Zellenlänge, deshalb spricht man nicht von Rahmen.

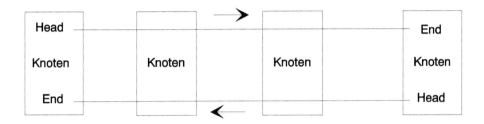

Bild 6.15 Struktur des DQDB-MAN

Möchte eine Station Daten übertragen, so muss sie wissen, ob das Ziel links oder rechts von ihr liegt. Sodann wählt sie den richtigen Bus und belegt auf diesem eine freie Zelle.

Das Problem besteht darin, dass die Knoten, die nahe an einem Head sitzen, viel häufiger freie Zellen erhalten, diese aber nicht einfach benutzen dürfen. Vielmehr erfolgt der Zugriff auf die Zellen aus Gründen der Gleichberechtigung mit einer Vorreservation auf dem andern, nicht zur eigentlichen Übertragung vorgesehenen Bus. Jede Stationen inkrementiert einen Zähler für jede reservierte Zelle, die an ihr in der Gegenrichtung vorbeifliesst. Bei jeder leeren Zelle auf dem gewünschten Bus wird der Zähler dekrementiert. Der Zähler gibt damit die Anzahl der unbefriedigten Übermittlungswünsche flussabwärts an. Für die andere Verbindungsrichtung läuft ein zweiter Zähler. Möchte eine Station senden, so reserviert sie auf dem andern Bus eine Zelle, merkt sich ihren Zählerstand, lässt entsprechend viele freie Zellen auf dem gewünschten Bus passieren und belegt dann selber die nächste freie Zelle. Mit dieser Methode wird ein faires System realisiert, ohne dass eine ordnende Instanz benötigt wird.

Es besteht die Möglichkeit, im Head periodisch eine Zelle zu reservieren. Damit ist DQDB auch geeignet für die Echtzeitübertragung von Sprache oder Video.

Wird der Head und das Ende der Busse in dieselbe Station gelegt, so ergibt sich physisch ein Doppelring, logisch handelt es sich aber immer noch um einen Bus. Nun gibt man jeder Station die Fähigkeit, Zellen zu generieren und zu absorbieren und implementiert zusätzlich einen Algorithmus, der den Ring konfiguriert, d.h. eine Endstation bestimmt. Jetzt ist das Netz beim Ausfall einer Station selbstheilend, indem die beiden Stationen links und rechts des Defekts als Endknoten konfiguriert werden, Bild 6.16.

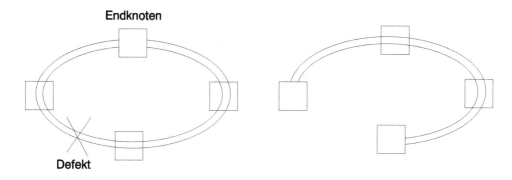

Bild 6.16 Umkonfiguration eines DQDB-Ringes nach einem Defekt

Gemäss Bild 6.11 benutzen Ethernet, Token-Ring und DQDB dieselbe Norm auf der LLC-Teilschicht. Sie können deshalb über eine Bridge gekoppelt werden. Dies eröffnet eine Hauptanwendung von DQDB, nämlich die Verbindung von entfernten LAN, Bild 6.17.

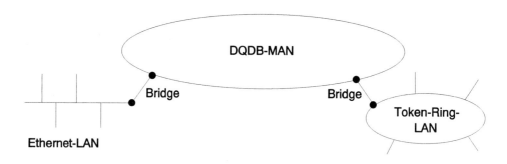

Bild 6.17 Verbindung von zwei LAN über ein MAN

6.3 Techniken für WAN

6.3.1 Vermittlung

Unter Weitverkehrsnetzen verstand man früher das weltweite Telefonsystem, dass von staatlichen Monopolgesellschaften betrieben wurde (Ausnahme: USA). Dieses Netz dient primär der Sprachübertragung und benutzt (noch) die Technik der Leitungsvermittlung (Abschnitt 6.3.1.1) und Multiplexierung (Abschnitt 6.3.2). Demgegenüber benutzen moderne grossflächige Datennetze die Paketvermittlung (Abschnitt 6.3.1.2), im Zusammenhang mit ATM-Netzen (Abschnitt 6.3.5.2) spricht man von Zellvermittlung. WANs können heute auch von Privaten betrieben werden.

Vermittlung ist die dynamische Zuteilung von Netzkapazität, je nach Art dieser Zuteilung unterscheidet man die verschiedenen Vermittlungsarten:

- *Leitungsvermittlung:* Während der ganzen Dauer der Verbindung verfügt der Benutzer über eine Leitungskapazität von z.B. 64 kBit/s. Somit ist die Leitungsvermittlung bestens geeignet für Echtzeitdienste. Hingegen ist bei Dialogverkehr die Netzeffizienz tief.

- *Paketvermittlung:* Die Nachricht wird unterteilt in Pakete von z.B. maximal 64 kByte Länge. Diese Pakete werden einzeln durch das Netz geschleust, wobei man die Verfahren Datagram und Virtual Circuit unterscheidet. Paketvermittlung ist punkto Netzeffizienz wesentlich vorteilhafter als Leitungsvermittlung, dafür ist sie ungeeignet für Echtzeitdienste wie z.B. Sprache. Die Hauptanwendung ist deshalb der Datenverkehr, das prominenteste Beispiel ist das Internet.

- *Zellvermittlung:* Die Nachricht wird unterteilt in kurze Pakete konstanter Länge, man nennt diese Zellen. Gegenüber der Paketvermittlung werden die Knoten aufwändiger und somit teurer, dafür eignet sich die Zellvermittlung auch für Echtzeitdienste, kombiniert also die Vorteile der Leitungs- und Paketvermittlung. ATM benutzt diese Technik und man hofft, damit langfristig nur noch ein einziges Universalnetz unterhalten zu müssen.

Vermittlung und Multiplexierung befinden sich in der Schicht 3 des OSI-Modells.

6.3.1.1 Leitungsvermittlung

Bei der Leitungsvermittlung wird eine Verbindung zuerst aufgebaut (initiiert durch den Teilnehmer A), steht danach während der ganzen Dauer der Verbindung einem einzigen Benutzerpaar A/B zur Verfügung und wird am Schluss wieder abgebaut und somit die Kapazität wieder freigegeben. Das internationale Telefonnetz funktioniert nach diesem Prinzip.

Man kann sich die Leitungsvermittlung so vorstellen, dass mit Relais zwischen A und B ein Stromkreis geschaltet wird. In Tat und Wahrheit besteht natürlich kein Stromkreis, da unterwegs die Signale digitalisiert und multiplexiert werden. Bei einem Eisenbahnnetz würde Leitungsvermittlung heissen, dass *alle* Weichen auf der *gesamten* Strecke zwischen A und B richtig gestellt werden und *alle* Signale auf grün geschaltet werden müssen.

Der Nachteil ist offensichtlich: Das Eisenbahnnetz kann nicht viele Züge gleichzeitig verkehren lassen, obwohl die meisten Streckenabschnitte frei sind von einem Zug. Der Vorteil liegt aber in der Einfachheit, deshalb ist die Leitungsvermittlung so weit verbreitet.

Das Stellen der Weichen (bzw. der Switches) sowie die Tarifierung benötigen einen Informationsfluss zwischen den Zentralen, der *Signalisierung* genannt wird. ISDN-Zentralen benutzen das SS7 (Signalisierungssystem Nr. 7). Dieses benutzt den dafür reservierten Kanal Nr. 16 in einem 2 MBit/s - PCM-Rahmen, Bild 6.18. Darin werden gleichzeitig für eine ganze Gruppe von Nutzkanälen die Signalisierungsdaten übertragen (*common channel signalling*). Aus Sicherheitsgründen muss jede Zentrale über zwei unabhängige Signalisierkanäle erreichbar sein. Alle Signalisierungskanäle zusammen bilden ihrerseits ein eigenständiges, vermaschtes und hierarchisch aufgebautes Netz.

In den Anfangszeiten der Telefonie waren die Zentralen nichts anderes als Stöpselwände, an denen durch das „Fräulein vom Amt" die gewünschten Verbindungen gesteckt wurden. Die Signalisierinformation wurde dabei durch den A-Teilnehmer mündlich dem Fräulein mitgeteilt.

Aus wirtschaftlichen und Datenschutzgründen wurde das System automatisiert. Almon Strowger, ein amerikanischer Bestattungsunternehmer, war nämlich erbost darüber, dass ihm viele Aufträge entwischten und seinem Konkurrenten zufielen, nur weil dessen Ehefrau die lokale Telefonzentrale bediente. Also rationalisierte er diese Frau weg, indem er den ersten Drehwähler erfand. Später übernahmen edelgasgeschützte Relais die Schaltarbeit, während 100 Jahren handelte es sich aber stets um eine galvanische Durchschaltung. Dies galt auch dann noch, als die Zentralen bereits prozessorgesteuert waren.

Heute erfolgt die Übertragung und die Vermittlung digital. Alle Datenströme sind zeitmultiplexiert, indem 30 Sprachkanäle zu je 64 kBit/s zusammengefasst werden. Ein Rahmen umfasst je ein 8 Bit-Datenwort von jedem Sprachkanal und zusätzlich ein 8 Bit-Wort zur Rahmensynchronisation sowie ein 8 Bit-Wort für die Signalisierung. Ein Rahmen umfasst somit 32 Byte = 256 Bit. Pro Sekunde müssen 8000 solcher Rahmen übertragen werden (Abtastfrequenz für Sprache), womit sich ein Datenstrom von 2.048 MBit/s ergibt. Bild 6.18 zeigt den Aufbau dieses Rahmens. Dieses System heisst PCM 30 und wird in Europa benutzt. In den USA und in Japan werden stattdessen 24 Kanäle mit je 64 kBit/s zu einem Rahmen von 1.544 MBit/s multiplexiert.

Zeitschlitze (Kanäle):

0	1	2	3 .. 15	16	17	18 .. 30	31
Rahmen	Sprach-kanal	Sprach-kanal	usw.	Signali-sierung	Sprach-kanal	usw.	Sprach-kanal

Bild 6.18 Rahmenstruktur des Systems PCM 30

Die Zentralen rangieren zwischen eingehenden TDM-Leitungen und ausgehenden TDM-Leitungen, Bild 6.19.

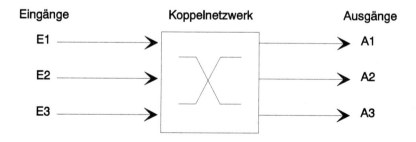

Bild 6.19 Eine Zentrale rangiert TDM-Ströme. Gezeichnet ist nur eine Verbindungsrichtung.

Das Herzstück der Zentrale ist ein Koppelnetzwerk, das zwei Aufgaben zu lösen hat:

- *Raumkopplung:* Umrangieren von Schlitzen der Eingangsleitungen auf Ausgangsleitungen.
- *Zeitkopplung:* Umrangieren der Schlitze innerhalb eines Rahmens. Wenn z.B. in Bild 6.19 Schlitz 12 von E1 und Schlitz 12 von E2 beide auf die Leitung A3 weitergeleitet werden müssen, so muss die Zeitlage eines Schlitzes geändert werden.

Eine Zentrale ist *überlastet*, wenn mehr als 30 Kanäle auf dieselbe Ausgangsleitung geschaltet werden müssen. In diesem Fall erhält der Teilnehmer A ein Besetztzeichen unabhängig davon, ob der Teilnehmer B sein Telefon benutzt. Tritt dieser Fall häufig auf, so muss das Netz ausgebaut werden, indem in Richtung der überlasteten Leitung eine zweite TDM-Leitung verlegt wird. Diese beiden Leitungen werden selbstverständlich nach der Zentrale nochmals multiplexiert.

Die Zentrale *blockiert*, wenn sie das Rangierproblem nicht lösen kann, obwohl keine der Ausgangsleitungen überlastet ist. Mit etwas Aufwand ist es möglich, blockierfreie Koppelnetzwerke zu realisieren.

Das Telefonnetz ist hierarchisch aufgebaut, die entsprechenden Zentralen heissen Anschlusszentralen, Knotenzentralen, Transitzentralen, Internationale Zentralen. Die prinzipielle Funktionsweise ist jedoch bei allen Zentralen identisch.

Konzentratorzentralen sind Zentralen mit begrenzter Autonomie, die von einer Knoten- oder Transitzentrale ferngesteuert werden.

Die Leitungsvermittlung hat einen grossen Nachteil: sie ist ineffizient, d.h. sie verschleudert Übertragungskapazität. Während einem Telefongespräch ist ein Kanal von A nach B und ein zweiter von B nach A reserviert. Diese beiden Kanäle sind etwa zu 40 % ausgelastet, da meistens nur eine Person spricht und diese noch kurze Sprechpausen macht. Am Schluss des Abschnitts 4.1.3 wurde in Form des DSI- oder TASI-Verfahrens eine Verbesserungsmöglichkeit aufgezeigt. Bei einer Internetsitzung sind die Verhältnisse noch schlimmer, meistens ist die Leitung vom Surfer in Richtung Netz nämlich unbenutzt. Die Paketvermittlung verhält sich in dieser Hinsicht viel besser.

Dass bei der Leitungsvermittlung die Belegungsdauer und nicht der Nachrichtenverkehr bezahlt wird, ist aus Sicht des Betreibers logisch, denn er kann ja eine belegte Leitung nicht anderweitig vermieten.

6.3.1.2 Paketvermittlung (Datagram, Virtual Circuit)

Dienste wie z.B. E-Mail, die nicht auf eine Echtzeitverbindung angewiesen sind, benutzen die Paketvermittlung. Dabei wird eine Nachricht durch die Transportschicht (Schicht 4 im OSI-Modell) in Pakete unterteilt (fragmentiert, segmentiert) und diese von Knoten zu Knoten durch das Netz geschleust. Sobald die nächste Etappe Übertragungskapazität frei hat, kann wieder ein Paket transferiert werden, es muss also nicht wie bei der Leitungsvermittlung die ganze Strecke frei sein.

Jeder Knoten muss die Pakete zwischenspeichern, bis die nächste Teilstrecke Kapazität frei hat (*store and forward*). Für Echtzeitanwendungen ist die Paketvermittlung nicht ohne weiteres geeignet, da die Verzögerungszeit von der Netzbelastung abhängt. Dafür bietet sie einen zeitlichen Lastausgleich (*traffic shaping*).

Eine ergiebige Datenquelle schickt viele Pakete pro Sekunde, eine lahme Quelle hingegen nur wenige. In der Zeit zwischen zwei Paketen der lahmen Quelle können Pakete von andern Quellen übertragen werden. Es ergeben sich somit mehrere Vorteile gegenüber der Leitungsvermittlung:

- Der Benutzer bezahlt hauptsächlich aufgrund des effektiv transportierten Datenvolumens und nicht aufgrund der Zeit.

- Die Transportkapazität des Netzes kann wesentlich besser ausgenutzt werden, die Netzbenutzung wird damit preisgünstiger.

- Der Kanal ist für den Benutzer skalierbar, d.h. die mittlere Datenrate ist anpassbar.

- Jedes Endgerät kann mit einer individuellen Datenrate arbeiten. Auch im Netz selber können die einzelnen Etappen mit verschiedenen Datenraten arbeiten.

Die Paketvermittlung wird in zwei Varianten praktiziert:

- *verbindungslos*, d.h. es erfolgt kein Verbindungsaufbau → Datagram

- *verbindungsorientiert*, d.h. vor dem ersten Paket wird die Verbindung initialisiert und erst nach dem letzten Paket wieder abgebaut → Virtual Circuit

Die Briefpost ist ein verbindungsloser Dienst, das leitungsvermittelte Telefon hingegen ist ein verbindungsorientierter Dienst.

Beim *Datagram* enthält jedes Paket Absender- und Adressangabe und wird von Knoten zu Knoten weitergereicht. Die Knoten lesen die Adressen und schicken die Pakete auf die optimale nächste Etappe, sobald Transportkapazität frei ist. Es kann durchaus sein, dass die optimale Route ändert, nachfolgende Pakete schlagen einen andern Weg ein und gelangen unter Umständen sogar früher ans Ziel. Die Schicht 4 des OSI-Protokollstacks hat dafür zu sorgen, dass wieder die richtige Reihenfolge erzeugt wird und dass alle Pakete angekommen sind. Im Header der Schicht 4 müssen die Pakete darum numeriert sein. Welcher Weg optimal ist, ist das Resultat des *routing*-Prozesses (Wegesuche, Abschnitt 6.3.3).

Beim *Virtual Circuit* hingegen wird wie bei der Leitungsvermittlung zuerst die Verbindung aufgebaut. Jetzt wird aber nicht ein Kanal geschaltet, sondern in den Knoten werden lediglich Wegweiser aufgestellt. Praktisch erfolgt dies mit Tabellen, in denen jeder Knoten nachschauen kann, welche Pakete wohin weiterzuleiten sind. Alle Pakete einer Verbindung nehmen zwangsläufig dieselbe Route und gelangen somit in der korrekten Reihenfolge ans Ziel.

Als Analogie zur Paketvermittlung kann man sich eine Wagenkolonne vorstellen. Die Kolonne stellt die Nachricht dar, die einzelnen Wagen die Pakete. Beim Datagram fährt jeder Fahrer los und erfrägt bei jeder Verzweigung bei einem dort stehenden Verkehrspolizisten die Richtung für die Weiterfahrt. Diese Polizisten stehen in Funkkontakt miteinander und teilen sich Verstopfungen mit, wodurch die Fahrzeuge gegebenenfalls auf eine bessere Route umgeleitet werden können.

Beim Virtual Circuit hingegen wird zuerst ein Vorausdetachement geschickt, das bei jeder Kreuzung einen Wegweiser stellt. Dabei erhält es Unterstützung vom Verkehrspolizisten. Anschliessend erhalten die Fahrer der Wagenkolonne den Auftrag, den Wegweisern zu folgen.

Virtual Circuit hat Vorteile gegenüber Datagram:

- Die Pakete müssen weniger Overhead mitschleppen, da die Route bei den Knoten ja bereits bekannt ist. Im Overhead ist daher nur eine Verbindungsnummer notwendig und nicht Adressen und Sequenznummern.

- Die Knoten haben weniger zu tun, da sie nicht für jedes Paket individuell den optimalen Pfad bestimmen müssen.

- Die Schicht 4 wird weniger belastet.

Der grosse Vorteil des Datagrams ist die Fähigkeit, plötzlich auftretende Flaschenhälse zu umfahren. Eine Verbindung kommt also nicht zum Erliegen, nur weil örtlich begrenzt eine Überlastung besteht.

ATM (asynchroner Transfer Mode, Abschnitt 6.3.5.2) ist konzipiert als breitbandiges Universalnetz. Die Effizienz verlangt Paketvermittlung, die Anwendung auch Echtzeitdienste. Das Problem wird gelöst mit Virtual Circuit, damit die Knoten und die Schicht 4 einfacher und somit schneller werden. Zudem haben alle Pakete dieselbe kurze Länge (bei ATM 53 Byte), man nennt sie Zellen. Damit erreicht man eine weitere Vereinfachung der Knoten und ermöglicht auch effiziente Echtzeitübertragung von Sprache und Video. Das Problem der lokalen Netzüberlast geht man mit einer Vorreservation an, die anlässlich des bei Virtual Circuit ohnehin notwendigen Verbindungsaufbaus geschieht. Dabei gibt man die Transportbedürfnisse wie mittlere und maximale Datenrate, tolerierbare Verzögerungszeit usw. an. Damit kann das Netz seine Belastung abschätzen und evtl. einen Verbindungswunsch umleiten oder ablehnen. Wenigstens wird die Überlastung verhindert.

Die Pakete werden aufgrund ihrer Adressen und aufgrund ihrer Verbindungszugehörigkeit markiert. Z.B. kann ein Benutzer gleichzeitig auf dem Internet surfen und daneben ein E-Mail versenden. Physisch benutzt er einen einzigen Kanal, logisch jedoch zwei.

Nun müssen noch die Ausdrücke *zuverlässiger Dienst* und *unzuverlässiger Dienst* erklärt werden. Bei einem unzuverlässigen Dienst können Pakete verlorengehen, verstümmelt oder dupliziert werden. Die oberen Schichten haben dafür zu sorgen, dass aus einem unzuverlässigen Dienst der Schicht 3 ein zuverlässiger Dienst für den Anwender wird. Beim zuverlässigen Dienst hingegen ist es Aufgabe der Vermittlungsschicht, mit verlorenen, duplizierten oder verstümmelten Paketen umzugehen.

Mit den Eigenschaften verbindungsorientiert - verbindungslos und zuverlässig - unzuverlässig sind vier Kombinationen möglich. Vorherrschend sind aber die Kombinationen zuverlässig - verbindungsorientiert und unzuverlässig - verbindungslos.

Als Beispiel für einen Datagram-Paketaufbau zeigt Bild 6.20 ein Paket des IP-Protokolls (Internet-Protokoll, damit ist die Modellschicht aus Bild 6.7 gemeint). An diesem Beispiel ist ersichtlich, wie das obene beschriebene Datagram-Prinzip realisiert wird.

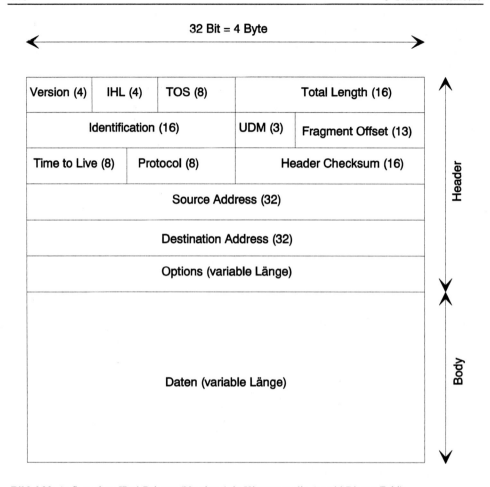

Bild 6.20 Aufbau eines IPv4-Paketes (Version 4, in Klammern die Anzahl Bit pro Feld)

Der Header umfasst einen 20 Byte langen fixen Teil (fünf Zeilen in Bild 6.20) und einen optionalen Teil variabler Länge. Dabei bedeuten:

- *Version:* Version des IP-Protokolls. Dies ermöglicht die schleichende Einführung einer neuen Version.

- *IHL:* Header-Länge in 32-Bit-Worten. Minimalwert 5 (keine Optionen), Maximalwert 15.

- *TOS* (type of service): Angabe über den Dateninhalt (Dienst), z.B. Sprache (Geschwindigkeit wichtiger als Genauigkeit) oder Daten (Genauigkeit wichtiger als Geschwindigkeit) usw. Mit diesen Angaben können die Knoten im Überlastungsfalle geeignete Kompromisse schliessen.

- *Total Length:* Gesamte Länge des Paketes (Header und Body) in Byte. Ein IP-Paket kann also maximal 65'535 Byte lang sein.

- *Identification:* Zuordnung des Pakets zu einer Nachricht, die in mehrere Pakete fragmentiert wurde.

- *UDM:* U = unused, D = don't Fragment (das Netz darf nicht fragmentieren, weil z.B. das Ziel nicht zusammensetzen kann), M = more Fragments (dieses Bit ist bei allen Fragmenten ausser dem letzten gesetzt).

- *Fragment Offset:* Versatz des jeweiligen Fragments. Damit kann die korrekte Reihenfolge rekonstruiert werden.

- *Time to Live:* Zähler, der die Lebensdauer von Paketen begrenzt. Jeder Knoten reduziert diesen Wert um 1. Erreicht der Zähler 0, so wird das Paket verworfen und dem Absender eine Warnung geschickt. Damit wird verhindert, dass ein Paket wegen falschen Wegleitungen endlos im Netz umherirrt.

- *Protocol:* Angabe darüber, was die Vermittlungsschicht am Ende mit einem Paket anfangen soll.

- *Header Checksum:* Prüfsumme für den Header. Dieser Feldinhalt muss durch jeden Knoten neu berechnet werden, da sich das Feld „Time to Live" laufend ändert.

- *Source Address:* Absenderadresse

- *Destination Address:* Zieladresse.

- *Options:* reservierter Platz für Zusätze, Dienstmeldungen und zukünftige Versionen.

Die Version 4 des IP-Protokolls ist seit Jahren im Internet im Grosseinsatz und wurde durch seinen Erfolg an die eigene Grenze getrieben. Problematisch ist die Adresslänge von 32 Bit, was nur 2^{32} Möglichkeiten zulässt. Zum Zeitpunkt der Entwicklung war man der Auffassung, damit die Bedürfnisse des Universums abdecken zu können, heute reicht es nicht einmal mehr für den Planeten Erde. Um das Routing zu vereinfachen, bildet man nämlich Netz-Hierarchien, indem man mehrere Anwender (Hosts) zu Teilnetzen gruppiert. Das IP unterscheidet deshalb zwischen Netzadressen und Hostadressen, wobei 5 Klassen (bezeichnet mit A ... E) der Unterteilung zulässig sind (viele Netze mit wenig Hosts oder umgekehrt). Diese Adressen sind weltweit individuell und werden von einer zentralen Stelle ausgegeben. Da zuviele Gruppenadressen zugewiesen wurden, diese Gruppen aber nicht voll ausgenutzt werden, drohen demnächst die Adressen auszugehen. Die Lücken kann man nicht einfach mit gruppenfremden Stationen belegen, da sonst die Adress-Hierarchie zerfällt. Als Abhilfe wechselt man zur Version 6, Bild 6.21 zeigt den Aufbau der IPv6-Pakete. Die Felder haben folgende Bedeutung:

- *Version:* Entspricht dem Feld Version aus IPv4. Hier beträgt der Wert also 6.

- *Priority:* Entspricht dem Feld TOS aus IPv4.

- *Flow Label:* Ein Flow ist eine Anzahl zusammengehöriger Pakete aus derselben Quelle (Prozess oder Applikation, nicht Maschine!). Das Flow-Label kennzeichnet für die Knoten (hier Router genannt) gleichartig zu behandelnde Pakete und ist darum nützlich für Echtzeitanwendungen.

- *Payload Length:* Länge der Nutzdaten in Byte. In IPv4 wird im Feld Total length die Gesamtlänge inklusive Header angegeben. Bei IPv6 hat der Header jedoch eine konstante Länge. Das Feld IHL aus IPv4 entfällt entsprechend.

- *Next Header:* Entspricht dem Protocol-Feld aus IPv4. Da bei IPv6 die Optionen fehlen, sind als Ersatz sog. extension headers eingeführt worden. Diese können über das Feld Next Header verkettet werden. Mit diesen extension lassen sich auch im Vergleich zu IPv4 viel weitergehende Sicherheitsfunktionen implementieren.

- *Hop Limit:* Entspricht dem Feld Time to Live aus IPv4.

- *Source Adress:* Absendcradresse

- *Destination Adress:* Empfängeradresse

Der IPv6-Header ist mit 40 Byte grösser als der minimale IPv4-Header mit nur 20 Byte. Die Anzahl Felder ist bei IPv6 jedoch geringer, damit sinkt die Verarbeitungszeit in den Routern.

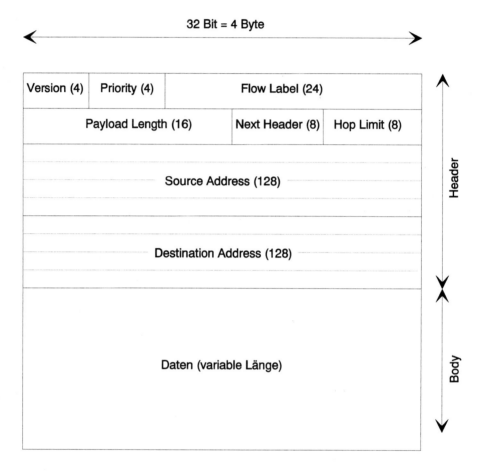

Bild 6.21 Aufbau eines IPv6-Paketes (Version 6, in Klammern die Anzahl Bit pro Feld)

Die Gestaltung der IP-Version 6 war von heftigen Kontroversen begleitet. Hauptziel war die Schaffung eines grösseren Adressbereiches, daneben aber auch die Vereinfachung des Headers und damit die Verkürzung seiner Bearbeitungszeit in den Routern. Aus diesem Grund fiel die Header Checksum weg. Dies wurde deshalb als verantwortbar betrachtet, weil die heutige Glasfaserübertragung störarm ist und die wenigen auftretenden Fehler durch ein End-zu-End - Protokoll der Transportschicht behandelt werden können.

Die Länge des Hop Limit - Feldes gab ebenfalls zu reden. Mit IPv6 sind wie mit IPv4 nur 255 Etappen möglich, was im Kontrast zum riesigen Adressraum steht. Dass gewinnende Gegenargument war, dass in Zukunft mit vermehrten Fernverbindungen die Hop-Zahl nicht wachsen wird.

Das IP-Protokoll hält nun auch Einzug im LAN-Bereich. Dort wird es z.B. über Ethernet-Rahmen abgewickelt.

6.3.2 Multiplexierung

Die Multiplexierung ist ein sehr starkes Mittel zur Kostensenkung, falls die folgenden Voraussetzungen erfüllt sind:

- Mehrere logische Verbindungen nehmen denselben geographischen Weg. In der Praxis ist dies nur teilweise erfüllt, deswegen macht man Übertragungshierarchien mit breitbandiger Grobverteilung und schmalbandiger Feinverteilung. Es sei an das Beispiel des Strassennetzes mit derselben Randbedingung erinnert.

- Die theoretische Grenze der Kanalkapazität ist noch nicht ausgeschöpft.

- Die Kanalkosten wachsen unterproportional mit der Bitrate. Dies gilt sicher für alle leitergebundenen Übertragungen: zwei Koaxialkabel im gleichen Kabelkanal sind deutlich weniger als doppelt so teuer wie nur ein Kabel (Raummultiplex). Eine LWL-Strecke mit 1 Gbit/s Datenrate ist weniger als doppelt so teuer wie eine Faser, die nur mit 500 MBit/s betrieben wird (Zeitmultiplex).

Technisch bedeutsam sind Frequenzmultiplex (FDM, frequency division multiplex), Zeitmultiplex (TDM, time division multiplex) und Raummultiplex. Letzteres ist so lapidar, dass dafür keine Abkürzung existiert.

6.3.2.1 Trägerfrequenznetze

Leitergebundene FDM-Systeme heissen auch Trägerfrequenznetze. Sie wurden früher im Telefonnetz ausgiebig eingesetzt, heute sind sie schon fast ausgestorben. Ihre Beschreibung ist entsprechend knapp gehalten. Für die damalige Zeit handelte es sich aber um eine technische Meisterleistung!

Der Einsatz dieser Systeme basierte noch auf der Analogtechnik, als Übertragungsmedium benutzte man Koaxialkabel, da die LWL noch nicht erhältlich waren. Hochfrequenzelektronik war damals noch teuer, man benutzte deshalb die bandbreitensparende, aber für Sprache gut geeignete SSB-Modulation. Dank den störarmen Koaxialkabeln konnte man gut auf den Modulationsgewinn verzichten.

Um weiter an Kosten für die Elektronik zu sparen, wurde nicht jeder Sprachkanal einzeln moduliert, sondern man arbeitete mit Hierarchien:

- Zuerst wurden 12 Sprachkanäle zu einer Primärgruppe im Bereich 60 kHz … 108 kHz zusammengefasst. Dies bedingte steile Filter, um die einzelnen Kanäle mit je 3.1 kHz Bandbreite zu separieren.

- 5 Primärgruppen ergaben eine Sekundärgruppe mit 60 Kanälen im Frequenzbereich von 312 kHz … 552 kHz.

- 15 Sekundärgruppen ergaben eine Basis-Hauptgruppe mit 900 Kanälen.

- Drei Basis-Hauptgruppen zusammen ergaben 2700 Kanäle mit total 12 MHz Bandbreite.

- Schliesslich folgte die Quartärgruppe mit 10800 Kanälen und 60 MHz Bandbreite, der Verstärkerabstand betrug lediglich 1.5 km.

6.3.2.2 Plesiochrone digitale Hierarchie (PDH)

PDH-Netze benutzen das Zeitmultiplexverfahren (TDM), das schon mit dem Wort „digital" im Namen nahegelegt wird. Ein Bündel, d.h. ein aus mehreren Teildatenströmen zusammengesetzter Datenstrom, hat von Natur aus eine hohe Datenrate. Entsprechend benutzt man synchrone Übertragung, Tabelle 2.1.

Plesiochron bedeutet „ziemlich, aber leider doch nicht ganz synchron". Das Problem lässt sich mit Bild 1.49 erklären. Die Signale der Teilnehmer A1 und A2 werden auf dem Abschnitt K2-K3 gemeinsam geführt. Leider wird aber das Signal von A1 in der Zentrale AZ1 digitalisiert, dasjenige von A2 in AZ3. Jede dieser Zentralen hat ihren eigenen Taktoszillator. Die nominalen Frequenzen stimmen natürlich überein, die effektiven Frequenzen zeigen jedoch kleine Abweichungen. Würde man nun die Datenströme nach einem fixen Muster ineinander verschachteln, so würde dies ab und zu einen sog. *Bitslip* (Bitverlust) verursachen. Im Abschnitt 2.2 hatten wir dieselbe Problemstellung bei der asynchronen Übertragung.

Abhilfe bringt eine Art Rutschkupplung, bei TDM-Systemen nennt man dies Stopfen. Leider wurde derselbe Ausdruck bereits bei der transparenten synchronen Übertragung benutzt (Abschnitt 2.2), hier ist aber nicht dasselbe gemeint.

Multiplexiert man vier Datenströme, so gibt man dem neuen Bündel etwas mehr als die vierfache Taktfrequenz der ursprünglichen Ströme. Jeder Rahmen der oberen Hierarchie enthält damit zusätzliche Bit, die sog. *Stopfbit*, die bei Bedarf benutzt werden können, andernfalls einfach als Polster ohne Bedeutung mit übertragen werden.

Das Problem stellt sich erstmals bei der Multiplexierung von verschiedenen 2 MBit/s-Teilströmen. Die einzelnen 2 MBit/s-Teilströme stammen nämlich aus derselben AZ, es entsteht darum kein Bitslip. Die europäischen PDH-Systeme benutzen eine Hierarchie, die stets auf der Zusammenfassung von 4 Teilströmen basiert, Tabelle 6.3.

Den Übergang zwischen den Hierarchiestufen bewerkstelligen Multiplexer bzw. Demultiplexer. Es gibt Multiplexer, die direkt 16 E1-Bündel zu einem E3-Bündel kombinieren. Die Stufe E2 wird heute gerne übersprungen, da sie kaum Preisvorteile gegenüber der Ebene E3 bietet. Die Stufe E5 ist durch die SDH-Technologie (vgl. nächsten Abschnitt) verdrängt worden. Aus Tabelle 6.3 haben demnach noch die Stufen E1, E3 und E4 grosse Bedeutung.

In den USA und in Japan benutzt man andere als die in Tabelle 6.3 gezeigten Hierarchien. Bild 6.22 zeigt den Aufbau der drei benutzten PDH-Systeme.

Tabelle 6.3 Kenndaten der plesiochronen digitalen Hierarchie (PDH) nach ITU-T

Bezeichnung nach ITU-T	Anzahl Sprachkanäle mit je 64 kBit/s	Genaue Bitrate [MBit/s]	Gerundete Bitrate [MBit/s]
E5	7680	565.148	565
E4	1920	139.264	140
E3	480	34.368	34
E2	120	8.448	8
E1	30	2.048	2

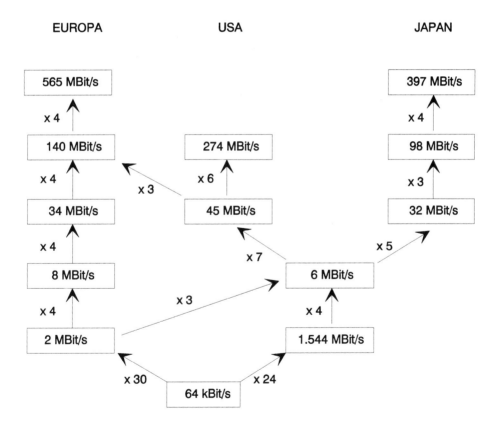

Bild 6.22 Aufbau der gebräuchlichen PDH-Systeme

Der grosse Nachteil der PDH-Technik ist das Stopfen. Dadurch wird die zeitliche Lage der einzelnen Bit variabel, da jede Hierarchiestufe nach eigenem Bedarf stopft. Das Bit mit der

Nummer 1234 in einem Rahmen gehört darum nicht stets zum selben logischen Kanal. Möchte man nun die Kanäle umrangieren (z.B. in den Knoten K2 und K3 in Bild 1.49), so bleibt nichts anderes übrig, als den ganzen Datenstrom bis zur gewünschten Bitrate zu demultiplexieren, die Rangierarbeit auszuführen und danach neu zu multiplexieren. Bild 6.23 zeigt den immensen Aufwand, der benötigt wird, nur um ein E1-Bündel aus einem E4-Bündel herauszutrennen. Diese Funktion des *add-drop-multiplexing* (ADM) wird z.B. benötigt, um einer Grossfirma eine 2 MBit/s-Mietleitung für ein firmeneigenes WAN zur Verfügung zu stellen. Dieser Nachteil des Stopfens, kombiniert mit dem Wunsch nach einem weltweit einheitlichen Standard, führte zur Entwicklung der SDH-Technik.

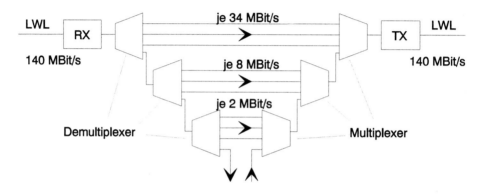

Bild 6.23 Add-Drop-Multiplexer in PDH-Technik (nur eine Richtung ist dargestellt)

In einer grossen Zentrale demultiplexiert man nicht nur ein einziges Bündel wie in Bild 6.23 sondern sämtliche Bündel bis auf die Stufe E1 hinunter. Diese 2 MBit/s-Signale gehen dann in den Vermittler (Bild 6.19) und anschliessend wieder auf die Multiplexer. Mietleitungen (Standleitungen) führt man um die Vermittler herum. Es handelt sich also nicht um Miet-„Leitungen", sondern lediglich um nicht vermittelte Zeitschlitze eines TDM-Bündels.

6.3.2.3 Synchrone digitale Hierarchie (SDH)

1990 wurde die SDH-Technologie von ITU-T in den Empfehlungen G.707 bis G.709 festgehalten. Die Amerikaner nennen dieselbe Technologie SONET (synchronous optical network) und weisen damit auf die hauptsächliche Übertragung mit LWL hin. Daneben werden aber auch Richtfunkstrecken benutzt. Das SDH-Netz wird dank der Flexibilität und Kosteneffizienz *das* Transportnetz der Zukunft für die hohen Multiplex-Hierarchien sein. Bei tieferen Bitraten bis 140 MBit/s bleibt PDH noch längere Zeit im Einsatz.

Die Vorteile von SDH über PDH sind mannigfaltig:

- Der weltweit gültige Standard ermöglicht grenzüberschreitenden Verkehr ohne Schnittstellenwandler.

- Einfaches Umrangieren (Herauslösen bzw. Einfügen einzelner SDH- und PDH-Bündel) ist möglich mit effizienten ADM (*Add-Drop-Multiplexer*)

- Die neue Schaltung von Leitungen erfordert nicht mehr wie bei PDH aufwändige Lötarbeiten in grossen Verteilerfeldern, sondern geschieht softwaregesteuert in elektronischen Koppelfeldern, sog. *Cross-Connects.*

- Zusatzübertragungskapazität für die Netzüberwachung und -steuerung ist bereits vorgesehen.

- SDH kann einerseits alte PDH-Rahmen transportieren (transparente Übertragung) und ist anderseits wegen der schnellen Rangiermöglichkeit Grundvoraussetzung für die zukünftigen paketvermittelten ATM-Netze für den WAN-/MAN-Bereich.

SDH-Netze benötigen eine zentrale Taktversorgung. Diese wird jeweils landesweit realisiert, wobei Cäsium-Atomuhren als Frequenznormale dienen.

Letztlich basiert natürlich auch SDH auf der Übertragung von Rahmen. In der SDH-Terminologie heissen die Rahmen aber STM (synchronous transport modul):

- Das Modul STM-1 (Transportmodul Level 1) wird 8000 Mal pro Sekunde übertragen. Es besteht aus 9 Zeilen mit je 270 Byte zu je 8 Bit. Damit ergibt sich eine Datenrate von 155.52 MBit/s.

- Vier STM-1 werden zu einem STM-4 mit 622.08 MBit/s multiplexiert.

- Vier STM-4 ergeben ein STM-16 mit 2488.32 MBit/s.

Die Transportmodule werden gefüllt mit Containern und einem Overhead. Ein Container eines STM-1 kann beliebig mit Daten gefüllt werden, also auch mit PDH-Bündeln aus Bild 6.22.

Im Overhead wird mit Pointern der Aufbau der Module deklariert, diese Pointer werden von den Add-Drop-Multiplexern interpretiert. Bei SDH sind die Rahmen also strukturorientiert aufgebaut, im Gegensatz zum bitorientierten Aufbau bei PDH. Auch bei SDH wird gestopft, nur ist dies viel geschickter mit den Pointern organisiert als bei PDH und ermöglicht darum das individuelle Rangieren der einzelnen Datenströme.

SDH bietet transparente Kanäle für PDH-Signale oder Breitbandquellen bis 140 MBit/s. Normalerweise wird das Netz aus hierarchischen (Doppel-)Ringen aufgebaut, wobei aus Sicherheitsgründen jeder Ring über zwei Verbindungen zum oberen Ring verfügt (Redundanz), Bild 6.24. Das Network-Management erstreckt sich über alle Ebenen. Früher arbeitete man mit Stern-/Baum-Topologien, die später vermascht wurden. Heute bevorzugt man Ringe.

Die zentralen Komponenten der SDH-Technik sind die Add-Drop-Multiplexer und die Cross-Connects. Dank ihrer Softwaresteuerung ermöglichen diese flexible Netzumgestaltungen. Demgegenüber ist die PDH-Technik altersbedingt eine statische Hardware-Technologie.

Die Add-Drop-Multiplexer besitzen zwei optische Ports und Zubringer. Mit den optischen Ports schlauft man den ADM in einen Ring nach Bild 6.24 ein. Die Zubringer sind E1-, E3- oder E4-Bündel oder STM der unteren Hierarchie. Die Cross-Connects sind blockierfreie Koppelfelder mit der ähnlichen Funktion wie eine Zentrale. Sie dienen aber nicht der Vermittlung von Einzelkanälen (gesteuert durch die vom Endbenutzer ausgelöste Signalisierung), sondern der Vermittlung von Bündeln (E1, E3, E4 oder STM). Sie werden von einer Netzmanagement-Zentrale aus bedient und erlauben somit schnelle und softwaregesteuerte Umkonfigurationen und Netzanpassungen an den jeweiligen Belastungsfall. Bild 6.25 zeigt die Konfigurationen.

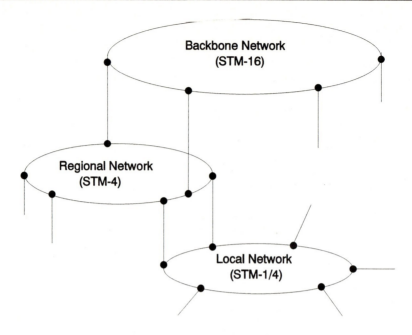

Bild 6.24 Struktur eines SDH-Netzes

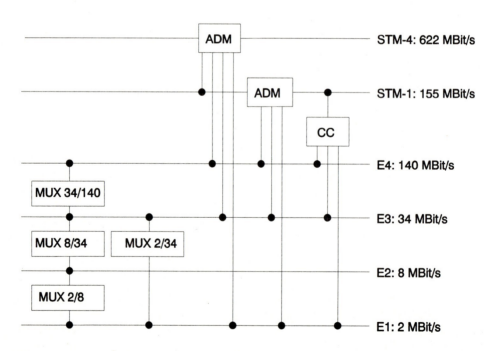

Bild 6.25 Zusammenspiel zwischen PDH und SDH
  MUX = Multiplexer   ADM = Add-Drop-Multiplexer   CC = Cross-Connect

6.3.3 Routing

Routing bezeichnet die Wegwahl durch ein Netz oder einen Verbund von Netzen. Das Routing ist einfach bei statisch vermittelnden Netzen wie z.B. dem alten Telefonnetz. Aufgrund der Nummer wird der Weg durch das Netz eindeutig festgelegt. Die Zentralen im Übertragungsweg interpretieren jeweils einen Teil der Rufnummer. Zum Beispiel erkennt eine TVA (Teilnehmervermittlungsanlage, Haustelefonzentrale) an einer führenden 0, dass ein Zugang zum öffentlichen Netz gewünscht wird, also schaltet sie eine Leitung der Telecom durch. Die Anschlusszentrale sucht wiederum eine führende 0, um zur nächsthöheren Ebene zu vermitteln usw.

Schwieriger wird das Routing in einem dynamischen Netz, wie es moderne paketvermittelte Datennetze darstellen. Die Router müssen wissen, wer (Adressen der Hosts) wo (Adressen der Router) angehängt ist, um die Pakete korrekt weiterzuleiten. Bei Datagrammen wird für jedes Paket individuell die Route bestimmt, bei einem Virtual Circuit nur einmal pro Verbindung (Sitzungs-Routing). Bei einem Virtual Circuit nehmen demnach alle Pakete einer Nachricht zwangsläufig dieselbe Route.

Leitungsvermittlung, Virtual Circuit und Datagram kann man demnach auch unterscheiden aufgrund des Zeitpunktes der Wegwahl: Bei der Leitungsvermittlung geschieht dies beim Aufbau des Netzes, beim Virtual Circuit beim Aufbau der Verbindung und beim Datagram bei jedem einzelnen Paket. Datagramme machen entsprechend in einem statisch vermittelnden Netz nur wenig Sinn.

Routing ist das Lösen eines Optimierungsproblemes. Je nach Zweck werden die Routing-Algorithmen anders ausgelegt. Zum Beispiel kann das Ziel Maximierung des Netzdurchsatzes sein, oder Minimierung der Paketverzögerung oder Minimierung der Anzahl Etappen usw.

In der konkreten Implementierung führt jeder Router eine Tabelle, wo der Weg zu jedem Host eingetragen ist. Das Problem ist somit verlagert auf die Verwaltung der Tabellen. In Bezug auf die Realisierung bedeutet dies, dass die Router Datenbank- und Echtzeitbetriebssysteme kombinieren.

Ein automatischer Update der Tabellen erfolgt zum Beispiel dadurch, dass jeder Host sich im Netz vorstellt. Dazu sendet er ein Paket an den nächsten Router, der seine Tabelle ergänzt, seine eigene Adresse in das Paket einträgt und dieses auf alle Leitungen weiterleitet ausser auf diejenige, von der das Paket ankam. Alle folgenden Router verfahren analog. Damit werden mehrere mögliche Routen generiert, von denen die beste aufgrund des Optimierungskriteriums ausgewählt wird. Zudem wandern in einem vermaschten Netz einzelne Pakete auf Loops und müssen erkannt und entfernt werden.

In grossen Netzen werden auch die Tabellen gross und entsprechend zeitraubend in der Benutzung. Abhilfe schafft die hierarchische Gliederung in Teilnetze.

Da der Netzzustand und die Netztopologie dauernd ändern (Hosts werden ab- und eingeschaltet, Links fallen zeitweise aus, das Netz wird erweitert usw.) müssen die Routinginformationen nach gewisser Zeit (Sekunden bis Minuten) aktualisiert werden. Die Schichten 1 und 2 tragen darum eine merkliche Belastung nur durch die internen Bedürfnisse der Schicht 3.

Für detailliertere Angaben zum Routing sei auf die Spezialliteratur verwiesen.

6.3.4 Fluss-Steuerung

Die Fluss-Steuerung (*flow control*) hat dafür zu sorgen, dass ein schneller Sender einen lang-samen Empfänger nicht mit Daten überschwemmt. Beim digitalisierten Telefonnetz (Leitungs-vermittlung) stellt sich dieses Problem nicht, jedoch bei den paketvermittelten Datennetzen.

Flusskontrolle bedeutet, dass der Empfänger die Outputrate des Senders drosselt. Dazu braucht es eine Rückmeldung (XON/XOFF = Transmit On/Transmit Off). Bei einer Schicht 2 - Fehler-korrektur mit ARQ lässt sich die Quittierung mit der Fluss-Steuerung kombinieren. Bei einer End-zu-End Fehlerkorrektur ist dies nicht möglich. Bis der Sender erfährt, dass er zu schnell überträgt, sind nämlich schon viele Datenpakete in der Pipeline und der Empfänger wird trotz-dem überschwemmt.

Die Fluss-Steuerung kann zwar End-zu-End erfolgen, nur ist dies wegen den langen Verzöge-rungszeiten nicht sehr effektiv. Besser ist es, die Knoten mit Zwischenspeichern auszurüsten und eine etappenweise Fluss-Steuerung auszuführen. Dies ist auch darum vorteilhafter, weil auch ein Knoten alleine überlastet werden kann, während der eigentliche Endempfänger noch genügend Aufnahmekapazität besitzt. Dieser Fall tritt z.B. ein, wenn ein Knoten von drei ein-gehenden Leitungen alle Datenpakete auf dieselbe Ausgangsleitung vermitteln muss.

Eine häufig praktizierte Variante besteht darin, dass der Empfänger dem Sender ab und zu eine Meldung schickt, die besagt, wieviele Pakete der Sender absenden darf.

6.3.5 Systembeispiele

6.3.5.1 Frame Relay

Frame Relay ist eine Vereinfachung und damit Beschleunigung der Paketvermittlung mit Vir-tual Circuit, meistens basierend auf dem X.25-Protokoll mit u.a. folgenden Eigenschaften:

- Die Pakete zum Verbindungsauf- und abbau (unnumerierte HDLC-Rahmen, vgl. Bild 6.9) wandern über dieselben Kanäle wie die Datenpakete (inband signalling).

- Die Flusskontrolle ist in den Schichten 2 *und* 3 implementiert.

Fehlersicherung in der Schicht 2 bedeutet, dass jede Etappe individuell eine Fehlerkorrektur durchführt. Dies führt zu einem beträchtlichen Arbeitsaufwand für die Netzknoten und zu einer Verzögerung in der Nutzdatenübertragung. Die Datenrate hingegen wird gegenüber einer Feh-lerbehandlung in der Schicht 3 oder 4 nicht vergrössert.

Dieser Mehraufwand ist bei fehleranfälligen Kanälen durchaus gerechtfertigt, aus diesem Grund wurde sie ja eingeführt. LWL-Verbindungen hingegen haben eine so kleine Fehlerquo-te, dass eine Fehlerkorrektur in der Schicht 2 mehr Nach- als Vorteile hat. Frame Relay ver-zichtet deshalb auf die Fehlerkontrolle. Bei Bedarf lässt sich eine End-zu-End - Fehlerkontrolle in der Schicht 4 implementieren. Die erreichbare Nutzdatenrate beträgt 2 MBit/s.

6.3.5.2 ATM (Asynchroner Transfer Mode)

ATM ist ein universelles Breitbandnetz. Bereits im Abschnitt 6.3.1.2 wurde begründet, weshalb man dazu eine Paketvermittlung auf der Basis von Virtual Circuit mit Paketen konstanter Länge, genannt Zellen, benutzen soll. Für Datenübertragungen macht man die Zellen vorteilhafterweise gross, damit der prozentuale Anteil des Overheads weniger ins Gewicht fällt. Für Echtzeitanwendungen wie Sprache, Bildschirmtelefon oder Videokonferenzen benutzt man besser kleine Zellen. Bei der Normung von ATM votierten die Amerikaner für eine Nutzfeldlänge von 64 Byte, da sie der Datenübertragung entgegenkommen wollten. Die Europäer hingegen wünschten sich zugunsten der Sprachübertragung 32 Byte. Getroffen hat man sich in der Mitte, also bei 48 Byte. Dazu kommen 5 Byte Overhead, womit sich eine Zellengrösse von 53 Byte ergibt, Bild 6.26.

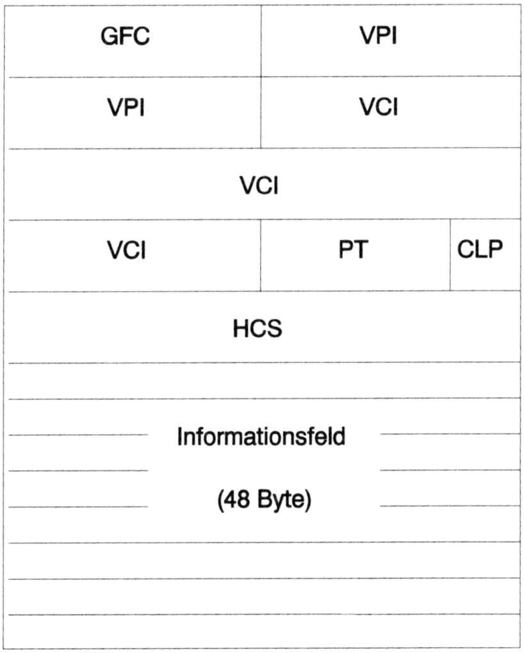

Bild 6.26 Aufbau der ATM-Zellen, jede Zeile entspricht einem Byte

Die Felder in Bild 6.26 bedeuten:

- *GFC (generic flow control):* Nur für die Verbindung zwischen Host und Netz gedacht, wird kaum benutzt.

- *VPI (virtual path identifier):* Das Übertragungsmedium (z.B. LWL) führt wegen der Verschachtelung der Pakete mehrere logische Verbindungen. Diese werden *virtual path* genannt und entsprechen den Wegweisern des Virtual Circuit.

- *VCI (virtual channel identifier):* Einen Virtual Path kann man in mehrere *virtual channel* aufteilen, die alle denselben Weg durch das Netz nehmen. Nützlich ist dies z.B. bei Stereo-Übertragungen: es wird ein Pfad reserviert und dieser mit zwei Kanälen beschickt. Die Router unterwegs beachten nur die VPI, die Behandlung der VCI ist Sache des Endgerätes.

- *PT (payload type):* Angabe über den Inhalt (vom Benutzer gesetzt) und über evtl. Übertragungsschwierigkeiten (vom Netz gesetzt).

- *CLP (cell loss priority):* Priorität der Zellen. Bei Problemen verwerfen die ATM-Vermittler zuerst die Zellen niedriger Priorität.

- *HCS (header check sequence):* Prüfsumme für den Header.

ATM kann man sich vorstellen als ein System von Gondelbahnen (Gondel = Zelle), die permanent in Betrieb sind und nach Bedarf beladen werden. Sind keine Nutzdaten vorhanden, so werden Leerzellen übertragen. Eine Sprachübertragung belegt ab und zu eine Zelle, wünscht jedoch einen konstanten Rhythmus. Eine komprimierte Videoübertragung hingegen belegt viele Zellen in einem variablen Rhythmus. Grosse Pakete werden segmentiert, damit sie in die Zellen passen. Die Vorteile von ATM sind:

- *Skalierbarkeit und Flexibilität:* Die Anzahl der Zellen pro Verbindung ist variabel, damit ist ATM für alle Arten von Diensten geeignet.

- *Effizienz:* Dank der Paketvermittlung sind die Leitungen gut ausgenutzt, man bezahlt nicht nach Minuten sondern nach Byte und Anzahl offenen virtual path.

- *Unabhängigkeit* von Netz und Anwendung

ATM arbeitet mit 155.52 MBit/s, passt also genau auf die STM-1 des SDH. Die schnelle Paketvermittlung erfordert ein Transportnetz mit schnellen Rangierbahnhöfen, das ist SDH, kombiniert mit speziellen ATM-Vermittlern (Routern). Da ATM auf Virtual Circuit beruht, bleibt die Reihenfolge der ATM-Zellen bei der Übertragung erhalten, aber jede virtuelle Verbindung muss zuerst aufgebaut werden. Dabei hat man die gewünschte Dienstklasse nach Tabelle 6.4 zu spezifizieren, was die Netzauslastung optimiert. Weiter werden Kennwerte wie peak cell rate, cell jitter usw. festgelegt. Überbordende Verbindungswünsche lehnt das Netz ab, dafür hält es in den allermeisten Fällen, was es bei der Verbindungsaufnahme verspricht. Im Gegenzug überprüft das Netz, ob sich der Benutzer an seine Bestellung hält und nicht übertreibt (*policing*).

Tabelle 6.4 Dienstklassen bei ATM

Klasse	Bezeichnung	Beispiel einer Anwendung
CBR	Constant Bit Rate	Sprache
RT-VBR	Variable Bit Rate, Real Time	Videokonferenzen
NRT-VBR	Variable Bit Rate, Non-Real Time	video on demand
ABR	Available Bit Rate	Surfen im Internet
UBR	Unspecified Bit Rate	Dateitransfer

Um die Dienste der Transportschicht zu realisieren, werden anwendungsspezifische Adapter benötigt. Diese heissen AAL (ATM adaption layer). Nach oben haben die AAL die Aufgabe, nützliche Dienste bereitzustellen und die Mechanismen des ATM zu verstecken.

Unterteilt man die Dienste nach den Kriterien Echtzeit/nicht Echtzeit, konstante/variable Bitrate und verbindungsorientiert/verbindungslos, so lassen sich acht Kombinationen vorstellen. Davon werden vier unterstützt, die andern werden als unwichtig erachtet. Entsprechend gibt es vier Typen von AAL, Tabelle 6.5. Früher waren es einmal mehr, deshalb sind die AAL in der Tabelle so unlogisch bezeichnet. Z.B. packt man über den AAL 5 TCP/IP-Pakete in ATM-Zellen.

Tabelle 6.5 Diensttypen der AAL

AAL-Typ	AAL 1	AAL 2	AAL 3/4	AAL 5
zeitliche Abhängigkeit	notwendig		nicht notwendig	
Bitrate	konstant	variabel		
verbindungsorientiert	ja		ja/nein	ja

ATM besitzt keine Korrekturmöglichkeiten für verlorene oder verfälschte Zellen. Auch eine Flusskontrolle ist nicht vorhanden. Beide Einschränkungen erfolgten zugunsten einer schnelleren Vermittlung ($\rightarrow$ Echtzeitanwendungen). Die Transportschicht ist dafür zuständig, diese Dienste bereitzustellen, falls sie gewünscht werden.

Für ATM existiert ein eigenes Referenzmodell, das für die Spezialisten besser geeignet ist als das OSI-Modell.

ATM kann dank seiner Flexibilität ziemlich überall eingesetzt werden, wo grosse Bitraten benötigt werden, man kann mit ATM auch LAN emulieren und verschiedene LAN verbinden. ATM läuft am besten über SDH (nicht zuletzt wegen den bei SDH inhärenten Managementfunktionen), es geht aber auch mit PDH. Im Moment werden deshalb sehr grosse Erwartungen und Hoffnungen und darum auch Geld in ATM gesteckt.

ATM hat dieselbe Zellenlänge wie das ältere DQDB. Beide sind dank der Zellvermittlung multi-media-tauglich, ATM verhält sich aber dank der Vorreservierung besser bei Überlast.

Ethernet und FDDI/Token-Ring sind zu 80 % Layer-2 - Technologien. Die Kopplungen von LANs über weite Distanzen erfolgt über private Netze. Diese bestehen aus Mietleitungen eines Carriers (früher die staatliche PTT, heute auch private Firmen). Als Ersatzschaltung aus der Sicht des Benutzers kann der Telecom-Bereich ersetzt werden durch eine simple Leitung mit n mal 64 kBit/s Kapazität. Eine Anwendung ist zum Beispiel der Transfer von einem Text-File, das auf auf einem in Europa stehenden und an einem Ethernet angeschlossenen Macintosh-Rechner mit Microsoft Word erstellt wurde zu einem amerikanischen Windows-Rechner, der an einem Token Ring hängt und Word Perfect benutzt. Bild 6.27 zeigt den heutigen Technologiesalat.

Ein international tätiges Grossunternehmen (z.B. eine Grossbank) bezahlt einen beträchtlichen Teil seiner Kommunikationsaufwendungen für diese Mietnetze, die den schnell wachsenden Ansprüchen punkto Multi-Media-Tauglichkeit, Mobilität, Kapazität und Skalierbarkeit nicht mehr gerecht werden. ATM hat das Potenzial, hier Abhilfe zu schaffen, und dies erst noch mit einer vom WAN- bis zum LAN-Bereich einheitlichen Technologie. Allerdings ist ATM (noch?) ziemlich teuer, weshalb das Gespann Frame Relay / Giga-Ethernet eine grosse Konkurrenz zu ATM darstellt.

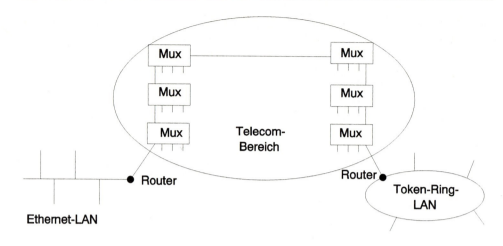

Bild 6.27 Kopplung von zwei LAN über ein öffentliches Netz (PDH oder SDH)

6.4 Protokolle und Architekturen

6.4.1 TCP/IP-Protokolle

Gemäss Abschnitt 6.1 findet die Kommunikation über verschiedene Schichten statt, die durch je eine Software realisiert werden. Somit sind ganze Familien von Programmen an der Datenkommunikation beteiligt. Als Beispiel betrachten wir die TCP/IP - Familie, Bild 6.7. Grob kann man diese unterteilen in Transport-Protokolle (TCP = transmission control protocol) und Internet-Protokolle (IP). Bild 6.28 zeigt die Abbildung der Daten auf die verschiedenen Schichten, vgl. auch mit den Bildern 6.6, 6.20 und 6.21.

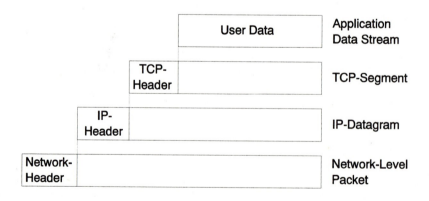

Bild 6.28 Dateneinheiten in der TCP/IP-Architektur

Bild 6.29 zeigt einige Protokolle und ihre Position in der TCP/IP-Architektur.

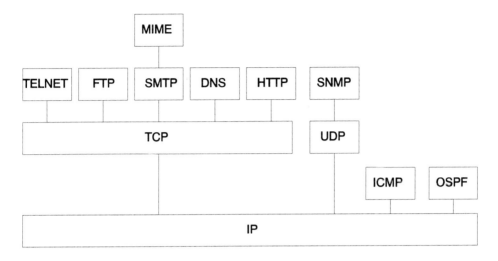

Bild 6.29 Einige Protokolle der TCP/IP-Familie (Erklärungen im Text)

Nachstehend sind die Protokolle aus Bild 6.29 äusserst kurz beschrieben. Sie lassen sich aufteilen in Gruppen:

a) Applikationsprotokolle:

• TELNET ermöglicht ein remote-login auf einen entfernten Rechner.

• FTP = file transfer protocol

• SMTP = simple mail transfer protocol (E-Mail)

b) Internetprotokolle:

• IP = internet protocol

• OSPF = open shortest path first: Dies ist ein internes Router-Protokoll, das die Wegwahl nach einem definierbaren Kriterium vornimmt (Preis, Verzögerung, Anzahl Hops usw.).

• ICMP = internet control message protocol: Schwierigkeiten bei der Datenübertragung werden über ICMP zurückgemeldet, z.B. nicht lieferbare Datagramme, überlaufende Datenpuffer usw. Die ICMP-Meldungen laufen als normale IP-Datagramme durch das Netz, Absender können Router oder Hosts sein. ICMP wird wie IP in den Versionen 4 und 6 benutzt.

c) Transportprotokolle:

• TCP = transmission control protocol: verbindungsorientiertes Transport-Protokoll, dass eine sichere Kommunikation zwischen Anwenderprozessen (unterschieden über sog. *ports*) ermöglicht.

• UDP = user datagram protocol: verbindungsloses Transport-Protokoll

d) weitere Protokolle

- MIME = multipurpose internet mail extension: MIME erweitert die Funktionalität von SMTP, indem z.B. die Übertragung von Binärfiles und 8-Bit-ASCII-Files ermöglicht wird.

- DNS = domain name system: Mailboxen, Homepages und andere Resourcen haben eine binäre IP-Adresse. Mit dem DNS werden diese Adressen abgebildet auf Namen, die für den Menschen aussagekräftiger sind, z.B. http://www.nasa.gov. Mit UDP-Paketen wird ein solcher Name an einen DNS-Server geschickt, der die binäre Adresse heraussucht und diese dem Anfrager zurückschickt.

- HTTP = hypertext transfer protocol: HTTP adressiert Resourcen im world wide web (www) des Internets (jetzt ist der berühmte Netzverbund gemeint). HTTP ermöglicht Multimediakommunikation mit Sprüngen zu verschiedenen Datenquellen.

- SNMP = simple network management protocol: damit wird ein Netz überwacht und gesteuert, vgl. Abschnitt 6.7.

6.4.2 ISDN und B-ISDN (Integrated Services Digital Network)

ISDN ist kein Netz, sondern ein Dienst. Dieser Dienst bedient sich seinerseits eines darunterliegenden Netzes. Bei ISDN ist dies das leitungsvermittelte öffentliche Telefonnetz. In der Schweiz begann etwa 1970 die Digitalisierung der Übertragungseinrichtungen, 1985 folgte die Digitalisierung der Zentralen. Einzig der local loop von der Anschlusszentrale bis zum Telefonapparat ist noch meistens analog ausgeführt. ISDN benutzt nun auch für diese letzte Etappe die Digitaltechnik. Die Bandbreite des ursprünglichen Telefonkanals von 300 Hz bis 3400 Hz wurde bestimmt durch die Anforderungen der Sprachübertragung. Wegen den später im Signalpfad folgenden Multiplexern wurde in der Anschlusszentrale das Signal gefiltert. Für einen digitalen ISDN-Anschluss werden diese Filter entfernt, somit steht im local loop eine grössere Bandbreite zur Verfügung. Ein ISDN-Anschluss (*Basisanschluss*) überträgt 144 kBit/s, aufgeteilt in 2 B-Kanäle (je 64 kBit/s für Telefon, Fax, Datenübertragung usw.) und einen D-Kanal (16 kBit/s für Steuerungsfunktionen). Die beiden B-Kanäle lassen sich einzeln, gleichzeitig für separate Verbindungen oder kombiniert für eine Verbindung mit 128 kBit/s einsetzen.

Für Grossverbraucher ist auch ein 2 MBit/s - Anschluss erhältlich (*Primäranschluss*).

ISDN bietet zusätzliche Dienste, z.B. Meldung der Nummer des Anrufers usw.

Für Multi-Media-Anwendungen ist ISDN viel zu schwach, hier soll B-ISDN ansetzen. Das Prinzip ist genau wie bei ISDN, jedoch beträgt die Datenrate 150 MBit/s. B-ISDN ist Zubringer von ganz verschiedenen Diensten mit ganz unterschiedlichen Anforderungen punkto Datenrate, Verzögerung usw. Das dem B-ISDN zugrundeliegende Transportnetz muss für alle diese Betriebsfälle effizient arbeiten. Dies ist aus heutiger Sicht am besten mit ATM erreichbar.

6.5 Funknetze

6.5.1 Betriebsfunknetze

Betriebsfunknetze sind Sprechfunknetze beschränkter Reichweite, die mit Mobilstationen (eingebaut im Fahrzeug) oder Handfunksprechgeräten benutzt werden. Diese Netztechnik ist schon seit Jahrzehnten in Gebrauch, dem Stand der alten Technik entsprechend wird FM-Modulation im VHF- und UHF-Bereich benutzt. Mit Relaisstationen lässt sich die Reichweite vergrössern.

Mehrere Organisationen können dasselbe Netz benutzen. Der Zugriff erfolgt durch den Benutzer selber, indem er hört, ob der Kanal bereits besetzt ist. Mit Selektivrufsystemen (NF-Töne, die vom Empfänger mit einer einfachen Schaltung ausgewertet werden) konnte der Komfort etwas gesteigert werden.

Nachteilig für den Benutzer war die u.U. lange Wartezeit auf einen freien Kanal. Das Radiospektrum wird sehr schlecht genutzt, da andere Frequenzen vielleicht frei sind, jedoch durch die Funkgeräte nicht belegt werden können. Zellular- und Bündelfunknetze sind in dieser Hinsicht bedeutend besser.

6.5.2 Zellular-Funknetze

Mobilkommunikation ist heute ein sehr starkes Bedürfnis fast aller Leute. Bei einem so grossen Markt kann nur eine frequenzökonomische Technik zum Einsatz kommen. Die Grundidee der Zellularnetze beruht auf der Erkenntnis, das die Handy-Benutzer einfach nur drahtlos sprechen wollen, hingegen ist es ihnen egal, wie weit sie funken. Also wird das Land unterteilt in Zellen mit einem Durchmesser von einigen 100 m bis einige km, abhängig von der Topographie und der Bevölkerungsdichte. Zu jeder Zelle gehört eine Basisstation, deren Antenne z.B. auf einem Hochhaus installiert ist. Antennenstandorte für Zellularnetze sind sicher nicht auf einem Berg, denn man möchte grosse Funkdistanzen gezielt verhindern. Der Funkkontakt läuft nur innerhalb der Zelle ab, danach wird die Verbindung dem Festnetz (Koaxialkabel, LWL, in abgelegenen Gebieten auch Richtfunkverbindungen) übergeben. Dank der kleinen Zellen genügt eine kleine Sendeleistung von 20 mW bis 2 W. Die Sendeleistung der Handies wird durch die Basisstation auf den kleinsten möglichen Wert gesenkt, was der Batterielebensdauer zugute kommt. In etwas entfernten Zellen können dieselben Frequenzen wieder benutzt werden, deshalb kann das System sehr viele Teilnehmer gleichzeitig bedienen. Eine Zelle umfasst 1 bis 8 Trägerpaare mit je 8 Kanälen, auf die die Handies mit TDMA zugreifen.

Das Zellular-System benötigt Steuerungsfunktionen, um die folgenden Teilprobleme zu lösen:

- *Roaming:* Wie merkt das System, wo ein Mobilteilnehmer sich befindet? Sobald ein Handy eingeschaltet wird, nimmt es Kontakt auf mit der am besten erreichbaren Basisstation. Diese meldet an eine Zentrale, dass sich der Abonnent mit der Nummer xy in ihrer Zelle befindet. Periodisch wird das Handy abgefragt und seine Anwesenheit kontrolliert.

- *Handover:* Wie kann der Benutzer bei laufendem Gespräch die Zelle wechseln? Am Rand der Zelle verschlechtert sich die Verbindungsqualität. Die Basisstation fragt über das Festnetz die benachbarten Basisstationen, ob der Empfang dort besser ist. Danach wird in Sekundenbruchteilen die Verbindung übergeben, was einen automatischen Frequenzwechsel zur Folge hat.

In Europa und in einigen weiteren Gebieten wird das GSM-System benutzt (global system for mobile communication, ursprünglich hiess es groupe spéciale mobile und bezeichnete das Standardisierungsgremium). Die Sprachübertragung erfolgt digital, auf der Funkstrecke (nicht aber im Festnetz) ist das Signal chiffriert. Um Bandbreite zu sparen, wird das Sprachsignal quellencodiert, indem die Datenrate mit einem LPC-Verfahren (Abschnitt 4.1.3) auf 13.4 kBit/s reduziert wird. Eine nachfolgende Kanalcodierung expandiert auf 22.8 kBit/s. Die Modulation ist GMFSK (Gaussian minimum shift keying, Abschnitt 3.4.3). Die Arbeitsfrequenz liegt im UHF-Bereich (900 MHz), was kleine und handliche Antennen ermöglicht.

Die Frequenzen im 900 MHz-Bereich sind bereits knapp geworden. Man weicht deshalb mit einem identischen zusätzlichen System auf den Bereich um 1.8 GHz aus (DCS-1800-Standard, DCS = digital cellular standard).

In Flugzeugen dürfen die Handies nicht eingeschaltet sein. Erstens können sie die Bordelektronik stören, zweitens belästigt man die Sitznachbarn und drittens würden sie gleichzeitig mehrere Zellen erreichen und damit das Zellularsystem irritieren.

Bemerkenswert ist die Namensgebung: In der Schweiz heisst das System NATEL (Nationales Auto-Telefon), ein Ausdruck, der in den siebziger Jahren geprägt wurde. Damals wogen die Geräte einige Kilogramm und benötigten dermassen viel Strom, dass der Einsatz nur vom Auto aus möglich war. Zudem konnte sich niemand auch nur annähernd vorstellen, dass einmal so kleine und preisgünstige Geräte in so grosser Stückzahl in Betrieb sein werden. In Deutschland spricht man von Handies und bezeichnet damit die Bauform, während die Amerikaner mit dem Namen cellular phone die Technik zum Taufpaten erhoben haben. Es ist aber nicht anzunehmen, dass viele Benützer sich unter diesem Namen tatsächlich etwas vorstellen können!

Die Mobiltelefone sind Bestandteile eines Funknetzes, das von einer Gesellschaft unterhalten wird. Im Gegensatz dazu sind die drahtlosen Telefone Bestandteil einer drahtlosen Punkt-Punkt-Verbindung, die ganz im Verantwortungsbereich des Benutzers liegt. Der Zweck der drahtlosen Telefone ist es, eine Bewegungsfreiheit im Bereich 100 … 300 m zu bieten. Die drahtlosen Telefone sind mittlerweile in der dritten Generation auf dem Markt, ebenfalls digital ausgeführt und mit Sprachverschlüsselung versehen. Diese Norm heisst DECT (digital enhanced cordless telephone).

Weiterentwicklungen zielen darauf ab, Kombigeräte für DECT und GSM anzubieten. Fernziel ist natürlich ein Gerät, dass zuerst den DECT-Anschluss sucht, danach ein GSM-Netz bei 900 MHz oder 1.8 GHz versucht und schliesslich auf ein Satellitennetz ausweicht.

Bereits steht die nächste (dritte) Generation von Mobilfunksystemen vor der Einführung. Dieses sog. UMTS (universal mobile telecommunication system) umfasst ein ganzes Bündel von Standards und ist für Datenverkehr und nicht für Sprachdienste optimiert. Damit soll eine multimediataugliche Kommunikation auf dem ganzen Globus möglich werden. Die Telekommunikationsfirmen haben astronomische Geldsummen in die Konzessionen gesteckt, weitere Investitionen in der gleichen Grössenordnung sind für den Aufbau der Infrastruktur notwendig.

Der Funkverkehr wird in der Gegend von 2 GHz stattfinden (leider nicht weltweit einheitlich), für den Kanalzugriff stehen mehrere Varianten offen, u.a. CDMA. Ein Handy kann mit softhandover gleichzeitig mit mehreren Basisstationen in Kontakt sein, was einen Netzgewinn ergibt.

So verlockend die technischen Daten auch tönen, die Inhalte und die Handhabbarkeit der Endgeräte (Bedienung, Display, Gewicht, Betriebsautonomie) werden für den kommerziellen Erfolg ebenso entscheidend sein wie der Preis.

6.5.3 Bündelfunknetze

Bündelfunknetze sind Funknetze für Behörden wie Polizei, Sanität, Feuerwehr usw. Man spricht auch vom BOS-Funk (BOS = Behörden und Organisationen mit Sicherheitsaufgaben). Aber auch auf Flughäfen werden Bündelfunknetze eingesetzt. Dort ist es eine schlechte Idee, jedem Terminal z.B. 10 Frequenzen zu geben und Netze für Wartung, Betankung, Security, Catering usw. zu organisieren. Diese Frequenzen sind nämlich überlastet, wenn ein Flugzeug angedockt hat, während die Kanäle eines anderen Terminals brach liegen. Besser ist es, 40 Frequenzen dem Flughafen zuzuteilen und diese dynamisch zu verwalten. Genau dies machen Bündelfunksysteme.

Die einzelnen Funkgeräte warten auf einem Organisationskanal, der von einer Zentrale geführt wird. Möchte jemand ein Gespräch, so stellt er nicht eine bestimmte Frequenz ein, sondern er tippt eine Adresse in sein Gerät. Diese Adresse wird zur Zentrale übertragen, welche den Adressaten aufruft und beide Funkgeräte auf eine freie Frequenz dirigiert. Dies geschieht vollautomatisch und mit unmerklicher Verzögerung.

Dasselbe ist natürlich auch mit einem Zellularnetz möglich. Die öffentlichen Zellularnetze sind aber bei einem grösseren Ereignis sofort überlastet. Die GSM-Norm lässt zwar eine Priorisierung für vorbestimmte Teilnehmer zu, die Bündelfunknetze bieten aber weitergehende Dienste:

- Jede Organisationseinheit ist eine in sich geschlossene Gruppe, obwohl alle dasselbe physikalische Netz benutzen.

- Querverbindungen zwischen verschiedenen Organisationen lassen sich für definierte Personen schalten, ebenso Übergänge in das öffentliche Telefonnetz.

- Dank Gruppenadressen kann man Konferenzgespräche führen.

- Endgeräte können auch direkt miteinander kommunizieren, ohne eine Basistation zu benützen.

- Bei Bedarf lässt sich eine End-zu-End-Chiffrierung vornehmen.

- Da Bündelfunkgeräte von Organisationen mit Spezialaufgaben benutzt werden, lassen sich verlorene oder gestohlene Funkgeräte aus Sicherheitsgründen ferngesteuert blockieren.

Es gibt zwei konkurrierende Systeme für Bündelfunknetze. In Deutschland und in anderen Staaten wird das System TETRA (trans european trunked radio) benutzt. Dieses hat eine Kapazität für 100 bis 100'000 Benutzer mit einer Benutzerdichte von maximal 70 Benutzern pro km^2. Die Netto-Datenrate beträgt 19.2 kBit/s, der Kanalzugriff erfolgt mit TDMA und die Träger sind moduliert mit DQPSK.

In Frankreich und in der Schweiz wird das System TETRAPOL benutzt, es basiert auf FDMA. Leider gelang es nicht, sich auf einen einzigen Standard zu einigen.

6.5.4 Satellitennetze

Die Satellitennetze wurden bereits im Abschnitt 5.5.7 besprochen.

6.6 Messtechnik an Datennetzen

Datennetze sind komplexe Gebilde, entsprechend anspruchsvoll ist die Messtechnik. So wie die Digitaltechnik den Schritt vom Kathodenstrahloszillographen zum Logikanalysator gebracht hat, haben die Datennetze den Schritt zum Protokollanalysator bewirkt.

Ein Datennetz ist die Kombination von unterschiedlichen Protokollen, unterschiedlichen Endgeräten, unterschiedlichen Übertragungsmedien, unterschiedlichen Knoten, unterschiedlichen Belastungsfällen und unterschiedlichen Anwendungen bei unterschiedlicher geographischer Ausdehnung. Es ist nicht verwunderlich, dass dadurch zahlreiche Fehlermöglichkeiten auftreten. Diese lassen sich in Gruppen aufteilen, in der folgenden Aufstellung sind die schwerwiegenden und schwierig zu behebenden Fehler zuoberst aufgeführt:

- Protokollverletzungen

- Verkehrsüberlastungen

- Installationsfehler, Konfigurationsfehler (falsche Parametereinstellungen)

- Defekte (Ausfälle) während des Betriebs

Das Arsenal des Messtechnikers umfasst klassische Geräte zur Messung von

- Pegeln

- Frequenzgängen

- Impedanzen

- linearen und nichtlinearen Verzerrungen

- Geräuschen

- Jitter

- Bitfehlerquoten

- Phasenrauschen von Oszillatoren

Weiter werden spezielle Geräte benutzt wie

- Schnittstellentester

- Protokollanalysatoren (engl. *Datascope*)

- Belastungssimulatoren

- Netzanalysatoren (Messung des Datendurchsatzes, Verzögerungs- und Antwortzeiten, Anteil fehlerhafter Pakete, Füllstand der Datenpuffer usw.)

Protokollanalysatoren sind ebenfalls in Schichten gegliedert und gestatten das selektive Auswerten von Overheads wählbarer Netz-Schichten. Diese Geräte enthalten umfangreiche Speicher, um kontextsensitive Schwierigkeiten aufzuspüren (Anlegen von Log-Files).

Netzanalysatoren liefern als Output Statistiken, die von mittel- bis längerfristigem Interesse sind, nämlich als Grundlage für den Netzausbau.

Bei Protokoll- und Netzmessungen muss man sich bewusst sein, dass es um die Erfassung statistischer Werte geht. Konkret heisst dies, dass der Messtechniker sicherstellen muss, dass

- die Messung eine genügend grosse Stichprobenmenge darstellt und

- die Stichproben repräsentativ sind.

Weiter ist zu beachten, dass komplexe Systeme stark nichtlinear reagieren können. Wenn ein Parameter ändert, z.B. die Belastung ansteigt, so sinkt vorerst der Durchsatz, plötzlich kollabiert aber das ganze System unvorhersehbar. Die Extrapolation von Messdaten ist darum ein sehr gefährliches Unterfangen.

6.7 Netzmanagement

Das Netzmanagement erfüllt zwei Aufgaben:

- das *momentane* Funktionieren des Netzes sicherstellen ($\rightarrow$ defekte Komponenten rasch finden und austauschen)

- das *effiziente* (wirtschaftliche) Funktionieren des Netzes ermöglichen ($\rightarrow$ Angaben über die Netzbelastung und mögliche Schwachstellen aufzeigen, damit das Netz entsprechend umkonfiguriert oder ausgebaut werden kann).

Die Steigerung der Effizienz hat in den letzten 10 Jahren die Übertragungskosten gemessen in km·Bit/s um 40 % gesenkt. Diese Effizienzsteigerung war möglich durch flexiblere und besser ausgelastete Netze. Die Flexibilität ihrerseits war möglich durch einen stets wachsenden Software-Anteil. Dieser stieg von nahezu 0 % (PDH) auf über 50 % (SDH/ATM).

Die Effizienz kann beeinträchtigt sein durch:

- *Temporäre Überlastung* wegen hohen Verkehrsaufkommens. Die Protokolle verfügen auf mehreren Schichten über Fluss-Steuerungsmechanismen, um der Überlastung zu begegnen. Mit Netzmanagement kann eine Ursachen- anstelle einer Symptomtherapie durchgeführt werden.

- *Strukturelle Überlastung*, die durch sorgfältige Planung, Netzbeobachtung und -Ausbau vermieden werden kann.

Das Netzmanagement bezieht seine Informationen von der Messtechnik und löst darauf aufbauend bestimmte Aktionen aus. Dabei reicht die Zeitkonstante von Sekunden (Fehler lokalisieren) bis Jahre (Netz ausbauen). Eine ebenso grosse Dynamik liegt in den Geldbeträgen, die durch das Netzmanagement ins Rollen gebracht werden.

Das Netzwerkmanagement steckt im Vergleich zur potentiellen Leistungsfähigkeit der heutigen Netze noch in den Kinderschuhen. Auch für das Management ist eine Normung wichtig, diese ist noch im Gange. Da es um Netze geht, ist es nicht verwunderlich, dass ein weiteres Schichtenmodell für NMT (network management) entwickelt wurde, Bild 6.30. Dabei wird in Funktionsbereiche und Schichten unterschieden.

	Fault (Fehler)	Performance (Leistung)	Configuration (Konfiguration)	Security (Sicherheit)	Accounting (Abrechnung)
Business Management					
Service Management					
Network Management					
Element Management					
Network Element					

Bild 6.30 Das NMT-Modell: Gliederung in Funktionsbereiche (vertikal) und Schichten (horizontal)

Die Schichten ändern die Sichtweise auf das Netz. Zuunterst werden nur die Elemente (Knoten, Übertragungseinrichtungen) betrachtet. Darüber werden diese Elemente gesteuert und koordiniert sowie Messdaten gesammelt. Im network management layer geht es um die Verwaltung aller Netzelemente, einschliesslich der Gruppenfunktionen. Dies erfolgt möglichst herstellerunabhängig. Hier werden z.B. Mietleitungen geschaltet (im Bereich configuration). Der service management layer überwacht die Verfügbarkeit der einzelnen Dienste und verwaltet Kundendaten. Der business management layer schliesslich befasst sich mit den betriebswirtschaftlichen Aktivitäten des Unternehmens und bildet die langfristigen Ziele ab. Die unteren Schichten betrachten das Netz technisch und konkret, die oberen betriebswirtschaftlich und abstrakt.

Die Bereiche umfassen:

- Fehlerbehandlung (Fehlererkennung, -Diagnose und -Behebung)
- Leistungsmanagement (mittel- und langfristige Bewertung des Systems)
- Konfiguration (Verteilung der Belastung, Information über den Netzzustand)
- Sicherheit (Schutz vor beabsichtigten oder zufälligen unberechtigten Zugriffen auf das verwaltete Netz *und* das verwaltende Netz)
- Abrechnung

Der personelle und finanzielle Aufwand für das Netzmanagement darf bei der Netzplanung auf keinen Fall unberücksichtigt bleiben.

Das oben beschriebene NMT-Modell ist erst eine ITU-Empfehlung. In der TCP/IP-Welt hat sich mittlerweile das SNMP (simple network management protocol) zu einem De-facto-Standard gemausert.

Hinweise zur Weiterarbeit

Wir sind am Ende unserer Einführung in die Technik der Nachrichtenübertragung angelangt. Der Akzent lag nicht in der Tiefe des Stoffes, sondern in dessen Breite. Dies darum, weil die vielen Querbeziehungen sattelfeste Generalisten verlangen. Dieses Buch strebt drei Ziele an:

- Vermittlung des notwendigen Grundwissens in der ganzen Breite
- Befähigung zum Autodidakt
- Faszination und Spass an der Nachrichtentechnik

Alle drei Punkte sind notwendig, um die erforderliche Weiterbildung sicherzustellen und damit auch noch Jahre nach dem Studium über ein aktuelles Wissen zu verfügen. Eine Erweiterung des Wissens bedingt aber u.U. eine vorgängige Vertiefung der mathematischen Grundlagen. Insbesondere sind zu erwähnen:

- *Wahrscheinlichkeitsrechnung und Statistik* für die Informationstheorie und die Betrachtung des Störverhaltens der Modulationsarten.
- *Warteschlangentheorie und Markov-Prozesse* für die Vermittlungstechnik und die Nachrichtennetze.
- *Lineare Algebra und Arithmetik der Galoisfelder* für die Kanalcodierung und Chiffrierung.
- *Partielle Differentialgleichungen und Vektoranalysis* für die Wellentheorie und die Höchstfrequenztechnik.
- *Systemtheorie* für die Beschreibung und Implementierung anspruchsvoller Systemkomponenten wie z.B. adaptiver Entzerrer.

Nachstehend sind einige Anregungen für mögliche Weiterarbeiten und Einstiegspunkte dazu aufgeführt.

- Generalisten empfehle ich Übersichts- und Handbücher wie [Mei92], [Loc97] und [Her00]. [Pro94] und [Skl88] ermöglichen nebst der Stoffrepetition des vorliegenden Buches eine gute Vertiefung der englischen Fachsprache.
- Freunde der Punkt-Punkt-Übertragung müssen zusätzlich die Rauschbetrachtungen einbeziehen. Dazu seien [Con86], [Mil97], [Lük92], [Kam92], [Kro96] und [Klo01] empfohlen.
- Mehr über Nachrichtennetze findet man u.a. in [Pet00], [Hal96], [Sta97], [Tan97] und [Ger94].
- Die Informationstheorie und die Codierung lassen sich mit [Mil90], [Swe92] und [Bos92] vertiefen.
- Für Realisierungen der hier vorgestellten Konzepte enthalten [Mei92] und [Ger97] zahlreiche Hinweise. Dazu sind auch Kenntnisse in Elektronik, Digitaltechnik und Signalverarbeitung notwendig.
- Wer die Theorien gerne am Computer überprüft, wird Freude an [Kam01] und [Ger97] haben.

Literaturverzeichnis

[Abm94]   Abmayr, W.: *Einführung in die digitale Bildverarbeitung*
          Teubner-Verlag, Stuttgart, 1994

[Bän02]   Bäni, W.: *Wavelets – Eine Einführung für Ingenieure*
          Oldenbourg-Verlag, München, 2002

[Bes93]   Best, R.: *Theorie und Anwendungen des Phase-locked-Loops*
          AT-Verlag, Aarau, 1993

[Beu94]   Beutelspacher, A.: *Kryptologie*
          Vieweg-Verlag, Braunschweig/Wiesbaden, 1994

[Bos92]   Bossert, M.: *Kanalcodierung*
          Teubner-Verlag, Stuttgart, 1992

[Con86]   Connor, F.R.: *Rauschen*
          Vieweg-Verlag, Braunschweig/Wiesbaden, 1986

[Gen98]   Geng, N., Wiesbeck, W.: *Planungsmethoden für die Mobilkommunikation*
          Springer-Verlag, Berlin, 1998

[Ger94]   Gerdsen, P., Kröger, P.: *Kommunikationssysteme 1*
          Springer-Verlag, Berlin, 1994

[Ger97]   Gerdsen, P., Kröger, P.: *Digitale Signalverarbeitung in der Nachrichtenüber-*
          tragung. Springer-Verlag, Berlin, 1997

[Gon93]   Gonzales, R.C., Woods, R.E.: *Digital Image Processing*
          Addison-Wesley, Reading, 1993

[Hal96]   Halsall, F.: *Data Communications, Computer Networks and Open Systems*
          Addison-Wesley, Harlow, 1996

[Her00]   Herter, E., Lörcher, W.: *Nachrichtentechnik*
          Hanser-Verlag, München, 2000

[Hof97]   Hoffmann, M.: *Hochfrequenztechnik*
          Springer-Verlag, Berlin, 1997

[Höl86]   Hölzler, E., Holzwarth, H.: *Pulstechnik, Band 1*
          Springer-Verlag, Berlin, 1986

[Joh92]   Johann, J.: *Modulationsverfahren*
          Springer-Verlag, Berlin, 1992

[Jon02]   Jondral, F., Machauer, R., Wiesler, A.: *Software Radio*
          J. Schlembach Fachverlag, Weil der Stadt, 2002

[Kam92]   Kammeyer, K.D.: *Nachrichtenübertragung*
          Teubner-Verlag, Stuttgart, 1992

[Kam01]   Kammeyer, K.D., Kühn, V.: *MATLAB in der Nachrichtentechnik*
          J. Schlembach Fachverlag, Weil der Stadt, 2001

[Kon94]   Kondoz, A.M.: *Digital Speech (Coding for Low Bitrate Communication Systems)*
          John Wiley & Sons, Chichester, 1994

[Klo01]   Klostermeyer, R.: *Digitale Modulation*
          Vieweg-Verlag, Braunschweig/Wiesbaden, 2001

[Kro96]   Kroschel, K.: *Statistische Nachrichtentheorie*
          Springer-Verlag, Berlin, 1996

[Loc97]   Lochmann, D.: *Digitale Nachrichtentechnik*
          Verlag Technik, Berlin, 1997

[Lük92]   Lüke, H.D.: *Signalübertragung*
          Springer-Verlag, Berlin, 1992

[Mäu91]   Mäusl, R.: *Digitale Modulationsverfahren*
          Hüthig-Verlag, Heidelberg, 1991

[Mäu91a] Mäusl, R., Schlagheck E.: *Messverfahren in der Nachrichten-Übertragungstechnik*
          Hüthig-Verlag, Heidelberg, 1991

[Mäu91b] Mäusl, R.: *Fernsehtechnik*
          Hüthig-Verlag, Heidelberg, 1991

[Mäu92]   Mäusl, R.: *Analoge Modulationsverfahren*
          Hüthig-Verlag, Heidelberg, 1992

[Mei92]   Meinke, Gundlach: *Taschenbuch der Hochfrequenztechnik*
          Hrsg. von Lange, K., Löcherer, K.-H., Springer-Verlag, Berlin, 1992

[Mey00]   Meyer, M.: *Signalverarbeitung*
          Vieweg-Verlag, Braunschweig/Wiesbaden, 2000

[Mey02]   Meyer, M.: *Grundlagen der Informationstechnik*
          Vieweg-Verlag, Braunschweig/Wiesbaden, 2002

[Mil90]   Mildenberger, O.: *Informationstheorie und Codierung*
          Vieweg-Verlag, Braunschweig/Wiesbaden, 1990

[Mil97]   Mildenberger, O.: *Übertragungstechnik*
          Vieweg-Verlag, Braunschweig/Wiesbaden, 1997

[Nee00]   van Nee, R., Ramjee, P.: *OFDM For Wireless Multimedia Communications*
          Artech House, Boston/London, 2000

[Pet00]   Peterson, L.L., Davie, B.S.: *Computernetze*
          dpunkt.verlag, Heidelberg, 2000

[Pro94]   Proakis, J.G., Salehi, M.: *Communication Systems Engineering*
          Prentice-Hall, Englewood Cliffs, New Jersey, 1994

[Rei97]   Reimers, U.: *Digitale Fernsehtechnik*
          Springer-Verlag, Berlin, 1997

[Sch96]   Schneider, B.: *Applied Cryptography*
          John Wiley & Sons, New York, 1996

[Sin00]   Singh, S.: *Geheime Botschaften*
          Hanser-Verlag, München, 2000

[Skl88]   Sklar, B.: *Digital Communications, Fundamentals And Applications*
          Prentice-Hall, Englewood Cliffs, New Jersey, 1988

[Sta97]   Stallings, W.: *Data and Computer Communications*
          Prentice Hall, Upper Saddle River, New Jersey, 1997

[Stä98]   Stähli, F.: *Ingenieurethik an Fachhochschulen*
          Fortis Verlag FH / Sauerländer, Aarau, 1998

[Ste82]   Steinbuch, K., Rupprecht, W.: *Nachrichtentechnik, Band 2*
          Springer-Verlag, Berlin, 1982

[Str00]   Strutz, T.: *Bilddatenkompression*
          Vieweg-Verlag, Braunschweig/Wiesbaden, 2000

[Swe92]   Sweeney, P.: *Codierung zur Fehlererkennung und Fehlerkorrektur*
          Hanser-Verlag, München, 1992

[Tan97]   Tanenbaum, A.S.: *Computernetzwerke*
          Prentice Hall, München, 1997

[Tra93]   Trachsel, R.: *Ein halbes Jahrhundert Telekommunikation in der Schweiz*
          Sauerländer-Verlag, Aarau, 1993

[Wol97]   Wolff, I.: *Maxwellsche Theorie*
          Springer-Verlag, Berlin, 1997

[Zin90]   Zinke, O., Brunswig u.a.: *Hochfrequenztechnik, Band 1*
          Springer-Verlag, Berlin, 1990

[Zin93]   Zinke, O., Brunswig u.a.: *Hochfrequenztechnik, Band 2*
          Springer-Verlag, Berlin, 1993

Verzeichnis der Formelzeichen

$a(t)$	Enveloppe
a_F	Freiraumdämpfungsmass in dB
A	Amplitude
A_D	Freiraumdämpfung
B	Bandbreite
B_a	Bandbreite eines analogen Signales
B_N	Nyquistbandbreite
$B_ü$	effektive Übertragungsbandbreite
C	Kanalkapazität in bit/s
d	Distanz zwischen zwei Codeworten
D	Dynamik
D	geographische Verbindungsdistanz
e	Anzahl Bitfehler in einem Codewort
$e(t)$	Fehlersignal (error)
E	elektrische Feldstärke
E_{bit}	Energie in einem bit
$E(s)$	Erwartungswert
f	Frequenz
F	Rauschmass
F_{Ant}	Antennenrauschmass
$g(t)$	Schrittantwort
G	Gewinn
G	Generatormatrix
G_M	Modulationsgewinn in dB
G_C	Codierungsgewinn in dB
h	Hammingdistanz eines Codes
h	topographische Überhöhung
$h(t)$	Impulsantwort
H	Entropie einer Quelle
H	Kontrollmatrix
H	magnetische Feldstärke
H_0	Entscheidungsgehalt
$H(j\omega)$	Frequenzgang, Fourier-Transformierte von h(t)
$H(s)$	Übertragungsfunktion, Laplace-Transformierte von h(t)
I	Informationsmenge in bit
J	Informationsrate in bit/s
J_n	Besselfunktionen 1. Art n. Ordnung
k	Wortbreite des ADC oder DAC
k	Anzahl Prüfbit in einem Codewort
k	Boltzmann-Konstante
K	Konstante
L	Pegel (Level)
l	Länge
m	Modulationsgrad (AM)
m	Anzahl Nutzbit in einem Codewort

M	Wertigkeit eines Codes oder einer Modulation
n	Anzahl Nutz- und Prüfbit in einem Codewort
n	Rauschzahl
N_0	thermische Rauschleistungsdichte
P_S	Signalleistung
P_N	Störleistung, Geräuschleistung
p(s)	Wahrscheinlichkeitsdichtefunktion von s
p_{Fehler}	Fehlerwahrscheinlichkeit
p_{Bit}	Bitfehlerwahrscheinlichkeit
p_{Block}	Blockfehlerwahrscheinlichkeit
p_R	Restfehlerwahrscheinlichkeit
q	Quantisierungsintervall
R	Datenrate in Bit/s, Bitrate
R	Redundanz
R	Erdradius
R	Zürcher Relativzahl
R_C	Codierungsrate
R_s	geglättete Zürcher Relativzahl
s(t)	Signal
$s_k(t)$	Kophasalkomponente eines Signals
$s_{Na}(t)$	Nachrichtensignal
$s_m(t)$	moduliertes Signal
$s_q(t)$	Quadraturkomponente eines Signals
S	Schrittgeschwindigkeit, Baudrate
S	Poynting-Vektor
SF	solarer Flux
SR_A	Signal-Rausch-Abstand am Ausgang des Demodulators / Decoders in dB
SR_K	Signal-Rausch-Abstand am Ende des Kanals (Demodulatoreingang) in dB
SR_Q	Quantisierungsrauschabstand in dB
$s_{Tr}(t)$	Trägersignal
T	Zeit
T	Periodendauer
T_{Bit}	Dauer eines Bit
T_R	Rauschtemperatur
u	Spannung
U	Farbdifferenzsignal (TV)
V	Farbdifferenzsignal (TV)
w	Gewicht eines Codewortes
x(t)	Signal, Eingangssignal
$X(\omega)$	Fourier-Spektrum von x(t)
X(s)	Laplace-Spektrum von x(t)
y(t)	Signal, Ausgangssignal
$Y(\omega)$	Fourier-Spektrum von y(t)
Y(s)	Laplace-Spektrum von y(t)
Y	Helligkeitssignal (TV)
$\underline{Z}_W$	Wellenimpedanz
β	Bandbreitenvergrösserung
$\delta(t)$	Diracstoss
$\varepsilon(t)$	Sprungfunktion, Schrittfunktion

ε_0 Dielektrizitätskonstante des Vakuums

λ Wellenlänge

μ Modulationsindex (FM)

μ_0 absolute Permeabilität des Vakuums

τ Zeitverschiebung

φ_{Tr} Träger-Nullphase

$\Psi(t)$ Argument einer trigonometrischen Funktion

ω Kreisfrequenz

ω_{Tr} Trägerkreisfrequenz

$\circ\!\!-\!\!\circ$ Fourier-, Laplace- oder z-Korrespondenz

Verzeichnis der Abkürzungen

AAL	ATM Adaption Layer
AC	Alternate Current, Wechsel(strom)signal
ACELP	Algebraic Code Excited Linear Prediction
ADC	Analog-Digital-Wandlung, Analog-Digital-Wandler
ADM	adaptive Deltamodulation
ADM	Add-Drop-Multiplexer
ADSL	Asymmetrical Digital Subscriber Line
AES	Advanced Encryption Standard
AF	Audio Frequencies, Niederfrequenz (NF)
AFSK	Audio Frequency Shift Keying
AGC	Automatic Gain Control
AIS	Alarm Indication Signal
AKF	Autokorrelationsfunktion
ALE	Automatic Link Establishment
AM	Amplitudenmodulation
AMI	Alternate Mark Inversion
AMTOR	Amateur Teletype Over Radio
ANSI	American National Standards Institute
AP	Allpass
APD	Avalanche Photo Diode
APSK	Amplitude Phase Shift Keying
ARI	Autofahrer-Rundfunk-Information
ARQ	Automatic Repeat Request
ASCII	American Standard Code for Information Interchange
ASK	Amplitude Shift Keying, Amplitudenumtastung
ATM	Asynchronous Transfer Mode
ATSC	Advanced Television Systems Committee
AWGN	Additive White Gaussian Noise
AZ	Anschlusszentrale
BAS	Bild, Austastlücke, Synchronisation
BB	Basisband
BER	Bit Error Ratio, Bitfehlerquote
BFO	Beat Frequency Oscillator
BGP	Border Gateway Protocol
BITE	Built In Test Equipment
BOS	Behörden und Organisationen mit Sicherheitsaufgaben
BP	Bandpass
BPSK	Binary Phase Shift Keying
BS	Bandsperre
CAP	Carrierless AM/PM
CATV	Cable Television, Community Antenna Television
CCITT	Comité Consultatif International Télégraphique et Téléphonique
CCIR	Comité Consultatif International des Radiocommunications
CD	Compact Disc
CDM	Code Division Multiplex
CDMA	Code Division Multiple Access

CEPT	Conférence Européen des Administrations des Postes et des Télécommunications
CIF	Common Interleaved Frame
CMI	Coded Mark Inversion
COFDM	Coded Orthogonal Frequency Division Multiplex
CPFSK	Continous Phase Frequency Shift Keying
CRC	Cyclic Redundancy Check
CSMA	Carrier Sense Multiple Access
CSMA/CD	Carrier Sense Multiple Access with Collision Detection
CS-ACELP	Conjugate-Structure Algebraic Code Excited Linear Prediction
CVSD	Continuously Variable Slope Delta Modulation
DAB	Digital Audio Broadcasting
DAMA	Demand Assignment Multiple Access
DAT	Digital Audio Tape
DC	Direct Current, Gleich(strom)signal
DCDM	Digitally Controlled Delta Modulation
DCE	Data Communication Equipment, Daten -Übertragungsgerät
DCO	Digitally Controlled Oscillator
DCS	Digital Cellular Standard
DCT	Diskrete Cosinustransformation
DDS	Direct Digital Synthesis
DECT	Digital Enhanced Cordless Telephone
DES	Data Encryption Standard
DFT	Diskrete Fourier-Transformation
DM	Deltamodulation
DMT	Discrete Multi-Tone
DMUX	Demultiplexer, Demultiplexierung
DNS	Domain Name System
DPCM	Differentielle PCM
DQDB	Distributed Queue Dual Bus
DRM	Digital Radio Mondiale
DSI	Digital Speech Interpolation
DSP	Digitaler Signalprozessor
DSR	Digital Satellite Radio
DSSC	Double Sideband Suppressed Carrier
DS-SS	Direct Sequence Spread Spectrum
DTE	Data Teminal Equipment, Daten-Endgerät
DUT	Device Under Test (Prüfling)
DVB	Digital Video Broadcasting
DVD	Digital Versatile Disc
DWDM	Dense WDM
ECSS	Extracted Carrier Selectable Sideband
EDFA	Erbium-Doped Fibre Amplifiers
EDTV	Extended Definion Television
EOW	Engineering Order Wire, Dienstkanal
ERP	Effective Radiated Power
ESB	Einseitenband
ETSI	European Telecommunication Standards Institute
FBAS	Farbe, Bild, Austastlücke, Synchronisation
FDD	Frequency Division Duplexing
FDDI	Fibre Distributed Data Interface
FDM	Frequency Division Multiplex, Frequenz-Multiplex

FDMA	Frequency Division Multiple Access
FEC	Forward Error Correction
FEXT	Far End Crosstalk, Fernübersprechen
FFSK	Fast Frequency Shift Keying
FFT	Fast Fourier Transform
FH-SS	Frequency Hopping Spread Spectrum
FIC	Fast Information Channel
FIR	Finite Impulse Response
FITL	Fibre In The Loop
FM	Frequenzmodulation
FOT	Frequency of Optimal Traffic
FSK	Frequency Shift Keying, Frequenzumtastung
FT	Fouriertransformation
FFT	Fast Fourier Transform
FTP	File Transfer Protocol
FTTB	Fibre To The Building
FTTC	Fibre To The Curb
FTTH	Fibre To The Home
GF	Galois-Feld
GMII	Gigabit Media Independent Interface
GMSK	Gaussian Minimum Shift Keying
GPS	Global Positionning System
GSM	Global System for Mobile Communication
HDB-3	High Density Bipolar Of Order 3
HDLC	High-Level Data Link Control
HDSL	High Speed Digital Subscriber Line
HDTV	High Definition Television
HF	Hochfrequenz
HIDM	High Information Delta Modulation
HP	Hochpass
HP	High Profile
HTTP	Hypertext Transfer Protocol
ICMP	Internet Control Message Protocol
IDEA	International Data Encryption Algorithm
IEC	International Electrical Commission
IEEE	Institute of Electrical and Electronic Engineers
IIR	Infinite Impulse Response
IF	Intermediate Frequency, Zwischenfrequenz
IFS	Integriertes Fernmeldesystem
IDCT	Inverse Diskrete Cosinus-Transformation
IDFT	Inverse Diskrete Fourier-Transformation
IM	Intensitätsmodulation
IOL	Inter-Orbit Link
IP	Internet Protocol
ISB	Independent Sideband
ISDN	Integrated Services Digital Network
ISI	Inter-Symbol-Interference, Pulsübersprechen
ISL	Inter-Satellites Link
ISO	International Standards Organization
ITU	International Telecommunication Union
JPEG	Joint Photographic Experts Group

KKF	Kreuzkorrelationsfunktion
KW	Kurzwelle
LAN	Local Area Network
LAPB	Link Access Procedure, Balanced
LAPD	Link Access Procedure D Channel
LD	Laserdiode
LD-CELP	Low Delay Code Excited Linear Prediction
LDTV	Low Definition Television
LED	Light Emitting Diode, Leuchtdiode
LEO	Low Earth Orbit
LF	Loop-Filter
LLC	Logical Link Control
LM	lineare Modulation
LNA	Low Noise Amplifier
LNB	Low Noise Block
LNC	Low Noise Converter
LO	Lokal-Oszillator
LPC	Linear Predictive Coding
LRC	Longitudinal Redundancy Check
LSB	Lower Side Band, unteres Seitenband
LSB	Least Significant Bit (niederwertigstes Bit)
LTD	Linear Discrete Timeinvariant
LTI	Linear Time Invariant
LUF	Lowest Usable Frequency
LW	Langwelle
LWL	Lichtwellenleiter
MAC	Media Access
MAN	Metropolitan Area Network
MBC	Meteor Burst Communication
MELP	Mixed Excitation Linear Prediction
MII	Media Independent Interface
MIME	Multipurpose Internet Mail Extension
MP	Main Profile
MPEG	Moving Picture Experts Group
MR-QAM	Multi Resolution QAM
MSB	Most Significant Bit (höchstwertigstes Bit)
MSC	Main Service Channel
MSK	Minimum Shift Keying
MUF	Maximum Usable Frequency
MUSICAM	Masking Pattern Universal Subband Integrated Coding And Multiplexing
MUX	Multiplexer, Multiplexierung
MW	Mittelwelle
NATEL	Nationales Autotelefon
NEXT	Near End Crosstalk, Nahübersprechen
NF	Niederfrequenz
NMT	Network Management
NRZ	Non Return To Zero
NSA	National Security Agency
NTSC	National Television System Committee
OFDM	Orthogonal Frequency Division Multiplex
OOK	On-Off-Keying

OSB	Oberes Seitenband
OSI	Open Systems Interconnection
OSPF	Open Shortest Path First
OQPSK	Offset Quadrature Phase Shift Keying
PAD	Programme Associated Data
PAL	Phase Alternating Line
PAM	Puls-Amplituden-Modulation
PDH	Plesiochrone Digitale Hierarchie
PCM	Pulse-Code-Modulation
PD	Phasendetektor
PDM	Puls-Dauer-Modulation
PFM	Puls-Frequenz-Modulation
PGP	Pretty Good Privacy
PLC	Powerline Communication
PLL	Phase Locked Loop, Phasenregelkreis
PM	Phasenmodulation
POTS	Plaine Old Telephone Service
PPM	Puls-Phasen-Modulation, Puls-Positions-Modulation
PRBN	Pseudo Random Binary Noise
PSK	Phase Shift Keying, Phasenumtastung
PWM	Puls-Width-Modulation, Puls-Breiten-Modulation
QAM	Quadrature Amplitude Modulation
QPAM	quantisierte PAM
QPSK	Quadrature Phase Shift Keying
RDS	Radio Data System
RF	Radio Frequencies, Hochfrequenz (HF)
RFM	Rechteck-Frequenzmodulation
RITL	Radio In The Loop
RTTY	Radio Teletype
RX	Receiver, Empfänger
RZ	Return To Zero
SAP	Service Access Point
SB-ADPCM	Sub-Band Adaptive Differential Pulse Code Modulation
SDH	Synchrone Digitale Hierarchie
SDTV	Standard Definition Television
SFN	Single Frequency Network
SHA	Secure Hash Algorithm
SID	Sudden Ionospheric Disturbance
SITOR	Simplex Teletype Over Radio
SMTP	Simple Mail Transfer Protocol
SNMP	Simple Network Management Protocol
SNR	Signal to Noise Ratio
SNRP	SNR Scalable Profile
SONET	Synchronous Optical Network
SP	Simple Profile
SSB	Single Side Band, Einseitenbandmodulation
SSP	Spatial Scalable Profile
SSSC	Single Side Band Suppressed Carrier (identisch zu SSB)
SS7	Signalisierungssystem Nr. 7
STM	Synchronous Transport Modul
STP	Shielded Twisted Pair

S&H	Sample & Hold, Halteglied
TASI	Time Assignement Speech Interpolation
TCM	Trelliscodierte Modulation
TCP	Transmission Control Protocol
TCP/IP	Transmission Control Protocol / Internet Protocol
TDD	Time Division Duplexing
TDM	Time Division Multiplex, Zeitmultiplex
TDMA	Time Division Multiple Access
TETRA	Trans European Trunked Radio
TFM	Tamed Frequency Modulation
TOR	Teletype Over Radio
TP	Tiefpass
TX	Transmitter, Sender
TRCV	Transceiver, Sende-Empfänger
TVA	Teilnehmervermittlungsanlage, Haustelefonzentrale
UART	Universal Asynchronous Receiver Transmitter
UDP	User Datagram Protocol
UKV	universelle Kommunikationsverkabelung
UKW	Ultrakurzwellen
UMTS	Universal Mobile Telecommunication System
USB	Upper Side Band, unteres Seitenband (Bedeutung je nach Sprache!)
UTP	Unshielded Twisted Pair
VCO	Voltage Controlled Oscillator
VFC	Voltage to Frequency Converter
VFO	Variable Frequency Oscillator
VHDSL	Very High Bitrate Digital Subscriber Line
VRC	Vertical Redundancy Check
VSB	Vestigual Side Band, Restseitenbandmodulation
VZAUA	Verein zur Abschaffung unnötiger Abkürzungen
WAN	Wide Area Network
WRC	World Radio Conference
WDM	Wavelength Division Multiplex
WM	Winkelmodulation
WWW	World Wide Web
XCO	Crystal Controlled Oscillator
XPIC	Cross Polarization Interference Canceller
ZF	Zwischenfrequenz

Sachwortverzeichnis

Einführung in die praktische Informatik

Küveler, Gerd / Schwoch, Dietrich

Informatik für Ingenieure

C/C++, Mikrocomputertechnik, Rechnernetze
3., vollst. überarb. u. erw. Aufl. 2001. XII, 572 S. Br. € 37,00
ISBN 3-528-24952-8

Inhalt:
Grundlagen - Programmieren mit C/C++ - Mikrocomputer -
Rechnernetze

Dieses Lehrbuch ist für die Informatik-Erstausbildung in der
Datenverarbeitung technischer Ausbildungsgänge geschrieben. Die
breit angelegte Einführung bietet die wichtigsten Gebiete der praktischen Informatik.Wegen seiner ausführlichen Beispiele und Übungs-
aufgaben eignet sich das Buch besonders zum Selbststudium. In der
3. Auflage wurde C++ als Sprache neu vorgestellt. Ein besonderes
Kapitel zeigt eine Einführung in das objektorientierte Programmieren
mit C++. In diesen Abschnitten sind die Schlüsselworte für die
Programmierung besonders hervorgehoben.

Die Autoren:
Prof. Dr. rer. nat. Gerd Küveler und Prof. Dr. rer. nat. Dietrich Schwoch
lehren an der Fachhochschule Wiesbaden/Rüsselsheim im
Fachbereich Mathematik, Naturwissenschaften und
Datenverarbeitung.

vieweg

Abraham-Lincoln-Straße 46
65189 Wiesbaden
Fax 0611.7878-420
www.vieweg.de

Stand April 2002.
Änderungen vorbehalten.
Erhältlich im Buchhandel oder im Verlag.

Handy, Internet und Fernsehen verstehen

Glaser, Wolfgang
Von Handy, Glasfaser und Internet
So funktioniert moderne Kommunikation
Mildenberger, Otto (Hrsg.)
2001. X, 330 S. Mit 173 Abb. u. 4 Tab. Br. € 19,90
ISBN 3-528-03943-4

Dieses Buch will Verständnis wecken für die Techniken und
Verfahren, die die moderne Informationstechnik überhaupt möglich
machen. Nach einer Diskussion über den unterschiedlich definierten
Begriff der Information in der Umgangsprache und in der Nachrichtentheorie wird auf die elementaren Zusammenhänge bei der zeitlichen und spektralen Darstellung von Signalen eingegangen, und es
werden die grundlegenden Begriffe und Mechanismen der Nachrich-
tenverarbeitung erklärt (Nutz- und Störsignal, Modulation, Leitung
und Abstrahlung von Signalen). Auf dieser Grundlage kann dann auf
einzelne Kommunikationstechniken näher eingegangen werden, wie
auf die optische Übertragung und Signalverarbeitung, auf Kompressionsverfahren, kompliziertere Bündelungstechniken und
Nachrichtennetze. Nicht zuletzt durch einen Vergleich mit einem theoretisch vollkommenen biologischen informationsverarbeitendem
System, dem Ortungssystem der Fledermäuse, wird auf die erst in
den letzten Jahrzehnten möglich gewordene technische Nutzung des
Optimalempfangsprinzips eingegangen, das einen Signalvergleich als
theoretische Optimallösung vorschreibt.

vieweg

Abraham-Lincoln-Straße 46
65189 Wiesbaden
Fax 0611.7878-420
www.vieweg.de

Stand April 2002.
Änderungen vorbehalten.
Erhältlich im Buchhandel oder im Verlag.

Weitere Titel zur Nachrichtentechnik